U0389219

国家科学技术学术著作出版基金资助出版

松嫩盐碱化草地的恢复理论与技术

王德利 郭继勋 等 著

科学出版社

北 京

内 容 简 介

　　本书是对我国东北地区松嫩草地盐碱化问题的系统性认识和研究总结。本书以东北师范大学草地科学研究所的研究工作为主体，汇聚了我国有关草地盐碱化研究的理论与技术成果。全书主要内容包括盐碱化草地的含义、类型及分布，草地盐碱化的成因分析，盐碱化草地的植被与土壤特征，植物耐盐碱生理及分子基础，盐碱化草地恢复的理论和盐碱化草地的改良技术，以及耐盐碱植物种质资源与利用。

　　本书可供在高等院校与研究机构中从事生态学、草地科学、农学、生物学、土壤学研究的教师、研究生和相关科技工作者阅读参考，也能够为政府相关部门的管理者提供基础资料或决策依据。

图书在版编目（CIP）数据

松嫩盐碱化草地的恢复理论与技术 / 王德利等著. —北京：科学出版社，2019.6

　　ISBN 978-7-03-061523-7

　　Ⅰ. ①松… Ⅱ. ①王… Ⅲ. ①松嫩平原－草原改良－盐碱土改良
Ⅳ. ①S812.8

中国版本图书馆 CIP 数据核字（2019）第 106416 号

责任编辑：李秀伟　陈　倩 / 责任校对：严　娜
责任印制：肖　兴 / 封面设计：无极书装

科 学 出 版 社 出版
北京东黄城根北街 16 号
邮政编码：100717
http://www.sciencep.com

艺堂印刷（天津）有限公司 印刷
科学出版社发行　各地新华书店经销
*
2019 年 6 月第　一　版　　开本：787×1092　1/16
2019 年 6 月第一次印刷　　印张：25 1/4
字数：596 000

定价：328.00 元
（如有印装质量问题，我社负责调换）

著 者 名 单

主要著者

王德利　郭继勋

其他著者

李建东　杨允菲　胡良军　杨春武

李志坚　邢　福　石连旋　高英志

杨海军　姜世成　石德成　刘立侠

王锡魁　孙　伟

序

  这是一部由东北师范大学草地科学研究所王德利教授和郭继勋教授率领其研究团队完成的关于松嫩盐碱化草地的学术专著。

  松嫩草地是欧亚大草原东端的一颗璀璨明珠,是我国引以为傲的最好的天然草地之一,也是全国的重点牧区之一。"天苍苍,野茫茫,风吹草低见牛羊"曾是这里的真实写照。据全国第一次草原普查资料,松嫩草地单位面积产草量在 11 片重点牧区中仅次于阿坝草地,是重点牧区平均产草量的 1.5 倍,是东北乃至我国重要的草地畜牧业生产基地。据黑龙江省和吉林省统计,2016 年,松嫩草地饲养的牛分别占黑龙江省和吉林省牛总饲养量的 40.7%和 34.1%,饲养的羊分别占两省羊只总数的 57.6%和 98.3%。其对全国草食家畜养殖业也有举足轻重的作用,饲养了全国 8.3%的大家畜和 4.3%的羊,为国家食物安全保障做出了重要贡献。

  松嫩草地是我国北方重要的生态屏障,其在涵养水源、固碳、生物多样性保育等方面具有不可替代的的作用。据统计,松嫩草地有饲用植物 315 属 658 种。其中,禾本科、豆科和菊科三科饲用植物达 238 种,占当地饲用植物总数的 36.2%。该地饲用植物属、种数分别占全国饲用植物属数的 20.4%、种数的 10.4%。松嫩草地也具有丰富的动物多样性,拥有国家一级保护动物丹顶鹤、白鹤等 10 余种。丰富的动植物资源多样性,为选育优良的家畜品种创造了条件,所以这里是蜚声中外的东北细毛羊、中国美利奴羊、草原红牛和吉林马等优良家畜品种(系)的故乡与生产基地。

  松嫩草地是我国游牧文明和农耕文明的交汇区与融合地,在人类发展的历史长河中做出了独特的贡献。这里具有丰富的水草和开阔的空间,成为蒙古族、契丹族等游牧部落的理想之家,他们在这块草地上生存繁衍、辗转迁徙,或者相互征战,或者和平共处。这些游牧部落一次次的崛起与衰落,改写了人类历史的进程。他们在自身发展的过程中,创造并延续了游牧文明,在与农耕文明的碰撞、融合中,丰富了光辉灿烂的中华文明。

  改革开放四十年来,中国创造了世界经济发展史的奇迹,经济多年保持高速增长,成为全球第二大经济体。一方面,我们在为祖国的成就倍感自豪的同时,也亲身感受到经济高速增长所带来的负面作用:资源过度消耗、生态恶化、产品供需失衡等。人口的不断增长及全球变化则进一步加重了这种挑战。松嫩草地由于具有地势平坦、土壤肥沃、水热匹配、宜农宜牧等特点,更使其承受了社会和经济发展所带来的前所未有的压力。优良的草地不断被开垦,草原大面积消失。据李建东先生统计,松嫩草地吉林省部分的面积已经从 1950 年的 250 万 hm^2 减少到 2000 年的 97 万 hm^2,减少了 61.2%,更为严重的是这一趋势仍在延续。另一方面,幸存的草地,由于不合理的利用,产草量大幅下降,从 1500 kg/hm^2 下降到 500 kg/hm^2,下降幅度达 67.0%。松嫩草地退化的另一表现是盐碱化。这里由于盐碱化的面积大、分布广,因此被称为"世界三大盐碱地集中分布区"之一。松嫩草地是全国草地状况的缩影,草地退化已成为国家社会经济可持续发展的主要限制因素之一，如任其发展，将动摇我国生存与发展的基础。

针对国家重大需求和国际学科前沿，东北师范大学草地科学研究所的研究者近半个世纪以来，始终立足松嫩草地，开展系统研究，积累了大量基础数据，取得了一系列创新性成果，已在国内外发表研究论文1000余篇，出版研究著作40余部。其中，部分主要成果是关于松嫩草地盐碱化过程、植物耐盐碱机制，以及盐碱化草地的恢复与治理等，从而形成了鲜明的理论与学术特色。松嫩草地也因之成为我国草地生态学研究的发祥地之一，东北师范大学草地科学研究所当之无愧地成为我国草地生态学研究的一支主力军。

我所在的学术集体——兰州大学草地农业科技学院（甘肃草原生态研究所），与东北师范大学草地科学研究所的合作交流可以回溯到半个世纪之前。在我的记忆中，20世纪70年代，我在甘肃农业大学草原系读书时便聆听过祝廷成先生的学术报告。任继周先生也曾前往东北师范大学，为那里的研究生讲学。20世纪90年代，我们共同参加了国家自然科学基金委员会的重大项目。进入21世纪以来，我们又先后共同承担了国家重点基础研究发展计划（973计划）项目、中国工程院重大咨询项目、国家科技基础性工作专项项目。道不同，不相为谋。正是共同的理念与学术思想，使我们的合作得以延续数十年之久。在长期的合作中，我们建立了相互信赖的友谊，留下了一段段动人的佳话。作为这种合作与友谊的受益者和推动者，我先后结识了东北师范大学草地科学研究所的祝廷成、李建东等前辈和一大批中青年学者。近年来，我和王德利教授共同承担了国家科技基础性工作专项"我国温带草原重点牧区草地资源退化状况与成因调查"。同时，我们也都是国务院学位委员会草学学科评议组成员，一起参加了诸多的学术活动，使我们有了更多的相互交流。他思路敏捷、新见迭出，在草业科学研究、队伍建设等方面均有独到的见解，表现出了卓越的学术带头人的素质与能力。光阴荏苒，我这位当年在祝廷成先生眼中的小字辈，如今早已过耳顺之年，承上启下，继续推动两个集体的合作与友谊，是我未来的责任与义务。

该书——《松嫩盐碱化草地的恢复理论与技术》，即是东北师范大学草地科学研究所的研究者对草地盐碱化研究的一个阶段性总结。全书共分九章，绪论之后，依次介绍了草地盐碱化的成因分析，盐碱化草地的类型及分布，盐碱化草地的植被特征、土壤特征、恢复理论，植物耐盐碱生理及分子基础，盐碱化草地的改良技术，以及耐盐碱植物种质资源与利用等。全书汇聚了该研究团队在分子、种群、群落和生态系统等尺度的研究成果，不仅有认识草地生态系统及其发展过程的基础理论研究成果，也有盐碱化草地恢复与治理的技术体系。善学者尽其理，善行者究其难，该书体现了作者善学、善行，知行合一的特色。

当前，我们已经进入了全球经济一体化的时代，建立人类命运共同体，推进人与自然和谐发展，是我们的奋斗目标。草地是全球最大的陆地生态系统，遏制草地退化、恢复与治理盐碱化土地，是全球面临的共同挑战。伟大的实践需要雄厚的科技支撑，成功的实践需要创新的理论与技术。只有深刻认识草地盐碱化的成因、动态过程及关键作用因素，才能对症下药，从根本上解决问题。因此，该书的出版，不仅对我国草地退化和盐碱地治理具有重要的作用，也具有全球性的指导意义。

作为东北师范大学草地科学研究所近半个世纪以来发展的见证者和老朋友，我为他们的成就欢欣鼓舞。从 1955 年祝廷成先生发表草地植被的研究论文,到 1997 年李建东先生等出版《松嫩平原盐碱化草地治理及其生物生态机理》,再到呈现在读者面前的《松嫩盐碱化草地的恢复理论与技术》,为我们勾勒出东北师范大学草地科学研究所研究进展的清晰轨迹:从草地植被拓展到土壤及微生物,从草地群落与生态系统过程拓展到草地植物抗逆生理及分子生物学机制。这种由表及里、由浅入深、由组分到系统的进展,折射出东北师范大学草地科学研究所几代人扎根松嫩草地不动摇,与时俱进,奋发有为,奋力攀登学术高峰的精神,也代表了我国草地研究的历史进程。积力之所举,则无不胜也;众智之所为,则无不成也。让我们齐心协力,为草业的兴旺发达继续努力!

谨此祝贺《松嫩盐碱化草地的恢复理论与技术》的出版。

南志标

中国工程院院士

兰州大学草地农业科技学院教授

2018 年 7 月 18 日

前　言

　　土地盐碱化(land salinization-alkalization)在亚洲、欧洲、非洲、美洲、大洋洲都有发生，是世界性的主要环境生态问题之一。对于土地的盐碱化，起初的重视是源于盐碱化直接制约了人工与自然生态系统的生产力(productivity)，特别是农田的作物生产，进而危及人类赖以生存的粮食供给。然而，从20世纪中叶开始，许多事实与越来越多的研究表明，盐碱化也很大程度地影响着生态系统服务(ecosystem service)，尤其是对那些草原、湿地、荒漠、森林等自然或半自然生态系统。因此，与环境污染、全球气候变化、生物多样性丧失等一样，土地盐碱化已经成为人类生存与发展中必须面对且亟待解决的重要问题。

　　草地(grassland)是陆地上最大的被管理生态系统(managed ecosystem)。由于草地管理与利用的问题，以及区域性的气候条件、土壤成土与基质、水文地质等，盐碱化也成为在草地上经常可见的现象，特别是在我国的松嫩平原、哈萨克斯坦与俄罗斯的中亚草原，以及埃及的尼罗河草甸呈集中连片分布。大面积的草地多处于干旱、半干旱气候区域，草地土壤也相对贫瘠。如果草地出现盐碱化，或者原生的盐碱化加重，草地植被的盖度与生产力都会显著降低，家畜放牧的生产效益也会受到抑制，同时，草地的水源涵养、水土保持、生物多样性维持、固碳能力，以及区域气候调节等生态功能也随之减弱。因此，草地的盐碱化会影响系统的生产-生态功能。此外，目前存在着一个不容忽视的全球性问题——社会贫困(social poverty)。这一现象多出现在包括草地盐碱化在内的生态环境恶劣的地区，即生态环境越严酷，自然资源禀赋与生产资料的可利用性越低，人们的收入难以提高，社会经济发展就会受到阻碍。可见，草地盐碱化的影响是多维而广泛的。因此，需要深刻地认识草地盐碱化产生与发展的成因，科学地理解草地盐碱化与恢复过程的基础理论，进而研发并提出控制或治理草地盐碱化的有效技术与管理模式。实际上，草地盐碱化问题，已经成为草地利用者、研究者与管理者面临的共同挑战！

　　幸运的是，随着草地盐碱化问题的加剧，我国及其他国家的研究者也不断从多个层面、在不同地区开展了多学科的草地盐碱化理论与技术研究。从研究区域来看，在东北的松嫩草地与内蒙古草地的研究相对集中，而在河西走廊与青海湖地区，以及新疆的一些草地也有较多研究。总体上，关于草地盐碱化的研究具有以下特点。第一，对盐碱化的技术方法研究先于理论研究，由于人们已经积累了对农田盐碱化的认识与治理经验，也源于生产的迫切需求，早期的草地盐碱化治理方法，多半是直接将治理农田盐碱化的方法直接照搬应用到草地盐碱化治理中。例如，采用工程排水与施用石膏等进行恢复治理，到近二三十年才开始深入地探讨盐碱地中植物抗性生理及分子生物学机制，以及盐碱生物群落的自组织理论。第二，对草地盐碱化的成因与发展过程研究远远多于对盐碱化草地恢复机制或理论的研究，事实上，盐碱化是草地退化的一种极端表现，迄今研究者对草地退化的研究与认识也强于对其恢复的理解，就恢复理论而言，也只是提出了"恢复演替模型"(restoration succession model)[状态转移模型(state transition model)]、"阈值模型"(threshold model)、"协同过滤模型"(collaborative filtering model)等。第三，在盐碱化草地的研究过程中，对植被的关注多于土壤，对单一层面的认识多于系统性。的确，从人类的认识规律出发，应自然地采用由简入繁、由表及里的研究方式，但由于草地盐碱化的过程是一个系统性的复杂过程，现在已经到了应该从生态系统的角度去研究、认识草地盐碱化问题的阶段。我国对盐碱化草地的研究积累越来越丰富，其研究水平也快速提升，某些研究与认识已经处于本领域的国际前沿，这不仅得益于在这一领域研究者的不懈努力与辛勤付出，也离不开我国的研究者能够持续不断地获得国家及相关部门的多种科研项目的大力支持。

从 20 世纪 50 年代，东北师范大学的研究者就开始在科尔沁草地与呼伦贝尔草地开展研究。对盐碱化草地的研究，首先是对盐生植被的分布与结构的认识。早在 1965 年，祝廷成和赵毓棠发表了《东北草原上的植被复合体(预报)》。在 80 年代中期，研究者开始基于"生态积累理论"(枯落物积累)，针对重度盐碱化草地，通过生物生态技术开展恢复实验与示范，取得了显著的治理效果；同时，对盐碱化草地的植被开展了系统、全面的调查与分析。其后于 90 年代，通过承担国家自然科学基金重大项目"东北碱化羊草草地的改良及优化生态模式的研究"(编号 93890091-I)，从盐碱化草地恢复理论与技术基础两个方面开展研究。依据"恢复演替理论"(restoration succession theory)，提出由先锋物种→耐盐碱物种→高生产力或顶极物种的"顺序播种、快速恢复"的盐碱化草地恢复技术模式。其间也合作承担了"九五"国家科技攻关项目等，在 1997~1999 年出版了相关著作《松嫩平原盐碱化草地治理及其生物生态机理》(1997)与《松嫩平原盐生植物与盐碱化草地恢复》(1999)。在近二三十年，东北师范大学的研究者较为系统地探讨了盐碱化草地中多种植物的抗性生理与分子生物学机制，不同盐碱化条件下的种群适应策略，以及不同演替阶段(盐碱化)的群落和生态系统的过程与功能(土壤及微生物)，进一步开展了盐碱化草地恢复的多种技术(如秸秆扦插、物种移栽等)的研究。进入 21 世纪后，关于草地盐碱化的相关理论与技术研究仍然在继续深化。一方面，承担科技部科技基础性工作专项"我国温带草原重点牧区草地资源退化状况与成因调查"(编号 2012FY111900)课题，开展对东北盐碱化草地区域尺度的分析研究；另一方面，承担国家重点研发计划项目"北方草甸退化草地治理技术与示范"(编号 2016YFC0500600)课题，进行退化草地的系统性恢复机制及技术基础研究。本书汇集了以上科研项目及其他相关项目的部分研究成果，也总结了其他在松嫩草原及我国其他地区盐碱化草地的一些研究成果。

本书是对以往盐碱化草地研究的阶段性总结。全书由王德利、郭继勋负责统稿。本书中具体各章的撰写分工如下：第 1 章绪论由郭继勋、石连旋撰写；第 2 章草地盐碱化的成因分析由王德利、高英志撰写；第 3 章盐碱化草地的类型及分布由王德利、孙伟撰写；第 4 章盐碱化草地的植被特征由李建东撰写；第 5 章盐碱化草地的土壤特征由胡良军、王锡魁撰写；第 6 章盐碱化草地恢复的理论由杨允菲、郭继勋撰写；第 7 章植物耐盐碱生理及分子基础由杨春武、刘立侠、石德成撰写；第 8 章盐碱化草地的改良技术由郭继勋、杨海军、姜世成撰写；第 9 章耐盐碱植物种质资源与利用由李志坚、邢福撰写。本书在一些问题的探讨、数据或文献引用等方面难免挂一漏万，敬请相关人员与读者批评指正。在本书的撰写过程中，各位著者的助手及研究生帮助查阅了大量文献、统计处理了相关数据与图表，特别是分别通阅校对了相关章节。另外还有研究者提供了相关照片，在此一并感谢。正是因为有东北师范大学教师与学生的共同努力与付出，本书才得以编撰出版！这里也要十分感谢为本书作序的南志标院士，感谢他一直以来对我们的支持与帮助。最后，特别感谢国家科学技术学术著作出版基金的支持。

王德利　郭继勋

2018 年 6 月于长春

目　　录

第1章 绪 论

草地(grassland)约占世界陆地面积的 25%,占我国国土面积的 40%左右。因此,草地是全球最大的陆地生态系统(ecosystem)。草地无时无刻不受到自然因素与人类活动的干扰,特别是在最近的一个世纪,草地的结构与功能变化较大,这主要是由人类利用方式、全球气候变化,以及在草地开展的相关活动造成的。

世界多数国家草地面临的突出问题是草地退化(grassland degradation)或草地荒漠化(grassland desertification)。草地退化在我国尤为普遍,退化草地的面积甚至超过了良好的草地。在我国东北平原的松嫩草地,以及内蒙古、新疆、甘肃、青海等地的各类草地上,还出现了不同程度的草地盐碱化(grassland salinization-alkalization)。一般认为,草地盐碱化是草地退化的一种极端表现形式。草地盐碱化直接影响草地的生产功能,以及生态系统服务功能,进而影响草原牧区,或者以草地为主要生产资料的社会经济发展。因此,开展盐碱化草地恢复与治理在我国迫在眉睫,而这些工作的有效实施,更依赖于对盐碱化草地的恢复理论和技术的研究。

首先需要认识草地荒漠化、盐碱化的概念,以及相关的研究现状。

1.1 草地的荒漠化与盐碱化

1.1.1 草地荒漠化

(1)荒漠化概念的由来

人们对荒漠化概念的认识起源于 20 世纪 50 年代。法国学者 Aubréville(1949)在研究非洲热带和亚热带森林的稀树草原化过程时,首次提出了"荒漠化"(desertification)概念。他对这一概念的解释,即荒漠化是指在非洲中部和西部年降水量在 700~1500 mm 的半湿润、湿润地区的热带森林,人类滥伐、烧荒和耕作导致了森林的稀树草原化和干旱环境的出现及类似荒漠景观的演变过程,并强调,荒漠化以严重的土壤侵蚀、土壤理化性质的变化,以及众多旱生植物种的侵入为特征(中华人民共和国林业部防治沙漠化办公室,1994;邓伟等,2006)。

到 20 世纪七八十年代,科学家与政府管理者越来越重视环境问题。基于不同的植被类型和研究区域,荒漠化的概念又得以发展。在 1972 年于斯德哥尔摩召开的联合国人类环境会议上,科学家建议,采用荒漠化来表征土地退化,尤其是以土壤和植被退化为主的环境变化[《中国荒漠化(土地退化)防治研究》课题组,1998]。在 1977 年的联合国荒漠化会议(United Nations Conference on Desertification,UNCOD)上对荒漠化给以较严格的定义:荒漠化是土地生物潜力的下降或破坏,并最终导致类似荒漠景观条件的出现。由此,荒漠化作为第一个严格定义而被联合国正式采纳(朱震达,1994)。其后,于 1984

年的联合国环境规划署(United Nations Environment Programme，UNEP)第十二届理事会上，在荒漠化防治行动计划(Plan of Action to Combat Desertification，PACD)中，将荒漠化的定义进一步扩展为：荒漠化是土地生物潜能衰减或遭到破坏，最终导致出现类似荒漠的景观。它是生态系统普遍退化的一个方面，是为了多方面的用途和目的而在一定时间谋求发展，提高生产力，以维持人口不断增长的需要，从而削弱或破坏了生物的潜能，即动植物生产力。

于 20 世纪 90 年代末，荒漠化的概念进一步被规范化。在 1992 年 6 月 3～14 日于巴西里约热内卢召开的联合国环境与发展大会上，将荒漠化定义为：荒漠化是由于气候变化和人类不合理的经济活动等因素，使干旱、半干旱和具有干旱灾害的半湿润地区的土地发生了退化。这一定义基本为世界各国所接受，并作为荒漠化防治国际公约制定的思想基础(朱震达，1994)。1993～1994 年，联合国防治荒漠化公约政府间谈判委员会(Intergovernmental Negotiating Committee on the International Convention for the Prevention of Desertification，INCD)多次反复讨论，最后在《联合国关于在发生严重干旱和/或沙漠化的国家特别是在非洲防治沙漠化的公约》(以下简称《联合国防治荒漠化公约》)上将荒漠化的定义确定为：荒漠化是指包括气候变异和人类活动在内的种种因素造成的干旱、半干旱和亚湿润干旱地区的土地退化(中华人民共和国林业部防治沙漠化办公室，1994)。在该公约的第十五条中又指出：列入行动方案的要点应有所选择，应适合受影响国家缔约方或区域的社会经济、地理和气候特点及其发展水平。这表明对荒漠化的认识还需要结合各国区域特点和实际。联合国经济合作与发展组织(Organization for Economic Co-operation and Development，OECD)根据亚太区域特点和实际又提出，荒漠化还应包括"湿润及半湿润地区由于人为活动所造成环境向着类似荒漠景观的变化过程"(李锋，1997)。

我国的一些学者认为，"荒漠化"是一个复杂的科学概念，它具有如下丰富的内涵：在干旱、半干旱、半湿润，甚至是在湿润的气候条件下，在不同的地质构造单元内和第四纪地质环境中，在自然因素、人为因素或自然-人为因素的综合作用下，土地的结构和组成、物理性状及化学组分发生了变化，从而导致沙质荒漠化、盐碱荒漠化、水蚀荒漠化、石漠化及其他类型荒漠化的形成与发展，使土地退化，生态系统退化，土地生产力下降，甚至丧失(林年丰和汤洁，2005)。

(2)草地荒漠化的现状

荒漠化和干旱已成为对人类生存的最大威胁因素之一。相关研究显示，世界农业土地(包括草地)有近 40%严重退化，体现为土地受侵蚀和营养枯竭，从而让人对农田在未来能否提供足够的食物感到怀疑。例如，国际粮食政策研究所发表的报告显示，土壤退化已令世界 16%的农田产量大大降低。研究者利用卫星照片、地图和其他数据，做出了迄今对世界各地农田最全面的描述。在此基础上再综合专家的评估，该研究显示，中美洲农田近 75%严重退化，非洲(大部分是牧场)则为 20%，亚洲也有 11%。土壤退化正在削弱很多农业、牧业地区土地的长期生产能力，尤其是在发展中国家(王君厚和付秀山，2000)。

草地荒漠化是土地荒漠化的主要类型之一，也是土地荒漠化最为严重的代表。中国荒漠化监测中心 1997 年的统计数据显示，全国荒漠化草地有 1.05×10^6 km^2，占草地总面积的 56.7%。草地荒漠化主要表现为：草地植物群落盖度明显降低，产草量下降，可食性牧草减少，有害植物增加，草场等级下降；同时，裸露地表比例增加，为风力侵蚀(以下简称风蚀)创造了条件，而风蚀又可加剧草地荒漠化进程，甚至使其发展为流动沙地(王君厚和付秀山，2000)。我国草地荒漠化程度与人口密度和牲畜头数成正比。总体上，宁夏、陕西、山西的荒漠化草地比例最高，为 90%左右；其次为甘肃、辽宁、河北，达到 80%左右；在新疆、内蒙古、青海、吉林为 50%左右，比例相对较小。

(3)荒漠化产生的原因

土地荒漠化产生的原因主要分为地理因素、气候因素和人为因素。不同研究者对土地荒漠化的成因有着不同的认识，尤其是对于人为因素在荒漠化中的比重，有较大的认识差异。

持有地理因素观点的研究者认为，土地荒漠化与其地理位置有着直接的关系。我国现今荒漠化最严重的地区多在沙漠的边缘地带，或是被现代植被、土被覆盖的沙地。荒漠化也发生在黄土高原侵蚀最严重的地区；沙漠边缘为沙质荒漠，黄土高原为水蚀荒漠。在沙质荒漠边缘往往发生盐碱荒漠化。我国现代干旱半干旱区地质环境的基本格局具有明显的继承性，在早白垩世晚期和古近纪已基本形成。近代，青藏高原隆升到海拔 5000 m，使西伯利亚高压进一步加强，西北、华北地区的气候更为干旱少雨，80°E～125°E 形成一条干旱—半干旱—半湿润的气候带。同时，沙漠和黄土分布区生态环境极其脆弱，是我国荒漠化形成和发展的基础。

众多研究表明，气候因素与土地荒漠化有着直接的关系。我国北方地区当代的气候环境虽然好于末次冰期极盛期，但较中全新世高温、高湿的气候环境还要恶化许多，这是当今我国北方生态环境脆弱、易于发生荒漠化的重要原因。近百年来我国的气候向干暖的方向发展，冰川加速退缩，雪线上升，河川径流量减少，湖泊和湿地萎缩，干旱缺水，植被退化，水土流失，沙尘暴灾害频繁，气候演变的趋势加速了荒漠化的发展。

人类活动已成为当代影响全球气候变化和荒漠化的一个重要因素，有约 85%的荒漠化是由人为因素引起的，我国北方自第四纪以来经历了多次荒漠化的正逆演化过程。在新石器时代以前，促使其演化的驱动力是自然因素；在此以后人类活动逐渐影响到土壤的荒漠化，促使荒漠化发展的人类活动始于秦、汉时期，在唐、宋时期逐渐加强，到清末人类活动对荒漠化的影响最大。

我国是世界上人口增长最快的国家之一，在 1950～1995 年的 45 年之间，人口净增了 6.48×10^8，增长率为 2.22%。人口快速增长导致过度放牧(以下简称过牧)(over-grazing)，促使资源紧缺、环境破坏和土地荒漠化。对新疆、内蒙古、甘肃、宁夏、吉林、黑龙江等省区的荒漠化原因调查表明，垦殖、采樵、过牧、河流枯竭等人为因素是导致荒漠化的重要因素。此外，政策因素对荒漠化的发展往往起到了十分重要的作用，政策因素实际上是强化了的人为因素。古代的开拓边疆、屯垦成边等都是荒漠化发展的社会驱动力，在 20 世纪七八十年代，我国荒漠化的发展几乎达到了高峰(林年丰和汤洁，2001)。

1.1.2 草地盐碱化

我国过去将"desertification"一词翻译成"沙漠化",在缔结《联合国防治荒漠化公约》时,申明将"desertification"一词改译为"荒漠化"。研究表明,东北平原西部的土地荒漠化,主要表现为土地沙漠化(desertization),亦称沙质荒漠化(sandy desertification),以及土地盐碱化(salinization-alkalization)或碱质荒漠化(alkaline desertification),它们属于荒漠化的两种类型。

(1)盐碱土与土壤盐渍化

广义的盐碱土(salt and alkali soil)是盐土、碱土,或者盐化(salinization)土壤、碱化(alkalization)土壤的统称。狭义的盐碱土是指盐化与碱化混合的土壤。盐碱土遍及世界各国,主要分布在全球干旱半干旱地区。在美国、加拿大、荷兰、澳大利亚、德国、法国、土耳其、匈牙利、罗马尼亚、巴基斯坦、埃及、印度、伊拉克、阿富汗、俄罗斯、蒙古国、朝鲜及中国等都有盐碱土分布(贾探民和杜双田,1999)。

在一些干旱和半干旱地区,水分蒸发强烈,地下水上升,进而使地下水所含盐分残留在土壤表层;此区域往往降水量小,不能将土壤表层的盐分通过淋溶排走,致使土壤表层的盐分越来越多,特别是一些易溶解的盐类(如 NaCl 和 Na_2CO_3 等),从而形成盐碱土壤。另外,一些海滨地区,由于海堤崩塌,海水倒流,也会形成盐碱土壤。

一般来说,土壤中盐的种类决定土壤的性质,钠盐是造成盐害的主要盐类,NaCl 和 Na_2SO_4 含量较多的土壤称为盐土,Na_2CO_3 与 $NaHCO_3$ 含量较多的土壤称为碱土。而在自然界,这两种情况常常同时出现,称为盐碱土(石德成和殷立娟,1993)。

在我国,盐土通常分为滨海盐土、草甸盐土、沼泽盐土、洪积盐土、残余盐土和碱化盐土 6 个亚类,碱土一般包括草甸碱土、草原碱土和龟裂碱土 3 个亚类(杨允菲等,1993)。我国的盐碱化地区主要分布在地势比较低平、径流较滞缓或较易汇集的排水不良地段,河流冲积平原、盆地、湖泊沼泽地区。例如,西北地区的银川平原、河西走廊,甘肃和新疆各河流沿岸的阶地、吐鲁番盆地、塔里木盆地、准噶尔盆地、哈密倾斜平原,以及青藏高原的柴达木盆地、湟水流域和东北的松嫩平原等。

盐碱化的主要特征是,土壤中含有大量的可溶盐类,它可以使土壤溶液的渗透压升高,植物根系吸水困难,甚至难以生长,单位面积粮食产量低,甚至不能耕种(Yang et al.,2008a)。另外,过量的氯离子可使作物体内的叶绿素含量降低,影响光合作用,减少淀粉的形成;大量的钠离子会使叶子边缘焦枯,造成生理灼伤现象。交换性钠的大量存在,会使土壤的理化性质恶化,降低土壤的导水性能,促使表土易干燥、板结,抑制作物出苗生长。碱性强的土壤,钙、锰、磷、铁等元素易被土壤固结,不易被作物吸收。碳酸钠等强碱性物质可以破坏作物根部的许多酸性物质,影响作物新陈代谢的进行,特别是会直接对幼嫩作物的芽和根产生腐蚀作用。

盐碱土的危害极其严重。首先是破坏生态平衡,改变自然环境,导致大面积盐碱荒漠的形成和土地资源的丧失。在草场退化之前,由于地表植被的保护作用,干旱季节从浅层地下水和土壤深部上返的盐分与雨季淋溶下移的盐分达到动态平衡。由于草场植被遭到破坏和苏打盐渍土特有的土壤特性，这一平衡被打破，地表土壤水分蒸发量迅速增加，大量盐分从地下水或土壤深部的暗碱层中集聚到地表，产生次生盐碱化。草场单产的降低，导致载畜量大幅度下降。

土壤盐渍化是一个世界性的资源问题和生态问题。据联合国粮食及农业组织(Food and Agriculture Organization of the United Nations，FAO)和联合国教育、科学及文化组织(United Nations Educational，Scientific and Cultural Organization，UNESCO)统计，全球有各种盐渍化土壤约 9.6×10^8 hm^2，占全球陆地面积的 10%，广泛分布于 100 多个国家和地区，亚洲约有 3.2×10^8 hm^2，约占全球的 1/3。在盐渍化土壤中，有 3.97×10^8 hm^2 的土壤是盐碱土。土壤盐碱化是人类面临的主要生态问题之一，是抑制植物生长和限制作物产量的主要环境因素(Shi and Wang，2005)。而且，由于土壤的次生盐渍化，世界盐渍土面积还在不断增加。据巴基斯坦 1965 年统计，在巴基斯坦 3.5×10^7 亩[①]总灌溉土地中，次生盐渍化面积达 5.3×10^6 亩；叙利亚每年约有 2.0×10^4 hm^2 土地因次生盐渍化而被弃耕；美国每年新增盐渍土壤 $8 \times 10^4 \sim 12 \times 10^4$ hm^2(崔宏伟，2006)。我国尽管尚未见有这方面全国性的统计资料，但有关黄河三角洲的一项区域性调查表明，该地区每年约有 5% 的农耕地因土壤次生盐渍化而撂荒。另据联合国环境规划署(UNEP)调查统计，在旱地土壤退化中，因土壤盐渍化造成的土地退化约为 1.1×10^6 km^2，仅次于风蚀和水蚀，居第三位。

这些实例表明，土壤盐渍化已经并将继续成为危及人类生存的重大资源与环境问题。土壤盐渍化这一古老的生态灾难再一次向人类提出了严峻警告。

(2)盐碱土壤中盐的来源

土壤中的盐分主要来自宇宙尘埃和火山活动，以及海洋中化石岩溶解、岩石风化、地下可溶盐溶解和人类活动等几个方面。

火山爆发将大量可溶性盐类释放到大气中，从大气再降落到海洋，或者通过河流流入海洋，使海洋中的盐分增加，日积月累，越来越多。再通过一定的方式从海洋转移到陆地，还可通过风吹将海水带到陆地，也可以通过向下渗透将海水渗入沿海的陆地。另外，沉积在海洋中的化石盐，也可以重新溶解被带到陆地上，或通过地下水流到植物根际，逐渐形成含一定盐量的盐渍土壤(杨真和王宝山，2015)。

岩石中含有很多盐类，岩石的风化作用使大量可溶性盐类从岩石中分解出来，形成尘埃，被风吹到空中。通过雨水再淋溶到土壤中，或直接被雨水冲洗到土壤中，使土壤盐分不断增加。淋溶到土壤中的可溶性盐类，也可溶入地下水中，增加土壤地下水中的矿化度。在干旱季节，由于土壤水分蒸发量大于降水量，矿化度高的地下水从土壤蒸发到大气中，而地下水中的可溶性盐类则留在土壤表层。长此以往，土壤表层的盐分越来越多，原来非盐渍化的土壤也会变成盐渍化土壤。以吉林西部盐碱土为例，其盐碱化土壤的盐分来源于地质环境。吉林西部平原的盐碱土以苏打盐碱土为主，土壤的盐碱化与苏打的来源有着密切的联系。因此，该地区苏打的来源问题一直是中外科学家关注的热点，且形成了各种不同的认识。吉林西部位于松嫩平原南部，四周的大兴安岭、小兴安

---

① 1 亩 $\approx$ 666.7 m^2，后同。

岭和长白山广泛分布着火山岩，更多的是年轻的火山岩。含铝硅酸盐火成岩的风化，形成了含钙、镁、钾和钠的碳酸氢盐类，并溶解于自然界中的地表和地下径流中，随后汇集到平原或低洼地区。这些碳酸氢盐转变为碳酸盐沉淀，剩下的含钾和钠的碳酸氢盐类则变成易溶性的碳酸盐类。这可能是吉林西部平原苏打最根本的源泉。土壤本身也含有一些难溶和不溶性的盐分，经过土壤的物理、化学和生物作用，这些难溶和不溶性的盐分即可变成可溶性的盐分，使土壤含盐量增加(赵可夫和范海，2005)。

如果人类在农业生产中采用矿化度高的水浇灌农田，或者灌溉方法不当，例如，大水浸灌，使地下水位上升，就会增加土壤含盐量，形成所谓的次生盐渍化土壤。据中国石油吉林油田分公司石油井的资料综合统计，深部的地下水也可能带来大量的钠离子。另外，近年来工业的高速发展和燃料的广泛利用也会造成土壤盐分的增加。

1.2 盐碱化草地的研究及其治理

1.2.1 盐碱化草地的研究意义

目前，全球约 $8.7×10^9 hm^2$ 的土地已被利用，可垦土地中50%已耕种，其中41%为中、高产田。过去5000年里，世界许多地区均发生了大规模的土壤退化。腐殖质年均损失量由过去10 000年里的 $2.53×10^7 t$ 逐步增加到过去300年里的 $3.0×10^8 t$ 和过去50年里的 $7.6×10^8 t$，有机碳原始储量中近16%已经损失。过去300年里，次生盐渍化导致 $1.0×10^8 hm^2$ 灌溉农地遭到破坏，另外 $1.1×10^8 hm^2$ 地力下降。过去10 000年里，损失的高生产力土地比目前农用的土地还多(李忠佩等，2001)。土壤盐碱化将威胁粮食安全、社会经济系统持续发展及人类的生存环境。因此必须加强盐碱土的治理，这对于农牧业生产和社会经济的可持续发展具有重要的现实意义。

草地具有重要的生产价值。天然草地丰富的动植物资源，可为多种经济发展提供原料。种类繁多的野生动植物不仅是陆地生态系统中的重要组成部分，而且是当地牧民狩猎的对象和经济来源。充分利用草地资源，发展草食家畜，也是解决我国粮食问题的重要途径。草原牧区饲养牛的数量占全国养牛总数的25.6%，羊占34.7%；全国产牛、羊肉 $232.4×10^4 t$，其中牧区产牛、羊肉占全国总量的26.1%；全国产奶 $475.5×10^4 t$，其中牧区占29.4%；牧业产值为 $1964.07×10^9$ 元，占农业总产值的25.63%。可以看出，草地畜牧业将成为国民经济的支柱产业之一。土壤盐碱化会影响土壤的理化性质及土壤生物特性，造成土壤板结，不利于植物生长；同时，会使耕地的综合生产质量下降，优良牧草减少，载畜能力下降，给当地人们对土壤资源的利用带来巨大的威胁。东北松嫩草地是我国著名的天然草场牧区，土壤盐碱化会造成土壤质量下降，直接导致该区域植被覆盖发生变化，不仅影响牧草的产量，而且影响该地区牛、羊等牲畜的放牧及畜产品生产。

草地具有重要的生态价值。草地是重要的自然资源，是陆地生态系统的主体组成部分。草地生态系统为人类提供了净初级物质生产、碳蓄积与碳汇、调节气候、涵养水源、水土保持和防风固沙、改良土壤、维持生物多样性等产品及服务功能。研究表明，对水土保持而言，黄河水量的80%，长江水量的30%，以及东北区域河流50%以上的水量直接源于草地，草地破坏会引起严重的水土流失和风沙灾害。我国草地集中分布于西部和北方干旱、半干旱地区，因此其在维护生态环境中的地位尤为重要。土壤盐碱化可造成土地荒芜，耕地质量下降，植被稀少，草场退化，导致生态环境脆弱、生物量下降、可利用土地资源丧失及人类生存条件恶化，表现出环境和经济两方面的危害，对人类的生产生活和社会发展构成严重威胁(李洪影，2013)。东北松嫩草地区域是我国东北西部绿色生态屏障，具有防风固沙的生态功能。但是，随着不合理利用方式的增多，盐碱化现象加重，草地生态系统结构和功能紊乱，破坏了生物与环境之间的协调关系，使沙尘暴等生态问题频繁出现。

草地具有重要的社会价值。除了生产和生态价值外，草地还具有重大的社会价值，如艺术价值、美学价值、文化价值、科学价值、旅游价值等。草原是少数民族主要聚居区，从东北大兴安岭西部往南，沿阴山、贺兰山、天山、祁连山至青藏高原的广阔草原上居住着蒙古族、藏族、哈萨克族、柯尔克孜族、塔吉克族、裕固族、鄂温克族等多个少数民族。草原畜牧业是牧区经济的支柱产业，也是广大牧民生活与生产资料的主要来源。草原生态环境的好坏直接关系到畜牧业的发展、牧民的生活水平，以及民族团结和各民族的共同繁荣。草原生产和抵御自然灾害能力的增强，有利于发展牧区经济，缩小地区差距；有利于促进民族团结，保持边疆安定和社会稳定，意义十分重大。

草地盐碱化是一种生态退化过程，它可造成大片土地的利用率降低以至弃耕，草场产草量降低，载畜量减少，生物多样性减少。目前，草地面积逐渐减少，草原生态环境急剧恶化，已经严重影响了以牧业为生人们的生产生活，对区域经济的发展构成威胁。东北松嫩草地是我国东北三大草地和全国十大重点牧区之一，是欧亚草原的最东缘，具有较高的经济价值和生态价值(司振江，2010)。但是，自然原因和长期的不合理利用致使该地区草地出现退化、沙化和盐碱化，尤其是草地盐碱化(郭继勋等，1994a)。在盐碱化草地中，已经有 1/4 的草地碱斑呈连片分布，基本失去了利用价值，草地面积不断减少和退化，牲畜数量又不断增加，加剧了草地盐碱化程度，制约区域经济发展和生态可持续发展(郭继勋等，1998)。因此，改善草地生态环境已刻不容缓，开展盐碱化草地治理研究，恢复盐碱化草地生态环境，提高草地资源可持续利用能力，发展草业和畜牧业，是关系到区域经济建设可持续发展的重要环节，是落实"努力快发展，全面建小康"宏伟目标的具体体现，其研究的生产实践意义重大(司振江，2010)。

1.2.2 盐碱化草地的治理方式

世界上存在大量的盐碱化土壤，主要分布在中纬度地带的干旱区、半干旱区或滨海地区。在中国的东北和西北一些盐碱草地分布较集中的地区，许多学者从多方面进行了研究。研究表明，东北羊草草原由于过度放牧，地表的植被遭破坏，导致表层土壤理化性质改变，非毛管孔隙减少，深层次的盐碱随着毛管水上升，集结在植物根系层，因而胁迫地表植物的生长，出现植被的逆行演替，形成大面积的盐碱草地(李建东，1995；李建东和郑慧莹，1995)，而衍生草地的形成经历了从量变到质变的过程，它是植物与生境相互作用，以及诸多因素综合作用的结果。从经营、管理和改良入手，维持和恢复草地的生态平衡就成为重要的研究课题。目前，盐碱土的治理措施主要包括生物、物理、化学和工程等 4 个方面。

(1) 生物治理措施

生物治理(biological treatment)措施是通过种植耐盐碱植物和覆盖枯草层的方式治理盐碱化草地的技术。种植耐盐碱植物，主要借用一些抗盐性强的树木或牧草在盐碱地栽种时具有避盐、泌盐和体内贮盐等生物特性，从而达到改良盐碱土的目的(郭继勋等，1994b，1996)。芦苇(*Phragmites australis*)根系可扎到盐土层以下而避盐生长，柽柳(*Tamarix chinensis*)有特殊腺组织将吸入体内的盐分泌至体外，胡杨(*Populus euphratica*)、盐地碱蓬(*Suaeda salsa*)能将吸收的盐分转化为碳酸氢钠藏于体内。朝鲜在不宜种植作物的盐碱地种植芦苇，以清除杂草和加速土壤落干；印度在苏打盐土上种植田菁(*Sesbania cannabina*)，1 年后土壤 pH 下降，渗透性相应改善。在我国常种植抗盐牧草，如田菁和紫苜蓿(*Medicago sativa*)，脱盐效果良好。枝叶繁茂的田菁可使 0～10 cm 土层中全盐量减少 25%～64.1%，10～20 cm 土层中全盐量减少 10%～45.5%。农田防护林带可使其一侧 200 m 范围内地下水位平均降低 0.2～0.7 m，耕层含盐量减少 22%～50%，有防风固沙、改变农田小气候、减轻土壤次生盐碱化等综合效应(孙广玉，2005)。在盐碱化严重的草地上，为了降低地表的水分蒸发量，增加土壤的有机质含量，可以在盐碱斑上覆盖 2～3 cm 厚的枯草层。覆盖后碱斑的表土可以保持湿润状态，同时周围的植物根系还能逐渐向碱斑内侵入。研究表明，松嫩草地经过 4 年覆盖，原来不能生长羊草(*Leymus chinensis*)的碱斑，羊草密度达 380 株/m²，植株高 48 cm。如覆盖前疏松土壤，补播耐盐碱的牧草，还可以加速碱斑的改良(杨允菲和郑慧莹，1998)。

(2) 物理治理措施

物理治理(physical treatment)措施是通过松土、施肥、铺沙压碱、排水、冲洗等物理学方法改良盐碱化土壤的技术。盐碱地的土壤结构紧密，土壤密度大，孔隙度小，通气透水性差，土壤贫瘠，有机质含量极低，微生物系统紊乱。在这种土壤环境下，植物很难萌发生长。一般采用换土或者铺沙压碱的方法，同时伴随翻耕、施肥等手段，来改善土壤的孔隙度和团粒大小，提高土壤的透水性，降低土壤密度，从而达到改良盐碱化土壤的目的。盐碱化土壤中盐分含量与水分流动之间具有密切的关系，经过长期的研究和实践，人们对通过水利措施防治土壤盐碱化的重要性已有清楚的认识。可以采用排水和冲洗手段改良盐碱化土壤。水利措施虽被认为是治理盐碱地行之有效的方法，但是在干旱和半干旱地区的经济效益较差。这是因为一方面要冲洗土体中的盐分，另一方面还要控制地下水位的上升不致引起土壤返盐，这就必须具备充足的水源和良好的排水条件，做到灌排结合。由于建立水利措施投资额较大，且用于维护的费用也很高，因而应结合其他措施来治理盐碱化土壤(牛东玲和王启基，2002)。

(3) 化学治理措施

化学治理(chemical treatment)措施最早是采用石膏改良盐碱化土壤。该方法起始于 19 世纪后期，到 1912 年，俄国土壤学家盖得罗依兹肯定了通过石膏改良盐碱化土壤的重要作用，到 20 世纪 20 年代该方法开始受到高度重视。施用化学药剂能够改变土壤胶体吸附性离子的组成，例如，施用钙剂可加大土壤溶液中的钙含量，置换土壤胶体上吸附的钠离子和镁离子，使钠质亲水胶体变为钙质疏水胶体，从而改善土壤的物理性质，使土壤结构性和通透性得到改善，既有利于土壤脱盐，抑制返盐，又有利于植物生长。施用化学药剂还可调节土壤酸碱度，例如，施用含酸改良剂可改善土壤的理化性质，防止碱害。应用化学营养调理剂改良所需时间短，改良效果显著，对于重度碱化土壤更为适合。目前，国内外常用的盐碱土化学营养调理剂一般有两类：一类是含钙物质，如石膏、磷石膏、氯化钙、过磷酸钙等；另一类是酸性物质，如硫酸、硫酸亚铁、硫黄、磷酸、盐酸等。随着工业的迅速发展，人们开始重视利用工业废渣来改良盐碱土，例如，苏联利用制碱工业副产品氯化钙、橡胶工业副产品硫酸等改良苏打盐化碱土，都有明显效果。

(4) 工程治理措施

工程治理 (engineering treatment) 措施是指通过埋设地下暗管，开挖明渠，竖井排水脱盐、客土减盐，铺沙压盐等土程措施，达到隔离盐、抑盐、脱盐目的。由明沟排水转向暗渠排水是当前世界的发展趋势。苏联研究表明：暗管便于调节地下水位，与采用明渠相比能使作物增产 20%～50%。在巴基斯坦，通常采用竖井排灌改良盐碱土，取得了良好效果。在端赤纳地区，竖井运行 15 个月后，地下水位下降 1.2～5 m，6 年后基本消除土壤的盐碱化，加上农业技术改进，使主要作物增产 40%～140%。巴基斯坦还在哈拉尔设计成功一种复合竖管井，能分别抽出淡水和咸水，淡水用于灌溉，咸水排出后可减盐，一井双用，节约了建井投资。客土改良和铺沙也是国际上常用的盐碱土改良方法。研究结果表明，客土更换 10～12 cm 能抑制盐碱 3～4 年，更换 13～15 cm 能抑制 10～15 年，更换 16～20 cm 能抑制 20 年左右。铺沙后土壤可溶性盐因土壤水分蒸发量显著减少，在 0～30 cm 土层内的含盐量，新砂田比土田相对减少 27.6%，比中、老砂田相对减少 37.5% 和 42.0% (孙广玉，2005)。

1.3 盐碱化草地的研究现状

目前的生态学研究主要向两个方向发展，一个方向是微观研究，另一个方向是宏观研究。盐碱化草地的研究也有这样的趋势：微观方向主要借助现代分子生物学手段与技术，研究各类耐盐碱基因及调控机制；宏观方向主要借助界面理论及遥感 (remote sensing，RS) 技术手段，进行大尺度的研究。

1.3.1 植物耐盐碱的生理与分子机制

土壤中盐分过多，特别是易溶解性的盐类过多时，对大多数植物会产生伤害。研究表明，盐对植物的伤害主要表现在以下几个方面：吸水困难，生物膜被破坏，生理紊乱。这是盐对植物的直接伤害作用，同时还可以改变土壤理化性质、矿质元素存在状态及土壤微生物的平衡状态，进而产生间接伤害作用。植物对盐胁迫的适应方式主要分为两种：一种是逃避盐害，减少盐类在植物体内的累积，减少危害，主要有泌盐、稀盐、拒盐 3

种方式；另一种是忍受盐害，通过自身的生理代谢适应性，忍受盐类的伤害，主要有渗透调节、盐离子在细胞内的区域化作用、改变膜组分和改变代谢类型等方式。

(1)盐胁迫与植物耐受性

盐渍化土壤给植物带来的危害极其严重。通常所说的"盐胁迫"，应仅指中性盐胁迫。高浓度的外源性盐分及含盐量较高的土壤会使植物体内的离子动态平衡遭到破坏，产生离子毒害、渗透胁迫、活性氧(reactive oxygen species，ROS)伤害、营养亏缺和次生胁迫等(Adams et al.，1992；孙菊和杨允菲，2006；Guo et al.，2009；Li et al.，2011；Wang et al.，2015)。离子毒害会产生3种结果，其一，当不同离子过量地渗入细胞后，会造成游离氨基酸的积累，这些氨基酸又会转化为丁二胺、戊二胺及游离氨，达到一定浓度时细胞就会中毒死亡(刘伟等，1998；刘爱荣等，2013)；其二，特殊毒害性离子的存在会对植物营养状况产生影响，在盐碱地这些离子相对浓度偏高，致使一些低浓度营养元素供应不足，例如，Na^+的存在抑制了K^+、NO_3^-、Ca^{2+}等矿质营养的吸收，植物因营养供应不足而使其生长受抑(宋姗姗等，2011；刘明杰，2014)；其三，盐离子会破坏质膜透性，高浓度的NaCl可置换细胞膜结合的Ca^{2+}，从而使膜结合的Na^+/Ca^{2+}增加，膜结构被破坏，其功能也发生改变。这些改变会使植物更复杂的生理过程(如光合作用等)发生改变(王东明等，2009；顾大形等，2011)。

植物可以通过多种途径提高自身的耐受性(Li et al.，2009；胡爱双等，2016)。主要包括：①合成相容性溶质，如渗透调节物质；②抗氧化酶的诱导，如清除活性氧的保护酶系统；③植物激素的诱导；④光合作用的改变；⑤细胞膜结构的改变；⑥对一些离子的选择和排斥；⑦控制根对某些离子的吸收和向叶片的转运。

在这些对策方面，植物自身的渗透调节、保护酶系统和植物激素的诱导等方面的研究较为广泛。植物细胞在不利的环境下会合成和积累小分子渗透调节物质。一般认为植物体内的渗透调节物质能协调细胞与外界的渗透压平衡，以保证逆境条件下水分的正常供应。渗透调节物质主要有两大类：无机调节物质和有机小分子相容性渗透调节物质。无机调节物质主要指离子Na^+、Cl^-、K^+等。有机小分子相容性渗透调节物质可分为三类：第一类是氨基酸类，第二类是糖类(如海藻糖、甜菜碱及其衍生物)，第三类是醇类。渗透调节方式主要有两种：一是在细胞中吸收和积累无机盐，二是在细胞中合成渗透调节物质。例如，盐生植物碱蓬、星星草体内以无机离子Na^+、Cl^-、K^+作为主要渗透调节物质，非盐生植物(如高粱等)则以K^+和有机渗透调节物质为主。植物在长期进化过程中，产生了清除氧自由基的保护酶系统(何学利，2010)。超氧化物歧化酶(superoxide dismutase，SOD)、过氧化物酶(peroxidase，POD)和过氧化氢酶(catalase，CAT)是这一系统中重要的组成部分，植物通过调节抗氧化酶(如SOD、POD和CAT)从而阻止植物体内氧自由基、过氧化物的积累，清除过量有害活性氧，来对ROS进行解毒。多数学者认为，植物对盐胁迫的耐受性与高效的抗氧化酶系统有关。随盐浓度的增加，草坪草SOD活性迅速提高；在中等盐浓度下达到最大值；之后随盐浓度的增加，SOD活性又开始下降。CAT活性变化的趋势与SOD相似，早熟禾(Poa annua)相对黑麦(Secale cereale)而言，SOD和CAT活性上升速度快(梁慧敏等，2001)。现已证实增强植物耐盐性的途径之一是提高植物体内抗氧化酶类活性及增强抗氧化代谢的水平(刘琛等，2010)。盐胁迫下，植物激素诱导方面的研究也有很大的进展(王萍等，1996；廖岩等，2007)。大豆幼苗在遭受盐胁迫时，吲哚乙酸(IAA)能提高干物质的积累量和光合效率等，另外，还能提高保护酶系统活性，从而降低盐胁迫造成的伤害(魏爱丽和陈云昭，2000)；赤霉素可以促进盐胁迫下菜豆的生长，并且缓解光合作用受抑制的程度(Saeidi-Sar et al.，2013)。

(2)碱胁迫与植物耐受性

碱性盐胁迫与中性盐胁迫是既相关又有明显区别的两种不同的胁迫(Shi and Wang，2005)，除盐胁迫带来的渗透胁迫和离子毒害之外，碱性盐胁迫还涉及高pH胁迫，因此将碱性盐胁迫称为"碱胁迫"。碱胁迫下，环境中的高pH不仅能够造成植物根系周围矿质营养状况及氧气供应能力的严重破坏，而且会直接破坏根细胞的结构与功能，导致植物根系周围和细胞内离子动态平衡被破坏，干扰植物正常代谢(蔺吉祥等，2011；Gao et al.，2012；李晓宇等，2013)。植物在遭受碱胁迫时，除了要应对高pH胁迫外，还要应对生理干旱、离子毒害。

碱胁迫对小冰麦(*Triticum aestivum-Agropyron intermedium*)生长的抑制作用明显大于盐胁迫。碱胁迫导致小冰麦体内 Na^+、K^+不平衡，严重破坏光合色素和膜系统，这表明碱胁迫可能已经影响到细胞内的生理活动。因此，植物若要在碱化土地上生存，不仅要在根外微环境进行 pH 调节，还必须在细胞内进行 pH 调节，以保持正常代谢及离子平衡(杨春武等，2007；Yang et al.，2008b)。用不同浓度的 NaCl(0~700 mmol/L)和 Na_2CO_3(0~200 mmol/L)对羊草进行胁迫处理，实验结果表明，NaCl、Na_2CO_3会破坏羊草质膜功能，K^+、电解质外渗率随着盐浓度的增加而增加，这一结果表明质膜的透性增大。羊草对 NaCl、Na_2CO_3 处理的最高耐受浓度分别是 600 mmol/L 和 175 mmol/L。NaCl、Na_2CO_3处理不同程度地影响了羊草的营养生长及物质代谢，其中以 Na_2CO_3 胁迫处理组尤为明显。氯化三苯基四氮唑(triphenyl tetrazolium chloride，TTC)含量水平反映了 NaCl、Na_2CO_3处理对羊草根系活力的影响，两种盐处理降低了根系活力，特别是在 Na_2CO_3 处理组中，当 Na^+浓度超过 200 mmol/L 时，植株根系 TTC 含量几乎为 0。以上各生理指标表明：NaCl、Na_2CO_3不同程度地影响了羊草生长、光合作用及物质代谢，其中以 Na_2CO_3 处理更为严重(颜宏等，2006)。

碱胁迫下，植物可以通过调节体内的代谢机制来抵御胁迫，尤其是有机酸代谢可以显著调节植物对碱性盐胁迫的响应机制。在碱胁迫下，棉花(*Gossypium* spp.)、沙棘(*Hippophae rhamnoides*)叶和茎中的有机酸含量上升，对于减少适应非生物胁迫伤害起着非常重要的作用(陈万超，2011)。

通常碱胁迫与盐胁迫具有协同效应。既包含中性盐又包含碱性盐的胁迫称为盐碱混合胁迫或混合盐碱胁迫，盐碱混合的胁迫作用远比单纯盐胁迫或碱胁迫强烈，即二者具有协同作用(麻莹等，2007；Gao et al.，2011)。盐碱土中盐胁迫和碱胁迫常常同时发生，而且对植物造成的伤害更严重(王萍等，1994；郭瑞，2010)。盐碱混合胁迫给植物带来的伤害主要包括生长受到抑制、光合作用减弱、能量消耗增加、衰老速度加快、整体生物量降低等(Yang et al.，2008b，2009；Zhang and Mu，2009；鲁松等，2013)。

（3）植物耐盐的分子机制

近些年，研究者开始涉猎植物适应盐碱的微观机制。植物耐盐的分子生物学和植物耐盐基因工程逐渐成为学术界的研究热点。

研究者在分子生物学和遗传学水平上解释了植物耐盐变化机制，已经获得与抗性有关的基因，为植物抗逆性的生物工程提供了可靠的理论依据和实验基础（Cui et al.，2008；Jin et al.，2009）。关于植物耐盐碱的分子机制研究，主要涉及植物感受胁迫信号的 SOS 信号系统（SOS1、SOS2、SOS3）、NHX 家族、HKT 家族，非选择性阳离子通道（NCC）的相关基因和蛋白质，低亲和及高亲和钾离子通道的基因和蛋白质功能，与激素相关的代谢调控分子机制，以及与活性氧代谢相关基因的研究。分子生物学的技术进步已经使基因的定位、分离、转移成为现实。植物耐盐性受到复杂的多基因控制，而且常常是整个生物系统的综合反映，是一种典型的数量性状.研究作物数量性状遗传的重要方法——分子连锁图谱数量基因定位，即数量性状基因座（quantitative trait locus，QTL），已经开始应用于植物耐盐性（NaCl）遗传。此外，还有许多与植物耐盐碱有关的蛋白质和基因，如通道蛋白、LEA 蛋白（胚胎发生晚期丰富蛋白）、SOS 基因家族（*SOS1* 基因、*SOS2* 基因、*SOS3* 基因）。一些遗传研究表明，水稻耐盐碱性是由位于不同染色体上的多个基因所控制的数量性状的综合表现（Flowers，2004）。并且在水稻中检测出了高盐胁迫诱导表达的相关基因，并对一些与耐盐性状有关的基因进行了定位和克隆（李南羿和郭泽建，2006）。利用基因工程技术所转移的抗盐碱基因大多是参与合成渗调质的酶的基因（王萍等，1997）。与植物抗逆有关的细胞相容物质、酶类的作用机制和超表达，不同程度地提高了转基因植物的抗逆性；还有植物抗旱性状（ABA 调节、渗透调节、气孔调节、叶水势、叶片膨压、水分利用效率、根系拉力）和耐盐性状的基因定位等，现都已成为现实。

尽管大量的盐耐受研究主要包括水分关系、光合作用、某种无机离子和有机代谢物质的积累，以及盐损害发生的代谢位置及基因水平上的研究。但是植物在盐碱胁迫下的存活、适应机制还没有完全弄清楚。最近，从事盐胁迫研究的学者，也开始对热激蛋白（heat shock protein，HSP）、蛋白激酶、钙调蛋白等表现出浓厚的兴趣。随着小 RNA、基因芯片、基因的数字表达谱、蛋白组学及 mRNA 级联精确定量技术的蓬勃发展，盐胁迫生物学方面的研究深入发展，关于植物耐受或抵抗盐碱机制的研究，相信在未来会有许多突破。

1.3.2　盐碱化草地的植被变化

植被（vegetation）就是覆盖地表的植物群落的总称。植被类型与土壤之间有着紧密的联系，因此它的变化与周围土壤的变化密切相关。随着土壤盐碱化的日益加重，草地植被在进化过程中，不断与周围环境进行相互作用，为了适应周围环境，从而发生了一定的改变（张为政，1994）。

自然的和人为的干扰把生态系统转换为过渡态，造成其格局和过程的变化，因此生态系统演替的研究通常把干扰作为一个非常重要的因素同时加以考虑。干扰破坏了生态系统的稳定性，造成生态系统结构和功能的破损，使生态系统处于一种过渡状态。高强度、大面积和长时间的干扰往往会造成生态系统严重退化(余作岳和彭少麟, 1996)。但是干扰也是生态系统演替的外在驱动力,当这些驱动力发生剧烈变化时,就会影响或破坏生态过程的某一环节,打破生态系统的稳定,自然和人为的干扰引起的生态系统的对称性破缺,推动了系统的进化和演变(陈建国等, 2011)。干扰的属性有范围、频度、季节、强度、损害度、返回时间、循环周期和范围。

干扰可以看作是对生态演替过程的再调节。陈利顶和傅伯杰(2000)认为,通常情况下,生态系统沿着自然的演替轨道发展。在干扰的作用下,生态系统的演替过程发生加速或倒退,干扰成为生态系统演替过程中一个不协调的小插曲。例如,土地沙化过程,在自然环境影响下,如全球变暖、地下水位下降、气候干旱化、海拔等,地球表面许多草地、林地将不可避免地发生退化;但在人为干扰下,如过度放牧、过度砍伐森林、旅游业的发展等将会加速这种退化过程,可以说干扰促进了生态演替的过程。自然原因(如火)和人为原因(如放牧)使有些地区的草地生态系统也发生了一定的退化,自然原因与人为原因可能共同起作用,最终导致草地的退化(李凤霞和张德罡, 2005)。其中草地生态系统的退化一方面表现在草地植被的退化(vegetation degradation),主要有植被的盖度、生产力、植物生物多样性等(杨利民等, 1999;李建宏等, 2017);另一方面表现在草地土壤的退化(soil degradation),包括土壤的物理、化学性质发生不利于植被生长的变化(王德利和杨利民, 2004)。草地植被的退化主要体现在草地植物群落的植物种类组成、生物多样性、群落的演替和生物生产力等方面(张春华等, 1995;杨利民等, 1996;王德利和杨利民, 2004)。然而通过合理的生态建设,如植树造林、封山育林、退耕还林、引水灌溉等,可以使其向反方向逆转。目前对盐碱化草地研究较多的是刈割干扰和放牧干扰(陈利顶和傅伯杰, 2000)。

(1) 刈割干扰

草地刈割(grass mowing)能够满足家畜对大量饲料的需求,提高草地的利用价值,是草地的主要利用形式之一(祝廷成, 2004)。保证适宜的割草强度、合适的割草时间及合理的轮割制度,才能获得优质高效的牧草产出,保持草地的可持续发展与有效利用。目前我国相当一部分割草草地处于过度及不合理割草状态。割草季节不合理或割草过于频繁、高强度,草地植被组成、结构功能及土壤理化性质均会遭受到显著的破坏。其中割草时间和割草强度是草地刈割干扰的主要因素。

大量研究表明,不同割草强度能够从生物量、多样性指数、相对密度等方面影响植物的生长和发育(杨允菲, 1988;韩龙等, 2010)。不同刈割强度对地上、地下部分均有影响。对于地下根系来讲,高强度刈割处理使植物的根系长度、根表面积、根直径减少;从地上生物量来看,随着刈割强度的增加,生物量逐渐降低,不刈割处理的生物量最大(章家恩等, 2005)。运用组织转化理论与分析方法,对羊草与芦苇在放牧后的叶组织转化进行研究,结果表明,芦苇叶片寿命短,叶组织转化快,叶组织物质积累呈抛物线型增长;羊草叶片寿命较长,叶组织转化慢。可以通过不同的利用方式和时间来改善羊草草地的质量(刘颖等, 2002)。坝上地区羊草草地的研究证实,地上现存量随着刈割强度的增大呈现下降的趋势,各多样性指标与刈割强度的关系表现为正相关。刈割强度对群落数量性状有一定的影响，其能提高群落多样性指数，减少均匀度指数的变化幅度，刈割强度增大能增加草地地上部分生产力（王国良等，2007）。羊草草地的研究结果表明，群落中羊草地上生物量随刈割强度的增大而减小；群落生长量为不刈割处理显著高于留茬 10 cm 和 15 cm 处理；多样性指数随刈割强度的增大而增大。羊草相对密度随刈割强度的增大而减小（韩龙等，2010）。裴九英（2016）的实验表明，刈割强度对植物群落地上生物量与生物量恢复具有显著影响，其变化趋势呈正态分布（即中等刈割强度下生物量最大）。由此可见，适宜的割草强度对于牧草产出至关重要，过高或过低都会对牧草的产量及利用造成负面影响。

适宜的刈割期是收获高产优质牧草和调制优质干草的重要因素之一。在合适的时期刈割，可以增加牧草生育期内地上部分的生物量，丰富其营养物质，获取单位面积营养物质的最大产量。一般情况下，豆科牧草的刈割以现蕾至开花初期为宜，禾本科牧草的刈割以抽穗至开花期为宜。刈割过晚，牧草的木质化程度快速增加，不仅会导致其品质和适口性显著下降，还会影响后茬牧草和饲料作物的再生性。适时刈割，草地可实现一年多次收获，获得较高的草产量，提高土地利用率。不同刈割时间对昭苏马场人工割草地产草量及牧草质量的影响研究显示：随着刈割时间的推移，牧草的产量并无明显增加，但其粗蛋白含量却不断减少，粗纤维含量不断增加，导致牧草质量有所下降。如果将昭苏马场人工割草地的牧草刈割时间改为 7 月上中旬，不仅可以增加草地产草量，还能提高牧草的营养品质（阿依古丽·达嘎尔别克等，2013）。研究证实，刈割时期对猫尾草（*Uraria crinita*）、大麦（*Hordeum vulgare*）、墨西哥玉米（*Purus frumentum*）的草产量、营养价值和总能量都有显著的影响（田新会等，2003；王永军等，2005；陈晓东等，2015）。可见，合适的刈割时间和适宜的刈割强度对于牧草地的可持续发展具有重要意义，两者缺一不可。

此外，适宜的刈割频度对于牧草地的发展具有重要作用。随着刈割频度的增大，胡枝子（*Lespedeza bicolor*）根系质量、主根直径、根瘤个数及根瘤大小都逐渐降低；根的可溶性糖含量也随着刈割频度的增大而下降，地上生物量也呈下降趋势。1 年之中刈割 3 次，每 6 周刈割 1 次的胡枝子，可得到最大超补偿生长，并获得最大地上生物量（刘克敏和胡云峰，2008）。刈割对植物分蘖也有显著的影响，一般刈割次数多，则牧草的茬平均分枝（蘖）数少，而年累计分枝（蘖）数多；刈割次数少，则茬平均分枝（蘖）数多，而年累计分枝（蘖）数少。在相同刈割频率下，留茬高度对红车轴草（*Trifolium pratense*）分枝的影响相对明显；在相同留茬高度下，鸭茅（*Dactylis glomerata*）累计分蘖数随刈割次数增加而增多的幅度比红车轴草大（樊江文，1996）。总之，只有具备适宜的割草强度、合适的割草时间及合理的轮割制度，才能获得优质高效的牧草产出，保持草地的可持续发展与有效利用。

（2）放牧干扰

干扰对草地生态系统的影响很大，特别是人为干扰（刘志民等，2002）。并且，干扰过度会导致草地植被锐减，地表裸露，造成土壤退化（包括沙化、盐碱化等），有机碳含量减少，使草地生态系统向大气释放的 CO_2 量增加，从而破坏草地的碳收支（王仁忠，1996）。

有人类历史以来，放牧(grazing)就成为一种重要的人为干扰(祝廷成等，1965；陈利顶和傅伯杰，2000)。过度放牧是土壤退化的主要驱动因素(高英志等，2004)。因此，关于人类放牧活动对草地植被影响的研究越来越受到重视(张强等，1998；赵哈林等，2008)。

放牧不仅可以直接改变草地的形态特征，还可以改变草地的生产力和草种结构(祝廷成等，1984)。放牧对于那些放牧历史较短的草原来说是一种严重干扰，这是因为原来的草种组成尚未适应放牧这种过程。而对于已有较长放牧历史的草原，放牧已经不再成为干扰，因为这种草地的物种已经适应了放牧行为，对放牧这种干扰具有较强的适应能力，进一步的放牧不会对草原生态系统造成影响。相反那种缺少放牧历史的草场经常为一些适应放牧能力较差的草种所控制，对放牧过程反应比较敏感(陈利顶和傅伯杰，2000)。一些研究发现适度放牧可以使草场保持较高的物种多样性，促进草地景观物质和养分的良性循环，因此放牧也可以作为一种管理草场、提高物种多样性和草场生产力的有效手段(李晓波和王德利，1996；陈利顶和傅伯杰，2000)。

放牧干扰对植被的影响是复杂的，它主要通过采食、践踏和排泄对植被产生影响，其中，践踏的干扰作用最为强烈(陈利顶和傅伯杰，2000；高英志等，2004)。长期放牧会影响土壤的性质、结构、组成和含水量，同时也会影响土壤动物和植物群落(王仁忠和李建东，1993)。例如，Hiernaux 等(1999)在撒哈拉沙漠的研究表明，生物土壤结皮的面积从原来没有放牧干扰时的51.5%分别下降到适牧的18.8%和重牧的14.0%。

放牧对土壤物理性质的影响主要表现在土壤容重的变化，土壤容重是土壤物理性质中对放牧干扰比较敏感的指标，它受土壤有机质含量、土壤结构及动物践踏程度的影响。土壤容重随着放牧强度的增加而增大且有累积效应，放牧对土壤容重的影响主要表现在土壤上层(0~10 cm)，而10~30 cm土壤容重随放牧强度变化的差异不显著。土壤上层容重的增加一方面是动物践踏压实的结果；同时也与践踏导致土壤动物数量减少有很大关系。放牧对土壤粒度组成也有影响。在我国阿拉善沙质荒漠化草地，经过6年不同程度的放牧，土壤的颗粒组成随着放牧强度的增加，0~20 cm层粗砂、中砂含量依次增加，细砂、粉砂和黏粒含量依次减少，土壤沙化加剧。在土壤表层含水量方面，随着放牧强度的增加而下降。

在中牧区土壤容重增加，而在重牧区土壤容重则呈现下降趋势，这可能是由于在中牧区，动物的践踏加重了土壤的负荷，从而使土壤容重增加；而在重牧区，动物的活动密度加大，牲畜的高强度践踏导致表层土壤松散，容重下降(蒋文兰等，2002)。但也有研究表明：连续4年放牧对土壤容重的影响不明显(Hiernaux et al.，1999)。这可能是由于放牧践踏对土壤的影响还与土壤的含水量有关，即土壤保持一定含水量时践踏有压实作用，土壤水分缺乏时有"蹄耕效应"(hoof ploughing effect)。

在干旱和半干旱的荒漠地区，由于土壤本身的有机质含量较少，缓冲性能差，放牧会造成土壤有机质含量降低(高英志等，2004)。国内外荒漠地区的研究证实，经过4~6年的放牧，土壤上层(0~20 cm)的有机C含量呈降低趋势，并且0~5 cm下降得快，10~20 cm下降得慢。土壤速效N和速效K含量随着放牧强度的增加而略有增加，土壤全P和速效P含量随放牧强度的增加而降低。上层土壤酸性随着放牧强度增加而增强(Hiernaux et al.，1999)。在土壤微生物及其活性方面，适当放牧比轻牧和过牧有助于微生物数量及土壤酶活性的增加。

相关专家对不同放牧强度对典型草原、干旱荒漠和高寒草甸植被多样性的影响进行了研究。研究表明,超载过牧、鼠虫危害、人为干扰、全球气候变化、放牧家畜选择性采食、不同植物对放牧响应的不同策略、植物种间的竞争、动植物协同进化及由放牧改变的土壤理化性质等因素会影响牧草资源多样性、植物群落结构和多样性,甚至导致草地严重退化(王德利等,1996;王文颖和王启基,2001;王国宏等,2002;刘振国和李镇清,2006)。人类放牧活动对沙质草地植被也有明显的影响,持续过度放牧可以导致草地植被的迅速破坏(赵哈林等,2008)。

放牧对生物土壤结皮的影响是复杂的,既有放牧对生物土壤结皮的直接作用,又有放牧对土壤理化性质的间接作用,二者共同对植被产生影响。如果过度放牧,必将会引起土壤和植被的退化(刘颖等,2002)。农业生产活动、酸性肥料的使用(硫酸铵等)加强了酸化作用,并且影响着植物根系的分泌活动。土壤退化和荒漠化的间接作用是因减少了生物量生产,使得几乎没有或很少有植物残余物返回土壤,生物量生产的降低是由于土壤结构的恶化和土壤容重的增大。如果所有荒漠化土地得到治理和恢复,并且发生逆转(reverse),即从严重荒漠化土地恢复至中等荒漠化土地,中等荒漠化土地逆转成为轻度荒漠化土地,而轻度荒漠化土地逆转为潜在荒漠化土地等,我国荒漠化土地 CO_2 的固存量将达到 236.04 Mt C(李建东,1996;董学存,2014)。

此外,干扰还包括土壤物理干扰、土壤施肥、践踏、外来物种入侵,以及其他干扰类型,例如,洪水泛滥、森林采伐、城市建设、矿山开发、灌溉、围封和旅游等,它们是人们比较熟悉的人为干扰,对草地生态系统、景观格局和过程具有一定的影响。

1.3.3 盐碱化草地的土壤动态

草地盐碱化是一种动态的退化过程,在自然环境和人为不合理利用等因素的影响下,草地生物生产力下降,造成草地生态系统的退化(于洋和安洪影,2011)。目前关于土壤表层盐分增多的原因及过程有两种理论假说,即原始发生型假说和植被退化、土壤水分由蒸腾变蒸发假说(王春裕等,2004)。周道玮等(2011)通过野外调查及定位研究发现,松嫩平原羊草草地的退化进程为土壤退化在先,植被退化在后,盐生植物侵入并形成群落及后续的演变近于始自原生状态。

(1)盐碱化动态模拟

动态模型是表示系统静态和动态的行为,其可为同一系统提供不同的视角。动态模型描述的是与操作时间和顺序有关的系统特征、影响更改的事件、事件的序列、事件的环境及事件的组织(Gao et al.,1996)。借助时序图、状态图和活动图,可以描述系统的动态模型。动态模型的每个图均有助于理解系统的行为特征。

土壤水分与盐碱化动态的模拟模型可以模拟空间异质的多层土壤水分动态。研究者利用该模型分别模拟了长岭县 1996 年和 1997 年 0～50 cm 土层土壤水分的动态,以及1997 年 0～30 cm 土层的土壤盐分含量、土壤碱化度及土壤 pH 的动态规律,并将实验结果进行了比较,模拟效果很好。土壤盐碱化模拟结果说明,在人类不干扰的情况下,上层土壤的盐离子会淋溶到深层土壤中去，盐渍化土壤会逐渐得到恢复，植物群落将经历一个顺行演替的过程(尚宗波等，2002)。该模型没有考虑土壤冻融对土壤盐碱化动态的影响，因此仍需要进一步改进。基于土地利用动态度模型和质心移动模型，对农安县近年来盐碱化土地动态变化进行的研究表明，土地盐碱化动态变化的原因在于自然和人为驱动力因素(何艳芬等，2004)。

(2) 盐碱化预测研究

随着科技的发展，遥感信息技术具有宏观、动态、快速大面积观测的特点，加上地理信息系统(geographic information system，GIS)具有数据处理与动态分析优势，采用多数据源、多尺度、多时相的手段，将遥感技术与非遥感信息密切匹配，获取土地信息，是土地资源调查研究的一种行之有效的方法(李建平等，2006)。马尔可夫模型(Markov model)已被国内外学者广泛应用于土地利用格局及动态演化趋势分析，并已被证明是实用和可行的预测方法，模拟结果与实际情况基本相符。

马尔可夫模型属于一种趋势预测，可以作为一种有价值的预测参考手段，是一种定量化、实用性较强、准确度较高的方法，可以为管理和决策部门提供科学依据。但与其他一些较为成熟的环境预测模型相比，过程较为简单，复杂因素考虑不多，这是它的不足之处。其中，确定初始状态矩阵和转移概率矩阵是马尔可夫模型的关键环节，因此要求基础数据必须准确可靠。从遥感影像上采用基于知识的人机交互系统提取土地利用类型信息，尽管其准确率较高，但仍存在误差，因此预测结果也会相应地存在误差，但不会有太大影响(李锋，1997；杨越等，2012)。

对比不同历史时期的航片或卫片，利用马尔可夫模型能够说明不同程度荒漠化土地之间的相互转化状况及不同类型荒漠化土地与其他各类嵌块体(耕地、草地、林地等)之间的转化状况，从而揭示出它们之间的转移速率。基于两期 Landsat TM 遥感影像提取吉林省大安市土地利用类型信息，并以此为基础，应用马尔可夫模型预测模拟研究区未来10 年土地利用格局的变化情况。以松嫩平原西南部土地盐碱化典型区之一的大安市为研究对象，该区土地盐碱化的主要动态变化是草地、耕地、水域及林地与盐碱地之间的转化，采用时间尺度为 12 年的 1989 年和 2001 年两期遥感影像，结合野外调查，以及各种图件和文字资料，利用基于 GIS 的人机交互式解译提取大安市盐碱地、草地、耕地、水域及林地信息，获取统计数据，并以此为基础，利用马尔可夫模型预测和分析大安市未来 10 年土地利用格局的演化。结果表明，在保持当前人为干扰条件不变的情况下，2010年该区盐碱化土地面积占上述 5 种土地利用类型总面积的比例达到 38.67%，2015 年达到40.75%，土地盐碱化严重(李建平等，2006)。崔海山等(2004)以吉林西部土地荒漠化典型区之一的镇赉县为研究对象，在 GIS 的支持下，根据研究区两个时期的遥感影像，解译出土地利用图和荒漠化土地分布图，通过叠加处理把荒漠化土地作为单独地类从其他土地利用类型中剔除，得到两期包括荒漠化地类的土地利用类型图，进一步叠加，得到监测期内镇赉县荒漠化土地相对于其他土地利用类型的时空变化。介绍了马尔可夫荒漠化预测模型的建立过程，并应用马尔可夫模型预测和分析了镇赉县土地荒漠化的演化趋势。研究结果表明：如果不采取有效措施，镇赉县的荒漠化将继续发展，荒漠化土地将逐步蚕食现有的草地、林地和耕地,预计到 2050 年,荒漠化土地将占研究区的 32.49%。

现代科学技术的发展加速了草地生态系统模型建构的进程。遥感技术(remote sensing,RS)、地理信息系统(geographic information system,GIS)和全球定位系统(global positioning system,GPS)统称为"3S 技术",3S 技术的出现和计算机技术的完善使人们可以利用卫星的光谱资料信息与数字化的环境资料对盐碱化地区的植物进行识别、分析和分类,提高描述、分析盐碱化地区植物分布图及对盐碱化动态模型进行直接验证的能力。而且,在 GIS 工作平台上,可以把盐碱化地区植物的动态与瞬时的气候条件结合起来,以研究全球气候变化对该地区植被的影响及植被对气候的反馈作用。将 3S 技术、计算机技术和数学模型整合到盐碱化预测模型中,将是未来盐碱化预测模型发展的一个主要方向。

(3) 盐碱化草地的理化性质和微生物研究

土壤的盐碱化过程伴随着土壤的理化性质和微生物的变化。轻度盐碱化区土壤中 Ca^{2+} 含量较高,为非碱性钠质土。中度和重度盐碱化区土壤属于碱性钠质土。在中度和轻度盐碱化区土壤有较高的有机质含量,而在重度盐碱化区土壤有机质含量很低(冯玉杰等,2007)。

盐碱地土壤微生物研究,主要包括盐碱地土壤微生物数量、土壤酶活性等(Zhang et al.,2011;李凤霞等,2011)。研究表明,土壤中微生物的数量随着盐害程度的增加而减少,其中土壤细菌、放线菌和真菌的数量分布从高到低依次为轻度盐化土、中度盐化土、重度盐化土、盐土(孙佳杰等,2010)。Matsuda 等(2006)研究得出,4 个外生菌根(ectomycorrhizae,ECM)真菌在不同浓度的 MMN 液体培养基上能生长一段时间,两个菌的菌丝长度随着 NaCl 浓度的增加有所降低。盐碱化草地中的盐分胁迫直接影响土壤酶活性,研究表明,土壤中葡萄糖苷酶和左旋天冬酰胺酶的活性随土壤中盐分浓度的提高而下降(张建锋等,2005)。

1.3.4 草地盐碱化与全球变化

全球气候变化也可以看作是对草地生态系统的一种干扰(杨允菲等,2001)。全球气候条件的变化,特别是降水和气温的改变,往往会使草地生态系统的植被受到影响(Davenport and Nicholson,1993;杨飞,2016)。

气候变暖对全球自然生态系统和各国社会经济将产生重大而深远的影响,使人类的生存环境和发展面临巨大挑战。气候变化使草原区出现干旱的概率加大,持续时间延长;草地土壤侵蚀危害加重,土地肥力降低;草地在干旱气候、荒漠化、盐碱化的作用下,初级生产力下降;草地景观可能呈现荒漠化趋势(王春磊等,2015)。草地是我国陆地生态系统的重要组成成分。能够更好地认识其动态变化,将对预测全球气候变化与草地生态系统之间的相互关系很有意义(Yang et al.,2008c;樊江文,2010)。我国北方草原地区,近些年来草地气候暖干化趋势日益明显,已经导致大面积草地退化,使当地的畜牧业生产受到明显抑制(王德利等,1996;李霞等,2006)。综合分析 1961~2000 年的气温、降水等气象资料及其对植被的影响，结果表明增温加剧了土壤干旱化，降水和土壤含水量仍是制约北方典型草原与荒漠草原植被生长的根本原因(李晓兵等，2002)。

气候变化对宁夏草地生态系统的影响研究显示，宁夏近年来气温升高幅度表现出明显的纬向分布特点，随着纬度的升高，增温幅度明显加大。牧草的干物质积累量与其生长期间的积温、降水有着十分密切的关系，其拟合信度达到极显著水平。模拟结果表明，在宁夏中部干草原分布区，不论是牧草地上部分总干物质产量，还是主要优势牧草的干物质积累量，都主要受热量和水分条件制约，气候因素直接决定草原的初级生产力。总之，随着气候变暖，宁夏中部草原总体上向生产能力逐步提高的方向发展，不论是草场总产草量还是主要优质牧草产量，都表现出增加的趋势。宁夏中部草原植被构成中优质牧草所占比例呈下降趋势，特别是豆科牧草所占比例明显减小，植被群落结构有可能发生变化，草原退化的风险加大(施新民等，2008)。

暖湿气候对沙质草地的植被有一定的促进作用，但持续干旱会破坏其植被盖度、物种丰富度和多样性等，多雨时期气温变化对植被的影响较大，干旱时期降水变化对植被的作用较强(赵哈林等，2008)。由此可见，我国干旱荒漠化土地在全球碳循环和 CO_2 排放的缓解这两方面具有很大的潜力，在全球气候变化中具有重要的意义(樊恒文等，2002)。全球 CO_2 浓度升高引起的陆地生态系统响应研究，依然是生态学家继续探索的内容(蒋高明，2001)。草地生态系统在全球碳循环中起着巨大的作用，对草地生态系统的碳循环及其影响因素的研究是认识全球碳循环的关键之一。近年来，国际上对草地生态系统碳循环的研究多集中于探讨其碳素的储量和流量。

土壤有机碳的含量与进入土壤的植物凋落物和地上生物量呈线性正相关关系(樊恒文等，2002)。干旱区有限的生物量生产和土壤水分含量及特殊的土壤理化性质决定了土壤有机碳储量相对贫乏，而土壤无机碳相对丰富的碳量储存特点。土壤有机碳在全球碳循环过程中的重要地位已得到了足够的重视(Lal，2004)。而土壤无机碳的重要性，尤其是在干旱区土壤对碳循环的贡献尚未得到充分的认识。尽管湿润条件下的土壤富含有机碳，但无机碳在干旱区土壤中的储量超出土壤有机碳储量 2～5 倍。据估计，我国土壤碳库储量为 $110×10^{15}$ g，其中有机碳约为 $50×10^{15}$ g，无机碳约为 $60×10^{15}$ g，我国干旱区土壤无机碳含量相当于全球的 1/15。因此，无机碳对全球碳循环的贡献是不容忽视的。土壤退化，尤其是荒漠化，进一步加剧了温室效应。土壤退化和荒漠化对大气中温室气体浓度的作用既有直接的，也有间接的。直接影响中最重要的是对有机碳的氧化/矿化作用。有机碳的氧化是由耕种，持续的农业生产活动，作物剩余物和其他生物量的转移，以及过度放牧等所造成的；荒漠化使表土层侵蚀加剧，使土壤中富含碳酸盐的物质或钙积层在表土裸露。钙积层在土表的裸露导致了酸化作用和 CO_2 的释放，但是目前尚且没有钙积层的裸露对 CO_2 排放影响的观测数据，其影响有待于量化。

在 20 世纪 70～90 年代，内蒙古草原气候变化的趋势为呈波动性向温暖方向发展。与 70 年代相比，90 年代年均温升高 1.4℃左右，年降水量增加 15.1 mm(4.1%)。值得注意的是，无论是温度还是降水，其年际变幅近年来明显加大。气温升高或降水增加，可能对草地植被有更重要的影响，虽然气候变化对草地植被会有直接的作用，但仅从这 30 年的气候资料，很难得出近年来由于气候变干燥，加速了草地退化的结论。首先，气候变化是一个漫长和复杂的过程，仅凭数十年的资料难以判断气候变化的趋势。所观测到的温度升降和降水量增减均在植物正常生长的范围之内，尚不足以引起草地的迅速退化。其次，因气候变化引起的植被变化应有明显的地带性推进特征，即由荒漠草原向典型草原带状推进，由典型草原向草甸草原带状推进。而目前草地退化则表现为全面的、以居民点为中心的点状发散式分布。因此，草地生态系统迅速退化的原因难以归结到气候变化方面，至多可以说，气候变化对草地退化可能有推波助澜的作用(李青丰等，2002)。

1.3.5　盐碱化草地的评价

草地生态系统是我国陆地上面积最大的生态系统，有着至关重要的地位。因此为了更好地提高草地生态系统的功能，发展更完善的草地评价是十分必要的。草地评价主要包括：草地基况评价、草地生态系统服务功能评价、草地资源评价、草业经济系统评价、草地资源可持续利用评价等(孟林和张英俊，2010)。

草原基况是指草原发育和发展的健康状况，主要取决于地形、气候、土壤、植被等自然生态条件。草原基况的评价是对草原当前生态条件的生态学鉴定及对生物群落所具有的自然经济状况的群落学鉴定，同时，它可以代表草地的生产力情况(白跃华和魏绍成，2001)。草地基况评价主要是以植被演替的状况作为基础进行的(梁燕等，2004)。

草地生态系统服务功能是指草地生态系统及其生态过程所形成并维持的人类赖以生存的自然环境条件与效用(赵同谦等，2004)，它不仅提供了人类社会经济发展中所需的畜牧产品、植物资源，还对维持自然生态系统格局、功能和过程，尤其是干旱和高寒等自然条件严酷地区的生态环境，起到关键性作用。对于草地生态系统服务功能的评估主要包括以下几方面。①产品提供功能：畜牧业提供肉、奶、毛、皮等产品；植物主要提供食用植物资源、药用植物资源等产品。②调节功能：调节功能是指人类从生态系统的调节作用中获取的服务功能和利益。参照全球千年生态系统评估工作组关于调节功能的定义，赵同谦等(2004)认为草地生态系统提供的调节功能主要包括：气候调节，评价内容即草地生态系统在气温、湿度、风力调节等方面的功能及价值；土壤碳固定，评价内容即土壤有机碳累积对全球气候产生的影响及其生态经济价值；水资源调节(截留降水)，评价内容即草地生态系统涵养水分功能的生态效益；侵蚀控制，评价内容即防止土壤风力侵蚀和水力侵蚀的生态效益；空气质量调节，评价内容即净化空气污染物、改善环境质量的作用及其价值；废弃物降解，评价内容即牲畜粪便降解清除、养分归还的生态经济价值；营养物质循环，评价内容即草地生态系统主要营养元素的循环及其生态效益。③文化服务功能：草地生态系统的文化服务功能是指人们通过精神感受、知识获取、主观映像、消遣娱乐和美学体验从生态系统中获得的非物质利益，主要包括以草地生态系统为基础形成并发展的颇具特色的民族文化、精神和宗教价值、社会关系、知识系统、教育价值、灵感、美学价值及文化遗产价值；此外，还包括由草地生态系统独特的自然景观气候特色和草原地区长期形成的民族特色、人文特色与地缘优势构成的得天独厚的生态旅游资源。④支持功能：是保证其他所有生态系统服务功能能够发挥作用所必需的基础功能，区别于产品提供功能、调节功能和文化服务功能。支持功能对人类的影响是间接的或者通过较长时间才能发生，而其他类型的服务则是相对直接的和短期影响于人类。根据草地生态系统的生态功能特点得知，其重要的支持功能主要包括：固沙改土、培肥地力和生境提供(赵同谦等，2004)。

草地生态系统服务功能研究目前主要存在的问题有：①缺乏动态性研究；②缺乏空间异质性研究；③缺乏评价和计算的生态经济学逻辑框架体系；④价值评价的理论和方法还不完善；⑤缺乏人类干扰下服务功能的变化与响应研究；⑥对各类草地生态系统研究的针对性不强；⑦缺乏适合我国草地生态系统服务功能特征的评估体系与方法(于格等，2005)。根据以上研究的不足，于格等(2005)认为，在草地生态系统服务功能研究领域应当对以下问题加强关注：逐步建立相对完善的草地生态系统服务功能和价值评价的逻辑框架体系与方法；提高不同类型草地生态系统服务功能研究的针对性；加强人类干扰下生态系统服务功能的变化和响应研究；将 RS 和 GIS 技术应用到生态系统服务功能动态性与空间异质性研究中。因此，以后应加强这些方面的研究。

草地资源评价在草地评价及草地资源学科中占据非常重要的地位。一般根据草原基况和草原使用价值的草地资源评价，具体方法分为定性研究方法和定量研究方法(白跃华和魏绍成，2001)；从草地农业生态系统理论出发，利用专家经验打分的方法，建立评价指标体系和方案，研究草地的生产经济价值(任继周，1995)；以及采用目标分层法构建草地资源可持续利用评价指标体系的基本框架和评价方法(刘黎明等，2002)。

生态系统健康就是在系统内部，物质、能量及信息流动的功能(Campbell，2000；曹光兰，2013)。草地生态系统健康评价就是用基本功能综合特征的变化来衡量生态系统的健康状况(梁燕等，2004)。盐碱化草地的评价也是如此，由于环境变化和人为的破坏使其发生了一定的退化，因此对其进行准确的评价是非常必要的。

参 考 文 献

阿依古丽·达嘎尔别克，阿布都卡哈尔·阿布都卡迪尔，哈丽代·热合木江，等. 2013. 刈割时期对昭苏马场人工割草地产量和品质的影响. 畜牧与饲料科学，34(11)：37-39.
白跃华，魏绍成. 2001. 草地资源评价方法与综合评价程序. 中国草地学报，23(2)：62-66.
曹光兰. 2013. 图们江流域河流生态系统健康评价研究. 延吉：延边大学硕士学位论文.
陈建国，杨扬，孙航. 2011. 高山植物对全球气候变暖的响应研究进展. 应用与环境生物学报，17(3)：435-446.
陈利顶，傅伯杰. 2000. 干扰的类型、特征及其生态学意义. 生态学报，20(4)：581-586.
陈万超. 2011. 三种经济植物抗碱生理机制研究. 长春：东北师范大学博士学位论文.
陈晓东，赵斌，王瑞，等. 2015. 不同刈割茬次与刈割时期对大麦饲草产量与品质的影响. 中国农学通报，31(12)：36-39.
崔海山，张柏，刘湘南. 2004. 吉林西部土地荒漠化预测研究——以吉林省镇赉县为研究区. 中国沙漠，24(2)：235-239.
崔宏伟. 2006. 盐地碱蓬高产品系人工选育、开发利用及对盐渍土改良效果研究. 泰安：山东农业大学硕士学位论文.
邓伟，裘善文，梁正伟. 2006. 中国大安碱地生态试验站区域生态环境背景. 北京：科学出版社.
董学存. 2014. 我国土地荒漠化及其治理措施. 北京农业，(30)：1-3.
樊恒文，贾晓红，张景光，等. 2002. 干旱区土地退化与荒漠化对土壤碳循环的影响. 中国沙漠，22(6)：3-11.
樊江文. 1996. 在施肥和不施肥条件下刈割频度和强度对红三叶和鸭茅混播草地生产力的影响. 草业科学，13(3)：23-28.
樊江文，邵全琴，刘纪远，等. 2010. 1988—2005 年三江源草地产草量变化动态分析. 草地学报，18(1)：5-10.
冯玉杰，张巍，陈桥，等. 2007. 松嫩平原盐碱化草原土壤理化特性及微生物结构分析. 土壤，39(2)：301-305.
高英志，韩兴国，汪诗平. 2004. 放牧对草原土壤的影响. 生态学报，24(4)：790-797.
葛莹，李建东. 1990. 盐生植被在土壤积盐—脱盐过程中作用的初探. 草业学报，1(1)：70-76.

顾大形, 陈双林, 顾李俭, 等. 2011. 盐胁迫对四季竹细胞膜透性和矿质离子吸收、运输和分配的影响. 生态学杂志, 30(7): 1417-1422.

郭继勋, 姜世成, 孙刚. 1998. 松嫩平原碱化草地治理方法的比较研究. 应用生态学报, 9(4): 425-428.

郭继勋, 李建东, 张宝田. 1994b. 盐碱化草地的生物治理. 农业与技术, (2): 35-39.

郭继勋, 马文明, 张贵福. 1996. 东北盐碱化羊草草地生物治理的研究. 植物生态学报, 20(5): 478-484.

郭继勋, 张为政, 肖洪兴. 1994a. 羊草草原的植被退化与土壤的盐碱化. 农业与技术, (2): 39-43.

郭瑞. 2010. 松嫩平原四种禾本科植物耐盐碱生理生态机制研究. 长春: 东北师范大学博士学位论文.

韩龙, 郭彦军, 韩建国, 等. 2010. 不同刈割强度下羊草草甸草原生物量与植物群落多样性研究. 草业学报, 19(3): 70-75.

何学利. 2010. 植物体内的保护酶系统. 现代农业科技, (10): 37-38.

何艳芬, 张柏, 马超群. 2004. 松嫩平原土地盐碱化动态研究——以农安县为例. 水土保持学报, 18(3): 146-149.

胡爱双, 王文成, 孙宇, 等. 2016. 忍冬属植物抗逆性及园林应用研究进展. 河北农业科学, 20(5): 31-35.

贾探民, 杜双田. 1999. 世界各国防治土壤盐碱化主要措施. 垦殖与稻作, (2): 43-44.

蒋高明. 2001. 当前植物生理生态学研究的几个热点问题. 植物生态学报, 25(5): 514-519.

蒋文兰, 文亦苗, 张宁, 等. 2002. 云贵高原红壤人工草地定植期经济合理施肥量的确定. 草业学报, 11(2): 91-94.

李锋. 1997. 景观生态学方法在荒漠化监测中应用的理论分析. 干旱区研究, 14(1): 69-73.

李凤霞, 郭永忠, 许兴. 2011. 盐碱地土壤微生物生态特征研究进展. 安徽农业科学, 39(23): 14065-14067.

李凤霞, 张德罡. 2005. 草地退化指标及恢复措施. 草原与草坪, (1): 24-28.

李洪影. 2013. 生物措施对松嫩平原盐碱退化草地改良效果的研究. 哈尔滨: 东北农业大学博士学位论文.

李建东. 1995. 东北草原退化及其治理. 国土与自然资源研究, (3): 34-38.

李建东. 1996. 科尔沁草地沙化综合治理对策. 国土与自然资源研究, (2): 55-58.

李建东, 郑慧莹. 1995. 松嫩平原盐碱化草地改良治理的研究. 东北师大学报(自然科学版), (1): 110-116.

李建宏, 李雪萍, 卢虎, 等. 2017. 高寒地区不同退化草地植被特性和土壤固氮菌群特性及其相关性. 生态学报, 37(11): 3647-3654.

李建平, 张柏, 张树清. 2006. 吉林省西部草地景观空间格局动态变化研究. 兰州大学学报(自然科学版), 42(4): 43-48.

李南羿, 郭泽建. 2006. 转录因子 OPBP1 和 OsiWRKY 基因的超表达提高水稻的耐盐及抗病能力. 中国水稻科学, 20(1): 13-18.

李青丰, 李福生, 乌兰. 2002. 气候变化与内蒙古草地退化初探. 干旱地区农业研究, 20(4): 98-102.

李霞, 李晓兵, 王宏, 等. 2006. 气候变化对中国北方温带草原植被的影响. 北京师范大学学报, 42(6): 618-624.

李晓兵, 陈云浩, 张云霞. 2002. 气候变化对中国北方荒漠草原植被的影响. 地球科学进展, 17(2): 254-261.

李晓波, 王德利. 1996. 放牧对吉林羊草草原植物多样性的影响. 东北师大学报(自然科学版), (2): 94-98.

李晓宇, 蔺吉祥, 李秀军, 等. 2013. 羊草苗期对盐碱胁迫的生长适应及 Na+、K+代谢响应. 草业学报, 22(1): 201-209.

李忠佩, 李德成, 张桃林, 等. 2001. 土地退化对全球粮食安全的威胁及防治对策. 水土保持通报, 21(4): 66-69.

梁慧敏, 夏阳, 杜峰, 等. 2001. 盐胁迫对两种草坪草抗性生理生化指标影响的研究. 中国草地, 23(5): 28-31.

梁燕, 韩国栋, 赵萌莉, 等. 2004. 草地生态系统健康评价的内容与实施方法. 畜牧与饲料科学, 26(6): 107-109.

廖岩, 彭友贵, 陈桂珠. 2007. 植物耐盐性机理研究进展. 生态学报, 27(5): 2077-2089.

林年丰, 汤洁. 2001. 中国干旱半干旱区的环境演变与荒漠化的成因. 地理科学, 21(1): 24-29.

林年丰, 汤洁. 2005. 松嫩平原环境演变与土地盐碱化、荒漠化的成因分析. 第四纪研究, 25(4): 474-483.

蔺吉祥, 李晓宇, 唐佳红, 等. 2011. 盐碱胁迫对小麦种子萌发、早期幼苗生长及 Na+、K+代谢的影响. 麦类作物学报, 31(6): 1148-1152.

刘爱荣, 张远兵, 钟泽华, 等. 2013. 盐胁迫对彩叶草生长和渗透调节物质积累的影响. 草业学报, 22(2): 211-218.

刘琛, 丁能飞, 傅庆林, 等. 2010. 盐胁迫对 3 种蔬菜幼苗抗氧化酶活性的影响. 安徽农业科学, 38(1): 115-116.

刘克敏, 胡云峰. 2008. 胡枝子刈割频度对根系及地上生物量的影响. 防护林科技, (4): 19-20.

刘黎明, 赵英伟, 郑建宗. 2002. 草地利用系统可持续性评价方法研究. 中国草地学报, 24(6): 1-6.

刘明杰. 2014. 拟南芥 Na+、K+吸收与积累的研究. 兰州: 兰州大学硕士学位论文.

刘伟, 潘廷国, 柯玉琴. 1998. 盐胁迫对甘薯叶片氮代谢的影响. 福建农业大学学报, 27(4): 490-494.

刘颖, 王德利, 王旭, 等. 2002. 放牧强度对羊草地植被特征的影响. 草业学报, 11(2): 22-28.

刘振国, 李镇清. 2006. 退化草原冷蒿群落 13 年不同放牧强度后的植物多样性. 生态学报, 26(2): 475-482.

刘志民, 赵晓英, 刘新民. 2002. 干扰与植被的关系. 草业学报, 11(4): 1-9.

鲁松, 杨楠, 熊铁一. 2013. 植物对盐碱胁迫的响应. 四川林业科技, 34(6): 93-95.

麻莹, 曲冰冰, 郭立泉, 等. 2007. 盐碱混合胁迫下抗碱盐生植物碱地肤的生长及其茎叶中溶质积累特点. 草业学报, 16(4): 25-33.

孟林, 张英俊. 2010. 草地评价. 北京: 中国农业科学技术出版社.

牛东玲, 王启基. 2002. 盐碱地治理研究进展. 土壤通报, 33(6): 449-454.

裴九英. 2016. 模拟增温和刈割强度对黄土高原半干旱地区草地生态系统生产力和恢复力的影响. 兰州: 兰州大学硕士学位论文.

任继周. 1995. 草地农业生态学. 北京: 中国农业出版社.

尚宗波, 高琼, 王仁忠. 2002. 松嫩草地土壤水分及盐渍化动态的模拟研究. 土壤学报, 39(3): 375-383.

施新民, 黄峰, 陈晓光, 等. 2008. 气候变化对宁夏草地生态系统的影响分析. 干旱区资源与环境, 22(2): 65-69.

石德成, 殷立娟. 1993. 盐(NaCl)与碱(Na$_2$CO$_3$)对星星草胁迫作用的差异. 植物学报, 35(2): 144-149.

司振江. 2010. 盐碱化草原农业改良技术及水盐运动规律研究. 哈尔滨: 东北农业大学博士学位论文.

宋姗姗, 隆小华, 刘玲, 等. 2011. 钠钾比对盐胁迫下菊芋花期长春花离子分布和光合作用的影响. 土壤学报, 48(4): 883-887.

孙广玉. 2005. 盐碱土上马蔺的渗透调节和光合适应性研究. 北京: 中国农业大学博士学位论文.

孙佳杰, 尹建道, 解玉红, 等. 2010. 天津滨海盐碱土壤微生物生态特性研究. 南京林业大学学报, 34(3): 57-61.

孙菊, 杨允菲. 2006. 盐胁迫对赖草种子萌发及其胚芽生长的影响. 四川草原, (1): 17-20.

田新会, 杜文华, 曹致中. 2003. 猫尾草不同品种的最佳刈割时期. 草业科学, 20(9): 12-15.

王春磊, 晁晖, 孙迪. 2015. 气候变化对中国草地生态系统的影响. 河北联合大学学报(自然科学版), 37(1): 127-130.

王春裕, 武志杰, 石元亮, 等. 2004. 中国东北地区的盐渍土资源. 土壤通报, 35(5): 643-647.

王德利, 吕新龙, 罗卫东. 1996. 不同放牧密度对草原植被特征的影响分析. 草业学报, 5(3): 28-33.

王德利, 杨利民. 2004. 草地生态与管理利用. 北京: 化学工业出版社.

王东明, 贾媛, 崔继哲. 2009. 盐胁迫对植物的影响及植物盐适应性研究进展. 中国农学通报, 25(4): 124-128.

王国宏, 任继周, 张自和. 2002. 河西山地绿洲荒漠植物群落多样性研究. II. 放牧扰动下草地多样性的变化特征. 草业学报, 11(1): 31-37.

王国良, 李向林, 何峰, 等. 2007. 刈牧强度对羊草草地植被数量特征影响的研究. 中国草地学报, 29(3): 10-16.

王君厚, 付秀山. 2000. 我国草地荒漠化现状、原因及对策. 国土绿化, (5): 8.

王萍, 李建东, 欧勇玲. 1997. 松嫩平原盐碱化草地星星草的适应性及耐盐生理特性的研究. 草地学报, 5(2): 80-84.

王萍, 殷立娟, 李建东. 1994. 中性盐和碱性盐对羊草幼苗胁迫的研究. 草业学报, 3(2): 37-43.

王萍, 殷立娟, 李建东. 1996. NaCl 胁迫下羊草幼苗的生理反应及外源 ABA 的缓解效应. 应用生态学报, 7(2): 155-158.

王仁忠. 1996. 干扰对草地生态系统生物多样性的影响. 东北师大学报(自然科学版), (3): 112-116.

王仁忠, 李建东. 1993. 放牧对松嫩平原羊草草地植物种群分布的影响. 草业科学, 10(3): 27-31.

王文颖, 王启基. 2001. 高寒蒿草草甸退化生态系统植物群落结构及物种多样性的分析. 草业学报, 10(3): 8-14.

王永军, 王空军, 董树亭, 等. 2005. 留茬高度与刈割时期对墨西哥玉米再生性能的影响. 中国农业科学, 38(8): 1555-1561.

魏爱丽, 陈云昭. 2000. IAA 对盐胁迫下大豆幼苗膜伤害及抗盐力的影响. 西北植物学报, 20(3): 410-414.

颜宏, 赵伟, 尹尚军, 等. 2006. 羊草对不同盐碱胁迫的生理响应. 草业学报, 15(6): 49-55.

杨春武, 李长有, 尹红娟, 等. 2007. 小冰麦(*Triticum aestivum-Agropyron intermedium*)对盐胁迫和碱胁迫的生理响应. 作物学报, 33(8): 1255-1261.

杨飞. 2016. 放牧、增雨和增食对内蒙古草原植被群落结构及部分土壤理化性质的影响. 扬州: 扬州大学硕士学位论文.

杨利民, 韩梅, 李建东. 1996. 松嫩平原主要草地群落放牧退化演替阶段的划分. 草地学报, 4(4): 281-287.

杨利民, 王仁忠, 李建东. 1999. 松嫩平原主要草原群落放牧干扰梯度对植物多样性的影响. 草地学报, 7(1): 8-16.

杨越, 杜会石, 哈斯, 等. 2012. 马尔柯夫模型在预测吉林省西部土地盐碱化发展趋势中的应用. 湖南农业科学, (9): 60-64.

杨允菲. 1988. 天然羊草草地在放牧和刈割条件下的种子生产性能. 中国草业科学, 5(6): 30-32.

杨允菲, 杨利民, 张宝田, 等. 2001. 东北草原羊草种群种子生产与气候波动的关系. 植物生态学报, 25(3): 337-343.

杨允菲, 张宝田, 张宏一. 1993. 松嫩平原碱化草甸天然角碱蓬种群密度制约的分析. 草业学报, 2(4): 1-6.

杨允菲, 郑慧莹. 1998. 松嫩平原碱斑进展演替实验群落的比较分析. 植物生态学报, 22(3): 214-221.

杨真, 王宝山. 2015. 中国盐渍土资源现状及改良利用对策. 山东农业科学, 47(4): 125-130.

于格, 鲁春霞, 谢高地. 2005. 草地生态系统服务功能的研究进展. 资源科学, 27(6): 172-179.

于洋, 安洪影. 2011. 大庆市土地盐碱化动态变化研究. 云南地理环境研究, 23(4): 95-100.

余作岳, 彭少麟. 1996. 热带亚热带退化生态系统植被恢复生态学研究. 广州: 广东科技出版社.

张春华, 杨允菲, 李建东. 1995. 不同干扰条件下羊草种群营养繁殖的研究. 草业科学, 12(6): 61-62, 67.

张建锋, 张旭东, 周金星, 等. 2005. 盐分胁迫对杨树苗期生长和土壤酶活性的影响. 应用生态学报, 16(3): 426-430.

张强, 赵雪, 赵哈林. 1998. 中国沙区草地. 北京: 气象出版社.

张为政. 1994. 松嫩平原羊草草地植被退化与土壤盐渍化的关系. 植物生态学报, 18(1): 50-55.

章家恩, 刘文高, 陈景青, 等. 2005. 不同刈割强度对牧草地上部和地下部生长性状的影响. 应用生态学报, 16(9): 1740-1744.

赵哈林, 大黑俊哉, 周瑞莲, 等. 2008. 人类活动与气候变化对科尔沁沙质草地植被的影响. 地球科学进展, 23(4): 408-414.

赵可夫, 范海. 2005. 盐生植物及其对盐渍生境的适应生理. 北京: 科学出版社.

赵同谦, 欧阳志云, 郑华, 等. 2004. 草地生态系统服务功能分析及其评价指标体系. 生态学杂志, 23(6): 155-160.

《中国荒漠化(土地退化)防治研究》课题组. 1998. 中国荒漠化(土地退化)防治研究. 北京: 中国环境科学出版社.

中华人民共和国林业部防治沙漠化办公室. 1994. 联合国关于在发生严重干旱和/或沙漠化的国家特别是在非洲防治沙漠化的公约. 北京: 中国林业出版社.

周道玮, 李强, 宋彦涛, 等. 2011. 松嫩平原羊草草地盐碱化过程. 应用生态学报, 22(6): 1423-1430.

周道玮, 钟秀丽. 1996. 干扰生态理论的基本概念和扰动生态学理论框架. 东北师大学报(自然科学版), (1): 90-93.

朱震达. 1994. 土地荒漠化——21世纪全球的一个重要环境问题. 云南地理环境研究, 6(1): 23-31.

祝廷成. 2004. 羊草生物生态学. 长春: 吉林科学技术出版社.

祝廷成, 李建东, 刘庚长, 等. 1984. 中国东北羊草放牧场生产力的研究. 中国草原与牧草, 1(1): 28-30.

祝廷成, 李建东, 王振堂, 等. 1965. 羊草割草场和针茅放牧场种子含量的测定. 吉林农业科学, 2(2): 14-20.

Adams P, Thomas J C, Vernon D M, et al. 1992. Distinct cellular and organismic responses to salt stress. Plant & Cell Physiology, 33(8): 1215-1223.

Aubréville A. 1949. Contribution à la paléohistoire des forêts de l'Afrique tropicale. Paris: Société d'Éditions géographiques, maritimes et coloniales.

Campbell D E. 2000. Using energy systems theory to define, measure, and interpret ecological integrity and ecosystem health. Ecosystem Health, 6(3): 181-204.

Cui X Y, Wang Y, Guo J X. 2008. Osmotic regulation of betaine content in *Leymus chinensis* under saline-alkali stress and cloning and expression of betaine aldehyde dehydrogenase (*BADH*) gene. Chemical Research in Chinese Universites, 24(2): 204-209.

Davenport M L, Nicholson S E. 1993. On the relation between rainfall and the normalized difference vegetation index for diverse vegetation types in East Africa. International Journal of Remote Sensing, 14(12): 2369-2389.

Flowers T J. 2004. Improving crop salt tolerance. Journal of Experimental Botany, 55(396): 307-319.

Gao Q, Li J D, Zheng H Y. 1996. A dynamic landscape simulation model for the alkaline grasslands on the Songnen Plains in northeast China. Landscape Ecology, 11(6): 339-349.

Gao Z W, Zhang J T, Liu Z, et al. 2012. Comparative effects of two alkali stresses, Na_2CO_3 and $NaHCO_3$ on cell ionic balance, osmotic adjustment, pH, photosynthetic pigments and growth in oat (*Avena sativa* L.). Australian Journal of Crop Science, 6(6): 995-1003.

Gao Z W, Zhu H, Gao J C, et al. 2011. Germination responses of alfalfa (*Medicago sativa* L.) seeds to various salt-alkaline mixed stress. African Journal of Agricultural Research, 6(16): 3793-3803.

Guo R, Shi L X, Ding X M, et al. 2009. Effects of saline and alkaline stress on germination, seedling growth, and ion balance in wheat. Agronomy Journal, 102(4): 1252-1260.

Hiernaux P, Bielders C L, Valentin C, et al. 1999. Effects of livestock grazing on physical and chemical properties of sandy soils in Sahelian range lands. Journal of Arid Environments, 41(3): 231-245.

Jin T C, Chang Q, Li W F, et al. 2009. Stress-inducible expression of GmDREB1 conferred salt tolerance in transgenic alfalfa. Plant Cell, Tissue and Organ Culture, 100(2): 219-227.

Lal R. 2004. Soil carbon sequestration impacts on global climate change and food security. Science, 304(5677): 1623-1627.

Li W F, Wang D L, Jin T C, et al. 2011. The vacuolar Na^+/H^+ antiporter gene *SsNHX1* from the halophyte *Salsola soda* confers salt tolerance in transgenic alfalfa (*Medicago sativa* L.). Plant Molecular Biology Reporter, 29(2): 278-290.

Li X Y, Liu J J, Zhang Y T, et al. 2009. Physiological responses and adaptive strategies of wheat seedlings to salt and alkali stresses. Soil Science and Plant Nutrition, 55(5): 680-684.

Matsuda Y, Sugiyama F, Nakanishi K, et al. 2006. Effects of sodium chloride on growth of ectomycorrhizal fungal isolates in culture. Mycoscience, 47(4): 212-217.

Rabbani M A, Maruyama K, Abe H, et al. 2004. Monitoring expression profiles of rice genes under cold, drought, and high-salinity stresses and abscisic acid application using cDNA microarray and RNA gel-blot analyses. Plant Physiology, 133(4): 1755-1767.

Saeidi-Sar S, Abbaspour H, Afshari H, et al. 2013. Effects of ascorbic acid and gibberellin A_3, on alleviation of salt stress in common bean (*Phaseolus vulgaris* L.) seedlings. Acta Physiologiae Plantarum, 35(3): 667-677.

Shi D C, Wang D L. 2005. Effects of various salt-alkali mixed stresses on *Aneurolepidium chinense* (Trin.). Plant and Soil, 271: 15-26.

Wang Y J, Zhou Y, Xu M, et al. 2015. Germination parameters and mineral levels in soybean plants under salt stress. Chinese Journal of Ecology, 34(6): 1565-1571.

Yang C W, Jianaer A, Li Y, et al. 2008a. Comparison of the effects of salt-stress and alkali-stress on photosynthesis and energy storage of an alkali-resistant halophyte *Chloris virgata*. Photosynthetica, 46(2): 273-278.

Yang C W, Shi D C, Wang D L. 2008b. Comparative effects of salt stress and alkali stress on growth, osmotic adjustment and ionic balance of an alkali resistant halophyte *Suaeda glauca* (Bge.). Plant Growth Regulation, 56(2): 179-190.

Yang C W, Wang P, Li C Y, et al. 2008c. Comparison of effects of salt and alkali stresses on the growth and photosynthesis of wheat. Photosynthetica, 46(1): 107-114.

Yang C W, Xu H H, Wang L L, et al. 2009. Comparative effects of salt-stress and alkali-stress on the growth, photosynthesis, solute accumulation, and ion balance of barley plants. Photosynthetica, 47(1): 79-86.

Yang Y, Fang J, Tang Y, et al. 2008d. Storage, patterns and controls of soil organic carbon in the Tibetan grasslands. Global Change Biology, 14(7): 1592-1599.

Zhang J T, Mu C S. 2009. Effects of saline and alkaline stresses on the germination, growth, photosynthesis, ionic balance and anti-oxidant system in an alkali-tolerant leguminous forage *Lathyrus quinquenervius*. Soil Science and Plant Nutrition, 55(5): 685-697.

Zhang Y F, Wang P, Yang Y F, et al. 2011. Arbuscular mycorrhizal fungi improve establishment of *Leymus chinensis* in bare saline-alkaline soil: implication on vegetation restoration in extremely degraded land. Journal of Arid Environments, 75(9): 773-778.

第2章　草地盐碱化的成因分析

草地盐碱化的现象十分普遍，形成原因比较复杂。通常将草地盐碱化的原因归结为两个方面，即自然成因与人为成因。事实上，在某个具体地区内草地发生的盐碱化现象，可能是自然因素与人为活动共同作用的结果，只不过是它们的贡献不同而已。

2.1　草地盐碱化形成的自然因素

土壤盐碱化形成的自然因素有很多，如气候、地形、地质地貌，以及水文地质等，其中，气候与地形因素是土壤盐碱化形成的根本因素。气候变化可以通过植物影响土壤，也会直接作用于土壤的水分、温度及空气状况，进而改变土壤的生物过程，最终影响成土物质的分解和转移过程。地形特征亦对盐碱土的形成影响很大，因为地形高低直接影响地表水和地下水的运动。此外，在某些地区由于季节变化还存在着冻融作用，也会影响土壤的水盐运动。

2.1.1　气候因素

(1) 季风气候的作用

碱土及盐土(包括各种不同程度的碱化土与盐化土)的形成与土壤母质风化所产生的可溶性盐类的迁移、累积和淋溶密切相关。通常可以形象地描绘盐分移动与水分的关系——"盐随水来、盐随水去"。可见，盐分与水分是碱土与盐土形成的两个关键因素，而土壤中盐分、水分的来源和数量均与气候存在密切的关系。在自然条件下，土壤中水分的含量很大程度上取决于降水与蒸发，而大多数地区的降水与蒸发又直接受到季风气候(monsoon climate)的影响。

世界上各大陆中，盐分积累的区域一部分由于受海潮的影响而出现在滨海地区，而大部分则是在内陆的干旱、半干旱及荒漠地区。我国的盐碱土壤，一部分分布在长江以南的滨海盐土区，主要集中在北方的干旱和半干旱的一些地区，甚至呈连片分布。在这些干旱地区，其气候特点是降水量较小，而蒸发量较大，某些地区的年蒸发量为年降水量的3～18倍。例如，在新疆的某些极端干旱地区，年蒸发量可达年降水量的80倍之多。实际上，区域降雨量的不足，以及地表水的大量蒸发，都从不同侧面为土壤可溶性盐分的积累创造了条件，从而奠定了盐碱化形成的基础。从我国各地区土壤盐渍化的特征、类型及程度分析可见，土壤盐渍化与各地区气候的干热程度之间存在密切的关系。气候越干热，土壤盐渍化越普遍，盐渍化土壤的分布面积也就越大；气候越干热，土壤积盐的速度越快，积盐强度越大，土壤盐含量也越高；气候越干热，土壤的积盐率也越高。同时，气候的干热程度也会影响土壤的盐分组成和碱化程度(徐恒刚，2004)。

土壤盐分以土壤水分为载体(即溶解于水而成为溶液),在土壤内部随水分作纵向运动,土壤盐分随水分的纵向运动受温度的影响强烈。一方面,温度的变化影响土壤水分的移动。例如,在我国的东北松嫩平原与内蒙古一些地区,通常气候寒冷,土壤从 10 月开始就逐渐冻结,至翌年 4~5 月才开始解冻。在这些地区,土壤冻结的时间较长,冻结深度达 1 m。在这样深厚的冻层影响下,土壤水分运动有它自己特殊的规律,因而这些地区土壤中的盐分运动与我国其他地区的土壤盐分运动不完全相同,这可能与冻层有关。另一方面,土壤温度也会影响盐分的溶解度,温度升高可以提高盐分的溶解度,而低温会降低其溶解度,使盐分结晶。谚语中"七八月份地如筛,九十月份爬上来"的说法说明雨季淋盐,同时也说明在高温多雨季节,盐类溶解度增加,溶解于水而向下淋溶。而到 9~10 月,一方面由于蒸发浓缩,另一方面因为温度下降,盐分溶解度降低,盐分便从溶液中结晶析出。以碳酸钠为例,就其纯盐(非混合物)在水中的溶解度来说,在 0℃时为 70 g/L;当温度上升到 30℃时溶解度为 392 g/L,提高了 4 倍多。我国碱土与碱化土壤分布地区气温一般都偏低,1 月平均温度在 0℃以下,7 月平均温度都在 20℃左右。因此,温度条件可以影响碳酸钠在土壤溶液中的移动和累积,能够改变土壤的碱化过程(徐恒刚,2004)。

季风气候还能够影响土壤盐分的季节性变化。例如,冬季气温低,土壤盐分相对比较稳定;开春后气温快速升高,土壤的返盐量迅速增加,并在 4~5 月形成返盐特征;在荒地、摞荒地或者植被覆盖情况较差的地段,土壤盐分还会随气温的升高而进一步增加,7~8 月达到全年的积盐高峰。在地下水位较高的地区,冻融可以参与土壤积盐过程。当地下水埋深达 1.5~2.0 m 时,上层土壤冻结后,冻层与冻层以下的地温产生梯度差,从而引起土壤毛管水表面张力的差异,导致水分向张力大的冻层移动。据观察,0~70 cm 土层含水量由冻前的 22.9%增至冻深最大时的 33.8%,土壤盐分由冻前的 0.11%增至 0.23%,并于 0~20 cm 处形成一个聚盐层。此外,小雨可以加速土壤盐分表聚,在干旱地区一次性降雨一般都小于 10 mm,较小的降雨量只能湿润地表,促进盐分表聚,加速盐结皮(或盐结壳)的形成。夏季时常有风暴发生,会把尘土和地表盐分卷走,引起土壤盐分的搬运和转移(徐恒刚,2004)。

此外,风的搬运作用对该地区的土地盐碱化过程具有重要影响。吉林省西部地区的平均风速为 3.4~4.4 m/s,最大风速可达 20~40 m/s。全年大风日数为 6~20 天,风沙日数为 15~31 天。在 4~5 月,风多、风力大,平均风速为 4.3~6.1 m/s。风的搬运作用在本区影响范围广。特别是在春季,经常碱尘漫天,吸附在土粒中的盐分随风飘扬,被带到未出现盐碱化或盐碱化很轻的地区降落沉积,使土壤表层的含盐量增加。同时,风多、风大也加快了土壤水分的蒸发,使盐碱化程度加强(赵明宇,2007)。

受季风气候的影响,我国盐碱地区土壤盐分状况存在明显的季节性变化。夏季降雨集中,土壤产生季节性脱盐;而在春秋干旱季节,蒸发量大于降水量,土壤以积盐为主(邢尚军等,2005;邢尚军和张建锋,2006)。在气候干旱的地区,排水不畅,地下水位过高,积聚在土壤表层的盐分多于向下淋溶的盐分,以致形成盐渍化的土壤,这是引起土壤积盐的重要原因(张建锋,2008)。

东北平原属于半湿润、半干旱气候区。一般地,年降水量在 350~500 mm,年蒸发量在 1100~1300 mm,年蒸发量可达年降水量的 2~3 倍。在这样的气候条件下,成土母质风化释放出来的可溶性盐难以淋溶，强烈的蒸发条件会使土壤中的可溶性盐通过毛管随水上升到土壤表层，水分蒸发后，盐分便会累积在表层土壤中。东北平原大陆性季风气候明显，春季(3~5 月)的降水量只占年降水量的 9%左右，而且在春季气温上升快，多大风，蒸发量大，此时是全年水盐运动的积盐期，土壤表层强烈积盐，常形成盐霜或盐结皮。夏季(6~8 月)的降水量大并且集中，占全年降水量的 70%，是土壤脱盐期。秋季(9~11 月)的降水量变少，蒸发稍强，地表再次出现积盐现象。在冬季(12 月至翌年 2 月)，土壤冻结，冻层深度可达 160~180 cm，土壤水盐运动基本处于停滞状态。而到翌年春季土壤解冻时，冻层滞水能够促进表土积盐。由此可见，东北平原的季风气候会对本地区的土壤水盐运动的积盐过程和脱盐过程产生重要影响。

吉林省西部地区由于受长白山的阻隔，东南海洋性季风难以到达本地区；同时受蒙古内陆气候条件的严重影响，本地区具有显著的大陆性季风气候的特征。冬季常受高气压的控制，盛行偏北风，气温低、空气干燥、降雨较少；而夏季受低气压控制，盛行偏南风，气温较高、温润多雨，全区降水量季节性变化明显(表 2-1)。降水量的季节性变化较大，造成旱季积盐和雨季脱盐交替存在，促进了土壤溶液中盐类离子和土壤胶体表面所吸附阳离子之间的交换过程，增加了土壤盐碱化过程的强度和速度，形成了具有柱状结构的草甸土(赵明宇，2007)。

表 2-1 吉林省西部地区降水量的季节性变化情况(赵明宇，2007)

	春季 (3~5 月)	夏季 (6~8 月)	秋季 (9~11 月)	冬季 (12 月至翌年 2 月)
降水量(mm)	49	303	67.3	6.2
降水量占全年比率(%)	11.5	71.2	15.8	1.5

(2)气候带的作用

土壤盐碱化的形成也与区域气候，即气候地带性特征密切相关。气候因素在松嫩平原土壤盐碱化形成过程中起关键性的调节作用。土壤中的水分可以在湿度梯度、压力梯度、温度梯度、溶质浓度梯度及电场梯度等各种物理化学过程的作用下发生迁移(徐学祖等，1991；谷洪彪等，2010)。因此，在气候要素中又以降水、地面蒸发强度与冻融时间长短对土壤盐碱化的影响最为显著。蒸降比是对土体水分收支比例的衡量指标，同时也可以间接反映土壤水盐运移状况。其原因是，大气降水和蒸发是土壤水盐垂向运动的主要动力(马喆，2007)，地下水矿化度、潜水埋深一定的条件下，地下水蒸发量的大小决定了土壤累积盐分的多少。

相关的室内土柱模拟试验证明，在低矿化度地下水蒸发过程中，下层土体盐分溶解，向上运动而聚集于表土，为积盐过程；而大气降水入渗过程中可对土壤中的盐分进行淋溶，从水量和盐量上补给地下水，此过程致使土壤表层盐分含量下降，为脱盐过程(俞仁培和尤文瑞，1993；刘广明等，2002)。土壤脱盐和积盐频繁交替进行，造成盐分在土壤溶液中的移动和累积。因此，蒸降比越大(降水蒸发作用反差越强烈)，地下水矿化度越大，表层土积盐越强烈，盐碱化程度也就越严重。

受气候因素影响，东北平原西部草地盐碱化的分布具有明显的规律性，其总体走向为：沿松辽平原西部呈西南—东北向分布。从气候带而言，大致呈经向分布，位于东北西部的亚湿润干旱和温带半干旱地带。近几十年来，东北平原西部降水明显减少，气温上升，干燥度增大，大陆性气候增强，这是土地荒漠化发展的又一自然因素。

在科尔沁草原，年降水量为 300～450 mm，降水集中在夏季，占全年降水量的 70%，春季的 3～5 月仅占 10%左右，年蒸发量在 2000 mm 以上。近几十年来其降水量同样呈减少趋势，干燥程度也有加重趋势。例如，通辽市 1959～2008 年年降水量减少 71 mm（王俊等，2010）。通辽市 1950 年以来年均气温逐渐增高，20 世纪 70 年代比 50 年代升高 1.33℃（王俊等，2010）。在白城市，从 20 世纪 80 年代到 21 世纪初期的年降水量大体呈减少趋势，20 世纪 90 年代后期比前期减少约 100 mm；同期 2 月平均气温升高 3℃，出现暖冬现象，年蒸发量增加了 100～300 mm（图 2-1）。

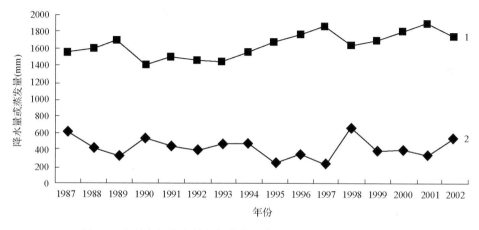

图 2-1　白城市年降水量和年蒸发量变化曲线（刘金友等，2008）

曲线 1 为蒸发量，曲线 2 为降水量

松嫩平原的年降水量为 300～500 mm，年蒸发量为 1000～1500 mm，年蒸发量是年降水量的 2～3 倍，成土母质释放的可溶性盐无法淋溶。而且年内降水量变幅较大，6～8 月的降水量占年降水量的 60%～70%，春季的 4～5 月降水量占年降水量的 5%～10%，雨季淋溶与旱季积盐交替作用，再加之受到冬季冻融作用的影响，土壤不仅仅发生了盐化，还发生了碱化，pH 多在 8.5 以上，严重时可达 10 左右。降水集中，常发生洪涝灾害，"大涝之后有大碱"现象时有发生（李秀军，2000）。

因此，自 20 世纪 90 年代后期以来，干旱化严重、湿地变干、泡沼干涸等导致了东北地区的草地盐碱化不断发展，最终导致本区域的生态环境日趋恶化。

2.1.2　地形因素

地形起伏（ups and downs of topography）对盐碱土的形成具有重要影响。地形的高低能够直接影响地表水和地下水的运动，进而改变盐分的移动和积聚过程。从大地形来看，水溶性盐会随水从高处向低处移动，积聚在低洼地带。盐碱土主要分布在内陆盆地、山间洼地和排水不畅的平原区。从小地形（局部范围内）来看，土壤积盐情况与大地形正好相反，盐分往往积聚在局部的小凸处(图 2-2)。即便是地形起伏不大，也可能发生盐分的移动与积累。

图 2-2　松嫩平原草地的地形与盐碱化(王德利摄)

地形起伏影响地面和地下径流，土壤中的盐分也随之发生分移。例如，在华北平原，由于山麓平原坡度较陡，自然排水通畅，因而土壤不易发生盐碱化。总体来看，在冲积平原的缓岗，地形较高，一般没有盐碱化威胁；而在冲积平原的微斜平地，往往由于排水不畅，土壤容易发生盐碱化，但其盐碱化程度一般较轻；而在冲积平原的洼地及其边缘的坡地或微斜平地，则分布有较多盐碱土。在滨海平原，排水条件更差，又易受到海潮影响，盐分聚积程度更严重。可见，盐分随地面和地下径流由高处向低处汇集，积盐状况也由高处向低处逐渐加重。从小地形看，在平原地区的局部高起处，由于水分蒸发快，盐分可由低处移到高处，积盐较严重。地形还影响盐分的分移，由于各种盐分的溶解度不同，溶解度大的盐分可被径流携带至较远距离，而溶解度小的可被携带的距离较近。因此，由山麓平原、冲积平原到滨海平原土壤和地下水的盐分组成一般是由碳酸氢盐、硫酸盐逐渐过渡至氯化物。

土壤盐碱化是在一定的生态地质环境条件下形成和发展的。第四纪的新构造运动奠定了吉林省西部松嫩平原的基本地形格局(王占兴等，1985)。从地形来看，土壤盐分的积累从高向低逐渐加重。在一个大区域范围内，由内外营力作用而引起的地表形态的差异，又常常造成水热状况不同，并导致水盐的重新分配。张殿发和王世杰(2002)根据吉林省西部平原地貌类型及水盐运动关系，总结了 4 种水盐动态类型，见表 2-2。松嫩平原在地质构造上属于中生代沉陷地带，其周围被长白山、大兴安岭和小兴安岭环绕，形成一个低平原区。这一区域为南高北低，东西高、中间低的地形，东南部为高平原，海拔为 200 m 以上，其余皆为低平原，海拔为 130～180 m。

表 2-2　吉林省西部平原地貌类型及水盐运动关系(张殿发和王世杰，2002)

地貌类型	高地	缓斜低平地	洼地	洼地边缘
水盐运动方向及类型	下渗水平运动	上升-下渗垂直运动水平运动	上升-下渗交替垂直运动	上升-下渗交替垂直运动逆向水平-上升运动
盐碱化	无	轻度盐碱化	盐化	碱化

局部区微地形地貌控制着土壤中盐分运动迁移的方向和分布规律，其对盐碱化的影响主要表现在对可溶性盐分的溶解、土壤中及地下水中离子的迁移等方面。低洼地对土壤积盐的影响最大，其次是低平地、沙丘、台地和起伏台地。在地下水与矿化地表水的双重作用下形成的土壤盐碱化地区，以及地下水矿化度相对最高和土壤积盐最严重的地段，往往不是在低洼地的中心，而是在其边缘或洼地的稍高之处(罗先香和邓伟，2000；宋长春和何岩，2003)。

在松嫩平原的农田低地、草甸低地、湖沼低地及漫滩等地极容易发生土壤盐碱化。农田中的垄间低地，处于沙垄、沙丘之间，地形低洼，局部形成积水洼地。湖沼洼地，分布在湖泡低洼处，地势周边高、中间低，构成封闭式洼地。草甸低地，分布在松嫩平原的东半部低洼处，由周边向中部倾斜，地形南高北低，相对高差小于 2 m，低洼处积水。漫滩，沿呼林河等河流呈条带状分布，宽 1~1.5 km，向东北倾斜。松嫩平原的低洼地形是土壤盐碱化的一个重要因素。由于低洼地形的土质为沙土或黏土，在一般情况下，低洼地常常处于积水状态，中湿生、湿生植物生长状况良好，只在洼地的边缘发生积盐现象，但是当地下水位居高不下时，地表强烈的蒸发条件使洼地草甸的盐碱化范围不断扩展。

从大的空间尺度上来看，松嫩平原的地形平坦，四周高出中部 10~60 m，略向平原中心倾斜。整个平原可以分为两个大的地貌单元：山前冲积-洪积平原和河谷冲积平原。前者位于大、小兴安岭山前地带，河谷切割强烈，呈波状起伏地形。降水不易汇集，常被沟谷排泄；地下水也通过沟谷进行排泄，成为平原中地下水的补给来源之一。因此，山前冲积-洪积平原没有碱化土壤的分布。广大的河谷冲积平原基本没有受到沟谷切割，地形较为平坦。除小丘、洼地外基本上没有其他的微地貌类型。小丘包括土丘和风砂丘两种类型，沙丘一般高出周围平地数米至十余米；土丘一般较矮，仅高出周围平地 0.5~1 m，极少超过 2 m。洼地可以按照其成因分为风蚀洼地、湖泊沼泽洼地(古河道)和内陆河下游封闭洼地。风蚀洼地都位于沙丘之间，大小为几十到百余平方米，雨季集水，旱季干涸。湖泊沼泽洼地面积相对较大，一般有几百平方米，较大的可达数平方千米，常年积水，湖泊沼泽洼地中的水一般都是矿化度较高的碱性水。槽状洼地都为长条状古河道，内陆河下游洼地，位于双阳河及乌裕尔河的下游。俞仁培等(1984)认为，松嫩平原的地貌特征与碱土及碱化土壤的形成和分布具有十分密切的关系。

因此，无论是大地形，还是小地形(或微地形)，对盐碱化均有一定的作用。一般而言，大地形的作用是主导性的。例如，决定形成区域的盐碱化是盐土类型还是碱土类型；而小地形的作用则是导致草地土壤的镶嵌分布，或者产生局部的高度异质性。

2.1.3 水文地质因素

水文地质条件是碱土和碱化土壤形成的重要因素，特别是地表径流和地下水对土壤盐碱化的发生、分布及演化具有更直接的作用。水文地质条件是土壤盐碱化发生的重要驱动力(宋长春和何岩，2003)，它对盐碱化的影响主要包括地下水埋深、地下水矿化度、地下(表)径流强度等方面，并且这些因素之间存在着复杂的相互关系，共同调节土壤的盐碱化过程。地下水埋深的大小直接关系到土壤毛细水能否到达地表，能否使土壤产生积盐。在潜水埋深小于临界深度的情况下，地下水矿化度越大，土壤积盐程度越强烈，对应盐碱化程度越严重。地下(表)水径流条件的畅通与否决定着盐分在区域土壤中滞留量的大小(谷洪彪等，2010)。

松嫩平原的水文地质条件对盐土和碱土的形成与发育有重要影响。平原地区浅层地下水都储藏于第四纪松散的沉积层中，地下水埋深一般在 2 m 左右，甚至更浅。本地区地表水丰富，除大小河流外还有不少面积不等的湖泊(当地称作泡子)。大量水样分析资料显示，无论地下水还是地表水，大部分为淡水或弱矿化水，矿化度不高，一般小于 3 g/L，河水矿化度一般不超过 0.25 g/L。盐水组成主要是苏打，氯化物和硫酸盐较少，只有局部地区地下水或封闭湖水的矿化度较高，可达 10～15 g/L。在这种情况下，可能出现氯化物-硫酸盐或硫酸盐-氯化物水，然而它们也都含有一定量的苏打，因而都直接影响碱土及碱化土壤的形成，致使在本地区广泛分布着碱化盐土及草甸碱土(俞仁培等，1984)。

(1)地表水与土壤盐碱化

地表水既是盐分搬运的动力，又是平原地区灌溉水和地下水补给的主要水源。河流每年从山地把成千上万吨的盐分输入平原，其中一部分聚积在土壤中，另一部分归入地下水和湖泊，从而直接或间接地影响土壤的积盐过程。平原地区的地下水也主要靠河道、渠道和田间渗漏水补给，因而河水的化学成分和矿化度，与耕地积盐和潜水化学性质都有直接关系(徐恒刚，2004)。

柯夫达(1960)曾指出，河流的化学径流对于内流区的盐分积累起主导作用。内流区的水分平衡主要由蒸发来调节。进入内流区的水的蒸发是其盐分积累的重要原因之一。根据吉林省西部松嫩平原的地形特点及水文条件，盐分主要积累于低洼的河湖漫滩，以及河漫滩的最新淤积物(或湖淤积物)中，李昌华和何万云(1963)认为，河流的化学径流是这里盐分的主要来源。按照水文地理分区，吉林省西部松嫩平原大部分属于松花江流域，主要河流有松花江、嫩江和黑龙江，还有其他支流，如洮尔河、霍林河等。这些河流不断地为半内流区供给大量的地表水，这些地表水绝大部分不能经过河道或地下径流排往区外，而停留在区内地势较低的河湖漫滩上，或者汇集在局部洼地中，主要通过蒸发而被消耗，之后水中携带的盐类积累下来，使区内半内流区的地表水、地下水逐渐被矿化，土壤也在逐渐发生盐碱化(张殿发和王世杰，2002)。

东北地区的水文状况对土壤，特别是盐渍化土壤的形成过程具有极其重要的作用。首先，受气候、地形及地表物质等因素的影响，各地的地表水存在巨大的差别。大兴安岭北部的年降水量为 350～450 mm，年蒸发量小，径流条件较好，径流系数超过 40%。春季冻融后形成春汛，之后进入夏季，形成夏汛，两个汛期相连而使该地区不会出现枯水期。而大兴安岭中部东坡与西坡之间存在很大区别，东坡的嫩江与甘河等河流的年降水量较大，径流系数超过 30%；而西坡的海拉尔河等河流的年降水量较少，径流系数不到 20%。长白山和小兴安岭地区的年降水量可达 700～1000 mm，径流系数为 50%～60%，4 月冰雪融化后出现春汛，而在 6 月出现夏汛，也不会出现枯水期。辽东山地的年降水量为 900～1000 mm，其东南侧的径流系数可以超过 60%，而西北侧的径流系数为 30%。

松嫩平原的年降水量为 400～500 mm，其中心部位为闭流区，降水主要靠蒸发散失，导致该地区容易出现盐渍化和碱泡子。东北地区西部的内蒙古自治区的东四盟市(指内蒙古东部的赤峰市、通辽市、呼伦贝尔市和兴安盟)比较干旱，主要靠夏季暴雨产生 200～350 mm 的降水量，不少地方缺少径流，河流短促，水量有限，形成季节性湖泊。辽河上游及中游地区沙丘较多，地面蒸发旺盛，径流很少，而辽河下游年降水量较多，径流比较丰富。不同河流的水质具有明显差异，东北地区东部及北部的河流矿化度很低。例如，乌苏里江的矿化度为 0.05 g/L，松花江为 0.15～0.3 g/L，辽河干流为 0.15～0.2 g/L，并以钙质碳酸氢盐为主。半封闭地区或间歇性河流的矿化度很高。例如，乌裕尔河和双阳河下游的矿化度达 0.4～0.55 g/L，西辽河支流新开河的矿化度为 0.4～0.6 g/L(王春裕，2004)。

东北地区地下水通常因地区不同而具有较大差异，并被大致划分为以下 5 种状况。第一，在大兴安岭北部具有永久冻土的地区，永冻层的水分随气温的变化呈季节性冻结和融解，由大气降水或未冻结区水流补给，矿化度均较低。在大兴安岭的西北部与海拉尔河以北的高平原地区，其地下水矿化度为 0.1～1.0 g/L，水质为碳酸氢钙水；而在洼地表土层则含有苏打，矿化度可达 0.5～3.0 g/L。第二，在山麓冲积-洪积平原地区，海拔约为 250 m，地下水埋深一般为 5～20 m；在接近山岭与丘陵地区的地下水埋深为 10～30 m；在逐渐向湖积-冲积平原过渡的地区，由于地形较低，地下水埋深变浅，仅为 3～4 m。第三，在松嫩湖积-冲积平原，以及辽河冲积平原地区，通常地下水埋深较浅，为 1～3 m，矿化度为 0.5～2.0 g/L，最高可达 4 g/L，以钠质碳酸氢盐水为主。嫩江沿岸泛滥区的地下水位呈季节性变化，为 0.5～2.0 m，矿化度为 0.2～5.0 g/L，以钙质碳酸氢盐水为主，偶见少量苏打。在西辽河与新开河一带，沙岗地的地下水埋深为 3～4 m，矿化度小于 0.5 g/L，为钙质碳酸氢盐水，而在其间的洼地，地下水埋深仅为 0.5～1.5 m，矿化度 1～2 g/L，高的可达 4 g/L，为钠质或钙质的碳酸氢盐水。辽河平原的地下水位一般为 1～2 m，其东侧支流的矿化度约为 0.3 g/L，甚至更低，并属钙质碳酸氢盐水；而在其西侧的各支流及绕阳河两岸的地下水矿化度为 0.3～0.5 g/L，个别洼地为 1.0～2.0 g/L，盐分类型较复杂，大部分为钙质碳酸氢盐水，偶见钠质碳酸氢盐水、钠质氯化水及镁钠质碳酸氢盐水。第四，呼伦贝尔高平原地下水的矿化度为 1.0～2.0 g/L，或稍高，以钠质碳酸氢盐水为主，但尚含有相当量的硫酸盐与氯化钠。第五，在滨海地区距海岸线 10～30 km 处，其矿化度为 3～5 g/L，属于钠质氯化物水；在直接遭受海潮侵袭或影响的地带，其矿化度高达 10～20 g/L，甚至更高(王春裕，2004)。

(2)地下水与土壤盐碱化

土壤的形成过程和土壤盐碱化的发生与演变，均受地下水位的重要影响和控制，地下水位又是在气候、地形，特别是灌溉和排水活动的影响下反应非常灵敏的因素。盐碱土壤的盐碱成分，是水分的运动(主要是地下水运动)带来的，因此在干旱地区，地下水位的深浅和地下水位矿化度的大小，直接影响着土壤的盐碱化程度。

土壤中的苏打主要来源于周围山地的火成岩(花岗岩、安山岩和玄武岩等)的风化物，以及平原深层地下水所含盐分。地下水环境与土壤盐碱化的关系极为密切。松嫩平原的地下水主要有第四纪下更新统白土山组承压水、新近纪上新统至第四纪下更新统泰康组承压水和第四纪孔隙潜水。与土地盐碱化有直接联系的地下水是松散孔隙潜水，它对土壤盐碱化的影响主要反映在对潜水埋深、径流条件、地表水及地下水的矿化度和离子组成等方面的作用上。承压水与土壤盐碱化有间接的联系，特别是在人类生产活动的影响下，两者的关系尤为密切。松嫩平原西部地区的潜水埋深为 1.5～1.8 m，小于土壤盐碱化的临界水位(3.0 m)，而且潜水矿化度为 0.7～0.8 g/L，高于临界指标(0.5 g/L)，再加上坡降小(1/8000)，径流滞缓，垂直蒸发强烈，土壤盐碱化极易发生(李秀军等，2002)。松嫩平原河流与湖泡资源丰富，水分侧渗作用强烈，对地下水补给增强。封闭湖泡作为承泄区，大多都已变为矿化度较高(10～30 g/L)的"碱泡"，使周围土地也随之发生重度盐碱化。某些季节性"碱泡"，旱季干涸，在风力作用下碱尘飞扬，会污染其周围的土地，加重土壤的盐碱化程度(李秀军，2000)。

1)地下水埋深与土壤积盐

在盐碱化土地上，矿化地下水通过土壤毛管上升到地表，水分蒸发后盐分在地表积累，造成土壤积盐。潜水的蒸发强度与埋深成反比，与气候的干热程度成正比。地下水埋深越浅，蒸发越强，上升到地表的矿化地下水就越多，土壤积盐也就越快(徐恒刚，2004)。

地下水埋深越浅，地下水越容易通过土壤毛管上升至地表，蒸发散失的水量就越多，留给表土的盐分就越多，尤其是当地下水矿化度较大时，土壤积盐更为严重(张建锋，2008)。在通常情况下，土壤地下水与表层土壤水维持一定的动态平衡，使地下水位保持稳定，而且表层土壤中的离子含量相对稳定。气候干旱时，土壤蒸发量增加，其含水量降低，使地下水沿土壤毛管上移，同时土壤中的盐分也随着水分而运动。水分蒸发以后，盐分则在土壤表层积累，盐分离子达到一定浓度时，就会发生土壤盐碱化(Doran and Turnbull，1997)。因此，绝大部分盐碱土分布在干旱、半干旱地区(张建锋等，2005)。

当发生洪涝时，水分较长时间地覆盖在土壤上面，土壤毛管被水分填充，使地下水与表层水连通，地下水位提高。洪水退去后，表层水蒸发时地下水中的盐分会在土壤表层大量积累，引起土壤盐碱化(华孟和王坚，1993)。土壤对临界深度的影响，主要取决于土壤的毛管性能、毛管水的上升高度及速度。毛管水上升高度大、上升速度快的土壤，一般都易于盐化。土壤结构状况也会影响水盐的运行过程，土壤的团粒结构能有效地阻碍水盐上升至地表。地下水埋深与地表积盐关系密切。地下水埋深大于临界深度时，地下水位较低，地下水沿毛管上升，但不能到达地表，不会在地表积盐，土壤不会发生盐碱化。地下水位较高时，地下水沿毛管上升至表土层，表土层开始积盐。当地下水位小于临界深度时，地下水沿毛管大量上升至地表，表土层强烈积盐(中国土壤学会盐渍土专业委员会，1989；张建锋，2008)。

在地下水矿化度基本相同的情况下，地下水埋深越小，蒸发量越大，土壤积盐越严重。即使在地下水矿化度较低的情况下，如果地下水埋深较小，地下水因蒸发进入土壤中的水分较多，也会携带较多的盐分，使土壤积盐(表 2-3)。因此，地下水埋深是土壤盐碱化的一个决定性条件(王水献等，2004)。李彬和王志春(2006)在松嫩平原的监测数据表明，试验区地下水距地表深度一般在 2～3 m，而中、重度碱化盐土多分布在地下水埋深小于 2 m 的区域内，在地下水埋深 2.5～3.2 m 土壤碱化过程最为活跃(张殿发和王世杰，2002)。

表 2-3　东北地区地下水埋深、矿化度及盐分状况(章光新等，2006)

地区	地下水埋深(m)	矿化度(g/L)	盐分类型
山前冲积-洪积平原	3～10	小于 0.5	HCO_3^-/Ca^{2+}
三江湖积-冲积平原	1～3	小于 1.0	HCO_3^-/Ca^{2+}-Na^+
松嫩湖积-冲积平原	1～3	0.5～2.0	HCO_3^-/Na^+
嫩江、松花江、辽河泛滥地	0.5～2.0	0.2～0.5	HCO_3^-/Ca^{2+} 或 HCO_3^-/Ca^{2+}-Na^+
滨海地区	0.1～1.5	3～5	Cl^-/Na^+

2) 地下水位变化与土壤积盐

地下水位的变化主要受降水量和蒸发量(包括蒸腾作用)、灌水量和排水量的影响。在同一个地区，如果来水量(灌溉引水和降水)大于去水量(排水和蒸散)，地下水位就要抬高；反之，如果来水量小于去水量，地下水位就会下降。在来水量与去水量处于相对平衡的条件下，地下水位也处在一种动态平衡之中。地下水位的这种动态变化与土壤盐分的变化密切相关。当降水或灌溉时，地下水位抬高，土壤盐分被淋溶，此后随着排水和蒸发，地下水位开始回降，土壤因蒸发开始积盐，即土壤因蒸发引起的积盐过程，发生在地下水位的回降过程中，直到水位降至临界深度以下。可见土壤盐分的变化与地下水埋深的动态变化密切相关，土壤因蒸发而积盐的过程发生在地下水位从高到低的回降过程中，水位回降越慢，土壤积盐越多(王水献等，2004)。

3) 地下水矿化度与土壤积盐

地下水中的可溶性盐是土壤盐分的重要来源，地下水矿化度的高低，直接影响土壤的含盐量(吕云海等，2009)。在地下水位和土壤质地基本相同的条件下，地下水矿化度越高，地下水向土壤中补给的盐分就越多，土壤积盐就越严重(谢承陶，1993)。即使地下水埋深较大，蒸发量较少，但因其矿化度高，随毛管水进入土壤的盐量也较大(图2-3)。在地下水埋深一定的情况下，矿化度超过一定数值时，土壤积盐便明显增加，这个数值叫作临界矿化度。各地土壤、气候等条件不同，临界矿化度亦有差异。

4) 地下水化学成分与土壤积盐

地下水对土壤盐碱化的影响反映在地下水埋深、地下水位及地下水的矿化度等方面。李彬和王志春(2006)通过两年的研究发现，

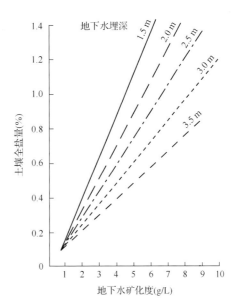

图 2-3　地下水矿化度与土壤盐碱化的关系
(谢承陶，1993)

松嫩平原地下水水质属于氯化物、各种碳酸钠型水(离子包括 Cl^-、HCO_3^-、Na^+),呈碱性。水中含有阴离子 Cl^-,但总量少于 HCO_3^-,阳离子以 Na^+ 占优势(图 2-4)。在化学特征方面,土壤中的离子组成及占主导地位的离子与地下水基本一致。同时,在土壤盐碱化程度较严重的区域,Na^+ 浓度为 $80\sim100$ cmol/L,该区域面积最大,Na^+ 浓度为 $60\sim80$ cmol/L 的区域面积居中,Na^+ 浓度高于 120 cmol/L 的范围较小,多集中在咸水或碱水泡沼附近。随着 Na^+ 浓度的升高,土壤盐碱化程度更加严重(王凤生和田兆成,2002)。

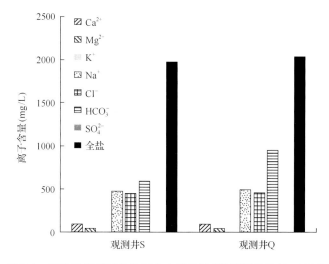

图 2-4 松嫩平原观测井地下水水质分析(李彬和王志春,2006)

地下水化学组成常随矿化度的变化而变化,这是因为地下水所含盐类的溶解度存在差异。碳酸氢盐类溶解度最小,随水运动时,最先析出;其次为硫酸盐;而氯化物的溶解度最大,在较高的浓度时仍处于溶液状态。地下水在矿化度小于 1.5 g/L 时,一般为碳酸氢盐型;矿化度为 $2\sim3$ g/L 时,多为硫酸盐-碳酸氢盐型;矿化度为 $3\sim5$ g/L 时,逐渐形成硫酸盐-氯化物、氯化物-碳酸盐和氯化物型。在不受灌溉影响的情况下,地下水的化学性质与土壤的盐分组成基本一致。地下水为碳酸氢盐-硫酸盐型,土壤为硫酸盐盐化;地下水为硫酸盐和硫酸盐-氯化物型,土壤为硫酸盐和硫酸盐-氯化物盐化;地下水为硫酸盐-氯化物和氯化物-硫酸盐型,土壤为氯化物-硫酸盐和硫酸盐-氯化物盐化;地下水为氯化物型,土壤为氯化物盐化(徐恒刚,2004)。

(3)土壤水分动态与土壤盐分迁移

土壤水分是生态水文学研究的关键性变量,因为土壤水分动态综合反映了气候、土壤与植被之间相互作用调节的水量平衡关系,以及水量平衡动态对植被群落演替的影响(Kutzbach et al.,1996;Zeng et al.,1999;Rodríguez-Iturbe et al.,2001)。从盐渍化过程来看,土壤水分是盐分迁移的溶质、载体和介质(You et al.,1992;You and Meng,1992),其活动直接影响土壤中盐分的动态过程,决定土壤的盐渍化程度和动态,影响地表植被的格局及动态特征(You and Meng,1993,1995)。同时,土壤水分动态也是揭示土壤水盐运移、盐渍土植被分布格局及盐渍化斑块空间分布规律的重要切入点，而且是进行水盐调控和管理的关键因素。随着土壤水分的时空迁移和变化，土壤也会发生积盐或脱盐。在干旱与半干旱地区，受地表水分蒸发、降水的影响，土壤中的水盐会表现出干湿季分明的迁移转化规律(石元春等，1983)。盐生或碱生植被可以将大量盐分积聚在根系周围的土壤中或者植物体内，调节水盐在土壤剖面中的分布规律。植被斑块格局能够通过调节局部的土壤水分蒸发(张殿发和王世杰，2000)与地表水文格局，影响土壤的积盐过程(Barrett-Lennard，2002)。例如，在没有灌溉的条件下，滨藜(*Atriplex patens*)等盐生植物聚集体内的盐分，然后以枯落物的形式再次进入土壤中，从而增加土壤的盐分含量(刘强等，2007)。

2.1.4　冻融作用

冻融是作用于土壤的非生物应力，土壤冻融强度和冻融交替次数不同，土壤的相态组成比例就会发生变化。在非冻结条件下，土壤固相以矿物成分为主，其组成比例相对稳定；在冻结条件下，土体仍属三相体系，但土体中的固相则由矿物和固态冰组成。随着土体温度的改变，液态水会发生相变，固态物质的比例也随之发生变化，因而土体中液态与固态物质组成呈反比关系，冻融土壤的相变及其伴生现象必然会改变土壤的理化性状，促进或抑制土壤有机质的分解和矿化，影响有机和无机物质的吸附与解吸、形态转化及微生物活性等(王洋等，2007；朴河春等，1998)。

东北平原西部地区存在季节性冻土，冻土的平均深度约为 2 m。在土层冻融过程中，形成了特殊的水盐运移规律。在冻结过程中，随着水分向冻层聚集，冻层以下土层和地下水中的盐分向冻层迁移，整个冻层的土壤含盐量明显增加。在融化过程中，随着地表蒸发的逐渐强烈，冬季聚集在冻层中的盐分会向地表强烈聚集。在没有融通之前，冻层像一块连续不断的大隔水层，隔断了冻层以上的土壤与冻层之下潜水之间的联系。在这种状态下，土壤盐碱化的发生与地下水位之间不存在直接关系，但受冻层上冻融滞水的直接影响。因此，在东北平原西部地区，冻融过程是制约冬春季节土壤水盐运移的主要因素之一。

冻融作用作为松嫩平原气候环境下一种特殊的物理化学作用，其对土壤中的水盐迁移也会产生重要的影响。与非盐碱化土壤相比，盐碱化土壤冻结期较短，冻结层较浅，冻结起始位置不是地表而是位于地表之下的某个深度，并且，土壤水盐在冻结期具有从未冻区向冻结区迁移的趋势。在潜水埋深相同、矿化度不同的情况下，冻结期粉质黏土中含盐量比砂质黏土中的含盐量具有更大的增幅，而两种土壤中含水量之间的差异不大(张立新等，2002)。因此，冻结期盐分的迁移量取决于潜水埋深、矿化度、土壤含水量及冻结速度。此外，在不同的介质中，冻结时盐分迁移的方向是不同的。在良性渗透介质中，冻结时盐分从冻结区向未冻区迁移；在渗透性较差的黏性土中，冻结时盐分迁移的总方向是由未冻区指向冻结区(邱国庆，1991；邱国庆等，1992，1996)。这说明冻融期水盐运移机制比非冻融期更加复杂，并且盐分运移机制也比水分运移机制更复杂(李瑞平等，2007；杨劲松，2008)。郑冬梅等(2005)以吉林省长岭县十三泡地区湖滩地为例，研究了松嫩平原冻融期盐沼湿地的水盐运移规律，发现在冻结期，在冻层存在的情况下，土体内产生的温度梯度、水势梯度成为冬季水盐积累的驱动力。在冻结期，冻层水盐自底层向上迁移；在融冻期，冻层自地表向下并且自暖土层向上进行双向融化，在冻层形成上层滞水，在冻层之下水盐从下向冻层迁移冻结。冻融期间盐沼湿地水盐迁移的热力学机制是松嫩平原土壤盐化发生的重要机制。

(1) 冻融过程中的土壤水分运动

土壤冻融是土壤表层通过地面与大气之间进行热交换的产物，在冻结和融化交替期间，大气与表层土壤间的热交换造成冻结层与融化层之间水分的相变，进而改变土壤中水分的迁移过程(王洋等，2007)。土壤冻结时，由于冻结作用，冻结土体的冻结缘水势梯度较大，导致非冻结土壤中的水分向冻结土体迁移，使土壤冻融后，土壤水分含量显著提高(龚家栋等，1997)。因此，发生冻融作用的土壤水分充足。冻融作用对土壤水分的渗透性也会产生重要影响，杨平和张婷(2002)研究表明，黏土冻融后渗透性增加幅度较大，渗透系数是原状土的 3～10 倍，而砂质土冻融后渗透性变化较小。冻结层的滞水作用导致土壤冻融后，水平方向的渗透性均大于垂直方向。随着含水量的增大，冰夹层或土壤缝隙增多，其渗透性也相应提高。由于冻融土的这一特点，冻结过程中被冰分割成层状及网状的冻土，融化时水分可以很快从冰融化后形成的缝隙中排出，显著提高土壤的释水性(腾凯等，1996)。土壤质地不同，其持水能力和土壤温度梯度也存在差异。粗颗粒土壤地温较高，导水性好，含水量低；细颗粒土壤地温较低，导水性差，含水量高。因此，土壤质地不仅影响冻融过程，而且对土壤水分的重新分布也会产生较大影响。土壤冻融速率与土壤温度的时空分布状况及土壤含水量有关(杨梅学等，2000)，含水量的分布受土层深度的影响，在 10 cm 的浅层土壤含水量较高，这种分布特征对土壤的冻融过程及土壤温度的时空分布有较大影响(吴青柏等，2003)。

在我国北方地区，冻融期的土壤水分运移主要是在温度梯度的影响下产生的，因而具有其特殊的规律性。一般可将冻融期的水分运移分为冻结期和消融期两个阶段。

在地表温度降至 0℃时，表土开始冻结，此时表土温度明显低于心底土。在产生温度梯度的情况下，水分向冻层运移，受冻胀的影响，土壤空隙体积增加，水分不断地向空障中运动并随之冻结，使冻层含水量达到饱和状态，含水率可达 40%～60%(重量)。冻层土壤温度在 0℃左右，其位置随冻层厚度的增加而不断下移。在冻结过程中该层水分不断向冻层补给，含水量较低，一般为 25%～30%。非冻层中的含水率为 28%～33%。在有地下水补给的情况下，在冻层和非冻层土壤含水量较大，似冻层含水量较小(张殿发和王世杰，2000)。

冻层的消融是在冻层的上下同时进行的，处于中间的未解冻土层起着隔水作用，上部消融的土壤水由于受到未解冻土层的阻隔，与潜水无法连通，形成上层滞水，在 0.4～0.6 m 的土壤含水量最高，可达 5%左右。随着地表的蒸发作用，上部消融层的土壤水分向上运移，被蒸发消耗掉，土壤含水量从下到上逐渐减少，表层土壤含水量低于 20%。下部消融层内土壤水分则向下渗流补给地下水，使地下水位回升。与冻结前土壤含水量相比较，可以明显地看出，冻结期土壤含水量高峰出现在冻层中，低峰出现在似冻层中，非冻层含水量略低于冻结前；而消融期土壤含水量高峰出现在未解冻层之上，成为上层滞水,未解冻层下的土壤含水量高于冻结前(张殿发和王世杰,2000)。

(2)冻融过程中的土壤盐分运动

冻结过程中随着水分向冻层聚集,冻层以下土层及地下水中的盐分向冻层积累,整个冻层的土壤含盐量明显增加。在土壤冻结时,地下水和土壤中的盐分,在非冻层内随毛管水向上运移,多数盐分便随着土壤水的冻结而累积在冻层内。由于似冻层随着冻层厚度的增加而逐步下移,盐分较均匀地分布在整个冻层剖面中。方汝林(1982)的研究结果显示,土壤在冻结的情况下,冻层内的盐分还有向冻层上部运移累积的趋势。冻结期间土壤中仍有液态水存在,并且其在温度梯度的作用下,运动得相当快,同时这些液态水可能以薄膜水的形态存在,并且水膜厚度由下向上逐渐变薄,因此水分在冻层内也由下向上进行运移。盐分随着薄膜水向冻层上部移动,能够增大上部冻层盐分的累积速度和累积量(图 2-5,图 2-6)(张殿发和王世杰,2000)。

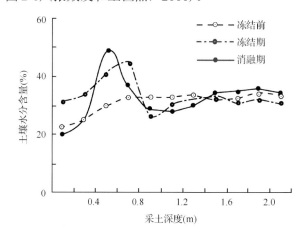

图 2-5 土壤冻融过程中的水分运动(张殿发和王世杰,2000)

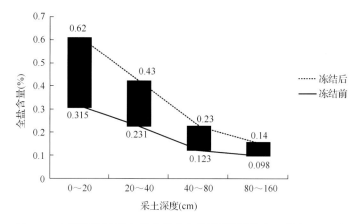

图 2-6 土壤冻结过程中盐分的富集状况(张殿发和王世杰,2000)

土壤在低矿化度、苏打型水质的潜水作用下,盐化的同时产生碱化过程,土壤复合胶体吸附钠的数量随土壤溶液苏打浓度的加大而增多，因此无论哪种苏打盐渍土都具有不同程度的碱化特点。小地形顶部在土壤融化初期返盐过程和融化中期脱盐过程，以及产生的冻土顶板上的侧流作用，都会加速微高地碱化作用(杨雅杰，2003)。

随着上部冻层的消融，土层中的水分向地表运移并蒸发，冻结期间累积于该层中的盐分，也随之迅速向表层累积，使表土含盐量急剧增加，盐分主要集中于0～10 cm的土层中(即常见的返浆返盐现象)，而下部消融层中的盐分，则随着消融水的下渗，向下部土层或地下水中移动。

姜世成等(2006)研究了松嫩盐碱化草地消融期盐碱裸地和羊草草地土壤剖面的水盐变化，发现在土壤消融过程中，冻结层双向融化，上层消融速度快于下层，盐碱裸地消融速度快于羊草草地，强烈的水分蒸发致使表层土壤(0～20 cm)水分损失严重，引发深层土壤盐分向上迁移，在冻结期潜在积盐的基础上，形成春季表层土壤的"爆发式"积盐。与羊草草地相比，盐碱裸地表层积盐更为强烈，盐分来源于较深的土壤剖面。

土壤冻融作用是土壤盐碱化独特的形成机制，对冻融区土壤春季积盐有明显的控制作用。在冻融过程中，土壤剖面结构发生变异，形成冻结层、似冻结层和非冻结层。土壤经历冬冻春融的冻融循环，形成了土壤中水分和盐分运移的特殊规律，即冻结时土壤中的水分和盐分向冻层迁移，使得冻层的土壤含盐量明显增加；而融化时，由于地表水分蒸发，土壤中的水分和盐分又向地表强烈迁移，从而造成盐分在地表积聚，诱发盐分含量两次抬升。在季节性冻融的情况下，土壤盐分随季节发生变化，全年可划分为4个动态周期：春季积盐期、夏季脱盐期、秋季回升期和冬季潜伏期(王维真等，2009)。

杨雅杰(2003)将松嫩平原西部盐渍土的水盐动态，随气候和土壤季节性冻融过程的动态变化规律划分为4个时期：春季返盐期、夏季淋盐期、秋季积盐期和冬季聚盐期。①春季返盐期：对肇东、大庆的观测结果显示，土壤一般在3月末4月初进入解冻期，土壤季节性冻层的上部开始解冻，冻层上部的融冻水、下渗的雪水、降水及地表径流水或灌溉水等中都含有一定的可溶性盐渗入土壤，补给冻层上部的水分，提高冻层上部水的矿化度和水量。解冻期正处于植被盖度较低的时期，蒸发量是降水量的7～10倍，使冻层上部水溶液迅速浓缩。随着地温的增高，冻层上部水所溶解的盐分也逐渐增加，因此冻层上部水的矿化度高于冻层下部水的矿化度(表2-4)。②夏季淋盐期：夏季是土壤消融期，正逢雨季，水盐动态以下渗为主，使耕层处于脱盐阶段，盐分含量低于春秋两季。③秋季积盐期：秋季气温下降，土温也随之降低，降水量减少，蒸发量仅为降水量的2倍左右。但在苏打盐渍土耕地中，由于降水对土壤融化后下渗水分的补给，地下潜水位抬高，其毛管水上升至超过临界深度，同时，夏秋季表土干湿交替产生的吸力差使毛管水上升，致使盐分向表土集中，加速土壤盐碱化，此期盐分含量低于春季，高于夏季，秋季积盐是第二年春季返盐的前提条件。④冬季聚盐期：11月初土壤进入冻结期，对水盐运动起到截留作用。冻结初期，土壤上部地温达−6.2℃，1月达−20℃，土层温度随土层加深而减小，同时由于冻结层下部与下移的冻结层碱性潜水位间保持在临界深度范围内，因此冻层下的碱性潜水在冻结期向土壤冻结层移动，并且大部分碱性潜水聚积在土壤孔隙中凝结成冰。碱性潜水在移动过程中又可以溶解少量盐分并使其向上集中，这种冻层下碱性潜水中的可溶性盐类，能使冰点下降，在未饱和的溶液中，开始只有一部分水变成冰，剩下的溶液浓度增大，当溶液达到饱和后，溶液中的盐类便随着冷却而析出，在土层中形成冰和盐的固体混合物。因此，早春冻层中盐分含量比秋季末期土壤冻层的盐分含量显著增加，为春季融冻水返盐创造了条件(表 2-5)(杨雅杰，2003)。

表 2-4 冻层上、下部水质(杨雅杰，2003)

土壤类型	水位层	井深(m)	地下水位(m)	1992~1997 年平均值	
				矿化度(mg/L)	pH(1∶1)
盐化草甸土	冻层土	2.0	1.3	1003.0	8.82
	冻层土	4.5	3.2	855.0	8.45
碱化草甸土	冻层土	5.0	1.6	1597.0	9.12
	冻层土	4.3	3.9	1411.0	8.82

表 2-5 冻土积盐分析(杨雅杰，2003)

观测时间	土壤类型	土层深度(cm)	全盐量(%)	pH(1∶1)	盐基离子浓度(cmol/kg)						
					CO_3^{2-}	HCO_3^-	Cl^-	SO_4^{2-}	Ca^{2+}	Mg^{2+}	K^++Na^+
1994 年 11 月 5 日	盐化草甸土	0~40	0.173	8.47	0.707	1.337	0.147	0.216	0.146	0.013	2.249
		0~41	0.315	8.58	0.633	2.128	0.904	0.737	0.184	0.151	4.067
1995 年 3 月 29 日	碱化草甸土	0~42	0.852	9.46	0	4.819	4.558	2.47	0	0	11.908
		0~43	1.177	9.60	0.352	4.396	4.285	0.712	0.251	0.168	12.957

在吉林省西部地区，每年从 10 月底或者 11 月初土壤开始冻结，直至翌年 6 月末才能完全融化。在土壤冻结过程中，底层土壤水盐明显地向冻层运移，这是由于冻结产生的土壤冻层与非冻层之间的温差驱动土壤毛管水向冻层移动，同时盐分也随之上升，在冻层中不断累积，冻层以下土壤水分和盐分含量逐渐下降。地下水不断借助毛管作用上升进行补给，使水分和盐分向冻层移动，冻层逐渐增厚，潜水位处于下降趋势，最终造成水盐在冻层中大量累积。冬季"隐蔽"积盐过程与地下潜水有直接的联系。研究表明，在冻结期，冻层水与地下水仍保持着一定的联系，当上层土壤冻结后，冻层与较湿润且温暖的似冻层之间出现了温度和湿度梯度，从而导致水分的热毛管运动，底层土壤水和地下水则向冻层积聚。显然，在含盐地下水的热毛管运动过程中，开始了隐蔽性的积盐过程，尽管地下水位发生了缓慢下降(张殿发和王世杰，2000)。

当春季到来之后，气温逐渐回升，冻层开始自上而下融化，直至全部化通的整个融冻期内，一直存在于冻层以上的重力水，称为上层滞水。在春季土壤强烈积盐期，对积盐起重要作用的正是这部分上层滞水。上层滞水由土壤融冻水和大气降水组成。吉林省西部春季(3~5 月)的降水量为 49 mm，占全年总降水量的 11.5%，而蒸发量高达降水量的 5 倍以上。地表蒸发逐渐变得强烈，使冬季累积于冻层中的盐分转而向地表强烈聚集，其强烈程度近乎"爆发式"，这种过程直至冻层化通为止。冻层未化通之前，它像一块连续不断的大隔水层，隔断了冻层之上土壤水分与冻层之下潜水的联系。到 6 月底或 7 月初，当冻层全部化通时，冻层之上的水补给地下潜水，又恰逢本地区的雨季(6~8 月)，降水量为 303 mm，占全年总降水量的 71.2%。两者共同作用使潜水位逐渐升高，虽然此时潜水位最高，但由于蒸降比很小，因此土壤处于脱盐过程。到了秋季(9~11 月)降水量减少为 67 mm，占全年总降水量的 16%，而蒸发量增加，此时潜水位才对土壤积盐作用产生直接的影响(张殿发和王世杰，2000)。

2.2　草地盐碱化形成的人为因素

自然因素和人为因素共同作用是导致草地盐碱化的重要原因。地形因素、气候变化、自然环境脆弱、长期不合理的放牧制度、盲目垦殖、草地刈割、掠夺经营、乱挖碱土、剥草皮、挖草药、乱排"三废"及草地承载的社会压力(如人口的膨胀)等都是导致草地盐碱化的重要因素。在诸多人为因素中，过度放牧和盲目垦殖被认为是导致草地退化最主要的因素。除了过度放牧、草地刈割和盲目垦殖之外，不合理的放牧地管理、对草地的投入过少、相关的标准化建设滞后、历史上的政策失误等也助推了草地的盐碱化进程。

2.2.1　草地放牧

放牧(grazing)是人类在草地生态系统管理中施加于草地的主要干扰，对草地生态系统具有极其重要的影响(李博，1997)。在草地生态系统中，土壤和植被构成了一个相互作用的统一系统(王蕙等，2012)。牲畜通过采食植物的枝叶，使植物的叶面积不断减少，光合作用能力降低，从而影响植被的生长发育和繁殖能力(李瑜琴和赵景波，2005)。采食活动、畜体对营养物质的转化和排泄物归还等会影响草地营养物质的循环，导致草地土壤化学成分的改变，并且牲畜践踏还会影响土壤的物理结构(Dakhah and Gifford，1980)，而草地土壤的物理结构和化学成分之间也相互作用、相互影响(许志信和赵萌莉，2001)。

随着放牧强度的增加，牲畜对植物和土壤的影响程度也随之增加。其中过度放牧是造成草地退化的主要原因，也是造成草地盐碱化的一个尤为重要的因素。过度放牧使草畜矛盾加剧，草地严重退化，盐碱化植被及碱斑面积逐渐增加(图 2-7)。从生态学的角度来讲，在一定地域内和一定生产力水平条件下，生态系统只能提供一定数量的物质产品用于满足人类生产活动的需求，当人类的需求量超过生态系统所能承受的范围或承载能力时，即供不应求的时候，生态系统将失去平衡，进而出现退化现象，其功能也会逐渐下降，甚至崩溃。

图 2-7　松嫩平原因过度放牧而退化的草地(高英志摄)

目前，我国的天然草地几乎都有不同程度的超载现象。据相关资料统计，草地超载情况十分普遍，轻者超载 0~50%，重者达 100%~200%（杨汝荣，2002）。杨汝荣（2002）通过研究得出，内蒙古的载畜量为该地区适宜载畜量的 115%，新疆为 101%，西藏为 116%，青海为 110%，甘肃为 120%。我国西部六省区（西藏、青海、新疆、内蒙古、宁夏、甘肃）的牲畜总数量由 1949 年的 2181×10^4 头（只），发展到 1997 年的 14 709×10^4 头（只），增加了 5 倍多；而草地面积由 1949 年的 $1.678×10^8$ hm^2，发展到 1997 年的 $2.124×10^8$ hm^2，仅仅增加了 27%（表 2-6）。牧草平均高度由 45 cm 下降到 8 cm。现在牧区的情况是草少、牲畜多、个体小、产量低、风沙大。历年来，畜牧业的发展都是以牲畜头数的增长为评价指标，而不是以畜产品增长为准，在这些政策和观点的影响下，我国牲畜头数较 50 年代大幅度增加。

表 2-6　1949 年和 1997 年主要牧区牲畜数量与草地变化（杨汝荣，2002）

省区	1949 年		1997 年		
	牲畜头数(万头)	牲畜占有草地面积 (hm^2/头)	牲畜头数(万头)	牲畜占有草地面积 (hm^2/头)	草地生产力 (kg/hm^2)
西藏	640.6	9.2	2 289.3	3.09	2 063.10
青海	646.9	7.0	2 082.4	1.52	1 575.00
新疆	289.9	6.9	3 861.9	1.30	1 563.75
内蒙古	406.6	6.1	4 370.7	0.92	1 368.00
宁夏	59.1	10.3	425.7	0.65	2 324.25
甘肃	138.2	9.2	1 678.7	1.00	2 072.25
总计	2 181.3		14 708.7		

在 1947 年时，内蒙古拥有牲畜 $19.3×10^6$ 个羊单位，平均每只占有草场 4.1 hm^2，利用强度很低。此后牲畜数量逐年增加，到 1965 年达到 $73.3×10^6$ 个羊单位，为 1947 年的 3.8 倍，平均每只占有草场 0.9 hm^2，已超过天然草地的承载力。之后牲畜头数随气候波动而大起大落，但始终在 $70.0×10^6$ 个羊单位上下徘徊。在 20 世纪 80 年代末期，新疆地区的牧场超载牲畜将近 1 倍（李博，1997）。随着畜牧业的迅速发展和牧草出口量的日益增加，草原上的植被不断地在退化。以往"风吹草低见牛羊"的景色已经很难在草原上重现，现在已经到了必须对过度放牧草地采取保护措施的时候了（黄锐和彭化伟，2008）（图 2-7）。

草地的过度利用导致草地的退化，随着放牧强度的增大，优质牧草的相对生物量在迅速下降，种群盖度下降，土壤的理化性质发生改变，最终导致土壤的盐碱化。在 1985 年，吉林省西部草原区平均产草量为 1350 kg/hm^2，草地面积为 $1.8×10^6$ hm^2，可载牧 $5.4×10^6$ 个羊单位，实际载牧 $5.9×10^6$ 个羊单位，超载 $0.5×10^6$ 个羊单位。到了 1999 年，草地的平均产量下降到 900 kg/hm^2。李晓波和王德利（1996）对东北草地的研究显示，一般草本植物的顶极群落演替度为 300~400，而处于轻牧或未放牧阶段的羊草（*Leymus chinensis*）群落演替度为 300 以上，说明尚未发生演替变化，但随放牧强度或割草强度的增加，群落优势种羊草遭到破坏，其他干扰物种侵入，从而使群落顶极发生偏离，演替度下降，证明过牧是草地退化的根本原因之一。杨利民等（1999）对松嫩草地南部的研究也显示，放牧使植物群落物种组成发生变化，植物种群的优势地位发生更替，在过度放牧后会演替为虎尾草(*Chloris virgata*)或碱蓬(*Suaeda glauca*)群落，甚至变为光碱斑，草群高度下降，生产力降低，植被盖度下降，土壤裸露面积增大，土壤环境趋于干旱、板结、沙化或盐碱化。在重度放牧压力下，牧草受到高强度的采食和践踏，失去繁殖机会和储备营养的时机，优质牧草不能及时发育而急剧减少，造成草原大面积退化(李建东等，2001)。例如，吉林省大安市在20世纪50年代草场资源丰富，羊草草地的可利用面积为2.8×10^5 hm²，产草量为3.5×10^5 t，理论上可载牧5.8×10^5个羊单位，每个羊单位占有草地1.2 hm²，实际载牧2.3×10^5个羊单位。到了80年代，由于牲畜数量不断增加，草地面积不断减少，羊草草地的可利用面积下降到1.8×10^5 hm²，产草量下降到1.5×10^5 t，可载牧3.5×10^5个羊单位，每个羊单位占有草地0.3 hm²，实际载牧量却上升到5.5×10^5个羊单位，总体上超载2.0×10^5个羊单位。可见，过度放牧导致草场严重退化，进而使盐碱化土地和"碱斑"面积大大增加，特别是居民点附近和水源周围，盐碱化最为严重，出现了连片的碱斑和不毛之地(李秀军，2000)。现有牲畜量比理论牲畜量超出很多，普遍存在过牧、滥牧等掠夺式经营现象，其强度日益加剧，而放牧方式仍然是传统的自由放牧，即"嫩草刚刚萌发就开始放牧，哪里草好就到哪里放牧，草长出来就啃，啃后又长，长了再啃"。过度啃食植物营养体，会影响植物光合作用的正常进行，使植物不能积累足够的营养物质满足自身再生的需要，植物生活力下降，不能结实，丧失自然繁殖能力，久而久之，一些适口性强的优良牧草在群落中的比例逐渐减少，甚至消失，适口性差的植物比例逐渐增加，草场质量下降(彭祺和王宁，2005)。牛、马、羊、猪等多种畜群在同一块草地掠夺式啃食、践踏，不但会给牧草带来机械损伤，而且会使草地土壤出现盐碱化，使本来就很脆弱的生态系统承受越来越大的压力(邓伟等，2006)。

过度放牧对草地生态系统的影响主要有5个方面。

第一，过度放牧对草地的主要影响是减少地表的植被盖度，致使土壤的裸露面积扩大，水分蒸发强度加大，土壤水分的耗损更加迅速，土壤水盐运动速率加快，使土壤盐碱化程度更加严重。草地的不断退化可以加重或加速土壤盐碱化的程度、进程(李瑜琴和赵景波，2005；韩文军等，2009；Gao et al.，2009)。草地上植物种群呈现的格局类型和集群程度受到家畜采食的强烈影响，重度放牧下植物种群多趋向于集群生长(许清涛等，2007)。过度放牧可使草原盖度由45%左右下降到18%左右(李瑜琴和赵景波，2005)。在内蒙古锡林郭勒盟的羊草草原中，正常的草场与重度退化的草场相比，草群盖度由37%下降为12.2%。松嫩平原羊草草原调查资料显示，轻牧区羊草群落盖度为80%，过牧区的盖度下降为21%(王玉辉等，2002)。相反，植被恢复，盖度增加，可以延缓土壤盐碱化的发展。放牧不但影响草地植被的种类组成、种群结构、草地生产力，同时影响着草地植被的营养状况。对羊草和芦苇在放牧后碳水化合物及N含量的研究表明，随着放牧率的增大，羊草和芦苇的可溶性碳水化合物含量减小，同时刺激植物根系对土壤中N的吸收，以及N在植物体内的转移(刘颖等，2003a)，刘颖等(2003b)研究还发现，不同放牧率下星星草(*Puccinellia tenuiflora*)的碳水化合物含量有类似的变化。过度放牧通常会使优质牧草(羊草、豆科植物等)的种群数量下降(Gao et al.，2009，2011)。以羊草为例，在20世纪80年代，对东北地区草地不同利用方式的研究表明，放牧小区羊草密度最小，

仅为 (511.5±110.8) 株/m²；平均每平方米成穗的数目和每穗上的饱满籽粒数目非常少，成穗数目仅为 (25.1±12.2) 穗/m²，结实率仅为 13.3%，净籽粒产量仅为 2.6 g/m²（杨允菲，1988）。在过度放牧时，羊草种群的根茎分蘖数和种子产量分别下降到轻牧阶段的 0.1% 和 3.3%（韩文军等，2009）。羊草在生长季后期形成的营养苗呈莲座丛状时才可以越冬，这些营养苗通常称为冬性植株，研究发现放牧后营养繁殖株仅有 60.8% 生长发育为冬性植株，因此放牧不利于冬性植株的形成（杨允菲和李建东，1994）。过度放牧会导致一些适口性较好的优良牧草的消失，并出现一些劣质的碱性牧草，结果会使整个草群的营养结构发生相应的变化。例如，在对松嫩草地中羊草和芦苇的组织转化的比较中发现，羊草的净叶总长大于芦苇，这说明羊草的叶组织含量要比芦苇丰富，羊草的品质要比芦苇好，而家畜采食的主要就是牧草的叶片（刘颖等，2002a）。又如，在莫达木吉草场，植被的顶极群落是羊草+贝加尔针茅 (*Stipa baicalensis*)+糙隐子草 (*Cleistogenes squarrosa*) 群落，随着放牧强度的增大，羊草、糙隐子草和硬质早熟禾 (*Poa sphondylodes*) 等植被的相对盖度与生物量呈下降趋势；蒲公英 (*Taraxacum mongolicum*)、星毛委陵菜 (*Potentilla acaulis*) 和猪毛蒿 (*Artemisia scoparia*) 等物种的相对盖度与生物量呈上升趋势，但在重牧状态下不再增加；披针叶黄华 (*Thermopsis lanceolata*)、平车前 (*Plantago depressa*) 和独行菜 (*Lepidium apetalum*) 等侵入种的相对盖度与生物量呈上升趋势。在放牧半径为 2.5~1.0 km 的地段，这些变化最显著，即放牧强度增加得最快，草原植被组成的改变剧烈（王德利等，1996）（图 2-8）。过度放牧还可以使植物的根量减少，根系变短（Gao et al.，2008），随放牧强度的增大，牧草高度有降低的趋势（刘颖，2002b），这些改变最终都会造成土壤的盐碱化。

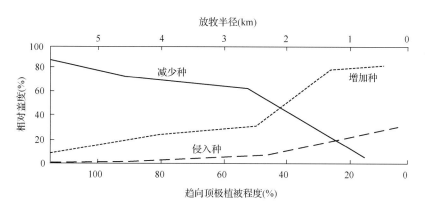

图 2-8　莫达木吉草场增加种、减少种与侵入种的关系（王德利等，1996）

　　第二，过度放牧对土壤的理化性质也有影响，主要表现在牲畜对草地有机质、含水量、容重和密度的影响（高英志等，2004）。轻度放牧阶段，草地有凋落物的积累，死地被物层基本完好，但是随着放牧强度的不断增大，枯枝落叶量减少，凋落物层会变薄或者消失，土壤有机质含量随之下降（李建东等，2001）。例如，在对内蒙古草原进行研究时发现，过牧且捡拾牲畜粪便作为燃料的条件下，草地中物质循环中断，草地 N 含量急剧下降（图 2-9）（Giese et al.，2013）。久而久之，土壤有机质含量随着放牧强度增大逐渐呈下降趋势，草地上的土壤会变得越来越贫瘠，盐碱化亦会随之而来。过度放牧不但会减少草地植被的盖度，牲畜的践踏、采食也会破坏地表土层，使土壤蓄水量降低，蒸发作用加强。随着蒸发作用的增强，土壤有机质含量与土壤含水量分别下降到轻牧阶段的 24% 和 67%，土壤含水量下降，最终将导致草场干旱化（表 2-7）（王仁忠和李建东，1995）。

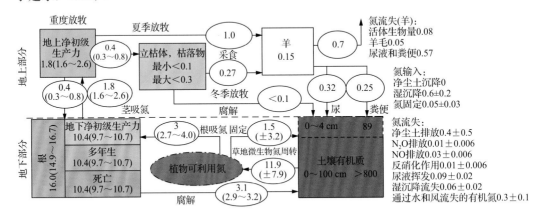

图 2-9　　重度放牧对内蒙古典型草原 N 平衡的影响（Giese et al.，2013）

（数据单位：g N/m²）

表 2-7　　不同放牧演替阶段土壤有机质含量、含水量变化（王仁忠和李建东，1995）

项目	土层深度(cm)	轻牧 LG	适牧 PG	重牧 HG	过牧 OG	极牧 EG
土壤有机质含量(%)	0～20	2.535	2.105	1.858	1.330	0.610
	20～40	1.060	1.435	1.070	0.795	0.570
	40～60	0.685	0.725	0.640	0.655	0.422
土壤含水量(%)	0～20	19.40	18.58	17.70	14.24	12.91
	20～40	16.06	19.02	16.02	14.80	13.04
	40～60	13.78	14.21	15.27	14.03	11.75

第三，随着放牧强度的增大，土壤的 pH 呈上升趋势，土壤的碱化度也逐渐增加，其结果是使土壤趋向于贫瘠化、干旱化、盐渍化，最终使土壤发生严重的盐碱化。由于植被和土壤具有连带关系，土壤生态环境的恶化，必将加速植被的退化，最终将导致整个草地生态系统的退化。表土层逐渐消失、土壤开始盐渍化，会导致不耐盐碱的植被种类减少，甚至消失，耐盐碱种类[如虎尾草、角碱蓬（*Suaeda corniculata*）等]迅速增加，常形成单优势种的角碱蓬群落，其盖度可达 80%，导致群落的简单化，甚至形成光碱斑，使生态平衡遭到破坏（王仁忠和李建东，1992）。例如，在对吉林省长岭种马场全年自由放牧的天然羊草草地进行研究时发现，被破坏了的土壤环境作用于植被，表现为放牧引起土壤水分含量、pH 等主要土壤因子的梯度变化对植物种群的分布起重要的限制作用，结果使植物种群沿这一变化梯度呈规律分布，随土壤水分含量的下降和 pH 的上升，羊草、五脉山蚂豆（*Lathyrus quinquenervius*）种群分布范围减小或消失；

寸草薹(*Carex duriuscula*)、糙隐子草等先增后减；而虎尾草、角碱蓬的分布却迅速增加(王仁忠和李建东，1992)。

第四，随着放牧强度增大，土壤容重逐渐增加(李香真和陈佐忠，1998)，土壤变得越来越紧实。土壤容重与硬度都是反映土壤结构"松紧"程度的指标，进而表明其通气性、水分涵养能力及土壤微生物活性，土壤越紧实，其通透性就越差(Leithead，1959)。土壤容重与土壤硬度随牲畜放牧强度的变化有相同的变化规律，随着放牧强度的增大，土壤容重与硬度呈现增加的趋势；而土壤的含水量、毛管持水量等都呈下降趋势。牲畜的践踏作用，即蹄耕效应，破坏了土壤的原有结构，使土壤变硬板结，通透性降低，天然降水不易渗入土壤中，形成透水性差的碱化层，湿时膨胀黏重，干时坚硬板结，耕翻困难，水分不能渗透过去，种子不易发芽出苗，危害植物的生长发育。与此同时，过度放牧可以改变草地微气候，使土壤温度有明显差异。在放牧区土壤的温度高于禁牧区，放牧区土壤比禁牧区更干燥(王仁忠等，1996)。在重度放牧时，土壤容重较不放牧时提高 20%左右，土壤硬度提高近 4 倍，而土壤含水量下降 22%(祝廷成，2004)。可见，草地上高强度的放牧势必导致草地土壤质量的下降，进而造成草地盐碱化。

第五，牲畜过多采食与践踏会破坏植被，导致土壤中的植物根系和土壤微生物数量减少(高英志等，2004；Gao et al.，2008)。众所周知，土壤微生物在草地生态系统中起着非常重要的作用(李香真和曲秋皓，2002)，主要包括细菌、放线菌和真菌。特别是土壤微生物对草地植物残体——枯枝落叶具有分解功能，通过这种分解作用，将植物与动物的有机物残体分解为植物可利用的营养元素，实现生态系统的能量和物质从植物到土壤生物的转化与循环，经过土壤微生物分解产生的无机营养物质，又能够被植物根系所吸收和利用。在羊草草原，随着放牧强度的提高，好气细菌、丝状真菌、放线菌数量逐渐呈下降趋势，而芽孢型细菌、厌气细菌数量则呈升高趋势，显然，与不放牧草地相比，放牧草地土壤微生物总数量降低了(祝廷成，2004)。微生物在草地生态系统中物质转化和能量流动是非常活跃的，土壤由于微生物活动减弱而逐渐变实，最终向盐碱化发展(张巍和冯玉杰，2008)。

总而言之，随着放牧强度的增加，牲畜践踏草地的频率也增加，导致土壤表层被压实，土壤容重增加，土壤非毛管孔隙减少，土壤渗透力和持水力减弱，并且使地表植被遭到破坏，植被的盖度和高度降低，地表裸露面积增大，水分蒸发量加大，溶于地下水的可溶性盐类随着毛管水上升、迁移而累积于土壤表面，造成土壤的 pH 增加，盐碱化程度增大，长此以往有利于盐碱土形成。因此，在重度放牧地，应该实行休牧、禁牧，需要制定合理的放牧制度，以防止草地的盐碱化。

2.2.2　草地刈割

刈割(mowing)是人类对草地的另一种十分重要的利用方式，过度割草和樵柴也是造成草地盐碱化的重要因素。据统计，在全国每年约有 5.3×10^6 hm^2 的草地因搂草根、砍柴而退化。由于过度割草或樵采，已经有 1/3 的土地被破坏。从 20 世纪 50 年代至 90 年代初，由于人口数量持续增长，产柴量明显不足，农民为了解决生活用柴问题，每家每年都采取掠夺式的樵柴方法，加之多年连续割草，最终导致归还至土壤的营养元素逐渐减少；另外，割草还会引起草群密度下降，地被覆盖物减少，地表裸露度增加，因此大大增加了土壤表层的水分蒸散量(祝廷成，2004)。

割草可以改变草地的养分循环，使土壤营养状况下降，土壤结构发生改变，最终导致土壤盐碱化。在对吉林长岭腰井子羊草草原自然保护区天然割草场的研究中发现，随着割草强度的增加，土壤表面水分蒸发量增大，土壤含水量下降，土体内上升水流加大，土壤电导率(electric conductivity，EC)上升，电导率与水溶性盐分含量呈正相关，这表明割草强度的增大会导致土壤表层盐分积累，pH 增大，从而使土壤发生盐碱化(张为政和张宝田，1993)。一方面，割草使植被地上生物量不断被取走，使归还于土壤的营养元素减少，尤其是对植物生长起重要作用的 N 的严重亏损。因为割取的植株部位多为幼嫩部分，而 N 多贮存在幼嫩部分，所以被割取部分的 N 贮量高于留茬部分，其 P、K、Ca 的贮量也基本与 N 的贮量变化规律一致(祝廷成，2004)。另一方面，割草还会对枯枝落叶的积累产生影响，导致土壤中有机质含量下降，土壤结构发生改变。有研究表明在羊草草原上，割草对枯枝落叶的累积具有显著的作用。随着割草频率的增加，累积量明显减少，如果一年内刈割 3 次，积累量减少 83%。伴随刈割时间的延后，累积量逐渐减少(郭继勋和祝廷成，1994)。而土壤营养元素和有机质含量的减少，使草场长期处于贫瘠状态，加速草场的退化(祝廷成，2004)。

割草可以改变草地群落的物种组成、植株高度和密度，降低植被盖度，使土壤蒸发量增大，导致土壤盐碱化。例如，对吉林省长岭县种马场的研究表明，割草和留茬高度会影响羊草的再生速率，并且留茬较高时，刈割处理后叶片有较高的枯死率(刘军萍等，2003)。一方面，割草改变了群落的物种组成，导致草地群落结构发生变化。在研究吉林省长岭县种马场北甸子时发现，羊草和全叶马兰的竞争强度受到刈割强度的影响，刈割后羊草在与全叶马兰种间竞争中的优势减弱(巴雷等，2005)。展春芳等(2012)认为，割草使贝加尔针茅株丛破坏，随刈割年限的增加，一些一年生植物随之增加。张为政和张宝田(1993)认为，草地优势种随割草强度增加而逐渐下降，五脉山黧豆(*Lathyrus quinquenervius*)、拂子茅(*Calamagrostis epigeios*)等优质牧草逐渐从群落中消失，一些生物量低、适口性差的劣质牧草在群落中的比例逐渐增大。孙永明(2012)的研究也表明，在羊草草地上优良牧草比例减少，杂类草增多，尤其在割两年休一年的割草制度下情况更严重，群落物种组成发生了显著的变化，这可能是由于割草为其他牧草的侵入、繁殖和定居创造了有利条件。另一方面，割草降低了植株的高度和密度，使植被盖度下降。割草使植株呈矮小化趋势，叶片有下移的趋势，茎秆量减小。割草导致地上植物高度降低的同时，总叶量减少，整个群落密度随割草强度增加呈降低趋势。主要原因是随着割草强度的增加，羊草抽穗率呈下降趋势，其繁殖受到影响，新生植株减少，老化植株增多，整个群落密度呈降低趋势。在 1980～1983 年，对吉林省长岭县种马场的研究表明，羊草种群生殖枝茎秆的生长发育必然影响穗部各器官的性状，生殖枝矮而粗壮种群的穗长普遍要比生殖枝高且纤细的种群长，小穗数和小花数多，因此长期连续割草对羊草种群的有性繁殖影响严重，加之自然恢复的速度缓慢，同时年复一年地把植物从土壤中吸收的大量养分从该系统中移出，人为地阻止了部分营养物质的循环，导致土壤贫瘠、个体间的竞争力减弱等连锁反应(杨允菲, 1989)。割草造成草地植被盖度的降低, 加速了土壤水分蒸发, 水分散失量增多, 土壤含水量不断下降, 电导率增大、pH 上升, 经过土壤毛管作用, 土体内含盐水流不断上升, 而溶解在水中的盐分会随着上升的水流到达地表, 并在地表层开始累积, 这样会导致上层土壤含盐量的增加, 最终使土壤呈现不同程度的盐碱化(孙永明, 2012)。割草频次和留茬高度对土壤含水量的影响是相互制约的, 当割草频次低时, 不同留茬高度对土壤含水量影响的差异较小; 当割草频次高时, 不同留茬高度对土壤含水量的影响表现出较大差异(张为政和张宝田, 1993)。

长期割草会带走大量的植被生物量, 影响枯枝落叶的累积, 使营养元素不能返还土壤, 造成土壤营养状况变差, 导致土壤逐渐退化。另外, 割草可以直接影响草地植被的动态, 改变群落结构和物种组成, 使植被盖度降低, 导致土壤水分大量蒸发, 盐分随水上移, 从而导致土壤出现不同程度的盐碱化。

2.2.3　草地垦殖

草地垦殖(grassland reclamation)是造成草地盐碱化的关键性因素, 特别是中华人民共和国成立以后, 国家政策骤变, 鼓励生育, 人口数量剧增。为了解决粮食问题, 人们开始大规模开垦草地。1986~2000 年, 在东北地区的松嫩平原上, 耕地、建设用地和贫瘠的土地增加了 9198 km²; 相反, 林地、草地与沼泽地减少了有 6127 km²(Liu et al., 2009)。《全国已垦草原退耕还草工程规划(2001—2010 年)》指出, 全国约有 $1.9×10^7$ hm² 草地被开垦, 占全国草地总面积的 5%左右, 即全国现有耕地的 18%源于草地(王庆锁等, 2004)。

我国各地的草地垦殖状况各有差异, 这些活动都会不同程度地造成草地的退化。例如, 在北方农牧交错区, 过去典型的草甸草原转变为草地、防护林、农田相嵌的分布景观(何念鹏等, 2004)。以往人们受片面追求粮食生产的错误思想指导, 盲目毁草开荒, 相当一部分草地被垦为耕地。有的实行"撂荒轮耕"的破坏性耕垦方式, 不惜毁林毁草, 从而使种田面积不断扩大, 有些农户甚至为了扩大耕地面积, 私自非法开垦草地, 尤其是在 20 世纪 70 年代后期, 实行家庭联产承包责任制以后, 包产到户, 大面积开荒种地使这一时期草地破坏情况相当严重。20 世纪 50 年代末, 青海省草地开垦面积为 $3.8×10^5$ hm²(李博, 1995), 其中有 $2.1×10^5$ hm² 集中在青海湖环湖地区。青海湖环湖地区的可利用耕地面积仅有 $1.1×10^5$ hm², 只相当于开垦面积的 50%。在清代, 新疆塔里木盆地开荒面积约有 $6.0× 10^5$ hm², 而在中华人民共和国成立后又先后开垦草场 333 多万公顷, 目前实际耕种面积仅有 $1.8×10^6$ hm², 近一半土地因次生盐渍化而被弃耕。在内蒙古草地, 从 1750 年开始, 清政府为增加财政收入, 推行了放价召民垦种的政策, 在这里大肆毁林烧荒、滥垦过牧, 到 1900 年, 西辽河流域的肥沃草地全部被开垦(中国科学技术协会工作部, 1990; 贺继宏, 1996)。在 1958~1973 年, 内蒙古开展了两次开荒热, 累计开垦草地的面积有 210 多万公顷, 造成 130 多万公顷土地严重荒漠化(杨汝荣, 2002)。总体来看, 耕地的盐碱化主要出现在我国干旱和半干旱的北方, 而在气候湿润的南方相对较少(表 2-8)。

表 2-8　1992 年全国耕地盐碱化情况(杨瑞珍和毕于运，1996)

地区	耕地盐碱化面积 (×10³ hm²)	盐碱化耕地占本区耕地总面积的 比例(%)	盐碱化耕地占全国耕地盐碱化面 积的比例(%)
东北区	1225.80	7.53	16.06
华北区	3137.48	14.89	41.10
黄土高原区	551.91	5.18	7.23
西北干旱区	1495.78	16.59	19.60
青藏高原区	19.73	2.46	0.26
长江中下游	885.31	4.44	11.60
华南区	309.23	4.60	4.05
西南区	7.98	0.07	0.10
全国	7633.22	7.96	100.00

　　草地垦殖破坏了草地植被，使地表植被盖度降低，促使土壤水分蒸发增加，最终导致草地发生盐碱化。盐随水来，盐随水去，水既是土壤积盐的媒介，也是土壤脱盐的动力。如果没有土壤水的上下移动，盐分就不会向土壤上层累积或向土壤下层淋洗(宰松梅等，2007)。在草地退化之前，由于地表植被的保护作用，旱季从浅层地下水和土壤深层上返的盐分与雨季淋洗下移的盐分达到动态平衡。草地植被遭到破坏后，会引起水文过程及水文地质条件的恶化，改变土壤与环境之间水盐运移的驱动力、循环方式和路径(谷洪彪等，2010)。草地开垦后，因植被生长而存在的地表"盐碱淡化层"被破坏，土壤水分蒸发迅速增加，致使大量盐分从地下水或土壤深层的暗碱层中集聚到地表，导致土地盐碱化(李秀军，2000；黄锐和彭化伟，2008)。而大量聚集在地表的盐分，在大风作用下，迅速扩散，对周边地区土地造成严重危害(李取生等，2001)。

　　草地垦殖会加剧土壤的风蚀和水蚀，导致盐碱土扩散，盐碱化草地面积扩大(图 2-10)。一方面，草地垦殖会造成土壤风蚀加重，耕作会破坏草地植被，使土壤表层变松散，裸露和松散的砂质土地极易遭受风蚀(杨孔雀和郝明德，2008)。植被冠层具有减弱风蚀的功能(韩建国，2007)，但是，草地垦殖使每年庄稼收获后到翌年新生苗长出期间，地表无任何遮盖物，表土暴露在强日光下，土壤温度上升，蒸发作用增强。而草地垦殖会导致植物蒸腾的水分减少，使空气变得更加干燥(李建东，2009)，空气干燥反过来会引起土壤的干燥，土壤越干燥就越容易被风刮走。在北方地区，春季气温回升，雨少风大，土壤经过冻融作用，处于松散干燥的状态，该季最多会造成 60 cm 厚的表土被风刮走(野口弥吉和川田信一郎，1987)。另一方面，草地垦殖会促使土壤水蚀的发生。假定无植被的裸地上的土壤流失量为 1，生长良好的草地土壤流失量仅为 0.007，而种植了玉米、大豆的农用地上的土壤流失量则可高达 0.75(野口弥吉和川田信一郎，1987)，这说明草地垦殖会使土壤水蚀加重。林年丰和汤洁(2003)研究发现，由于受到风蚀和水蚀，1989～2001 年，松嫩平原西部和南部盐碱荒漠化土地的面积增加了约 2.9×10⁵ km²，年均增长率为 1.78%。

a. 开荒前后的草原景观变化

b. 开荒草原上种植玉米

图 2-10　松嫩平原草地开垦(王德利摄)

　　草地被垦殖后,相应的灌溉与排水系统不完善,也会造成草地的盐碱化。草地被垦殖后,为了保证农作物的正常生长并增加产量,人们通常会用地下水进行灌溉。一方面,采用浅层含盐碱浓度大的地下水进行灌溉,会直接造成土地的迅速盐碱化,特别是在我国北方的很多地区,地下水都含有易溶性盐类(氯化钠、硫酸钠、碳酸氢钠和碳酸钠等),而且在降水量较少蒸发较强的地区,地下水随着强蒸发作用由下向上运动,溶于水中的盐碱也向地表运动,导致浅层地下水的盐碱浓度大大高于深层。当人们使用浅层地下水进行灌溉时,土壤就会发生盐碱化。另一方面,由于过量灌溉,以及灌溉技术和排水系统不完善,地下水位被抬高,促使土地盐碱化的发生。草地开垦初期,多采用大水漫灌,土壤盐分向下移动,暂时能得到较好的效果,但耕地排水系统的不完善,甚至有些耕地无任何的排水设施,会造成地下径流排泄不畅,排水沟淤积,排水沟深度不够,盐分仅淋洗到较浅的土壤下层,同时抬高了地下水位,为土地的盐碱化带来了潜在隐患(王启基等,2004;王丰,2012)。过量灌溉也会产生大量的田间渗漏,送入田间的水渗漏量有的可高达50%以上,这也会造成地下水位迅速上升。由于土地不可能是完全平整的,灌水时田地受水不均匀,低洼处的水大量下渗,而高处因蒸发作用而积盐(杨瑞珍和毕于运,1996)。长期、大量灌溉地下水,会加重土壤的干旱程度,引起土壤盐碱随风扩散,扩大盐碱化土地面积(赵立祥,2004)。有研究发现,在黑龙江省开垦的农田,撂荒会使压下去的盐分重新返回地表,也可加重土壤盐碱化(尹喜霖等,2004)。

　　草地过度利用,使土壤肥力和自我调节能力下降,生态系统物质循环和能量流动受到破坏,也是造成土壤盐碱化的重要原因之一(王启基等,2004)。在对草地进行耕作时,因不了解草地土壤的特性,将土壤深层的积盐层翻到土表,就会造成脱盐层的移失,翻新后如果又没有良好的灌溉和排水条件,会使土壤盐碱化加重(王宏等,1997)。被翻到地表的深层土壤,在强风的作用下,其中的细沙粒被吹向空中,粗沙粒保留下来。经过多次翻耕,强风再把细沙粒刮走,如此反复,一般经过3~5年,开垦后的草地就完全沙化(赵立祥,2004)。开垦草地后,长期的耕种会造成土壤有机质含量减少,土壤结构被破坏,地表板结,蒸发作用加强,最后产生碱斑(杨允菲和祖元刚,2008;Diabate et al.,2015)(图2-11)。

图2-11　松嫩平原重度盐碱化草地碱斑(高英志摄)

　　总之,草地垦殖会破坏草地植被,使土壤水分蒸发量增大,促使盐碱在土壤表面累积。过多的开垦使草地面积缩小,草地的单位牲畜负荷量增加,从而引起草地植被的退化。这种恶性循环使开荒地段的草地变成了盐碱地、沙地。另外,灌溉和排水系统的不完善,会导致地下水位上升,盐随水向土壤表层移动;农区种植业结构不合理、耕作技术粗放等都将导致草地的盐碱化。

2.2.4　草地管理及相关政策

　　盐碱化草地形成的人为因素,除了草地垦殖,过度放牧、割草之外,还有缺乏科学的管理方式。另外也受到政策的影响,不合理的放牧地管理,对草地的资金投入过少,相关的标准化建设滞后,历史上的政策失误,当前所制定政策的指导思想及与之相关的草原产权、法律等也都在一定程度上影响着草地盐碱化的进程。

　　草地管理是对放牧地土壤-植物-动物复合系统的有效配置,而草地盐碱化的根本原因就是缺乏科学的管理。我国草地畜牧业多年来都处于靠天养畜的被动局面。粗放经营,没有合理的放牧制度和科学的管理制度,放牧不能与舍饲有机结合,雨天、早春、晚秋放牧对草场的破坏性极强(曹勇宏,2011)。另外,只利用而不管理、不建设,牲畜数量多、结构不合理,草地过度放牧,利用强度大,对草地进行掠夺式经营也可导致草地退化(李萌等，2004)。

　　对草地这一生态系统不进行人为的投入，或者投入较少，是造成草地退化不可忽略的原因。如同农田一样，草地生态系统也是人类利用强度较高的生态系统，如果不对草地生态系统给予适当的投入，草地的产品输出量会越来越少，直至草地退化(李文华，2013)。这主要是由于人们对草地生态系统没有科学的认识，对草地的价值认识过于片面，只将草地看作一定面积上集生的牧草，而忽视草地生态系统是具有一定结构和特定经济功能的整体，缺乏对草地资源的合理经营和投资(曹勇宏，2011)。我国用于建设草地的经费严重不足，据统计，我国 20 世纪 50 年代后的 40 多年，每公顷草地每年平均投入不足 0.5 元。在吉林省西部草地上，自 1987 年以来，用于草地建设的资金每年仅有 250 万～300 万元，即使全部投入西部草地上，投资额仅为 2 元/hm²(图 2-12)。而每公顷草地的实际产草量为 900 kg，实际产值为 315 元/hm²，投入产出比为 1∶158。这种低投入高产出的矛盾，一方面，使草地的建设速度跟不上"三化"速度，边建设边破坏，年年种草不见草；另一方面，由于资金投入少，使用不合理，不能连片治理，虽然局部有所改善，但整体恶化的趋势还在加剧(李萌等，2004)。在资金投入严重不足的情况下，从事草地建设的科技人员也比较少。内蒙古 1.6×10^5 hm²、西藏 2.0×10^6 hm²、青海 9×10^4 hm²、新疆 9.3×10^4 hm² 平均才有 1 名草地科技工作者。

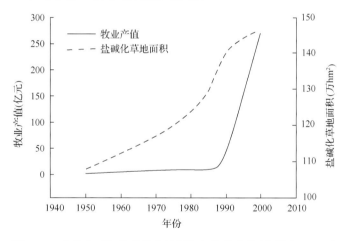

图 2-12　吉林省西部盐碱化草地面积与牧业产值(曹勇宏，2011)

　　对草地建设的人力、物力投入严重不足，造成了与草地经营管理有关的标准化建设也十分落后。没有相应的标准作指导，生产实践中不合理的灌溉等也是造成松嫩草地盐碱化的原因之一。不合理灌溉，特别是有灌无排，以及水利工程质量差、渠道渗漏严重等容易造成盐分的表聚现象(王晶等，1995)，导致盐碱化加剧。同时人们对土地资源的掠夺式开发和不合理利用，如挖草皮、取土、采药材等，在一定程度上加剧了土地盐碱化。随着社会的发展，尤其是不断的生产实践，人们逐渐认识到草地经营管理的标准化是保护草地生态环境、实现草地可持续发展的有效途径。在 2000 年后，我国加快了草地经营管理的标准化建设进程，制定了《草地健康状况评价》(GB/T 21439—2008)、《天然割草地轮刈技术规程》(GB/T 27515—2011)等国家标准，以及《牧区草地灌溉与排水技术规范》(SL 334—2016)、《草原围栏建设技术规程》(NY/T 1237—2006)、《休牧和禁牧技术规程》(NY/T 1176—2006)、《草原划区轮牧技术规程》(NY/T 1343—2007)、《天然草原等级评定技术规范》(NY/T 1579—2007)等行业标准,尤其是强制性行业标准《牧区草地灌溉与排水技术规范》的制定实施,有效地减少了不合理灌溉导致的草地盐碱化现象。

目前,草地管理措施主要是根据"过牧导致退化"的思路制定的。现行的政策对近20 年草场管理和畜牧业发展的基本政策是否适合于草地生态系统的特点分析不足。在2000 年以后,我国北方草地采取围封转移政策,试图通过减少牲畜数量、发展集约化畜牧业、明晰产权来恢复草场生产力和畜牧业生产。但是实践证明,单纯依靠减少牲畜数量难以改变草场不断退化的现状,更难以解决牧民的贫困问题,草场仍然是"整体恶化,局部改善"。原因在于这些政策都是以草畜平衡理论为基础制定的,平衡理论往往把生态系统看作封闭的、具有内部控制机制的、可以预测的确定型系统(邬建国,2000),对于草地生态系统而言,降水具有很大的时空分异,水热组合的季节差异和年际波动也对草地生产力有很大影响(刘钟龄等,1998)。根据平衡生态系统理论模型管理干旱半干旱草场,并不能正确认识草场的植被变化过程,也就不能有效地防止草场退化(王晓毅等,2010)。

我国关于草地管理的政策,在不同时期有着较大的变化,这也影响了草地盐碱化的进程。在"大跃进""文化大革命"期间,在片面"以粮为纲""牧民不吃亏心粮"的方针指导下,反实践、反科学地开垦草地,使生态环境遭到严重破坏,致使盐碱化土地面积增加。例如,在1958~1981 年的24 年间,吉林省白城市将原1/3 的草地开垦为农田,由于这种农田产量不高,人们便大量弃荒撂荒,造成了大面积的盐碱化土地(张殿发和林年丰,1999)。

草地的产权和管理方式是联系在一起的两个问题。在我国,草地产权属于国家或集体,集体所有的草地或者依法交给集体经济组织使用的国家所有的草地可以由集体经济组织内部的家庭或者联户承包经营。从20 世纪80 年代初人民公社体制解体之后开始实行承包责任制,即畜草双承包责任制。关于草地的有偿承包责任制虽然已经基本建立,按照"有偿、长期、到户"的原则,承包期也可以在30 年以上,但还不够完善,只是存在"有人管护、有偿使用、禁止放牧、违者罚款"的条款,但是放牧并没有被扼制。用户对待草场只管采草,没有资金投入,放牧场仍然是在吃"大锅饭",牲畜归个人所有,草场仍然归国家和集体所有,这种草畜所有制矛盾必定会造成"公地悲剧"(Hardin,1968),使得草场超载过牧,草地退化、盐碱化。因为存在家畜私有与草地集体使用的矛盾,草地的"用、养、护"分工不明,致使草场长期处于超载过牧状态,造成草地严重退化。例如,国家把草地承包给农民后,对经营者没有草地养护质量的要求,导致草地肥力下降,而农民不需要负任何责任,这就在客观上纵容了草地使用者的短期行为和掠夺式经营(张殿发和林年丰,1999)。还有些地区,优良的草地被个人或公司承包,这些个人和公司对草地建设的投资不多,牧草也不是用于发展当地的畜牧业,而是用于盈利,这就加重了当地牛、羊养殖业缺草的现象,阻碍了畜牧业的发展。

增强人们关于草地的法制观念是草地开发的基础;健全有关草地的法律法规是保护

草地的前提。在 1985 年，我国颁布了《中华人民共和国草原法》（以下简称《草原法》），它是我国草地利用、管理和建设的法规，是认真总结了 1949 年以来各地的经验和教训而制定的。在 2002 年，该法规又做了修订（全国人民代表大会常务委员会，2002），明确了草地的权属，对草地的利用、保护及盐碱化草地的治理都有了明确的规定。但是由于《草原法》、《中华人民共和国土地管理法》和《中华人民共和国农业法》的贯彻力度不够，加之相应的草场管理制度还不够健全，未能对滥用或破坏草场资源的行为加以有效的制止和管理，使得草场生态系统退化过程得不到有效的控制，最后导致草地发生了不同程度的退化。为此最高人民法院在 2012 年公布了《最高人民法院关于审理破坏草原资源刑事案件应用法律若干问题的解释》（以下简称《司法解释》），健全了遏制草地盐碱化的法律体系。《司法解释》中规定：第一条 违反草原法等土地管理法规，非法占用草原，改变被占用草原用途，数量较大，造成草原大量毁坏的，依照刑法第三百四十二条的规定，以非法占用农用地罪定罪处罚。《司法解释》还认定以下 5 种情形为《中华人民共和国刑法》中规定的"造成耕地、林地等农用地大量毁坏"：①开垦草原种植粮食作物、经济作物、林木的；②在草原上建窑、建房、修路、挖砂、采石、采矿、取土、剥取草皮的；③在草原上堆放或者排放废弃物，造成草原的原有植被严重毁坏或者严重污染的；④违反草原保护、建设、利用规划种植牧草和饲料作物，造成草原沙化或者水土严重流失的；⑤其他造成草原严重毁坏的情形。同时，《司法解释》还对国家机关工作人员违反《草原法》等草地管理法规的徇私舞弊行为做了明确界定。这些法律法规对缓解松嫩草地盐碱化的压力具有极其重要的作用。

总之，导致草地盐碱化的人为因素是多方面的，各个因素之间也存在着复杂的相互关系与作用，我们应该用系统科学的思维去认识草地盐碱化的人为因素。草地盐碱化的根本原因是缺乏科学的管理，而投入较少也是造成草地退化不可忽略的原因。草地经营管理的标准化建设滞后导致人们对草原的盲目、过度利用。同时我国草地管理政策的不稳定也影响了草地盐碱化的进程，因为草地的产权和管理方式是紧密联系的，所以通过立法来保证人们对草原的合理利用是极其必要的。

参 考 文 献

巴雷, 王德利, 曹勇宏. 2005. 刈割对羊草和全叶马兰生长与种间关系的影响. 草地学报, 13(4): 278-281.

白茹珍, 王呼和. 2008. 东北地区草地退化防治措施. 畜牧与饲料科学, 29(6): 102-104.

曹勇宏. 2011. 吉林省西部盐碱化草地生态草业示范区发展思路与模式探讨. 干旱区资源与环境, 25(6): 98-104.

邓伟, 裴善文, 梁正伟. 2006. 中国大安碱地生态试验站区域生态环境背景. 北京: 科学出版社.

方汝林. 1982. 土壤冻结、消融期水盐动态的初步研究. 土壤学报, 19(2): 164-172.

高英志, 韩兴国, 汪诗平. 2004. 放牧对草原土壤的影响. 生态学报, 24(4): 790-797.

龚家栋, 祁旭升, 谢忠奎, 等. 1997. 季节性冻融对土壤水分的作用及其在农业生产中的意义. 冰川冻土, 19(4): 328-333.

谷洪彪, 宋洋, 潘杰. 2010. 松嫩平原盐碱化形成影响因素研究进展. 安徽农业科学, 38(30): 16895-16898.

郭继勋, 祝廷成. 1994. 羊草草原枯枝落叶积累的研究——自然状态下枯枝落叶的积累及放牧、割草对积累量的影响. 生态学报, 14(3): 255-259.

韩建国. 2007. 草地学. 北京: 中国农业出版社.

韩文军, 春亮, 侯向阳. 2009. 过度放牧对羊草杂类草群落种的构成和现存生物量的影响. 草业科学, 26(9): 195-199.

何念鹏, 吴泠, 周道玮. 2004. 放牧对松嫩平原农牧交错区防护林下草地的影响. 应用生态学报, 15(5): 795-798.

贺继宏. 1996. 西域论稿. 乌鲁木齐: 新疆人民出版社.

华孟, 王坚. 1993. 土壤物理学. 北京: 北京农业大学出版社.

黄锐, 彭化伟. 2008. 松嫩平原草地退化趋势及原因. 黑龙江水利科技, 36(4): 82.

姜世成, 周道玮, 靳英华. 2006. 松嫩平原盐碱化草地消融期土壤水盐运移特征. 东北师大学报(自然科学版), 38(4): 124-128.

柯夫达 B A. 1960. 中国之土壤与自然条件概论. 北京: 科学出版社.

李彬, 王志春. 2006. 松嫩平原苏打盐渍土碱化特征与影响因素. 干旱区资源与环境, 29(6): 183-191.

李博. 1995. 我国草原生物多样性保护. 呼和浩特: 内蒙古大学出版社.

李博. 1997. 中国北方草地退化及其防治对策. 中国农业科学, 29(6): 1-9.

李昌华, 何万云. 1963. 松嫩平原盐渍土主要类型、性质及其形成过程. 土壤学报, 11(2): 196-209.

李建东. 2009. 松嫩草地的演变与盐碱化草地恢复//裴善文. 吉林省增产百亿斤商品粮暨东北西部生态环境保护与建设论坛文集. 长春: 吉林科学技术出版社.

李建东, 吴榜华, 盛连喜. 2001. 吉林植被. 长春: 吉林科学技术出版社.

李萌, 刘广辉, 毕超英, 等. 2004. 吉林省西部草地盐碱化分析及治理对策. 吉林畜牧兽医, (5): 27-29.

李取生, 宋玉祥, 赵春生. 2001. 吉林西部草地盐碱化治理对策研究. 农业系统科学与综合研究, 17(4): 304-306.

李瑞平, 史海滨, 赤江刚夫, 等. 2007. 冻融期气温与土壤水盐运移特征研究. 农业工程学报, 23(4): 70-74.

李文华. 2013. 中国当代生态学研究(生态系统恢复卷). 北京: 科学出版社.

李香真, 陈佐忠. 1998. 不同放牧率对草原植物与土壤 C、N、P 含量的影响. 草地学报, 6(2): 90-98.

李香真, 曲秋皓. 2002. 蒙古高原草原土壤微生物量碳氮特征. 土壤学报, 39(1): 97-104.

李晓波, 王德利. 1996. 放牧对吉林羊草草原植物多样性的影响. 东北师大学报(自然科学版), (2): 94-98.

李秀军. 2000. 松嫩平原西部土地盐碱化与农业可持续发展. 地理科学, 20(1): 51-55.

李秀军, 李取生, 王志春, 等. 2002. 松嫩平原西部盐碱地特点及合理利用研究. 农业现代化研究, 23(5): 361-364.

李瑜琴, 赵景波. 2005. 过度放牧对生态环境的影响与控制对策. 中国沙漠, 25(3): 404-408.

林年丰, 汤洁. 2003. 第四纪环境演变与中国北方的荒漠化. 吉林大学学报(地球科学版), 33(2): 183-191.

刘广明, 杨劲松, 李冬顺. 2002. 地下水蒸发规律及其与土壤盐分的关系. 土壤学报, 39(3): 385-389.

刘金友, 张锐, 姜玉华. 2008. 白城地区降水量变化规律分析. 东北水利水电, 26(8): 35-37.

刘军萍, 王德利, 巴雷. 2003. 不同刈割条件下的人工草地羊草叶片的再生动态研究. 东北师大学报(自然科学版), 35(1): 117-124.

刘强, 杨志峰, 崔保山. 2007. 盐渍土区生态水文过程及其盐渍化效应. 科技导报, 25(20): 64-70.

刘颖, 王德利, 韩士杰, 等. 2003a. 不同放牧率下羊草和芦苇可溶性碳水化合物和氮素含量的变化. 应用生态学报, 14(12): 2167-2170.

刘颖, 王德利, 韩士杰, 等. 2003b. 不同放牧率下小花碱茅可溶性碳水化合物和氮素含量的变化. 草业学报, 12(4): 40-44.

刘颖, 王德利, 王旭, 等. 2002a. 放牧后羊草和芦苇叶组织转化的比较. 应用生态学报, 13(5): 573-576.

刘颖, 王德利, 王旭, 等. 2002b. 放牧强度对羊草草地植被特征的影响. 草业学报, 11(2): 22-28.

刘钟龄, 王炜, 梁存柱, 等. 1998. 内蒙古草原植被在持续牧压下退化演替的模式与诊断. 草地学报, 6(4): 244-251.

吕云海, 海米提·依米提, 刘国华, 等. 2009. 于田绿洲土壤含盐量与地下水关系分析. 新疆农业科学, 46(5): 1093-1097.

罗先香, 邓伟. 2000. 松嫩平原西部土壤盐碱化动态敏感性分析与预测. 水土保持学报, 14(3): 36-40.

马喆. 2007. 吉林西部低平原盐渍化水盐运移影响因素研究. 长春: 吉林大学硕士学位论文.

牛海山, 李香真, 陈佐忠. 1999. 放牧率对土壤饱和导水率及其空间变异的影响. 草地学报, 7(3): 211-216.

彭祺, 王宁. 2005. 不同放牧制度对草地植被的影响. 农业科学研究, 26(1): 27-30.

朴河春, 袁芷云, 刘广深, 等. 1998. 非生物应力对土壤性质的影响. 土壤肥料, (3): 17-21.

邱国庆. 1991. 论季节性冻结区盐碱土改良问题. 冰川冻土, 13(1): 9-16.

邱国庆, 王雅卿, 王淑娟. 1992. 冻结过程中的盐分迁移及其与土壤盐渍化的关系. 土壤肥料, (5): 15-18.

邱国庆, 赵林, 王淑娟, 等.1996. 甘肃河西走廊季节冻结盐碱土及其改良利用. 兰州: 兰州大学出版社.

全国人民代表大会常务委员会.2002. 中华人民共和国草原法(2002-12-28).

石元春, 辛德惠, 等.1983. 黄淮海平原的水盐运动和旱涝盐碱的综合治理. 石家庄: 河北人民出版社.

宋长春, 何岩.2003. 松嫩平原盐碱土壤生态地球化学. 北京: 科学出版社.

宋金枝, 谢开云, 赵祥, 等.2013. 放牧强度对晋北盐碱化草地植物经济类群的影响. 草业科学, 30(2): 223-230.

孙永明.2012. 刈割方式对草原植物群落演替的研究. 呼和浩特: 内蒙古大学硕士学位论文.

腾凯, 柳宝田, 李益新, 等.1996. 季节性冻土区地下水的变化规律及开发利用. 地下水, 18(1): 35-37.

王春裕.2004. 中国东北盐渍土. 北京: 科学出版社.

王德利, 吕新龙, 罗卫东.1996. 不同放牧密度对草原植被特征的影响分析. 草业学报, 5(3): 28-33.

王丰.2012. 盐碱地的成因初步分析. 黑龙江水利科技, 40(11): 230-231.

王凤生, 田兆成.2002. 吉林省松嫩平原土壤盐渍化过程中的地下水作用. 吉林地质, 21(1-2): 79-88.

王宏, 何永金, 王秀清, 等.1997. 齐齐哈尔市草原盐碱化成因及综合防治措施探析. 草业科学, 14(5): 10-11.

王蕙, 王辉, 黄蓉, 等.2012. 不同封育管理对沙质草地土壤与植被特征的影响. 草业学报, 21(6): 15-22.

王晶, 肖延华, 朱平, 等.1995. 松嫩平原盐渍土的发展演化与影响因素. 吉林农业科学, (2): 66-71.

王俊, 申广立, 李春云, 等.2010. 通辽市近 50 年气候变化分析. 内蒙古气象, (6): 18-22.

王启基, 王文颖, 王发刚, 等.2004. 柴达木盆地弃耕地成因及其土壤盐渍地球化学特征. 土壤学报, 41(1): 44-49.

王庆锁, 李梦先, 李春和.2004. 我国草地退化及治理对策. 中国农业气象, 25(3): 41-45.

王仁忠, 李建东.1992. 放牧对松嫩平原羊草草地影响的研究. 草业科学, 9(2): 11-14.

王仁忠, 李建东.1993. 放牧对松嫩平原羊草草地植物种群分布的影响. 草业科学, 10(3): 27-31.

王仁忠, 李建东.1995. 松嫩草原碱化羊草草地放牧空间演替规律的研究. 应用生态学报, 6(3): 277-281.

王仁忠, 谢航, 李建东, 等.1994. 放牧对松嫩平原部羊草草地植物种群生态位的影响. 植物研究, 14(4): 98-102.

王仁忠, 祝廷成, Ripley E A.1996. 火烧和放牧影响下羊草草地微气候的比较研究. 应用生态学报, 7(增刊): 45-50.

王水献, 周金龙, 董新光.2004. 地下水浅埋区土壤水盐试验分析. 新疆农业大学学报, 27(3): 52-56.

王维真, 吴月茹, 晋锐, 等.2009. 冻融期土壤水盐变化特征分析——以黑河上游祁连县阿柔草场为例. 冰川冻土, 31(2): 268-274.

王晓毅, 张倩, 荀丽丽.2010. 非平衡、共有和地方性: 草原管理的新思考. 北京: 中国社会科学出版社.

王洋, 刘景双, 王国平, 等.2007. 冻融作用与土壤理化效应的关系研究. 地理与地理信息科学, 23(2): 91-96.

王玉辉, 何兴元, 周广胜.2002. 放牧强度对羊草草原的影响. 草地学报, 10(1): 45-49.

王占兴, 宿青山, 林绍志, 等.1985. 白城地区地下水及第四纪地质. 北京: 地质出版社.

邬建国.2000. 景观生态学: 格局、过程、尺度与等级. 北京: 高等教育出版社.

吴青柏, 沈永平, 施斌.2003. 青藏高原冻土及水热过程与寒区生态环境的关系. 冰川冻土, 25(3): 251-255.

谢承陶.1993. 盐渍土改良原理与作物抗性. 北京: 中国农业科技出版社.

邢尚军, 张建锋.2006. 黄河三角洲土地退化机制与植被恢复技术. 北京: 中国林业出版社.

邢尚军, 张建锋, 宋玉民, 等.2005. 黄河三角洲湿地的生态功能及生态修复. 山东林业科技, (2): 69-70.

徐恒刚.2004. 中国盐生植被及盐渍化生态治理. 北京: 中国农业科学技术出版社.

徐学祖, 邓有生, 陶兆祥.1991. 冻土中水分迁移的实验研究. 北京: 科学出版社.

许清涛, 黄宁, 巴雷, 等.2007. 不同放牧强度下草地植物格局特征的变化. 中国草地学报, 29(2): 7-12.

许志信, 赵萌莉.2001. 过度放牧对草原土壤侵蚀的影响. 中国草地, 23(6): 59-63.

杨劲松.2008. 中国盐碱土研究的发展历程与展望. 土壤学报, 45(5): 838-842.

杨孔雀, 郝明德.2008. 我国半干旱地区天然草地退化的原因及恢复技术初探. 陕西农业科学, 54(5): 131-134.

杨利民, 王仁忠, 李建东.1999. 松嫩平原主要草原群落放牧干扰梯度对植物多样性的影响. 草地学报, 7(1): 8-16.

杨梅学, 姚檀栋, 勾晓华.2000. 青藏公路沿线土壤的冻融过程及水热分布特征. 自然科学进展, 10(5): 443-450.

杨平, 张婷.2002. 人工冻融土物理力学性能研究. 冰川冻土, 24(5): 665-667.

杨汝荣.2002. 我国西部草地退化原因及可持续发展分析. 草业科学, 19(1): 23-27.

杨瑞珍, 毕于运. 1996. 我国盐碱化耕地的防治. 干旱区资源与环境, 10(3): 22-30.

杨雅杰. 2003. 松嫩平原盐渍土地下水盐分动态变化及改良措施. 黑龙江农业科学, (1): 15-17.

杨允菲. 1988. 天然羊草地在放牧和刈割条件下的种子生产性能. 中国草业科学, 5(6): 30-32.

杨允菲. 1989. 刈割对羊草种群生殖器官数量性状的影响. 中国草地, (4): 49-52.

杨允菲, 李建东. 1994. 不同利用方式对羊草繁殖特性的影响及其草地更新的分析. 中国草地, (5): 34-37.

杨允菲, 祖元刚. 2008. 中国东北草地生态学研究. 长春: 吉林科学技术出版社.

野口弥吉, 川田信一郎. 1987. 农学大事典(第2次增订改版). 东京: 养贤堂.

尹喜霖, 王勇, 柏钰春. 2004. 浅论黑龙江省的土地盐碱化. 水利科技与经济, 10(6): 361-363.

俞仁培, 杨道平, 石万普, 等. 1984. 土壤碱化及其防治. 北京: 农业出版社.

俞仁培, 尤文瑞. 1993. 土壤盐化、碱化的监测与防治. 北京: 科学出版社.

宰松梅, 仵峰, 温季. 2007. 节水灌溉条件下土壤次生盐碱化趋势与对策. 昆明: 第二届全国农业环境科学学术研讨会: 286-289.

展春芳, 卫智军, 王颖杰, 等. 2012. 割草地群落特征与土壤化学性质对利用年限的响应. 中国草地学报, 34(3): 48-52.

张殿发, 林年丰. 1999. 吉林西部土地退化成因分析与防治对策. 长春科技大学学报, 29(4): 354-359.

张殿发, 王世杰. 2000. 土地盐碱化过程中的冻融作用机制——以吉林省西部平原为例. 水土保持通报, 20(6): 14-17.

张殿发, 王世杰. 2002. 吉林西部土地盐碱化的生态地质环境研究. 土壤通报, 33(2): 90-93.

张建锋. 2008. 盐碱地生态修复原理与技术. 北京: 中国林业出版社.

张建锋, 张旭东, 周金星, 等. 2005. 世界盐碱地资源及其改良利用的基本措施. 水土保持研究, 12(6): 28-30.

张立新, 徐学祖, 韩文玉. 2002. 景电灌区次生盐碱化土壤冻融特征. 土壤学报, 39(4): 512-515.

张巍, 冯玉杰. 2008. 松嫩平原盐碱化草原土壤微生物的分布及其与土壤因子间的关系. 草原与草坪, (3): 7-11.

张为政, 张宝田. 1993. 羊草草原割草强度与土壤盐渍化的关系. 中国草地, (4): 4-8.

章光新, 邓伟, 何岩, 等. 2006. 中国东北松嫩平原地下水水化学特征与演变规律. 水科学进展, 17(1): 20-28.

赵立祥. 2004. 草原荒漠化的物理过程. 草业科学, 21(11): 7-9.

赵明宇. 2007. 试析吉林省西部土地盐碱化的原因. 科技信息, (35): 357.

郑冬梅, 许林书, 罗金明, 等. 2005. 松嫩平原盐沼湿地冻融期水盐动态研究——吉林省长岭县十三泡地区湖滩地为例. 湿地科学, 3(1): 48-53.

中国科学技术协会工作部. 1990. 中国土地退化防治研究. 北京: 中国科学技术出版社.

中国土壤学会盐渍土专业委员会. 1989. 中国盐渍土分类分级文集. 南京: 江苏科学技术出版社.

祝廷成. 2004. 羊草生物生态学. 长春: 吉林科学技术出版社.

最高人民法院. 2012. 最高人民法院关于审理破坏草原资源刑事案件应用法律若干问题的解释(2012-11-22).

Barrett-Lennard E G. 2002. Restoration of saline land through revegetation. Agricultural Water Management, 53(1): 213-226.

Dakhah M, Gifford G F. 1980. Influence of vegetation, rock cover and trampling on infiltration rates and sediment production. Water Resource Bulletin, 16(6): 979-986.

Diabate B, Gao Y Z, Li Y H, et al. 2015. Associations between species distribution patterns and soil salinity in the Songnen grassland. Arid Land Research and Management, 29(2): 199-209.

Doran J C, Turnbull J W. 1997. Australian trees and shrubs: species for land rehabilitation and farm planting in the tropics. ACIAR Monograph No. 24. Canberra: Australian Centre for International Agricultural Research.

Gao Y Z, Chen Q, Lin S, et al. 2011. Resource manipulation effects on net primary production, biomass allocation and rain-use efficiency of two semiarid grassland sites in Inner Mongolia, China. Oecologia, 165(4): 855-864.

Gao Y Z, Giese M, Han X G, et al. 2009. Land use and drought interactively affect interspecific competition and species diversity at the local scale in a semiarid steppe ecosystem. Ecological Research, 24(3): 627-635.

Gao Y Z, Giese M, Lin S, et al. 2008. Belowground net primary productivity and biomass allocation of a grassland in Inner Mongolia as affected by grazing intensity. Plant and Soil, 307(1-2): 41-50.

Giese M, Brueck H, Gao Y Z, et al. 2013. N balance and cycling of Inner Mongolia typical steppe: a comprehensive case study of grazing effects. Ecological Monographs, 83(2): 195-219.

Hardin G. 1968. The tragedy of the commons. Science, 162(5364): 1243-1248.

Haynes R J, Williams P H. 1993. Nutrient cycling and soil fertility in the grazed pasture ecosystem. Advances in Agronomy, 49(8): 119-199.

Kutzbach J, Bonan G, Foley J, et al. 1996. Vegetation and soil feedbacks on the response of the African monsoon to orbital forcing in the early to middle Holocene. Nature, 384(6610): 623-626.

Leithead H L. 1959. Runoff in relation to range condition in the big Bend-Davis Mountain section of Texas. Journal of Range Management, 12(2): 83-87.

Liu D W, Wang Z M, Song K S, et al. 2009. Land use/cover changes and environmental consequences in Songnen Plain, Northeast China. Chinese Geographic Science, 19(4): 299-305.

Rauzi F, Smith F M. 1973. Infiltration rates: three soils with three grazing levels in northeastern Colorado. Journal of Range Management, 26(2): 126-129.

Rodríguez-Iturbe I, Porporato A, Laio F, et al. 2001. Plants in water-controlled ecosystems: active role in hydrologic processes and response to water stress: Ⅰ. Scope and general outline. Advances in Water Resources, 24(7): 695-705.

Wheeler M A, Trlica M J, Frasier G W, et al. 2002. Seasonal grazing affects soil physical properties of a montane riparian community. Journal of Range Management, 55(1): 49-56.

You W R, Meng F H. 1992. Salt-water dynamics in soils: Ⅱ. Effect of precipitation on salt-water dynamics. Pedosphere, 2(4): 289-306.

You W R, Meng F H. 1993. Salt-water dynamics in soils: Ⅲ. Effect of crop planting. Pedosphere, 3(1): 7-22.

You W R, Meng F H. 1995. Salt-water dynamics in soils: Ⅴ. Salt balance in soil profiles. Pedosphere, 5(3): 251-257.

You W R, Meng F H, Xiao Z, et al. 1992. Salt-water dynamics in soils: Ⅰ. Salt-water dynamics in unsaturated soils under stable evaporation condition. Pedosphere, 2(3): 219-226.

Zeng N, Neelin J D, Lau K M, et al. 1999. Enhancement of interdecadal climate variability in the Sahel by vegetation interaction. Science, 286(5444): 1537-1540.

第3章 盐碱化草地的类型及分布

在我国及世界范围，草地盐碱化已经成为常见的现象，在本书的第 2 章中也述及草地盐碱化的成因，十分复杂。一般而言，想要认识盐碱化草地，需要将盐碱化的草地依据某些主导因子或者综合性因子进行类型划分。在不同的地域内，可能有不同的盐碱化草地类型；而在同一个地域内，在不同地段上，草地的盐碱化情况也可能会有差异。

3.1 盐碱化草地的含义

草地一般泛指"有草生长的土地"，具体可定义为：草及其着生的土地构成的综合自然体(北京农业大学，1982)。盐碱化草地(saline-alkaline grassland)并非是依据农学或生态学原则严格划分的一种草地类型，而是泛指出现盐化、碱化或盐碱化现象的草地。

李建东和郑惠莹(1997)在研究东北盐碱化草地时认为，盐碱化草地是由具适盐、耐盐或抗盐特性的一年生或多年生植物组成植被的草地。进一步解释为，在放牧、践踏、割草和取土等人为因素作用下，草地地表覆盖情况发生了一定程度的变化，一些地区土壤表层的盐分含量增加，植被优势物种——羊草(*Leymus chinensis*)消失，被耐盐碱或抗盐碱植物，如碱蓬(*Suaeda glauca*)、虎尾草(*Chloris virgata*)、碱地肤(*Kochia sieversiana*)、碱蒿(*Artemisia anethifolia*)、星星草(*Puccinellia tenuiflora*)和朝鲜碱茅(*P. chinampoensis*)等所取代，形成了盐生植物群落，如碱蓬群落、碱地肤群落、虎尾草群落等，这种草地称为盐碱化草地。

其后，邓伟等(2006)认为，盐碱化草地主要是指一些因各种自然或人为因素使原有植被和土壤结构遭到破坏，导致土壤中的盐分离子不断向表层聚集的草地生态系统。

近些年，随着对盐碱化草地研究的不断增加，人们对盐碱化草地这一概念的理解也逐渐加深。显然，从盐碱化草地的结构组成来看，它包括土壤与植被两个方面；而从盐碱化草地的性质来看，主要是因为草地的土壤性质发生了改变，从而导致植被向盐生植物群落演替。因此，可以将盐碱化草地定义为：以盐化、碱化或盐碱化土壤为基质的草地；并且，在盐碱化草地上通常会形成以耐盐碱植物为优势的植被群落。

3.2 盐碱化草地类型的划分原则

世界及我国的草地类型多种多样，草地类型的划分也相对清晰。例如，我国的地带性草地类型，依据水分、热量等生态因子的变化，由东至西可分为：草甸草原(meadow steppe)→干草原(dry steppe)→荒漠草原(desert steppe)(Zhu, 1992)。基于以往对盐碱化草地研究的基础资料，也为了便于认识与利用盐碱化草地，迄今已经建立了不同的草地类型划分方法。这里需要强调的是，草地类型具有"地带性"(zonality)特征，而盐碱化草地不具有地带性，盐碱化植被通常是隐域植被。

通常在进行盐碱化草地类型划分时，首先应该确定盐碱化草地类型的划分原则。盐碱化草地类型的划分通常应以草地的土壤基质划分为基础，此外，必须结合盐碱化草地土壤特殊的发生过程、理化性质及其植被的分布情况等因素，在把握主要因素的同时，也需要综合考虑各因素间的相互关系和作用(邓伟等，2006；潘保原等，2006)。由此，盐碱化草地的划分，应该既能反映不同盐碱化草地基本性质的差异，又能为有区别地合理改良和利用这些草地提供依据。现有的划分原则主要包括以下几个方面。

3.2.1　土壤发生原则

草地的盐碱化主要体现在草地的基质——土壤的变化，特别是在土壤的发生过程中出现的变化。土壤发生原则是在综合分析草地土壤性质、成土过程及成土各因素间相互关系的基础上，以其土壤基本划分系统为指导，以土壤发生学为依据的一种划分原则。目前主要通过盐碱化草地的原始土壤类型及其盐碱化成因进行划分。此外，这一原则也可以理解为，依据盐碱化草地的基本成因进行划分，即草地的盐碱化是在成土时就形成了，还是后来因外在自然或人为因素而形成的。

3.2.2　植被发生原则

依据生态学的植被演替规律，不同的土壤基质会形成不同的植被演替系列(杨允菲和祝廷成，2011)，这种植被变化无疑能够反映盐碱化草地的植被特征。通常盐碱化草地的土壤盐碱含量决定了盐碱植物的群落组成和分布(杜晓光等，1994)，生长于盐碱化草地上的植物群落经过一段时间的演替后，盐碱植物最终会与其生境达到一种动态平衡(郑慧莹和李建东，1995)。因此，在不同类型的盐碱化草地上，植物群落结构会具有较大的差异性，一种情况是以原生盐碱植物为主要优势种的植物群落结构，另一种情况是经过一段时间的竞争后由外来物种占据主要优势的植物群落结构，因此，可以根据植被群落结构的差异进行盐碱化草地类型划分。

3.2.3　定量化原则

盐碱化草地类型的划分应当能够准确地反映盐碱地盐化和碱化的程度，因此，需要将草地土壤内在的性质与外在的表象相结合，用其中具有主导性和控制性的理化因子分析结果，定量地描述不同盐碱化草地的划分特征。从而让盐碱化草地的划分更加科学合理，有效减少划分的主观随意性，提高分类精度，使分类较为接近客观实际状况。一般对盐碱化草地类型的划分可以定量化的指标主要包括两个方面：其一是土壤的定量化，包括土壤盐分、pH 及电导率等；其二是植被的定量化，包括植被生产力、盖度、高度，或优势物种的定量化。定量化的原则不是绝对的，将定量化与定性分析相结合是更加有效而客观的手段。

3.2.4　动态性原则

一般地，在植被类型的划分中需要考虑动态性原则，因为植被的发生、发展是一个动态变化的过程，在某一过程中，植被能够显现相对稳定的群落特征。盐碱化草地的动态实质上是指盐碱化草地的演替变化。草地盐碱化程度并不是一成不变的，而是会受气候变化、放牧、割草，以及开垦、油田开采等多种利用或干扰因素的影响，而处于不断变化之中的(张树文等，2010)。按照盐碱化动态进行类型划分，主要是因为在不同的生态环境中，盐碱化草地与多种因素相互作用，会向良好或不好的方向发展，根据相同或相近影响因素引起的相似的草地变化动态，可以将不同地域的盐碱化草地划分为同一个类型。

3.2.5 综合性原则

综合性原则也是盐碱化草地类型划分的一个重要原则。草地是一个综合自然体，也是一个复杂的生态系统，在这个系统中各组成要素间存在着诸多的联系和影响。因此，在对盐碱化草地进行划分时不能仅仅考虑单个因素，也需要系统地分析各要素的相互作用，将植被类型、土壤类型、气候或水文条件、土地利用方式等多方面内容综合起来，既要反映土壤本身盐碱化程度的差异，也要反映其对动植物影响的不同，从而能够更全面真实地反映出不同盐碱化草地的主要差异或内在联系。

3.3 盐碱化草地的主要类型

到目前为止，国内外学者对于盐碱化草地类型的划分还处于探讨之中，更多的类型划分是对盐碱化土壤类型的划分。主要的盐碱化草地类型包括以下几种。

3.3.1 以盐碱化成因确定的类型

通常情况下，草地土壤地下水与表层土壤水之间维持着一定的动态平衡，使地下水位保持稳定状态，表层土壤中的离子含量也相对较为稳定。但当气候干旱或其他原因造成草地土壤蒸发量增大时，其表层水分含量将会下降，使地下水沿土壤毛管上移，土壤中的盐分也会随地下水向上移动。水分蒸发后便使盐分在土壤表层积累，造成草地土壤的盐碱化(柯夫达，1957；席承藩，1994)。

因此草地盐碱化就其本质来说是水盐失衡问题，一般将人为因素干扰强度较小，在自然条件下发生的草地盐碱化称为原生盐碱化(primary salinization-alkalization)，而由人为活动直接或间接引起的则称为次生盐碱化(secondary salinization-alkalization)。

(1)原生盐碱化草地

原生盐碱化草地(primary saline-alkaline grassland)是指基于自然原因而形成或产生的盐碱化草地。引起草地盐碱化的自然原因主要包括气候、地形、水文地质等。通常认为，水文地质因素为盐碱化提供了物质基础和发育空间，气候因素决定了盐碱化发生的必然性，而地形因素则会对盐碱化产生更为直接的影响(柯夫达，1957)。一般来说，地下水位过高及气候干旱是原生草地盐碱化的主要原因。而绝大部分的原生盐碱化草地也大都分布在干旱、半干旱及一些排水不畅的地区。松嫩平原草地的某些地段，在地质变迁过程中，大量盐类已经在土壤表层中积聚，因此，即便没有过度放牧等人为干扰，过强的水分蒸发作用，也会使土壤中的盐碱成分随着水分运动被带到地表，进而导致土壤表面的盐碱化，具体表现为不同大小的"碱斑"景观(图 3-1)。

图 3-1　在松嫩草地上的原生碱斑(图片中的浅色部分)(王德利摄)

(2)次生盐碱化草地

次生盐碱化草地(secondary saline-alkaline grassland)主要是指由人类的不合理利用或其他活动引起的次生盐碱化的草地。这类草地主要分布在干旱或半干旱地区地下水位高、地下水中可溶性盐含量较多的冲积平原，也有的分布于半湿润地区的草地，形成盐生草甸。很多对草地的不合理利用活动都可能造成或者加重次生盐碱化。过度放牧(over-grazing)是导致草地次生盐碱化的最主要因素之一(李取生等，1998；王德利和杨利民，2004)，过度放牧会导致地上植被退化，地表裸地比例上升，土壤水分蒸发量增加，土壤表层盐分过量积累，从而引起草地土壤盐碱化。在松嫩平原的草甸草原上，很多草地作为割草场，连年不断地被刈割，加之没有足够的枯落物或动物排泄物，导致草地的养分循环受到阻碍，植被的再生能力受到抑制，同时使土壤水分蒸发量加大，过量盐碱成分返到土壤表层，引起草地的次生盐碱化。21 世纪初，在松嫩平原的一些地区，草地的开荒问题呈现出越来越严重的趋势。在草地上开荒，种植一年生农作物，多年生的原生植被遭到破坏，不仅使草地原生盐碱化的现象加剧，而且不利于农作物的生长(图 3-2)。

a. 过度放牧导致盐碱化　　　　　　　　　　　b. 连年割草导致盐碱化

c. 草地开垦导致盐碱化

图 3-2　在松嫩草地上开垦导致的盐碱化(王德利摄)

　　原生盐碱化草地和次生盐碱化草地的差异仅仅是产生原因的不同,在其形成后两者并没有显著的区别。同时,由于水文等因素出现,原生盐碱化的草地往往也是次生盐碱化的易发区。因此,随着人类活动范围的扩大,越来越多的草地出现了原生盐碱化和次生盐碱化共存的现象,这无疑值得我们加以注意并深入研究。

3.3.2　以盐碱化程度确定的类型

　　以盐碱化的程度来划分盐碱化草地类型的方法比较直观,这种方法也是研究者最先开始探讨的。自 20 世纪二三十年代,土壤学研究者就开始进行这方面的研究,近年来,草地研究者逐渐接受或借鉴这种方法。

　　草地土壤的盐碱化程度决定草地植被特征及土壤特征,总体上反映草地生态系统的健康水平。一般来说,按土壤盐碱化程度对盐碱化草地进行划分时需要综合所研究草地的许多植被、土壤等生态和理化指标。但在实际操作中,研究者对这些指标在草地盐碱化中重要程度的意见并不统一(俞仁培等,1984;席承藩,1994;Tibo and György,2001),而在不同地区相关因素的影响方式和程度又存在着一定差异。因此,一般此类研究都是在前人划分类型的基础上,结合当地的实际情况和土地特点进行分析的结果,并没有统一的定量化的划分依据。

　　在我国,对于土壤盐碱化程度的确定,传统上则以土壤溶液中总的盐分含量为依据,将盐碱化草地分为轻度盐碱化草地、中度盐碱化草地和重度盐碱化草地(杨国荣等,1986;李建东和郑慧莹,1997;毛任钊等,1997;张晓平和李梁,2001)。

　　李建东和郑慧莹(1997)根据盐碱化土壤的含盐水平及碱斑的实际发生面积,将松嫩平原盐碱化草地划分为轻度、中度和强度盐碱化草地 3 种类型(表 3-1)。目前,在松嫩平原的盐碱化草地中,轻度盐碱化草地约占 32%,中度盐碱化草地约占 27%,强度盐碱化草地约占 41%。在松嫩平原盐碱化最严重的地区,例如,在吉林省西部的草地中,碱斑面积达 30%~50%的草地,约占该区整体草地面积的 51%。

表 3-1　松嫩平原盐碱化草地盐碱化程度分级(李建东和郑慧莹，1997)

盐碱化草地类型	表层土壤(0~20 cm)的含盐量(%)	pH	碱斑面积占比(%)
非盐碱化草地	<0.1	7.0~7.5	<15.0
轻度盐碱化草地	0.1~0.3	7.6~8.0	15.0~30.0
中度盐碱化草地	0.3~0.5	8.1~9.0	30.0~50.0
强度盐碱化草地	0.5~0.7	>9.0	50.0~70.0
盐碱地(光盐碱斑)	0.7	>9.0	>70.0

邓伟等(2006)针对我国松嫩平原的盐碱化草地分类，提出了松嫩平原大安市盐碱化草地的类型划分系统。这一盐碱化草地的划分以碱斑面积占盐碱化草地面积的比例为主要量化指标，将盐碱化草地分为：轻度盐碱化草地、中度盐碱化草地和重度盐碱化草地(表 3-2，表 3-3)。在该盐碱化草地的类型划分指标中，强调土壤的一些重要的、关键的指标，如土壤表层含盐量、总碱度、钠吸附比(sodium adsorption ratio，SAR)等，从而进行次级划分。

表 3-2　大安市盐碱化草地的分类系统

一级分类	二级分类	三级分类
盐碱化草地	轻度盐碱化草地	轻盐弱碱地
	中度盐碱化草地	轻盐中碱地
		轻盐强碱地
		中盐强碱地
	重度盐碱化草地	重盐强碱地
		中盐化碱地
		重盐化碱地
		碱化盐土

表 3-3　大安市盐碱化草地分类系统的部分相关指标

不同程度盐碱化草地的分类	碱斑面积比例(%)	土壤表层含盐量(%)	碱化度(%)	总碱度(cmol/kg)	钠吸附比
轻度盐碱化草地	<15	0.1~0.3	5~15	0.98~3.6	2.5~7
中度盐碱化草地	15~30	0.3~0.5	15~30	1~2.5	2.5~3.7
重度盐碱化草地	30~50	>0.5	30~45	2~7	2~9

相对以往对盐碱化草地类型的划分方法，松嫩平原盐碱化草地的划分方法比较客观而实用。这一划分方法的优点是：第一，既考虑草地的盐碱化程度，又考虑草地植被面积的比例变化，因为从直观上看，不同程度的盐碱化草地的植被盖度具有较大差别；第二，该划分方法采用了盐碱化程度的定量指标，有了土壤定量化指标，对于盐碱化草地的分类就相对准确。但是，在实际盐碱化草地的比较研究中可以发现，如果是在草地异质性较高的地段上，不同程度的盐碱化草地的植被盖度有较大差异；而在草地异质性较低(相对均质)的地段上，不同程度的盐碱化草地上显现的是植被生产力或草群高度的差

异。这种划分方法可能存在一定的偏差。然而，这种盐碱化草地的划分方法是迄今为止较好的方法。

3.3.3 以土层结构和地面景观确定的类型

盐碱化草地分布地区的自然环境条件差异较大，盐碱化的过程又千差万别，因而使盐碱化草地的土壤具有了不同的地面景观和土层剖面特征，这也就成为划分盐碱化草地的依据之一（张建锋，2008）。

(1)碱土草原

草原的地表生长着众多如羊草、芨芨草(*Achnatherum splendens*)、羽茅(*A. sibiricum*)等植被。由于地上植被繁茂，因此土壤表层的有机质层较厚，具有明显的团粒结构。其下为粒状或柱状结构的碱化层，内含大量死去植物的根系和淋溶斑。再往下为盐分的聚集层及土壤母质。通常而言，草原碱土的地下水深都大于 5 m，其形成过程已经基本脱离了地下水的影响，向着脱碱化生草过程发展，这是一种残余碱土（俞仁培等，1984；席承藩，1994；张建锋，2008）。

(2)碱土草甸

草地的土壤为草甸碱土，又称草甸柱状碱土。草甸碱土分布较为广泛，由碱化盐土脱盐形成。其上长有耐盐碱的草甸草原植物，如羊草、星星草、碱蒿(*Artemisia anethifolia*)，但盖度较低，一般为 40%～60%。草甸碱土和草原碱土都有明显的发生层次，表面为几厘米厚的有机质层，表层下为碱化层，具有明显的柱状结构，呈灰棕色或暗灰色。之下为块状或核状结构的碱化层及土壤母质层。由于草甸碱土地下水位一般在 2～3 m，尚能影响土壤的形成，因而，在土壤剖面下部常出现黄棕色的锈纹锈斑（俞仁培等，1984；席承藩，1994；张建锋，2008）。

(3)碱化盐土草地

碱化盐土草地没有明显的发育层次，同时地下水的埋深较浅，通常小于 2 m。其上一般生长着碱蓬、碱蒿、盐角草(*Salicornia europaea*)等耐盐碱性强的植物，地表裸地面积比例较大，有时地表有白色盐霜，具明显的酚酞反应（张建锋，2008）。

3.3.4 以盐碱化草地的植被类型确定的类型

对于盐碱化草地，还能够以草地上植被类型的差异将其划分为不同的类型。盐碱化草地的植被与非盐碱化草地的植被具有很大区别。以植被类型划分盐碱化草地的基础是植被学或生态学。基于植被学理论，有地带性植被与非地带性植被，然而，盐碱化草地的植被类型通常具有非地带性特征。一般地，可以将盐碱化草地划分为两种主要类型：盐碱化沼泽与盐碱化草甸。

(1) 盐碱化沼泽

出现盐碱化的沼泽称为盐碱化沼泽。盐碱化沼泽分为盐沼 (saline marsh) 和碱沼 (alkaline marsh)。

盐沼是以盐生植被为主的沼泽。现今关于盐沼的研究较多见。盐沼植物群落由盐沼生或耐盐的沼生植物所组成，通常表现为有规律的带状分布特征，即在不同植被带的过渡地带表现出明显不同的演替系列更替现象(图 3-3)(刘昉勋等，1992；贺强等，2010；仲崇庆等，2010)。

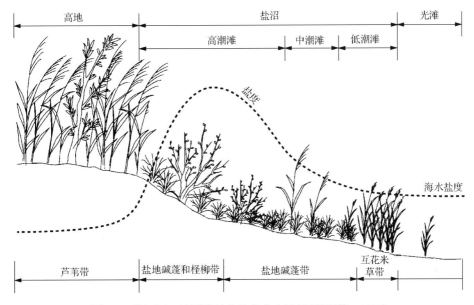

图 3-3　黄河河口地区的植物带状分布格局(贺强等，2010)

我国各地区的盐沼植被梯度结构相似，主要优势种存在差异。长江河口盐沼具有由光滩—海三棱藨草 (*Scirpus mariqueter*) 或藨草 (*S. triqueter*) 群落—芦苇 (*Phragmites australis*) 或互花米草 (*Spartina alterniflora*) 群落高程梯度分布的普遍特征(张利权和雍学葵，1992；黄华梅等，2005)。海三棱藨草群落是潮滩带上的先锋群落，它的出现和生长为其他植被创造了立地条件。互花米草属于外来物种，具有比土著种芦苇更广的生态幅和更强的竞争优势，其扩散速度远高于土著种芦苇(黄华梅等，2007)。黄河三角洲则具有无维管植物覆被的光滩(潮间带下带及以下)—盐地碱蓬 (*Suaeda salsa*) 为优势种的植物群落(潮间带中带)—柽柳 (*Tamarix chinensis*) 或盐地碱蓬为优势种的植物群落(潮间带中上带)—芦苇为优势种的植物群落(潮间带上带)的高程梯度分布(贺强等，2009)。辽河河口湿生重盐渍化生境以盐地碱蓬为主(图 3-4)，之后土壤含水量和含盐量稍少的生境是芦苇群落或者白刺 (*Nitraria tangutorum*) 群落，并逐渐过渡到罗布麻 (*Apocynum venetum*)、柽柳群落，最终发展成羊草、拂子茅 (*Calamagrostis epigeios*) 群落(董厚德等，1995；贺强等，2010)。江苏省滨海区自然分布的盐沼植被有糙叶薹草 (*Carex scabrifolia*) 与芦苇两个群落，伴生植物很少，优势种明显，甚至为单种群落，除此之外还有人工种植的大米草(*Spartina anglica*)(刘昉勋等,1992)。

图 3-4 辽河河口盐沼的盐地碱蓬群落(李建东摄)

碱沼是以耐受盐碱环境植物占优势的沼泽。碱沼中生境的土壤或水体中都含有较高浓度的碱性盐分。例如,内蒙古达来诺尔湖水体中的碱性盐浓度很高,pH 可达 9.6(杨志荣和宋春青,1989)。碱沼植物与盐沼植物的种类基本上一致。

松嫩平原碱沼的植被主要由水生植物与湿生植物构成(图 3-5),具体包括以下类别(郑慧莹和李建东,1993)。

图 3-5 松嫩盐碱化沼泽的芦苇群落(王德利摄)

1)水生植物

这类植物在本区不占优势,包括漂浮水生植物——紫萍(*Spirodela polyrrhiza*)、品藻(*Lemna trisulca*)等;沉水固定植物——眼子菜属(*Potamogeton*)、狸藻属(*Utricularia*)、狐尾藻属(*Myriophyllum*)和杉叶藻属(*Hippuris*)的一些植物;浮叶固定水生植物——睡莲(*Nymphaea tetragona*)、莲叶荇菜(*Nymphoides peltatum*)、黑三棱(*Sparganium stoloniferum*)、芡实(*Euryale ferox*)等;挺水植物——香蒲属(*Typha*),以及芦苇、水葱(*Schoenoplectus tabernaemontani*)等植物。

2）湿生植物

这类植物生于沼泽湿地或极端湿润的生境，在松嫩平原也不占优势，主要包括：狐尾蓼（*Polygonum alopecuroides*）、水蓼（*P. hydropiper*）、石龙芮毛茛（*Ranunculus sceleratus*）、千屈菜（*Lythrum salicaria*）、水湿柳叶菜（*Epilobium palustre*）、海滨三棱草（*Bolboschoenus maritimus*）、灯心草（*Juncus effusus*）、牛毛毡（*Heleocharis yokoscensis*）等。

（2）盐碱化草甸

盐碱化草甸是指出现盐碱化现象的草甸。盐碱化草甸是东北松嫩平原常见而主要的植被类型之一。盐碱化草甸既包括盐湖周围盐碱土上的原生盐碱植物群落，也包括因草地退化而形成的次生盐碱植物群落（图 3-6，图 3-7）。在松嫩平原地区，组成该群落类型的主要成分是一些耐盐碱的多年生和一年生的中生植物。碱蓬生态种组是主要的组成成分，也是盐碱化草甸的鉴别植物。根据小生境的土壤盐碱和水分含量的差异，盐碱化草甸植被可分为 9 个群系：碱茅草甸（Form. *Puccinellia distans*）、野大麦草甸（Form. *Hordeum brevisubulatum*）、獐毛草甸（Form. *Aeluropus sinensis*）、碱蒿草甸（Form. *Artemisia anethifolia*）、碱地肤草甸（Form. *Kochia sieversiana*）、碱蓬草甸（Form. *Suaeda glauca*）、马蔺草甸（Form. *Iris lactea*）、长叶碱毛茛草甸（Form. *Ranunculus ruthenica*）、攀援天门冬草甸（Form. *Asparagus brachyphyllus*）（李建东等，2001）。

a. 碱蓬群落

b. 芦苇群落

c. 碱茅群落

图 3-6　松嫩平原盐碱化草甸的植物群落（王德利摄）

a. 青海湖附近的盐生芨芨草群落　　　　　　　　　　　b. 松嫩平原的碱化马蔺群落

图 3-7　青海湖与松嫩平原的植物群落(王德利摄)

松嫩平原盐碱化草甸群落部分为碱湖周围分布的原生盐碱植物群落，但更多的是草地遭到人为干扰，使得次生盐碱植物群落取代了羊草群落(郑慧莹和李建东，1995)。该地区盐碱植物群落既具有温带草本群落的植株和根系的特点，又具有典型的温带地面芽植物气候特征。

在我国晋北地区的盐生草甸植物群落与东北松嫩平原的草甸群落类似，均表现为耐盐碱性较强的植物占据优势形成斑块，只是不同地区具有不同的特征种，可分为赖草(*Leymus secalinus*)、虎尾草(*Chloris virgata*)、碱茅(*Puccinellia distans*)、芦苇(*Phragmites australis*)、碱蒿(*Artemisia anethifolia*)5 种类型。虎尾草、碱茅、碱蒿等通常为土壤盐碱化的指示植物，经常可见其群落；芦苇也具有一定的耐盐能力，在适宜的条件下容易形成单优群落(王永新等，2012)。

3.4　盐碱化草地的分布

盐碱化在欧亚大陆、澳大利亚大陆、美洲大陆与非洲大陆上广泛存在，因此，土地盐碱化是一个不可忽视的世界性生态问题。盐碱化土地在除南极以外的各个大陆均有分布，但是其存在特点不尽相同。

总体上，世界盐碱化土地分布具有以下特点。第一，大部分盐碱化土地呈现分散分布，大面积集中分布的区域仅出现在中亚地区与中东地区、澳大利亚大陆的西部地区，以及非洲大陆的地中海以南地区，其他地区的盐碱化土地尽管可能局部有连片分布，而多数以零散分布为主。第二，盐碱化土地基本上都分布于北半球与南半球的中纬度地带，这些地区的区域降水量不高，是干旱或半干旱气候带；在赤道附近地区，由于降水量较高，更容易发生土壤淋溶，基本上没有盐碱化现象的发生；从在世界的分布看，盐碱化土地的出现，尽管与区域的大气候特征有一定的联系，但是，它们的分布与相应的气候带并无典型的规律性。第三，盐碱化土地的出现经常与河流相伴，如埃及的尼罗河流域、印度的恒河流域、巴基斯坦的印度河流域、叙利亚与伊拉克的幼发拉底河流域、澳大利亚的墨累-达令流域，以及中国的黄河流域与松花江流域等，此外，在沿海、湖泊地区也常常出现土地盐碱化现象。

盐碱化土地在各大洲的分布面积不等。根据 Szabolcs(1989)的统计可知，全球的盐碱化土地总面积约为 $9.55 \times 10^8 \, hm^2$(表 3-4)，其中，大洋洲及周边地区最大，为 $3.57 \times 10^8 \, hm^2$；其次是欧亚大陆的北亚与中亚，为 $2.12 \times 10^8 \, hm^2$；南美洲也有较多盐碱化土地的分布。

表 3-4　盐碱化土地在全球的分布面积及比例(Szabolcs，1989)

地区	面积($\times 10^3 \, hm^2$)	比例(%)
北美洲	15 755	1.65
中美洲	1 965	0.21
南美洲	129 163	13.53
非洲	80 538	8.43
南亚	87 608	9.18
北亚和中亚	211 686	22.17
东南亚	19 983	2.09
大洋洲及周边地区	357 330	37.42
欧洲	50 804	5.32
合计	954 832	—

目前已经有报道，在世界上有超过 100 个国家存在盐碱化土地分布(Rengasamy，2006)。依据张建锋(2008)的统计可知，盐碱化土地分布面积最大的国家依次为澳大利亚、苏联与中国，其面积分别是 $3.57 \times 10^8 \, hm^2$、$1.71 \times 10^8 \, hm^2$ 及 $0.99 \times 10^8 \, hm^2$；此外，印度尼西亚与巴基斯坦也有较大面积的盐碱化土地分布，也都超过了 $1 \times 10^7 \, hm^2$。

在不同地区盐土与碱土的比例存在较大差异，在澳大利亚绝大部分为碱土，在中亚、北亚及北美地区碱土的比例也超过盐土；相反，南美的盐土比例高于碱土，而在东南亚地区几乎都是盐土类型。

迄今，关于盐碱化土地的分布与面积统计的工作开展得十分有限，加之盐碱化土地不断处于动态变化之中，尽管一些盐碱化土地得到了恢复，同时也会出现一些新的盐碱化土地分布，因此，以上的一些统计数据与实际情况或许有差异，但总体上这些统计与分析是客观的。随着空间遥感观测技术的发展，以及土壤学家与生态学家对盐碱化土地的更准确分级，关于盐碱化土地的分布情况会更接近实际。

3.4.1　世界的盐碱化草地分布

目前，虽然对各国的盐碱化草地分布有一些报道，但是，并没有相对准确的分布及实际面积数据。关于盐碱化草地的分布，从基本上来看，世界的盐碱化草地处于各个大陆的盐碱化土地与草地的交叉分布区域。一般地，在大面积的盐碱化土地分布地区几乎都有草地的存在。例如，在哈萨克斯坦、俄罗斯等国家，欧亚大陆草原的一部分就是盐碱化草地；在澳大利亚的西部干旱荒漠，以及沿海地区也广泛分布着大面积的盐碱化草地。然而，在世界各个地区的盐碱化土地区域中，也分布着大量的农田或湿地。例如，我国的黄河三角洲地区，以及黄淮海平原的盐碱地上已经没有草地的成片分布。

(1)欧亚大陆的盐碱化草地

这部分述及的盐碱化草地主要是指分布在欧亚大陆的内陆——曾隶属于苏联的一些中亚国家境内的草地,以及俄罗斯境内的草地(FAO,1991)。中亚地区的里海西部分布有大量的盐碱化草地,横跨哈萨克斯坦、土库曼斯坦、乌兹别克斯坦、塔吉克斯坦、吉尔吉斯斯坦等国,俄罗斯雅库特自治共和国境内的勒拿河平原也有较多的盐碱化草地。尽管在欧洲其他地区,如匈牙利、塞尔维亚、斯洛伐克的喀尔巴阡山脉流域、格鲁吉亚和阿塞拜疆的外高加索平原大部分土地也被盐碱土所覆盖(Ostrikova,1991),但是在这些地区几乎没有分布大面积的天然草地。

中亚及俄罗斯的盐碱化草地形成主要基于两个重要条件:第一,一些中亚地区的气候条件绝大部分处于干旱状态(如哈萨克斯坦的草原地区的年降水量多在 200~220 mm);第二,俄罗斯北部草原的一些地区位于永久冻土区域。因此,干旱气候及永久冻土限制了盐分的迁移,致使在洼地聚集形成含 $NaHCO_3$ 的盐土和碱土。苏联农业部的数据显示,苏联的盐碱土区域面积达到 $1.7 \times 10^8 hm^2$,其中 $3.9 \times 10^7 hm^2$ 为农业用地,其他的大部分为草地,或者为荒漠。根据其形态学特征,这一区域的盐碱土可以分为两大类:具有明显的碱化层与不具有明显的碱化层(Szabolcs,1980)。也可以根据其化学特征,将盐碱土分为多种:碱性土(含苏打成分);盐化碱土(含中性盐成分,但仍保持较高碱性);盐土(完全盐化的土壤);过滤性盐碱土(不包含可溶性盐及可交换钠离子)。该地区盐碱土的成因主要为土壤含有大量碳酸盐、碳酸氢盐、有机酸及硼酸盐(Vorob'Eva and Pankova,2008)。

中亚地区处于典型的大陆性干旱气候,加之不同的地质结构、水文特征等,导致了大面积盐碱化草地的出现。里海作为世界上面积最大的咸水湖,严重影响周围土壤的分布状况,整个乌斯秋尔特高原(Ustyurt Plateau)地区土壤均受湖泊沉积影响,出现了严重的土壤盐化现象。盐碱化草地的土壤中均含有较高的钠成分,由于这些钠盐的存在,该地区碱土与盐土常伴随出现,因此,这一地区既有碱土草地,也有盐土草地。哈萨克斯坦的草地土壤类型多为淋溶栗钙土与淋溶干旱土,但由于大量移动沙丘(shifting sand)的存在,盐土或碱土呈现随机分布的模式,盐碱化草地遍布哈萨克斯坦全境,其盐碱化草地也延伸至我国的新疆地区。

俄罗斯境内的盐碱化草地分布也较为广泛,并且呈现出明显的带状分布特征。其中,不同草地土壤类型的分布模式复杂多样,但多集中在干旱草原与荒漠草原内部,局部延伸至北极圈(北海沿岸)、森林(东西伯利亚雅库特地区)与森林草原交错区(西西伯利亚地区)。这些盐碱化的土壤普遍呈现水成(hydromorphic)形态或半水成(semi-hydromorphic)形态,具有代表性的草地土壤是:草原黑钙土与冲积性草甸土。相比较而言,碱性土较盐性土含量要多,土壤的盐性成分普遍处于距土壤表层 2 m 以下(包括由土壤构成的岩石),且多为硫酸盐或氯酸盐成分(Pankova,1998)。

(2)澳大利亚的盐碱化草地

澳大利亚盐碱地总面积约为 $3.6 \times 10^8 hm^2$,是世界上盐碱地分布最多的国家(表3-6)。该国有大约 30%的国土面积受到土壤盐碱化的影响(Szabolcs,1989;张建锋,2008)。澳大利亚盐碱地类型以碱土为主，面积高达 3.4×10^8 hm^2，而盐土面积仅为 1.7×10^7 hm^2（Massoud，1976）。在澳大利亚的墨累-达令流域，因农业灌溉导致的土壤盐碱化非常严重；而在地下水较浅的澳大利亚西部地区，土壤盐碱化面积也在扩张（Rengasamy，2006）。

澳大利亚旱地盐碱化分为原生和次生两类。原生盐碱化大多发生于干旱和半干旱地区（Rengasamy et al.，2003）；而次生盐碱化不仅在这些地区存在，也会出现在较为湿润的地区。土地次生盐碱化的原因主要是深根性的多年生本地植被被浅根性一年生物种代替，以及随之发生的深层剖面含盐地下水上升到地表（Barrett-Lennard，2002）。盐碱化对农作物，以及原有的天然植被都有不同程度的影响，因为钠盐可以在不同土层中移动，盐碱化的土壤比较紧实，阻碍了水分转移或下渗，从而导致盐分积累在土壤表层，并对植物生长产生抑制作用。这种瞬时盐度（transient salinity）会随着土壤深度及土壤自身盐浓度的变化而波动，其对植物生长的作用也会受到季节和降雨的影响。更重要的是，地下水的运动不会影响到这种形式的盐度（Rengasamy et al.，2003）。新南威尔士州的盐碱地面积约有 1.8×10^5 hm^2，九成分布在墨累河、马兰比吉河、拉克伦河、麦夸里河与亨特河五大流域；维多利亚州旱地盐碱地面积约为 1.2×10^5 hm^2，50%以上分布于北方平原；澳大利亚南部地区旱地盐碱地约有 2.5×10^5 hm^2，预计在 2050 年将达到 5.2×10^5 hm^2；澳大利亚西南部盐碱地约有 3.3×10^6 hm^2，是澳大利亚盐碱化程度最严重的地区，并且在未来的 50 年内受盐碱化威胁最严重（National Land and Water Resources Audit，2001）。

尽管对于澳大利亚的盐碱化土地有较多研究工作，积累了丰富的数据资料，然而，有关这一大陆的盐碱化草地研究还十分有限。Rogers 等（2005）总结了盐碱化草地的主要耐盐碱植物类群，包括四类饲草、饲料植物：禾草（grass）、豆科植物（legume）、草本植物（herb）与灌木（shrub）。具有很多耐盐与抗盐的禾草种类。例如，在热带草地上，有非洲虎尾草（*Chloris gayana*）、香根草（*Vetiveria zizanioides*）、盐地鼠尾粟（*Sporobolus virginicus*）、*S. mitchelli*、狗牙根（*Cynodon dactylon*）；而鹬草属（*Phalaris*）适应于中度盐碱化土壤。耐盐的豆科牧草种类相对较少，目前培育了较多饲料豆科植物，例如，适应于热带地区的大翼豆（*Macroptilium lathyroides*）、银叶山蚂蝗（*Desmodium uncinatum*）和柱花草（*Stylosanthes guianensis*），适应于温带地区的白车轴草（*Trifolium repens*）、埃及车轴草（*Trifolium alexandrinum*）和紫苜蓿（*Medicago sativa*）。耐盐的灌木主要是各种滨藜属（*Atriplex*）植物，如 *A. amnicola*、大洋洲滨藜（*A. nummularia*）、*A. semibaccata* 等，这些灌木通常分布于洪积平原、沼泽草甸上。在盐碱化草甸或沼泽里藨草属植物常常是优势种，如 *Scirpus acutus*、*Scirpus paludosus*，这些植物能够适应高碱性（电导率）土壤（Bui，2013）。其他可以适应碱性土壤的植物包括：*Tripogon loliiformis*、鼠尾粟（*Sporobolus fertilis*）、两歧飘拂草（*Fimbristylis dichotoma*）、*Sclerolaena tricuspis*、马齿苋（*Portulaca oleracea*）、*Atriplex leptocarpa* 等（Fensham et al.，2007）。

（3）南、北美洲的盐碱化草地

总体上看，与世界其他大陆相比，美洲大陆的土地盐碱化程度相对最轻，这不仅与这一区域的气候条件较好有关，也与该区的土地利用强度较低相关。

南美洲盐碱地总面积约有 1.3×10^8 hm^2，大部分分布于阿根廷和巴拉圭境内的低平原地区，以及智利、玻利维亚和巴西东北部的一些地区。在阿根廷境内的盐碱地面积最大，达到 8.6×10^7 hm²，它们主要位于 Pampa Deprimida、Bajos Submeridionales 和 Oeste Bonaerense 3 个地区。阿根廷盐碱地类型中的碱土面积约为 5.3×10^7 hm²，而盐土面积约为 3.3×10^7 hm²。巴拉圭境内的盐碱地面积位居南美洲第二，总面积达到了 2.2×10^7 hm²；其中绝大多数为盐土，面积约为 2.0×10^7 hm²。智利盐碱地总面积约为 8.6×10^6 hm²，位居南美洲第三。其中盐土面积为 5.0×10^6 hm²，碱土面积为 3.6×10^6 hm²。玻利维亚的盐碱地面积为 5.9×10^6 hm²，其中盐土为主要类型，面积为 5.2×10^6 hm²（Massoud，1976）。

依据现有文献与资料，南美洲地区的盐碱化草地多集中于阿根廷、巴拉圭、玻利维亚等国家（图 3-8）。例如，在阿根廷的潘帕斯草原（Pampas）上的主要植被类型为盐化草原（halophytic steppe）与湿润盐化草原（humid halophytic steppe）（Perelman et al.，2001），这类草原位于该国的东部地区，以及与巴西、巴拉圭和乌拉圭比邻的地区。传统上，这类草地的大部分一直被作为放牧地进行利用（Lavado et al.，1992）。盐化草原的土壤上层盐分较高，pH 可达 8.0 以上，但一般不超过 9.0；草地的优势植物是 C4 植物，总体上 C4 植物多于 C3 植物。Pampas 上的 C4 植物占优势似乎与土壤中的高 Na^+ 含量有关（Bui，2013）。在玻利维亚有两个较大的盐生沼泽草地——乌尤尼盐沼（Salar de Uyuni）和科伊帕萨盐沼（Salar de Coipasa）。沼泽盐生草地在南美洲也较多，这与该大陆的河流、低地分布广泛相关。这种沼泽盐生草地的优势植物与一般的沼泽或草甸类似，包括香蒲、薹草与芦苇等水生植物。

图 3-8　阿根廷的盐生沼泽草地（王德利摄）

在北美洲地区，其盐碱化土地分布跨越寒冷、半干旱、半湿润气候带，主要位于加拿大中西部大平原和美国北部地区，土地面积约为 1.58×10^7 hm²。加拿大盐碱地总面积约为 7.2×10^6 hm²，其中碱土为主要类型，面积达到了 7.0×10^6 hm²；美国盐碱地总面积约为 8.5×10^6 hm²，其中盐土为主要类型，面积为 5.9×10^6 hm²（Massoud，1976）。盐碱化植被出现在普列里（Prairie）草原上，一般不呈大面积分布。盐碱化草地的土壤盐分包括可溶性钠、硫酸盐与碳酸盐。土壤中的盐分含量变异极大，在 300 m 的距离范围内为 150～3000 mg/kg（Goldhaber et al.，2011）。那么，在普列里草原上，除了有顶极群落的一些优势植物，如针茅属（Stipa）与羊茅属（Festuca）植物以外，还分布着某些盐生植物（Coupland，1992）。例如，在加拿大混合普列里草原中的耐盐禾草——*Apropyron* spp.和

Muhlenbergia richardsonis，以及在北达科他西部的 *Distichlis stricta* 和 *P. airoides*。在面积较大的盐碱化草原上，还分布着高抗盐碱特性的 *S. depressa*，草原上的耐盐、抗盐植物种类不多，而且与我国东北盐碱化草原有类似的植物科属。

(4) 非洲的盐碱化草地

非洲盐碱地面积约为 $8.1 \times 10^7 \, \text{hm}^2$，占世界盐碱地总面积的 8.43%，在温暖气候、半干旱气候到半湿润气候下均有分布(Abrol et al.，1988；Sumner and Naidu，1998)。

非洲大陆盐碱地以盐土为主，盐土总面积约为 $5.4 \times 10^7 \, \text{hm}^2$，占非洲盐碱地总面积的 66.54%。非洲大陆的碱土总面积约为 $2.7 \times 10 \, \text{hm}^2$，占非洲盐碱地总面积的 33.46%。

盐碱地广泛分布于非洲大陆，但主要集中于东部和北部的国家和地区。其中，东部的埃塞俄比亚($1.1 \times 10^7 \, \text{hm}^2$)、肯尼亚($4.9 \times 10^6 \, \text{hm}^2$)、索马里($5.6 \times 10^6 \, \text{hm}^2$)和坦桑尼亚($3.5 \times 10^6 \, \text{hm}^2$)等国的盐碱地面积较大。在非洲北部，盐碱地主要分布于埃及($7.4 \times 10^6 \, \text{hm}^2$)、苏丹($4.9 \times 10^6 \, \text{hm}^2$)、阿尔及利亚($3.2 \times 10^6 \, \text{hm}^2$)和突尼斯海岸。在非洲西部，盐碱地分布于尼日利亚($6.5 \times 10^6 \, \text{hm}^2$)和马里($2.8 \times 10^6 \, \text{hm}^2$)等国。其中，乍得湖围垦地地表和地下水的地球化学演化过程及其对土壤发生与矿物的影响促生了碱性苏打土(Cheverry，1974)。乍得是非洲大陆中盐碱地面积第二大的国家，仅次于埃塞俄比亚，其面积约为 $8.3 \times 10^6 \, \text{hm}^2$(Abrol et al.，1988)。此外，盐碱土还广泛分布于非洲南部的各个国家和地区，如南非共和国、斯威士兰、莱索托、博茨瓦纳、津巴布韦、纳米比亚北部、安哥拉南部等(Beater，1959；de Villiers，1962；Murdoch，1964；Rains and McKay，1968；Purves and Blyth，1969；van der Eyk et al.，1969；van der Merwe，1976；Macvicar et al.，1977；Thompson and Purves，1978；Stocking，1979；Cass，1980；Schloms et al.，1983；Verbeek，1989)。

在盐碱化草地相对集中的非洲东北部，盐碱化草地植被的分布主要受到该地区海岸线和内陆干旱平原多样化地形特征的影响。在沿海或沿湖地区，盐碱地植被往往随着盐度或碱度的变化，泛洪的频率和程度，以及土壤基质结构的变化而向内陆呈明显的地带性分布。盐碱化植被的一个显著特征是，具有极低的植物物种丰富度，保守估计不会超过 300 个分类单元(taxa)。分布于盐碱化草地的植物主要有爵床科(Acanthaceae)、苋科(Amaranthaceae)、菊科(Compositae)、藜科(Chenopodiaceae)、豆科(Leguminosae)、白花丹科(Plumbaginaceae)、蓼科(Polygonaceae)和蒺藜科(Zygophyllaceae)等。由于该地区十分干旱且白天气温较高，大多数植物采用的是 C4 光呼吸途径，这一特点有利于这些植物在高温、强光照和低湿度的环境中生存。盐碱化植被的另一个特点是，通常呈单生种群(monospecific stands)分布，但有时候两三个物种也可一起形成斑块性的植物群落。盐碱化植被的优势种大多是专性盐生植物(obligate halophyte)，但也包括一些耐盐或者泌盐的植物物种，如鼠尾粟属(*Sporobolus*)、獐毛属(*Aeluropus*)、补血草属(*Limonium*)等。在非洲东部，盐生植物还包括一些一年生的植物，如肉质植物(succulent)，而地面芽植物(hemicryptophyte)则较少(Ghazanfar，2006)。

非洲东部一些地区的盐碱地中分布着独特的植被类型。例如，在乌干达的东北部，肯尼亚的高地和滨海地区之间的大部分区域，以及坦桑尼亚的中部和北部地区，其植被是以合欢属(*Albizia*)和金合欢属(*Acacia*)植物组成的落叶矮灌丛、灌木丛与草地为主。其中,*Drake-Brockmania* 和 *Dasysphaera* 这两个属是该地区特有的植物类群。在肯尼亚北部的查尔比(Chalbi)沙漠附近的平原地区,大部分的植被类型为半沙漠化的一年生草原(semi-desert annual grassland)。该地区主要的盐生禾草类植物是 *Drake-Brockmania somalensis*,其为丛生的一年生植物,由匍匐茎繁殖扩张。该植物在非洲东北部其他地区也广泛分布,从坦桑尼亚到苏丹、索马里和埃塞俄比亚等国家均有分布。此外,其还分布于红海中的一些岛屿上(Phillips et al.,1997)。在非洲东北部的沙漠和半沙漠地区,分布最为广泛的植物是两种一年生禾草,即三芒草属(*Aristida*)的三芒草(*A. adscensionis*)和 *A. mutabilis*。与这两种禾草常常伴生在一起的是一些多年生的半灌木植物(subshrub),它们包括爵床科的 *Duosperma eremophilum*,豆科的 *Indigofera spinosa*,前者分布于相对湿润的区域,后者则生存于干旱的生境中。其他的灌木类还包括藜科的 *Lagenantha nogalensis*,它是一种肉质且嗜石膏的植物。在干涸的图尔卡纳湖(Lake Turkana)湖床地区,*Lagenantha nogalensis* 常常在这些石灰质的土壤中形成单优的植物群落。苋科的 *Volkensinia prostrata* 则常见于图尔卡纳湖及 Chalbi 沙漠的边缘地区(White,1983)。在非洲东北部的盐碱地中,仅分布着极少的树木或者较大的灌木,其中以金合欢属的 *Acacia reficiens* 为代表。

在肯尼亚和乌干达等国的盐湖(saline lake)地区有较多盐生草地(草甸),其上生长的主要盐碱植物为 *Cyperus laevigatus*、*Sporobolus spicatus* 和龙爪茅属(*Dactyloctenium*)。Bogdan 在 1958 年描述了基博科河(Kiboko)冲积平原的植被类型。在该盐碱化草地中,植被群落中的优势种随着土壤中盐分的改变而变化:在轻度盐碱化的土壤中,禾草类植物少花蒺藜草(*Cenchrus pauciflorus*)在群落中占据优势地位;但随着盐碱化程度逐渐上升,虎尾草属的非洲虎尾草(*Chloris gayana*)则成为优势种。此外,该冲积平原中植物分布除了和盐碱化程度密切相关之外,还和土壤中水分的含量有关。当土壤盐碱化程度和湿度均较高时,*Sporobolus robusta* 是优势种植物;而在土壤盐碱化程度极高,而且积水明显的区域,*Sporobolus spicatus* 则占据优势并形成茂密的单一植被。在肯尼亚的安博塞利湖(Amboseli)地区,既分布着一些以合欢属-金合欢属(*Commiphora-Acacia*)灌丛为主要类型的盐碱植被,也分布着以 *Suaeda monoica* 和山柑藤(*Cansjera rheedeii*)为优势种的灌草丛植被。合欢属-金合欢属(*Commiphora-Acacia*)灌丛分布广泛,其从非洲东北部一直延伸到阿拉伯半岛的西南部。而在索马里的海滨盐碱地平原中,还分布着 *Aerva javanica*、*Jatropha pelargoniifolia* 和 *Farsetia longisiliqua* 等植物。在土壤碳酸钙含量较高的区域,还分布着大量多汁的大戟属植物,如 *Euphorbia coluumnaris*、*E. sepulta* 和 *E. mosaica*,以及 *Dorstenia gypsophila* 和 *Pelargonium cristophoranum* 等(Thulin,1993)。在马尼亚拉(Manyara)湖附近区域的盐碱地草原中,植被组成以 *Sporobolus spicatus* 为主。在该湖边缘地区的荒地或者平地上,分布着大量的 *Suaeda monoica*,而这些植物通常会形成单优的植物群落。在地势稍高一些的地方,则分布着节藜(*Arthrocnemum indicum*)、盐地鼠尾粟(*Sporobolus virginicus*)和 *Suaeda monoica*。在夏季时,*Salicornia pachystachya* 会呈地毯式分布于地表。在较为湿润的区域,则分布着海马齿(*Sesuvium portulacastrum*)等植物。

在坦桑尼亚鲁夸湖(Lake Rukwa)中也有大片的盐碱化草地分布,这些草地随着与湖边距离的远近而呈现不同的植被分布。在靠近湖边的草地中,植被主要由单一的鼠尾粟属的

Sporobolus robusta 组成。这一植物常以克隆繁殖的方式生活于湖边的盐碱地中。在一些浅水的盐碱洼地，植被则以单一的双稃草属植物双稃草（*Diplachne fusca*）为主。在靠近湖床的盐碱草地中，则随着湖水的高低而分布着两种类型的植被：当湖水干涸时，湖边草地生长着 *Sporobolus spicatus* 和 *Psilolemma jaegeri*；当湖水泛滥时，该区域的 *P. jaegeri* 则逐渐取代鼠尾粟属而成为单优的植物群落（Vesey-Fitz gerald，1963）。在坦桑尼亚的一些盐碱化的山谷平原地区，例如，在潘加尼（Pangani）河山谷的一些地段，其植被主要以一些禾草植物占优势，与肯尼亚盐湖的优势种相同；同时，还有一些其他优势植物，如 *Suaeda monoica*、印度田菁（*Sesbania sesban*）、山柑藤和 *Triplocephalum holstii* 等 （Bogdan，1958）。

3.4.2　我国的盐碱化草地分布

我国盐碱化土地的总面积约为 5 亿亩（合计 3.3×10^7 hm²）。盐碱化土地在我国的分布范围广泛，按照赵可夫和李法曾（1999）的划分，包括 7 个主要区域：①内陆盆地极端干旱盐渍土区；②内陆盆地干旱盐渍土区；③宁蒙高原干旱盐渍土区；④东北平原半干旱半湿润盐渍土区；⑤黄淮海平原半干旱半湿润盐渍土区；⑥滨海盐渍土区；⑦西藏高原高寒和干旱盐渍土区。可见，除了黄淮海平原半干旱半湿润盐渍土区与滨海盐渍土区，我国的盐碱化土地分布区基本上与北方草地有较大重叠，有一半以上的盐碱化土地属于草地，即盐碱化草地。

尽管在我国，有 21 个省（自治区、直辖市）有面积不同的盐碱化草地分布，但是，主要的盐碱化草地分布区域由东到西共有 4 个，具体包括：①东北松嫩平原盐碱化草甸区；②蒙宁甘盐碱化荒漠草原区；③青藏高原盐碱化高寒草甸区；④新蒙内陆盆地盐碱化荒漠草原区。

（1）东北松嫩平原盐碱化草甸区

东北地区不仅是我国盐碱化土地主要分布地区之一，也是我国盐碱化草地的主要集中分布区。一般地，盐碱化土壤主要分布在吉林省，黑龙江省有一定面积的轻度与中度盐碱化草地，而辽宁省则主要为滨海盐碱地（张树文等，2010）。盐碱地面积在 20 世纪 50 年代中期约为 5.9×10^5 hm²，至 2000 年时则增加至 2.2×10^6 hm²，并且大多轻度盐碱地都发展成为中度和重度盐碱地。王春裕等（1999）根据东北盐碱地土壤所处的生物气候、地质地貌、水文等自然地理条件，以及盐碱土形成过程，将东北地区的盐碱地划分为 6 个区域（三江平原零星苏打盐碱区，松嫩平原苏打盐碱区，呼伦贝尔高平原苏打盐碱区，西辽河沙丘平原苏打盐碱区，辽河冲积平原苏打盐碱区，滨海氯化物盐碱区）。需要指出的是，在这 6 个盐碱地区域中，有 5 个区域分布有盐碱化草地，盐碱化草地的类型包括：盐碱化草甸草原、盐碱化草甸、盐碱化沼泽。按照生态地理区域，大面积集中的盐碱化草地可以分为：松嫩盐碱化草甸、呼伦贝尔盐碱化草原、科尔沁盐碱化草地与三江平原盐碱化沼泽。

松嫩平原是我国东北平原的主体部分，这一平原被长白山、小兴安岭、大兴安岭所环绕，南接辽河平原，区内分布着很多矿化度很高的沼泡，形成了大面积的盐碱土（松嫩平原苏打盐碱区）。这一区域是东北盐碱化草地中最大的分布区，其中吉林省西部盐碱化草原面积为 9.3×10^5 hm²，占该地区草原面积的 70%，其中光板连片碱斑地有 2.3×10^5 hm²；

黑龙江省西部盐碱化草原面积为 $4.7×10^5\ hm^2$，其中连片碱斑地有 $2.6×10^5\ hm^2$，占该地区盐碱化草原面积的 55.3%。松嫩平原属于半干旱、半湿润大陆性季风气候，年降水量为 300～450 mm。土壤大都属于苏打盐土、浅位柱状草甸碱土及各种盐化草甸土（王春裕，2004）。其中，轻度盐碱地[交换性钠百分率（exchangeable sodium percentage，ESP，即土壤交换性钠离子占阳离子交换总量的百分数表示）5%～15%，盐碱斑率＜30%]面积为 $1.2×10^6\ hm^2$，中度盐碱地（交换性钠百分率 15%～30%，盐碱斑率 30%～50%）面积为 $6.5×10^5\ hm^2$，重度盐碱地（交换性钠百分率 30%～50%，盐碱斑率 50%～70%）面积为 $9.9×10^5\ hm^2$（高淑梅和周继伟，2011）。1986～2001 年，盐碱地总面积处于上升趋势，增加了 $2.2×10^5\ hm^2$，每年增加 $1.5×10^4\ hm^2$，年平均增长率为 1.4%（张哲寰等，2007）。松嫩平原的盐碱化情况最严重的地域是吉林省西部的大安市、乾安县和通榆县等地，2001 年盐碱地面积分别占各自市县土地面积的 71.24%、49.17%和 47.11%（林年丰和汤洁，2005）。松嫩平原的盐碱化草地分布的主要特征是：第一，盐碱化草地连片集中分布，事实上，在吉林省与黑龙江省西部的草地几乎均有盐碱化现象；第二，在局部盐碱化草地上盐生与非盐生植物群落形成镶嵌分布格局，这主要是盐碱化土壤的高度异质性造成的；第三，盐碱化草地的土壤均为盐与碱复合而成，盐碱化程度较重。

（2）蒙宁甘盐碱化荒漠草原区

蒙宁甘盐碱化荒漠草原区主要是指内蒙古中、西部，以及宁夏与甘肃的一些地区。盐碱化荒漠草原区位于我国的干旱气候带，也是荒漠草原广泛分布的地段。在这一地区，集中分布的盐碱化土地主要出现在河套平原地区与河西走廊地区，包括从阴山山脉的狼山及乌拉山，经过黄河，到达包头市、乌兰察布，以及西至阿拉善盟的荒漠地段。该区域的盐碱化草地一般位于一些低湿草甸，以及富含石粒与砂质的荒漠化草原上。

河套地区的草地盐碱化十分严重，该地区的大陆性气候是导致草地盐碱化的重要条件。在这一区域，热量极为丰富，但年降水量较低，为 120～215 mm，且降水集中在每年的 7～8 月；同时，年蒸发量很高，可达 2200～4000 mm，干燥度为 2.39～3.39。可见，高蒸发量与低降水量促进了土壤的水盐运动，使土壤深层中的盐分很容易运动到表层，甚至是地面，形成盐碱化现象。草原盐碱化发生的另一个重要原因是土壤基质条件。具体表征为：地下水浅，而其矿化度高。在一些地区，特别是在低平地带，地下水位很浅，仅仅为 0.5～1.0 m。在浅层土壤中，地下水矿化度较高，可达 1.0～3.0 g/L。在荒漠草原的地下水位频繁升降过程中，Na^+被富集，并随毛管水运动，而与土壤吸收性复合体的 Ca^{2+}、Mg^{2+}进行交换反应，使土壤发生盐碱化（练国平和曾德超，1987）；此外，草原的不合理利用方式，具体体现为过度放牧，也会使原本低盖度的草原植被变得更为稀疏，由此提升土壤水分的蒸发量，从而加剧荒漠草原的盐碱化。河西走廊、河套地区盐碱化土壤主要包括：碱化盐土、苏打碱化盐土、碱化草甸土、盐化碱化草甸土、碱化沼泽土和苏打盐土。潮湿盐土盐类成分中钠、镁的氯化物含量较高，蓬松盐土盐分以硫酸盐含量为最多。河套平原南部和中部地势较高地区分布有大面积轻度和中度斑状盐化草甸土，中部低洼地区多分布有不同类型的盐土；平原东北部为盐化浅色草甸土及其他类型盐土，地势低洼和地下水汇集地区盐土均呈大面积分布；在中滩及其南部平原的中部洼地，盐土均呈零星分布，但在地势较平坦地区主要分布的是轻度和中度斑状盐化草甸土。河套平原的西、北、东三面多分布有中度斑状草甸土；在西部、东北部的低平地区，盐土亦呈大面积分布(王遵亲等，1993)。

内蒙古中西部地区的盐碱化草地植被类型较多，主要有盐生草甸与盐生荒漠草原。盐生草甸分布在河套地区，以及其他河流、湖泊周边地区；而盐生荒漠草原集中出现于河西走廊，特别是阿拉善盟的中西部地区。

盐化草甸植被是由耐盐的中生多年生草类所组成的群落。由于内蒙古的中西部地区均处于半干旱与干旱气候条件，加之土壤的地下水位较高，为盐化草甸的发生创造了大量的生境。内蒙古盐化草甸的群系类型虽然不是很多，但群落分布却十分广泛。组成盐化草甸群落的植物以丛生型及根茎型禾草为主，也包含一些耐盐性的杂类草，群落的伴生成分中，还有耐盐、适盐的小半灌木与小灌木，以及一年生的盐生植物。它们适应盐渍化土壤的生态特征也不尽相同，有些植物的茎叶肉质化，贮水组织较发达；有些种类具有泌盐的生理功能；还有些植物根系很深，可穿越土壤盐化层，吸收低矿化度的水分。土壤盐分含量及性质的差异，促使了各种不同盐化草甸群落的形成。在本区内，代表性群系是芨芨草盐化草甸；野大麦草甸、碱茅草甸、星星草草甸、赖草草甸、马蔺草甸等经常可见(中国科学院内蒙古宁夏综合考察队，1985)；此外，赖草+芦苇群落也会在水位高、土壤有机质含量较丰富的地段形成盐碱化草甸(沈禹颖等，1994)。

盐生荒漠草地的植物群落多在地下水位较浅、土壤盐分富集的闭合洼地、湖盆外围等生境中形成，为半隐域性或越带分布的荒漠群落类型。优势植物以红砂(*Reaumuria songarica*)为主，其他盐生小灌木、盐生小半灌木都有出现；有些群落中，中湿生的草本植物也是较重要的成分；伴生植物也以耐盐植物为多。红砂与耐盐小灌木白刺混生组成的盐生荒漠群落比较常见(中国科学院内蒙古宁夏综合考察队，1985)。在群落中，优势植物是白刺，植丛间常伴生细枝盐爪爪(*Kalidium gracile*)、芨芨草(*Achnatherum splendens*)、碱蓬(*Suaeda glauca*)等，红砂、白刺沙堆上常有一些一年生植物聚生，如雾冰藜(*Bassia dasyphylla*)、滨藜(*Atriplex patens*)、盐生草(*Halogeton glomeratus*)、虎尾草(*Chloris virgata*)等。近年来，随着土壤盐渍化日趋严重和人为破坏活动日益增多，芨芨草、白刺及其他植物等资源大量减少。

(3)青藏高原盐碱化高寒草甸区

青藏高原盐碱化草地集中于青海省的青海湖周边地区、柴达木盆地，以及西藏地区的河谷与阿里地区等。在青海湖周边地区主要分布着大面积的盐碱化草甸；在柴达木盆地主要分布着盐生灌木群落；而其他地区的盐碱化草地则呈间断式的零星分布。

青海湖是我国最大的高原内陆咸水湖，位于青藏高原的东北部、祁连山南麓，是一个典型的构造断陷湖。青海湖及环湖地区具有高原大陆性气候，湖区年均温度为-0.8～1.1℃，年降水量为320～400 mm，年蒸发量可达1500 mm。湖区降水量季节变化大，降水多集中在5～9月，雨热同季。近几十年来，气候变化与人为活动加剧，青海湖水位下降，在1956～1988年水位下降了3.35 m，形成了大量的盐碱化土壤。青海湖地区盐碱地的形成原因主要是湖泊退缩后湖底裸露，极易被风吹蚀，以及湖周植被的退化(曹建廷和王苏民，2001）。青海地区的盐碱化土壤范围较大，据统计，青海省盐碱土资源总面积达 1.13×10^6 hm²，其中原生盐碱土为 1.11×10^6 hm²，次生盐碱土为 1.99×10^4 hm²（杨国柱，1993）。原生盐碱土一般以区域性湖泊为中心，向四周呈环带状分布。随地势增高逐渐从沼泽盐土带向草甸盐土带、洪积盐土带和残积盐土带推移。其主要成因是，该区的地史演变和新近纪以来古气候的变化，以及极端干旱的现代气候的总和作用，促使形成了现在的含盐土壤母质和风化壳，加之盆底河流不断向中心汇集，在盆底平坦、低洼处形成掩护，湖泊边缘地带地下水位升高，由于地表蒸发强烈，不断将地下土壤母质中的盐分提升和聚集到地表，使土壤表层含盐量增加，形成了大面积的盐漠土。与此相适应，也形成了不同的植被类型，如高寒草甸、高寒草原、沙生植被、盐生草甸等。盐碱化草地以盐生草甸为主，一般在海拔 3000～3500 m 相对较高的地段上出现。在盐碱化草地的植被中蕴藏着丰富的植物资源，青海省植物区系中共有维管植物 113 科 564 属 2100 种左右，其中包括 106 种盐生植物，分属于 24 科 59 属，占我国盐生植物总数的 26%（苏旭等，2004）。常见的盐生植物有：星星草（*Puccinellia tenuiflora*）、赖草（*Leymus secalinus*）、西藏早熟禾（*Poa tibetica*）、芨芨草（*Achnatherum splendens*）、碱蓬（*Suaeda glauca*）、西伯利亚蓼（*Polygonum sibiricum*）、碱茅（*Puccinellia distans*）、盐地风毛菊（*Saussurea salsa*）、海乳草（*Glaux maritima*）、白茎盐生草（*Halogeton arachnoideus*）、裸花碱茅（*Puccinellia nudiflora*）等（周笃珺等，2006）。在青海湖周围盐生草甸的主要植物群落类型包括：①芨芨草草甸，也称芨芨草草滩，芨芨草为群落的优势种，其他伴生的盐生植物有灰绿藜（*Chenopodium glaucum*）、鹅绒委陵菜（*Potentilla anserina*）、西伯利亚蓼（*Polygonum sibiricum*）等；②马蔺草甸，其中马蔺为优势种，伴生种为青海野青茅（*Deyeuxia kokonorica*）、垂穗披碱草（*Elymus nutans*）、鹅绒委陵菜（*Potentilla anserina*）、海乳草（*Glaux maritima*）、西伯利亚蓼、假水生龙胆（*Gentiana pseudoaquatica*）、小花棘豆（*Oxytropis glabra*）等（陈桂琛和彭敏，1993）；③碱蓬草甸，这类草甸的优势植物群落包括：碱蓬单优群落、碱蓬+西伯利亚蓼群落、西伯利亚蓼+碱茅+碱蓬群落和碱茅+西伯利亚蓼+碱蓬群落（王顺忠等，2003）。

在柴达木盆地也有天然的盐碱化草地分布。柴达木盆地是我国面积较大的内陆盆地之一，也是海拔最高的盆地，属于封闭性的巨大山间断陷盆地，由昆仑山脉、祁连山脉与阿尔金山脉所环抱，地处青藏高原的东北部，总面积约为 2.5×10^5 km²。该区域的地势由西北向东南微倾，海拔自 3000 m 降至 2600 m，由此形成各类地形，包括洪积砾石扇形地、冲积-洪积粉砂质平原、湖积-冲积粉砂黏土质平原，以及湖积淤泥盐土平原。可见，在柴达木盆地形成及发育过程中，自然地演化形成大面积的盐碱化土壤。此外，柴达木盆地属高原大陆性气候，干旱为本区域的主要特点，年降水量自东南部的 200 mm 递减到西北部的 15 mm，年均相对湿度为 30%～40%，最小可低于 5%。因此，这种气候条件与地质土壤特征相互交织，会促进该区域的盐碱化植被、盐碱化草地的产生。该区域各类型的盐碱土分布带有宽有窄，一般在近高山区一侧，由于水流所携带的物质丰富，分布带宽，规律性亦明显，而在靠低山区一侧窄（黎立群和王遵亲，1990）。但是，植被的分布却呈现不同的规律性，即由柴达木盆地边缘向中心依次分布着洪积平原灌木、矮半灌木砾漠带，冲积平原灌木沙漠带，冲积-湖积平原灌木盐漠带及湖积平原盐生草甸带。该区域的盐碱化草地主要有两类：①盐碱化荒漠草地，这类草地的优势植物为旱生灌木，如常见的香附子(*Cyperus rotundus*)、里海盐爪爪(*Kalidium caspicum*)、长穗柽柳(*Tamarix elongata*)、白刺(*Nitraria sibirica*)、角碱蓬(*Suaeda corniculata*)等；②盐碱化草地，其优势植物与青海湖地区类似，包括赖草、芨芨草、芦苇等，也有细枝盐爪爪和盐地风毛菊等其他伴生种(孙世洲，1989)。

有关西藏地区的盐碱化草地的研究工作甚少(张新时，1991；王遵亲等，1993)，积累的数据资料十分有限。

(4)新蒙内陆盆地盐碱化荒漠草原区

新疆与内蒙古是我国土地面积广大的地区，同时分布着大面积的盐碱化土地。新疆的塔里木盆地与准噶尔盆地，以及内蒙古西部的荒漠地区是我国内陆盆地极端干旱盐渍土区(赵可夫和李法曾，1999)。

新疆的盐碱化草地主要分布在荒漠气候控制下的塔里木盆地与准噶尔盆地，以及其他山谷间、滨河泛滥地等地区。从盐碱化的形成条件分析，该地区与蒙宁甘盐碱化荒漠草原区相同，属于极强的大陆性干旱气候，并且具有含盐量较高的土壤基质，这两个方面的原因导致了荒漠草原盐碱化现象的发生。

该区域盐土的形成是在地下水或地表水影响下的现代积盐过程，通常表土层中的可溶性盐类含量大于 2%。这类盐化土壤在南北疆均有分布，但以南疆分布广泛，含盐量亦较高，多分布于洪积-冲积扇缘、大河三角洲下部及边缘、现代冲积平原河间地及湖滨平原等地貌部位。地下水位一般为 1～3 m，矿化度为 3～20 g/L。除草甸盐土上多有草甸植被外，大都生长着一些稀疏的盐生灌丛或多汁盐柴类半灌木(图 3-9)，含盐量过高的土壤几乎光裸，呈现一片盐漠景观。盐土的母质因地而异，多为轻壤、中壤和重壤。盐土地表有盐结皮或盐结壳，下为厚度不等的稀疏土盐混合层，再下为盐斑层，并逐渐过渡到母质层。0～30 cm 土层平均含盐量为 2%～5%，高者可达 20%～30%或更高。盐分的组成在北疆以硫酸盐和氯化物硫酸盐为主，南疆以氯化物和硫酸盐-氯化物为主。残余盐土是在盐土形成后，因地下水位下降，现代积盐过程停止，以残余积盐形式存在的盐土。在南北疆均有分布，主要分布在南北疆细土洪积平原和古老冲积平原上，一般地下水位在 8 m 以下，植被稀疏，多处于衰退、枯萎状态，或仅存枯死残株。

图 3-9　塔里木河阿拉尔段的盐生植物(席琳桥摄)

　　同时，因隐域性草地土壤盐化程度和水分状况存在差异，导致出现了不同的生境，从而促使水泛地草甸、盐化草甸、沼泽化草甸等不同类型的低地草甸草地及沼泽草地的发育（许鹏等，1993）。盐化草甸在新疆分布相当普遍，特别是在南疆平原尤为广泛，占据大河三角洲、河旁阶地、河间低地、扇缘低地和湖滨周围底土经常湿润的地段。土壤有不同程度的盐渍化现象，主要是盐化草甸土或草甸盐土，部分是典型盐土。地下水位较高，一般在 1～3 m 或更低一些，矿化度多微弱（1～3 g/L），也有大于 10 g/L 的。由于生境条件相差悬殊，盐化草甸草地植物的生物-生态学特征有很大差异。建群植物主要是各种耐盐的中生、旱中生禾草及杂类草，包括芦苇、芨芨草、小獐毛（*Aeluropus pungens*）、多种赖草、骆驼刺（*Alhagi sparsifolia*）、胀果甘草（*Glycyrrhiza inflata*）、大叶白麻（*Poacynum hendersonii*）、苦豆子（*Sophora alopecuroides*）、大叶补血草（*Limonium gmelinii*）等，有的在强盐化条件下发生盐生变型。群落的种类组成和结构一般比较简单，其种类构成、种的饱和度、层片结构和成层现象、长势好坏与生产力高低，都主要取决于地下水深度和土壤盐渍化程度。

　　以芦苇为优势种的盐化草甸是南疆分布最广泛的草甸类型。在塔里木盆地和吐鲁番-哈密盆地有大面积分布，准噶尔盆地、焉耆盆地、塔城盆地、伊犁谷地等也有分布。它占据古老的山前冲积平原、扇缘带及河间低地、三角洲及干涸的老河床和湖泊。地下水位由数十厘米至 4～5 m（甚至更低）不等，生境变化多样，以致在芦苇草地群落中产生了各种生态和产量变型。以芨芨草为优势种的盐化草甸是北疆分布最广泛的禾草盐化草甸。普遍见于天山北麓、阿尔泰山南麓的山前冲积平原，塔城盆地、伊犁谷地、和布克塞尔谷地、乌尔禾谷地、巴里坤盆地、阿尔泰山前丘陵间及将军戈壁等地也有分布，在天山南麓的焉耆盆地、拜城盆地也有大面积生长。它占据大河三角洲、河旁阶地、扇缘低地及湖泊周围。地下水位为 1～3 m，具有淡水或弱矿化水，植物生长发育普遍较好。

　　盐化草甸时常与疏林地和疏灌丛结伴形成。主要乔木树种有胡杨（*Populus euphratica*）、灰杨（*P. pruinosa*）、黑杨（*P. nigra*）、苦杨（*P. laurifolia*）、银白杨（*P. alba*）、沙枣（*Elaeagnus angustifolia*）、白榆（*Ulmus pumila*）等；主要灌木树种有多种柽柳、盐豆木（*Halimodendron halodendron* var. *halodendron*）、宽苞水柏枝（*Myricaria bracteata*）、黑果枸杞（*Lycium ruthenicum*）等。

参 考 文 献

北京农业大学. 1982. 草地学. 北京: 农业出版社.

曹建廷, 王苏民. 2001. 西北内陆湖泊主要环境问题. 科技导报, 19(12): 21-22.

陈桂琛, 彭敏. 1993. 青海湖地区植被及其分布规律. 植物生态学与地植物学学报, 17(1): 71-81.

褚冰倩, 乔文峰. 2011. 土壤盐碱化成因及改良措施. 现代农业科技, (14): 309-311.

邓伟, 裘善文, 梁正伟. 2006. 中国大安碱地生态实验站区域生态环境背景. 北京:科学出版社: 49-61.

董厚德, 全奎国, 邵成, 等. 1995. 辽河河口湿地自然保护区植物群落生态的研究. 应用生态学报, 6(2): 190-195.

杜晓光, 郑慧莹, 刘存德. 1994. 松嫩平原主要盐碱植物群落生物生态学机制的初步探讨. 植物生态学报, 18(1): 41-49.

高淑梅, 周继伟. 2011. 松嫩平原盐碱土现状及改良措施. 现代化农业, (6): 13-15.

贺强, 安渊, 崔保山. 2010. 滨海盐沼及其植物群落的分布与多样性. 生态环境学报, 19(3): 657-664.

贺强, 崔保山, 赵欣胜, 等. 2009. 黄河河口盐沼植被分布、多样性与土壤化学因子的相关关系. 生态学报, 29(2): 676-687.

黄华梅, 张利权, 高占国. 2005. 上海滩涂植被资源遥感分析. 生态学报, 25(10): 2686-2693.

黄华梅, 张利权, 袁琳. 2007. 崇明东滩自然保护区盐沼植被的时空动态. 生态学报, 27(10): 4166-4172.

柯夫达 B A. 1957. 席承藩, 等译. 盐渍土的发生与演变. 北京: 科学出版社.

黎立群, 王遵亲. 1990. 青海柴达木盆地盐渍类型及盐渍地球化学特征. 土壤学报, 27(1): 43-53.

李建东, 吴榜华, 盛连喜. 2001. 吉林省植被. 长春: 吉林科学技术出版社.

李建东, 郑慧莹. 1997. 松嫩平原盐碱化草地治理及其生物生态机理. 北京: 科学出版社.

李取生, 裘善文, 邓伟. 1998. 松嫩平原土地次生盐碱化的研究. 地理科学, 18(3): 268-272.

练国平, 曾德超. 1987. 河套灌区盐碱化的特点分析和治理措施的探讨. 农业工程学报, 3(1): 1-10.

林年丰, 汤洁. 2005. 松嫩平原环境演变与土地盐碱化、荒漠化的成因分析. 第四纪研究, 25(4): 474-483.

刘昉勋, 宗世贤, 黄致远. 1992. 江苏省海滩植被演替的研究. 植物资源与环境, 1(1): 13-17.

毛任钊, 田魁祥, 松本聪, 等. 1997. 盐渍土盐分指标及其与化学组成的关系. 土壤, 29(6): 326-330.

潘保原, 宫伟光, 张子峰, 等. 2006. 大庆苏打盐渍土壤的分类与评价. 东北林业大学学报, 34(2): 57-59.

沈禹颖, 阎顺国, 朱兴运. 1994. 河西走廊盐化草甸主要植物群落分布特点及其土壤环境特征. 植物生态学报, 18(1): 95-102.

时冰. 2009. 盐碱地对园林植物的危害及改良措施. 河北林业科技, (S1): 61-62.

苏旭, 吴学明, 祁生贵. 2004. 青海省盐生植物资源种类与开发利用. 青海草业, 13(4): 17-21.

孙世洲. 1989. 青海省柴达木盆地及其周围山地植被. 植物生态学报, 13(3): 236-249.

王春裕. 2004. 中国东北盐渍土. 北京: 科学出版社.

王春裕, 王汝镛, 李建东. 1999. 中国东北地区盐渍土的生态分区. 土壤通报, 30(5): 193-196.

王德利, 杨利民. 2004. 草地生态与管理利用. 北京: 化学工业出版社.

王顺忠, 陈桂琛, 孙菁, 等. 2003. 青海湖鸟岛盐碱地植被演替的初步研究. 西北植物学报, 23(4): 550-553.

王永新, 赵祥, 徐静, 等. 2012. 晋北重度盐碱化草地群落斑块的类型划分. 草原与草坪, 32(2): 1-6.

王遵亲, 祝寿泉, 俞仁培, 等. 1993. 中国盐渍土. 北京: 科学出版社.

席承藩. 1994. 土壤分类学. 北京: 中国农业出版社: 264-268.

许鹏, 阿里木江, 王博, 等. 1993. 新疆草地资源及其利用. 乌鲁木齐: 新疆科技卫生出版社.

杨国柱. 1993. 浅谈青海省盐碱土壤的治理对策. 甘肃农业科技, (5): 20-21.

杨国荣, 孟庆秋, 王海岩. 1986. 松嫩平原苏打盐渍土数值分类初步研究. 土壤学报, 23(4): 291-299.

杨允菲, 祝廷成. 2011. 植物生态学. 北京: 高等教育出版社.

杨志荣, 宋春青. 1989. 内蒙古达来诺尔地区环境演变与国土整治研究. 内蒙古师大学报(自然科学), (4): 40-46.

尹喜霖, 王勇, 柏钰春, 等. 2004. 浅论黑龙江省的土地盐碱化. 水利科技与经济, 10(6): 361-363.

俞仁培, 杨道平, 石万普, 等. 1984. 土壤碱化及其防治. 北京: 农业出版社: 1-160.

张建锋. 2008. 盐碱地生态修复原理与技术. 北京: 中国林业出版社: 1-18.

张利权, 雍学葵. 1992. 海三棱藨草种群的物候与分布格局研究. 植物生态学与地植物学学报, 16(1): 43-51.

张树文, 杨久春, 李颖, 等. 2010. 1950s 中期以来东北地区盐碱地时空变化及成因分析. 自然资源学报, 25(3): 435-442.

张晓平, 李梁. 2001. 吉林省大安市盐渍化土壤特征及现状研究. 土壤通报, 32(S0): 15-18.

张新时. 1991. 西藏阿里植物群落的间接梯度分析、数量分类与环境解释. 植物生态学报, 15(2): 101-113.

张哲寰, 马宏伟, 刘强, 等. 2007. 松嫩平原近 20 年土壤盐渍化动态变化及驱动力分析. 地质与资源, 16(2): 120-124.

赵可夫, 李法曾. 1999. 中国盐生植物. 北京: 科学出版社.

郑慧莹, 李建东. 1993. 松嫩平原的草地植被及其利用保护. 北京: 科学出版社.

郑慧莹, 李建东. 1995. 松嫩平原盐碱植物群落形成过程的探讨. 植物生态学报, 19(1): 1-12.

郑慧莹, 李建东. 1999. 松嫩平原盐生植物与盐碱化草地的恢复. 北京: 科学出版社.

中国科学院内蒙古宁夏综合考察队. 1985. 内蒙古植被. 北京: 科学出版社.

仲崇庆, 王进欣, 邢伟, 等. 2010. 不同植被和水文条件下苏北盐沼土壤 TN、TP 和 OM 剖面特征. 北京林业大学学报, 32(3): 186-190.

周笃珺, 马海州, 山发寿, 等. 2006. 青海湖流域及周边地区的草地资源与生态保护. 资源科学, 28(3): 94-101.

Abrol I P, Yadav J S P, Massoud F I. 1988. Salt-affected soils and their management. Rome: Food and Agriculture Organization of the United Nations.

Barrett-Lennard E G. 2002. Restoration of saline land through revegetation. Agricultural Water Management, 53(1-3): 213-226.

Beater B E. 1959. Soils of the Sugar Belt. Part 2: Natal South Coast. Oxford: Oxford University Press.

Bogdan A V. 1958. Some edaphic vegetational types at Kiboto, Kenya. Journal of Ecology, 46(1): 115-126.

Bui E N. 2013. Soil salinity: a neglected factor in plant ecology and biogeography. Journal of Arid Environments, 92: 14-25.

Cass A. 1980. The influence of pore structural stability and internal drainage rate on selection of soil for irrigation. Pietermaritzburg: University of Natal.

Cheverry C. 1974. Contribution à l'étude pédologique des polders du lac Tchad. Dynamique des sels en milieu continental subaride dans des sédiments argileux et organiques. Strasbourg: Thesis Sci, U.L.P: 257.

Coupland R T. 1992. Mixed prairie. In: Coupland R T. Natural Grasslands: Introduction and Western Hemisphere. Ecosystems of the World. Vol. 8A. Amsterdam: Elsevier Science Press: 151-182.

de Villiers J M. 1962. A study of soil formation in Natal. Pietermaritzburg: University of Natal.

FAO. 1991. World soil resources: an explanatory note on the FAO world soil resources map at 1∶25000000 scale. Rome: Food and Agriculture Organization of the United Nations.

Fensham R J, Silcock J, Biggs A. 2007. Vegetation-soil relations in a highly sodic landscape, Yelarbon, southern Queensland. Cunninghamia, 10(2): 273-284.

Ghazanfar S A. 2006. Saline and alkaline vegetation of NE Africa and the Arabian Peninsula: an overview. Biosaline Agriculture and Salinity Tolerance in Plants. Birkhäuser Basel: 101-108.

Goldhaber M B, Mills C, Stricker C A, et al. 2011. The role of critical zone processes in the evolution of the Prairie Pothole Region wetlands. Applied Geochemistry, 26: S32-S35.

Hardy G A. 2002. Vegetation map of South America. Fapespclima.ccst.inpe.br, 148(2): 287.

Lavado R S, Rubio G, Alconada M. 1992. Grazing management and soil salinization in two Pampean Natraqualfs. Turrialba, 49(2): 500-508.

Lambrechts J J N. 1983. Soils, soil processes and soil distribution in the Fynbos Region: an introduction. In: Deacon H J, Hendey Q B, Lambrechts J J N (eds). Fynbos Palaeoecology: a Preliminary Synthesis. Pretoria: South African National Scientific Programmes Report no. 75, Council for Scientific and Industrial Research: 61-69.

Macvicar C N, de Villiers J M, Loxton R F, et al. 1977. Soil classification: a binomial system for south Africa. Pretoria: Soil and Irrigation Research Institute, Department of Agricultural Technical Services .

Massoud F I. 1976. Basic principles for prognosis and monitoring of salinity and sodicity. Food and Agriculture Organization, Soil Resources Development and Conservation Service, Land and Water Development Division, Rome. Proceedings of International Salinity Conference Texas Tech University, Lubbock, Texas, August 16-20, 432-454. 67 ref .

Murdoch G. 1964. Soil survey and soil classification in Swaziland 1955-1963. African Soils, 9: 117-135.

National Land and Water Resources Audit. 2001. Australian dryland salinity assessment 2000.

Ostrikova K T. 1991. Soils of Volgograd Region: Guide Book. Moscow: Nauka.

Pankova Y. 1998. Salt-affected soils in Russia. Montpellier: The 16th World Congress of Soil Science-Symposium.

Perelman S B, Leon R J C, Oesterheld M. 2001. Cross-scale vegetation patterns of flooding Pampa grasslands. Journal of Ecology, 89(4): 562-577.

Phillips S. 1997. Gramineae. In: Hedberg I, Edwards S. Flora of Ethiopia. The National Herbarium, Biology Department, Addis Ababa University, Ethiopia and The Department of Systematic Botany, Uppsala University, Sweden: 108-110.

Purves W D, Blyth W D. 1969. A study of associated hydromorphic and sodic soils on redistributed Karroo sediments. Rhodesia Journal of Agriculture Research, 7: 99-109.

Rains A B, McKay A D. 1968. The northern state lands, Botswana. Land Resource Study No. 5. Directorate of Overseas Surveys. Tolworth.

Rengasamy P. 2006. World salinization with emphasis on Australia. Journal of Experimental Botany, 57 (5): 1017-1023.

Rengasamy P, Chittleborough D, Helyar K. 2003. Root-zone constraints and plant-based solutions for dryland salinity. Plant and Soil, 257 (2): 249-260.

Rogers M E, Craig A D, Munns R E, et al. 2005. The potential for developing fodder plants for the salt-affected areas of southern and eastern Australia: an overview. Australian Journal of Experimental Agriculture, 45 (4): 301-329.

Schloms B H A, Ellis F, Lambrechts J J N. 1983. Soils of the Cape Coastal Platform. Fynbos Palaeoecology: A Preliminary Synthesis. South African National Scientific Programs Report 75. Pretoria: Council for Scientific and Industrial Research: 70-99.

Stocking M A. 1979. Catena of sodium-rich soil in Rhodesia. Journal of Soil Science, 30 (1): 139-146.

Sumner M E, Naidu R. 1998. Sodic Soils: Distribution, Properties, Management and Environmental Consequences. Oxford: Oxford University Press.

Szabolcs I. 1980. Simulation of Soil Salinization and Solonetzization. Moscow: Nauka: 262.

Szabolcs I. 1989. Salt-Affected Soils. Florida: CRC Press.

Thompson J G, Purves W D. 1978. A guide to the soils of Rhodesia. Salisbury: Rhodesia Agricultural Journal, Technical Handbook, No. 3. Goverment Printer.

Thulin M. 1993. Flora of Somalia: Vol. 1. London: Royal Botanic Gardens Kew.

Tibor T, György V. 2001. Past, present and future of the Hungarian classification of salt-affected soils. European Soil Bureau—Research Report No. 7: 125-135.

van der Eyk J J, Macvicar C N, de Villiers J M. 1969. Soil of the Tugela Basin. Pietermaritzburg: Natal Town and Regional Planning Commission.

Van der Merwe C R. 1962. Soil groups and subgroups of South Africa. Stellenbosch: Stellenbosch University.

van der Merwe C R. 1976. Soil groups and sub-groups of South Africa. Department of Agriculture and Forestry Science Bulletin, 231. Government Printer Pretoria, South Africa.

Verbeek K. 1989. The soils of southeast Ngamiland. FAO/UNDP Field Document 14 under A: BOT/85/01 1. Gaborone: FAO.

Vesey-Fitzgerald D F. 1963. Central African grasslands. Journal of Ecology, 51 (2): 243-273.

Vorob'eva L A, Pankova E I. 2008. Saline-alkali soils of Russia. Eurasian Soil Science, 41 (5): 457-470.

White F. 1983. The vegetation of Africa. A descriptive memoir to accompany the UNESCO, AETFAT, UNSO vegetation map of Africa. Paris: UNESCO.

Zhu T C. 1992. Grasslands of China. In: Coupland R T. Ecosystems of the World (2B). Amsterdam: Elsevier Science Press: 61-82.

第4章　盐碱化草地的植被特征

松嫩平原是世界三大苏打盐碱土分布区之一。在松嫩平原上分布有类型较多、面积较大的盐生植被，但这些植被主要分布在平原低洼处的盐碱土壤上。盐碱土壤属于非地带性土壤，在盐生植被组成中，中生植物占优势。按照植被科学的分类系统，盐生植被类型主要属于盐生草甸植被类型。在碱湖边和局部低洼地，也可以见到少量的盐生沼泽植被类型。按照农学中草地学的分类系统，盐生草地则被划入草原的分类系统(任继周，2008)。本书采用了植被科学的分类系统。

松嫩平原的盐生植被可分为两类，包括只生长在盐碱土上的典型盐生植被，以及生长在盐渍化草甸土壤上的非典型盐渍化植被。这两种类型的盐生植被在松嫩平原均有大面积分布。随着人类活动的增加，以及自然因素的影响，典型盐生植被面积在逐年扩大。

4.1　盐生植被的植物区系

根据我们多年的野外调查，在松嫩平原盐碱土壤上的盐生植物共计 65 种(表 4-1)。这些盐生植物分属于 21 科 42 属。种类和个体数量最多、最重要的是禾本科、藜科和菊科，其中禾本科有 8 属 12 种，藜科有 6 属 15 种，菊科有 6 属 10 种。在这些盐生植物中，生活型以一年生和地面芽植物为主。它们不仅在数量上居首位，而且在盐碱植物群落中分布广、面积大(几乎都是由这 3 科的盐生植物所组成)，并且常常组成单优势种群落。毛茛科、百合科、鸢尾科、蔷薇科和伞形科中的盐生植物在局部地段也可成为优势种，但面积均不大。其他各科植物在盐碱土壤上多呈零散分布，在群落中占次要地位，是盐生植物群落中的伴生种。

表 4-1　松嫩平原盐生植被的植物区系组成(郑慧莹和李建东，1994)

科	属	种
蓼科 Polygonaceae	蓼属 *Polygonum*	碱蓼 *P. gracilius*
		西伯利亚蓼 *P. sibiricum*
藜科 Chenopodiaceae	滨藜属 *Atriplex*	中亚滨藜 *A. centralasiatica*
		野滨藜 *A. fera*
		滨藜 *A. patens*
		西伯利亚滨藜 *A. sibirica*
	藜属 *Chenopodium*	绿珠藜 *Ch. acuminatum*
		灰绿藜 *Ch. glaucum*
		东亚市藜 *Ch. urbicum* subsp. *sinicum*
	盐爪爪属 *Kalidium*	盐爪爪 *K. foliatum*

续表

科	属	种
藜科 Chenopodiaceae	地肤属 Kochia	碱地肤 K. sieversiana
	猪毛菜属 Salsola	猪毛菜 S. collina
		浆果猪毛菜 S. foliosa
	碱蓬属 Suaeda	角碱蓬 S. corniculata
		碱蓬 S. glauca
		盐地碱蓬 S. salsa
		光碱蓬 S. laevissima
毛茛科 Ranunculaceae	毛茛属 Ranunculus	圆叶碱毛茛 R. cymbalaria
		长叶碱毛茛 R. ruthenica
十字花科 Cruciferae	独行菜属 Lepidium	碱独行菜 L. cartilagineum
		北独行菜 L. latifolium
蔷薇科 Rosaceae	委陵菜属 Potentilla	鹅绒委陵菜 P. anserina
豆科 Leguminosae	甘草属 Glycyrrhiza	甘草 G. uralensis
	苦马豆属 Swaninsonia	苦马豆 S. salsula
蒺藜科 Zygophyllaceae	白刺属 Nitraria	白刺 N. tangutorum
柽柳科 Tamaricaceae	柽柳属 Tamarix	柽柳 T. chinensis
伞形科 Umbelliferae	蛇床属 Cnidium	兴安蛇床 C. dahuricum
		碱蛇床 C. salinum
报春花科 Primulaceae	海乳草属 Glaux	海乳草 G. maritima
白花丹科 Plumbaginaceae	补血草属 Limonium	二色补血草 L. bicolor
		烟台补血草 L. franchetii
		补血草 L. sinense
夹竹桃科 Apocynaceae	罗布麻属 Apocynum	罗布麻 A. venetum
萝藦科 Asclepiadaceae	鹅绒藤属 Cynanchum	鹅绒藤 C. chinense
旋花科 Convolvulaceae	旋花属 Convolvulus	银灰旋花 C. ammannii
紫草科 Boraginaceae	砂引草属 Messerschmidia	砂引草 M. sibirica
茄科 Solanaceae	枸杞属 Lycium	枸杞 L. chinense
菊科 Compositae	蒿属 Artemisia	丝叶蒿 A. adamsii
		碱蒿 A. anethifolia
		莳萝蒿 A. anethoides
		冷蒿 A. frigida
	乳菀属 Galatella	兴安乳菀 G. dahurica
	风毛菊属 Saussurea	草地风毛菊 S. amara
		碱地风毛菊 S. runcinata

科	属	种
菊科 Compositae	蒲公英属 Taraxacum	碱地蒲公英 T. sinicum
	碱菀属 Tripolium	碱菀 T. vulgare
	女菀属 Turczaninowia	女菀 T. fastigiata
禾本科 Gramineae	芨芨草属 Achnatherum	芨芨草 A. splendens
	獐毛属 Aeluropus	獐毛 A. sinensis
	赖草属 Leymus	羊草 L. chinensis
	虎尾草属 Chloris	虎尾草 Ch. virgata
	隐花草属 Crypsis	隐花草 C. aculeata
	大麦属 Hordeum	野大麦 H. brevisubulatum
	芦苇属 Phragmites	芦苇 Ph. australis
	碱茅属 Puccinellia	朝鲜碱茅 P. chinampoensis
		鹤甫碱茅 P. hauptiana
		热河碱茅 P. jeholensis
		微弱碱茅 P. micandra
		星星草 P. tenuiflora
莎草科 Cyperaceae	水莎草属 Juncellus	花穗水莎草 J. pannonicus
	藨草属 Scirpus	荆三棱 S. fluviatilis
	薹草属 Carex	寸草薹 C. duriuscula
百合科 Liliaceae	葱属 Allium	碱韭 A. polyrhizum
	天门冬属 Asparagus	攀援天门冬 A. brachyphyllus
鸢尾科 Iridaceae	鸢尾属 Iris	马蔺 I. lactea var. chinensis

　　松嫩平原的盐碱土壤分布广、面积大。然而，由于盐碱地所处的地形、含盐量、水分含量和人为活动的干扰程度均有很大的差异，因此，在盐碱土壤上的一些盐生植被的分布都与其生境特点相适应，它们沿着土壤 pH、土壤含盐量和土壤含水量呈梯度分布(李建东和郑慧莹，1997)。随着上述因素的变化，植被中的种类组成也发生变化，一些植物逐渐衰退和消失，而另外一些植物侵入，数量不断增加。这些变化都与人类的活动，主要是过度放牧有关(王仁忠和李建东，1992，1993；郑慧莹和李建东，1994；张为政，1994；李建东和郑慧莹，1997)。

　　盐生植物在松嫩平原上较为常见。在广阔平原低地的盐碱土上均有分布，但多数盐生植物只能耐受轻度盐碱环境。只有少数典型的专性盐生植物可耐受重度的盐碱，在盐碱斑上生存，并能形成不同类型的盐生植被(表 4-2)。由于人类活动，如草地过度放牧、频繁割草、开垦种植等，植被所受到的破坏愈加严重，盐生植物种类数量不断增加，盐生植物群落组成结构逐渐改变，分布区不断扩大，成为影响当前农牧业生产的重要因素之一。

表 4-2 松嫩平原盐生植物生态特性(郑慧莹和李建东，1994)

种类	生境类型	水分类型	忍耐 pH	群聚性	生活型	盐生类型	光合类型
碱蓼 *Polygonum gracilius*	盐碱斑	中生	>10	散生	Th	专性	C3
西伯利亚蓼 *P. sibiricum*	盐碱斑	中生	>10	散生	G	专性	C3
滨藜 *Atriplex patens*	道旁碱地	中生	>10	散生	Th	专性	
野滨藜 *A. fera*	道旁碱地	中生	<10	散生	Th	专性	
西伯利亚滨藜 *A. sibirica*	道旁碱地	中生	<10	散生	Th	专性	
绿珠藜 *Chenopodium acuminatum*	村边碱地	中生	<9	散生、小群落	Th	兼性	C3
灰绿藜 *Ch. glaucum*	村边碱地	中生	<9	散生、小群落	Th	兼性	C3
市藜 *Ch. urbicum*	村边碱地	中生	<9	散生	Th	兼性	C3
盐爪爪 *Kalidium foliatum*	盐碱斑	中生	>10	散生、群生	Ch	专性	
碱地肤 *Kochia sieversiana*	盐碱斑	中生	>10	散生、群生	Ch	专性	C4
猪毛菜 *Salsola collina*	村边轻碱地	中生	<9	散生	Th	兼性	C4
浆果猪毛菜 *S. foliosa*	村边轻碱地	中生	<9	散生	Th	兼性	C4
角碱蓬 *Suaeda corniculata*	盐碱斑	中生	>10	群生	Th	专性	C3
碱蓬 *S. glauca*	盐碱斑	中生	>10	群生	Th	专性	C3
盐地碱蓬 *S. salsa*	盐碱斑	中生	>10	散生、群生	Th	专性	C3
光碱蓬 *S. laevissima*	盐碱斑	中生	>10	散生、群生	Th	专性	C3
圆叶碱毛茛 *Ranuculus cymbalaria*	盐碱湿地	湿生	>9	群生	H	专性	C3
长叶碱毛茛 *R. ruthenica*	湿盐碱地	湿生	>9	群生	H	专性	C3
碱独行菜 *Lepidium cartilagineum*	轻盐碱地	中生	>9	散生	Th	专性	
鹅绒委陵菜 *Potentilla anserina*	轻盐碱湿地	湿中生	<9	群生	H	兼性	C3
甘草 *Glycyrrhiza uralensis*	轻盐碱地	中生	<9	散生	Ch	兼性	C3
苦马豆 *Swaninsonia salsula*	轻盐碱地	中生	<9	散生	Ch	兼性	
白刺 *Nitraria tangutorum*	盐碱斑	中生	>10	散生	N	专性	
柽柳 *Tamarix chinensis*	湿盐碱地	中生	<9.5	栽培、散生	N	兼性	
兴安蛇床 *Cnidium dahuricum*	轻盐碱地	中生	<9	散生	G	兼性	
碱蛇床 *C. salinum*	盐碱斑	中生	>9	群生	G	专性	C3
海乳草 *Glaux maritima*	轻盐碱地	中生	<9	散生、群生	Th	兼性	C3
二色补血草 *Limonium bicolor*	盐碱地	中生	>9	散生	H	专性	C3
烟台补血草 *L. franchetii*	盐碱地	中生	>9	散生	H	专性	C3
补血草 *L. sinense*	盐碱地	中生	>9	散生	H	专性	C3
罗布麻 *Apocynum venetum*	轻盐碱地	中生	<9	散生	H	兼性	C3
鹅绒藤 *Cynanchum chinense*	轻盐碱地	旱中生	<9	散生	G	兼性	C3
银灰旋花 *Convolvulus ammannii*	轻盐碱地	中旱生	<9	散生、群生	G	兼性	
砂引草 *Messerschmidia sibirica*	轻盐碱地	中旱生	<9	散生	G	兼性	
枸杞 *Lycium chinense*	轻盐碱地	中生	<9	散生	H	兼性	
丝叶蒿 *Artemisia adamsii*	盐碱斑	中生	>10	散生、群生	H	专性	C3
碱蒿 *A. anethifolia*	盐碱斑	中生	>10	散生、群生	H	专性	C3

种类	生境类型	水分类型	忍耐 pH	群聚性	生活型	盐生类型	光合类型
蒿萝蒿 *A. anethoides*	盐碱斑	中生	>10	散生、群生	H	专性	C3
冷蒿 *A. frigida*	轻盐碱地	旱生	<9	散生、群生	Ch	兼性	C3
兴安乳菀 *Galatella dahurica*	轻盐碱湿地	湿中生	<9	散生	H	兼性	C3
草地风毛菊 *Saussurea amara*	轻盐碱地	中生	<9	散生、群生	G	兼性	C3
碱地风毛菊 *S. runcinata*	盐碱斑	中生	>10	散生、群生	G	专性	C3
碱地蒲公英 *Taraxacum sinicum*	盐碱斑	中生	>10	散生	G	专性	C3
碱菀 *Tripolium vulgare*	盐碱斑	中生	>9	散生	H	专性	C3
女菀 *Turczaninowia fastigiata*	轻盐碱地	湿中生	<9	散生	H	兼性	C3
芨芨草 *Achnatherum splendens*	轻盐碱地	中生	<9	散生、群生	H	兼性	C4
獐毛 *Aeluropus sinensis*	盐碱斑	中生	>9	群生	H	专性	C3
羊草 *Leymus chinensis*	轻盐碱地	旱中生	<9	群生	H	兼性	C4
虎尾草 *Chloris virgata*	盐碱斑	中生	<10	群生、散生	Th	兼性	C4
隐花草 *Crypsis aculeata*	湿重盐碱地	湿中生	>9	散生、群生	Th	兼性	
野大麦 *Hordeum brevisubulatum*	盐碱边	中生	<10	群生	H	兼性	C4
芦苇 *Phragmites australis*	盐碱地	湿生	>10	群生	G	兼性	C3
朝鲜碱茅 *Puccinellia chinampoensis*	湿盐碱斑	中湿生	>10	群生	H	专性	C3
鹤甫碱茅 *P. hauptiana*	湿盐碱斑	中湿生	>10	群生	H	专性	C3
热河碱茅 *P. jeholensis*	湿盐碱斑	中湿生	>10	群生	H	专性	C3
微弱碱茅 *P. micrandra*	湿盐碱斑	中湿生	>10	群生	H	专性	C3
星星草 *P. tenuiflora*	湿盐碱斑	中湿生	>10	群生	H	专性	C3
碱莎 *Juncellus pannonicus*	盐碱湿地	湿生	>9	群生、散生	Th	专性	
荆三棱 *Scirpus fluviatilis*	盐碱湿地	湿生	<9	群生	G	兼性	C3
寸草薹 *Carex duriuscula*	轻盐碱地	旱生	<9	群生	G	兼性	
碱韭 *Allium polyrhizum*	盐碱斑	中生	>9	群生	G	专性	C3
攀援天门冬 *Asparagus brachyphyllus*	轻盐碱地	中生	<10	群生	G	专性	C3
马蔺 *Iris lactea*	盐碱斑	中生	<10	散生、群生	G	兼性	C3

注：Th 为一年生植物；Ch 为地上芽植物；H 为地面芽植物；G 为地下芽植物；N 为灌木

4.2　盐碱化草地的植被类型

松嫩平原是我国东北地区西部最低洼的地区。广大平原地势平坦，到处有起伏的沙丘群。丘间平原的中央部位常有碟状的内陆碱湖。碱湖的外围是盐生植物群落，主要是碱蓬群落。再向外是广大的平原，以羊草群落为主，这是松嫩平原的主要景观。在平缓的漫岗和接近固定沙丘的边缘地段，以贝加尔针茅群落为主；在土壤中含有砂砾，则以贝加尔针茅+线叶菊群落为主。在沙丘的顶部，常分布有榆树疏林或山杏、叶底珠灌丛，在疏林和灌丛间，还分布着大针茅群落。从低到高反映了水分从湿到干，土壤从盐碱土到草甸土、黑钙土和风沙土的变化过程，构成了明显的生态序列(图 4-1)。这些序列重复交替出现，构成了松嫩平原的独特景观，明显地区别于内蒙古高原典型草原。

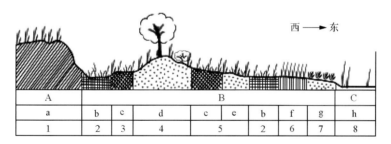

西 ——→ 东

A				B					C
a	b	c	d	e	e	b	f	g	h
1	2	3	4	5		2	6	7	8

图 4-1　松嫩平原主要植物群落生态序列示意图(李建东和郑慧莹，1997)

A. 山前台地；B. 平原(冲积-湖积)；C. 碱湖。a. 含砂砾栗钙土；b. 草甸土；c. 黑钙土；d. 风沙土(固定沙丘)；e. 草甸黑钙土；f. 浅位柱状碱土；g. 苏打草甸盐土；h. 盐碱土。1. 大针茅+贝加尔针茅群落，贝加尔针茅+线叶菊群落；2. 羊草+杂类草群落；3. 贝加尔针茅群落；4. 榆树疏林灌丛，大针茅+贝加尔针茅群落；5. 贝加尔针茅群落，贝加尔针茅+线叶菊群落；6. 羊草群落；7. 碱蓬群落；8. 芦苇群落

　　盐碱化草地植被类型的多样性，主要受土壤盐碱化的程度所影响。在轻度盐碱化的盐碱化草甸土壤上，主要分布杂类草草甸群落；在中度盐碱化土壤上，主要分布以羊草为优势种的羊草草甸群落；而在盐碱土壤上则分布各种类型的盐生植物群落。

4.2.1　杂类草草甸群落

　　杂类草群落(forb community)是松嫩平原草甸草地的主要群落类型之一(图 4-2)。杂类草群落主要分布在盐渍化草甸土壤上。这一地段土壤肥沃，含水量高，是松嫩平原草地生态环境最好的地段，通常被称为"狗肉地"。实际上这里是草地的"沃岛(fertile island)"。

图 4-2　杂类草草甸群落(李建东摄)

　　杂类草群落中植被生长繁茂，种类组成丰富，每平方米可达 20～25 种植物。这类群落常常没有明显的优势种，由于植物种类多为双子叶植物，因此称为杂类草群落。群落地上垂直结构复杂，一般可分为 3 个亚层，第一层高约 100 cm，第二层高 30～60 cm，第三层高 10～20 cm，盖度多在 70%以上，局部可达 100%。生产力高，可产鲜草 600～700 g/m²，豆科植物占有一定的比重，占草群总重量的 5%～10%，主要有山野豌豆(*Vicia amoena*)、五脉山黧豆(*Lathyrus quinquenervius*)、花苜蓿(*Medicago ruthenica*)、兴安胡枝子(*Lespedeza davurica*)和斜茎黄耆(*Astragalus adsurgens*)。

　　该类型草地是我国北方优良的割草场和放牧场。在过度放牧后一般不会出现碱斑。由

于微环境的变化，在局部地段某些种类可产生优势种，面积均不大，形成各式各样的小群落，常见的有箭头唐松草（*Thalictrum simplex*）群落、五脉山黧豆群落、女菀（*Turczaninowia fastigiata*）群落、全叶马兰（*Kalimeris integrifolia*）群落、线叶旋覆花（*Inula linariaefolia*）群落、裂叶蒿（*Artemisia tanacetifolia*）群落和委陵菜（*Potentilla chinensis*）群落等。

4.2.2 羊草草甸群落

由于松嫩平原在低平地上主要是盐碱土，因此，以耐盐碱的根茎营养繁殖为主的无性系羊草组成的群落为优势，并成为平原的主要背景群落。

由于羊草的适应性强，在各类土壤上均能生长。因此，羊草群落的种类组成比盐碱植物群落丰富，类型也较多。仅在 36 个 1 m^2 的样方中就出现 162 种植物，约占整个东北草原区植物总数的 20%。羊草草甸群落中出现的植物分属 37 科 105 属，其中，菊科植物种类最多，其次是豆科、禾本科、蔷薇科和百合科，其他各科的植物较少。由于小生境的不同，群落的组成和结构有明显的差异。常见的群落可划分为以下多种群落类型。

(1) 羊草-杂类草群落

羊草-杂类草群落和杂草类群落同样是松嫩平原盐碱化植被的主要类型(图 4-3)。羊草-杂类草群落分布于土壤最湿润、最肥沃的地方，群落的种类组成最丰富，其结构最复杂，生产力最高，也是经济价值最大的草地群落类型。羊草-杂类草群落主要生长在开阔的平原及低平地，土壤为盐碱含量较低的苏打草甸土，以及中位或深位柱状碱土，优势种和伴生种均为典型的中生植物，在草群中也有少量的湿生植物和个别的旱生植物。群落地上垂直结构可分为 3 层，第一层高 60～100 m，第二层高 25～45 cm，第三层高 5～20 cm。盖度一般在 50%～60%，高者可达 90%。生物量在一般年份为 400 g/m^2[干重(dry weight, DW)]，在丰产时可达 750 g/m^2，但干旱歉收年份仅为 200 g/m^2。羊草-杂类草群落多数作为割草场利用，也可以进行放牧。在作为放牧场利用时，如果过度放牧，不但会造成草场退化，严重时会出现草地盐碱化。

图 4-3 羊草+杂类草群落(王德利摄)

由于微地形的变化会引起土壤含水量和含盐量的变化，因此羊草-杂类草群落的种类组成也会发生变化，这些植物又可以和羊草一起成为共优势种，形成各类不同的小群落。常见的羊草-杂类草群落有：羊草+芦苇(*Phragmites australis*)群落、羊草+寸草薹(*Carex duriuscula*)群落、羊草+虎尾草(*Chloris virgata*)群落、羊草+野古草(*Arundinella hirta*)群落，以及羊草+箭头唐松草群落、羊草+山野豌豆群落、羊草+五脉山蚂蝗豆群落、羊草+全叶马兰群落、羊草+拂子茅(*Calamagrostis epigeios*)群落、羊草+牛鞭草(*Hemarthria altissima*)群落、羊草+长梗韭(*Allium neriniflorum*)群落、羊草+棉团铁线莲(*Clematis hexapetala*)群落、羊草+委陵菜(*Potentilla chinensis*)群落、羊草+细叶地榆(*Sanguisorba tenuifolia*)群落、羊草+蔓委陵菜(*P. flagellaris*)群落、羊草+蓬子菜(*Galium verum*)群落、羊草+细叶旋覆花(*Inula linariaefolia*)群落、羊草+狼尾巴花(*Lysimachia barystachys*)群落、羊草+女菀(*Turczaninowia fastigiata*)群落和羊草+鹅绒委陵菜(*P. anserina*)群落等。由于微地形的多变，土壤类型和土壤水分含量也会发生相应的变化，群落也发生变化，但是这些群落类型面积都不大，很少大面积连片分布，它们多以复合体的形式出现。

(2)羊草群落

羊草群落是松嫩平原草甸草地植物群落中分布最广、种类组成最单纯的群落(图 4-4a)。羊草的根茎交织，抑制了其他植物种类的侵入和生长，因此其往往以单优势种形式出现，形成优势种群落。种的饱和度小，平均每平方米不超过 10 种，羊草的生物量占群落总生物量的 95%以上。羊草群落的盖度变化较大，变幅可达 40%～90%。羊草群落的结构相对简单，一般只有一层，少数为两层，草群高度为 50～70 cm，但羊草的生殖枝高度可达 80～100 cm。

a. 羊草群落　　b. 虎尾草群落

图 4-4　盐碱化羊草草甸群落(李建东摄)

由于微环境的变化和人为干扰强度的差异，羊草群落常常分化为以下各群落(图 4-5)。常见的有羊草+寸草薹群落、羊草+银灰旋花(*Convolvulus ammannii*)群落、羊草+虎尾草群落、羊草+碱韭(*Allium polyrhizum*)群落、羊草+马蔺(*Iris lactea*)群落、羊草+中间型荸荠(*Heleocharis intersita*)群落、羊草+芦苇群落、羊草+猪毛蒿(*Artemisia scoparia*)群落、羊草+星星草(*Puccinellia tenuiflora*)群落、羊草+碱蒿(*Artemisia anethifolia*)群落和羊草+攀援天门冬(*Asparagus brachyphyllus*)群落等。

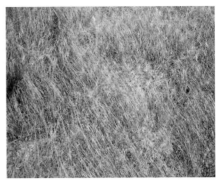

a. 羊草+芦苇群落　　　　　　　　　　　　b. 羊草+寸草薹群落

c. 羊草+虎尾草群落

图 4-5　不同的羊草草甸群落(杨允菲、王德利摄)

羊草群落主要作为割草场利用,因为该群落主要生长在浅位柱状碱土上,当作为放牧场被过度利用时,植被及淡化的表土层会遭到破坏,出现碱斑,使暗碱变为明碱,引起原有碱斑面积的扩大,这是目前草地碱化加重,碱斑面积逐年扩大的最主要原因。羊草是松嫩平原最优良的割草场,早在 20 世纪 60 年代,施兰生曾在黑龙江省杜尔伯特蒙古族自治县靠山奶牛场进行了人工种植羊草试验,70 年代陈敏在黑龙江省四方山军马场开始大面积种植羊草,到 90 年代王克平等培育出吉林 1 号、吉林 2 号、吉林 3 号、吉林 4 号等优良栽培系列羊草品种。目前这些品种在北方草原地区已大面积推广,并取得了良好的经济效益。

(3)羊草+芦苇群落

羊草+芦苇群落主要分布在高河漫滩、丘间低地和平原低湿地上,为草甸和沼泽的过渡类型。芦苇一般生长稀疏,但高度变异较大,既有矮小植株,也有高 1 m 以上的植株。当雨水增多时,芦苇长势较好,数量增多;当干旱时,羊草数量增多,芦苇数量减少,土壤碱化加重,一些盐生植物,如碱蓬、西伯利亚蓼开始侵入。

(4)羊草+寸草薹群落

寸草薹属于小型根茎疏丛型旱生莎草科植物。这种植物耐旱、耐盐碱,也耐践踏。

以寸草薹为优势种的群落，是羊草群落由于过度放牧退化而形成的次生群落类型。中度放牧经常能够形成羊草+寸草薹群落。寸草薹一般为群落下层的优势种，当重度放牧时，羊草数量减少直至消失，也可能形成单优势种的寸草薹群落。羊草+寸草薹群落的种类组成简单，每平方米 4～8 种。除了寸草薹为优势种外，其他伴生种为盐生植物和一年生田间道旁杂草。这种类型的群落结构只有一层，高 10～15 cm，个别伴生种可达 50 cm，但不形成层次；该群落盖度一般在 50%～60%，有时可达 90%。如果停止放牧，可恢复为羊草群落；反之，则继续退化成为虎尾草群落，直到形成光碱斑地。因此，在对该类型的植物群落进行利用时，必须控制利用强度，注意保护。

(5)羊草+虎尾草群落

虎尾草是一年生禾本科草本植物，也是中生 C4 植物。它分布范围很广，在全国各地均有分布，也常见于道旁田间。在荒漠草原、草原化荒漠中，虎尾草是一年生禾草层片的重要成分。这种植物在松嫩平原分布范围也很广，除路旁和田间外，也是草地的常见植物。当羊草群落由于过度放牧而退化程度加重时，群落中的羊草数量逐渐减少，与此同时虎尾草数量增多，甚至成为优势种。在草地的光碱斑上，当夏季雨水较多时，也可以形成虎尾草纯群落，分布面积较大，有时可形成碱斑上的背景植被。当虎尾草群落面积较小时，可与羊草群落或其他盐生植物群落形成复合体。这种群落的植物种类组成单纯。每平方米 4～7 种，有时只有 1～2 种，几乎都是盐碱植物和田间杂草。松嫩草地上的虎尾草群落体现了群落次生性质及生境的特点，群落盖度一般为 70%～80%，有时可达到 100%；群落结构一般只有一层，有时可分为两层，上层高 40～50 cm，下层高 5～10 cm。虎尾草的适口性好，在青绿时是优良牧草。由于这种群落的生物量较高，可产干草 300～500 g/m^2。但是，必须控制利用强度，当对这种群落的利用强度加大时，其会直接变为光碱斑地。只有减轻利用强度或停止干扰，才有望恢复为原来的羊草群落。

4.2.3　拂子茅群落

拂子茅(*Calamagrostis epigeios*)群落是松嫩草地的常见群落类型之一(图 4-6)。这种群落包括：拂子茅群落、大拂子茅(*C. macrolepis*)群落和假苇拂子茅(*C. pseudophragmites*)群落。在以上 3 个群落类型中以拂子茅群落最为常见，其面积也最大。在松嫩平原，拂子茅群落主要分布在低湿平地和碟形凹地上，其土壤为盐渍化草甸土，这种群落为典型的草甸植被类型之一。由于这 3 种植物均为无性系植物，其他植物不易侵入，因此均可以形成单优势种群落。

拂子茅群落结构的种类组成单纯，每平方米 6～12 种，该群落的伴生种也均为中生植物。该群落的地上垂直结构可分为 3 层：上层高达 80～120 cm，除了拂子茅以外，常见的其他植物有芦苇、细叶地榆；中层高 30～50 cm，下层高 10～20 cm，由于拂子茅生长繁茂，所以这两层其他植物数量稀少。拂子茅群落的盖度可达 80%以上，上层盖度可达 60%以上，中层、下层盖度均不到 20%。

图 4-6　拂子茅群落(李建东摄)

拂子茅群落的植物生产力较高，鲜重(fresh weight, FW)可达 600～1000 g/m^2。该群落为优良的放牧场和割草场。在过度放牧后，上层和中层植物数量减少，甚至消失；而下层植物，如蔓委陵菜等得到充分发展，可在局部占有优势。在松嫩草地上，与拂子茅群落生境相近的还有野古草(*Arundinella hirta*)群落和牛鞭草(*Heleocharis altissima*)群落，但它们的分布面积都不大，并且也都是无性系植物，其他植物不易侵入，均可形成单优势种群落，这些无性系植物群落往往可以形成复合体。

4.2.4　盐生植物群落

松嫩平原是三面环山的低平原，山地充沛的降水带着可溶性盐类汇集于低平凹地，因地势平缓、水路网不发达，形成了较多的内陆碱湖。而且，当地的蒸发量常是降水量的 3 倍之多，气候条件，加之大量的盐碱土，为盐碱植物的生长和盐生植物群落的形成创造了有利的条件。

本地区的盐生植物群落，包括碱湖周边盐碱土上的原生盐生植物群落，以及草地原生碱斑上的盐生植物群落，也包括草地退化后产生的盐碱斑上的次生盐生植物群落。受到人为过度放牧和气候干旱的影响，盐碱斑面积逐年扩大。因此，目前大面积分布的盐生植物群落大都是次生的。

盐生植物群落主要由多年生和一年生的中生盐生植物组成。总体上看，草群的种类组成单纯。据调查统计，这类群落的植物共有 74 种，分属 20 科 47 属。在群落中占优势的主要是禾本科、藜科和菊科植物。群落的另一个特征是物种饱和度小，每平方米仅有 2～9 种。就生活型而言，群落中地面芽植物最多，占 37%；其次是一年生植物，占 31%；地下芽植物占 11%。

盐生植物群落的结构也相对单纯，一般的只有一层，个别的可以有两层，而且多为单优势种群落。盐生植物群落的盖度差别很大，变幅在 10%～90%。由于小生境中的土壤盐碱含量和水分含量的差异，发育形成了耐盐碱能力不同的各种盐生植物群落，常见的有以下类型(图 4-7)。

a. 星星草群落　　　　　　　　　　　　　　b. 野大麦群落

c.獐毛群落　　　　　　　　　　　　　　d. 角碱蓬群落

e. 碱地肤群落　　　　　　　　　　　　　f. 碱蒿群落

g. 马蔺群落　　　　　　　　　　　　　　h. 碱韭群落

图 4-7　松嫩草地上常见盐生植物群落(李建东、杨允菲摄)

(1) 星星草(*Puccinellia tenuiflora*)群落

星星草为密丛型禾草,星星草群落主要分布在盐碱周围的低湿碱土上。目前,由于碱斑面积不断地扩大,在低凹形的碱斑上,土壤的 pH 在 9 以上,这些地段也常形成季节性的积水,由此形成次生的星星草群落。该群落种类组成单纯,结构简单,为单优势种群落。通常在 30 个 1 m^2 的样方中仅包括 16 种植物。群落的伴生种多呈零星分布,在少量样方中有时只有星星草一种植物。群落地上垂直结构一般有两层,上层高 60～80 cm,盖度变化较大,一般为 20%～40%,有时可达 70%;下层高 5～10 cm,盖度很低,不到 10%。群落的生物量平均鲜重在 250 g/m^2 左右。最大的生物量不是在结实期出现,而是在种子成熟后。这时植物个体大量分蘖,产生大量的营养枝,此时达到的最大生物量可能超过生殖期时的一倍。该群落除了在碱湖周围连片生长外,在其他生境中出现的面积都不大,而且大多与其他盐生植物群落形成植被复合体。星星草为治理碱土的优良牧草,近几十年已经被推广应用。

(2) 朝鲜碱茅(*Puccinellia chinampoensis*)群落

朝鲜碱茅的生长环境和分布范围与星星草十分相似,只是其分布范围没有星星草群落广泛。朝鲜碱茅群落也没有星星群落常见。一般地,朝鲜碱茅也能够形成单优势种群落。朝鲜碱茅群落有时与星星草群落混生,形成共优种群落,或者是,朝鲜碱茅作为星星草群落中的伴生种存在。这类群落的生物量往往比星星草群落高,其鲜重可高达 750 g/m^2。

(3) 隐花草(*Crypsis aculeata*)群落

隐花草群落在松嫩平原上并不常见。这种群落主要分布在低湿的碱斑上。隐花草群落往往呈分散分布,不易形成群落;即便少数情况形成单优势种时,其面积也不大。隐花草群落的伴生种均为盐生植物,其群落中种类组成相对单纯,每平方米仅有 2～4 种;群落结构简单,只有一层,高为 5～10 cm。隐花草可以饲用,但因其生物量不大,所以经济价值不高。然而,隐花草可以作为盐碱土的指示植物。

(4) 野大麦(*Hordeum brevisubulatum*)群落

野大麦为松嫩草地上常见的丛生禾草。野大麦群落主要分布在松嫩平原的低平盐碱地上。野大麦群落的土壤为碱化草甸土,表土湿润。这种群落经常分布在碱斑的外围,土壤的 pH 多在 8.5～9.0。在野大麦群落的中间多为星星草群落或碱蓬群落。这种群落的面积一般都较小,其种类组成也比较单纯,每平方米有 5～8 种。在一些地段也经常形成单优势种群落。在野大麦群落中,碱蒿、星星草等盐生植物常为其伴生种。群落的盖度在 50%～80%。该群落结构一般只有一层,有时可分两层:上层高达 70～80 cm,下层仅有 10～15 cm,盖度在 50%～70%。野大麦为我国北方草地的优良牧草,耐盐碱能力良好,因此它适宜用于改良盐碱化草地和人工栽培。

(5) 獐毛(*Aeluropus sinensis*)群落

獐毛是松嫩草地上具有长匍匐茎的中生盐生植物。这种植物多在碱斑上生长，它能够利用其生物学和生态学特性，通过匍匐茎侵入碱斑。对于稳定的獐毛群落，其他植物不容易侵入，进而可以形成单优势种群落。獐毛群落的种类组成单纯，每平方米仅有 5～6 种；群落的伴生种主要是羊草和其他耐盐碱植物，它们仅呈零散分布。獐毛群落的盖度一般为 40%～60%，有时可达 90%。群落结构简单，通常只有一层，高 10～20 cm。獐毛的生殖枝高达 30 cm，其植物体粗糙。由于獐毛的适口性差，生产力不高，分布面积又不大，因此，该群落的生产利用价值不大。但是，獐毛是耐盐碱植物，在碱斑上可以形成群落，因此，它在群落演替中可以起到逐步恢复植被、改良碱斑的作用。

(6) 角碱蓬(*Suaeda corniculata*)群落

角碱蓬群落在松嫩平原上主要分布于碱湖周围和严重退化草地的碱斑上。角碱蓬生长的土壤多为盐碱土和盐化沼泽土，土壤的 pH 多在 9 以上，含盐量大于 0.3%。角碱蓬群落是松嫩平原上分布最广、面积最大的盐生植物群落，它既是自然分布的原生类型，又是退化演替草地的次生群落类型。目前，角碱蓬群落的次生类型面积大于原生的类型。因此，该群落类型是草地盐碱化加重的主要标志之一。一般地，角碱蓬群落多与羊草群落或其他耐盐碱植物群落构成复合体。特别是靠近村屯、放牧点、饮水点等极度放牧地段，这种群落的面积较大，甚至连成大片。

角碱蓬群落的种类组成单纯，每平方米只有 2～6 种。因为角碱蓬是一年生的中生植物，所以只有在夏季雨水充足的情况下才能很好发育。这种群落的盖度一般为 70%～80%，个别年份可达 100%。角碱蓬群落的生物量鲜重可达 700 g/m^2；然而，在雨水不充足时，该群落的植物分布稀疏，生物量鲜重不足 200 g/m^2。正常年份群落高度为 20～50 cm，并且只有一层结构。

家畜在夏季往往不采食角碱蓬，在秋季开始逐渐采食，这时的饲用价值较高。此外，其种子可炼油供药用。角碱蓬可以在体内积累盐分，当植物体死亡后，留在地表时，会增加土壤表层的盐分含量，如果植物体每年被运出，可以减少土壤中的盐分含量。因此，该群落生长的环境急需采取治理措施。

(7) 碱蓬(*Suaeda glauca*)群落

碱蓬是与角碱蓬同属的盐生植物，它也能够形成小群落。碱蓬群落的生境与角碱蓬群落相似，并常与其形成复合体。但是，碱蓬生长的土壤碱化度略低一些。这种群落也包括原生群落和次生群落类型。碱蓬群落结构简单，仅有一层。该群落的种类组成单纯，每平方米仅有 2～5 种，有时只有碱蓬一种。一般地，碱蓬群落的草群高度为 20～60 cm，有时可达 1 m 左右。群落盖度通常在 20%～40%。该群落只有在雨季时才生长繁茂。与其他盐生植物群落一样，该群落的出现是草地严重碱化的标志之一。

(8) 碱蛇床(*Cnidium salinum*)群落

碱蛇床是伞形科蛇床属的一种植物，这种植物在松嫩草地上并不多见。碱蛇床群落主要分布在低湿的碱土上，其面积不大，数量也不多。碱蛇床群落的盖度可达 60%，草群高度在 80 cm 左右。该群落的种类组成单纯，每平方米为 4～6 种。羊草是碱蛇床群落的常见伴生种。该群落的地上垂直结构可分为两层：上层高度为 60～80 cm；下层高度为 10～20 cm。通常该群落的盖度可达 60%以上，由于这种群落的分布范围有限，其经济利用价值不高。

(9) 碱地肤(*Kochia sieversiana*)群落

碱地肤为藜科一年生草本植物，是松嫩草地，以及我国其他地区草地的常见耐盐碱植物。碱地肤群落主要分布在退化草地的盐碱斑上。这种群落出现的土壤 pH 可达 10 以上。碱地肤群落属于次生类型。该群落的种类组成单纯，每平方米仅有 2～5 种，也可以形成单优势种群落，其伴生种也都是典型的盐生植物。碱地肤群落的结构只有一层。这种群落分布范围广，但面积不大，并且多与其他盐生植物群落组成复合体。因为碱地肤为一年生植物，所以只有在雨季时生长迅速。碱地肤群落的盖度可达 40%～60%，8～9月草群高时可达 60～80 cm，生物量鲜重可达 750 g/m² 左右。碱地肤可饲用，但不属于优良牧草。根据种类组成和生境的不同，碱地肤还可与其他盐生植物一起成为建群种，组成不同的群落类型，如羊草+碱地肤群落、星星草+碱地肤群落、角碱蓬+碱地肤群落、碱蒿+碱地肤群落等。

(10) 圆叶碱毛茛(*Ranunculus cymbalaria*)群落

圆叶碱毛茛是一种毛茛科植物。圆叶碱毛茛群落的分布范围较小，一般局限分布在碟形洼地的低湿盐碱环境。由于圆叶碱毛茛具有匍匐茎，生长繁茂，因此，对于这种群落，其他植物不易侵入。圆叶碱毛茛群落的植物组成种类单纯，每平方米有 4～8 种，建群种仅有圆叶碱毛茛一种，其主要伴生种包括西伯利亚蓼、芦苇等，但它们只是零散分布。在自然状态下，圆叶碱毛茛生长繁茂，盖度可达 90%以上，但其草群低矮，一般在10～15 cm，生产力也不高。圆叶碱毛茛属于有毒植物，家畜基本不食。

(11) 碱蒿(*Artemisia anethifolia*)群落

碱蒿是松嫩草地上的常见菊科植物。碱蒿群落主要分布在羊草群落退化的碱土地段上，为次生植物群落。该群落的分布面积小，可与其他盐生植物群落构成复合体。碱蒿群落的种类组成单纯，每平方米有 4～6 种，碱蒿为建群种，构成单优势种群落。这种群落的盖度在 30%～50%，群落通常没有层次分化，家畜也不喜欢采食，因此利用价值不高。

与碱蒿群落生境相似的还有蒔萝蒿(*Artemisia ranethoides*)群落，其面积不大，不常见，基本无利用价值。

（12）马蔺（*Iris lactea* var. *chinensis*）群落

马蔺属于密丛型的鸢尾科植物。马蔺在碱湖周围有原生群落分布，但面积很小，主要分布在退化草地的碱斑上，是过度放牧场和村屯附近最常见的群落。马蔺群落的种类组成单纯，每平方米有 6～8 种，植物分布不均匀，常形成单优势种群落。马蔺的丛与丛之间常有裸地，其伴生种主要生长在丛间的裸地上。在马蔺群落中，除了有盐生植物之外，常常有羊草出现，这反映了它是在羊草群落退化后形成的。可见马蔺群落与羊草群落有一定的演替关系。马蔺群落的盖度大都在 50%以下。马蔺丛的高度可达 30～40 cm，其伴生种——寸草薹、碱地蒲公英（*Taraxacum sinicum*）等高度为 5～10 cm，但未形成独立层次，它们的分布也不均匀。在夏季家畜不食马蔺，到了秋季霜后，叶片变软，家畜开始采食这种植物。而总体上看，马蔺在草场上的利用价值不大。但是，马蔺群落成为草地开始退化的指示群落之一，在我国北方的各种草地都是如此。

（13）碱韭（*Allium polyrhizum*）群落

碱韭是在草甸草原、典型草原和荒漠草原都能生长分布的植物。在松嫩平原上，碱韭群落是碱化草地上的次生群落。碱韭群落通常分布在微地形稍高处的浅位柱状碱土上。该群落的种类组成单纯，每平方米有 4～8 种，碱韭为优势种，其伴生种多为盐生植物，有时可与羊草形成共优种。碱韭群落的盖度为 30%～40%，其结构只有一层，高度在 25～35 cm。尽管碱韭群落的草群生物量较低，然而在放牧时羊群喜欢采食。碱韭既是一种优良牧草，也可以供人类食用。

（14）攀援天门冬（*Asparagus brachyphyllus*）群落

在松嫩平原上，攀援天门冬群落主要分布在湿润的盐土上。当土壤含盐量达到 1.93%时，攀援天门冬仍生长繁茂，并成为群落的建群种。该群落的种类组成单纯，每平方米有 5～8 种，个别的可达 13 种，其伴生植物除了有盐生植物之外，还可以见到一些耐盐植物，如羊草、阿尔泰狗娃花（*Heteropappus altaicus*）等。该群落的盖度差别较大，一般在 40%～50%，最大时可达 75%。攀援天门冬群落结构可分为两层，上层高度在 40～50 cm，下层在 10～15 cm。该群落的分布面积较小，也不多见，常分布在羊草群落中，有时与羊草形成共优种。总体上看，攀援天门冬群落的利用价值较低。

4.2.5　盐生植物群落的分布

上述各种类型盐生植物群落的分布在松嫩平原具有一定的规律。

在本地区，盐生植物群落的分布受到自然条件的制约。具体影响群落分布的因素主要为地形，以及因地形而改变的土壤特征。松嫩平原的地势平坦，但微地形变化较大。微地形的起伏改变了盐碱的分布和土壤的含水量，进而使植被随着土壤盐碱含量与水分含量的变化发生不同的变化或更替。

松嫩平原的低平原有数以千计的碱湖星罗棋布。由此，以碱湖为中心向外扩展，分布着不同类型的盐生植物群落。在碱湖周围，土壤盐碱含量高，碱化度可高达 50% 以上，pH 也在 10 以上，这里主要分布着碱蓬群落和角碱蓬群落。在干旱的年份，土壤结构坚硬，不能形成群落，往往成为光碱斑地，或者仅有一些盐生植物单株分散生长。

从碱湖周围向外延伸的地段大多是广阔的平地，微地形呈波浪状起伏，造成盐分的再分配，因而形成数种土壤类型的交错分布，有"一寸三换土"之称。在这些地段，盐生植物群落多呈复合体分布，这也是松嫩平原草地植被的典型而独特的景观。在微地形的稍高处，土壤基本上是浅位柱状碱土，其上分布着以羊草为优势种的各类盐生植物群落，这些群落在平原上占据的面积最大。但是，过度放牧造成表土层的破坏，使暗碱变成明碱，进而形成各种不同类型的盐碱植物群落。在极度放牧的地段，呈现的是光碱斑。因此，持续的过度放牧是目前碱斑面积不断扩大的主要原因。在碟形洼地上为碳酸盐草甸土，有中位和深位柱状碱土。一般地，土壤的上层湿润肥沃，有时地表有季节性积水，这些地段则分布着羊草+杂类草，以及各类杂类草群落；而在局部长期积水的地段，则形成湿生的芦苇或香蒲群落。由于目前人类活动的干扰，植被破碎化，已经很难看到大面积的单一群落类型，均以各种类型不同复合体的形式出现。

4.3　盐碱化草地的植被演替

在自然界里，任何一个植物群落都具有一定的稳定性，但它们并不是静止不变的，当植被可依赖的环境因素发生了变化，那么植被的性质也必然会明显地发生变化。从较大的时空尺度来看，植物群落随着时间的进程处于不断的变化和发展之中。在大多数情况下，植物群落是与一定的气候及土壤环境因子相协调的，因此，它们随气候与土壤条件的改变而改变。植物群落的变化有的是自然发生的，也有的是由人为活动造成的。因此，在生态学中必须采用动态的观点来研究植被。植物群落演替历来是植被生态研究的重要内容，特别是当前全球气候变暖和人类活动影响日益加重的情况下，有关植被动态如何演变的问题显得更加重要。

在松嫩平原上，草地植被的变化主要受到人类活动的影响。人类对土地的不合理利用，以及某些经济生产活动造成了土地荒漠化，包括土地的盐碱化、沙化和退化等，这已经成为本区域的严重生态环境问题，这种问题不仅会使生态环境恶化，更会导致经济的不持续发展。

松嫩草地植物群落的变化主要是人类活动引起的。人类长期把干扰或压力施加给自然群落，从而产生与群落演替相反的某些方面的变化，这种变化称为"逆行演替（retrogressive succession）"（Whittaker and Woodwell，1978）。目前松嫩平原植被的变化主要表现为植物群落发生逆行演替，近几年各地推行禁牧封原育草的措施来恢复植被，因此，在这些地区植物群落出现了进展演替（progressive succession）。

在演替过程中，任何一个群落特征的减退都可以用来评价逆行演替；反之，任何一个群落特征的变化都可以用来评价进展演替，因为正常演替过程中会出现一定数量的群落种类增加的趋势（Whittaker，1953；Margalef，1963；Whittaker and Woodwell，1978）。

基于上述的一些论点，对于松嫩平原草地植物群落的逆行演替和进展演替，除了需要对群落结构、种类组成、分布，以及各种植物种群的多度、盖度等进行分析之外，还应该结合生态环境特征，如土壤的主要因子——水分含量和盐分含量等进行测定分析，以便确定植物类群的演替过程和演替方向。

4.3.1　群落的逆行演替

　　由于松嫩草地的代表性群落是羊草群落，是在盐碱化草地植被中占优势的群落类型。因此，群落的演替过程基本上都是通过羊草群落的走向而反映的。

　　羊草群落生长的土壤主要是苏打草甸碱土。在这些盐碱土地段上有浅位柱状碱土，土壤表层脱盐层(仅 0～15 cm)含盐量不高(0.2%～0.4%)，但在 10 cm 以下为碱化层，呈强碱性反应，其 pH 高达 9～10.5。羊草群落是经济价值最大的类型，也是优良的放牧场和割草场。目前在绝大部分草地上普遍进行放牧利用，然而过度放牧，特别是雨季放牧，家畜啃食和践踏，致使植被稀疏，土壤板结，尤其是枯落物——死地被物的破坏和消失，导致脱盐的表土层消失，从而造成土壤的持水力下降。同时，盐碱随着水分的动力上升，使土壤出现碱化。在松嫩草地上，盐碱化的具体体现是使原来的暗碱变为明碱，碱斑面积不断扩大，甚至成为不毛之地。在上述土壤盐碱化的过程中，羊草群落出现逆行演替，由顶极羊草群落演替为不同的盐生植物群落或光碱斑(表 4-3)。这是在松嫩平原群落动态变化中最常见的现象，群落演替主要表现在群落特征和土壤质量的变化，两者互为因果。

表 4-3　羊草草地不同放牧强度常见植物群落的演替规律

群落类型＼放牧强度	刈割区	轻牧区	重牧区 A 区	重牧区 B 区	极牧区
羊草群落	——	——	- - - - -	- - - - -	
羊草+杂类草群落	——	——	- - - - -		
羊草+五脉山藜豆群落	——	- - - - -			
羊草+箭头唐松草群落	——	- - - - -			
羊草+蓬子菜群落	——	——			
羊草+中间型荸荠群落	——	——			
羊草+蔓委陵菜群落	——		- - - - -		
羊草+寸草薹群落		——			
羊草+长梗韭群落		——	- - - - -		
羊草+糙隐子草群落		- - - - -			
羊草+碱蒿群落	——	——	——	——	
羊草+角碱蓬群落		——	——	——	
羊草+虎尾草群落	——	——			

群落类型 \ 放牧强度	刈割区	轻牧区	重牧区		极牧区
			A 区	B 区	
羊草+星星草群落	———	━━━	———		
羊草+野大麦群落	———	━━━	———		
羊草+银灰旋花群落	———	———	———		
羊草+碱韭群落	———	———	━━━		
羊草+攀援天门冬群落	———	———	———		- - - - -
虎尾草群落	- - - - -	- - - - -	━━━		- - - - -
角碱蓬群落	- - - - -	- - - - -	━━━		- - - - -
碱蒿群落	- - - - -	- - - - -	━━━		- - - - -

注：━━━ 表示集中分布；——— 表示有分布；- - - - - 表示偶有分布

(1)逆行演替中植物种类组成的变化

在演替过程中，群落的变化首先是群落种类组成的变化，这种变化也是一个群落梯度或群落生态的变化。在松嫩平原上，随着放牧强度的增加，种类成分往往连续地发生变化。轻度放牧可使一些植物，主要是家畜喜食的不耐牧植物的数量减少或生物量下降，而群落只发生量变；如果放牧强度继续增大，一些不耐牧的植物逐渐消失，耐牧的植物数量增多，并且新的植物开始入侵，群落则发生质变。最终导致羊草群落演替成其他的新群落类型。

在本地区，对于羊草群落，常见的一种逆行演替过程如下：羊草群落→羊草+寸草薹群落→寸草薹群落→虎尾草群落→星星草群落→碱蓬群落→光碱斑地。

在该演替过程中，群落种类组成和各植物的多度、盖度、群集度等均发生不同程度的变化(表 4-4)。

从表 4-4 可以看出，在群落的更替过程中，几种代表性建群植物种类变化显著。羊草可以耐受一定的盐碱环境，能够在轻度盐渍化的土壤上生长，其生态幅也较宽；然而，随着放牧强度的增大，羊草所占优势逐渐减少，直至完全消失。相对地，寸草薹是一种丛生矮生型旱生植物，它耐旱、耐践踏。由于上层羊草的消失，寸草薹逐渐取代羊草成为群落的建群种，然而，由于寸草薹的耐盐碱性较差，随着盐碱程度的加重，寸草薹又逐渐消失，被一年生植物——虎尾草取代。如果继续过度放牧，虎尾草会消失，被典型的盐生植物，如星星草和碱蓬等盐生植物取代，又形成新的盐生植物群落。最终，如果极度放牧，植物群落难以生存，就会出现光碱斑裸地。草地群落逆行演替的结果是，草地植物生产力下降，生态系统结构与功能改变，直接导致局部甚至区域的生态环境恶化(图 4-8)。

表 4-4 羊草群落逆行演替过程中种类组成的变化

演替阶段样方内种数	羊草群落 1~15/m²		羊草+寸草薹群落 4~8/m²		寸草薹群落 4~8/m²		虎尾草群落 4~7/m²		星星草群落 3~5/m²		碱蓬群落 1~5/m²	
	多度、群集度	盖度系数	多度、群集度	盖度系数	多度、群集度	盖度系数	多度、群集度	盖度系数	多度、群集度	盖度系数	多度、群集度	盖度系数
羊草 Leymus chinensis	3.4-4.4	0.660	2.4-4.4	0.798	+0.1	0.015	+0.1	0.012				
芦苇 Phragmites australis	+0.1-1.1	0.02	+0.1	0.011			+0.1	0.005				
细叶米口袋 Gueldenstaedtia stenophylla	+0.1	0.004	+0.1	0.002	+0.1	0.015						
狗尾草 Setaria viridis	+0.1-1.2	0.020	+0.1	0.033	+0.1	0.015	+0.1	0.018				
猪毛蒿 Artemisia scoparia	+0.1-1.1	0.011					+0.1	0.006				
红梗蒲公英 Taraxacum erythropodium	+0.1	0.038										
苣荬菜 Sonchus arvensis	+0.1	0.003										
地锦 Euphorbia humifusa	+0.3	0.010										
拂子茅 Calamagrostis epigeios	+0.1	0.006										
防风 Saposhnikovia divaricata	+0.1	0.014										
兴安胡枝子 Lespedeza davurica	+0.1	0.007										
蒙古蒿 Artemisia mongolica	+0.1	0.014										
花苜蓿 Medicago ruthenica	+0.1	0.003										
五脉山黧豆 Lathyrus quinquenervius	+0.1	0.005										
糙隐子草 Cleistogenes squarrosa	+0.2	0.008										
罗布麻 Apocynum venetum	1.1	0.035										
独行菜 Lepidium apetalum	+0.1	0.005										
寸草薹 Carex duriuscula	+0.2	0.020	2.2	0.120	4.5-5.5	0.876						

续表

演替阶段样方内种数	羊草群落 1~15/m²		羊草+寸草薹群落 4~8/m²		寸草薹群落 4~8/m²		虎尾草群落 4~7/m²		星星草群落 3~5/m²		碱蓬群落 1~5/m²	
	多度、群集度	盖度系数	多度、群集度	盖度系数	多度、群集度	盖度系数	多度、群集度	盖度系数	多度、群集度	盖度系数	多度、群集度	盖度系数
星星草 *Puccinellia tenuiflora*	+0.2	0.019	+0.2	0.005			+0.2	0.011	4.5-5.5	0.910		
碱蒿 *Artemisia anethifolia*	+0.1	0.034	+0.1	0.010			+0.1	0.020	+0.1-1.1	0	+0.1-1.1	0.061
碱蓬 *Suaeda glauca*			+0.1	0.010	+0.1	0.015			+0.1	0	4.4-5.5	0.876
角碱蓬 *Suaeda glauca*			+0.1	0.005							+0.1-1.2	0.044
虎尾草 *Chloris virgata*							4.4-5.5	0.857	+0.2	0.1		
西伯利亚蓼 *Polygonum sibiricum*							+0.1	0.019	+0.1	0	+0.1	0.001
刺果粉藜 *Atriplex sibirica*	+0.1	0.006										
砂引草 *Messerschmidia sibirica*	+0.2	0.003										
中间型荸荠 *Heleocharis intersita*					+0.1	0.046						
碱地肤 *Kochia sieversiana*							+0.1	0.041				
獐毛 *Aeluropus sinensis*			+0.1									

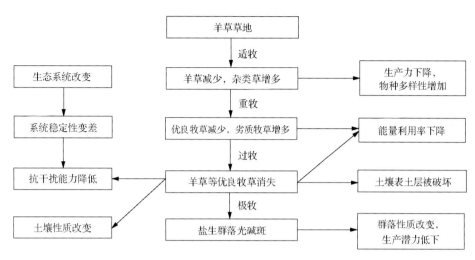

图 4-8　松嫩平原羊草草地的逆行演替图示

(2)逆行演替中土壤生境的变化

在草地逆行演替过程中,与上述植物群落变化相适应,土壤也会发生显著变化。
通常土壤的变化主要发生在植物根系集中分布的土层,即 0~30 cm。土壤变化主要表
现在土壤理化特征,包括土壤腐殖质含量、土壤盐分含量、土壤 pH 及碱化度方面的改
变(表 4-5)。

表 4-5　羊草群落逆行演替过程中土壤主要因子的变化(郑慧莹和李建东,1994)

演替阶段	土层深度(cm)	腐殖质含量(%)	盐分含量(%)	pH	碱化度(%)
羊草群落	0	3.2579	0.10	8.3	13.51
	0~10	4.5658	0.14	8.6	16.85
	10~20	0.8541	0.12	8.8	27.20
	20~30	0.4653	0.13	8.9	40.90
虎尾草群落	0	2.7008	0.07	8.15	7.45
	0~10	1.9342	0.06	8.22	40.48
	10~20	1.3533	0.16	8.95	36.38
	20~30	0.9145	0.19	9.30	54.45
星星草群落	0	0.9796	0.19	9.50	38.12
	0~10	0.6414	0.28	9.60	28.93
	10~20	0.5303	0.26	9.60	38.28
	20~30	0.4130	0.20	9.65	59.13
角碱蓬群落	0	0.4874	0.19	8.88	16.97
	0~10	0.8460	0.28	9.80	59.37
	10~20	0.4851	0.47	10.15	67.52
	20~30	0.3025	0.49	10.20	75.59

土壤有机质来源于枯枝落叶(凋落物)的分解作用。羊草群落的地上生物量在8月中旬可达 600 g/m²(干重),这时枯枝落叶的积累量约为 233 g/m²(郭继勋,1990),土壤上层(0~10 cm)的腐殖质含量可高达 4.57%。随着逆行演替的进程,凋落物不断减少,腐殖质含量也呈下降趋势(表 4-5)。以逆行演替初始阶段的羊草群落与演替末端的角碱蓬群落相比较,可见,表层土壤腐殖质含量之比是 5.4∶1。不同演替阶段的土壤腐殖质含量自表土层向深层逐渐减少,这与各层土壤的有机质积累情况密切相关。土壤有机质能够改善土壤结构,减少地面水分蒸发量,有利于含盐土壤的盐分向下淋溶,防止盐分上升;有机质含量提升也可以增加微生物和酶的活性,产生各种有机酸,中和土壤中的碱性盐,降低土壤的 pH;此外,有机质还可以影响土壤的肥力和持水力。这些都直接影响植物的生长和群落的演替。

根据分析结果(表 4-5)可以看出,在逆行演替过程中,土壤盐分含量有增加的趋势。各演替阶段的土壤盐分含量在 0~30 cm 变化不大。但在更深层的土壤则存在明显的差别。演替初始阶段(羊草群落),自土壤表层(0~20 cm)向深层(60~80 cm),其含盐量逐渐增加,表层处于脱盐状态,而深层则处于积盐状态。在演替的末期阶段(星星草群落和角碱蓬群落),自土壤表层向深层,盐分含量逐渐降低,表层处于积盐状态(葛莹和李建东,1990)。这说明伴随着逆行演替,土壤发生了盐碱化过程。

土壤的 pH 既受外界条件影响,也受土壤内在性质的作用。在羊草群落逆行演替过程中,随着土壤有机质含量的减少,土表水分蒸发作用加强,土壤深层盐分上移,pH 出现升高的趋势(表 4-5)。pH 的升高与土壤的碱性钠盐含量和碱化度有密切的关系。在演替初始阶段(羊草群落),土壤的 pH 多小于 9;而在末期阶段(星星草群落和角碱蓬群落)则多高于 9,甚至达到 10 以上。在演替过程的不同阶段,土壤 pH 在 0~30 cm 的土层内,基本上都是自土表向深层逐渐增加,而这种变化并不是很明显。但是,在 30 cm 以下的土层中,演替初始阶段的土壤 pH 与原始的羊草群落相比有明显增加,而在末期阶段的土壤 pH 却显著减小。可见两者的垂直变化规律完全相反(葛莹和李建东,1990)。这从另一个侧面反映出逆行演替过程中土壤理化性质的变化。

植物与生境总是相互联系、相互制约的。植被的变化常导致生境,特别是土壤条件的变化。然而,当植物所依赖的环境因素发生了变化,那么,植物群落也必然会改变。对于松嫩平原的羊草群落,人为的干扰导致植被与土壤出现一系列变化,进而形成了群落逆行演替的过程。

在逆行演替中,放牧引起的践踏,还会造成土壤物理性状的变化,使土壤板结,通气性变差,同时使土壤的密度和容重均发生变化(表 4-6)。

表 4-6 羊草群落逆行演替土壤物理性状的变化

群落类型	密度(g/cm³)	容重(g/cm³)	孔隙度(%)	空气量(%)
羊草群落	1.71	0.97	45.53	38.77
角碱蓬群落	2.61	1.61	38.33	9.97

从表 4-6 看出,在逆行演替中,角碱蓬群落的土壤密度和容重均高于羊草群落,而

其孔隙度和空气量均小于羊草群落。孔隙度小、空气量少，这对植物根系生长不利。一般地，土壤空气量在低于 10% 时，植物根系生长不良。角碱蓬群落的土壤空气量仅为 9.97%，在这种情况下，不利于植物根系生长；而羊草群落的土壤空气量为 38.77%，这时植物根系能较好地生长，植物群落中各类植物可以正常发育。

4.3.2　群落的进展演替

一个地区的生态系统和植物群落都是在经历了长期的历史之后形成的，每一个生态系统和植物群落都是与当地气候相适应的。只要不受到干扰，就会保持系统的正常运行与平衡。受到干扰后，生态系统就会遭到破坏，甚至形成新的系统。松嫩平原草地上羊草群落的逆行演替就属于系统被破坏后形成的新系统。但是，只要高强度干扰停止后，生态系统就会利用自我恢复能力进行恢复。羊草群落逆行演替到盐生植物群落，甚至到光碱斑后，只要停止干扰，植物群落便开始进行进展演替。

在自然条件下羊草群落可以发生进展演替。在松嫩草地上，环境不同，羊草群落被干扰的程度就不同，其进展演替的方式和演替到羊草群落的时间也就不同。羊草属根茎疏丛植物，在自然条件下，其有性繁殖和无性繁殖同时进行，其中无性繁殖迅速。因此在草地进展演替过程中，羊草的变化是至关重要的。

在重度盐碱化的草地上，大面积羊草群落的破坏促使了碱斑区域的形成。当停止过度放牧干扰时，这些碱斑周围的羊草群落开始扩展。羊草直接利用其根茎向碱斑扩散侵移，最后占据碱斑的整个空间。羊草向外扩展的速度与碱斑消失的年限，以及碱斑面积的大小有关。碱斑面积小的地段容易恢复，而且恢复所需要的时间也较短。我们连续 4 年对小块光碱斑的观察结果显示（表 4-7），在样地 1，平均每年恢复 16.99%，到第 4 年，有一半的碱斑得到了恢复；在样地 2，平均每年恢复 18.5%，到第 4 年，合计恢复 55.5%；在样地 3，平均每年恢复 11.38%，到第 4 年，合计恢复 34.15%。对于大面积的碱斑，由于环境更加干旱，土壤的 pH 较高，利用植物侵移的方式逐渐占据碱斑空间的速度较慢，在短时间内几乎不可能实现进展演替，必须通过其他演替方式进行恢复。从碱斑（次生或原生裸地）开始经过各个不同的阶段，最后形成羊草群落，这种恢复属于正常的进展演替。

表 4-7　羊草群落向碱斑侵移恢复的过程

时间（年）	碱斑面积（m²）		
	样地 1	样地 2	样地 3
1	9.148	5.122	6.272
2	8.698	4.050	5.750
3	6.210	3.330	4.904
4	4.486	2.280	4.130

在松嫩平原上，我们观察到的从碱斑开始的进展演替过程如下（图 4-9）。

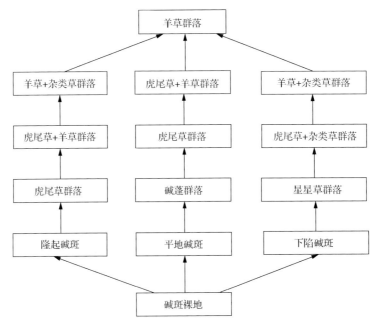

图 4-9　碱斑(裸地)的进展演替图示

Ⅰ. 第一阶段：从裸地(原生碱斑和次生碱斑)开始，对于原生碱斑，主要靠风和动物将周围群落的种子传播到碱斑上。当雨季到来时，一些先锋植物的种子迅速发芽生长。这些先锋植物主要是一年生植物，如虎尾草、碱蓬属植物、水稗、狗尾草等。在局部低洼积水的地段，可以生长碱茅属植物。

Ⅱ. 第二阶段：当先锋植物生长定居之后，再有其他植物在此生长发育。当春季风大时，被风吹来的沙子停留在草丛中，加上植物根系的活动，使表层土壤得到了改善。当土壤表层的 pH 由 10 以上下降到 9 以下时，有利于一些耐盐碱植物的生长发育和定居，进而形成新的植物群落。

Ⅲ. 第三阶段：当草地的土壤条件得到进一步改善后，生境中的养分得到积累，植物的生长发育条件变得越来越好，最后形成该地区的顶极群落——羊草群落。这一过程需要 10 年或更长的时间，这主要取决于人们是否会继续干扰，以及降水的状况。

在盐碱化草地上，进展演替的变化与起始生境，即裸地有关，取决于是原生裸地，还是次生裸地。次生裸地与原生裸地的不同之处是，次生裸地的土壤中含有原有植物群落的根系，并且土壤中的种子库保留有大量各种植物的种子。据调查，这里的种子在每平方米土壤可达 4000 粒之多。因此当停止干扰后，群落的进展演替要比原生裸地快。

本地区的演替阶段差异也很大，其差异往往与裸地碱斑的类型有关。根据微地形的变化，碱斑可分为以下 3 种类型：平地碱斑，这类碱斑与周围的草地植被在同一地面上；下陷碱斑，这类碱斑低洼，比周围的草地植被地面低 4~20 cm，在雨季经常有季节性积水；隆起碱斑，这类碱斑与下陷碱斑相反，高出周围草地植被的地表 10~20 cm。从上述 3 类碱斑开始的进展演替，在各阶段的类型和速度均有不同，其演替过程特点如下。

Ⅰ. 下陷碱斑(凹形碱斑): 由于微地形低洼, 经常形成季节性积水。因此, 在进展演替中, 形成单优势种的星星草群落, 有时也可形成芦苇群落或一年生的野稗群落。这些群落形成后, 可逐渐演替形成耐盐碱的虎尾草+杂类草群落, 羊草逐渐增多, 演替为羊草+杂类草群落, 最后演替为羊草群落。

Ⅱ. 平地碱斑: 平地碱斑是最常见也是分布面积最广的碱斑。这类碱斑开始时往往被 一年生盐生植物碱蓬群落、角碱蓬群落、碱蒿群落和碱地肤群落所占据。然后, 逐渐被一年生杂草虎尾草群落取代。在雨季时, 土壤表层的盐碱成分含量下降, 土壤 pH 暂时由 10 以上下降到 8.5 左右, 此时虎尾草的种子在 8 h 之内便可以发芽。虎尾草的存活, 达到了 "以草压碱" 的目的, 使下层的盐碱不能上返, 而且, 虎尾草的根系和上层植物残体的腐烂, 也可以达到改良土壤的作用。根据调查, 在虎尾草出现后, 土壤表层的pH 由 10.3 下降到 9.4, 有机质含量由 1.15% 提高到 3.29%, 全盐含量由 0.55% 下降到 0.26%。在此基础上羊草开始侵入, 逐渐形成虎尾草+羊草群落, 最后再演替发展为羊草群落。

Ⅲ. 隆起碱斑(凸形碱斑): 隆起碱斑由羊草群落退化形成, 主要是由过度放牧引起的。隆起碱斑的土壤常常为浅位柱状碱土。这些碱斑面积不大, 当干扰停止后, 其上可以生长出碱韭、西伯利亚蓼等盐生植物, 或者直接形成虎尾草群落。其后, 羊草从四周侵移, 羊草种子在虎尾草群落中生长定居, 再形成虎尾草+羊草群落。随着时间的推移, 羊草在群落中的比重逐渐增多, 形成羊草+虎尾草群落。此时, 杂类草也开始侵入, 虎尾草开始减退, 进而形成羊草+杂类草群落。最后, 杂类草逐渐减少, 达到进展演替的顶极阶段——羊草群落。

为了加速碱斑裸地的进展演替, 可将碱斑进行翻耙, 改变碱斑的物理结构和地表形状。在光碱斑时植物种子不易存留, 即便有种子, 往往也会被风吹走。而翻耙后, 自然散布的种子能够保留在土壤中。当雨季到来时, 植物迅速生长, 先形成虎尾草群落, 之后羊草开始侵入, 逐步形成稳定的羊草群落。

4.3.3　水淹后植物群落的演替

松嫩平原是一个三面环山的低平原。在广大的低平原, 雨季和雨量大的年份, 河流水的漫出造成局部低洼地经常被淹。因此, 水淹是松嫩平原常见的干扰因子。对于草地也是一样, 经过一段时间(8～10 年), 草地的许多地段就会被洪水淹没, 这对草地的群落结构及动态有重要的影响。水淹后植被群落会发生水淹演替。

水淹演替常见的途径有两个。第一个途径是, 草地退化成盐碱化程度较轻的群落, 如羊草群落、羊草+杂类草群落、杂类草群落等, 这些群落被水淹没后, 则演替为单优势种的芦苇群落。因为在原有的群落中, 芦苇就是主要的伴生种, 当水淹后, 其根茎迅速繁殖, 形成单优势种群落, 在局部地段可演替为香蒲群落和中间型薹草群落; 当积水消退后, 芦苇群落则变矮, 然后变稀疏, 逐步又被羊草、拂子茅、野古草、牛鞭草等禾草所取代, 之后形成各类草甸植被。例如, 吉林省长岭县腰井子羊草草原自然保护区, 在1994 年被水淹没, 当 1996 年积水消退后, 草地植被出现恢复演替过程。在这个演替过程中, 群落的盖度变化十分显著(表 4-8)。

表 4-8　不同群落组分盖度的年际变化(%)(张宝田和杨允菲，2003)

群落	组分	年份					
		1996	1997	1998	1999	2000	2001
羊草+杂类草群落	羊草	15.0	18.9	26.4	60.5	65.5	85.5
	杂类草	75.0	55.8	23.6	18.8	7.5	2.1
羊草+寸草薹群落	羊草	1.3	10.2	25.6	50.3	67.8	75.5
	寸草薹	15.0	45.6	25.4	47.7	33.3	25.2

从表 4-8 可以看出，积水消退后，经过 6 年的演替变化，又恢复到原有的羊草+杂类草群落和羊草+寸草薹群落。

第二个途径是，在严重退化的草地地段，当被淹没后，草地则出现更加严重的碱化现象，即原有植被基本消失，而形成新的裸地或以碱蓬、碱蒿等盐生植物为优势种的群落。如果期望恢复到原有的羊草群落阶段，就需要停止放牧与割草等干扰利用活动，由此，经过数年的多个演替阶段，水淹的植物群落才能演替到羊草群落。

4.3.4　割草引起的植被动态

"伏天的草，是冬天的宝"。松嫩平原的盐碱化草地，不但是优良的放牧场，同时也是优良的割草场。

而割草场与放牧场不同。在正常的情况下，刈割对牧草的生长发育不会有太大影响，也不会使群落发生变化，更不会引起群落的演替，只会造成群落的波动。因为在松嫩平原，正常割草的时间一般是从立秋之后(公历的 8 月 5~10 日)开始，此时雨季已过，割草后不至于引起雨水灌茬，造成植物死亡，牧草也不会因为被雨水淹没而变质，此时也是牧草生物量最高时期。而且大多数牧草种子已成熟脱落，此时割草不会影响群落的种类组成。只有个别晚熟的植物种子会受到影响，减少植物的更新，引起群落种类组成的波动。严重者也会引起群落的演替(图 4-10)。如果在立秋之前过早地割草，此时正是雨季，灌茬后会造成植物死亡，当地的实践经验"早打烂心"就是这个道理。因此，必须适时割草，才能维持草地的长期利用。常年连续割草会减少土壤表层的枯枝落叶，使土壤的有机质得不到充足的补充，造成土壤板结，肥力下降，使牧草群落变得稀疏低矮，生物量下降，造成生物量的波动，杂类草的数量也相应减少。

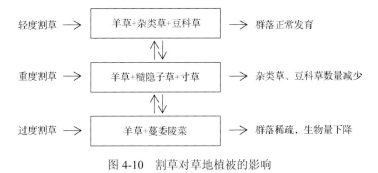

图 4-10　割草对草地植被的影响

对于本地区的草地，如果长期不割草，同样会因群落本身和生境因素导致植物群落发生变化，甚至会出现群落演替。松嫩平原的盐生植被，主要分布在低平地，若不割草又不放牧，当冬季植物死亡后，大量的枯枝落叶会积累在地表，形成死地被物层。由于东北地区气温低，枯枝落叶分解得慢，一些植物种子不能落在土壤中，而土壤中的一些植物种子不能更好地发芽生长，影响牧草的更新，造成群落种类组成减少，生物多样性也会降低。这种现象仅仅出现在 20 世纪 50 年代以前，在 50 年代以后，随着人口和家畜数量的增加，牧草供不应求，能够割草的地段几乎已经全被割光。因此，这种演替仅仅体现为理论上的意义。

4.3.5　开垦引起的群落演替

在我国，随着人口数量的增加，对粮食的需求量加大。自 20 世纪 50 年代以来，开垦的草原面积逐年增加。在东北草原地区，由初期仅开垦生长在黑钙土上的针茅草原，扩展到开垦生长在盐渍化土壤上的盐渍化草甸，而且这种开垦趋势有增无减。

开垦后的草地主要用于种植粮食作物与饲料作物，其耕作方式多为广种薄牧的粗放耕作制度。在开垦的草地上耕种数年后，土壤肥力减退，然后就撂荒闲置，再重新开垦新的草地。开垦草地撂荒后，一些植物开始侵入，出现次生裸地上的进展演替。

一般开垦草地撂荒后的演替过程如下，首先是一年生田间杂草阶段，在这个阶段出现常见的一年生和二年生植物，包括狗尾草、猪毛蒿、猪毛菜(*Salsola collina*)、刺藜(*Chenopodium aristatum*)等，形成不稳定的群落演替阶段。其次是多年生根茎型植物占优势阶段，在上一个阶段之后，经过 1~2 年便进入根茎型禾草阶段，主要是中生的耐一定盐碱的根茎植物出现，常见的有拂子茅、光稃茅香(*Hierochloe glabra*)等。此时，开始出现多年生的双子叶植物，以及耐旱、耐盐碱的羊草。最后形成羊草群落或羊草+杂类草群落。这一演替过程的时间取决于耕种时间的长短和土壤的类型，一般需要 5 年的时间方可形成新的较稳定的植物群落。

4.3.6　盐碱化草地植被与其他植被类型的关系

松嫩平原虽然是平原地区，其中的大地形变化有限，但小地形变化很大。地形变化的主要体现是有起伏的沙丘带和数以千计星罗棋布的湖泊、湿地等，形成了不同的植被类型和生态系统。

在松嫩草地上，微地形的变化是盐碱化形成的重要因素之一。草地微地形的变化导致土壤类型及土壤性质的改变。例如，在相同的土壤类型中，微地形变化会使土壤的盐分与水分分布格局出现不同。那么，与之相适应，草地也出现不同的盐生植被类型，然而这些盐生植被类型之间存在着密切的关系。

总体上，盐碱化草地的背景以羊草群落为优势。根据地形、土壤类型，以及土壤的水分与盐分变化，可以形成 4 个生态序列(图 4-11)。

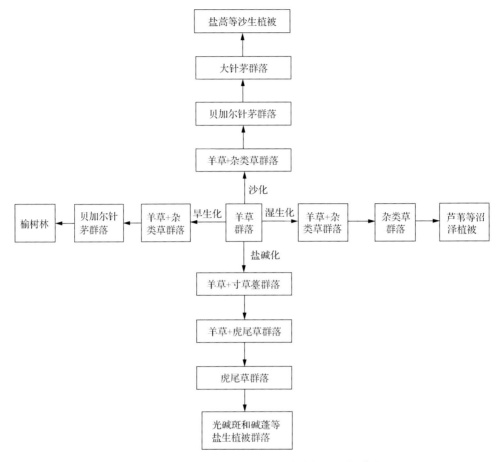

图 4-11　松嫩平原盐生植被与其他植被的相互关系图示

Ⅰ.水湿序列：该序列由羊草群落到湿地形成的沼泽植被。羊草群落经过不同的演替阶段，最后形成芦苇、香蒲等沼泽植被类型，其主导因子是水分条件。

Ⅱ.旱生序列：该序列由羊草群落到岗地和老的固定沙丘上形成的草原与森林。土壤由盐渍化土壤到淡黑钙土，水分含量也逐渐减少，其主导因子是水土条件。羊草群落经过不同的群落类型，过渡到贝加尔针茅群落或榆树林。

Ⅲ.盐生序列：该序列由羊草群落到盐生植被，没有大的地形变化，主导因子是土壤的盐碱化程度，羊草群落受到干扰，主要是过度放牧，随着放牧强度的增加，经过一系列的逆行演替，最后形成各种类型的植被，直至光碱斑。

Ⅳ.沙生序列：由羊草群落经过过渡类型，再到沙生植被，主导因子是土壤和水分，目前主要是人类在沙丘上活动造成土地沙化，形成的沙生植被。严重者可形成半流动和流动沙丘。

上述的序列不是固定不变的。如果人类干扰减轻或加重，加之降水量的增加或减少，群落也会随着这些因子的变化而发生变化。环境因子的小变化会引起群落发生波动；环境发生大的变化，群落则会发生质的变化，由一个群落演替为另一个群落，甚至消失。

4.4 盐碱化草地的植被动态格局

在东北松嫩草地上，除水分问题和景观所共有的空间异质性问题之外，草地景观的动态还主要受到过度放牧所造成的土壤盐碱化过程的制约。草地土壤的盐碱化，使以羊草草地为优势的群落被各类盐生植物群落取代，它们又形成了多个植物群落的复合体。过度放牧导致光碱斑面积逐年扩大，在景观上使平坦的草地变成了高低不平的地面，出现了景观的异质性。但是，任何生态系统都与当地的气候相适应，只要不受到干扰，都会保持系统的正常运行和平衡。在受到干扰后，生态系统会遭到破坏，甚至形成新的系统；一旦停止干扰，生态系统就会利用自我恢复的能力进行恢复。在松嫩草地上，盐生植被格局变化也十分明显。

因此，我们于 1989~1993 年在松嫩平原南部的吉林省长岭县腰井子羊草草原自然保护区进行了植被格局观测。我们选择过度放牧后碱化的羊草草地进行围封，观测样地围栏的形状为正方形，边长为 100 m，这样每一个观测样地的面积是 1 hm^2。经过 5 年的定期观察，绘制出样地内群落类型及其分布格局的变化(图 4-12)。

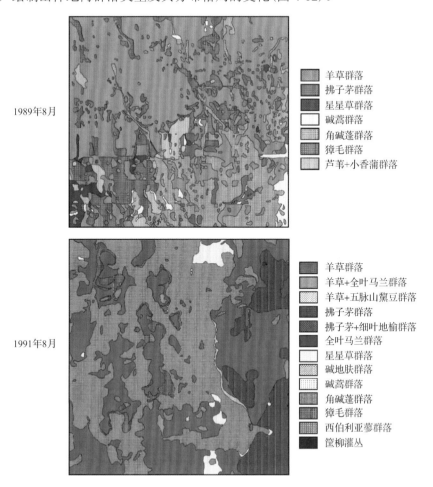

1989年8月

羊草群落
拂子茅群落
星星草群落
碱蒿群落
角碱蓬群落
獐毛群落
芦苇+小香蒲群落

1991年8月

羊草群落
羊草+全叶马兰群落
羊草+五脉山黧豆群落
拂子茅群落
拂子茅+细叶地榆群落
全叶马兰群落
星星草群落
碱地肤群落
碱蒿群落
角碱蓬群落
獐毛群落
西伯利亚蓼群落
筐柳灌丛

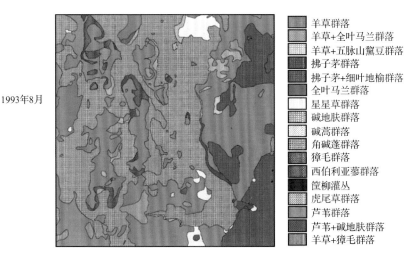

1993年8月

羊草群落
羊草+全叶马兰群落
羊草+五脉山黧豆群落
拂子茅群落
拂子茅+细叶地榆群落
全叶马兰群落
星星草群落
碱地肤群落
碱蒿群落
角碱蓬群落
獐毛群落
西伯利亚蓼群落
筐柳灌丛
虎尾草群落
芦苇群落
芦苇+碱地肤群落
羊草+獐毛群落

图 4-12　碱化羊草草地围封后植物群落系列变化(李建东等绘)

　　图 4-12 显示的群落分布图，构成了一个时间系列和群落分布格局系列。从图 4-12 可以看出，植被处于逐渐恢复时期。在围封的第一年，样地内仅有 7 个植物群落；第二年群落类型没有变化，只有面积的变化；到第三年，群落数量则由 7 个增加到 13 个；第四年样地内仍为 13 个群落，但各群落面积发生变化，盐生植物群落面积在逐渐缩小；到第五年，样地内群落数量由 13 个增加到 17 个。在定位观测的样地内，除了群落数量增加以外，羊草群落的盖度从 1989 年的 36%增加到 1993 年的 42%，而碱化指示植物角碱蓬群落的盖度从 1989 年的 46%下降至 1993 年的 36%(高琼等，1996)。可见，随着时间的延续，围封后以羊草为主的羊草群落是可以恢复的。该观测结果也证明，对退化、沙化和盐碱化草地实行围栏封育是经济可行的有效措施。

参 考 文 献

高琼，李建东，郑慧莹. 1996. 碱化草地景观动态及其对气候变化的响应与多样性和空间格局的关系. 植物学报，38(1):18-30.

葛莹，李建东. 1990. 盐生植被在土壤积盐—脱盐过程中作用的初探. 草业学报，(1): 70-76.

郭继勋. 1990. 松嫩草原羊草场中羊草枯枝落叶形成过程的初步研究. 生态学杂志，9(1): 11-14.

李建东. 2001. 松嫩平原羊草草地的演替规律及其改良利用途径//李建东，王克平. 草地科学(第一集). 长春: 吉林科学技术出版社: 25-32.

李建东，杨允菲. 2004. 松嫩平原盐生群落植物的组合结构. 草业学报，13(1): 32-38.

李建东，郑慧莹. 1997. 松嫩平原盐碱化草地治理及其生态机理. 北京: 科学出版社.

任继周. 2008. 分类、聚类与草原类型. 草地学报，16(1): 4-10.

王仁忠，李建东. 1991. 采用系统聚类分析法对羊草草地的放牧演替阶段的划分. 生态学报，11(4): 367-371.

王仁忠，李建东. 1992. 放牧对松嫩平原羊草草地影响的研究. 草业科学，9(2): 11-14.

王仁忠，李建东. 1993. 放牧对松嫩平原羊草草地植物种群分布的影响. 草业科学，10(3): 27-31.

王晓燕. 1989. 松嫩平原南部盐碱植被的初步研究. 中国草地学报，(3): 32-39.

杨允菲，郑慧莹. 1998. 松嫩平原碱斑进展演替实验群落的比较分析. 植物生态学报，22(3): 214-221.

张宝田，杨允菲. 2003. 松嫩平原羊草草地水淹干扰恢复过程的群落动态. 草业学报，12(2): 30-35.

张为政. 1994. 松嫩平原羊草草地植被退化与土壤盐渍化的关系. 植物生态学报，18(1): 50-55.

郑慧莹, 李建东. 1994. 松嫩平原羊草(*Aneurolepidium chinense*)群落的逆行演替//植被生态学研究编辑委员会. 植被生态系统研究——纪念著名生态学家侯学煜教授. 北京: 科学出版社: 245-251.

郑慧莹, 李建东. 1999. 松嫩平原盐生植物与盐碱化草地的恢复. 北京: 科学出版社.

Margalef R. 1963. On certain unifying principles in ecology. The American Naturalist, 97(897): 357-374.

Whittaker R H. 1953. A consideration of climax theory: the climax as a population and pattern. Ecological Monographs, 23(1): 41-78.

Whittaker R H. 1986. 植物群落排序. 王伯荪译. 北京: 科学出版社: 42-56.

Whittaker R H, Woodwell G M. 1978. Retrogression and coenocline distance, Ordination of Plant Communities. Boston: The Hague: 51-70.

第5章　盐碱化草地的土壤特征

众所周知，土壤是地球上陆地生态系统的重要亚系统之一。松嫩平原地区的草地土壤盐碱化现象，是在独特的区域自然环境条件，如地质构造、气候、土壤、地貌及植被等多种因素的综合作用下，同时叠加了该地区特定的人类经济活动方式等因素的影响而共同发展并最终形成的。也正因为如此，松嫩平原地区盐碱化草地的土壤表现出了独特而鲜明的物理与化学特征，尤其是其独特的苏打盐碱化的发生、发展与演化规律。

盐碱化是干旱区陆地常见的一种生态或环境现象。然而，盐碱化的概念或科学定义，在近几十年才开始受到关注；随着对盐碱化过程及其发生发展机制的认识的不断深入，人们对这一概念的理解也得到不断的拓展与深化。事实上，只有对盐碱化的概念有相对科学的认识与理解，才能更客观而合理地区别不同的盐碱化草地，清晰地划分不同类型的盐碱化草地，从而得以在此基础之上有效地开展盐碱地治理的理论与技术研究。

5.1　盐碱化土壤

最初对盐碱化土地的认识始于土壤物理与化学性质的改变。在广阔的自然界中存在着多种多样的土壤类型，其中，一些土壤由于自然或人为的原因出现了含有较高盐分，或较高碱分，或两者兼而有之的情况，称为盐土、碱土或盐碱土。由于这些土壤性质的改变对由土壤系统支撑而形成的生态环境，特别是其上着生的人工林、农作物、树木，以及动物、微生物等有着特殊的影响，在不同地区，土壤盐碱化对农业、草地畜牧业及林业等具有不同程度的作用或影响，并且这些作用或影响基本上都是负面的。因此，近些年人们对全球盐碱化土壤的研究和关注日益增多。

5.1.1　盐土

在某些地区地表和接近地表的土层中含有大量易溶性盐类，当土壤表层易溶性盐类含量达到大多数植物不能生长发育时的土壤称为盐土(新疆八一农学院，1984)(图 5-1a)。Qadir 等(2000)指出，土壤中含有过多的盐会导致土壤物理和化学性质的改变，其可溶性盐交换量超过规定的限度，从而使土壤环境不适宜大多数作物的生长。盐土的特征包括以下两方面。

第一，盐土的表层含盐量较一般的土壤偏高，可以达到 0.6%~2%(占干土重)。根据土壤所含盐分的组成情况，氯化物主导型的盐土含盐量其下限约为 0.6%；含有较多石膏的硫酸盐盐土，积盐量下限为 2.0%左右；氯化物-硫酸盐及硫酸盐-氯化物盐土，积盐量下限为 1%左右(新疆八一农学院，1984)。

第二，盐土中的盐分主要是中性钠盐(Na^+)，中性钠盐的主要成分是氯化钠(NaCl)和硫酸钠(Na_2SO_4)，当中性盐类的累积量达到一定程度时才能称为盐土(林大仪，2002)。

盐土中可能还含有其他非中性钠盐成分，但是它们所占的比例很少，不影响盐土的主要化学性质。

a. 辽东湾滩涂的盐土(李建东摄)　　　　　　b. 松嫩平原的碱土(王德利摄)

图 5-1　盐土与碱土景观

5.1.2　碱土

碱土的概念是相对于盐土而提出的。碱土也含有可溶性盐类，但是碱土的可溶性盐类含量比盐土相对少些，通常少于 0.5%(黎立群，1986)；与其他阳离子相比，在碱土溶解物及其交换性复合物中，钠离子含量较高。碱土含有的盐分主要是碳酸钠(Na_2CO_3)或碳酸氢钠($NaHCO_3$)，因而，碱土也被称为苏打碱土(Qadir et al.，2001)。

对于碱土也有定量化的定义方法，即通过测定交换性钠的含量，或者依据钠离子的吸附比例来确定。一方面，含有大量交换性钠的土壤(可交换性钠百分率可达 90%左右)，当土壤中交换性钠百分率大于等于 6 时则为碱土；另一方面，当土壤溶液中的钠离子的吸附比率(soda absorption rate，SAR，即钠离子和与土壤进行交换反应的钙、镁离子的相对比值)大于 3 时即为碱土(Rengasamy and Olsson，1991)。

碱土的主要特征之一是土壤的碱性强，即土壤 pH 高，一些碱土的 pH 可达 9～10，甚至高达 11。碱土含有过量的钠盐，会对土壤结构和某些营养元素的可利用性产生不利影响。碱土的物理性质也与一般土壤有较大差异，碱土常常形成坚硬的柱状结构，俗称"柱状碱土"(图 5-1b)。当土壤干燥时，碱土就会变得比较坚硬，遇水则变成糨糊状，水分和空气难以渗透，对植物的生长非常不利(张明训，1954)。同时，土壤的强碱性会严重抑制土壤养分对于植物生长的有效性。这是因为土壤中的碱性盐离子浓度过高时，盐离子的水解反应使得土壤表现出强碱性，尤其使锰、锌、铁及磷酸盐等植物营养元素形成难溶于水的化合物沉淀，导致植物吸收困难，土壤养分的有效性降低(褚冰倩和乔文峰，2011)。

5.1.3　盐碱土

盐碱土的概念相对复杂，人们对这一概念的认识不仅比较肤浅，甚至有些歧义，从而导致在使用盐碱土概念时经常产生混乱。

从广义的角度上看,盐碱土是盐土和碱土的总称或泛称。那么,盐碱土也是盐渍土,即土壤中含有过量的可溶性盐类(盐土),或含有大量的钠离子(Na^+)或可交换性阳离子(碱土)。

从狭义的角度上看,盐碱土也可以被认为是由中性盐类(氯化钠、硫酸钠等)与碱性盐类(碳酸钠、碳酸氢钠等)混合构成的复合盐碱土壤(hybridized saline-alkaline soil)。氯化钠、硫酸钠、碳酸钠、碳酸氢钠等这些不同形态的盐类在土壤中的含量各有不同,而不同形态的钠盐的比例也不尽相同。

一般在盐土或碱土环境下,大多数植物(作物、牧草及其他植物)的生长状况较差,而在盐碱土上植物的生长发育受到的影响更为严重。盐碱土对植物的影响主要表现在:第一,一般使盐碱土的物理性质极差。交换性钠的过量存在,使土壤的理化性质恶化,土壤导水性能降低,促使表土易干燥、板结,抑制植物的生长(尹喜霖等,2004);第二,土壤的化学条件严酷。过高浓度的可溶性盐类,使得土壤溶液对于生长植物的渗透压升高,结果引起生长植物的生理性干旱胁迫。提高土壤 pH(pH 甚至能高达 10.0以上),也会导致氢氧根离子(OH^-)对植物的直接伤害;第三,土壤养分不能得到充分供给,养分含量较低。钠离子(Na^+)的竞争使得生长植物对土壤溶液中的钾、磷和其他营养元素的吸收量降低,同时限制了磷的迁移转化,进而恶化植物整体的营养状况(时冰,2009)。

5.2　盐碱化草地土壤的分级

5.2.1　盐碱土的经典划分

早在 20 世纪初的 1927 年,Sigmond 依据实用性的原则,基于对 0~30 cm 和 30~120 cm土层土壤性质的研究,将盐碱化土壤的盐度和碱度各分为 4 个级别后,再进行组合分类(表 5-1)。这一分类方法十分简单,并且能够从另一个层面反映盐碱土壤的植被生长与分布状况。这一方法已经在林学和植物学中被广泛应用(Tibor and György,2001)。

表 5-1　Sigmond 对盐碱化土壤的分类

等级	盐度(%)(S_a)	碱度(%)(S_o)
I	<0.10	0~0.05
II	0.10~0.25	0.05~0.10
III	0.25~0.50	0.10~0.20
IV	>0.50	>0.20

在其后的 1949 年,Hayward 和 Wadleigh 在 Sigmond 分类的基础上,对盐碱土的划分方法做了进一步的改进。采用土壤溶液的电导率、可交换性 Na^+吸收比率及 pH 作为划分土壤盐碱化程度的标准(表 5-2)。这一方法目前是国际上一般公认的盐碱土量化方法(毛任钊等,1997)。

表 5-2 国际上盐碱土分类的量化指标

量化指标	盐化土	碱化土	盐碱土	非盐碱土
可交换性 Na^+ 吸收比率(%)	<15	>15	>15	<15
土壤溶液电导率(dS/m)	>4	<4	>4	<4
pH	<8.5	>8.5	>8.5	<8.5

5.2.2 盐碱化草地土壤的分级指标

根据杨国荣等(1986)的初步研究,采用数值分类的方法,确定松嫩平原苏打盐碱化草地的盐碱化土壤的定量分级指标如下(表 5-3~表 5-5)。

表 5-3 苏打盐化土壤分级指标(杨国荣等,1986)

分级	总碱度(mmol/100 g)	残余碳酸钠含量(mmol/100 g)	含盐量(%)
非盐化土	<1.3	<1.0	<0.1
轻盐化土	1.3~2.7	1.0~2.5	0.1~0.3
中盐化土	2.7~4.0	2.5~4.0	0.3~0.5
重盐化土	4.0~4.5	4.0~5.7	0.5~0.7
盐土	>5.5	>5.7	>0.7

表 5-4 苏打碱化土壤分级指标(杨国荣等,1986)

分级	碱化度(%)	残余碳酸钠含量(mmol/100 g)	pH
非碱化土壤	<5	<0.5	<8.6
弱碱化土壤	5~15	0.5~1.3	8.6~8.9
中碱化土壤	15~30	1.3~2.0	8.9~9.4
重碱化土壤	30~47	2.0~3.0	9.4~9.8
碱土	>47	>3.0	>9.8

表 5-5 碱土土种之碱化层部位分级表(杨国荣等,1986)

分级	白盖碱土	浅位碱土	中位碱土	深位碱土	超深位碱土
地表下(cm)	0~2	2~7	7~15	15~30	>30

1)$1<(CO_3^{2-}+HCO_3^-):(Cl^-+SO_4^{2-})$,包括两种情况

Ⅰ.$4<(CO_3^{2-}+HCO_3^-):(Cl^-+SO_4^{2-})$,为(纯)苏打盐土。

Ⅱ.$1<(CO_3^{2-}+HCO_3^-):(Cl^-+SO_4^{2-})<4$,又分为两种情况:当 $Cl^->SO_4^{2-}$ 时,为氯化物-苏打盐化土;当 $SO_4^{2-}>Cl^-$ 时,则为硫酸盐-苏打盐化土。

2)$(CO_3^{2-}+HCO_3^-):(Cl^-+SO_4^{2-})<1$ 时,分为两种情况

Ⅰ.如 $Cl^->SO_4^{2-}$,为氯化物-硫酸盐盐碱土,且有:当 $Cl^-:SO_4^{2-}>4$ 时,为(纯)氯化

物盐碱土；当 $4>Cl^-$：$SO_4^{2-}>1$ 时，为硫酸盐-氯化物盐碱土；当 $Cl^->(CO_3^{2-}+HCO_3^-)>$ SO_4^{2-}时，则为苏打-氯化物盐碱土。

Ⅱ. 如 $SO_4^{2-}>Cl^-$，为硫酸盐盐碱土，且有：当 SO_4^{2-}：$Cl^->5$ 时，为(纯)硫酸盐盐碱土；当 $5>SO_4^{2-}$：$Cl^->1$ 时，为氯化物-硫酸盐盐碱土；当 $SO_4^{2-}>(CO_3^{2-}+HCO_3^-)>$ Cl^-时，则为苏打-硫酸盐盐碱土。

5.3 松嫩平原的盐碱化草地土壤类型

在原生盐碱化与由人类活动引起的次生盐碱化等多种过程的综合作用下，松嫩平原盐碱化草地土壤在其成土演化的过程中出现了一系列的系统分化，并最终发展出各具特征、性状各异的盐碱化土壤类型。

对松嫩平原盐碱化土壤类型的理论划分，不同研究者采用的方法、指标或研究视角不同，但结果基本大同小异。例如，赵兰坡等(2013)主要基于成土过程，同时兼顾盐碱成分及其强度的现实表现进行综合划分。基于大量的野外实地调查和分析研究，李建东和郑慧莹(1997)以 0～50 cm 土层含盐量的平均值作为盐化诊断层的评价指标，对碱化诊断层则以 0～60 cm 土层的最上层碱化层及其相邻土层(总厚度不超过 50 cm)的加权平均值为评价标准，将松嫩平原地区的草地与盐碱化有关的土壤划分为以下几种主要类型(表 5-6)。

表 5-6 松嫩平原盐碱化草地土壤类型(李建东和郑慧莹，1997)

土类	亚类	土种
盐土	碱化盐土	原生苏打盐化碱土 次生苏打碱化盐土 硫酸盐苏打碱化盐土
碱土	草甸碱土	结皮草甸碱土 浅位柱状草甸碱土 中位柱状草甸碱土 深位柱状草甸碱土
	次生草甸碱土	次生草甸碱土
草甸土	盐化草甸土	轻盐化草甸土 中盐化草甸土 重盐化草甸土
	碱化草甸土	轻碱化草甸土 中碱化草甸土 重碱化草甸土
	盐碱化草甸土	盐碱化草甸土
淡黑钙土	盐化草甸淡黑钙土	轻盐化草甸淡黑钙土 中盐化草甸淡黑钙土
	碱化草甸淡黑钙土	轻碱化草甸淡黑钙土 中碱化草甸淡黑钙土

5.3.1　盐土

松嫩平原地区的盐土主要分布在地势低平的湖泡及河漫滩阶地。其地下水埋深一般为 1~1.5 m，矿化度较高(0.5~3 g/L)。土壤剖面的发育不明显。在景观上，该类土壤多呈斑块状分布，常与盐化草甸土等呈复合镶嵌式的分布格局。土壤表层 0~60 cm 的盐分含量大于 0.7%，一般为 1%~2%，最高可达 10%左右。盐分以苏打成分为主，pH 很高，一般为 8.5~10.0，交换性钠离子的含量高。该类土壤的物理性质表现为透水性极差，几乎不透水，具有典型的盐化与碱化土壤的双重特征，多呈光板状或仅生长一些强耐盐碱的植物。

5.3.2　碱土

松嫩平原地区的碱土中含有较多的碱性盐类，土体呈碱性或强碱性反应，pH 为 8.5~10.0。土壤剖面的中部和上部存在明显的柱状结构，土壤颗粒呈现高度分散的特性。松嫩平原碱土的剖面特征十分典型，地表存在盐碱结皮，上部为淡色的粉砂质淋溶表层(SA_2)，中部为暗色的黏质柱状碱化层(B_{Na})及碳酸钙溶积层(B_{Ca})，下部则为潜育化的 C 层。

本区碱土的碱化层含盐量较高，一般均超过 0.5%，以苏打为主。土壤中的交换性钠离子占其交换性阳离子总量的 20%以上，有些甚至可以超过 90%。

5.3.3　盐(碱)化草甸土

松嫩平原的盐(碱)化草甸土包括盐化草甸土、碱化草甸土和盐碱化草甸土 3 种类型。盐(碱)化草甸土一般与石灰性草甸土呈复合式分布，其分布区的地下水位较高(<2 m)，周围则多有盐土分布。碱化草甸土的分布地势较高，1 m 以内的土体无柱状碱化层。一般情况下，其碱化度与可溶性盐含量之比小于 45。这类土壤上生长的植被多遭受盐害；而碱化草甸土上则以碱害为主，其碱化度与可溶性盐含量之比超过 65。

5.3.4　盐(碱)化草甸淡黑钙土

在松嫩平原的草地上，盐(碱)化草甸淡黑钙土与草甸淡黑钙土、草甸土呈复合式镶嵌分布，且多临近村屯和饮水点，表明其与人类活动存在一定的相关性。该类土壤的肥力水平和理化特性与草甸淡黑钙土基本一致，但存在盐(碱)化现象。

5.4　松嫩草地的盐碱荒漠化分级

荒漠化(desertification)，通常包括土壤退化与植被退化两个方面，具体表现为沙漠化(沙化)、盐碱化、干旱化、水蚀荒漠化、石漠化及其他的荒漠化类型，是地球表层的区域性局部环境处于特定的逆境条件下所必然出现的一种自然现象。由于现实的需要，目前的荒漠化研究主要关注沙漠化机制及其防治两个方面。在区域特定的自然和人为影响综合作用下，非荒漠化景观可能发生逐步退化，发展并最终演变形成典型的荒漠化景观。据林年丰和汤洁(2005)的研究，由于过度开垦和过度放牧等的影响，松嫩平原地区的很多草地经过 20~30 年便退化成为典型的盐碱荒漠。

针对松嫩平原的生态环境特点和盐碱荒漠化的发展现状，林年丰和汤洁(2005)基于评价指标的生态基准面原则、综合性原则、主导性原则和实用性原则等，同时考虑对指标获取的方便性因素，建立了松嫩草地盐碱荒漠化评价及分级指标体系(表 5-7)。

表 5-7　松嫩草地盐碱荒漠化评价指标与分级基准(林年丰和汤洁，2005)

荒漠化分级基准		盐碱荒漠化评价指标					
		天然草地产草量(t/hm²)	有机质含量(%)	总盐含量(%)	碱化度(%)	植被盖度(%)	盐碱化土地面积占比(%)
1 级	未荒漠化(未退化)	>1.0	>4.0	<0.5	<10	>70	<5.0
	未荒漠化(轻度退化)	0.7~1.0	2.0~4.0	0.5~1.0	10~30	50~70	5.0~20
2 级	轻度荒漠化(中度退化)	0.5~0.7	1.0~2.0	1.0~2.0	30~50	30~50	20~40
3 级	中度荒漠化(重度退化)	0.1~0.5	0.5~1.0	2.0~3.0	50~70	10~30	40~60
4 级	重度荒漠化(强度退化)	<0.1	<0.5	>3.0	>70	<10	>60

注：所有临界值属于下一级别范畴

这里所提到的生态基准面原则，是指基于研究区的生态初始面和生态终极面两个状态以确定发生荒漠化的严重程度阈值(threshold value)。林年丰和汤洁(2005)的思路是，以松嫩平原地区 20 世纪 50 年代初期的生态环境本底作为初始面，以现时的荒漠化盐碱裸地(即当地俗称的"光板地")的生态环境表现作为生态终极面，最终建立了该区荒漠化发生程度的分级指标体系。同时，根据荒漠化评价的主导性原则，选择土壤总盐含量、碱化度作为判别该地盐碱荒漠化发生程度的关键指标；此外，采用植被盖度、土壤有机质含量和土地生产力等作为荒漠化程度的综合评价指标。由于在松嫩平原腹地内部，主要表现为相似的区域地带性气候特征，其分异不会对该区荒漠化的形成产生决定性的影响。因此，对气候指标不纳入考虑。最终，该方法确定以土壤总盐含量、土壤有机质含量、土壤碱化度、植被盖度、盐碱化土地面积占比、作物产量和天然草地产草量等指标作为松嫩平原地区盐碱荒漠化发生状况的基本评价指标。结合实地调查、统计分析同时借鉴土地退化分级标准等多个方面，最终将松嫩平原草地盐碱荒漠化的发生程度划分为4 个级别(表 5-7)(林年丰和汤洁，2005)。

5.5　草地盐碱化的危险度分级

任何草地盐碱化的发生都不是一个突变的过程，而是一个从无到有、逐步发生发展的过程。即使是健康状况良好的草地，如果其自然条件和人为利用方式发生了某些变化，也可能造成草地向盐碱化、沙漠化等逆向方向的演替与发展。因此，最近 20 年以来，基于草地的自然与社会经济因素等特征，针对草地在未来发生盐碱化的可能性及其倾向，一些研究人员开展了对草地发生盐碱化的危险程度进行分级的研究。有关这一问题的研究，不仅针对草地盐碱化的空间变异规律及其危险程度的定量评价，而且可以预测草地盐碱化未来可能的发生趋势并进行科学预报。上述研究，对于有效利用和保护区域盐碱化的土地资源并实现科学合理的开发与治理等工作实践具有十分重要的现实意义。

张殿发(2000)认为，土地发生盐碱化的危险度，是指在一定的地质与生态环境本底和人类经济活动等多方面综合叠加的影响下，使区域土地发生盐碱化现象难易的程度及其对社会经济活动如农业生产等环节造成危害和破坏的程度。因此，本处所提的土地盐碱化危险度这一概念具有动态的含义。例如，尽管某一特定地域已经具有了可能发生土地盐碱化的各种风险，但在实际上其盐碱化却并未发生。其原因可能在于该地区的环境承压水平还不高，使得土壤盐分在量的积累上尚未达到发生盐碱化的质的变化。但是，随着人为活动压力的逐步增加和环境承压水平的升高，盐碱化的发生风险不断增加，盐碱化发生程度日益严重；如果人类活动压力不断下降、环境承压水平逐渐提升，盐碱化亦会向逐步缓解的良性方向发展。

根据土地盐碱化发生的难易程度及其对农业生产的危害程度，张殿发(2000)将松嫩草地的土地盐碱化危险度划分为 5 个级别(表 5-8)。

表 5-8　土地盐碱化危险度分级(张殿发，2000)

土地盐碱化危险度分级	盐碱化发生难易程度	对农业生产的危害程度
1	不发生	无危害
2	不易发生	很轻危害
3	较易发生	较轻危害
4	容易发生	重危害
5	极易发生	严重危害

基于上述思考，张殿发(2000)还利用遥感数据及 GIS 技术，确定采用土壤质地、地貌特征、地下水埋深、地下水矿化度及社会经济压力等指标来判别发生土地盐碱化的综合风险，利用灰色关联模型与人工神经网络模型进行计算，对吉林省西部的土地盐碱化危险度进行了研究，最终将该区土地盐碱化危险度划分为 5 个级别：安全、较安全、危险、较危险和极危险。这里所谓的安全，是指在当前环境条件下尚无发生土地盐碱化的可能性；较安全则指在当前条件下发生土地盐碱化的可能性较小，而一旦土地利用方式发生了不合理的变化等，则土地盐碱化就可能发生；危险表示在当前条件下土地盐碱化易于发生；较危险则表示发生土地盐碱化的可能性介于前后两个级别之间；而极危险则表示在当前条件下，草地最易发生盐碱化，也是当前必须立即采取防控治理措施的那些土地。

该研究对草地盐碱化危险度实施评价的具体工作流程如图 5-2 所示。

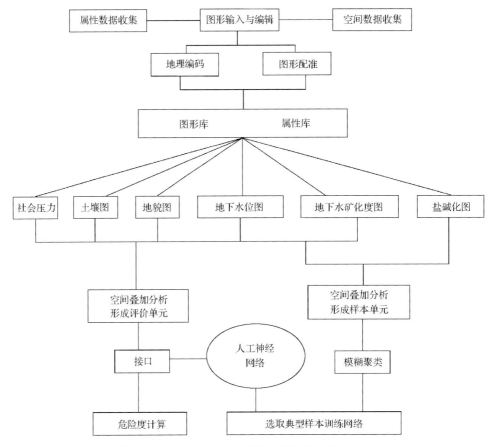

图 5-2　草地盐碱化危险度评价流程(张殿发，2000)

5.6　盐碱化草地土壤物理性质

土壤的物理性质是自然成土因素、成土过程及人为活动的综合作用结果，它是土壤的基本属性，对植物的生长影响深刻。盐碱土的物理性质还受其化学性质的强烈影响。但是，受研究难度和条件的制约，有关苏打盐碱土物理性质的定量资料较为匮乏，多为经验性或定性描述，很不系统。

5.6.1　碱土及碱化土壤的黏土矿物与吸附性能

根据张殿发(2000)的描述，位处松嫩平原吉林省西部地区的草甸碱土，其黏土矿物的主要组分为蒙脱石-伊利石，且因土壤成土过程而沿土壤剖面表现出有规律的分布。其中，在 A 层中，伊利石的含量较高，而自 B 层向下部位则含蒙脱石较多。在碱化盐土中，B 层的石英含量最高，且沿剖面不断降低。其原因在于松嫩平原地区的碱化土壤均上覆有耐盐碱的草甸草原植被，使得土壤中的盐基离子很难被淋溶而排出土壤，为蒙脱石的形成创造了有利的环境条件。

反映土壤吸附性能的指标是土壤阳离子交换总量，它是指土壤颗粒所吸附的阳离子总量，包括交换性盐基离子 K^+、Na^+、Ca^{2+}、Mg^{2+} 和 H^+ 等。土壤阳离子交换量是土壤保肥、供肥能力的一个重要指标，也是开展农田合理施肥和土壤改良等工作的重要参考与依据。针对碱化土壤来说，基于这一指标可定义土壤发生碱化程度的重要度量参数——碱化度 ESP（土壤交换性钠离子占阳离子交换总量的百分数）。从上述定义可知，影响土壤阳离子交换量的所有因素都可能会对碱化度的计算结果产生不同程度的影响。

需要指出的是，土壤阳离子交换量的实验室测定，实际上获得的是土壤溶液在 pH 为 7 时所带的负电荷数量，它是由土壤胶体的表面性质所决定的。松嫩平原吉林省西部地区的草地柱状碱土，土壤有机质含量较高，土壤质地较为黏重，多为中壤至重壤质，其阳离子交换量一般为 (H^+) 20 mmol/100 g 土，高者可达 (H^+) 30 mmol/100 g 土。而在草甸柱状碱土中，钠离子交换量可高达 (H^+) 15 mmol/100 g 土，土壤碱化度甚至超过 90%。

土壤所吸附的阳离子在自然条件下实际处于经常性的吸附与解吸的动态调节和平衡过程中。因此，土壤吸附性阳离子是土壤中最为活跃的部分，其对自然与人为活动因素的影响非常敏感。故人们在生产活动中经常会利用土壤的这一特性对盐碱化土壤的不利性状进行改良。

5.6.2　碱土及碱化土壤的物理性质

碱化土壤恶劣的物理性质是其不利于农业生产的一个重要因素。在土壤交换性钠离子的作用下，土壤胶体的电动电位升高，水化度增强，结果使得土壤胶体溶液分散。湿时土壤泥泞，不透气，不透水，引起大量水分从地表流失；而干时土壤出现板结，形成坚硬致密的结壳，限制了农作物的幼苗生长和植物根系的发展。

土壤交换性钠离子的含量水平还密切影响着土壤的湿胀、分散、渗透及毛管水运动等特性。通常认为，土壤的分散度随着交换性钠离子含量的增加而增加，使得土壤在湿润时体积膨胀，毛管水上升受限且发生困难，水分的渗透速率下降。此外，土壤的质地和矿物组成，以及土壤的有机质含量等，均会对此过程产生一定程度的影响。

(1) 土壤机械组成、质地、硬度、容重及相对密度

土壤机械组成受土壤母质及成土过程中的水分条件影响。据赵兰坡等 (2013) 研究，松嫩平原苏打草甸碱土与草甸盐土剖面的颗粒组成中，细砂含量均较高，各层均值为 47.5%（草甸碱土）及 39.5%（草甸盐土）；其次为黏粒，草甸碱土为 27.1%，草甸盐土为 29.5%；再次为粉粒，分别为 17.6%（草甸碱土）和 16.1%（草甸盐土）；黏砂的含量最低。

松嫩平原地区的吉林省西部碱化土壤质地主要为中壤和轻壤质，在土壤碱化的作用下，往往对农业生产活动产生不利的影响。其原因在于，土壤碱化使得土壤颗粒发生分散，土壤黏粒下移、沉积并在剖面下层形成一个特有的碱化层。该碱化层致密，不透水，在土壤中表现为块状或柱状结构，其容重通常为 1.4～1.5 g/cm³，孔隙度降低

至 10%~20%。

土壤硬度是土壤强度的一个综合指标，又称土壤坚实度，涉及剪切、拉伸、压缩、摩擦及塑性破坏的强度，影响着植物根系的伸展。松嫩平原草甸碱土剖面的土壤硬度自上而下通常表现出增加的趋势，而草甸盐土则呈减小趋势，且碱土硬度多高于盐土。同时，土壤水分条件对土壤硬度有明显的影响，土壤越干燥，其硬度越大。

土壤容重是度量土壤紧实或疏松程度的基本指标。松嫩平原草甸碱土 A 层的容重最低，为 $1.43 \ g/cm^3$；而草甸碱土和草甸盐土其他各层(除 A 层外)容重均高于 $1.50 \ g/cm^3$，这对植物生长十分不利(对植物生长不产生机械阻力的土壤容重为 $1.00 \ g/cm^3$)。

松嫩平原草甸碱土剖面 A 层因含有一定的有机质成分而表现出较低的相对密度(2.58)，而草甸盐土的相对密度则较高(2.74)。整体上，两类土壤各层的相对密度均在 2.7 以上，高于一般的矿质土壤(2.65)。

(2)碱化土壤的水分物理特性

土壤水分是一项基本的土壤物理属性，也是土壤的重要组成部分，对土壤的其他性状和农作物的生长具有重要影响。受交换性钠离子含量高的影响，碱化土壤的水分物理性能差，水分入渗速率低，透水性差，毛管水上升困难。根据实际测定，松嫩平原吉林省西部地区的草甸深位柱状碱土的透水速率，在土壤表层为 1~2 mm/min，而碱化层以下就急剧下降到 0.1~0.2 mm/min。在该区广泛分布的碱化盐土，其透水速率仅为 0.7 mm/min。尤其在灌水后，水分入渗速率急剧下降，约在 15 min 后几乎完全停止。根据卢升高和俞劲炎(1987)的研究报道，土壤饱和水力导度随着土壤交换性钠离子含量的增加而下降。尤其当少量钠离子通过代换进入土壤胶体而使土壤的碱化度达到5%时，土壤导水率出现明显下降；而当土壤碱化度小于20%时，土壤导水率下降最为强烈；随着碱化度的增加，土壤饱和水力导度不断下降，但下降的速率会逐渐变慢。

土壤碱化度对毛管水上升高度的影响见图 5-3。由此可见，碱化度为 0~40%时，毛管水上升高度随碱化度的增加而降低的斜率最大，几乎是呈直线下降；而当土壤碱化度大于40%时，毛管水上升高度随碱化度的增加而降低的趋势逐渐平稳(10 cm 上下)。

从这些结果可推测，土壤的饱和水力导度对土壤碱化度的响应较之毛管水上升高度更为敏感。

另外，土壤的可塑性是土壤在一定含水量范围表现出的一种基本物理结构特性，是评价土壤耕性的重要指标，包括流限、塑性限度和塑性指数 3 个方面。

据赵兰坡等(2013)的测定，松嫩平原草甸碱土剖面的塑性限度均值为 14.02%，流限均值为 49.50%，塑性指数均值为 35.48%；草甸盐土剖面的塑性限度均值为 15.10%，流限均值为 51.03%，塑性指数均值为 35.93%。二者基本接近，表明其可能均发育自同一母质。但在同一剖面上，草甸碱土 A 层的塑性指数最低，而草甸盐土 A 层的塑性指数最高，且向下递减。

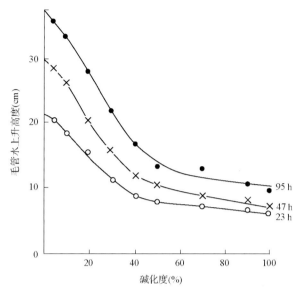

图 5-3　碱化度对土壤毛管水上升高度的影响 (张殿发, 2000)

(3) 碱化土壤的结皮

如前面所述,碱化土壤在湿时泥泞,干时板结,在表土形成一层质地坚硬、致密的物理性结皮。碱化土壤的物理性结皮层的形成对土壤水分的入渗、气体交换、径流和种子发芽等具有重大的影响。土壤表层的盐碱结皮会使土壤水分的入渗率降低,这使得大部分降雨以地表径流的形式流失。同时,径流还以挟沙水流的形式携带着表土中富含营养物质的大量黏粒部分,使得土壤养分流失,土壤变得贫瘠。

从剖面中可以看出(表 5-9),在吉林省西部的碱化草地,0～7 cm 土层中的土壤,碱化度为 53.78%;土壤黏粒含量最低,为 10.87%;土壤的吸水率很低,仅为 0.82%。沿土壤剖面向下,土壤吸水率随着土壤黏粒含量的增加而上升。土壤物理结皮的强度也随着土壤的干燥程度增加而增加。此外,碱化土壤物理结皮的紧实度与土壤含水量的关系密切。王遵亲等(1993)的研究表明,相同碱化度的土壤,随着土壤水分含量的降低,其物理结皮的紧实度也迅速增强,反映了土壤的硬度在土壤干化的过程中因土壤颗粒的聚集而增强。而在相同的土壤含水量水平下,土壤的碱化度越高,土壤颗粒之间的黏结力(cohesion)则越大。

表 5-9　吉林省西部草地白盖苏打碱土的理化性质 (张殿发, 2000)

采土深度 (cm)	机械组成(%)						黏粒< 0.01 mm (%)	碱化度(%)	交换性钠 (mmol /100 g 土)	吸水率(%)
	中砂	细砂	粗粉砂	中粉砂	细粉砂	黏粒				
	0.25～ 1.00 mm	0.05～ 0.25 mm	0.01～ 0.05 mm	0.005～ 0.01 mm	0.001～ 0.005 mm	<0.001 mm				
0～7	3.65	72.50	11.03	0.34	1.61	10.87	12.82	53.78	3.49	0.82
7～65	1.49	60.43	10.78	1.42	3.05	22.83	27.30	42.98	5.05	1.63
65～98	1.14	52.39	15.06	0.81	4.48	26.12	31.40	62.47	7.59	1.75
98～120	1.19	55.10	14.01	0.41	3.65	25.64	29.70	58.92	6.41	1.47

(4)碱化土壤的分散性

碱化土壤最显著的特征是其胶体表面吸附有大量的钠离子。故碱化土壤在遇水的条件下极易发生胶体的溶解和分散现象，导致其导水性变差。据王遵亲等(1993)研究可知，土壤中的分散性黏粒含量也随着土壤碱化度的升高而增加。

5.7　盐碱化草地土壤化学性质

5.7.1　成土母质的地球化学特征

据张锐锐(2008)的研究可知，广泛发育于第四纪时期不同地质年代的洪积物、冲积物、湖沼沉积物和风积物，构成了松嫩平原地区盐碱化草地土壤的主要成土母质；而大兴安岭山地正是这些成土母质的物质来源区。

(1)松嫩盐碱化草地土壤的化学元素本底特征

松嫩平原地区的土壤，其化学元素背景值中，Pb、Cu、Zn、Cr 等元素明显低于全国土壤的背景值，而 Cd、Hg、Ni、As 等元素的背景值则基本相似(表 5-10)。

表 5-10　吉林省西部部分地区的土壤元素背景值(张锐锐，2008)　　(单位：$\times 10^{-6}$ mg/kg)

地区	Cd	Pb	Cu	Zn	Ni	Cr	Hg	As
松辽平原	0.085	18.45	17.58	50.92	22.39	44.86	0.030	9.81
松嫩平原	0.073	20.23	17.78	52.05	23.65	42.46	0.031	9.14
松辽分水岭	0.084	15.01	14.80	45.95	19.13	42.14	0.027	11.06
盐土	0.062	15.16	13.41	30.24	12.59	23.91	0.025	8.98
全国	0.076	23.50	20.70	68.00	24.90	57.30	0.038	9.60

同时，较之于全国的土壤化学元素本底值，位处松辽分水岭地区土壤中的 Pb、Cu、Zn、Ni、Cr、Hg 等元素的含量均较低，而 As、Cd 元素的含量则相对较高。在松嫩平原的盐土中，调查所涉及的 Cd、Pb、Cu、Zn、Ni、Cr、Hg、As 等全部元素的本底背景值均低于全国水平。

(2)不同类型土壤和成土母质中化学元素的含量特点

根据葛滢和李建东(1992)、张锐锐(2008)的调查结果可知，较之于吉林省中西部地区的土壤化学元素本底含量均值，吉林省西部地区的黑钙土及盐碱化草甸土中的 Al、As、Bi、Co、Cr、Cu、Fe、Hg、La、Li、Mn、Mo、Nb、Ni、Sc、Se、Th、Ti、U、V、W、Zn 等元素的含量均较低，而 Br、Ca、Cl、Sr 等元素的含量则高于平均值(表 5-11)。

表 5-11　吉林西部不同类型土壤元素平均含量(张锐锐, 2008)　　(单位：×10⁻⁶ mg/kg)

元素	风沙土	黑土	黑钙土、盐碱化草甸土	松花江冲积土	吉林省中西部平均值
Ag	0.071	0.068	0.073	0.078	0.069
Al	10.065	14.098	11.914	13.728	12.830
As	5.168	10.174	7.714	8.080	8.820
Au	1.292	1.550	1.365	1.702	1.410
B	26.330	34.512	31.608	28.184	32.500
Ba	576.900	617.697	605.510	586.780	610.510
Be	1.622	2.465	2.022	3.084	2.210
Bi	0.143	0.308	0.220	0.276	0.270
Br	3.374	4.230	5.530	2.890	3.990
C	1.029	1.411	1.597	1.262	1.450
Ca	1.917	1.311	3.611	1.317	1.280
Cd	0.084	0.112	0.101	0.146	0.113
Ce	42.721	71.000	59.751	92.406	64.380
Cl	86.900	112.712	122.500	159.036	94.130
Co	6.013	13.434	8.961	11.774	11.130
Cr	28.469	63.490	44.404	53.704	51.390
Cu	9.638	21.879	15.987	19.630	17.970
F	301.590	487.810	412.700	493.320	436.680
Fe	1.912	4.844	3.177	4.780	3.920
Ga	11.847	17.566	14.403	19.864	15.830
Ge	1.074	1.293	1.149	1.353	1.230
Hg	0.016	0.041	0.024	0.049	0.034
I	1.537	2.906	2.509	1.475	2.360
K	2.723	2.604	2.625	2.832	2.590
La	24.459	39.901	31.569	50.929	35.050
Li	17.570	32.269	24.762	29.597	28.190
Mg	0.736	1.295	1.229	1.078	1.180
Mn	308.800	800.600	491.000	761.100	674.000
Mo	0.353	0.599	0.447	1.215	0.610
N	871.600	1332.500	1129.900	1166.5	1214.400
Na	1.928	1.763	2.017	2.616	1.910
Nb	10.162	17.194	13.053	30.863	14.700
Ni	11.830	30.600	19.830	25.110	22.230
P	365.600	655.500	540.600	670.900	594.440
Pb	18.884	25.855	22.154	25.460	24.420
Rb	93.024	115.221	100.750	120.441	107.250
S	117.000	186.120	166.200	187.34	172.550
Sb	0.356	0.678	0.553	0.531	0.600

续表

元素	风沙土	黑土	黑钙土、盐碱化草甸土	松花江冲积土	吉林省中西部平均值
Sc	4.306	10.604	7.218	8.404	8.300
Se	0.115	0.210	0.153	0.179	0.180
Si	72.841	65.774	65.891	65.684	66.580
Sn	2.256	3.538	2.840	3.954	3.130
Sr	197.226	185.023	236.432	20.184	199.660
Th	6.012	12.029	8.804	12.265	10.190
Ti	2257.000	4581.300	3329.300	4192.000	3912.600
Tl	0.574	0.653	0.611	0.581	0.630
U	1.276	2.415	1.876	2.716	2.210
V	41.930	86.636	61.451	67.075	72.150
W	0.855	1.937	1.285	2.169	1.630
Y	16.046	27.667	21.537	29.610	23.550
Zn	27.663	66.980	44.925	84.958	57.220
Zr	284.790	320.090	356.100	384.170	321.020
pH	7.842	6.550	8.506	6.551	7.821

　　如前所述，吉林省西部地区土壤的成土母质类型涵盖洪积物、冲积物和风积物。但是，由于物质来源和沉积环境的差异，即使是同一成土母质，其发育的土壤所含的化学元素构成及其区域分布也可能存在较大的差异。因此，采用分区的办法来分别确认松嫩平原地区土壤成土母质的化学元素含量水平，最终获得其成土母质的地球化学特征结果如下(表 5-12)。

表 5-12　不同成土母质类型元素含量(张锐锐，2008)　　　　(单位：×10⁻⁶ mg/kg)

元素	晚更新世		中更新世冲、洪积物	全新世冲积物	嫩江现代河流冲积物	松花江现代河流冲积物	全新世风积物	吉林省中西部平均值
	晚期冲积物	早期冲积物						
Ag	0.075	0.072	0.077	0.090	0.09	0.090	—	0.07
Al	11.238	12.979	14.362	11.741	12.73	14.543	10.481	13.70
As	6.973	9.119	10.641	8.912	7.51	9.500	5.478	9.49
Au	1.294	1.490	1.537	1.339	1.31	1.576	—	1.50
B	32.380	39.161	42.386	36.656	33.72	35.014	—	39.58
Ba	602.093	605.687	614.510	610.222	616.49	590.798	582.000	—
Be	1.905	2.261	2.462	1.959	2.31	2.693	1.705	2.35
Bi	0.173	0.252	0.294	0.182	0.21	0.286	0.136	0.26
Br	3.155	3.069	2.221	4.971	2.32	2.450	2.083	2.35
C	1.175	1.124	0.532	1.311	0.90	0.659	0.599	0.71
Ca	4.882	3.858	1.495	5.836	2.44	1.332	2.075	1.85
Cd	0.073	0.083	0.079	0.067	0.08	0.087	0.063	0.080
Ce	54.811	66.952	68.185	58.824	60.15	78.138	42.747	65.83
Cl	148.500	128.300	90.292	599.200	95.71	149.778	93.394	100.53

元素	晚更新世		中更新世冲、洪积物	全新世冲积物	嫩江现代河流冲积物	松花江现代河流冲积物	全新世风积物	吉林省中西部平均值
	晚期冲积物	早期冲积物						
Co	7.385	11.144	12.929	8.019	10.06	12.869	6.322	11.68
Cr	36.453	53.258	62.162	37.441	47.84	60.033	29.558	54.77
Cu	14.804	19.731	22.233	15.647	16.52	21.250	11.195	19.62
F	451.597	533.242	520.241	491.222	478.88	555.392	—	501.20
Fe	2.533	3.980	4.748	2.704	3.78	5.424	2.061	4.29
Ga	13.402	16.165	17.509	14.278	16.26	19.350	12.110	16.92
Ge	1.055	1.259	1.376	1.067	1.16	1.422	1.046	1.30
Hg	0.014	0.020	0.022	0.020	0.02	0.028	0.014	0.02
I	2.022	2.281	2.215	2.294	1.37	1.514	1.216	1.88
K	2.653	2.578	2.656	2.704	2.66	2.740	2.737	2.65
La	27.926	34.005	36.889	29.278	34.16	44.032	24.576	35.23
Li	22.581	29.704	32.688	26.056	25.91	32.155	18.091	30.42
Mg	1.313	1.497	1.398	1.738	1.12	1.296	0.785	1.32
Mn	386.857	634.110	712.337	408.118	595.21	815.808	324.519	645.38
Mo	0.465	0.611	0.675	0.392	0.48	0.926	0.406	0.67
N	304.121	431.961	464.132	219.529	587.32	641.515	359.700	482.09
Na	2.113	1.964	1.728	2.702	2.15	2.168	1.874	1.88
Nb	11.542	14.794	15.498	11.818	15.44	21.778	10.123	14.82
Ni	17.088	25.418	28.838	18.435	22.37	28.087	13.218	24.93
P	297.865	415.294	473.250	370.941	499.66	682.189	241.674	453.94
Pb	20.623	22.672	24.910	20.378	21.91	24.924	18.446	23.86
Rb	99.234	104.014	113.770	101.412	105.52	118.040	93.884	110.32
S	76.400	104.142	74.962	75.529	71.52	83.575	71.200	81.71
Sb	0.522	0.663	0.746	0.543	0.49	0.596	0.404	0.65
Sc	5.910	9.573	10.646	6.882	7.66	10.071	4.700	9.22
Se	0.072	0.094	0.112	0.079	0.10	0.131	0.070	0.11
Si	64.322	63.759	65.456	62.625	66.35	65.197	72.100	65.50
Sn	2.429	2.690	2.962	2.444	2.86	3.503	—	2.92
Sr	286.848	253.097	189.612	330.333	244.22	193.344	198.200	202.53
Th	7.763	10.253	11.621	8.206	9.61	12.311	6.100	10.97
Ti	2937.100	3850.014	4343.1	2921.400	3531.30	4770.519	2313.700	4091.65
Tl	0.612	0.619	0.660	0.633	0.59	0.629	0.573	0.64
U	1.647	2.160	2.206	1.547	2.08	2.769	1.148	2.17
V	54.857	70.190	84.122	58.411	60.62	80.795	44.374	76.33
W	1.076	1.499	1.814	1.215	1.32	1.951	0.891	1.65
Y	19.223	23.870	26.617	19.376	22.47	28.825	16.326	24.77
Zn	36.642	54.981	63.955	41.944	52.28	78.736	28.739	60.05
Zr	323.361	321.430	308.030	298.611	301.52	325.867	255.407	304.35

首先，松嫩平原地区晚更新世晚期的河-湖相冲积物的主要地球化学特征，表现为较高的 Br、C、Ca、Sr 元素的含量水平。而且，除 Zr、K、I、Mg、Ag 等元素之外，其他化学元素的背景值均偏低，尤其是 Cr、Cu、Bi、Co、La、Fe、Ti、Hg、Zn、Li、Mo、Mn、N、Nb、Ni、P、Sb、Sc、Se、Th、W、Y 等元素，其含量明显低于区域平均水平。

其次，由于该区全新世早期的冲积物多属河流-湖泊的再造沉积物，因而继承和保留了其晚更新世沉积物与风成沉积物的原有地球化学特征，表现为 Ag、Na、Ca、Mg、Sr、Br、C、Cl、I 等元素的明显富集，而除 K、Rb、S、Si、Tl、B、I 等元素之外，其他化学元素的本底含量水平明显偏低。

再次，位处松花江吉林下游流域段发育的现代河流冲积物，其典型特征表现为富含较高的 Ag、Be、Fe、Hg、La、Mn、Nb、Mo、Zn、Ce、Cl、N、P、Se、Sn、U 等元素，以及较低含量的 B、Ca、I 元素；但嫩江流域表现为较高的 C、N、Ca、Sr 元素含量，而 Au、B、Bi、Co、Cr、Cu、Fe、Ge、I、Li、Mg、Mo、Ni、Th、Ti、Zn、S、Sb、Sc、Se、As、V、W 等元素的含量则偏低。

另外，松嫩平原地区的土壤地球化学元素还表现出明显的区域分带特征。例如，Be、Ce、Ga、Hg、Cd、K、Zn、Zr、Na、La、Mo、Nb、Th、U、Y 等元素沿松花江两岸形成了一个明显的富集带，而 Ba、Sb、Ti、Br、Sc、Si、As、I、B 等元素则表现为一个明显的低值带分布。

最后，需要特别指出的是，位于吉林省西部的广大低平原区，其表生地球化学作用的主要特征是钙的聚积，因此在该区形成了一个明显的 Ca、Mg、K、Na、Br、Sr、Zr、Cl、C 等元素的高值背景区和一个微量元素的低值背景区。Si、Ca 元素的高值分布区通常处于风成沙丘-沙垄和垄间洼地；而位于通榆—查干花—扶余及长岭、双辽一带的风沙区则主要分布着微量元素的低值背景区。

(3)有益元素和有害元素的分布特征

有益元素和有害元素在松嫩平原地区的分布表现出一定的规律性。沿通榆—乌兰图嘎和长岭一带的沙化地区，土壤中 N、P 元素的含量水平普遍较低。Ca、Mg、C 元素分布的高值区则主要出现在吉林省农安县以西的河湖冲积平原低地；位于沙化地区的垄间洼地等部位的分布也较高。而较高的氯元素含量主要分布在农安—伏龙泉一线及松原—长岭以西的地区；尤其是湖沼洼地等盐碱化较强烈的位置，存在非常突出的 Cl 元素异常富集现象。B、Cu、Fe、Mn、Mo 等微量元素则在通榆—乌兰图嘎、扶余及长岭一带的沙化地区表现出明显偏低的分布。

5.7.2 盐碱土化学元素特征

(1)富集系数

张锐锐(2008)的调查数据进一步显示，在吉林省西部地区，富集系数低于 0.8 的土壤化学元素包括 Al、Co、Hg、Fe、Mn、Zn、Mo、Ni、Cr、Th、Pb、F 和 As 等 13 种，表明这些元素在土壤母质的成土过程中曾发生了某种程度的分散、迁移和贫化作用(表 5-13)。

表 5-13　盐碱土表层土壤地球化学特征参数统计(张锐锐，2008)

元素	盐碱土表层的元素均值(mg/kg)	标准差	成土母质供给区均值(mg/kg)	变异系数	富集系数
Co	4.516	2.191	11.680	0.485	0.387
Hg	0.011	0.004	0.023	0.389	0.460
Fe	2.292	0.641	4.290	0.280	0.534
Mn	356.161	88.172	645.380	0.248	0.552
Zn	35.981	8.423	60.050	0.234	0.599
Mo	0.423	0.221	0.670	0.523	0.631
Ni	15.915	4.933	24.930	0.310	0.638
Cr	36.965	9.054	54.770	0.245	0.675
Th	7.541	1.236	10.970	0.164	0.687
F	375.871	128.558	501.200	0.342	0.750
Pb	18.232	1.863	23.860	0.102	0.764
As	7.294	2.898	9.490	0.397	0.769
Al	10.882	1.367	13.700	0.126	0.794
Cd	0.065	0.015	0.080	0.234	0.809
C(有机)	0.617	0.308	0.710	0.499	0.869
B	35.774	10.797	39.580	0.302	0.904
Cu	17.968	4.325	19.620	0.241	0.916
P	421.194	135.629	453.940	0.322	0.928
Se	0.105	0.044	0.110	0.413	0.958
K	2.923	0.241	2.650	0.082	1.103
N	592.355	365.706	482.090	0.617	1.229
Mg	1.709	0.624	1.320	0.365	1.294
Na	3.335	0.552	1.880	0.167	1.774
Ca	4.753	2.071	1.850	0.436	2.569
Cl	2588.000	1696.938	100.530	0.656	25.746

首先，富集系数处于 0.8～1.2 的土壤化学元素主要有 B、Cd、Cu、K、Se、C(有机)和 P，表明这些元素在母质的成土过程中没有发生明显的迁移富集或贫化现象。

其次，富集系数为 1.2～1.5 的土壤化学元素为 N、Mg，表明这两种元素在土壤中存在一定富集现象。土壤盐碱化的一大基本表征就是 Ca、Mg 等离子在土壤中出现富集(王冬艳等，2002)。因此，Mg 元素的富集表明该地的土壤已经发生了盐碱化。

最后，富集系数大于 1.5 的土壤化学元素主要包括 Na、Ca 和 Cl。这 3 种元素在草地土壤中的明显富集，表明强烈的土壤盐碱化现象已经开始发生。

(2) 变异系数(CV)

根据变异系数的表现，将松嫩平原地区的地球化学元素的分布特征区分为下述 3 种类型。

其一，均衡分布型(变异系数小于 0.25)。这种类型主要涉及 K、Na、Cd、Zn、Cu、Cr、Mn、Pb、Al、Th 等元素。这一元素组的总体表现特征是，区域水平的含量差别不大，不同地质体间的差异小，与成土母质的地球化学特征较为一致，且存在显著的继承关系，受人类活动的影响不明显。

其二，弱分异型(变异系数为0.25～0.5)。这一类型涉及 Fe、B、Ca、Co、Ni、Mg、Hg、Se、P、F、As、C 等元素。本组元素在区域尺度上的含量变化较大，存在一定的区域分异。该组元素的组成包括成土母质必需的基础元素(B、Fe、Ni)、有害元素(Hg、As)，以及植物生长所必需的营养元素(C 和 P)、微量元素(Co 和 Se)和碱性元素(Ca 和 Mg)。这表明，包括成土母质的原有地球化学特征及后期的人类活动影响均可能导致本组元素发生一定程度的分异。

其三，分异型(变异系数大于0.5)。这种类型涉及的元素包括 Mo、N 和 Cl。本组元素的含量在区域水平上的变化很大，分异十分明显。从地球化学特征和区域分布情况来看，N 的区域分异可以反映盐碱土垦殖程度上的差异；Cl 的区域分异最大，反映了不同的盐碱土分布区域中盐碱化发生程度的差异；对 Mo 元素区域分布变异性的原因目前尚缺乏深入的了解。

5.7.3　盐碱化土壤的化学分布特征

盐碱化土壤的化学性质主要取决于土壤的总盐含量及其盐分组成。碱化发生的前提是土壤盐分的积累需要达到一定的量值，且组成以钠盐为主。赵兰坡等(2013)的研究表明，松嫩平原盐碱化土壤剖面的含盐量明显表现出碱斑中心＞过渡区＞非碱斑区的规律，且在0～140 cm 深的土层中这一趋势表现得尤其明显。

土壤电导率(EC)是度量土壤中可溶性盐含量的重要指标。调查表明(赵兰坡等，2013)，松嫩平原草甸盐土的 EC 远高于草甸碱土。在草甸盐土中，As 层的 EC 最高，沿剖面向下递减；而在草甸碱土中，A_E 层的 EC 最低，B_{L1} 层(位于剖面 B 层次的淋溶1亚层)最高，且自 B_{L1} 层开始 EC 逐渐减小。

另据张殿发(2000)的描述可知，碱化土壤中除碱化盐土外，其他的含盐量水平都不高。尤其是表层的土壤，其含盐量一般不超过0.5%。吉林省西部平原的草甸碱土，其1 m 土层的平均含盐量多在0.1%～0.8%，且其分布随着所处的地形部位而表现出一定的变化。通常情况下，草甸结皮柱状碱土的含盐量最高，其次是草甸浅位柱状碱土，再次是草甸中位柱状碱土，而以草甸深位柱状碱土的含盐量为最低。这表明，碱化土壤的盐分含量与土壤成土过程之间存在一定的联系。松嫩平原地区的草甸碱土的分布规律示意图如下(图5-4)。

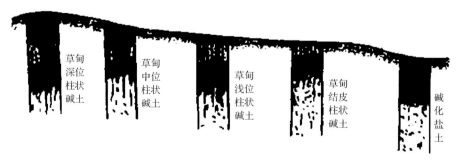

图5-4　各类碱土分布示意(张殿发，2000)

由于草甸结皮碱土所处的地形部位位置最低，其地下水位也相对较高，因而该处土壤的积盐过程也最为强烈。在吉林省西部地区，草甸结皮碱土的 1 m 深土体，其平均含盐量最高，约为 0.75%；草甸浅位柱状碱土的含盐量约为 0.65%；草甸中位柱状碱土的含盐量约为 0.117%；而草甸深位柱状碱土的含盐量则约为 0.136%。

由此可知，吉林省西部地区的草甸柱状碱土的含盐量水平比国内其他地区的碱土含盐量高。其原因主要有如下几方面。

首先，土壤质地的影响。由于松嫩平原地区草甸碱土的质地较黏细，属中壤至重壤质，还含有黏土，故其土壤的毛细管较微细。土体中一旦出现了盐分的积聚，很难通过自然的淋溶作用而排洗出去。

其次，气候条件对土壤含盐量水平有明显影响，如干燥度、降水量等。松嫩平原的年降水量为 400～500 mm，年蒸发量约为 1206 mm，是年降水量的 3 倍左右，因此蒸降比（干燥度）较大，导致土壤的积盐过程强烈，而脱盐过程较弱。长年累月的作用，导致本区的草甸碱土中的盐分含量聚集处于较高的水平。

松嫩平原地区碱化土壤的盐分构成较为复杂。其土壤盐分组成中，阳离子以 Na^+ 为主，而阴离子以 CO_3^{2-} 和 HCO_3^- 为主，这两类离子含量自表土层 20 cm 向下逐渐降低，呈"漏斗形"分布。同时，土壤各层中还含有一定量的 Ca^{2+}、Mg^{2+} 及少量的 Cl^-、SO_4^{2-}，且其含量与土壤总盐分含量趋势一致。另据碱化土壤的测定分析结果可知，该区土壤盐分的组成中通常含有 CO_3^{2-} 和 HCO_3^- 两种离子，并与 Na^+ 生成碳酸钠和碳酸氢钠。这两种碱性碳酸盐成分在本区的碱土中占有很大的比例，通常超过 50%，尤其在草地碱化盐土和草甸碱土中，其碳酸钠和碳酸氢钠的含量甚至可达到总盐量的 70%～90%。$CO_3^{2-}+HCO_3^-$ 的总含量通常为 $(OH^-)2～3$ mmol/100 g 土，至多不高于 5 mmol/100 g 土，有时甚至低于 1 mmol/100 g 土，占土壤阴离子总量的 40%～60%，在表土和亚表土中的含量更低。Cl^- 与 SO_4^{2-} 的含量均不超过阴离子总量的 10%。在草甸深位柱状碱土中，其表土层的 Ca^{2+} 与 Mg^{2+} 的含量可占土壤阳离子总量的 30%；而在心土与底土层中，其 Ca^{2+} 与 Mg^{2+} 的含量占其土壤阳离子总量的 20%左右。

土壤 pH 和总碱度（$CO_3^{2-}+HCO_3^-$）是反映土壤碱化程度的两个相关性指标。由于本区土壤中含有大量的碱性碳酸盐，因此，本区碱化土壤的显著特点之一就是其表现出的强碱性。由于土壤中含有碳酸钠和碳酸氢钠，在化学上，这两类强碱弱酸盐，水解后均显强碱性，如碳酸氢钠水溶液的 pH 为 8.5～9.5，碳酸钠水溶液的 pH 高达 12～13。故当土壤盐分的分析结果中出现了 HCO_3^- 和 Na^+ 相结合的情况时，土壤的 pH 均超过 8.5；而当分析结果显示出有 CO_3^{2-} 时，其 pH 则普遍高达 9.0 以上。

苏打盐碱土的 pH 变化与土壤总盐量有很大的相关性，尤其是总碱度，二者呈现明显的正相关。松嫩平原地区盐碱土的盐分组成以苏打为主，其土壤胶体上吸附的钠离子发生水解时所释放的大量 OH^-，使得土壤的碱度显著增加。这是松嫩平原碱性土壤 pH 高的重要原因。在土壤胶体处于盐基饱和的情况下，交换性钠离子的水解，使土壤发生碱性反应成为可能。因此，土壤的总碱度愈高，其 pH 也就愈高。

5.8 松嫩草地各类盐碱化土壤的性质

5.8.1 复合盐碱化土壤的性质

(1) 轻度盐碱化黑钙土

根据张殿发 (2000) 的调查可知,吉林西部的轻度盐碱化黑钙土,其水溶性盐类含量一般低于 0.02%,苏打含量为 0.1%～0.3%,其地表有季节性盐霜析出现象,土壤的碱化度低于 10%,土壤 pH 为 7.6～8.5。土壤呈弱碱性或碱性反应。其面积约为 72 683 hm^2,其中有耕地面积 33 458 hm^2,主要分布在吉林省西部的洮南市、前郭尔罗斯蒙古族自治县 (以下简称前郭县)、大安市、扶余县和长岭县等县市。按照黑土层的不同厚度,可将其进一步细分为深厚层、厚层、中厚层、薄层和“破皮黄”等 5 种轻度盐碱化黑钙土亚类型。

分析测定该类土壤的表层土壤养分含量,得结果如下:全氮 0.117%,全钾 3.51%,全磷 0.088%,腐殖质 1.85%,速效磷 9.3 mg/kg,碱解氮 105.9 mg/kg,速效钾 170.9 mg/kg,土壤 pH 为 8.3。

轻度盐碱化黑钙土的剖面特征如表 5-14 所示。

表 5-14　轻度盐碱化黑钙土剖面特征(张殿发,2000)

层位	采土深度(cm)	颜色	质地	结构	湿度	紧实度	根系	pH	石灰反应
Aa	0～15	棕灰	砂质黏土	团块状	潮湿	较紧	多	8.2	中等
A	15～22	棕灰	砂质黏土	团块状	潮湿	较紧	多	8.2	中等
A/B	22～56	灰棕	壤质黏土	块状	潮湿	较紧	少	8.3	中等
B	56～125	棕	砂质黏土	棱块状	湿	松	—	8.0	弱
C	>125	浅棕黄	砂质黏土	块状	湿	松	—		弱

注:采样点为长岭县永久镇北姜家村刘大房子西北 1000 m,旱田;A/B 表示 A、B 两层交界处

(2) 中度盐碱化黑钙土

该类土壤主要分布于吉林省扶余县、大安市、前郭县、洮南市和长岭县等县市,其可溶性盐分含量为 0.2%～0.4%,碱化度为 10%～20%,土壤 pH 超过 8.5,明显抑制农作物的种子萌发、幼苗出土和生长发育,并可能引起田间缺苗和断垄现象。总面积约为 63 300 hm^2,其中含农田约 29 000 hm^2。根据黑土层厚度,可进一步将该类盐碱土划分为深厚层、厚层和中厚层 3 种亚类型。多分布于区内一级阶地的低洼处,其实测的表层土壤养分含量结果为:全氮 0.098%,全磷 0.068%,全钾 3.44%,腐殖质 1.65%,碱解氮 73.7 mg/kg,速效磷 8.4 mg/kg,速效钾 148.4 mg/kg,土壤 pH 为 8.4。

中度盐碱化黑钙土的剖面特征如表 5-15 所示。

表 5-15　中度盐碱化黑钙土剖面特征（张殿发，2000）

层位	采土深度(cm)	颜色	质地	结构	湿度	紧实度	根系	铁锈斑	pH	石灰反应
A	0~57	暗棕灰	壤质黏土	团块状	潮湿	较紧	多	—	8.5	强烈
A/B	57~76	棕灰	砂质黏壤土	块状	潮湿	较紧	中等	—	9.0	强烈
B	76~120	浅棕	砂质黏土	棱块状	湿	较紧	—	少量	8.9	强烈
C	>120	浅棕黄	砂质黏土	棱块状	湿	松	—	少量	8.8	强烈

注：采样点为长岭县三县堡乡油坊村张家牙屯东南 600 m 处，荒地

(3) 轻度盐碱化淡黑钙土

该类盐碱土的分布面积约为 131 793 hm²，其中有耕地 44 685 hm²。其苏打含量低于 0.2%，硫酸盐和氯化物的含量均低于 0.4%。表层土壤的养分含量为：全氮 0.164%，全磷 0.059%，全钾 2.93%，腐殖质 2.04%，碱解氮 129.3 mg/kg，速效磷 13.5 mg/kg，速效钾 199.9 mg/kg，土壤 pH 为 8.4。根据黑土层的厚度，将其细分为厚层、中厚层、薄层和"破皮黄"轻度盐碱化淡黑钙土等 4 种亚类型。

该类盐碱土的剖面特征见表 5-16。

表 5-16　轻度盐碱化淡黑钙土剖面特征（张殿发，2000）

层位	采土深度(cm)	颜色	质地	结构	湿度	紧实度	根系	pH	石灰反应
Aa	0~15	暗棕灰	砂质黏土	团块状	潮湿	松	多	8.5	中等
A	15~30	棕灰	砂质黏土	团块状	潮湿	松	多	9.0	中等
B	30~60	浅棕灰	砂质黏土	棱块状	潮湿	较紧	中等	8.6	弱
C	>60	灰黄	砂质黏土	棱块状	湿	紧	—	8.7	中等

注：采样点为长岭县集体乡胜利村姜家小北铺北 750 m，旱田

(4) 中度盐碱化淡黑钙土

该类盐碱化土壤的 0~50 cm 土层内存在一个积盐层和碱化层。其面积约为 61 000 hm²，其中含耕地约 17 000 hm²。该土壤的表层养分含量情况为：腐殖质 1.86%，全氮约 0.12%，全磷约 0.068%，全钾 2.82%，碱解氮 102.5 mg/kg，速效磷 2.7 mg/kg，速效钾 144.4 mg/kg，土壤 pH 为 7.7。根据土层厚度，可将其进一步细分为中层、薄层和"破皮黄"中度盐碱化淡黑钙土 3 种亚类型。

该类盐碱土的剖面特征见表 5-17。

表 5-17　中度盐碱化淡黑钙土剖面特征（张殿发，2000）

层位	采土深度(cm)	颜色	质地	结构	湿度	紧实度	根系	铁锈斑	pH	石灰反应
Aa	0~15	暗棕灰	砂质黏土	棱块状	潮湿	较紧	多	—	8.5	中等
A	15~42	淡棕灰	砂质黏土	棱块状	潮湿	较紧	少	—	8.6	强烈
B	42~150	黄棕	砂质黏土	显棱块状	湿	较紧	少	大量	8.6	强烈

注：采样点为长岭县坨子乡二良种场东北 1000 m

(5)轻度盐碱化草甸土

该类盐碱土多集中分布在松嫩平原的河漫滩、阶地、台地间及丘间洼地等处。其土壤盐分的组成以苏打成分为主,土壤表层的含盐量低于0.2%。轻度盐碱化草甸土在本区的分布面积约为312 807 hm^2,其中有耕地约49 000 hm^2。按照土层厚度,将其进一步细分为厚层、中层和薄层轻度盐碱化草甸土3种亚类型。本区域的薄层轻度盐碱化草甸土的分布面积为213 450 hm^2。

轻度盐碱化草甸土在本区的分布广,尤其在镇赉县和大安县的面积较大,分别占23%和21%;其次是前郭县,约占18%,乾安县8.6%,通榆县8.3%,长岭县5.5%,扶余县和白城市则低于1%。其表层土壤养分含量情况为:腐殖质1.95%,全氮0.198%,全磷0.070%,全钾2.94%,碱解氮127.7 mg/kg,速效磷10.9 mg/kg,速效钾209.8 mg/kg,土壤pH为8.3。

该类盐碱土的剖面特征见表5-18。

表5-18　轻度盐碱化草甸土剖面特征(张殿发,2000)

层位	采土深度(cm)	颜色	质地	结构	湿度	紧实度	根系	铁锈斑	pH	石灰反应
A	0～18	暗灰	砂质黏土	层状	潮湿	紧	多	—	7.5	中等
A/B	18～35	灰	砂质黏土	层状	潮湿	紧	中等	—	7.8	强烈
B	35～48	浅灰	砂质黏土	层状	湿	紧	少	潜育化	7.6	强烈
C	48～78	浅棕/灰	砂质黏土	层状	湿	较紧	—	少量	7.8	强烈
G	78～180	黄棕	砂质黏土	棱块状	过湿	紧	—	多量	—	中等

注:采样点为长岭县二里界乡长发村孤坨子北500 m,草甸

(6)中度盐碱化草甸土

该类盐碱化土壤在松嫩平原的分布较广,尤以长岭县、前郭县和大安市三地的分布面积为大,各占30%、27%和22%;乾安县占8%,通榆县和洮南市则各占6%。此类盐碱土的表层土壤含盐量为0.3%～0.5%,盐分组成以苏打成分为主,碱化度明显较低,0～50 cm土层的碱化度低于5%。根据土层的厚度,将其进一步细分为厚层、中层和薄层中度盐碱化草甸土3种亚类型。在松嫩平原地区,中度盐碱化草甸土的分布面积约为121 777 hm^2,含耕地13 068 hm^2。其中,薄层中度盐碱化草甸土约占74.5%。该类盐碱化土壤对农作物的生长发育存在明显的抑制作用。

松嫩平原地区的中度盐碱化草甸土的表层土壤养分含量情况:全氮0.14%、全磷0.081%、全钾2.83%、腐殖质2.01%、碱解氮120 mg/kg、速效磷11.4 mg/kg、速效钾157.1 mg/kg,土壤pH为8.2。该类土壤的碱化度和全盐含量均不高,为中黏壤质地(表5-19)。

表5-19　中度盐碱化草甸土剖面特征(张殿发,2000)

层位	采土深度(cm)	颜色	质地	结构	湿度	紧实度	根系	铁锈斑	pH	石灰反应
A	0～22	暗棕	中黏壤土	小团块状	潮湿	松	多	—	8.2	强烈
A/B	22～45	棕灰	中黏壤土	小团块状	湿	较紧	多	—	8.5	较弱
B	45～65	浅棕灰	轻黏壤土	棱块状	湿	较紧	少	少量	8.4	弱
C/G	65～120	灰棕	中黏壤土	棱块状	湿	紧	—	大量	8.6	弱

注:采样点为乾安县大遐畜牧场羊场西北1500 m,草甸

5.8.2　松嫩平原盐土的性质

（1）苏打草甸盐土

松嫩平原的苏打草甸盐土的主要盐分组成是碳酸盐和碳酸氢盐，也包括少量的硫酸盐和氯化物。总盐含量超过 0.7%，CO_3^{2-}+HCO_3^- 的毫克当量与 SO_4^{2-}+Cl^- 的毫克当量的比值超过 4。该类盐土多分布在闭流的泡沼周围，且多与盐碱化草甸土、碱土呈复合式分布。在松嫩平原，该种土壤均是不毛之地，其总面积约为 39 000 hm^2。

该类盐土的表层土壤养分含量情况为：全氮 0.043%，全磷 0.065%，全钾 2.74%，腐殖质 0.67%，碱解氮 35.7 mg/kg，速效磷 21.6 mg/kg，速效钾 182.2 mg/kg，土壤 pH 为9.0。其上生长的植被多见羊草（*Leymus chinensis*）（恽锐和李建东，1994，1998）；地下水位多在 1～1.5 m，表层土壤的含盐量可达 10.5%，沿剖面向下则均低于 1%。表层土壤的钠离子含量很高，达 27.2 mmol/100 g 土。土壤母质为沙土（表 5-20）。

表 5-20　苏打草甸盐土剖面特征（张殿发，2000）

层位	采土深度(cm)	颜色	质地	结构	湿度	紧实度	铁锈斑	pH	石灰反应
S	0～0.3	灰白	轻黏壤土	片状盐结皮	—	硬	—	9.5	强烈
A/S	0.3～12	棕灰	紧沙土	层状	湿	松	—	10.1	强烈
B	12～31	暗灰	紧沙土	层状	过湿	松	—	10.2	强烈
C/G	31～87	暗灰棕	沙壤土	棱块	过湿	较紧	少量	9.6	强烈
G	87～120	棕灰	沙壤土	棱块状	过湿	松	多量	8.9	强烈

注：采样点为乾安县兰字乡能莫村万字井北 1000 m，三王泡

（2）硫酸盐-氯化物苏打草甸盐土

该类盐土在松嫩平原的分布面积约 10 000 hm^2，其盐分组成主要为硫酸盐和氯化物，且多含有一定量的苏打。主要分布在闭流的泡沼周围，土壤表层的全盐含量超过 0.7%，SO_4^{2-}+Cl^- 的毫克当量大于 CO_3^{2-}+HCO_3^- 的毫克当量。该类盐土的表层土壤养分含量情况为：全氮 0.052%，全钾 2.81%，全磷 0.062%，腐殖质 0.72%，碱解氮 26.4 mg/kg，速效磷 66.4 mg/kg，速效钾为 395.7 mg/kg，土壤 pH 为 9.6（表 5-21）。

表 5-21　硫酸盐-氯化物苏打草甸盐土剖面特征（张殿发，2000）

层位	采土深度(cm)	颜色	质地	结构	湿度	紧实度	铁锈斑	pH	石灰反应
S	0～0.5	白灰	沙壤土	薄片状盐结皮	干	较硬	—	9.2	弱
A/S	0.5～8	灰	紧沙土	层状	潮湿	松	—	9.8	弱
B	8～37	暗灰棕	中黏壤土	层状	过湿	松	—	10.1	强烈
C	37～77	灰棕	轻黏壤土	棱块状	过湿	松	有	9.9	弱
G	77～130	浅灰棕	沙壤土	小棱块状	过湿	松	有	9.7	弱

注：采样点为乾安县鳞字乡腰唐字井南 500 m 泡边，盐碱滩

5.8.3 松嫩平原碱土的性质

碱土一般沿其剖面存在明显的柱状结构。尽管土壤的可溶性盐类在全剖面的含量均不高，但其心土层的土壤胶体却吸附有大量的交换性钠离子，在土体中形成一个独特的碱化层。这是碱土的基本特征。

松嫩平原碱土的盐分组成主要是苏打，且草地碱土与盐碱化草甸土多以混合的形式存在。根据碱化层所处的土壤部位和盐分含量的高低，将本区的碱土细分为白盖、浅位、中位、深位和超深位盐化碱土 5 种类型。其中，白盖苏打草甸碱土的碱化层位于土壤表层的 0～2 cm，以"碱斑"的形式存在；浅、中、深及超深位苏打草甸碱土的碱化层则分别位于地表下的 2～7 cm、7～15 cm、15～30 cm 及超过 30 cm 深度。在脱盐层保护良好的情况下，碱土上能够生长优质的羊草；如经干扰和破坏，则会演变成白盖碱土。

松嫩平原的土壤碱化源于脱盐过程。因此，松嫩平原地区的碱土主要分布在微地形较高和排水条件相对良好的部位。其碱性很强，土壤碱化度很高，交换性钠离子占交换性盐基总量的 45%以上，有的甚至超过 70%。松嫩平原的碱土常含有一定的盐分，表现为盐化碱土。碱斑占本区耕地面积的 5%～10%，其 pH 多高达 9～10。松嫩平原地区苏打盐化碱土的表层土壤养分含量状况：全氮 0.109%，全磷 0.059%，全钾 3.08%，腐殖质 1.75%，碱解氮 74.4 mg/kg，速效磷 l0.7 mg/kg，速效钾 179.9 mg/kg，土壤 pH 为 9.2。

(1) 白盖苏打盐化碱土

这一类碱土在人为影响与自然因素共同作用下，土壤表层结构受到破坏，造成碱化层在地表裸露，形成光碱斑。有一层呈灰白色的土壤或细沙覆被于碱斑的表面，其积盐层的盐分含量超过 0.3%，且多见于"碱甸子"的高处，不利于碱蓬(Suaeda glauca)等植物的生长。碱土结皮层下分布有呈棱块状或硬结核状结构的 B 层，其柱状结构的碱土特征不明显。苏打成分在土壤全剖面的各层土壤均普遍存在，整个剖面的碱化度都很高，尤其 B 层的碱化度甚至超过 90%，土壤 pH 高达 10.3。该类碱土的地下水埋深约 2 m；母质为冲积-湖积物。

松嫩平原白盖苏打盐化碱土的剖面特征如表 5-22 所示。

表 5-22　白盖苏打盐化碱土剖面特征(张殿发，2000)

层位	采土深度(cm)	颜色	质地	结构	湿度	紧实度	铁锈斑	根系	石灰反应
Aa	0～7	暗灰棕	沙壤土	棱块状	潮湿	紧	—	无	较强
A/B	7～65	灰棕	中壤土	棱块状	潮湿	紧	—	无	强烈
B	65～98	棕	重壤土	棱块状	湿	紧	铁锰结核	—	强烈
C	98～120	暗灰	中壤土	棱块状	湿	紧	大量	—	强烈

注：采样点为通榆县七井子乡光明村新立屯正南 800 m，草甸

(2) 浅位苏打盐化碱土

该类碱土的土壤剖面 0～6 cm 为粉砂质黏土，呈棕灰色，土壤腐殖质含量较高，碱

化特征不明显，故植物根系主要分布在这一层。其下为呈棱柱状结构的 Aae 层，再往下为呈棱块状的 B 层，其碱化度可达 60%～70%，土壤 pH 可高达 10，向下则略低（表 5-23）。碱化层埋深一般不足 7 cm，其积盐层的盐分含量超过 0.3%，其上仅见稀疏的羊草、山韭（*Allium senescens*）和虎尾草（*Chloris virgata*）等生长。该类碱土在"碱甸子"中常形成碱包，较附近的平地可高出 40～80 cm 或以上；下伏的地下水位多在 2.5 m 左右。

表 5-23　浅位苏打盐化碱土剖面特征（张殿发，2000）

层位	采土深度(cm)	颜色	质地	结构	湿度	紧实度	根系	pH	其他	石灰反应
A	0～6	棕灰	砂质黏土	片状	干	松	多	7.6	—	弱
Aae	6～28	暗棕灰	砂质黏土	棱柱状	较干	极紧	中等	9.5	—	中等
B	28～76	浅棕	砂质黏土	棱块状	潮湿	较松	少量	9.0	少量石灰假菌丝体	强烈
C	76～150	黄棕	砂质黏土	棱块状	湿	较紧	少	8.5	潜育化	强烈

注：采样点为长岭县长岭镇八大公司村公司屯西南 1000 m，草原

(3) 中位苏打盐化碱土

该类碱土的碱化层埋深一般为 7～15 cm。其碱化层的碱化度超过 45%，积盐层的全盐含量超过 0.3%。在松嫩平原分布的总面积为 110 000 hm^2，其中含耕地 7000 hm^2。该类碱土的土壤表层养分状况为：全氮 0.13%，全磷 0.058%，全钾 2.98%，腐殖质 2.36%，碱解氮 107.9 mg/kg，速效磷 7.2 mg/kg，速效钾 175.4 mg/kg，土壤 pH 为 8.9。这一类碱土多分布在"碱甸子"中邻近平地但高出平地 1 m 以上的碱土丘上，生长的植被多见羊草，并伴生有全叶马兰（*Kalimeris integrifolia*）、糙隐子草（*Cleistogenes squarrosa*）、大针茅（*Stipa grandis*）等。其下伏的地下水位 2～2.5 m；成土母质为冲积-湖积物。

中位苏打盐化碱土的剖面特征如表 5-24 所示。

表 5-24　中位苏打盐化碱土剖面特征（张殿发，2000）

层位	采土深度(cm)	颜色	质地	结构	湿度	紧实度	根系	pH	其他	石灰反应
A	0～10	暗棕灰	重黏壤土	棱块状	干	紧	中等	8.7	—	强烈
Aa	10～30	浅棕灰	轻黏壤土	柱状	潮湿	紧	少	9.8	—	强烈
B	30～72	灰棕	中黏壤土	棱块状	湿	紧	少	9.6	—	强烈
C	72～130	浅灰棕	轻黏壤土	棱块状	湿	较紧	—	9.6	铁锈斑、锰结核	—

注：采样点为乾安县大布苏镇端字村林业队北 500 m，草甸

(4) 深位苏打盐化碱土

该类碱土在松嫩平原的分布面积约 60 000 hm^2，且多分布于与中位碱土类似的碱土丘的顶部。土壤全剖面的含盐量和碱化度都很低，代换性阳离子总量多低于 2 mmol/100 g 土。碱化层埋深为 15～30 cm，积盐层的全盐含量低于 0.3%。此类碱土的土壤表层养分状况为：全氮 0.088%，全磷 0.049%，全钾 3.04%，腐殖质 1.31%，碱解氮 53.6 mg/kg，速效磷 7.3 mg/kg，速效钾 139.9 mg/kg，土壤 pH 约 9.4。其下伏的地下水位为 2.0～2.5 m，地下水矿化度低（表 5-25）。

表 5-25　深位苏打盐化碱土剖面特征（张殿发，2000）

层位	采土深度(cm)	颜色	质地	结构	湿度	紧实度	根系	土层过渡	铁锈斑	石灰反应
A	0～18	浅灰	轻壤土	碎块状	干	松	多	—	—	强烈
Aa	18～43	灰黑	中壤土	柱状	干	较紧	少	明显	—	强烈
B	43～84	灰白	中壤土	棱块状	湿	紧	无	明显	—	强烈
C_1	84～143	棕灰	轻壤土	碎块状	湿	紧	无	逐渐	有	强烈
C_2	143～150	棕	中壤土	碎块状	湿	紧	无	—	大量	强烈

注：采样点为通榆县新兴乡东兴村西兴隆屯 150 m，耕地

(5) 超深位苏打盐化碱土

该类碱土在本区的总分布面积约为 17 000 hm^2，其中含耕地约 2000 hm^2。碱化层埋深通常超过 30 cm，其积盐层的全盐含量超过 0.3%。其表层土壤的养分含量状况为：全氮 0.127%，全磷 0.112%，全钾 3.18%，腐殖质 1.99%，碱解氮 73.10 mg/kg，速效磷 23.40 mg/kg，速效钾 194.00 mg/kg，土壤 pH 为 9.5。

松嫩平原超深位苏打盐化碱土的剖面特征见表 5-26。

表 5-26　超深位苏打盐化碱土剖面特征（张殿发，2000）

层位	采土深度(cm)	颜色	质地	结构	湿度	紧实度	根系	土层过渡	锈斑锰、结核	石灰反应
Aa	0～18	暗灰	轻黏壤土	粒状	潮	松	较多	明显	—	较强
A	18～26	暗灰	轻黏壤土	小块状	潮	紧	中等	不明显	—	强烈
A/B	26～50	暗灰	中黏壤土	棱块状	湿	紧	少量	明显	—	强烈
B/G	50～90	灰黄	重黏壤土	棱块状	湿	紧	无	不明显	有	强烈
C/G	90～120	棕黄	重黏壤土	碎块状	湿	较紧	无	逐渐	大量	强烈

注：采样点为通榆县边昭镇边昭村西南 1000 m，耕地

5.9　土壤的演化过程

土壤的盐碱化过程，其实质是土体中不断积累可溶性盐并进而形成各类盐碱化土壤的成土演化过程。存在于土壤溶液中的可溶性盐类，其盐分组成十分复杂。尽管如此，在土壤盐碱化过程中真正起作用的各类阴、阳离子，则主要包括 Na^+、Mg^{2+}、K^+、Ca^{2+}、CO_3^{2-}、HCO_3^-、Cl^- 和 SO_4^{2-} 等 8 种。

一般所说的土壤盐碱化过程，实际上可区分为盐化和碱化两个不同的成土过程。土壤的盐化过程，通常是指 NaCl、$CaCl_2$、$NaSO_4$、$MgSO_4$ 等中性或近中性盐类在土壤表层和土体中的不断积累过程，最终使得土壤表现出中性或碱性反应（李建东和郑慧莹，1997）。在土壤积盐的初期，盐类多在土体及土壤的表层积聚。当盐分的积累达到一定的数量（浓度）且其程度足以引起植物出现生理胁迫反应并危害到植物的生长发育过程，即谓之土壤发生了盐化。土壤的碱化过程（王遵亲等，1993），是指盐土土体所吸附的离子与土壤溶液之间发生了盐基离子的交换，即土壤胶体微粒双电层外围所吸附的离子（主要

指 Ca^{2+})与同该胶体微粒接触的可溶性盐离子(主要指 Na^+)之间发生了交换的物理化学过程，使土壤表现出石灰性反应并沿剖面出现柱状碱土特征。

据郑慧莹和李建东(1993)、李建东和郑慧莹(1995)的观点，按照发生的成因，可将松嫩草地的土壤盐碱化过程区分为原生盐碱化和次生盐碱化两种类型(表 5-27)。

表 5-27　草地土壤次生盐碱化与原生盐碱化的主要特点(李建东和郑慧莹，1997)

考虑因素	草地土壤次生盐碱化	草地土壤原生盐碱化
成土类型	草地次生盐渍土	草地原生盐渍土
气候条件	干旱	干旱
地形	地形低洼和地势较高处均有分布，面积大，分布广	地形低洼处，面积较小，分布零星
地下水状况	地下水位一般较低，受地下水影响较弱	地下水位一般较高，受地下水影响强烈
形成时间	形成时间较短，形成速度快	形成时间较长，形成速度慢
人类活动	人为干扰强度大，主要是放牧引起植被破坏	人为干扰强度小，主要受气候等自然条件制约
植被演替情况	羊草→羊草+寸草薹→羊草+寸草薹+虎尾草→碱蓬+獐毛→光碱斑	碱蓬+獐毛或光碱斑
主导因素	植被	气候、地下水等
防治与改良途径	较易防治，主要可采用生物防治措施，保护和恢复植被	防治较难，主要可利用水利、生物和化学等综合措施
剖面特征	残存次生盐碱化前原生土壤的某些剖面特征。亚表层颜色较深、残留根系较多，土壤结构破坏较轻，SiO_2 粉末和盐结晶少，有重盐碱化层存在	全剖面颜色较浅，土壤表层呈小棱块状，碱化层呈棱柱状。根系极少，有大量 SiO_2 粉末和盐结晶析出
理化特征	水溶性有机质含量较高，SiO_2 含量低，亚表层可溶性盐含量和碱化度低	水溶性有机质含量极微，SiO_2 含量高，全剖面可溶性盐含量和碱化度较高，尤其表层为最高

5.9.1　草地土壤的原生盐碱化过程

据地质学证据可知，松嫩平原是地球在中新生代时期所形成的大型陆相沉积盆地(郑慧莹和李建东，1993；李建东和郑慧莹，1997)。该区广泛覆盖着第四纪时期形成的河湖沉积物，其质地黏重，渗透性能极差，是形成松嫩平原大面积盐碱土分布的物质来源和母质基础。

在地质构造上，自中新生代以来直到现在，松嫩平原地区处于长期的下陷地区，其三面环山，形成一个典型的低位"盆地"。由于其周围的山地降水丰沛，导致大量的可溶性盐类随水向"盆地"的中心汇集，产生强烈的土壤积盐过程。此外，除松花江和嫩江从平原内中部贯穿流过之外，还有百余条发源于周围山地的大大小小的秃尾河，均呈辐射状向中部的低平地带汇集。松嫩平原内部地区的地势平缓，起伏很小，同时水路网络却极不发达，漫散分布于平原内部，长期处于停滞状态，不能向区域外流出，最终导致大量的可溶性盐类不能迅速排出流域，汇集表现为遍布全区、数以千计的大小不等的内陆湖泡。

松嫩平原地区积聚着大量的有害盐类，年均高达 150 000 t 之多，导致本区的土壤盐碱化现象十分普遍且严重。区内的河-湖相沉积物母质的组成黏重，常在近地表处形成明显的不透水层，使得降水难以及时渗入地下，在强烈的蒸发作用下，进一步加剧了该区的土壤盐碱化过程。

　　松嫩平原地区位处典型的大陆性半干旱温带季风气候区，其降水的变率大，年水面蒸发量约为年降水量的 3 倍(Gao et al.，1996)。强烈的水分蒸发造成该区河流与湖泊的水量在干旱的年份急剧减少甚至发生干涸，使得湖泡水体的盐分浓缩，从而形成盐湖(泡)或碱湖(泡)。松嫩平原的地下水位较浅，平原地区多在 1~3 m，其地下水的矿化度较高，可达 5 g/L，且以钠质碳酸氢盐为主。大量的盐分以土壤水的形态通过土壤毛细管上升而集结到地表，使土壤质地恶化。

　　综上，这些自然因素及其作用均是导致松嫩平原地区的土壤发生原生盐碱化的重要原因。

5.9.2　草地土壤的次生盐碱化演变

　　尤其自 20 世纪 60 年代以来，伴随着日益强烈和广泛的人为活动干扰，松嫩平原地区的草地自然植被遭到了严重的破坏，使得土壤盐碱化的发生日益严重，区内草地的盐-碱斑面积急剧扩大，形成大面积的次生盐碱斑。当前，松嫩平原次生盐碱化草地的面积高达 1 800 000 hm^2，占区内草场总面积的 48.5%，是本地最主要的次生盐碱化类型(张为政，1993)。由此可知，松嫩草地的土壤次生盐碱化是在人为干扰的条件下发生的，这与国内其他灌区的土壤次生盐碱化过程相似。但是，松嫩草地的次生盐渍土有其独特的剖面形态、理化性质和成土过程。根据大量的历史资料分析和野外调查数据，目前认为，松嫩平原次生盐碱斑形成的主要来源是草地土壤的次生盐碱化。而过度放牧(overgrazing)、过度樵采(over-logging)和气候干旱(drought)，则是引起松嫩平原草地次生盐碱化的主要原因。

　　(1)松嫩草地次生盐碱斑的形成及其土壤剖面特征

　　位处我国东北平原的松嫩草地，土壤肥力与水分条件相对优越，其原生草地景观水草丰美，尤以盛产羊草(当地俗称碱草)而享誉世界。开发初期，草地中仅分布零星的盐碱斑，且其斑块的面积小，多仅为几个平方米。根据《吉林省土壤志》(吉林省土壤普查鉴定规划工作办公室，1959)的记载，吉林省 1958 年的光板型盐碱斑的面积为27.3×10^4 hm^2，其中约 26.9×10^4 hm^2 分布在草地，占全省草地总面积的 10.6%。草地盐碱斑主要分布在盐碱湖泡周边和积水低平地的小丘顶部，面积占比为 5%~15%。而吉林省白城地区于 1984 年进行的草地资源调查结果显示，白城地区的草地盐碱斑面积已扩大到 43.4×10^4 hm^2，占该区草地总面积的 36.4%；盐碱斑占草地面积的比例多达 20%~50%。1958~1984 年，草地盐碱斑的面积增加 16.1×10^4 hm^2，平均每年增加盐碱斑约5963 hm^2，且其分布范围已经超出了盐碱湖泡周围和积水洼地(表 5-28)。尤其在受人为活动影响强烈的村屯及饮水点附近，成片的盐碱斑连续大面积分布，甚至在一些地势较高、地下水影响很弱的区域也出现了大面积的盐碱斑(张为政，1993)。松嫩草地中大面积盐碱斑的出现与同期的人类活动影响高度一致，叠加在原生的自然盐碱化过程及其结果之上，因而属于土壤次生盐碱化的范畴。

表 5-28　1984 年吉林省白城地区草地盐碱斑面积及其比例

草地类型	盐碱斑占该类草地面积的比例(%)	各类草地总面积(×10⁴ hm²)	草地中盐碱斑面积(×10⁴ hm²)	盐碱斑占草地总面积的比例(%)
非盐碱化草地	<15(10)	30.5	3.05	2.56
轻度盐碱化草地	15～30(22.5)	27.8	6.25	5.26
中度盐碱化草地	30～50(40)	29.0	11.60	9.75
重度盐碱化草地	50～70(60)	15.4	9.24	7.76
盐碱草地	>70(80)	16.6	13.28	11.16
总计		119.3	43.42	36.49

注：表中括号内数据为盐碱斑比例的平均值

需要说明的是，这里所述及的草地土壤次生盐碱化和次生盐碱斑(或次生盐渍土)，与草地土壤原生盐碱化和原生盐碱斑(或原生盐渍土)，在剖面形态、理化特性及形成原因上都存在显著的差别。张为政(1993)选取吉林省长岭县腰井子羊草草原自然保护区内、外的两块草地为例，对其原生盐渍土和次生盐渍土的剖面进行专门的说明。

Ⅰ. 剖面 1：采自保护区的中央光盐碱斑，土壤类型为苏打碱化盐土，属次生盐渍土，地下水位为 158 cm。

0～3 cm：土壤表面有极薄的 SiO_2 粉末；浅灰色砂壤质，结构不明显；无植物根系；有盐霜和盐结晶析出。

3～27 cm：灰黑色壤质；小棱块状结构；紧实致密；结构表面有 SiO_2 粉末；土体中有盐结晶析出；无植物根系；石灰性反应微弱。

27～45 cm：青灰色黏壤质；棱柱状结构；紧密；石灰性反应明显；结构表面有 SiO_2 沉淀。

45～80 cm：暗灰色黏壤质；棱块状结构；石灰性反应强烈；有 SiO_2 析出。

80～150 cm：浅灰色重壤质；核粒状结构；有石灰性反应。

Ⅱ. 剖面 2：采自保护区外距村屯 2 km 处的大面积次生盐碱斑，土壤为结皮苏打盐化草甸碱土，地下水位为 168 cm。

0～5 cm：表层为坚硬致密的盐结皮，灰白色，向下为较疏松的轻壤质土；小核状结构；石灰性反应强烈；有少量细小的植物根系。

5～32 cm：棕黑色重壤质；核状结构；有很多植物根系残留；石灰性反应稍弱。

32～57 cm：灰棕色黏壤质；小棱块状结构；有大量腐殖质淋溶条纹；仍有较多的植物根系残留；紧密，向下过渡明显。

57～82 cm：棕灰色重壤质；棱柱状结构；仍可见腐殖质淋溶条纹；结构表面有少量 SiO_2 粉末。

82～168 cm：青灰色重壤质；核粒状结构；较紧，极湿；成土过程不明显；受季节性地下水位变化的影响，剖面中有潜育化现象；石灰性反应较强。

通过对该区草地的原生和次生盐渍土的剖面特征及化学性质进行比较可以看出：在自然条件下，因地球化学过程而形成的原生盐渍土，经历了长期的土壤盐碱化过程，使得土壤结构的破坏严重；土体中有较多盐结晶析出和粉末状 SiO_2 出现；土壤有机质的含量极少，颜色较浅；土壤的 pH、碱化度及 Na$^+$ 等可溶性盐分的含量等指标较高，且沿剖面自上而下降低，而石灰性反应却由上至下逐渐增强，显示出由淋溶作用所引起的钙积作用的垂向分布规律。相比之下，该区的草地次生盐碱化土壤的盐碱化过程时间较短，原来土壤的特征（如草甸土、黑钙土等）在土体中还有明显的残留痕迹。例如，在亚表土层（10~50 cm），土壤积盐较少，盐碱化的发生程度较轻；SiO$_2$ 粉末较少；水溶性有机质的含量较高，有较丰富的植物残根等；可溶性盐和 Na$^+$ 含量往往较低，但土壤 pH 和碱化度较高。其主要原因是，草地土壤有机质在次生盐碱化的过程中被大量分解，形成了丰富的 Na$_2$CO$_3$ 和 NaHCO$_3$。

(2)松嫩草地土壤次生盐碱化的成因

苏打（即碳酸钠）盐碱化是松嫩平原土壤盐碱化的主要类型和特征。由于碳酸钠为强碱弱酸盐，在土壤溶液中易发生碱性水解，使土壤溶液表现出强碱性。它既可使土壤发生盐化，也可使土壤发生碱化，使得大多数的盐碱化土壤表现为复合盐碱化的特征，如松嫩平原的草地盐碱斑（包括原生和次生），多为苏打盐化碱土和苏打碱化盐土。因此，我们将松嫩草地的土壤次生盐化和次生碱化两个子过程统称为草地土壤次生盐碱化，而将草地次生盐斑（土）和次生碱斑（土）统称为草地次生盐碱斑（次生盐渍土）。

松嫩草地的土壤次生盐碱化过程与灌区土壤的次生盐碱化类似，始终是由人为干扰活动的影响而主导发生和发展的。但是，灌区土壤的次生盐碱化是因人类不合理灌排而导致的，而松嫩草地的土壤次生盐碱化则是因人类不合理利用草地的方式，如过度放牧、樵柴、草-田转换、道路、割草、烧荒和挖草药等而造成草地植被的严重破坏而逐步形成的。

在松嫩平原，草地发生次生盐碱化的主要原因是过度和过度放牧。已有研究显示，放牧半径与草地次生盐碱化的程度呈明显的负相关，即以村屯为中心，距离越远，放牧活动越少，草地盐碱化的程度越轻；反之则越严重。尤其在距离村屯 1~2 km 的半径内，大部分的土地沦为裸碱斑。

20 世纪 80 年代以前，当地农村烧柴主要靠打草，导致过度樵柴，是造成松嫩平原草地发生次生盐碱化的重要原因。80 年代中后期，随着家庭联产承包责任制的全面实施，玉米的生产得到极大的发展，玉米秸秆和向日葵秸秆基本满足了烧柴的需要。随后，由于"三北"防护林一、二期工程建成，防护林中树木的枝条也成为当地农村的重要能源来源之一。目前，随着国家能源利用方式的重大变革，农村普遍利用煤炭和燃气，使樵柴对草地的影响成为历史。

自 20 世纪 90 年代以来，气候干旱，特别是连续多年的极端性干旱，年降水量往往不足正常年份的 50%，使得草场的生产力受到了严重的影响，加剧了草地的盐碱化。以吉林省大安市的姜家甸草场为例，其面积达 8.7×10^4 hm^2，是松嫩平原为数不多保存较好的草场之一，但其草场产草量却不断下降；50 年代为 2000 kg/hm^2，到 80 年代下降为 1500 kg/hm^2，到 90 年代则不足 1000 kg/hm^2。

土壤中积盐与脱碱的平衡是由草地植被来维持的（表 5-29）。

表 5-29　不同植物群落下的土壤水分运动状况(张为政，1993)

植物群落类型	盖度(%)	土壤水渗透系数(cm/h)	土壤水蒸发强度(g/h)
羊草+拂子茅	75	15.2(11)	6.9(11)
羊草+寸草薹	60	10.5(11)	7.4(11)
羊草+糙隐子草	55	8.7(7)	8.9(10)
小獐毛+碱蒿	65	6.4(7)	9.3(10)
碱蓬	45	4.7(7)	11.4(10)

注：表中括号内的数字为重复次数

从表 5-29 可知，一旦草地的植被盖度下降，就会引起土壤表面的水分蒸发量增加，下层土壤水随毛细管迅速上升，结果导致土体下层的盐分向土壤表层积聚。此外，低水平的草地生物量生产，意味着草地土壤有机质的含量低，土壤结构性差。土壤孔隙的减少使得土壤中下渗水流的数量和速率下降，土壤表层的脱盐过程受到抑制，这意味着土壤积盐的速率得到强化。在干旱条件下，草地的地下水中含有的残余碳酸钠和土壤有机质大量分解所产生的碳酸盐与碳酸氢盐，使得土壤的 pH 升高，碳酸盐积聚，结果导致土壤溶液中的 Ca^{2+}、Mg^{2+} 发生碳酸盐沉淀，显著提高了土壤溶液中 Na^+ 的交换能力并进入土壤吸收性复合体，使土壤出现次生碱化。可见，植被的破坏是打破草地土壤水盐平衡、引起土壤次生盐碱化的关键环节。相比之下，引起灌区土壤次生盐碱化的主导因子是不合理的灌排方式。因此，这两种土壤次生盐碱化的防治措施也是不同的。很显然，保护和恢复草地植被，是防治草地土壤次生盐碱化的有效途径；而合理灌溉和降低地下水位，则是防治灌区土壤次生盐碱化的根本措施。

合理放牧是保护和恢复草地植被、防止草地发生次生盐碱化的一个十分重要而有效的措施。调查结果表明，随着放牧强度的增加，处于不同放牧演替阶段的松嫩草地植物群落，其组成发生着明显的变化。在轻牧和适牧阶段，草地植被群落的主要组成成分是羊草、拂子茅等优质牧草，可占到整个植被群落的 75%～80%，并分布有少量的糙隐子草和寸草薹等杂类草。发展到重牧阶段后，草地植物群落中的优质牧草数量明显减少，而碱蓬、星星草等耐盐碱的盐生植物开始出现。随着放牧强度的继续增大，盐生植物逐步取代其他植物而在草地群落中成为优势种，形成星星草、碱蓬、小獐毛等典型的盐生植物群落。草地群落的总生物量(干物质生产量)和土壤有机质的积累量也随着放牧压力的增加而不断下降，土壤理化性状和养分状况日益恶化，植被盖度急剧下降。碱蓬种群的盖度虽然较大，但其生育期短，其实际覆盖地表的时间远较羊草种群为低。植被盖度及土壤理化性状(如有机质含量、孔隙度等)对土体中水分的上下相对运动有很大的影响。在植被盖度大的羊草群落，土壤水分的入渗速率远高于盖度较小的碱蓬群落，而土壤水分蒸发量则有所下降。这表明植被的生长状况对维持土体内的水盐平衡有重要影响。一旦该平衡被破坏，盐分就会在土壤表层发生积聚。因此，松嫩草地土壤次生盐碱化发生的前提就是植被是否遭到破坏。

在放牧压力增加的条件下，草地盐生植物出现并增多，草地植被群落的生物量和盖度降低；同时，盐生植物体内也积累了较多的可溶性盐分和 Na^+(表 5-30)。

表 5-30　松嫩草地几种主要植物的生物学特性比较(张为政，1993)

植物种	干物质产量(g/m²)	含盐量(g/kg)	Na⁺含量(g/kg)
羊草	$550\sim650$	$35\sim45$	$6.5\sim7.5$
拂子茅	$600\sim700$	$25\sim30$	$4.2\sim4.5$
小獐毛	$450\sim550$	$55\sim63$	$12.0\sim14.0$
碱蓬	$50\sim100$	$180\sim220$	$48.0\sim62.0$
星星草	$150\sim250$	$48\sim53$	$5.0\sim7.5$
糙隐子草	$80\sim120$	$30\sim40$	$6.0\sim8.0$
寸草薹	$150\sim250$	$20\sim30$	$3.5\sim4.0$

　　草地植物的植株死亡分解后，其残存盐分积累于地表，直接参与土壤的次生盐碱化过程。随着放牧压力的增加，土壤可溶性盐分含量和碱化度直线上升。在过牧阶段，碱蓬群落中有大面积的次生光碱斑出现，土壤的次生盐碱化日益严重。尤其是村屯周边，放牧等人为干扰强度较大，土壤次生盐碱化严重，因此次生光碱斑的面积也较大，分布范围广；甚至在某些地势较高、受地下水影响弱的位置，也有次生盐碱斑出现。但次生盐碱斑主要出现在草甸土或草甸深位柱状碱土的分布区内。如果地势较高，地下水位较低，次生盐碱斑的形成时间较短，土壤理化性质尚未明显恶化，则土壤的肥力和植被就较容易恢复。东北师范大学草地科学研究所在吉林省长岭县羊草草原自然保护区开展的草地盐碱斑治理试验证实，只要在次生盐碱斑上混埋覆盖少量枯草，即可恢复草地植被，且生长发育良好。而由地质构造和地球化学原因形成的原生盐碱斑，分布的地势通常较低，受地下水影响大，极易返盐，使得对其的治理十分困难。研究盐碱化草地中性质不同的两类盐碱斑，区分其盐碱化的特点，有助于科学管理和利用草地，克服草地盐碱土治理中的盲目性，提高草地生产力，并制定合理的放牧和割草制度。

　　总之，松嫩草地的土壤次生盐碱化尽管受该地区气候干旱、地下水位较高等潜在盐碱化因素的影响，但因过度放牧等人为干扰所引起的植被退化是导致松嫩平原草地土壤次生盐碱化的主要原因。因此，它与草地土壤原生盐碱化和灌区土壤次生盐碱化的形成是不同的，其剖面形态和理化特性也有所不同。从科学层面明确区分土壤盐碱化过程的区域特征，能够为盐渍土分类和因地制宜地防治土壤盐碱化等实际工作提供科学支持(张为政，1993)。

5.9.3　草地植被与土壤盐碱化关系

　　松嫩平原盐碱化土壤的演化与草地植被退化的关系十分密切。当土壤的盐碱化程度加重时，草地植被也随之发生退化演替。二者经常互为因果，相互制约，相互影响。根据实地调查的结果可知(郭继勋等，1994；李秀军，2000)，松嫩平原地区草地土壤盐碱化的演化过程主要表现为下述几种形式。

Ⅰ. 草甸土阶段—轻度盐碱化草甸土阶段—中度盐碱化草甸土阶段—重度盐碱化草甸土阶段—盐碱斑阶段。

Ⅱ. 草甸淡黑钙土阶段—轻度盐碱化淡黑钙土阶段—中度盐碱化淡黑钙土阶段—重度盐碱化淡黑钙土阶段—盐碱斑阶段。

Ⅲ. 深位碱土阶段—中位碱土阶段—浅位碱土阶段—白盖碱斑阶段。

需要指出的是，上述不同演化阶段的土壤类型，其变化是可逆的。主要取决于影响土壤盐碱化的内外部条件。

据调查统计分析，相比于 20 世纪 50 年代，松嫩平原 90 年代的草地"碱斑"数量明显增多。20 世纪 50 年代，本区的复合盐碱化土壤面积＞盐土面积＞碱土面积；而 90 年代则为复合盐碱化土壤面积＞碱土面积＞盐土面积。而碱土的利用和改良尤其困难。因此，松嫩平原在这一时期由复合盐碱化土壤和盐土向碱土的明显转变，表明该区的土壤状况在各类自然和人为因素的综合作用下发生了明显的恶化。

伴随着盐碱化程度的逐渐增强，草地土壤的理化性质也会发生相应的变化。据进一步的分析可知，30 多年来，松嫩平原的盐碱化草甸土和白盖碱土的盐分含量、土壤碱化度及 pH 均出现了明显的增长(表 5-31)。因此，松嫩平原草地的土壤盐碱化程度在逐渐加剧。

表 5-31　盐碱化草甸土和白盖碱土的土壤性质变化(郭继勋等，1994)

土壤	土层(cm)	全盐量(g/kg)		ESP(%)		pH	
		20 世纪 50 年代	20 世纪 80 年代	20 世纪 50 年代	20 世纪 80 年代	20 世纪 50 年代	20 世纪 80 年代
盐碱化草甸土	0～20	0.13	0.21	10.11	15.60	8.0	8.8
	20～40	0.09	0.12	4.58	7.30	8.2	9.1
白盖碱土	0～20	0.56	0.78	51.25	61.12	10.0	10.2
	20～40	0.41	0.55	75.36	78.64	9.6	10.1

(1)草地植被退化与土壤盐碱化

地球陆地生态系统的土壤演变与植被退化的发生几乎是同时进行的。通常，土壤的盐碱化促进和加快了草地植被的退化演替；而植被退化又反作用于土壤，使草地土壤的理化性质向着不利于植物生长的方向发展。二者互为因果，相辅相成，联系密切。研究表明，随着植被退化演替的进行，不同演替阶段草地植物群落的土壤理化性质发生了相应的变化，土壤的盐碱程度日益严重，土壤理化性状恶化，抑制了羊草群落的健康生长发育(表 5-32)。在尚未发生退化的羊草群落阶段，土壤 pH 一般在 8.3～8.6，土壤为中度碱化土，碱化度为 25%～30%，含盐量较低，一般在 0.2%左右。在这种条件下，土壤的结构疏松，孔隙度大，土壤容重小，通气透水性强，土壤有机质含量高，有利于植物的生长。因此，羊草可以正常生长发育。在草地植被尚未遭到破坏时，土壤生境条件可以较稳定地长期维持在这一阶段，或得到一定的改善。

表 5-32　松嫩草地植被的退化演替与土壤的理化性质（郭继勋等，1994）

群落类型	pH	碱化度(%)	可溶性盐含量(%)	Na$^+$含量(cmol/kg 土)	孔隙度(%)	容重(g/cm^3)	饱和导水率(mm/min)	有机质含量(%)
羊草	8.50	28.9	0.220	5.09	46.4	1.42	0.15	1.85
羊草+碱茅	9.20	45.6	0.403	8.75	40.4	1.59	—	1.24
羊草+小獐毛	9.13	38.2	0.347	8.24	45.1	1.64	—	1.52
羊草+虎尾草	9.00	40.3	0.389	8.30	42.3	1.56	—	1.29
碱茅	9.72	60.4	0.437	10.60	28.1	1.58	0.05	1.06
小獐毛	9.64	57.8	0.433	11.30	42.0	1.62	0.09	1.21
虎尾草	9.68	53.2	0.425	9.84	44.5	1.48	0.108	1.16
碱蓬	9.79	64.5	0.498	12.10	37.6	1.67	0.02	0.87
光碱斑	10.05	77.8	0.546	13.75	34.4	1.87	0.01	0.53

　　在草地被过度利用的情况下，羊草在草地群落中的数量下降，一些盐生植物开始在植被群落中出现，形成羊草+盐生植物的混合群落。在这一时期，土壤的盐碱化愈益严重，土壤 pH 上升到 9.0～9.2，碱化度达到 45% 左右，远高于羊草群落的土壤碱化度，而土壤含盐量则增加到 0.4% 左右。草地土壤的结构变得紧实（板结），土壤容重增大，孔隙度降低。当草地植被退化为以碱蓬、碱茅、小獐毛等盐生植物为优势种的群落阶段时，土壤的盐碱化程度进一步加剧，土壤 pH 上升到 9.7 左右，碱化度为 50%～60%，已演变成重度碱化土。土壤的含盐量明显增加，盐碱化程度严重。土壤质地紧密，通气透水性变差，土壤肥力下降。这一阶段如果继续利用草地，植被就会消失，变成寸草不生的裸碱斑。此时的土壤环境极其恶劣，pH 高达 10 以上，碱化度达 77.8%，土壤盐分含量极高。土壤出现板结，贫瘠，土壤有机质含量仅为 0.53%。在这种环境条件下，植物的生长变得十分困难。

　　Na$^+$的含量高低是评价土壤碱化程度的一个重要指标。土壤的碱化，就是指超过一定数量的钠离子通过盐基交换作用进入土壤，形成吸收性土壤复合体的过程。在积盐和脱盐过程中，碱土就形成了。随着草地植被的日益退化，土壤溶液中的 Na$^+$含量不断增加，与土壤盐基的交换能力大大提高，结果使 Na$^+$进入土壤复合胶体表面的概率显著增加，土壤碱化程度加重。因此，在松嫩平原地区，降低土壤中的 Na$^+$含量，是改良和治理本区盐碱化土壤的主要目标。

　　土壤水盐运动是盐碱化土壤演变过程中的核心问题。作为影响草地植被的重要因素，在一定条件下，土壤中的水盐运动也是植物群落演替的重要驱动力之一。土壤盐分的积累主要受土壤透水性能和吸水能力的影响，而土壤的渗透性能则与土壤质地及结构状况等有关。从表 5-32 中可以看出，土壤导水率随着草地的退化演替而呈降低趋势。在松嫩平原，羊草群落的土壤有着较好的团粒结构，孔隙状况良好，所以导水率较高，土壤水的入渗速率和总量大。盐随水走，必然使得盐分向下部淋溶和迁移，从而降低土壤的盐碱化程度。而那些盐碱植物群落，其土壤的碱化度高，土粒高度分散，质地黏重，导水率低。因此，在一定时间内，土壤水的累计入渗量远低于羊草群落。

(2) 草地群落中羊草的变化与土壤盐碱化的关系

在松嫩平原，羊草作为羊草草地的优势种，其在草地群落中数量降低的多少，直接反映了草地植被的退化程度。以羊草在群落中的重要值为植被退化程度的度量指标，以土壤电导率和碱化度作为土壤盐碱化程度的度量指标，探讨二者之间的相互关系。结果表明：羊草在本区草地群落中的重要值与土壤电导率呈指数负相关关系，相关系数 r 为 0.8499，相关性很高。

土壤电导率是评价土壤盐化程度的重要指标。土壤电导率愈大，说明土壤中水溶性电解质的浓度愈高，土壤盐化程度愈严重。羊草在群落中的重要值，随着土壤电导率的增加，呈指数式下降趋势。羊草在群落中的数量减少，使得群落变得稀疏，植物根系的分布密度降低，对土壤水分的吸收和利用能力下降，叶面蒸腾失水量减少，而通过土壤表面蒸发的失水量则增加，使得原来被抑制在根层以下的土壤盐分得以上升至地表。土体上部的盐分浓度增加，土壤电导率变大，盐化程度加剧。羊草的重要值与土壤碱化度也呈指数负相关关系，相关系数 r 为 0.751。随着土壤碱化度的增大，羊草在群落中的重要值呈指数式下降趋势。随着植被退化的程度不断加重，羊草在群落中的相对盖度也出现下降趋势，土壤水分的蒸发量变大，土壤湿度增加，使土壤有机质的分解作用变强。分解所产生的 Na_2CO_3 和 $NaHCO_3$，在温度较高的条件下，溶解度增加，从而提高土壤溶液中的 Na^+ 代换土壤胶体上吸附的 Ca^{2+} 等的能力，使其进入胶体复合体，土壤碱化程度进一步加重。

(3) 土壤有机质与土壤盐碱化和群落生产力的关系

在土壤演变的过程中，土壤有机质对土壤理化性质有着十分重要的影响。它可以改变土壤的结构，产生脱盐或抑盐的效果。在草地群落的退化演替过程中，随着土壤有机质含量的逐渐降低，土壤的若干盐碱指标均呈增加的趋势。通过对代表性土壤碱化程度的指标——碱化度与土壤有机质含量进行相关分析，结果表明土壤碱化度与有机质含量呈指数负相关关系。随着有机质含量的逐渐减少，土壤的结构变得愈来愈紧实，而土壤容重则变大，孔隙度降低。进一步的分析表明，土壤孔隙度与有机质含量呈线性正相关关系。由此可见，土壤有机质与土壤的结构性、渗透性、吸附性及缓冲性等各项理化特性有着十分密切的关系。因此，增加土壤有机质含量水平，是改良盐碱土的有效途径之一。

在自然状态下，群落生产力的变化不仅取决于群落的结构与功能，还可以反映盐碱化草地土壤演化过程中土壤理化性质的变化动态。随着草地植被的退化发展，土壤有机质含量逐渐下降，土壤变得愈加贫瘠，从而导致草地群落的生产力降低。通过对不同群落的生物量与土壤有机质含量进行相关分析，结果表明，植物生长与土壤有机质含量的关系最为密切：群落生物量与土壤有机质含量呈极显著的指数正相关关系；群落干物质生产量与土壤 pH 和电导率呈指数负相关关系。随着土壤 pH 和电导率的升高，群落干物质生产量以指数形式递减，说明土壤中的盐碱含量水平是限制植物生长的主要因素。欲有效地治理盐碱化草地，首要和直接的技术方法就是降低表土层 (0~30 cm) 的 pH 和含盐量，尤其是 Na^+ 的含量。

参 考 文 献

褚冰倩, 乔文峰. 2011. 土壤盐碱化成因及改良措施. 现代农业科技, (14): 309.

葛滢, 李建东. 1992. 东北羊草草地钾、钠含量特征的研究. 植物学报, 34(3): 169-175.

郭继勋, 张为政, 肖洪兴. 1994. 羊草草原的植被退化与土壤的盐碱化. 农业与技术, (2): 39-43.

吉林省土壤普查鉴定规划工作办公室. 1959. 吉林省土壤志(内部资料). 长春.

黎立群. 1986. 盐碱基础知识. 北京: 科学出版社: 3-6.

李建东, 郑慧莹. 1995. 松嫩平原盐碱化草地改良治理的研究. 东北师大学报(自然科学版), (1): 110-115.

李建东, 郑慧莹. 1997. 松嫩平原盐碱化草地治理及其生物生态机理. 北京: 科学出版社.

李秀军. 2000. 松嫩平原西部土地盐碱化与农业可持续发展. 地理科学, 20(1): 51-55.

林大仪. 2002. 土壤学. 北京: 中国林业出版社: 366-367.

林年丰, 汤洁. 2005. 松嫩平原环境演变与土地盐碱化、荒漠化的成因分析. 第四纪研究, 25(4): 474-483.

卢升高, 俞劲炎. 1987. 杭嘉湖平原桑园土壤生态平衡问题的探讨. 蚕桑通报, 18(2): 10-12.

马喆. 2007. 吉林西部低平原盐渍化水盐运移影响因素研究. 长春: 吉林大学硕士学位论文.

毛任钊, 田魁祥, 松本聪, 等. 1997. 盐渍土盐分指标及其与化学组成的关系. 土壤, 29(6): 326-330.

尚宗波. 2001. 松嫩平原盐碱化草地模拟模型研究. 北京: 中国科学院植物研究所博士学位论文.

时冰. 2009. 盐碱地对园林植物的危害及改良措施. 河北林业科技, (S1): 61-62.

王冬艳, 许文良, 冯宏, 等. 2002. 吉林省西部草地土壤的化学元素含量及其特征研究. 地理科学, 22(6): 763-768.

王遵亲, 祝寿泉, 俞仁培, 等. 1993. 中国盐渍土. 北京: 科学出版社: 83-95.

新疆八一农学院. 1984. 土壤附地貌学. 北京: 农业出版社: 252.

杨国荣, 孟庆秋, 王海岩. 1986. 松嫩平原苏打盐渍土数值分类初步研究. 土壤学报, 23(4): 291-299.

尹喜霖, 王勇, 柏钰春, 等. 2004. 浅论黑龙江省的土地盐碱化. 水利科技与经济, 10(6): 361-363.

恽锐, 李建东. 1994. 松嫩平原羊草、虎尾草群落钠元素分布特征的比较研究. 草地学报, 2(2): 20-26.

恽锐, 李建东. 1998. 松嫩平原羊草、虎尾草群落钙元素时空分布的比较研究. 植物生态学报, 22(2): 143-148.

张殿发. 2000. GIS 支持下的吉林西部平原土地盐碱化研究. 长春: 长春科技大学博士学位论文.

张明训. 1954. 盐土和碱土. 农业科学通讯, (12): 646-647.

张锐锐. 2008. 吉林西部草原区土壤地球化学特征及对牧草品质的影响. 长春: 吉林大学硕士学位论文.

张为政. 1993. 草地土壤次生盐渍化——松嫩平原次生盐碱斑成因的研究. 土壤学报, 30(2): 182-190.

张为政. 1994. 松嫩平原羊草草地植被退化与土壤盐渍化的关系. 植物生态学报, 18(1): 50-55.

张为政, 高琼. 1994. 松嫩平原羊草草原土壤水盐运动规律的研究. 植物生态学报, 18(2): 132-139.

赵兰坡, 王宇, 冯君, 等. 2013. 松嫩平原盐碱地改良利用——理论与技术. 北京: 科学出版社.

郑慧莹, 李建东. 1993. 松嫩平原的草地植被及其利用保护. 北京: 科学出版社.

Gao Q, Li J D, Zheng H Y. 1996. A dynamic landscape simulation model for the alkaline grasslands on Songnen Plain in northeastern China. Landscape Ecology, 11(6): 339-349.

Qadir M, Ghafoor A, Murtaza G. 2000. Amelioration strategies for saline soils: a review. Land Degradation & Development, 11: 501-521.

Qadir M, Schubert S, Ghafoor A, et al. 2001. Amelioration strategies for sodic soils: a review. Land Degradation & Development, 12: 357-386.

Rengasamy P, Olsson K A. 1991. Sodicity and soil structure. Australian Journal of Soil Research, 29(6): 935-952.

Tibor T, György V. 2001. Past, present and future of the Hungarian classification of salt-affected soils. European Soil Bureau—Research Report, 7: 125-135.

第6章 盐碱化草地恢复的理论

松嫩平原盐碱化草地的土壤类型主要是苏打盐碱土，土壤的理化性质恶劣，对植物的危害大。土壤的盐碱化程度因地势、利用强度和植被盖度而有差异，一般分为轻、中、重3种。土壤的变化必然会导致植被的改变，轻度盐碱化草地植被以羊草(*Leymus chinensis*)为优势种；中重度盐碱化草地大多在羊草群落中混生碱茅(*Puccinellia tenuiflora*、*P. chinampoensis*、*P. jeholensis*)、野大麦(*Hordeum brevisubulatum*)、碱蒿(*Artemisia anethifolia*)、虎尾草(*Chloris virgata*)等盐生或耐盐植物；重度盐碱化草地多以一年生盐生植物，如碱蓬(*Suaeda glauca*、*S. corniculata*、*S. salsa*)、碱地肤(*Kochia sieversiana*)等占优势，部分重度盐碱化草地则变成碱斑裸地。由于不同植物耐盐性的差异，在土壤变化引起植被演替的过程中，适应生境条件的植物便成了群落的优势种。植物对盐碱环境的适应，不仅在生长发育、生产和繁殖更新等种群特征上存在差异，也在组织结构、细胞的渗透调节等耐盐碱生理生态特性上发生变化。

6.1 盐碱化草地受损及其恢复演替动力学机制

在漫长的生物进化历史中，植物分化出了多样的适应于气候、土壤、群落等不同环境的种类，天然植被都经历过先锋种的定居，新的适应种侵入和取代，最后相互适应种持续共存的演替和相对稳定的形成过程。所谓相对稳定，就是当任何环境条件发生了变化，都将引起那些不适应新环境的植物种类，被适应于该环境的种类所代替。植被具有再生性，其枯枝落叶又使土壤得到了更新，二者均具有一定的抗干扰能力，当遭到不同强度的干扰时，植被和土壤都将发生变化。盐碱化草地因干扰强度和连续干扰时间不同，也有一个从量变到质变的受损过程。而现实已经受损的盐碱化草地，在一定的驱动条件下，其植被和土壤都是可以逆转的。

6.1.1 植物群落和生境的受损过程

草地是一个由草本植物与生境环境组成的生态系统，受损后将发生一系列的变化。具体包括：①植物群落特征，表现在植株矮化，盖度降低，产量减少，生物多样性下降等退化现象；②地表特征，当表土层被破坏后，地表出现浮沙，或地表土壤物理结构中粒级大的颗粒比例增加等沙化现象；③土壤特征，当表土层被破坏后，地表出现盐碱结皮，或者地表土壤化学结构中酸碱度和有害盐离子含量增加等盐碱化现象。人们常把上述的"三化"统称为草地退化(grassland degradation)。我国的退化草地以每年 20 000 hm^{2}的速度递增，内蒙古草原整体上约有 1/3 已经退化，而东北草原退化比例又高于内蒙古，其中吉林省又高于黑龙江省，其退化面积已达 1/2 以上。

在松嫩草地的各类草甸，土壤中普遍储藏着大量的盐碱，茂密的植被可以调节土壤积盐与脱盐的季节性平衡。但当过度利用导致植被盖度减少时，会引起地表蒸发量增大，使土体深层盐分向表层迁移的总量和速度增加。松嫩草地植被与土壤的受损过程总是相辅相成的。在放牧场，由于公有草场资源的自由放牧和长期过度放牧，家畜喜食的多年生优良牧草得不到休养生息，在群落中的比例逐渐减少，甚至消失。伴随着植被的稀疏和牲畜的践踏，首先引起的是土壤风蚀，土壤孔隙度和土壤结构等物理性状发生变化；继而引起地表蒸发量增大，在土壤毛管作用下，原来积聚在植物根层以下的盐分向地表运动和积聚，在雨季来临时又没有足够的向下渗透的大孔隙，造成土壤次生盐碱化不断发生，最终导致土壤化学性状发生变化。

盐碱化草地的植被和土壤具有隐域性，因地势、微地形和土壤母质的差异，镶嵌性较强，有"一步三换土"之形象描述。因此，群落和土壤类型复杂多样，受损后的变化过程不尽相同(王晶等，1995)。就松嫩平原羊草草甸而言，受损后将发生一系列的土壤盐碱化和群落演替过程(图6-1)。在现实中，该过程构成一个演替系列，可同时在放牧场和割草场见到，但在放牧场，受损后期严重退化阶段的群落所占比例较大；在割草场，受损初期轻度退化阶段的群落所占比例较大。

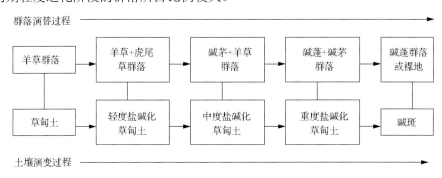

图 6-1　松嫩平原羊草草甸受损后土壤盐碱化和群落演替过程模式

6.1.2　植被和土壤逆行演替的动力学机制

逆行演替实质上就是植被和土壤向着未退化状态的恢复过程。人为扰动是引起退化的主要动力，若要使其逆转，并希望加速逆行进程，也应该从人的能动性上创造条件，促进其演替过程。从抑盐脱盐和植被修复入手，在自然降水驱动和人工调控下，盐碱地逆行演替的良性转换模式见图6-2。影响盐碱化植被与土壤演替进程的有多种因素或人工措施。

(1)降水引发的季节性水盐运动脱盐

在地形平坦的草地，表层土会出现雨季淋溶并向地下渗透盐离子。实验表明：松嫩平原西部盐碱地也有季节性(雨季)的脱盐情况(葛莹和李建东，1990)。因此，轻度盐渍化土壤会自然地向良性方向发展。

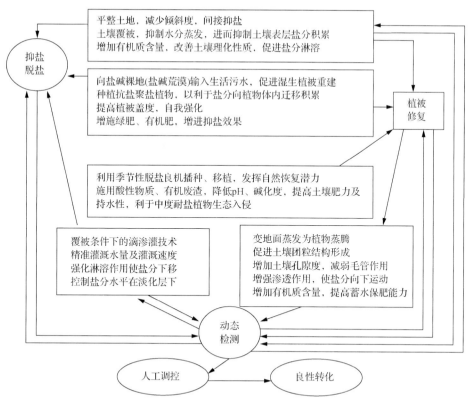

图 6-2　盐碱化草地逆行演替调控模式(王海军等，2003)

(2)改变表土结构，创造抑制返盐的环境

采用浅翻耙等措施切断毛管作用，不仅可以减少土壤蒸发量，防止返盐，降低土壤盐碱化程度，还可以使土壤中现有的盐分重新分配，使表层盐分含量降低到耐盐碱植物可以定居生长的水平。如果在雨季前播种耐盐植物，便可充分利用自然条件，提高植被盖度。

(3)施用有机物质，改良盐碱环境

对于重度盐碱化草地，为了快速降低土壤 pH 和碱化度，人为采取一些措施促进良性转化尤为重要，覆盖枯草或玉米秸秆、麦秆、草炭等有机物质等措施，不仅可以提高土壤有机质含量及肥力，还可以降低盐碱土的 pH 和碱化度，改良盐碱土环境，为先锋盐生植物的定居和存活创造条件。因此，在促进盐碱化逆向演替的进程中，必须从自然与经济的可持续发展出发，按生态规律实施生态工程，把人类的生产活动纳入自然循环中去，建立资源的循环利用机制，并实现废物资源化，实现经济、环境、生态效益并存(王海军等，2003)。

(4)人工种草，植被修复

植物在适应环境的同时也在不断地改造环境，植被一旦形成，将对环境具有较大的改造功能。植被覆盖地表后，便产生如下生态效应：①减少土壤水分蒸发量，植物叶片的蒸腾，将增加近地表空气湿度；②植物根系可以减小土壤的毛管作用，抑制盐分随水分上升，根系的全部生命活动有利于土壤团粒结构的形成，使土壤容重降低、孔隙度增加、渗透性增强，使盐分容易向下运动，促进土壤脱盐，抑制盐分上移；③植物根系生理代谢物质的促进作用，如柠檬酸、苹果酸等有机酸，脱落的根冠细胞和残留根系等释放到土壤中，不仅有利于土壤微生物的活动，还可以提高土壤肥力，例如，增加磷钾等营养元素，以及锰锌等微量元素的有效性(Qadir et al.，1997)。根据植被演替理论，一般在重度盐碱化草地上先种植聚盐植物，建成先锋盐生植被，盐生植物生命活动，特别是有机质的积累与分解作用，将不断降低土壤盐分含量，改善土壤的理化性质，对土壤起到生物学恢复作用。然后，补播一些轻度耐盐植物，或者通过自然传播的方式在先锋盐生群落中生长繁殖，提高植被盖度和生产力，土壤环境也将得到进一步的改善，进而使盐碱化前生长的大部分优势种逐渐得以定居和繁殖，群落和环境均向良性方向转化。次生演替理论认为，只要将受损生态系统的生境条件恢复至受损前的状态，该系统的植被便可以按照一定的轨迹自动向前发展(王海军等，2003)。

6.2　盐碱化草地评价指标体系

草地资源评价是草地生产和合理利用的前提。国内外许多学者对草地资源评价进行了大量研究，提出了诸多草地资源评价的理论和方法。对于我国现有盐碱化草地状况的认识，以及怎样进行科学的评价，既是重要的科学问题，也是生产实践的需要。

6.2.1　草地健康评价

草地资源由生物因素、非生物的环境因素和社会因素三部分构成。草地资源属性的正常展现，依赖于上述各个组分的结构完整和功能正常，这就是草地健康。

草地健康状况是最近几年在过去草地评价研究的基础上提出的定性指标，其一是草地本身基本结构的保持或不断完善状况；其二是草地本身基本功能的保持或不断提高状况；其三是草地环境因素的稳定性保持与和谐发展的趋势。此外，健康的草地生态系统不仅应具备功能正常，不产生或少产生有害物质的特征，还应具备产生某些有益后果的特征。换句话说，健康的草地应具备稳定性、连续性和持久性，也就是所谓的可持续性，即在外界胁迫因素作用下系统能够维持其结构和功能。草地可持续性是草地组织结构、功能动态健康及其发展潜力与能动性的总和。

草地健康的评价指标多种多样，通常包括以下方面。①特征植物种群指标。以优势种数量的减少、伴生种数量的增加，以及新种侵入作为衡量指标，根据其减少者、增加者和入侵者数量的相对变化来确定草地受干扰的程度，并确定上述的阈限。草地生态系统的阈值和负载能力决定其稳定性，这一基本原理限制着对草地生态系统干扰的程度(祝廷成等，1988)。②植物群落特征指标。当草地因受到干扰和外来压力发生改变乃至退化时，通常会在群落组成及其结构上有所表现，经常使用的衡量指标有物种的系统分类组成、生活型组成、生态类型组成、物种多样性和生物量等(刘钟龄等，2002)。③种群及个体水平指标。生长和繁殖是衡量植物种群乃至个体生活力的重要指标。以优势种或亚优势种个体及其种群的某些测度作为评价指标，如个体的生长率，有性繁殖力和营养繁殖力，在环境胁迫时的生理生化效应；种群更新情况、构件结构、分布型、产量等。④环境指标。非生物环境，如土壤的肥力、盐碱度、重金属含量、腐殖质厚度等因素都可能是导致或影响生态过程变化的原因。同时，非生物环境的变化也是生态系统行为的反映，如土壤颗粒结构、土壤含水量、土壤孔隙度等。在这些环境指标中，许多成熟的评价方法是有价值的。⑤景观指标。针对草地景观格局、景观美学价值、生物多样性等内容分析与确定生产和控制空间格局的因子及机制。⑥生态经济指标。注重人类在经济活动中实施的某些短期行为，对生物资源进行掠夺式利用而出现生态平衡被破坏的现象。为了促进生态与经济协调发展，在生态恢复过程中，既要满足地方经济上的要求，又要保护生态环境，并使逐步恢复的草地持续健康发展。这是生态经济建设的核心内容。⑦有害生物指标。天然草地鼠害、虫害程度，毒草、杂草蔓延状况，以及人工草地植物病虫害情况等。可以利用有害生物数量和分布与草地植被之间的关系(江小蕾，1998；施大钊和杨爱莲，2002)，确定草地健康和退化的级别。⑧VOR 指标。VOR 是活力(vigor)、组织力(organization)和恢复力(resilience)的英文缩写(Costanza，1992；Rapport et al.，1998)。活力代表草地的功能，草地的能量输入越多、物质循环越快，活力就越高。组织力代表草地的结构，草地的组织结构越优化，组织力就越强。恢复力代表草地克服外界干扰胁迫的弹性，弹性越大，恢复力越强。根据此 VOR 指标求得健康指数 HI(health index)，HI=V×O×R。应用 HI 值对受损的草地进行诊断，建立评价体系，即可诊断出 4 个时期"健康、警戒、不健康、崩溃"中之一，继而找出相应的警戒指标与阈值，采取相应的措施，对草地生态系统加以保护与恢复(任继周等，2000；梁存柱等，2002)。这种评价体系可操作性差，不具有使用性，只能作为理论研究。

　　草地健康评价研究在我国刚刚起步，目前仍限于国外概念、体系和研究方法的介绍，如何把健康诊断的指标与测定方法的可操作性成功地结合起来，是今后一段时期需要深入研究的工作(梁存柱等，2002)。

6.2.2　草地退化程度的划分和指标特征

　　草地退化具有时间和空间过程，时间过程表现在连续的强度利用使植物丧失了休养生机，从不退化的草地到不同程度的退化草地都要经历一段时间。空间过程主要表现在放牧场，距离居民点越近，退化程度就越强。根据退化的程度，将其分为几个等级。一般可分为 4 级(李凤霞和张德罡，2005；邱英等，2007)，其指标特征见表 6-1。研究表明，严重退化的草地，其植物群落的高度和盖度明显下降。例如，在典型草原区，羊草的高度从 45 cm 降到 7 cm，其盖度从 30%降到 10%；大针茅株高由 27 cm 降到 3 cm，盖度由 5%降到 0%。因此退化的草地，必然会发生植物矮化，物种丰富度、均匀度及草地生产力下降等连锁反应。也有报道显示，啮齿动物在草地退化条件下，其种类组成也有简化的趋势。退化草地的生境也有变劣的态势，如土壤贫瘠化、粗粒化，持水保肥能力下降等。现有草原的荒漠化、扬沙天气及沙尘暴的发生都与此有很大关系(李凤霞和张德罡，2005)。

表 6-1　草地退化等级、程度及生物环境特征(李凤霞和张德罡, 2005)

退化等级与程度		植物变化				鼠类变化	土壤状况
		种类	盖度	凋落物	生物量		
I	轻度	无明显变化,优势种个体数量减少	优势种盖度下降20%	明显减少	优势种下降20%	相适应鼠种无大变化	无明显变化
II	中度	优势种与建群种明显更替	优势种盖度下降20%~50%	大量消失	优势种下降20%~50%	顶极群落相适应的鼠种明显更替	土壤硬度增加,轻度侵蚀,有机含量降低30%
III	重度	优势种主要为退化草地优势植物并有大量有毒植物	优势种盖度下降50%~90%	基本消失	优势种下降50%~90%	退化草原相适应的鼠种占优势	—
IV	极度	顶极群落植物的作用被有毒植物代替	优势种盖度下降>90%	消失	优势种下降>90%	害鼠成灾	严重侵蚀,有机质含量降低50%以上

注:植物种类组成、盖度、生物量的变化均与顶极群落相比较

对于放牧草地的退化程度一般可以划分为 5 个等级,其综合指标特征分别如下。

Ⅰ级:轻度退化。群落结构基本正常,但牧草的生长欠均匀,盖度下降,生物量减少,地表可见畜蹄践踏痕迹;局部土壤有机质含量有减少趋势,出现水土流失现象。不同土壤基质草地,或固定、半固定沙丘局部遭破坏而出现沙斑,或出现盐斑、片状侵蚀。动物在草地上均匀采食,放牧时间延长,生态位重叠度较高,营养与饱腹感能够得到满足,生长、繁殖正常。

Ⅱ级:中度退化。群落的植物成分出现变化,优良牧草数量特征减少,地表畜蹄践踏痕迹明显;土壤有机质含量普遍减少,水土流失较严重,细沟侵蚀普遍发生。固定、半固定沙丘普遍遭破坏,沙斑、盐斑面积扩大。草地上优良牧草的采食过度,放牧时间延长,家畜游走距离增加而卧息与反刍时间缩短,体重波动为 15% 左右,繁殖正常。

Ⅲ级:重度退化。群落的植物成分变化明显,优良牧草数量特征显著减少,地表有网状畜蹄践踏痕迹;土壤有机质含量明显减少,水土流失严重,沟状侵蚀普遍发生。沙化、盐渍化、片状剥蚀现象明显,家畜采食不足,导致采食范围扩大,营养难以满足,体重波动在 20% 左右,繁殖率下降。

Ⅳ级:强度退化。群落的植物成分发生根本性改变,优良牧草数量特征减少,有毒、有害植物数量特征增多;土壤有机质含量极度减少,沙化、盐渍化、片状剥蚀、沟状侵蚀普遍且严重,有些地方侵蚀深及母质。家畜采食范围更加扩大,且难以饱腹,营养严重不足,体重波动达 25%~30%,繁殖率严重下降,甚至失去繁殖能力。

Ⅴ级:次生裸地。表土层被破坏,原来的植物生产系统崩溃,家养和野生动物不能生存,死亡或迁移。

草地退化等级评定关系到其恢复与治理,是草地应用基础研究的重要领域,现已从定性描述进入定量化的诸多探索。然而,草地退化是一个多因素、多层次的相互并综合作用的生态过程。因此,对草地退化等级进行可操作的、精确的定量评价,是草地生态学的难点之一,已有的评价指标体系和方法尚不能满足实际的需求(梁存柱等,2002;王堃等,2002)。

6.2.3 草地盐碱化程度的诊断

草地盐碱化程度诊断是盐碱化草地恢复和重建的前提与基础，生态恢复实践的重要性，已被国内外很多学者所重视。草地盐碱化程度诊断主要有 4 个环节：首先选定诊断对象，其次确定诊断参照系统，再次建立诊断指标体系，最后确定诊断方法(图 6-3)。

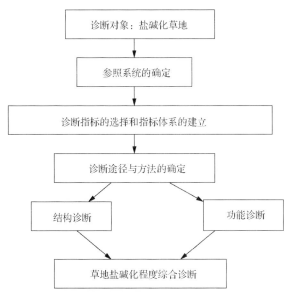

图 6-3　草地盐碱化程度诊断流程(仿闫玉春等，2007)

参照系统的确定是一个技术关键。一般地，以未发生盐碱化的地段作为诊断的参照系统(图 6-3)。诊断指标的选择，直接影响到诊断的科学性和精确性。应遵循如下原则：①数据，可获得性、合理性、代表性；②指标，合理性、可靠性、对变化反应的敏感性、独立性、可比性、代表性(Cole et al.，1998)。在诊断指标很多，而且各指标间既相互独立又有相互联系，相互补充、相互交叉的情况下，在建立盐碱化指标体系时，还应遵循以下原则：整体性原则；指标概括性原则；指标动态性原则；定性指标与定量指标相结合的原则；评价指标体系的层次性原则(O'Connor，1991)。其核心原则不外乎代表性原则和实用性原则，以便在生产实践中推广和应用(杜晓军等，2003)。

图 6-3 中诊断途径与方法的确定，一般因研究者的学科领域和研究背景而异。以往有生物途径、生境途径、生态过程途径、生态系统服务功能途径、景观途径等。在诊断方法上，采用单途径单因子、单途径多因子和多途径多因子进行综合诊断(杜晓军等，2003；闫玉春等，2007)。

(1) 生物途径

采用的指标一般比较直观并且较易获得，包括生物群落组成，如植被盖度、密度；动物、微生物种类组成与结构；优势种分布格局、年龄结构；群落净初级生产力、生物量等。另外，土壤生物部分越来越受到重视。长期以来，生物途径是一种主要的诊断途径。

（2）生境途径

主要根据气候条件和土壤条件，一般气候因子的变化不大，而土壤因子的变化则往往较大甚至很大，土壤又是植物生长繁育的基础。此诊断途径应重视土壤因子的变化，土壤因子包括：土壤有机质含量，土层厚度，土壤母质与成土矿物，土壤质地，土壤的孔性与结构性，土壤空气和热量状况，土壤水分含量，土壤胶体及其对离子的吸附交换作用，土壤酸碱性，土壤的氧化还原作用，土壤缓冲性变化，土壤中的氮、磷、钾、钙、镁及微量元素，土壤养分有效性及其平衡等土壤理化性质。

（3）生态过程途径

主要考虑生态系统一旦发生退化，其生态过程必然有所变化。此诊断途径应重视不同组分和水平的关键生态过程，包括种群动态、种子或生物体的传播、捕食者和被捕食者的相互作用、干扰扩散、群落演替、养分循环等，以及植物的一些生理生化反应，如光合作用、呼吸作用等指标。

（4）生态系统服务功能途径

不同生态系统服务功能有共性和个性条目。Costanza 等（1997）将生态系统服务功能分为 17 个条目：气体调节（大气化学成分调节）；气候调节（全球温度、降水和其他以生物为媒介的全球及地区性气候调节）；干扰调节（生态系统对环境波动的容量、衰减和综合反映）；水调节（水文流动调节）；水供应（水的储存和保持）；控制侵蚀和保持沉积物（生态系统内的土壤保持）；土壤形成（土壤形成过程）；养分循环（养分的储存、内循环和获取）；废物处理（易流失养分的再获取，过多或外来养分、化合物的去除或降解）；传粉有花植物配子的运动；生物防治（生物种群的营养动力学控制）；避难所（为常居和迁徙种群提供生境）；食物生产（总初级生产中可用作食物的部分）；原材料（总初级生产中可用作原材料的部分）；基因资源（独一无二的生物材料和产品的来源）；休闲娱乐（提供休闲旅游活动机会）；文化（提供非商业性用途的机会）。也有学者把生态系统功能分为物种流动、能量流动、物质循环、信息流动、价值流、生物生产、资源的分解作用等；另把生态系统服务分为物质生产，生物多样性的维护，传粉，传播种子，生物防治，保护和改善环境质量，土壤形成及其改良，减缓干旱和洪涝灾害，净化空气和调节气候，休闲、娱乐、文化艺术性的生态美感受等（蔡晓明，2000）。

（5）景观途径

生态系统退化后将在更大的景观尺度上有所表现。重点考虑景观组成、异质性、嵌块特征（嵌块体大小、形状）、廊道与基质类型、廊道结构、景观对比度等。

对于图 6-3 中草地盐碱化指标体系的建立，既要考虑结构，也要考虑功能，结构是生态系统状态的直接反映。结构指标主要包括群落种类组成、各类种群所占比例，尤其是建群种和优势种、可食性植物种群、退化演替指示性植物种群等的密度、盖度、高度及频度等指标。结构指标是草地退化指标体系中最直接和最关键的一部分，比较直观而且较易获得。功能指标包括地上生物量、净初级生产力及牧草品质等生产功能；也包括土壤退化指标、气候环境调节和生物多样性等生态功能；还包括一些社会功能和潜在的一些功能与价值等其他功能。对于一般的退化生态系统，闫玉春等(2007)提出了从结构和功能两个方面建立的指标体系(图 6-4)，对盐碱化草地也适用。

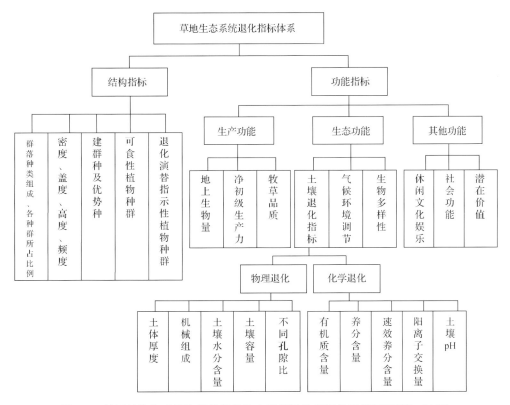

图 6-4　基于结构和功能途径的草地生态系统退化指标体系(闫玉春等，2007)

草地生态系统发生盐碱化，可直接反映在群落结构和功能的变化上，结构和功能紧密联系，相辅相成。如果忽略把盐碱化的结构和功能兼顾起来整体考虑，容易把草地内各个要素之间的关系割裂开来，其诊断将发生偏误。综合诊断退化生态系统，不仅要引入结构与功能的多个因子，而且要借助于数学分析方法或数学模型来分析各因子之间的相互关联。

根据已确定的盐碱化指标及盐碱化程度诊断实践来建立草地盐碱化程度分级标准。主要通过两个途径：①根据专家的实践经验进行划分，此方法要求具备深厚的专业造诣和实践经验，到目前为止建立的标准多属此类；②通过数学方法进行定量划分，此方法科学性强，是今后亟待加强和深入研究的课题。

目前，普遍意义的生态系统退化程度有 3 种表达方式：第一种，以轻度、中度、重度、极度，或一级、二级、三级等来表示(李博，1997)；第二种，使用"可自然恢复"，即解除干扰后可在自然状态下恢复，人工促进恢复，即在人类导入一定的因子，如水、肥料、种子等状态下可以恢复，重建恢复在几种退化等级生态系统采用相同的人工措施等(Platt，1977；赵晓英等，2001)；第三种，把退化程度和生态系统演替阶段相联系来确定(杜晓军等，2001)。前两种表达方式仅能反映出相对退化程度的信息；第三种方式把生态系统退化程度诊断的研究与生态系统演替相联系，既能更精确地表示出生态系统退化的程度，也能为生态恢复提供更多有意义的信息。

　　退化生态系统指在自然或人为干扰下形成的偏离自然状态的系统。与未退化自然系统相比，除种类组成、群落结构均发生改变，生物多样性减少，生物生产力降低外，退化的生态系统还会发生土壤和微环境的恶化，生物间相互关系的改变(任海和彭少麟，2001)。对于盐碱化草地而言，深入认识其结构与功能随时间变化的趋势，有助于对该问题的分析与解决(Bradshaw，1997；杜晓军等，2001；闫玉春等，2007)。采用模式图总结的形式(图 6-5)，可以直观地表达出盐碱化草地结构与功能随时间变化的趋势。该模式图除了可以用于分析盐碱化程度诊断的参照系统外，还可以表达草地发生盐碱化与生态恢复的相对时间。其中，草地盐碱化可以在非常短的时间内发生和完成，而生态恢复却要花非常长的时间才能达到预期目标。同时展示出人工促进生态恢复可以大大缩短生态恢复所需的时间。

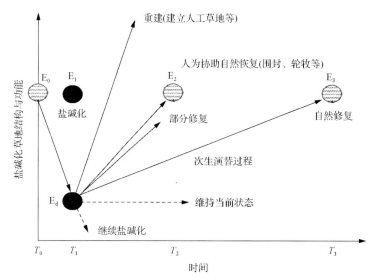

图 6-5　盐碱化草地结构与功能随时间变化的模式(Bradshaw，1997)

横轴表示相对的时间长短；T_0 为草地盐碱化前的时间；T_1 为当前时间；T_2、T_3 为将来的时间；E_0 为 T_0 时的未盐碱化草地；E_1、E_2、E_3 分别对应于 T_1、T_2、T_3 的草地，E_1 为"现存的天然草地"，E_d 为盐碱化草地，E_d 还有可能会在很长时间内维持当前的状态，或者继续退化

6.3　盐碱化草地恢复的自组织过程

　　盐碱化草地作为生态系统，是生物宏观层次的组织形式，即使为了促进恢复进程，在初始施加如封育、补播及其他改良土壤环境的措施，在植被的恢复过程中，不同生物的个体生长与繁殖、种群更新和群落演替等各层次的生命活动，必然也要经历一个自组

织过程。在这个自组织过程中，内部原因是根本，外部因素是条件。

何谓自组织(self-organization)，自组织是自然系统的基本属性之一，以往有多种界定。哈肯(1984)提出："自组织系统是在没有环境的特定干预下产生其结构或功能的。生物学中细胞的变异和演化过程均为自组织的例证。而诸如无线电发射过程中使用的电子振荡器之类的装置则是人造的。"就是说，自组织是与他组织相对的一种组织结构。"自组织是通过系统内在动力形成的结构构造"。自组织是"一个系统的要素按彼此的相干性、协同性或某种默契形成特定结构与功能的过程"(葛松林，1994)。

对自组织研究最多的是生物的自组织过程。其中，生物进化论、种群生态学、胚胎学和遗传学都先后提出了生命世界的自组织问题。例如，J. B. Lamarck 早在 1809 年出版的《动物哲学》(*Philosophie Zoologique*)中就提出"生物的自我决定能力在进化的阶梯上是一个演进的因素"；后来有学者发现鳕鱼种群存在着使种群数量同变化着的生活条件保持平衡的调节机制。这种观念在进入 20 世纪 30 年代以来已得到种群生态学家的普遍认同；到 70 年代，大多数生态学家一般使用种群自身调节(葛松林，1994)。目前对自组织的理解是多视角、多方位的，有的从静态角度理解，有的从动态角度理解。在演化意义上，自组织显然是一个过程(葛松林，1994)。

对自组织还有狭义和广义两种理解。狭义上，自组织只是物质自运动的一种具体表现形式。有学者认为，全体生命都有自繁殖、自检验和自保持等自组织生命过程。广义上，自组织是物质自运动中各种具体表现形式的总称。在理论上，自然界凡是没有人或外部指令的干预下所发生的形形色色的趋向性变化的所有过程，都属于自组织过程(葛松林，1994)。

草地生态系统具有 6 个自组织特性，即草地农业生态系统的结构性、有序性、非线性、开放性、非平衡性和涨落性(蒋建生等，2002)。认识盐碱化草地生态系统也是一个自组织系统，了解该系统植物个体、种群、群落的构成和发展过程，以及土壤生物构成、系统各组分整合协调发展过程，既是重要的科学问题，也是指导生产实践所必需的。

6.3.1　植物个体构成和发展过程

高等植物个体发育从受精开始，通过细胞增大、分裂，组织分化，胚胎发生，种子、幼苗、器官形成，性成熟个体开花及授粉受精、结实等阶段，直至衰老和死亡，是一个非常复杂而有序的自组织过程。这一个体发育过程既受控于植物个体的基因型，也是其内在遗传机制同环境条件相互作用的结果。从形态上看，个体发育过程经历生长、分化和形态发生。生长指植物细胞、组织和器官在数量上的不可逆的增加。分化是在生长过程中发生细胞的特化，即从同一性质的细胞类型转变成结构上与功能上不相同的细胞类型。例如，薄壁细胞分化成厚壁细胞、木质部、韧皮部等。细胞分化的结果是建成各种组织和器官。从营养体到生殖体的转变，即花芽分化，是植物一生中十分重要的分化过程。

根据植物对土壤盐度的适应能力，把植物分为盐生植物和非盐生植物。盐生植物的划分，经常以土壤含盐量超过 0.33 MPa(相当单价盐 70 mmol/L)时仍然能够正常生长并完成生活史为标准。相反，非盐生植物是指在上述生境中不能正常生长也不能完成生活史的植物(赵可夫和李法曾，1999)。植物的耐盐性不仅表现在生理上，也表现在组织器官的形态结构上，即使是同种植物，在不同的盐碱条件下，个体构件的数量特征和发展过程也存在或大或小的差异。

(1)器官的形态结构

1)叶形态结构

经解剖学研究发现，土壤中高浓度的盐会形成生理干旱，从而导致植物表现出旱生形态和特殊的构成。在松嫩草地盐碱生境中，二色补血草(*Limonium bicolor*)、碱蒿(*Artemisia anethifolia*)、角碱蓬的解剖形态中，3 种双子叶植物均表现出叶的角质层厚等耐干旱的旱生结构。其中，碱蒿叶片表皮细胞上具有蜡质颗粒、蜡质纹饰和表皮毛；二色补血草叶片不仅表皮细胞上具有蜡质颗粒、蜡质纹饰，而且表皮中具有盐腺，盐腺具有泌盐和保护作用，使植物体中的盐离子及时排除，维护植株的正常生长代谢(陆静梅等，1994，1996a)。生长在松嫩盐碱化草地的耐盐碱植物，如羊草(*Leymus chinensis*)、獐毛(*Aeluropus sinensis*)、星星草(*Puccinellia tenuiflora*)、朝鲜碱茅(*P. chinampoensis*)和野大麦(*Hordeum brevisubulatum*)等，其共同的叶形态解剖特征包括：叶上表皮外切向壁角质层厚，密被各种形状的柔毛及刚毛等附属物，上表皮气孔较少，下表皮气孔多，常常呈关闭状态等特殊的解剖结构(陆静梅等，1996b)。这些特征可以减少水分的过多蒸腾和强光的照射，是对盐碱生境的适应性变化。

在山东滨海，生长在同一盐生环境中的 14 种盐生植物，如海边香豌豆(*Lathyrus maritimus*)、肾叶打碗花(*Calystegia soldanella*)、珊瑚菜(*Glehnia littoralis*)、石竹(*Dianthus chinensis*)、女娄菜(*Silene aprica*)、沙滩黄芩(*Scutellaria strigillosa*)、砂引草(*Messerschmidia sibirica*)、二色补血草、低滩苦荬菜(*Ixeris debilis*)、细叶鸦葱(*Scorzonera pusilla*)、地梢瓜(*Cynanchum thesioides*)、软毛虫实(*Corispermum puberulum*)、无翅猪毛菜(*Salsola komarovii*)、兴安天门冬(*Asparagus dauricus*)，研究发现，这些植物均表现出旱生形态，叶片均具有许多共同的结构适应特征，如表皮细胞普遍大小不等，外切向壁外突，栅栏组织发达，均具有结晶细胞、单宁细胞和贮水细胞，机械组织和维管组织均不发达等。与旱生植物的结构不同，这 14 种盐生植物叶片的表皮细胞角质膜多较薄，气孔与表皮细胞平置甚至突出，维管组织和机械组织不发达。但也存在不同的结构适应特征，例如，二色补血草的叶表皮上具有多细胞盐腺，可以将盐分排出体外，使植物体内的盐分保持在较低水平；细叶鸦葱、低滩苦荬菜的叶肉中具有发达的胞间隙；沙滩黄芩、女娄菜及砂引草的叶气孔高出表皮细胞，出现气孔器拱起；有的叶退化为白色薄膜状，由绿色线形的叶状茎代替叶执行光合作用，如兴安天门冬；有的叶较硬，如石竹、女娄菜、二色补血草，而且二色补血草的叶片多呈红色或紫色，这是因为在盐分胁迫条件下，植物叶绿素的合成受到抑制；有的叶肉质化，如肾叶打碗花、软毛虫实、无翅猪毛菜，肉质化叶的贮水组织中含有大量的水分，可以稀释盐的浓度(辛华等，1998)。研究表明，同一种植物在不同的盐碱生境中，叶片肉质化程度也不相同，盐地碱蓬(*Suaeda salsa*)叶片肉质化程度与土壤含水量，土壤中 Na^+、Cl^-含量和叶片中 Na^+、Cl^-含量呈显著正相关（刘彧等，2006）。

在新疆盐生荒漠，通过对 10 种藜科植物，如中亚滨藜(*Atriplex centralasiatica*)、心叶驼绒藜(*Ceratoides ewersmanniana*)、驼绒藜(*Ceratoides latens*)、盐节木(*Halocnemum strobilaceum*)、盐穗木(*Halostachys caspica*)、梭梭(*Haloxylon ammodendron*)、圆叶盐爪爪(*Kalidium schrenkianum*)、绒藜(*Londesia eriantha*)、费尔干猪毛菜(*Salsola ferganica*)、浆果猪毛菜(*Salsola foliosa*)进行研究发现，其共同特征表现为：叶片及角质膜厚，气孔器下陷，具表皮毛，栅栏组织发达，多为等面叶，多数植物叶片和同化枝内部具有黏液和含晶细胞，贮水组织发达(邓彦斌等，1998)。而新疆柽柳属植物叶片的栅栏组织位于远轴面，海绵组织位于近轴面(魏岩等，1999)，其抗旱性特征主要包括：表面积与体积的比值小；气孔数目多而个体小，与盐腺一样深陷于表皮之下；抱茎叶的抱茎程度与环境的干旱程度大致成正比(翟诗虹等，1983)。盐爪爪(*Kalidium foliatum*)、小叶碱蓬(*Suaeda microphylla*)、盐穗木等盐生植物，虽然外部无盐腺结构，但内部有发达的贮水组织，它们对盐分有稀释作用，从而适应盐碱环境(周玲玲等，2002)。

在甘肃河西走廊的敦煌和安西盐生荒漠，花花柴(*Karelinia caspica*)叶表面有特殊的泌盐腺和泌盐孔。泌盐腺呈腺毛状，有一个基细胞镶嵌在表皮细胞间，上有一个柄细胞，最先端是 3 个组成"品"字形的分泌细胞。蜡被的泌盐孔不关闭，许多同心圆环一圈比一圈缩小，形成突起，中间有一个开口，基部围绕的几个表皮细胞呈花瓣状排列。此外，花花柴叶表皮还具有罕见的细胞结构，即由两种特殊的生活细胞组成。大的表皮细胞原生质稀薄，中央由大液泡占据，而质膜泡状结构仍随处可见。小的表皮细胞，分布在大表皮细胞之间，不连续，体积只有大表皮细胞的 1/10 左右，更主要的区别是原生质比较浓，其中有许多小液泡(贾磊和安黎哲，2004)。

在宁夏盐生荒漠，尖叶盐爪爪(*Kalidium cuspidatum*)叶极端退化，下部分抱茎，只有上部游离，叶肉分化较复杂，可分化为栅栏组织、海绵组织和贮水组织，角质膜较厚，气孔器小且密度大，气孔器下陷，表皮细胞排列紧密(章英才和张晋宁，2004)；小花棘豆(*Oxytropis glabra*)、蒙古鸦葱(*Scorzonera mongolica*)、花花柴和白茎盐生草(*Halogeton arachnoideus*)等 4 种植物的叶片不同程度地发生肉质化，其中，蒙古鸦葱的叶肉组织几乎全为栅栏组织，花花柴的叶肉组织中也属栅栏组织发达，为不很典型的全栅型叶(表 6-2)(章英才，2006)。

表 6-2　5 种盐生植物叶的解剖结构(章英才，2006)

| 植物上 | 叶厚 (μm) | 角质膜厚(μm) | | 表皮细胞面积(μm²) | | 栅栏细胞面积(μm²) | 栅栏细胞厚 (μm) | 海绵组织厚 (μm) | 贮水组织厚 (μm) |
		上表皮	下表皮	上表皮	下表皮				
尖叶盐爪爪	18.44	0.63	1.08	59.30	149.70	58.07	10.29	8.75	19.75
小花棘豆	212.00	1.87	1.97	460.80	494.50	145.99	69.00	112.00	—
花花柴	393.30	3.45	2.66	252.08	299.30	1186.67	628.00	—	—
蒙古鸦葱	564.17	3.00	3.84	291.58	288.60	459.00	203.67	—	233.67
白茎盐生草	245.83	2.93	1.65	201.25	179.20	348.75	82.83	—	121.00

2) 茎形态结构

据报道，在松嫩草地盐碱生境中，羊草、獐毛、星星草、朝鲜碱茅和野大麦等牧草的茎具有相似的解剖结构，表皮均具发达的角质层，气孔保卫细胞和副卫细胞均呈哑铃形下陷，茎均为中空形，但腔相对较小，维管束呈星散状分布，并由远轴至近轴体积逐渐增大，扩展了维管组织与薄壁细胞的接触面积(陆静梅等，1996b)。西伯利亚蓼(*Polygonum sibiricum*)抗盐碱的主要特征为茎和根中的导管分布率高，有利于水和无机盐的运输(陆静梅和李建东，1994a)。角碱蓬(*Suaeda corniculata*)茎表皮外切向壁角质层发达，角质层上覆有蜡质颗粒，维管束呈两轮交互排列或无规则排列于维管柱中(陆静梅和李建东，1994b)。

在新疆盐生荒漠，有些植物茎内有发达的维管束和非常发达的机械组织，既提高了输导能力，也增强了机械支持力。例如，盐爪爪茎的表皮内第2~3层皮层细胞转化为木栓层，内有少量的皮层薄壁细胞，皮层内为一圈发达的维管组织，在初生韧皮部外侧发达的纤维圈中，分化出多列次生木质部导管，中央为薄壁细胞组成的发达的髓，组成髓的细胞由外向内逐渐增大(周玲玲等，2002)。耳叶补血草(*Limonium otolepis*)茎圆柱形，表皮内皮层外侧为排列整齐的2~3层柱状栅栏组织细胞，内侧为少量的圆形薄壁细胞；维管束两轮且大小不等，小维管束分布于皮层的纤维层中，而大维管束较靠近中央，中央有髓。小叶碱蓬茎的皮层由几层薄壁细胞组成，维管束发达，维管束间及中央有髓射线和发达的髓；花花柴的茎呈圆柱形，皮层细胞排列疏松，含叶绿体，维管束呈环状排列，韧皮部外方有发达的纤维形成维管束帽，中央为薄壁细胞组成的发达的髓(周玲玲等，2002)。有些盐生荒漠植物的叶退化为鳞片状，由同化枝执行光合作用。例如，盐穗木和盐节木的同化枝中，外部皮层有栅栏组织，细胞内含有大量叶绿体，内部皮层发育为不规则的薄壁组织，在栅栏组织与薄壁组织之间散生一些小型异型维管束(周玲玲等，2002)。

在甘肃敦煌盐生荒漠，甘蒙柽柳(*Tamarix austromongolica*)茎发育为同化茎，有表皮毛和盐腺。表皮内有3~4层栅栏组织，含叶绿体，加强同化作用。皮层薄壁细胞只有2~4层，有较发达的维管束，有利于加强输导和机械支持作用，茎常多棱，皮下具发达的机械组织，维管束中的髓为大型薄壁细胞(肖雯，2002)。灰绿藜(*Chenopodium glaucum*)幼茎为同化茎，表皮内有数层同化细胞，间隔排列有厚角组织。维管束数目多，间隙明显，间隔排列在中柱鞘以内，中央髓发达，由大型贮水薄壁细胞组成(肖雯，2002)。

3) 根形态结构

在松嫩草地盐碱生境中，耐盐碱禾草，如羊草、獐毛、野大麦等根的外皮层均栓质化，皮层细胞均形成了发达的通气组织，根的结构酷似单子叶水生植物的根，胞间隙大。双子叶盐生植物二色补血草、女菀(*Turczaninowia fastigiata*)、角碱蓬、鹅绒藤(*Cynanchum chinense*)、蒙古鹤虱(*Lappula intermedia*)、伏委陵菜(*Potentilla paradoxa*)、碱蓬等，其根中也都特化出了不同程度的通气组织(陆静梅等，1996a；夏富才等，2002)。

在甘肃敦煌盐生荒漠，灰绿藜根皮层薄壁细胞中有气腔，维管组织发达，约占根横切面的70%。维管束之间被纵向射线薄壁细胞所填充；花花柴根皮层有大型薄壁细胞，排列疏松，并有大气腔，约占根横切面半径的 40%。内皮层细胞排列紧密，内部有明显的中柱鞘细胞。中柱为多原型维管束。初生木质部导管发达，中心没有髓，被较小的后生导管占据(肖雯，2002)。

在山东滨海，生长在同一盐生环境中，14 种盐生植物除少数植物的根中产生发达的机械组织，通气组织不发达以外，绝大多数植物的根中都具有发达的通气组织。这些通气组织的胞间隙非常明显，形成多个通气道，特别是一些根状茎、平卧茎发达的植物，如沙滩黄芩(*Scutellaria strigillosa*)、海边香豌豆、肾叶打碗花(*Calystegia soldanella*)，其通气道较大(表 6-3)。通气组织大多分布于靠近表皮的皮层和靠近周皮的次生韧皮部中。有的植物根中有含晶细胞，有的含单宁细胞等(辛华等，2000，2002)。海边香豌豆的根和沙滩黄芩的根状茎中皮层与髓的薄壁组织排列疏松，具有大的通气道；肾叶打碗花、茜草和砂引草根中的韧皮薄壁组织特别发达，且排列疏松，根的次生韧皮部中均有通气道；女娄菜、二色补血草和细叶鸦葱根中的木薄壁组织与韧皮薄壁组织均特别发达；女娄菜和细叶鸦葱根中的木薄壁组织与韧皮薄壁组织排列都较疏松，在木质部和韧皮部中形成通气道。二色补血草根中的韧皮薄壁组织排列疏松，仅在次生韧皮部中有通气道(辛华等，2002)。

表 6-3　10 种盐生植物根中通气道的大小(辛华等，2002)

植物种类	位置	通气道大小(μm)	
		长轴	短轴
碱蓬	近周皮的三生韧皮部	161.3	61.3
女娄菜	次生木质部和次生韧皮部	361.2	116.1
海边香豌豆	皮层和髓	1664.1	154.8
二色补血草	次生韧皮部	283.8	105.2
肾叶打碗花	次生韧皮部	377.9	270.9
砂引草	次生韧皮部	96.8	56.5
沙滩黄芩	皮层和髓	1883.4	915.9
细叶鸦葱	次生木质部和次生韧皮部	399.9	103.2
茜草	次生韧皮部	209.6	80.7
兴安天门冬	皮层	210.3	64.5

(2)种子萌发

植物种子的萌发需要一定的适宜条件，即使是盐生植物种子，对盐碱环境的耐受性也有较大差异。通过采用 NaCl 盐胁迫，研究其对盐地碱蓬、碱蓬、中亚滨藜种子发芽率的影响，以土壤含盐量为 0.1%时的出苗率为 100%计，结果表明，NaCl 盐胁迫下，随着含盐量的增加，3 种盐生植物种子发芽率和出苗率均呈不同程度的下降趋势(表 6-4)。但 3 种植物间的耐盐力存在差异，以盐地碱蓬最强，碱蓬次之，中亚滨藜相对最弱(李伟强等，2006)。

表 6-4　不同土壤含盐量下 3 种盐生植物的相对出苗率(%)(李伟强等，2006)

土壤盐分含量	相对出苗率		
	中亚滨藜	碱蓬	盐地碱蓬
0.1	100	100	100
0.3	45.0±8.3	84.1±10.4	68.2±7.8
0.6	9.9±2.3	83.1±9.6	66.5±10.2
0.9	2.9±0.7	51.0±6.6	65.6±9.7
1.2	0	0	60.0±5.6
1.5	0	0	54.2±5.8

　　另有报道，在 NaCl 溶液及滨海盐碱地土壤浸提液配制而成的混合盐溶液两种盐胁迫下，随着盐浓度的升高，盐地碱蓬种子的发芽率都呈下降趋势，并且两种盐胁迫均可延缓种子的初始萌发时间，降低种子的萌发速率(段德玉等，2003)。不管是在 NaCl 溶液还是在滨海盐碱地土壤浸提液配制而成的混合盐溶液中，盐地碱蓬种子的发芽率与盐浓度均呈显著的负相关关系(图 6-6)。

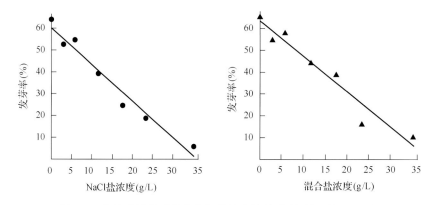

图 6-6　盐地碱蓬种子发芽率与盐浓度的关系(段德玉等，2003)

　　据报道，不同盐碱成分和浓度对碱地肤发芽率的影响具有一定的差异。其中，低浓度(40 mmol/L 和 80 mmol/L)的 NaCl 处理对碱地肤种子萌发有一定的刺激作用，其发芽率分别比对照组高出 2%和 7%，但随着浓度的增加，发芽率时间曲线呈明显的"S"形(图 6-7)，表明高浓度的盐分可以延缓种子的萌发；而 20 mmol/L 低浓度的 Na_2SO_4 处理对碱地肤种子萌发有最大程度的刺激作用，其发芽率是对照组的 115%；低浓度的碱性盐($NaHCO_3$ 和 Na_2CO_3)处理对碱地肤种子发芽率的影响与中性盐处理相似。此实验研究发现，在混合盐 Na^+ 相同的低浓度溶液中，SO_4^{2-} 的危害小于 Cl^-，也表明碱地肤在其种子萌发过程中对 pH 的影响具有一定的耐受力。

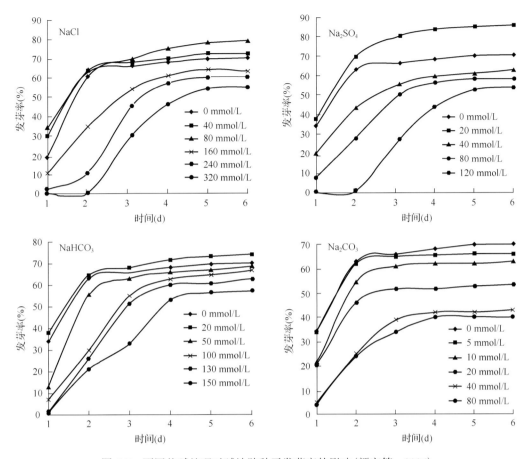

图 6-7 不同盐碱处理对碱地肤种子发芽率的影响(颜宏等，2006)

另有报道，在不同浓度的 NaCl、Na$_2$SO$_4$、Na$_2$CO$_3$ 及三者混合盐溶液(表 6-5)胁迫下，罗布麻种子发芽率、发芽势及发芽指数均受到不同程度的影响(表 6-6)。与对照相比，NaCl 溶液浓度在 0～50 mmol/L、Na$_2$SO$_4$ 在 0～10 mmol/L 时，发芽率都有增加趋势，但与对照相比差异不显著，而发芽势和发芽指数与对照相比均显著降低。NaCl 溶液浓度在达到 800 mmol/L、Na$_2$SO$_4$ 在达到 400 mmol/L、Na$_2$CO$_3$ 在达到 150 mmol/L，以及混合盐 3、4、5 处理时，罗布麻发芽率均降为 0。由此既反映出罗布麻在种子萌发过程中对盐胁迫有较强的耐受力，也反映出罗布麻种子萌发对中性盐 NaCl 和 Na$_2$SO$_4$ 的耐受力较强，而对碱性盐 Na$_2$CO$_3$ 和混合盐的耐受力较弱，也就是说，罗布麻更适于在以中性盐为主的盐碱环境中生存(张秀玲等，2007)。

星星草发芽率与盐浓度的关系在不同的盐胁迫下不尽一致(图 6-8)，总的趋势是随着盐浓度的增加而以不同的速率下降(图 6-8 中实线)，但都表现出极显著的负相关关系(阎秀峰等，1994)。再按无盐处理的发芽率为 100%，其他处理相对发芽率在 75%、50% 和 25%，作为种子发芽盐胁迫浓度的适宜值、临界值和极限值。计算结果表明，混合盐对星星草种子萌发的胁迫作用最大，由回归方程计算的其适宜值为负值，另外 3 种处理依次是，NaCl 为 0.37 g/100cm^3，Na$_2$CO$_3$ 为 1.05 g/100cm^3，NaHCO$_3$ 的胁迫作用最小，为 1.42 g/100cm^3；

4种处理的临界值依次为 0.88 g/100 cm³、1.22 g/100 cm³、1.64 g/100 cm³、2.38 g/100 cm³；极限值依次为 2.02 g/100 cm³、2.08 g/100 cm³、2.22 g/100 cm³、3.33 g/100 cm³。

表 6-5　罗布麻种子萌发不同盐分处理的成分、浓度及 pH (张秀玲等，2007)

处理编号	NaCl 浓度 (mmol/L)	pH	Na₂SO₄ 浓度 (mmol/L)	pH	Na₂CO₃ 浓度 (mmol/L)	pH	混合盐浓度 (mmol/L)				pH
							Na⁺	Cl⁻	CO₃²⁻	SO₄²⁻	
对照	0	7	0	7	0	7	0	0	0	0	7
1	50	7	10	6.51	10	11.30	42	25	3.5	7	10.53
2	200	6.40	50	6.15	50	11.61	110	50	5	25	10.89
3	400	6.03	150	6.11	75	11.67	300	100	25	75	11.28
4	600	6.05	200	6.10	150	11.68	470	200	37.5	100	11.35
5	800	5.67	400	6.06	200	11.69	950	400	75	200	11.49

表 6-6　不同盐胁迫对罗布麻种子萌发特性的影响 (张秀玲等，2007)

盐种类	浓度处理	发芽率(%)	发芽势(%)	发芽指数	相对发芽率(%)
NaCl	CK	85.20±7.72a	79.13±11.63a	33.03±2.70a	100
	1	91.33±1.15a	28.00±10.58b	20.35±2.32b	107.20
	2	62.22±5.55b	0±0c	7.99±0.77c	73.03
	3	20.00±8.00c	0±0c	2.15±0.67d	23.47
	4	2.00±0.00d	0±0c	0.25±0d	2.35
	5	0±0d	0±0c	0±0d	0
Na₂SO₄	CK	85.20±7.72a	79.13±11.63a	33.03±2.70a	100
	1	85.74±1.75a	51.06±7.78b	25.13±3.09b	100.63
	2	70.25±5.17b	40.47±6.65c	16.63±1.01b	82.46
	3	52.10±3.96c	8.41±2.84d	8.43±0.90c	61.03
	4	49.90±5.51c	5.26±2.38d	7.37±0.51c	53.84
	5	0±0d	0±0d	0±0c	0
Na₂CO₃	CK	85.20±7.72a	79.13±11.63a	33.03±2.70a	100
	1	71.33±7.02b	54.67±8.08b	19.87±0.60b	83.73
	2	40.00±13.86c	7.33±1.15c	5.77±1.05c	46.95
	3	24.00±6.93d	4.67±1.16c	3.46±0.65c	28.17
	4	0±0e	0±0c	0±0d	0
	5	0±0e	0±0c	0±0d	0
混合盐	CK	85.20±7.72a	79.13±11.63a	33.03±2.70a	100
	1	77.81±8.91ab	44.61±12.05b	17.98±1.92b	91.32
	2	71.58±9.96b	20.54±7.75c	15.23±0.48b	84.02
	3	0±0c	0±0d	0±0c	0
	4	0±0c	0±0d	0±0c	0
	5	0±0c	0±0d	0±0c	0

注：同一列中不同字母表示不同处理间差异显著($P<0.05$)

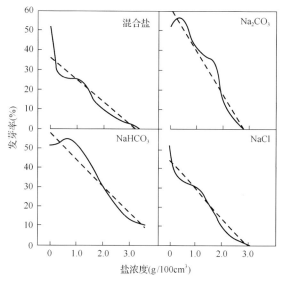

图 6-8　星星草种子发芽率与盐浓度的关系(阎秀峰等，1994)

图中虚线为回归直线

　　盐碱胁迫下星星草种子萌发另有较为复杂的实验，将两种中性盐(NaCl、Na_2SO_4)及两种碱性盐(Na_2CO_3、$NaHCO_3$)按不同比例混合为 4 个处理组，每组内又设置 6 个浓度处理，其总盐浓度依次为 50 mmol/L、100 mmol/L、150 mmol/L、200 mmol/L、250 mmol/L和 300 mmol/L。结果表明，4 组盐浓度对星星草种子的发芽率、发芽势影响的变化趋势相似，均表现出随着盐浓度的增加而迅速下降；当盐浓度高于 200 mmol/L 时，星星草种子萌发受到严重抑制，各处理组的曲线均趋于平缓，而且发芽率均降至 10%左右；超过300 mmol/L 时，星星草种子不再萌发(图 6-9)。

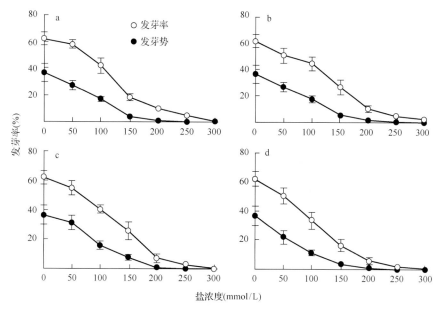

图 6-9　盐浓度对星星草萌发的影响(杨春武等，2006)

星星草种子发芽率与盐浓度呈极显著负相关(图 6-10)。盐碱胁迫还表现在高盐浓度下星星草种子发芽延迟;相反,低盐浓度下不但发芽率较高,而且发芽速率相对较快,种子可在短时间内迅速萌发。这些发芽速度的变化体现了星星草种子对多变盐碱环境的一种生态适应,即在高盐碱化土壤环境下种子暂不萌发,待雨量充足、地表盐浓度降低后才萌发,由此可以避免在高盐条件下植株的大规模死亡(杨春武等,2006)。

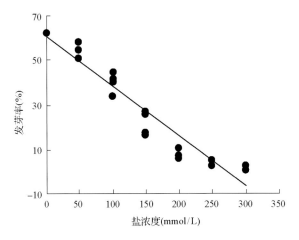

图 6-10　星星草发芽率与盐浓度的关系(杨春武等,2006)

采用 NaCl、Na_2CO_3 和二者的混合盐溶液,设置 5 个浓度(表 6-7),对松嫩平原盐碱化草地 3 种常见优质盐生禾草,羊草、野大麦和朝鲜碱茅种子进行胁迫处理,实验结果表明,羊草种子的发芽率均随着盐浓度的升高而降低,在 100 mmol/L NaCl、50 mmol/L Na_2CO_3 和 37.5 mmol/L Na^+ 混合盐胁迫下的发芽率显著低于对照;野大麦种子在 200 mmol/L NaCl、75 mmol/L Na_2CO_3 和 250 mmol/L Na^+ 混合盐胁迫下的发芽率显著低于对照;朝鲜碱茅种子在 200 mmol/L NaCl、100 mmol/L Na_2CO_3 和 1000 mmol/L Na^+ 混合盐胁迫下的发芽率显著低于对照;在 12.5 mmol/L NaCl 和 37.5 mmol/L Na^+ 混合盐胁迫下,朝鲜碱茅种子的发芽率比对照高,表明低浓度盐胁迫可以促进朝鲜碱茅的萌发(表 6-8)。羊草和野大麦种子在 NaCl 胁迫下的发芽率大体上高于混合盐与 Na_2CO_3 处理,而朝鲜碱茅在混合盐胁迫下的发芽率高于 NaCl 和 Na_2CO_3 处理。反映出 3 种禾草种子对不同种类盐胁迫的耐受性有一定差异,朝鲜碱茅种子对 3 种盐胁迫的耐受性最强,其次为野大麦和羊草(李海燕等,2004)。

表 6-7　3 种禾草种子发芽的盐胁迫处理实验方案(李海燕等,2004)

处理编号	NaCl		Na_2CO_3		混合盐			
	NaCl 浓度 (mmol/L)	pH	Na_2CO_3 浓度 (mmol/L)	pH	Na^+ 浓度 (mmol/L)	Cl^- 浓度 (mmol/L)	CO_3^{2-} 浓度 (mmol/L)	pH
CK	0	7.00	0	7.00	0	0	0	7.00
1	12.5	7.02	12.5	10.24	37.5	12.5	12.5	10.22
2	50	7.14	50	10.99	150	50	50	10.91
3	100	7.14	75	11.18	250	100	75	11.04
4	200	7.29	100	11.28	400	200	100	11.26
5	600	7.47	200	11.51	1000	600	200	11.36

表 6-8 盐胁迫下 3 种禾草种子发芽率及相对发芽率的比较(%)(李海燕等，2004)

盐的种类	处理编号	羊草 Lc		野大麦 Hb		朝鲜碱茅 Pc	
		发芽率	相对发芽率	发芽率	相对发芽率	发芽率	相对发芽率
NaCl	CK	12.67a	100	30.00a	100	71.33a	100
	1	11.67ab	92.11	18.67ab	62.23	79.33a	111.22
	2	6.34abc	50.00	20.67ab	68.90	55.67ab	78.00
	3	6.84b	53.98	17.00ab	56.66	47.33ab	66.35
	4	1.17c	9.23	0.67b	2.23	18.67b	26.17
	5	0d	0	0b	0	0b	0
Na_2CO_3	CK	12.67a	100	30.00a	100	71.33a	100
	1	11.17a	88.16	26.67ab	68.90	40.00ab	56.10
	2	1.17b	9.23	2.33ab	7.77	46.00ab	64.49
	3	0c	0	0.67b	2.23	37.00ab	51.87
	4	0c	0	0.33b	1.10	21.33b	29.90
	5	0c	0	0b	0	0b	0
混合盐	CK	12.67a	100	30.00a	100	71.33a	100
	1	5.17b	40.81	12.00ab	40.00	72.33a	101.40
	2	4.50b	35.52	16.33ab	54.43	68.33a	95.79
	3	0c	0	7.00b	23.33	60.67a	85.09
	4	0c	0	1.67b	5.57	40.00a	61.69
	5	0c	0	0b	b	6.33b	8.87

注：同一列中不同字母间差异显著($P<0.05$)

(3)植株生长

将 NaCl、Na_2SO_4 及滨海盐碱地土壤浸提液，分别配制成 0 g/100 ml、0.2 g/100 ml、0.4 g/100 ml、0.6 g/100 ml、1.2 g/100 ml、1.8 g/100 ml、2.4 g/100 ml、3.6 g/100 ml 浓度的溶液，对盐地碱蓬种子萌发后的幼苗进行胁迫处理，结果表明，不同种类和浓度的盐对幼芽及幼根胁迫的程度具有一定的差异(图 6-11)。在各种盐的胁迫作用下，幼根生长大体表现出随着处理盐浓度的升高，所受到的抑制作用增强。但对于幼芽则大体表现出低盐浓度有促进其生长的作用；当盐分浓度高于 1.8 g/100 ml 后，又均表现出随着浓度的升高，抑制作用加强，但促进及抑制的程度与盐的种类和浓度有关。相对而言，盐分对盐地碱蓬幼根生长的影响较大(李存桢等，2005)。

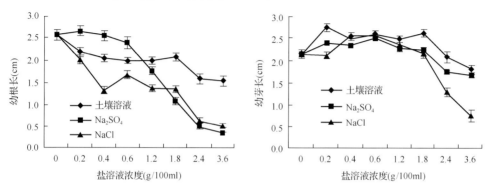

图 6-11 不同种类盐对盐地碱蓬种子萌发后幼苗生长的影响(李存桢等，2005)

　　不同盐生植物的生长对土壤盐分条件有着不同的反应或需求,盐地碱蓬平均株高随土壤盐分含量升高的变化幅度较小,各处理间差异不显著;而中亚滨藜和碱蓬在一定的盐分环境中,株高随土壤盐分含量的升高而显著升高,表现为土壤含盐量的升高促进了其植株的生长(图6-12)(李伟强等,2006)。

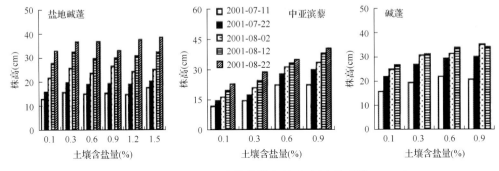

图 6-12　土壤含盐量对盐生植物株高的影响(李伟强等,2006)

　　经不同盐碱和浓度处理,碱地肤种子萌发后胚根、胚轴、幼苗总长度的变化趋势大体相同,均表现为低浓度时有促进作用,而超过一定浓度后,抑制作用不断增强(图6-13)。其中,有利于碱地肤幼苗生长的适宜浓度范围在 NaCl 处理中为 40～80 mmol/L,幼苗总长度是对照(0 mmol/L)的 117.6%;在 Na_2SO_4 处理中分别为 20～40 mmol/L 和 118%;在 $NaHCO_3$ 处理中分别为 10 mmol/L 和 104%;在 Na_2CO_3 处理中分别为 5 mmol/L 和 113%(颜宏等,2006)。

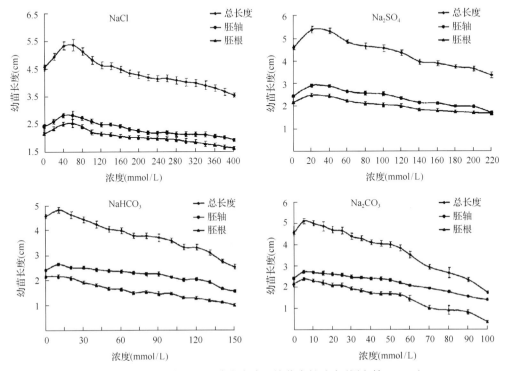

图 6-13　不同盐碱处理下碱地肤种子幼苗生长动态(颜宏等,2006)

另一个与碱地肤幼苗生长有关的盐胁迫实验，是根据吉林省西部盐碱草地所含主要盐分及盐碱化特点进行的模拟(麻莹等，2007)，将两种中性盐($NaCl$、Na_2SO_4)和两种碱性盐($NaHCO_3$、Na_2CO_3)按不同比例混合成 5 组(A~E 组)，每组内又设 5 个浓度(80 mmol/L、160 mmol/L、240 mmol/L、320 mmol/L、400 mmol/L)，总计 25 种盐浓度(80~400 mmol/L)和 pH(5.73~10.70)各不相同的处理，其 Na^+ 浓度覆盖 120~600 mmol/L。于苗龄 6 周后进行胁迫处理，共计处理 9 天(麻莹等，2007)。测量统计的结果表明，碱地肤幼苗的日相对生长速率(relative growth rate，RGR)在 80 mmol/L 的中性盐胁迫下高于对照组，其余各处理的日相对生长速率均随盐浓度和 pH 的增高而下降，并且在盐浓度达 400 mmol/L、pH 达 10.70 的高盐高碱胁迫条件下仍能存活(图 6-14)。

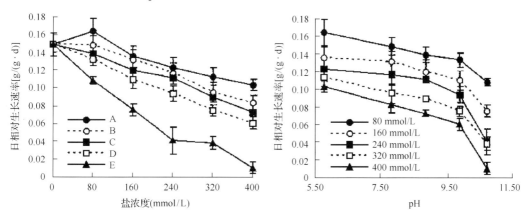

图 6-14　盐碱混合胁迫对碱地肤幼苗日相对生长速率的影响(麻莹等，2007)

A 组：$NaCl$：Na_2SO_4：$NaHCO_3$：Na_2CO_3=1：1：0：0，pH 5.74±0.087；B 组：$NaCl$：Na_2SO_4：$NaHCO_3$：Na_2CO_3=1：2：1：0，pH 7.77±0.104；C 组：$NaCl$：Na_2SO_4：$NaHCO_3$：Na_2CO_3=1：9：9：1，pH 8.80±0.043；D 组：$NaCl$：Na_2SO_4：$NaHCO_3$：Na_2CO_3=1：1：1：1，pH 9.84 ±0.013；E 组：$NaCl$：Na_2SO_4：$NaHCO_3$：Na_2CO_3=9：1：1：9，pH 10.68±0.023

由此既表明适当的中性盐胁迫对碱地肤的生长非但不抑制反而具有促进作用，也表明碱地肤是一种具有很强抗碱性的盐生植物。各组日相对生长速率均在 pH 9.80 附近急剧下降，表明碱胁迫对碱地肤幼苗生长的影响相对较小，只有在 pH 高于 9.80 的强碱胁迫下，其胁迫作用才明显增强。

在 NaCl 处理的土壤盆栽实验中，于马蔺苗高 8~10 cm 时进行 NaCl 胁迫处理 7 天，分析 NaCl 胁迫对马蔺生长的影响(白文波和李品芳，2005)。其中，马蔺茎叶干重、含水量和相对生物量，以及株高大多显著低于对照，且整体上随着盐度的增加，下降幅度加大(表 6-9)。

4 种盐胁迫对星星草种子萌发后幼根生长的影响是基本一致的，即随盐浓度增加，幼根生长减慢(图 6-15)。而且，各种盐处理下幼根长度与盐浓度都呈极显著负相关关系。幼芽生长对盐胁迫的反应则不同于幼根，各种盐处理在低浓度下(大致都在 1.2 g/100 cm³以内)，都表现出了增效效应，即低盐促进幼芽的生长；而后随盐胁迫的增强，其生长受到抑制。由此，整个幼苗的生长随盐浓度的变化也呈现类似的规律，只是 Na_2CO_3 胁迫下，由于幼根生长在低浓度下受抑制较严重，整个幼苗生长未体现出低浓度下的增效效应(阎秀峰等，1994)。

表 6-9　盐胁迫对马蔺幼苗生长的影响(白文波和李品芳，2005)

NaCl 处理(g/kg)	干重(g/15 株)		植株含水量(g/kg)		相对生物量(%)	根冠比	株高(cm)
	茎叶	根系	茎叶	根系			
CK	0.92a	0.32a	798.1a	882.6ab	100.00a	0.35a	13.6a
5.0	0.62a	0.24ab	767.7b	857.4b	55.57b	0.38a	12.4b
10.0	0.61b	0.23b	697.3c	889.8a	52.38c	0.38a	11.9b
15.0	0.49b	0.20b	703.5c	859.3b	47.77d	0.41a	8.7c
20.0	0.44b	0.19b	728.2c	874.3ab	53.71bc	0.43a	7.7d
25.0	0.35b	0.19b	749.1b	880.1ab	41.23d	0.54a	6.9e

注：同一列数据后面不同字母表示不同处理间差异显著($P < 0.05$)

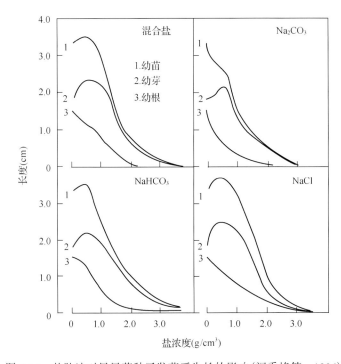

图 6-15　盐胁迫对星星草种子发芽后生长的影响(阎秀峰等，1994)

盐胁迫对不同耐盐植物种子萌发后胚根和胚芽生长的影响具有一定的差异。如果以非盐胁迫作为对照，把各种盐胁迫处理样本的总胚根长、总胚芽长分别与对照样本总胚根长、总胚芽长的比值作为相对胚根长和相对胚芽长。经统计，相对胚根长和相对胚芽长大体随着盐浓度的升高而降低(图 6-16)，但在 NaCl 浓度为 12.5 mmol/L 的处理中，羊草和朝鲜碱茅的相对胚根长与相对胚芽长均大于 1，表明低浓度盐可以促进羊草和朝鲜碱茅的胚根及胚芽的生长。这也是耐盐植物能够在盐碱生境中生存的重要原因之一(李海燕等，2004)。

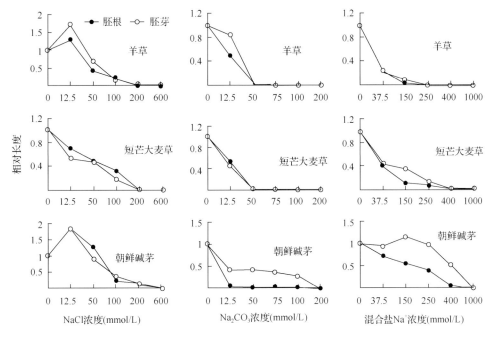

图 6-16　盐胁迫对 3 种禾草胚根和胚芽的相对长度的影响(李海燕等，2004)

在 NaCl、Na$_2$CO$_3$ 和二者混合盐胁迫萌发实验中，赖草种子萌发 5 天后胚根的长度随 3 种盐溶液浓度的增高而下降(表 6-10)，胚根长与盐浓度呈显著负相关关系。其决定系数分别高达 92.65%、97.98% 和 78.01%，3 种盐对胚根生长的影响程度为 Na$_2$CO$_3$＞混合盐＞NaCl。在 NaCl 不同低浓度(10 mmol/L、30 mmol/L、50 mmol/L，分别对应处理 1、2、3)处理下，胚芽的长度与对照相比变化不显著，而高浓度(100 mmol/L、200 mmol/L，分别对应处理 4、5)NaCl 胁迫下，胚芽的长度显著减少。Na$_2$CO$_3$ 和混合盐对赖草胚芽生长的影响不显著。相比之下，3 种盐分胁迫对胚根生长的抑制作用明显大于胚芽，也表明赖草胚根是对盐胁迫比较敏感的部位(孙菊和杨允菲，2006)。

表 6-10　3 种盐胁迫对赖草胚根和胚芽生长的影响(孙菊和杨允菲，2006)

处理编号	胚根(cm)			胚芽(cm)		
	NaCl	Na$_2$CO$_3$	混合盐	NaCl	Na$_2$CO$_3$	混合盐
CK	25.19±2.03a	25.19±2.03a	25.19±2.03a	14.12±2.01a	14.12±2.01a	14.12±2.01a
1	22.67±1.98ab	18.84±1.53b	20.00±3.25b	15.93±1.63a	14.72±1.35a	15.35±3.76a
2	21.38±1.95b	17.17±2.21b	16.00±7.90b	14.29±2.21a	15.67±1.98a	18.50±4.95a
3	20.56±1.56b	10.14±2.10c	13.33±9.41bc	14.26±1.76a	16.39±3.25a	14.67±3.79a
4	15.36±1.30b	4.41±2.03c	7.00±7.90cd	7.27±1.49b	10.91±3.93a	11.75±7.16a
5	9.57±4.03c	—	5.75±4.18d	1.50±2.37c		7.75±5.26a

注：同一列中不同字母表示不同处理间差异显著($P<0.05$)

禾草分蘖数是一项重要的生长指标，不仅能反映出分蘖数的增长情况，还能反映出植株的营养繁殖力。模拟土壤盐碱条件的盆栽实验表明，随着盐浓度和 pH 增加，羊草实生苗的分蘖数均大体呈下降趋势(图 6-17)。其中,从 A 组到 D 组,随 $NaHCO_3$ 和 Na_2CO_3 比例增大分蘖数下降幅度增大。pH 的影响整体表现为,盐浓度越高,下降幅度越大(石德成等,1998)。羊草茎叶相对生长速率随盐浓度及 $NaHCO_3$ 和 Na_2CO_3 比例的增高而下降,表现出盐碱胁迫对茎叶生长的抑制作用呈随着盐浓度增大而加强的趋势(图 6-18)。但盐浓度在 50 mmol/L 的较低浓度时,pH 对其生长的抑制作用较小(石德成等,1998)。

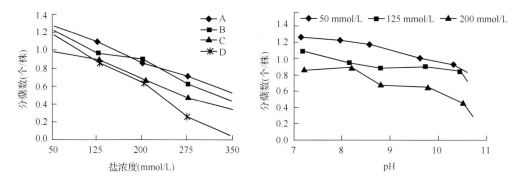

图 6-17　盐浓度和 pH 与羊草苗分蘖数的关系(石德成等,1998)

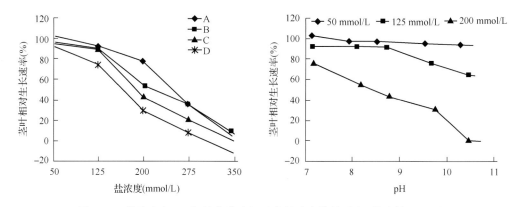

图 6-18　盐浓度和 pH 与羊草茎叶相对生长速率的关系(石德成等,1998)

6.3.2　植物种群构成和发展过程

(1)种群数量特征的季节动态

在黄海滨海土壤含盐量为 0.5%～1.0%,pH 为 8.3～8.5 的微碱性盐生草甸上,獐毛是重要的建群种之一。在 4～10 月,即从獐毛返青 10 天后开始每 10～15 天进行一次野外取样,至 10 月初结束,在整个生长季内定位取样分析(李东兴,1992),在整个生长季,獐毛种群地上生物量及其增长速度变化特征可分为 3 个阶段(表 6-11):①在 4 月中旬至 5 月中旬的生长季初期,獐毛种群地上生物量增长缓慢,增长速度处于 2.8～3.4 g/(m²·d) 的较低水平;②5 月中旬至 7 月上旬的生长季中期,獐毛种群地上生物量迅速增大并接近最大值,这一时期的增长速度保持在 3.7～4.6 g/(m²·d) 的较高水平,至 7 月上旬开花期,增长速度达到 4.6 g/(m²·d) 的最大值,然后开始降低;③生长季后期(7 月上旬至 9

月中旬），獐毛种群地上生物量又缓慢增长，9 月中旬达到最大值(374 g/m²)，增长速度在这一阶段继续下降。

表 6-11　獐毛种群地上生物量、叶茎比及叶面积指数的生长季动态(李东兴，1992)

取样时间(月.日)	生长时间(d)	地上生物量(g/m²)	叶茎比	叶面积指数
4.25	10	21	0.67	0.11
5.5	20	49	0.48	0.33
5.15	30	83	0.47	0.62
5.25	40	131	0.43	1.12
6.15	61	215	0.28	1.11
6.25	71	252	0.32	1.20
7.15	91	344	0.25	1.16
8.6	113	363	0.25	1.00
8.15	122	372	0.22	0.92
8.25	132	373	0.22	0.76
9.15	153	374	0.18	0.63
9.25	163	373	0.18	0.63
10.5	173	368	0.11	0.41

　　生长季结束后，植物体开始大量枯萎、凋落，獐毛种群地上生物量逐渐减小(李东兴，1992)。种群地上生物量在生长季中的动态规律符合逻辑斯谛(Logistic)增长模型(图 6-19)。獐毛种群地上生物量中叶茎比(L/S)在生长季中处于不断降低的过程。而叶面积指数(leaf area index，LAI)在花期之前不断增大，这是叶的形态建成逐渐完成及种群密度逐渐增大的结果；至开花期 LAI 达到 1.2 的最大值；花期之后，随着老叶片不断枯萎，叶面积指数也逐渐降低(李东兴，1992)。

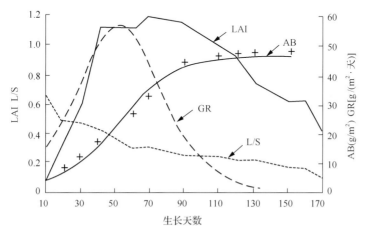

图 6-19　獐毛种群地上生物量(AB)及其增长速度(GR)、叶茎比(L/S)
和叶面积指数(LAI)的季节变化(李东兴，1992)

在松嫩平原盐碱化草地，獐毛主要生长在盐碱含量较高的环境中，种群以营养生长和营养繁殖为主，仅有较小比例的植株能够进入生殖生长，抽穗率仅为 15.7%。由于獐毛籽实甚小，在群落内实生苗很难存活定居下来，因此有性生殖对种群正常更新的贡献不大。獐毛匍匐茎发达，营养繁殖能力强，匍匐茎上每个节均可产生不定根和营养繁殖株，继而形成新的无性系株丛，来远离母株，扩大种群的生态位空间。

据统计，在 6 月中旬，獐毛种群以产生 9～11 节的匍匐茎为众数，其总长度达 108.6～164.7 cm，节上共产生营养株 7.3～15.6 个；7～9 月，其匍匐茎持续伸长，节数增多，节上也在不断产生新的营养株；10 月上旬停止生长，此时的匍匐茎以 20～22 节为众数，总长度达 265.9～304.5 cm，节上共产生 85.5～111.4 个营养繁殖株（表 6-12）（杨允菲和李建东，1994a）。由此充分反映了獐毛种群营养繁殖及以此来扩大种群生态位空间的潜在能力。各月份具代表性的匍匐茎节间长度分布有着共同的特点（图 6-20），即除了基部和端部分别有 2～3 个节间较短以外，中部各节间均近乎等长，或者说没有明显差异。这反映出獐毛的匍匐茎仅端部的 2～3 个节间仍可继续伸长，并从端部不断分生出新节，其他节间的伸长生长在一定时期内已经完成。经统计分析，从基部到端部，各月份獐毛匍匐茎节上产生营养株的累积数量均呈直线增加（图 6-21）（杨允菲和李建东，1994a）。

表 6-12　獐毛种群匍匐茎数量特征的季节动态（杨允菲和李建东，1994a）

取样时间（日/月/年）	节数	总长度（cm）	节上生分株数
19/6/1991	9	108.6	7.3
	10	134.3	9.7
	11	164.7	15.6
16/7/1991	14	175.4	22.0
	15	193.6	25.9
	16	213.1	27.3
13/8/1991	16	211.4	44.6
	17	193.7	51.8
	20	257.8	63.6
2/10/1991	20	265.9	85.5
	21	274.9	89.3
	22	304.5	111.4

对于獐毛匍匐茎生分株的命运，因节序而有差异，第二年返青期调查结果显示，第 1～2 节上无分株存活，第 3～19 节上可形成 1～23 个分株或分株丛。除个别外，第 3～17 节存活概率均在 50% 以上，其中第 7 节、第 9 节、第 11 节高达 80%。在第 6～13 节上形成的株丛普遍较大，平均每丛有 7～10.2 个分株。单个匍匐茎营养繁殖存活的数量最少者为 40 个分株，多者达 131 个分株，其株丛最远者距母株 294 cm。也就是说，在松嫩平原盐碱化草地，獐毛种群可通过匍匐茎的营养繁殖，每年以近 3 m 的速度向碱斑扩展其生态位空间（杨允菲和李建东，1994a）。

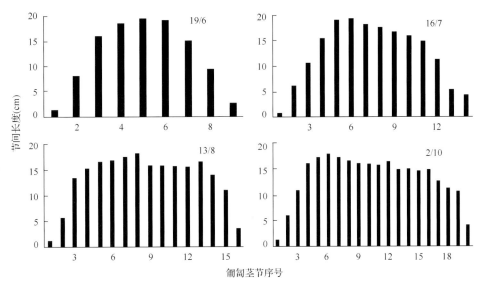

图 6-20　獐毛种群匍匐茎节-节间长度分布(杨允菲和李建东，1994a)

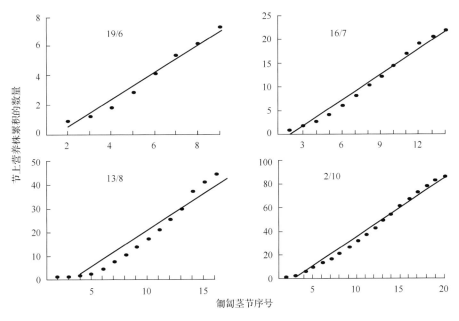

图 6-21　獐毛种群匍匐茎节上营养株累积数量的观测值(点)及拟合直线

(杨允菲和李建东，1994a)

松嫩平原的天然放牧场，根据放牧退化程度可划分为轻牧、适牧、重牧、过牧和极牧 5 个放牧演替阶段，在整个生长季(5 月上旬至 9 月中旬)，植被优势种羊草的生物量积累过程中，除了极牧地段呈饱和指数增长外，其他地段均呈"S"形曲线增长(王仁忠，1997)。而在松嫩平原人工草地，从生长季初期的 5 月 1 日至生长量达最大期的 8 月底，羊草营养株和生殖株的株高与生物量均呈"S"形曲线增长(张宝田等，2003)。其差异主要表现在生殖株存在近似停止现象；而营养株在生长季中后期仍有生长，但极为缓慢；

生物量的季节动态以生殖株始终高于营养株(图 6-22)。

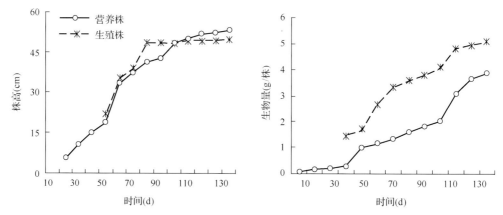

图 6-22　人工草地羊草种群营养株和生殖株株高及其生物量的季节动态
(张宝田等，2003)

但在实验条件下，建植当年，4 个不同密度(120 株/m²、240 株/m²、360 株/m² 和 480 株/m²)的羊草试验种群，在同一密度下，地上生物量与地下生物量的季节动态是，随时间的增加呈先缓慢增加再快速增加变化趋势(图 6-23)。其中地上生物量的变化尤其明显，与以往大多数研究的生物量随时间呈"S"形曲线变化的结果不尽相同，这与持续生长的温室实验环境条件有关(平晓燕等，2007)。

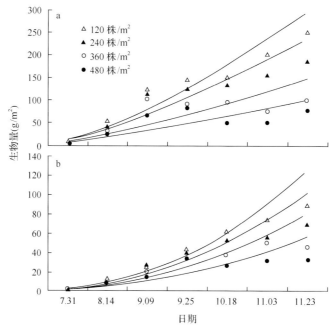

图 6-23　实验条件下不同密度羊草种群地上生物量(a)与地下生物量(b)季节动态(平晓燕等，2007)

在松嫩平原固定沙梁的风沙土上，实验羊草无性系在整个生长季均进行着营养繁殖，生长季的后期分蘖株数迅速增加，经过对每 10 天 1 次、共 15 次调查记数的回归分析可知，在春季初始数量有 10 倍差异(图 6-24，a 为 3 个分蘖株，b 为 31 个分蘖株)的两个实验羊草无性系，在一个生长季内的营养繁殖数量(图 6-24，a 为 230 个分蘖株，b 为 431 个分蘖株)均极好地符合指数增长形式。结果表明：尽管两个实验无性系的数量有较大的差异，但二者有着相同的数量增长规律，即均有一个由缓慢到快速的指数增长过程(杨允菲和张宝田，2006)。

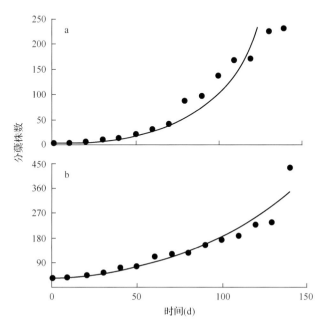

图 6-24　不同初始数量(a，3；b，31)的羊草无性系在一个生长季的生长规律
(n=15)(杨允菲和张宝田，2006)

(2)种群构件间的相关性

獐毛种群有 4 种分株构件，包括生殖分株、营养分株、匍匐茎和匍匐茎营养分株。在松嫩平原盐碱化草地，獐毛种群生殖分株密度与总密度(生殖分株、营养分株、匍匐茎数量之和)和营养分株密度均呈极显著的线性正相关关系；生殖分株生物量与总生物量呈极显著指数正相关关系，与营养分株生物量呈极显著线性正相关关系(图 6-25)。獐毛种群中生殖分株密度和生物量与营养分株密度及生物量之间的分配均不存在拮抗关系(王仁忠和李建东，1999)。

经大样本取样的回归分析可知，在 7～8 月生长旺盛期，獐毛种群匍匐株重量均随其地上生物量的增加呈直线增加趋势(图 6-26)，拟合直线方程的斜率为 7 月(b=0.1802)小于 8 月(b=0.3459)。表明随着生长季的进程，獐毛种群匍匐茎对其地上生物量的贡献在增大(杨允菲和李建东，1994a)。

在松嫩平原碱化草甸，对不同时间达到抽穗初期、抽穗期、开花期和乳熟期的星星草种群生殖分蘖株采用定期大样本随机取样的方法，研究其数量性状的可塑性及其调节规律(孙菊和杨允菲，2007)。数据分析表明，生殖分蘖株高、分蘖株生物量、花序生物量，除了开花期外，在每 5 天的时间里，在抽穗初期、抽穗期和乳熟期均随着生殖生长时间的延

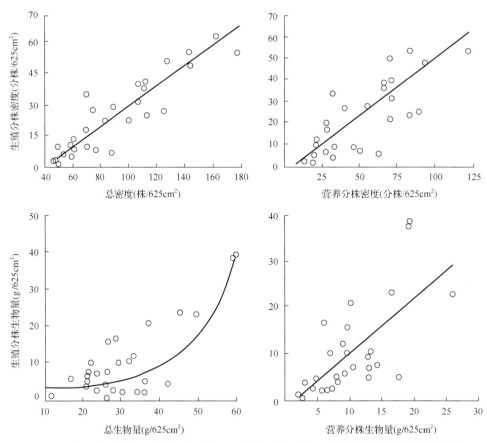

图 6-25　獐毛种群生殖分株密度与总密度和营养分株密度、生殖分株生物量与总生物量
和营养分株生物量的观测值(点)及相关性拟合曲线(王仁忠和李建东，1999)

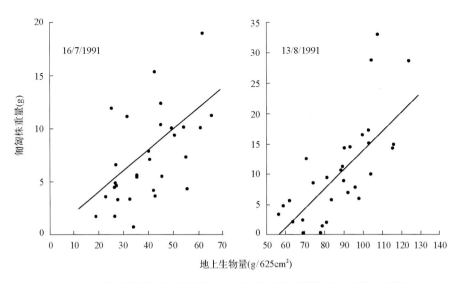

图 6-26　獐毛种群匍匐株重量与地上生物量的观测值(点)及拟合直线
(杨允菲和李建东，1994a)

长依次显著增加(表 6-13)。星星草种群各数量特征的标准差(standard deviation,SD)普遍较大,反映出星星草种群分蘖株不仅在先后进入生殖生长的分蘖株之间具有较大的表型可塑性,同时进入生殖生长的分蘖株之间也具有较大的表型可塑性(孙菊和杨允菲,2007)。

表 6-13　星星草种群生殖分蘖株在各生育期不同时间的数量特征(孙菊和杨允菲,2007)

生育期	时间(日/月)	样本数 n	分蘖株高(cm)	分蘖株生物量(mg)	花序长(cm)	花序生物量(mg)	生殖分配(%)
抽穗初期	12/6	50	32.2±7.13a	125.0±59.63a	13.7±2.92a	32.2±13.75a	26.8±5.52a
	17/6	50	28.3±4.52b	84.1±27.33b	12.0±2.14b	20.3±8.03b	24.0±4.19b
	22/6	50	26.0±6.19c	69.2±38.46c	11.4±2.64c	14.2±7.17c	21.7±5.39c
	平均	3	28.8±5.95	92.8±41.81	12.4±2.57	22.2±9.65	24.2±5.03
抽穗期	12/6	50	53.7±8.36a	340.2±143.85a	18.1±2.34a	98.2±40.34a	29.2±3.75a
	17/6	50	46.6±5.96b	203.6±66.36b	15.0±2.23b	62.1±22.11b	30.4±4.40a
	22/6	50	43.0±7.09c	149.4±65.43c	14.2±2.23b	45.7±19.14c	31.0±4.67a
	平均	3	47.8±7.13	231.1±91.88	15.8±2.27	68.7±27.20	30.2±4.28
开花期	12/6	50	58.2±8.34b	366.2±155.31a	17.2±2.97a	93.4±52.90a	24.8±6.29c
	17/6	50	55.4±8.34bc	286.5±120.08b	15.8±2.20b	85.2±34.41a	30.1±4.86a
	22/6	50	66.5±8.55a	319.9±119.84ab	16.8±2.69ab	87.9±34.40a	27.6±4.24b
	27/6	50	54.4±9.87c	197.5±80.97c	13.7±2.34c	56.9±25.07b	29.1±4.47a
	2/7	30	56.8±7.80bc	193.1±47.85c	14.5±1.83c	49.5±15.35b	25.8±5.43bc
	平均	5	58.3±8.58	272.6±104.81	15.6±2.41	74.6±32.43	27.5±5.06
乳熟期	27/6	50	63.9±12.73a	353.0±172.74a	15.1±3.08a	124.4±65.31a	35.0±6.12a
	2/7	50	57.9±10.34b	265.1±106.29b	14.1±2.66b	95.0±39.09b	36.2±6.70a
	平均	2	60.9±11.54	309.1±139.52	14.6±2.87	109.7±52.20	35.6±6.41

注:同一列中不同字母表示不同处理间差异显著($P<0.05$)

经过比较分析可见,星星草生殖分蘖株早进入生育期 10 天,在抽穗初期和抽穗期,其平均分蘖株高分别增加了 23.8%和 24.9%;花序长增加了 20.2%和 27.5%;分蘖株生物量增加了 80.6%和 1.3 倍;花序生物量增加了 1.3 倍和 1.1 倍。在早进入生育期 20 天生殖生长的时间里,开花期除了分蘖株高没有明显的规律性变化,分蘖株生物量、花序长和花序生物量均不同程度增加,其中分蘖株生物量和花序生物量增加得较为明显。在乳熟期,尽管早进入生育期仅 5 天,各数量指标的增加程度均达到了显著水平,其中分蘖株生物量增加了 33.2%,花序生物量增加了 30.9%。这些大体相同的变化趋势,表明星星草种群分蘖株的生殖生长始终是可塑性与规律性并存,延长生殖生长有利于分蘖株高增加和物质生产,尤其有利于分蘖株生物量和花序生物量的增加。而生殖分配除抽穗期随着生殖生长时间的延长呈减小趋势,在每 5 天的时间里均依次显著地低于缩短生殖生长外,其他 3 个生育期均随着生殖生长时间的延长呈增加趋势,但抽穗期和乳熟期的差异均未达到显著水平。表明在抽穗期以后,各生育期的分蘖株生物量向花序的分配相对稳定(孙菊和杨允菲,2007)。

不同生育期生殖分蘖株高与花序生物量之间呈显著的正相关关系,而与生殖分配之间呈显著的负相关关系(表 6-14,表 6-15)。随着生殖生长时间的延长,抽穗初期、开花期和乳熟期的花序生物量随着分蘖株高增加的幂函数增长速率 b 值均呈增大趋势,而抽穗初期、抽穗期和乳熟期的生殖分配随着分蘖株高增加的直线下降速率 b 值普遍呈减小趋势。星星草种群分蘖株生殖生长的表型可塑性调节具有一定的规律(孙菊和杨允菲,2007)。

表 6-14　不同生育期星星草种群生殖分蘖株的花序生物量与分蘖株高之间的幂函数方程参数及其显著性检验(孙菊和杨允菲,2007)

生育期	时间(日/月)	样本数 n	方程参数		决定系数 R^2	显著性 P
			a	b		
抽穗初期	12/6	50	0.0640	1.7744	0.6712	<0.01
	17/6	50	0.0570	1.7414	0.4811	<0.01
	22/6	50	0.0962	1.5070	0.4560	<0.01
抽穗期	12/6	50	0.0515	1.8831	0.5672	<0.01
	17/6	50	0.1999	1.4810	0.2745	<0.01
	22/6	50	0.0429	1.8384	0.5660	<0.01
开花期	12/6	50	0.0010	2.7838	0.4780	<0.01
	17/6	50	0.0790	1.7272	0.4915	<0.01
	22/6	50	0.0204	1.9794	0.4096	<0.01
	27/6	50	0.1256	1.5141	0.4057	<0.01
	2/7	30	—	—	0.0107	>0.05
乳熟期	27/6	50	0.0340	1.9470	0.4830	<0.01
	2/7	50	5.1114	0.7024	0.1094	<0.05

表 6-15　不同生育期星星草种群生殖分蘖株的生殖分配与分蘖株高之间的直线方程参数及其显著性检验(孙菊和杨允菲,2007)

生育期	时间(日/月)	样本数 n	方程参数		决定系数 R^2	显著性 P
			a	b		
抽穗初期	12/6	50	36.355	−0.2967	0.1469	<0.01
	17/6	50	—	—	0.0262	>0.05
	22/6	50	32.734	−0.4250	0.2379	<0.01
抽穗期	12/6	50	38.624	−0.1756	0.1528	<0.01
	17/6	50	40.355	−0.2127	0.0827	<0.05
	22/6	50	41.867	−0.2534	0.1480	<0.01
开花期	12/6	50	—	—	0.0013	>0.05
	17/6	50	44.920	−0.2666	0.2090	<0.01
	22/6	50	40.163	−0.1887	0.1449	<0.01
	27/6	50	40.932	−0.2183	0.2321	<0.01
	2/7	30	44.288	−0.3265	0.2194	<0.01
乳熟期	27/6	50	43.499	−0.1326	0.0763	<0.05
	2/7	50	53.597	−0.2997	0.2141	<0.01

　　在松嫩平原生长季末期，羊草和野大麦种群的营养分蘖株因芽的输出与生长的时间不同而具有不整齐性，早输出者可进入拔节生长，而晚输出者均处于尚未拔节的苗期。在调查和测定的 40 个营养分蘖株中，羊草叶片生物量整体水平为 1.197 g，最低 0.31 g 与最高 2.28 g 相差约 6 倍，变异系数为 56.99%；野大麦叶片生物量整体水平为 0.353 g，最低 0.13 g 与最高 0.55 g 相差约 3 倍，变异系数为 31.7%。经统计分析，随着分蘖株高和分蘖株生物量的增加，羊草和野大麦营养分蘖株的叶片生物量均呈幂函数增加趋势，决定系数高达 81.59%～98.98%（图 6-27），反映出两种禾草营养分蘖株有着相同的叶片生长与生物量积累的规律。

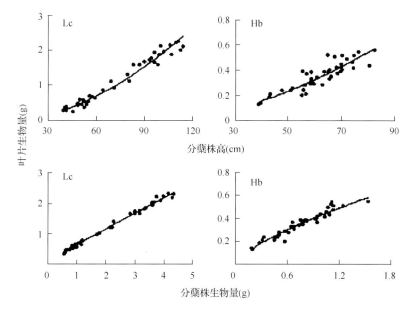

图 6-27　羊草（Lc）和野大麦（Hb）营养株叶片生物量与分蘖株高及生物量的关系
（杨允菲和李建东，2003）

　　同样地，羊草和野大麦营养分蘖株的叶片生物量比例均随着分蘖株高与分蘖株生物量的增加呈幂函数减少趋势，决定系数在 36.01%～70.60%（图 6-28），也表明两种禾草营养分蘖株有着相同的生物量分配规律（杨允菲和李建东，2003）。

　　在松嫩平原有两种生态型羊草：一种叶片呈灰绿色，主要生长于盐碱土上；另一种叶片呈黄绿色，主要生长于沙质土上，但两种生态型羊草也经常在各类土壤中混合生长。对盐碱土生境中灰绿型羊草和林缘沙土生境中黄绿型羊草进行大样本取样分析，结果表明，在单一优势种羊草群落中，两种生态型羊草在营养生长期、繁殖期和果后营养期，其分蘖株生物量与株高的关系均呈直线函数 $y=a+bx$，并均达到了极显著相关性（图 6-29）。拟合方程中的 b 值为分蘖株生物量随株高变化的速率，均为果后营养期最小，表明两种生态型羊草种群以营养生长期或以繁殖期生长最为旺盛（周婵和杨允菲，2006a）。

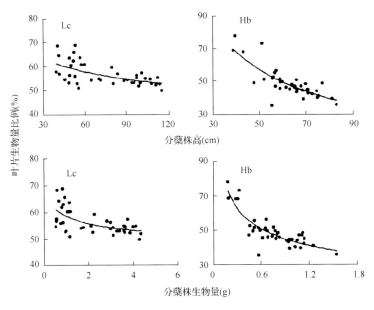

图 6-28　羊草(Lc)和野大麦(Hb)营养株叶片生物量比例与分蘖株高及生物量的关系
(杨允菲和李建东，2003)

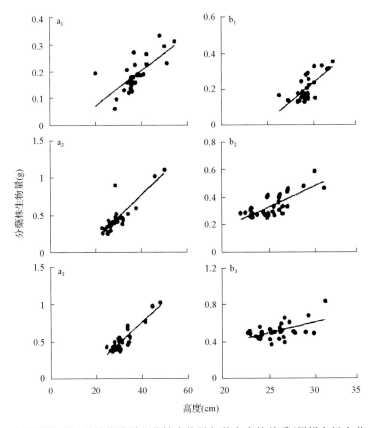

图 6-29　灰绿型和黄绿型羊草种群分蘖株生物量与其高度的关系(周婵和杨允菲，2006a)
a. 灰绿型；b. 黄绿型；1. 营养生长期；2. 繁殖期；3. 果后营养期

在实验条件下，建植当年，4 个不同密度(120 株/m²、240 株/m²、360 株/m² 和 480 株/m²)的羊草试验种群，地上生物量与地下生物量之间均为幂函数关系(平晓燕等，2007)，方程的决定系数均在 93% 以上(图 6-30)。在拟合方程的参数中，随着羊草密度的增加，幂值(b)大体相同，a 值则呈减小趋势。表明在密度增大时，羊草种群种内个体间竞争增强，不仅响应到初期根冠比，也将响应到整个生长季的根冠比。因此，羊草种群不断地以调节生物量向地上和地下的分配比例来适应因密度引起的生长环境的差异(平晓燕等，2007)。

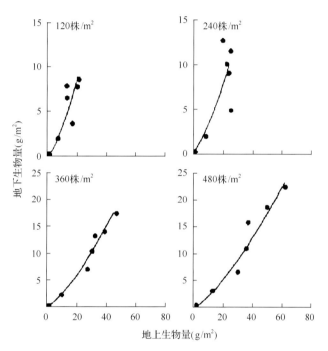

图 6-30　不同密度羊草种群地下生物量与地上生物量间的关系 (平晓燕等，2007)

(3)种群的密度制约

环境可以容纳种群的数量是有限的，而个体的大小又与种群的数量有着密切的关系，当种群数量达到环境容纳量时，种群内个体的生物量增加就要以弱小个体的死亡为代价。密度制约一方面表现出对个体大小的限制性，一方面表现在对种群总生产量的限制性。一个种群在尚未达到环境容纳量之前，往往就对个体的生长产生了抑制性，但种群仍表现为密度越高，对种群的生物生产越有利。在松嫩平原的盐碱化草地，即使在生长旺盛的 7～8 月，獐毛种群生产力也没有出现密度制约现象，均表现为地上生物量随着密度的增加呈直线增加趋势(图 6-31)(杨允菲和李建东，1994a)。

在松嫩盐碱化草地野大麦种群的籽实乳熟期至成熟期，其种群生物量与密度之间具有显著的线性正相关关系(图 6-32)，意味着该种群的数量尚未达到环境的最大容纳量，还有可扩展空间与可利用资源环境。但增加速率 $b=0.1173$ 已低于现有种群的平均单蘖生物量(Bm=0.2548 g)，表明该种群生物量的增加已经受到了一定的密度制约作用。分析表明，野大麦种群平均生殖蘖重和平均营养蘖重与种群密度均呈极显著幂函数负相关。其中，平均生殖蘖重随种群密度的增加以幂值 $b=-0.4659$ 的规律下降，平均营养蘖重随着种群密度的增加以幂值 $b=-0.6682$ 的规律下降（图 6-33）。也就是说，此时野大麦种群密度对生殖蘖和营养蘖的生长在一定程度上均已产生了密度制约作用。

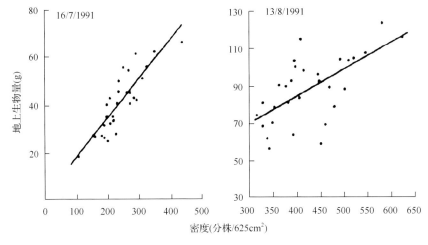

图 6-31　獐毛种群地上生物量与密度的观测值及其拟合的直线
（杨允菲和李建东，1994a）

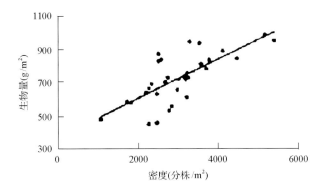

图 6-32　野大麦种群生物量与密度的关系（李红等，2004）

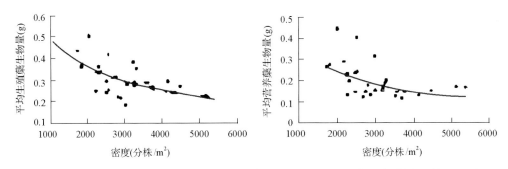

图 6-33　野大麦种群平均生殖蘖生物量和平均营养蘖生物量与密度的关系（李红等，2004）

回归分析显示，全体分蘖株的平均单蘖生物量与种群密度及其营养蘖密度均呈极显著幂函数负相关。随着种群密度的增加，种群分蘖株的平均单蘖生物量以 $b=-0.5168$ 的规律下降；随着营养蘖密度的增加，分蘖株的平均单蘖生物量以幂值 $b=-0.2485$ 的规律下降(图 6-34)。进一步表明此时的野大麦种群数量尽管尚未达到环境的最大容纳量，但已产生种内竞争，全体分蘖株的生长不仅受到种群密度的制约，而且受到种群营养蘖密度的制约(李红等，2004)。

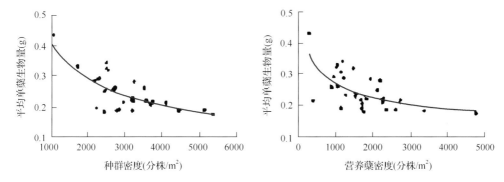

图 6-34　野大麦种群平均单蘖生物量与种群密度和营养蘖密度的关系(李红等，2004)

植物的有性生殖总是以减少营养生长，乃至牺牲其营养繁殖为代价的。獐毛种群生殖枝密度与匍匐茎密度和匍匐茎营养枝密度之间均呈极显著负相关关系(r 分别为-0.75、-0.64，$n=29$)(图 6-35)，表明匍匐茎密度和匍匐茎营养枝密度对生殖枝密度产生了很强烈的密度制约作用(王仁忠和李建东，1999)。如果将生殖枝生物量与总生物量之比定义为 Re_1，将花序生物量与总生物量之比定义为 Re_2，獐毛种群的 Re_1 和 Re_2 分别与匍匐茎密度和匍匐茎营养枝密度间均呈极显著负相关(图 6-36)。表明獐毛种群匍匐茎密度和匍匐茎营养枝密度除了强烈地制约着生殖枝的分化，也制约着不同等级的生殖分配(王仁忠和李建东，1999)。

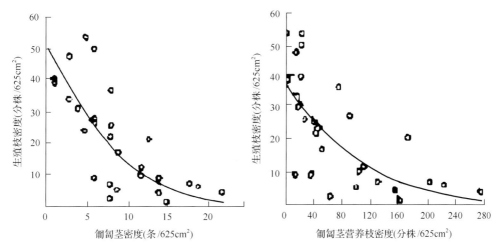

图 6-35　獐毛种群生殖枝密度与匍匐茎密度和匍匐茎营养枝密度的观测值(点)
及相关性拟合曲线(王仁忠和李建东，1999)

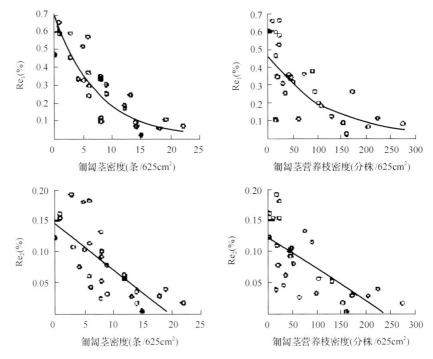

图 6-36　獐毛种群生殖枝（Re_1）和花序（Re_2）生物量分配与匍匐茎密度及
匍匐茎营养枝密度的关系（王仁忠和李建东，1999）

在松嫩平原朝鲜碱茅抽穗期，在单一优势种群落，朝鲜碱茅种群各构件及其种群水平的生物量与密度之间均呈显著或极显著的线性正相关（图 6-37），意味着朝鲜碱茅种群数量尚未达到环境容纳量，即在种群水平尚未产生密度制约。但其密度对平均单蘖重、平均营养蘖重、平均生殖蘖重已经产生了密度制约现象（图 6-38）。其中，平均单蘖重和平均营养蘖重随着密度的增加呈线性函数下降趋势，平均生殖蘖重随着密度的增加呈幂函数下降趋势（刘佩勇和杨允菲，2000）。相关模型的参数可以反映出，平均单蘖重和平均营养蘖重随着密度的增加，线性下降的斜率 b 值完全相同（$b=-0.0001$），平均生殖蘖重则呈幂函数下降，幂值 $b=-0.88$，密度对于生殖蘖生长的制约要明显大于前两者。或者说，处于有性生殖期的朝鲜碱茅种群，种内个体间的竞争在生殖蘖表现得更为明显（刘佩勇和杨允菲，2000）。

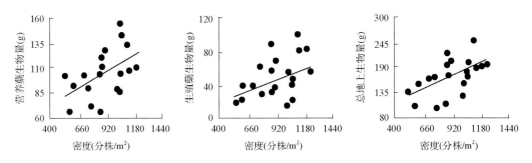

图 6-37　朝鲜碱茅种群不同构件的生物量与密度的关系（刘佩勇和杨允菲，2000）

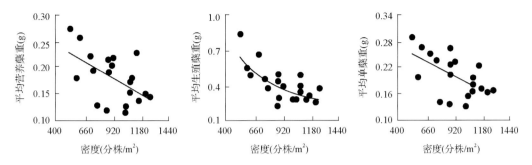

图 6-38　朝鲜碱茅种群不同构件的平均单蘖重与密度的关系(刘佩勇和杨允菲，2000)

在松嫩平原两个生态型羊草单一优势种群落中，营养生长期、繁殖期和果后营养期的种群生物量与种群密度之间均呈幂函数变化趋势，其相关性均达到极显著水平(图 6-39)。黄绿型羊草在营养生长期和繁殖期种群生物量的上升速率 b 分别为 0.879 和 1.006，均大于灰绿型羊草的上升速率(0.787 和 0.710)；而在果后营养期的 8 月，黄绿型羊草的增加速率(0.780)则小于灰绿型羊草(0.805)，表明灰绿型羊草种群具有更强的生长潜力。种群地上

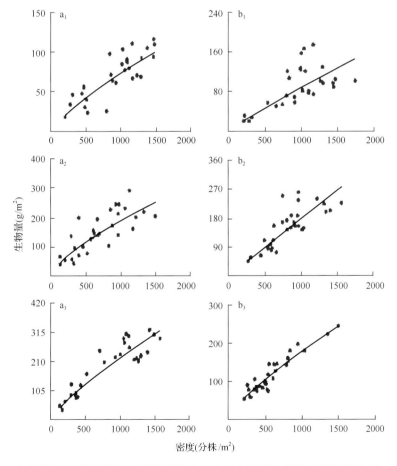

图 6-39　灰绿型(a)和黄绿型(b)羊草种群地上生物量与密度的关系(周婵和杨允菲，2006a)

a. 灰绿型；b. 黄绿型；1. 营养生长期；2. 繁殖期；3. 果后营养期

生物量与种群密度的正相关关系，也表明两个生态型羊草种群的数量均未达到环境容纳量，种群生物量尚未产生密度制约（周婵和杨允菲，2006a）。但是两个生态型羊草种群平均单个分蘖株的生长，在 3 个生育期均产生了或大或小的密度制约。除黄绿型羊草种群在营养生长期、繁殖期的密度制约未达到显著水平以外，灰绿型羊草种群在 3 个生育期，以及黄绿型羊草种群在果后营养期的密度制约均达到了显著或极显著水平（图 6-40）。

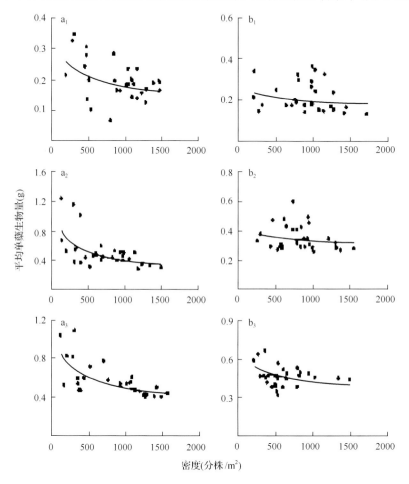

图 6-40　灰绿型（a）和黄绿型（b）羊草种群平均单蘖生物量与密度的关系（周婵和杨允菲，2006a）
a. 灰绿型；b. 黄绿型；1. 营养生长期；2. 繁殖期；3. 果后营养期

（4）无性系种群的生长规律

在松嫩平原碱化草地，乳熟期朝鲜碱茅 30 个无性系分蘖丛株丛的丛径为 14.06 cm，丛分蘖株数为 127.07 个，丛生殖蘖株数为 50.6 个，丛地上生物量为 52.70 g，丛生殖蘖生物量为 30.96 g。尽管朝鲜碱茅无性系各数量性状在种群内的变异度均较大，但无性系的生殖株数和总分蘖数，以及生殖株生物量和总地上生物量均随着丛径的增加呈线性增加趋势（表 6-16），反映出丛径的大小直接制约着每丛的分蘖数量及丛生产量，生殖株的数量及其生物量也受到株丛大小的严格制约（杨允菲等，1995a）。

表 6-16　朝鲜碱茅无性系构件的数量和生物量与丛径的关系（$n=30$）（据杨允菲等，1995a 整理）

Y	X	方程	r	P
每丛生殖株数	丛径(cm)	$Y=-40.8322+6.5030X$	0.8207	0.00
每丛总分蘖株数	丛径(cm)	$Y=-20.7466+10.5842X$	0.8837	0.00
每丛生殖株生物量(g)	丛径(cm)	$Y=-12.2673+3.0743X$	0.7810	0.00
每丛总地上生物量(g)	丛径(cm)	$Y=3.9898+3.4642X$	0.7881	0.00

在松嫩平原朝鲜碱茅停止生长期（10 月初），采用将整个无性系挖出的取样方法，随机取 30 个大小不等的分蘖株丛。经统计分析，样本中最大的无性系为 218 个分蘖株，最小的为 15 个分蘖株，整体平均为 72.4 个分蘖株；丛径最大为 16 cm，最小为 3.5 cm，整体平均为 8.4 cm；丛面积最大为 200.9 cm²，最小为 9.6 cm²，整体平均为 64.5 cm²。朝鲜碱茅无性系的分蘖株数与丛径和丛面积均有密切的相关性（图 6-41），在几种函数中，其相关程度最佳的均为幂函数（宋金枝和杨允菲，2006）。

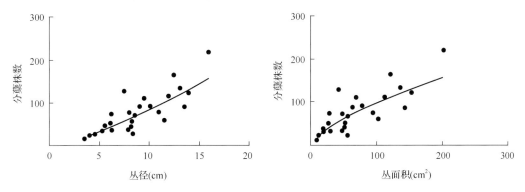

图 6-41　朝鲜碱茅无性系分蘖株数与无性系大小的关系（宋金枝和杨允菲，2006）

在松嫩平原碱化草地，星星草无性系的生殖株数和总分蘖株数及生殖株生物量和总地上生物量均随着丛径的增加呈指数增加趋势（表 6-17）。星星草无性系的成穗率为88.2%，变异系数仅为 8.65%，在籽实成熟期，星星草无性系株丛中均以生殖株的数量和生物量占绝对比重，致使生殖株的数量及其生物量与无性系总分蘖株数量和总地上生物量一样，受到无性系分蘖丛大小的严格制约（杨允菲等，1995b）。

表 6-17　星星草无性系构件的数量和生物量与丛径的关系（杨允菲等，1995b）

Y	X	方程	r	P
生殖株数/丛	丛径(cm)	$Y=15.2271e^{0.2259X}$	0.9174	0.00
总分蘖株数/丛	丛径(cm)	$Y=18.7204e^{0.2210X}$	0.9103	0.00
生殖株生物量/丛(g)	丛径(cm)	$Y=3.0533e^{0.2507X}$	0.9087	0.00
总地上生物量/丛(g)	丛径(cm)	$Y=3.1592e^{0.2513X}$	0.9091	0.00

在松嫩平原碱化草地，割草场与放牧场中星星草无性系的冬眠构件数与丛径之间均呈极显著线性正相关关系（图 6-42）。在割草场和放牧场，丛径每增加 1 cm，冬眠构件将

分别增加 12.38 个和 11.001 个，其增加速率以割草场高于放牧场。

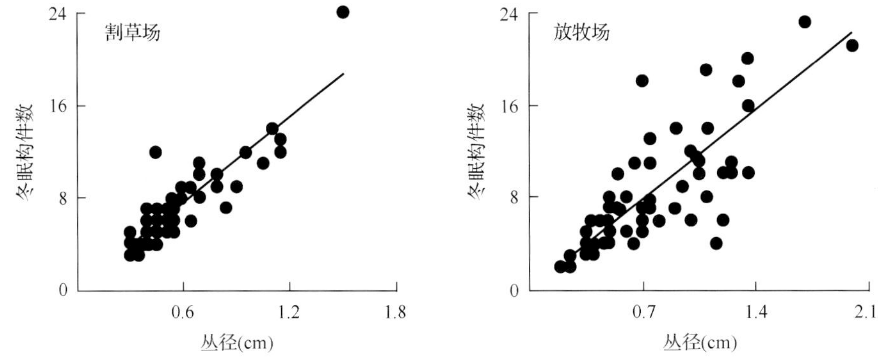

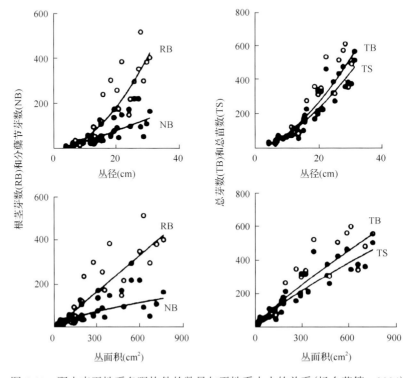

图 6-42　不同样地星星草无性系冬眠构件的数量与丛径的观测值及拟合直线（张丽辉等，2006a）

　　在松嫩平原碱化草地调查的 30 个无性系中，野大麦丛径最大为 31 cm，最小为 4 cm，整体水平为 17.1 cm；丛面积最大为 754.8 cm，最小为 12.6 cm，整体水平为 278.5 cm。在冬眠构件中，根茎芽最多为 512 个，最少为 11 个，整体水平为 168.2 个；分蘖节芽最多为 219 个，最少为 13 个，整体水平为 74.8 个；总芽数最多为 608 个，最少为 24 个，整体水平为 243.0 个；总苗数最多为 513 个，最少为 23 个，整体水平为 210.6 个；总冬眠构件数最多为 1266 个，最少为 35 个，整体水平为 421.2 个。野大麦无性系的根茎芽数、分蘖节芽数、总芽数、总苗数分别与丛径和丛面积之间有着极密切的正相关关系（图 6-43），

图 6-43　野大麦无性系冬眠构件的数量与无性系大小的关系（杨允菲等，2004）

在几种函数中，其相关程度最佳的为幂函数，即野大麦无性系冬眠构件各组分均随着丛径和丛面积的增加呈幂函数形式增长，其相关性均达到了极显著水平，决定系数也普遍较高，在 74.11%～93.21%(杨允菲等，2004)。

在野大麦无性系构件中，分蘖株生物量最多为 95.6 g，最少为 4.2 g，整体水平为 37.3 g；分蘖苗生物量最多为 43.5 g，最少为 1.7 g，整体水平为 16.8 g；根茎生物量最多为 30.4 g，最少为 0.4 g，整体水平为 8.7 g；总生物量最多为 156.8 g，最少为 6.9 g，整体水平为 62.8 g。经统计分析，野大麦无性系构件生物量各组分均随丛径的增加，呈幂函数形式增长，决定系数也普遍较高(85.87%～93.85%)，其观测值及拟合曲线见图 6-44。随着无性系丛径的增加，各构件组分初始生物量 a 值和幂增长速率 b 值尽管有些差异，但有大体相同的拟合函数，表明随着无性系的空间扩展，各构件有着相同的物质生产与积累规律(杨允菲和张宝田，2004)。

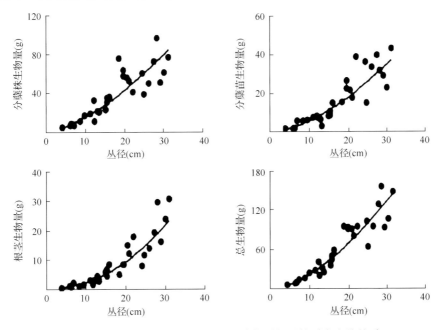

图 6-44　野大麦无性系不同构件的生物量与无性系大小的关系
(杨允菲和张宝田，2004)

(5) 无性系构件间的相关性

在松嫩平原碱化草地，星星草无性系的地上生物量与丛分株数呈线性相关关系，而朝鲜碱茅无性系的地上生物量与丛分株数则呈幂函数关系(图 6-45)。表明不同植物无性系的生长和生产均具有极强的有序性，但所遵循的规律存在差异(杨允菲等，1995a，1995b)。

在松嫩平原碱化草地生长季末期，朝鲜碱茅无性系冬眠构件各组分和亲株数量之间，

　　在几种函数中，相关程度最佳的均为幂函数(图 6-46)。从拟合方程的参数可以看出，随着亲株数量的增加，冬眠芽数的 $a=3.9411$ 约为冬眠苗数 $a=0.6525$ 的 6 倍，但冬眠苗数 $b=1.0727$ 则约为冬眠芽数 $b=0.5521$ 的 2 倍。反映出尽管冬眠构件各组分在基础数量和增长速度上均存在较大的差异，但它们均具有相同的异速生长规律(宋金枝和杨允菲，2006)。

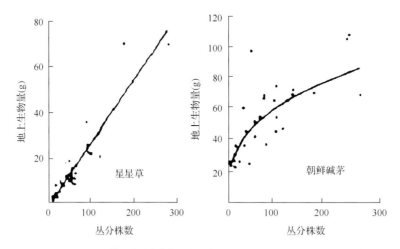

图 6-45　星星草和朝鲜碱茅无性系地上生物量与丛分株数的关系
(杨允菲等，1995a；1995b)

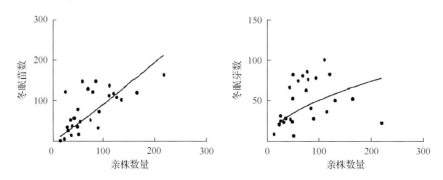

图 6-46　朝鲜碱茅无性系冬眠构件数量与亲株数量的关系($n=30$)(宋金枝和杨允菲，2006)

　　在松嫩平原碱化草地，野大麦无性系的芽库组分(根茎芽数、分蘖节芽数、总芽数)和苗数与亲株数量之间，在几种函数中，相关程度最佳的均为幂函数，即随着亲株数量的增加，野大麦无性系冬眠构件各组分均呈幂函数增长，其相关性均达到极显著水平，决定系数在 65.89%～88.36%(图 6-47)。此外，野大麦无性系的构件生物量(分蘖株生物量、分蘖苗生物量、根茎生物量)和总生物量与丛分株数之间相关程度最佳的也均为幂函数，即随丛分株数的增加，野大麦无性系构件各组分生物量均呈幂函数增长，决定系数在 87.99%～95.14%(图 6-48)。表明随着无性系分株数的增长，各构件具有相同的物质生产与积累规律(杨允菲和张宝田，2004)。

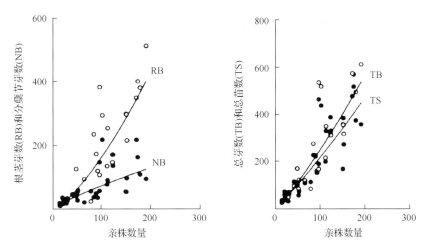

图 6-47　野大麦无性系冬眠构件的数量与亲株数量的观测值及拟合曲线(杨允菲和张宝田，2004)

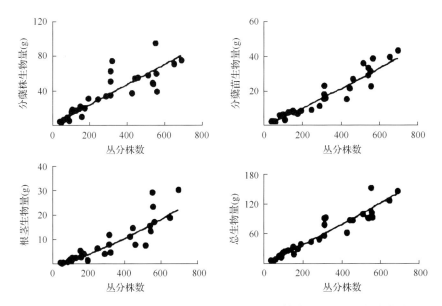

图 6-48　野大麦无性系不同构件的生物量与丛分株数的观测值及拟合曲线

(杨允菲和张宝田，2004)

6.3.3　植物群落构成和发展过程

（1）物质生产结构的季节动态

在松嫩平原盐碱化草地，星星草群落各组分的地上生产结构有明显的季节变化。据报道，星星草群落高生长和现存量增加最快的时期是 5～7 月，当进入雨季后，藜科植物等一年生耐盐碱杂类草大量萌发，构成群落的下层并改变着群落的生产结构。8 月上旬，群落的地上现存量最高。8 月中旬以后，星星草生殖枝干枯折断，群落的自然高度开始下降；9 月，立枯物与凋落物总量占整个群落全部现存量的 1/3 左右；10 月，整个群落地上部分全部转化为立枯物和凋落物(张春和和李建东，1995)。如果对群落地上部分进行每 10 cm 分层测量，按优势种、杂草、立枯物、凋落物，再把叶作为同化系统(assimilation system，AS)，把茎和花序作为非同化系统(non-assimilation system，UAS)分别进行测定，结果表明，在各月份各层的 UAS 现存量中，杂类草只占有很小的部分(张春和和李建东，1995)。星星草群落各组分地上现存量时空结构及其所占比例的季节动态(图 6-49)表现为：AS 现存量在 5～7 月主要集中在 0～10 cm 层，8～9 月在 10～20 cm 层所占的比例最大，10 月在 20～30 cm 层所占的比例最大。但 UAS 现存量则始终以 0～10 cm 层所占的比例最大，10～20 cm 层次之，0～20 cm 这两层所占的比例之和高达 75.2%～100%(表 6-18)。星星草群落 AS/UAS 值也存在着显著的季节变化。星星草群落的 AS/UAS 值随着植株的生长发育而呈递减趋势。当地上现存量达到高峰时(7 月 8 日)，星星草群落的 AS/UAS 值为 0.36，较其他群落低(张春和和李建东，1995)。

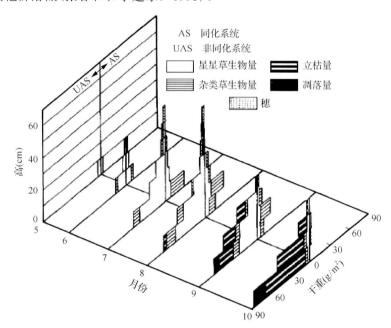

图 6-49　星星草群落各组分地上生产结构季节动态(张春和和李建东，1995)

表 6-18　星星草群落地上现存量空间结构季节动态(张春和和李建东，1995)

层次(cm)		5 月 7 日		6 月 3 日		7 月 8 日		8 月 9 日		9 月 6 日		10 月 15 日	
		干重(g/m²)	比例(%)	干重(g/m²)	比例(%)	干重(g/m²)	比例(%)	干重(g/m²)	比例(%)	干重(g/m²)	比例(%)	干重(g/m²)	比例(%)
	30～40	—	—	—	—	1.5	3.9	3.1	6.2	2.0	6.0	—	—
	20～30	—	—	0.6	4.1	2.6	6.7	6.3	12.5	4.2	12.7	1.8	54.6
叶(AS)	10～20	—	—	2.4	16.6	6.6	17.1	27.5	54.6	18.1	54.5	1.4	42.4
	0～10	2.4	100	11.5	79.3	28.0	72.4	13.5	26.8	8.9	26.8	0.1	3.0
	合计	2.4	100	14.5	100	38.7	100	50.4	100	33.2	100	3.3	100

续表

层次(cm)		5月7日		6月3日		7月8日		8月9日		9月6日		10月15日	
		干重(g/m²)	比例(%)	干重(g/m²)	比例(%)	干重(g/m²)	比例(%)	干重(g/m²)	比例(%)	干重(g/m²)	比例(%)	干重(g/m²)	比例(%)
茎与花序(UAS)	60～70	—	—	—	—	—	—	1.0	0.7	—	—	—	—
	50～60	—	—	—	—	1.0	1.0	2.6	1.8	—	—	—	—
	40～50	—	—	—	—	3.9	4.0	4.2	3.0	—	—	—	—
	30～40	—	—	—	—	5.8	5.9	7.4	5.32	3.4	2.3	2.8	1.8
	20～30	—	—	0.3	1.5	11.2	11.4	19.8	14.0	28.0	19.1	16.3	10.4
	10～20	—	—	3.2	15.5	25.2	25.6	43.2	30.6	51.0	34.9	51.7	33.1
	0～10	3.5	100	17.1	83.0	51.4	52.2	63.0	44.6	63.9	43.7	85.5	54.7
合计		3.5	100	20.6	100	98.5	100	141.2	100	146.3	100	156.3	100

在松嫩平原盐碱化草地，星星草在 4 月中旬开始返青，随着生长季时间的进程，气候变暖，雨量增加，地上生物量随着植物自身生长发育节律而逐渐增加，直到 8 月中旬。杂类草和群落地上现存量出现最大值，分别为 64.3 g/m² 和 191.8 g/m²；而优势种星星草种群的最大值出现在 9 月上旬，为 136.6 g/m²，但群落的现存量开始明显递减，星星草群落和优势种群地上现存量的季节动态均呈二次曲线变化(图 6-50)(张春和和李建东，1995)。

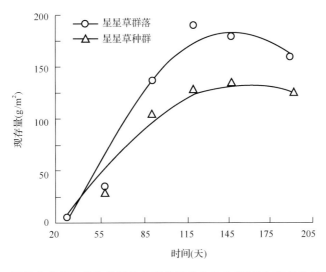

图 6-50　星星草群落和优势种群地上现存量季节动态(张春和和李建东，1995)

朝鲜碱茅+星星草人工草地，群落地上生物量最小值出现在分蘖初期，最大值出现在成熟期，生物量积累最快的阶段在拔节-抽穗期(表 6-19)，在种子成熟后进入枯黄期，导致后期产草量减少，其季节动态呈"S"形曲线。与地上生物量相比，地下生物量分布浅而数量少，主要分布于 0~40 cm 的土层中。其中，0~10 cm 的根系占 70.4%，20~40 cm 的根系仅占 29.6%。根冠比小，盛花期只有 0.16；比叶面积以返青后分蘖期最大，为 1.67 m^2/g，且随着生长季进程依次减小，变化幅度最大期是在分蘖-拔节期，而后递减缓慢。单位叶面积干物质净同化速率的变化过程同比叶面积的变化过程相似，但前者在生长季前期变化幅度平缓，接近成熟时（6 月 20 日）变化幅度大，到了成熟枯黄期（8 月 10 日）则呈负增长。绝对生长速率呈先增长再下降的单峰曲线，其峰值为 8.73 $g/(m^2 \cdot d)$，处在抽穗-开花期，枯黄期（8 月 10 日）呈负增长趋势。而相对生长速率是一个由高到低的衰减曲线，在分蘖期（3 月 20 日）出现的最大值，为 0.045 $g/(g \cdot d)$，在枯黄期也呈负增长（郭孝和张莉，1996）。

表 6-19　朝鲜碱茅+星星草人工草地经济生产性状的季节动态（郭孝和张莉，1996）

测定日期（日/月）	20/3	20/4	20/5	20/6	10/7	10/8
生育天数	10	40	70	100	120	150
生物量（g/m^2）	50.8	160.4	370.6	632.5	685	670
净同化速率[$g/(m^2 \cdot d)$]	0.027	0.026	0.024	0.023	0.007 2	−0.001 5
比叶面积（m^2/g）	1.67	0.86	0.80	0.61	0.54	0.50
生长速率[$g/(m^2 \cdot d)$]	3.28	3.65	7.01	8.73	2.63	−0.50
相对生长速率[$g/(g \cdot d)$]	0.045	0.023	0.019	0.014	0.004 1	−0.000 74

（2）群落结构的变化

据报道，松嫩平原盐碱化草地在自然恢复过程中，群落的种类组成及优势种的数量特征也随着封育时间发生变化。经过对封育 5 年的该草地的连续观测分析可知，群落高度在封育前为 46 cm，5 年后恢复到 75 cm，群落高度每年增加 5~6 cm；盖度由 50%发展到 80%以上；羊草种群的综合优势度由 55%增加到 100%；地上生物量由 130 g/m^2 增加到 299 g/m^2，增加了 1.3 倍（表 6-20）。进一步分析表明，群落地上生物量随封育时间的延长呈指数增加（图 6-51），平均每年增加 26%（郭继勋等，1994）。

表 6-20　封育恢复演替过程中羊草群落结构特征的变化（郭继勋等，1994）

时间	高度（cm）	盖度（%）	羊草种群综合优势度（%）	地上生物量（g/m^2）
封育前	46	50	55	130
第一年	50	50~55	60	151
第二年	57	55~60	75	168
第三年	64	60~70	80	198
第四年	70	70~80	90	247
第五年	75	80 以上	100	299

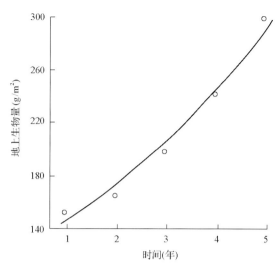

图 6-51 封育恢复演替过程中羊草群落地上生物量的变化(郭继勋等，1994)

在盐碱化草地植被恢复过程中，随着演替的进程，群落结构具有一定的变化，大体表现为群落的物种丰富度增加，群落高度增加，盖度增大，产量不断增大(表 6-21)。碱蓬群落是碱斑演替的先锋群落，种类单一，常为单一优势种，伴生植物种类和数量少，多样性指数仅为 0.020，群落高度在 10~30 cm，生产力低，群落中植物常集群分布，大部分地表裸露。进入獐毛和碱茅群落阶段，仍常为单一优势种，但伴生植物种类有所增加，据测定，在生长旺盛的 8 月，优势种獐毛的种群密度可达 1012 株/m²；碱茅可达 1415 株/m²；与碱蓬群落相比，其群落结构发生了较大的变化，生境也得到了较大改善。3 个过渡群落，包括羊草+虎尾草、羊草+獐毛、羊草+碱茅群落，其结构较前面的更加复杂，物种丰富度明显增多，伴生种为 5~8 种；由于羊草的出现，群落的高度有大幅度增加，明显可分为两层，上层高 50~60 cm，下层高 20~30 cm；盖度均在 70%左右，群落产量也比单一盐生群落提高 10%左右。羊草群落与其他群落相比，群落结构最为复杂，伴生植物可达 15 种之多，群落高度平均为 75 cm，生殖株可达 80~100 cm，产量可达 299 g/m²(郭继勋等，1994)。

表 6-21 不同演替阶段群落的结构特征(郭继勋等，1994)

群落类型	高度(cm)	盖度(%)	多样性指数	产量(g/m²)	叶/茎
碱蓬	20	50	0.020	120	1.65
獐毛	30	65	0.322	223	0.77
碱茅	60	60	0.322	208	0.36
羊草+碱茅	60	70	0.534	231	0.43
羊草+獐毛	55	70	0.697	246	0.88
羊草+虎尾草	50	75	0.664	255	1.09
羊草	75	80	0.764	299	0.90

(3) 生物生产特征

在松嫩平原碱化草甸，大面积碱斑上广泛镶嵌分布着星星草、朝鲜碱茅和獐毛群落。在生产利用上，这 3 种群落已成为该区的重要草场类型；但在植被动态上，它们均为演替群落，是从碱斑到羊草群落恢复过程中的重要演替阶段。据报道，在籽实成熟期的 7 月，3 个单一优势种盐生群落具有不同的生物生产的数量特征 (表 6-22)。其中，星星草群落主要表现为密度大，生殖株数量多，成穗率高达 88.2%，生殖株重量在群落地上生物量中占绝对比重，达 94.7%；朝鲜碱茅群落主要表现为生殖株的数量少于营养株的数量，但生殖株的重量高于营养株的重量，在数量结构中，占 39.0% 的生殖株，其重量占地上生物量的 53.5%；獐毛群落表现为生殖株的数量远远少于营养株的数量，成穗率仅为 15.8% (杨允菲和李建东，1994b)。

表 6-22　不同单一优势种盐生群落生物生产的数量特征 (50 cm × 50 cm) (M ± SD) (n = 10)
(杨允菲和李建东，1994b)

变量	星星草群落	朝鲜碱茅群落	獐毛群落	
	7 月 10 日	7 月 10 日	7 月 16 日	8 月 13 日
密度 (分株/m²)	563.5±188.13	277.6±85.59	237.6±67.49	428.9±78.76
生殖株数	490.1±148.90	108.2±65.58	37.6±18.55	73.8±42.27
营养株数	73.4±61.39	169.4±86.30	200.1±58.08	348.9±91.20
成穗率 (%)	88.2±7.63	39.0±23.78	15.8±6.03	17.6±9.92
地上生物量 (g/m²)	164.6±38.25	122.2±38.36	40.4±12.55	87.8±17.53
生殖株重 (g/m²)	155.8±36.77	65.4±36.75	11.4±6.09	20.7±11.91
茎 (g/m²)	87.6±17.56	23.8±13.14	5.3±2.82	—
叶 (g/m²)	8.5±2.30	6.5±4.66	2.1±1.19	—
花序 (g/m²)	59.7±18.18	35.0±20.14	4.0±2.22	—
营养株重 (g/m²)	8.8±5.83	6.5±4.66	21.6±7.25	56.6±14.96
茎 (g/m²)	5.6±3.75	29.2±20.79	—	—
叶 (g/m²)	3.2±2.13	27.6±14.71	—	—
匍匐株重 (g/m²)	—	—	7.4±4.10	10.5±8.36

(4) 对环境变化的响应

多年未施肥的朝鲜碱茅草地，土壤肥力状况较差，不同生育期施肥均可以极显著提高朝鲜碱茅种子产量和干草产量 (表 6-23)。其中，以拔节期施氮肥种子产量和干草产量最高，比对照区种子产量提高 193.31%，干草产量提高 227.12%。在松嫩平原，朝鲜碱茅分蘖期气温较低，植株生长较慢，吸收养分少；拔节期至孕穗期生长快，营养生长与生殖生长并进，此时吸收养分速度快，数量多，是需氮肥的关键时期；孕穗期以后吸收养分速度逐渐减慢，数量减少。因此，拔节期是朝鲜碱茅的最佳施氮肥时期 (赵明清等，2007)。

表 6-23　不同施氮肥时期对朝鲜碱茅种子和干草产量的影响$(M \pm SD)$（赵明清等，2007）

施氮肥时期	种子产量(kg/hm^2)	比对照增加(%)	干草产量(kg/hm^2)	比对照增加(%)
对照	164.33±6.03d	—	2019.67±68.53d	—
分蘖期	375.67±7.10b	128.61	4752.67±122.83c	135.32
拔节期	482.00±3.61a	193.31	6606.67±40.72a	227.12
孕穗期	329.33±4.04c	100.41	5780.00±103.32b	186.19

注：同一列中不同小写字母表示不同处理间差异显著$(P<0.01)$

6.3.4　土壤生物构成和发展过程

土壤生物是草地生态系统的重要组分之一，土壤发生和演化过程都与土壤生物有关。土壤生物在土壤有机物质的矿化、腐殖质的形成和分解、植物营养元素的转化等过程中起着不可替代的作用(Vossbrinck et al.，1979)。20 世纪八九十年代，土壤生物对土壤结构和质量演变过程的影响引起了广泛的关注(Ingham et al.，1989；Jastrow and Miller，1991)。土壤生物划分为四大功能群：①微生物，细菌、真菌、放线菌等；②小型土壤动物，原生虫、线虫等；③中型土壤动物，跳虫、蜱螨等；④大型土壤动物，蚯蚓、蚂蚁、白蚁等。土壤微生物在土壤形成和发育过程中具有重要意义，其在土壤质量演化过程中具有相对较高的转化能力，可较早地预测土壤有机质乃至土壤环境的变化过程，因而成为反映土壤动态变化及土壤恢复能力的一项重要指标(蔡晓布等，2004)。大型土壤动物通过掘穴、取食和消化等对土壤结构、团聚体形成及植物生长有十分重要的影响；中型土壤动物主要通过对排泄物的分解作用加速土壤腐殖质的形成，从而改善土壤结构；小型土壤动物主要通过调节微生物的有机酸和菌丝的产生而影响土壤结构中团聚体的形成(傅声雷，2007)。

(1)松嫩草地土壤微生物特征

松嫩草原地处温带，水热因子的变化基本同步，土壤微生物三大类群——细菌、真菌和放线菌的数量均存在着明显的季节性差异，各类群数量的季节分布动态呈现春低、夏高、秋季逐渐下降的趋势，与植被发育阶段和水热条件的变化趋势基本保持一致。土壤微生物的季节动态与其所处的地理区域亦有关系(米舒斯金，1956)。微生物数量水平分布特征与土壤和植物群落类型相联系，松嫩草原 6 个主要植物群落土壤微生物数量的变化表明，不同生境之间不同类群微生物的数量存在一定差异(表 6-24)(郭继勋和祝廷成，1997)。

表 6-24　各类群土壤微生物在不同生境中的数量

群落类型	细菌$(\times 10^7$ 个/g 干土)	真菌$(\times 10^4$ 个/g 干土)	放线菌$(\times 10^4$ 个/g 干土)
榆树疏林	4.38	9.28	2.91
杂类草群落	5.02	4.60	11.60
拂子茅群落	5.30	3.60	3.80
羊草群落	2.67	7.40	11.80
碱茅群落	2.56	2.50	7.80
碱蓬群落	1.53	1.60	4.40

　　细菌在各植物群落数量分布的大小顺序为：拂子茅群落＞杂类草群落＞榆树疏林＞羊草群落＞碱茅群落＞碱蓬群落。真菌分布顺序为：榆树疏林＞羊草群落＞杂类草群落＞拂子茅群落＞碱茅群落＞碱蓬群落。放线菌分布顺序为：羊草群落＞杂类草群落＞碱茅群落＞碱蓬群落＞拂子茅群落＞榆树疏林。不同植物群落的种类组成、结构不同，其所形成有机质的量和营养成分也会存在一定差异。微生物主要以植物残体为营养源，植物的质和量的差异必然会导致土壤微生物在各植物群落中分布的不均一性。

　　土壤微生物各类群生物量所占总生物量的比例不同。细菌在数量上虽然占优势，但其生物量很小，仅占总生物量的 10.80%；真菌所占的比例最大，为 49.52%；其次是放线菌，为 39.68%。6 种生境中土壤微生物生物量的季节变化规律均呈抛物线形(图 6-52)。生物量最大值，除了榆树疏林出现在 7 月，其他 5 个植物群落均出现在 8 月。

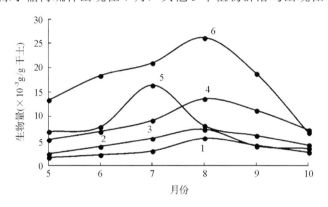

图 6-52　不同植物群落中土壤微生物生物量的季节动态
1. 碱蓬群落；2. 碱茅群落；3. 拂子茅群落；4. 杂类草群落；5. 榆树疏林；6. 羊草群落

　　6 个植物群落中微生物年度总生物量大小的顺序是羊草群落＞杂类草群落＞榆树疏林＞拂子茅群落＞碱茅群落＞碱蓬群落。特别是羊草群落中各月份的生物量绝大多数大于其他植物群落，这说明土壤微生物的区域特征与植被是相联系的。在松嫩草原上羊草群落占绝对优势，分布面积最广，生产力高，质量优良，土壤微生物在长期的发展进化中形成了与植被相适应的一些特点，在该生境条件下最适宜生长发育。在草原盐碱化过程中出现的碱茅和碱蓬群落中，土壤微生物生物量较低，这说明这两种群落的土壤生境条件不利于微生物的生长发育。

　　松嫩盐碱化草地具有特殊的环境，其微生物构成与其他土质相比必然有其特殊性，植被的退化和土壤的盐碱化对土壤微生物数量、生物量及其类群的组成产生强烈的影响。不同程度的盐碱化草地，土壤微生物群落构成具有明显的差异，随着土壤盐碱化程度加重，微生物的数量逐渐减少，微生物总数为轻度盐碱化草地＞中度盐碱化草地＞重度盐碱化草地(表 6-25)(冯玉杰等，2007)。在盐碱化草地中，土壤的微生物以细菌、放线菌为主，重度盐碱化草地的细菌总数相对轻度和中度盐碱化草地显著降低。真菌数量在重度盐碱化草地最低，在轻度和中度盐碱化草地相近。放线菌数量在不同盐碱化草地中差异性不明显，说明放线菌具有较强的耐盐碱能力，对盐碱地的适应性强。微生物类群的构成反映了土壤盐碱化的程度，在轻度和中度盐碱化草地，细菌、真菌、放线菌比重分别是 65.1%、0.1%、34.8%和 66.6%、0.1%、33.3%，都以细菌占优势。而在重度盐碱化草地，微生物组成上发生了很大的变化，放线菌取代细菌，处于优势地位，占微生物总数的 61%，细菌只占了 39%左右。

表 6-25 不同盐碱化草地中微生物的构成($\times 10^4$ 个/g 干土)

区域	细菌	真菌	放线菌	微生物总数
轻度盐碱化草地	5800	5.0	3100	8905
中度盐碱化草地	4000	6.4	2000	6006
重度盐碱化草地	1600	2.5	2500	4103

通过对松嫩盐碱化草地羊草群落、虎尾草群落、碱蓬群落及光碱斑土壤中的细菌数量进行测定，结果表明，细菌数量变化具有明显的季节性，其数量的变化均呈单峰曲线，从 4 月中旬开始，气温升高，细菌开始生长繁殖，数量迅速上升，4 个群落的细菌数量均在 8 月达到最大值。细菌的数量在不同群落中从大到小的顺序均为：羊草群落＞虎尾草群落＞碱蓬群落＞光碱斑。8 月正值土壤温度高，水分充足的季节，也是枯枝落叶分解最旺盛的季节，说明细菌在 8 月对枯枝落叶的分解作用都非常强烈。在 9 月之后，随着气温的逐渐降低，各种细菌的数量开始下降，一直到冬季出现最低值(图 6-53)(周晓梅和赵丹红，2007)。

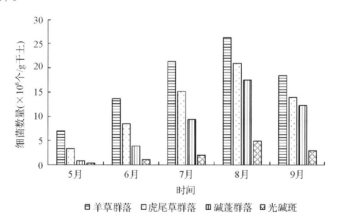

图 6-53 不同植物群落细菌数量的季节变化

光碱斑中的细菌数量无论在哪个季节，都始终远低于其他植物群落，虽然在 8 月中旬，光碱斑群落细菌的数量也出现了高峰，但其数量仍然为最低。这是由于松嫩平原长时间处于过度放牧与农业生产状态，碱斑土壤不能够满足植物的正常生长，土壤生态环境受到较大程度的破坏，抑制了大多数细菌的生长，只有少数适应高盐碱环境的细菌能够继续生长。

在同一时间内不同生态环境下，各类群细菌的数量存在着较大的差异，羊草群落细菌的数量最高，虎尾草群落次之，光碱斑最低。通过对各群落的细菌数量差异性进行 t 检验，结果表明，除了碱蓬群落与虎尾草群落的细菌总数差异达到显著水平外，其他群落间均达到极显著水平(表 6-26)。造成这种差异的原因是随着生态环境的梯度变化，伴随着植物群落类型和土壤理化性质的改变，地上植被类型的群落结构趋于简单化，土壤的有机质含量逐渐下降，pH 逐渐升高等，这些不利因素制约了土壤细菌的生长和繁殖。

表 6-26　不同植物群落细菌数目差异显著性比较（*t* 检验）

群落类型	羊草群落	虎尾草群落	碱蓬群落	光碱斑
虎尾草群落	**	—	—	—
碱蓬群落	**	*	—	—
光碱斑	**	**	**	—

* 表示不同植物群落间细菌数目差异显著（$P<0.05$）；** 表示不同植物群落间细菌数目差异极显著（$P<0.01$）

（2）松嫩草地土壤动物特征

通过对松嫩草地 8 种植物群落——榆树疏林、大针茅群落、拂子茅群落、羊草群落、中间型荸荠群落、牛鞭草群落、角碱蓬群落和碱茅群落的土壤动物生物多样性进行分析，结果表明，在 8 种生境中共有土壤动物 86 类，6603 种，隶属 4 门 6 纲 27 目 64 科。大型土壤动物 55 类，优势类群为蚁科和金龟子科，常见类群为拟阿勇蛞蝓科、琥珀螺科、双翅目幼虫、线蚓科、虻科、象甲科、隐翅虫科、蜘蛛目和步甲科，两类群共占总个体数的 93.5%。中小型土壤动物 52 类，优势类群为蓟马科和甲螨，常见类群为革螨、辐螨、蚁科、蚊科、虻科、隐翅虫科、绫跳虫科、节跳虫科、紫跳虫科、步甲科和食虫虻科，两类群共占总个体数的 85.68%（殷秀琴和李建东，1998）。

在 8 种生境里，土壤动物群落类型的多样性分布特征，决定了不同生境土壤动物群落在种类组成、结构和功能上存在一定的差异。多样性指数、均匀度指数和优势度指数较好地反映了松嫩草原不同土壤动物群落类型在物种组成方面的差异。榆树疏林、大针茅群落、拂子茅群落、羊草群落生境的土壤动物类群数、个体数、多样性指数和均匀度指数均较高，说明土壤生境条件优越，适宜土壤动物生长发育。中间型荸荠群落、牛鞭草群落土壤处于较湿润状态，各项指标有所减低。角碱蓬群落和碱茅群落土壤盐碱化较严重，致使多样性指数和均匀度指数明显较低，而优势度指数却较高，表明土壤动物分布的不均匀性（表 6-27）。

表 6-27　松嫩草地不同生境土壤动物多样性指数、均匀度指数和优势度指数

生境	类群数	个体数	多样性指数	均匀度指数	优势度指数
榆树疏林	40	1652	2.0426	0.4586	0.2166
大针茅群落	35	1209	2.2992	0.5162	0.1503
拂子茅群落	41	1462	2.0708	0.4649	0.2164
羊草群落	36	579	2.3226	0.5214	0.1999
中间型荸荠群落	16	395	1.5605	0.3503	0.2784
牛鞭草群落	25	326	1.8107	0.4065	0.2778
角碱蓬群落	20	523	1.7116	0.3842	0.2853
碱茅群落	13	457	0.8856	0.1988	0.5519

在松嫩草原，植被和土壤组成生境间存在差异，使土壤动物的水平分布出现相应的变化，不同群落中土壤动物分布规律为杂类草群落＞羊草群落＞拂子茅群落＞榆树疏林＞碱茅群落＞碱蓬群落（郭继勋和祝廷成，1995）（图 6-54）。

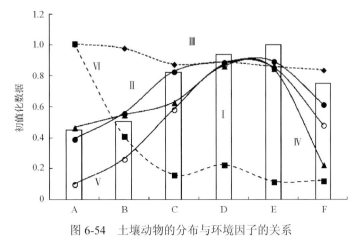

图 6-54　土壤动物的分布与环境因子的关系

Ⅰ. 土壤动物；Ⅱ. 有机质；Ⅲ. pH；Ⅳ. 电导率；Ⅴ. 全 N；Ⅵ. 全 P；A. 碱蓬群落；B. 碱茅群落；C.拂子茅群落；
D.羊草群落；E.杂类草群落；F.榆树疏林

土壤动物的局部分布主要受植被和微地形引起的小环境变化的影响。土壤动物的密度与群落产量密切相关，因植物残体是土壤动物的主要食源，相关分析表明，土壤动物的数量与植物群落的产量呈显著的线性正相关关系。土壤动物栖息在土壤中，土壤的理化性质必然会对其产生一定的影响。从整个生态系列来看，土壤动物数量与土壤营养状况关系最为密切，土壤动物密度与土壤有机质和全氮含量呈极显著的正相关关系。土壤全磷含量在平原的几个植物群落中对土壤动物数量的作用较明显，其数量随着全磷含量的增大而增高。土壤动物的分布与土壤 pH 和电导率的关系也较为密切，随着 pH 和电导率的下降，土壤动物的数量明显增加。

土壤动物的水平分布是多种生态因子综合作用的结果，并随着环境条件的变化，表现为土壤动物分布的微域性。

土壤动物的分布，在时间上也表现出明显的差异，这种差异主要受季节变化影响，土壤动物在时间上的变化与土壤水热因子的季节变化一致。4～6 月，由于土壤温度较低，土壤含水量少，土壤动物的数量增加比较缓慢。进入 7 月，温度不断升高，降水量增加，水、热配合同步，给土壤动物的生长创造了良好的生境条件，其数量迅速增加。8 月出现最大值后，伴随着土壤温度和含水量的下降，土壤动物的数量也随之减少（郭继勋和祝廷成，1995）（图 6-55）。

土壤动物数量垂直分布规律为，从地表向下随着土层的加深，其数量逐渐减少。以羊草群落为例，在整个生长季内按其平均值计算，0～10 cm 土层中土壤动物的数量占总数量的 55.8%，10～20 cm 土层占 28.18%，20～30 cm 土层占 16.02%。但不同月份土壤动物在各土层的分布呈现一定的差异，春季（4～5 月），土壤动物多聚集在 0～10 cm 土层中，所占比例为 74%～90%，表现为向下锐减的趋势。6～8 月，各土层间所占比例差异缩小。到了 9 月以后，0～10 cm 土层的比例继续减少，而 10～20 cm 土层的比例相对增加，土壤动物有向下层土壤运动的趋势(郭继勋和祝廷成，1995)(图 6-56)。

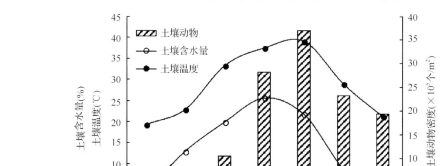

图 6-55　土壤动物的季节变化与水热因子的关系

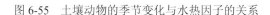

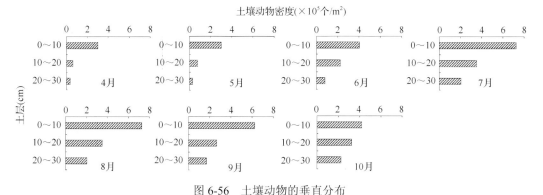

图 6-56　土壤动物的垂直分布

6.3.5　各组分整合协调发展过程

　　系统科学的建立带动了整个科学的发展，并出现重大转折，其标志就是由简单性科学向复杂性科学发展，而自组织理论标志着复杂性探索的高潮，因为自组织理论是建立在探索复杂性的本质与根源基础之上形成的。正如信息学家威弗(W. Weaver)所说，"科学与复杂性"是当时复杂性探索的最高成就，未来科学的主要研究将是组织的复杂性。哈肯(H. Haken，1984)进一步提出，复杂性研究的关键是复杂系统时空特性和功能结构的变化(Prigogine，1986)。

　　生态学中生物的各组分都是典型的自组织系统(self-organizing system)(常杰和葛滢，2001)。由生物各组分及其与环境所构成的生态系统便可构成复合自组织系统。从自组织理论(self-organizing theory)出发，生态系统的各组分都将通过本身的发展而形成一定的结构，进而利用从外界摄取的物质和能量组成形成复杂的功能，并且在一定程度上能自动修复缺损和排除故障，以恢复正常的结构和功能(常杰和葛滢，2001)。

　　按照自组织的协同动力学方法论原理(吴彤，2001)，盐碱化草地恢复的自组织过程应具有三大要点：①在各组分子系统存在的事物内部，有物质、能量和信息及其相互作用的网络；②组分合作，形成与竞争相抗衡的必要的张力，并不受干扰地让合作的某些优势自发地、自主地形成更大的优势；③在形成序参量后，要注意序参量的支配不能采取被组织方式进行，应按照体系的自组织过程，在序参量支配的规律下组织系统的动力学过程。

在这个过程中，可能产生两种有序运动，一种是数量化的复杂性和组织程度的演化，另一种是突变式的组织程度跃升动力学演化。

(1) 结构性及其协调发展过程

盐碱化草地恢复的自组织系统包括生物组分的结构变化及非生物组分的协调发展过程。生物组分主要是由植物组成的变化而引起动物、微生物组分的系统反应，也将带来土壤等非生物学组分的连锁性反应。组分的结构影响盐碱化草地恢复的功能。其中，水热气候和土壤是构成盐碱化恢复草地生物群落的立地条件，生物组分居核心地位，尤其是植物群落组成，具有实质的生产意义。人类活动因素可以对盐碱化草地实施改造，并且可以不断地调控其生物组分与非生物组分内部及两者之间的关系，促进系统的自组织能力。

在盐碱化草地恢复过程中，作为自组织系统，不同的组分和层次间存在着错综复杂的相互作用，主要体现在正反馈和协同效应。自我复制和自我放大的正反馈是有序(空间序、时间序或时空序)形成的重要过程，而通过物质、能量交换形成的非线性协同效应可使子系统中的各因素之间从失稳态重新稳定到耗散结构。如果系统各组分的协同效应有序，系统的整体功能就会充分发挥。事实上，系统的协同效应发挥得越好，结构就越有序，在此种状态下，即使不增加投入，也会产生出新的生产力和整体功能。

(2) 有序性及其协调发展过程

有序与无序是用来描述系统的结构和运动状态的。对于具有确定性和规则性的称为有序，对于具有不确定性和无规则性的称为无序(伊·普里戈金，1986)。一般健康生态系统的结构和运动状态具有确定性和规则性，各生物组分之间保持着一定的空间结构和营养结构模式，具有不可逆转的能量流程网络关系及严格的有序性，物质和能量均按"生产者—消费者—分解者—环境"进行转换与传递。在周期性环境条件下，有着严格的时间序列和一定的数量比例，在食物链中，物质和能量按"十分之一"定律传递和转移，形成生产效率"金字塔"。

草地发生盐碱化，会导致系统有序性的改变，甚至经历一个从有序到无序的过程，盐碱化草地的恢复实质就是系统从无序到有序的过程。因此，对于盐碱化草地生态系统的治理，需要应用科学技术，增加物质、能量的输入，恢复物种多样性，改善环境条件以扩大环境容量，不断恢复其有序性。

(3) 非线性及其协调发展过程

盐碱化草地生态系统也是一个服从耗散结构理论的非线性动态系统。与其他生态系统一样，盐碱化草地生态系统也是由水热、土壤环境等非生物组分和植物、动物、微生物等生物组分，以及人类活动因素之间的相互作用而构成的，但该自组织系统的性质则不是各因素作用性质的线性叠加，而是具有非线性的相互作用，其相互关系通常可以用非线性方程式表示。在盐碱化草地的恢复过程中，各因素的非线性相互作用是形成系统有序结构的根本原因，也是生物与非生物各组分间相互联系和作用的纽带，而作用的结果是使系统各组分间产生协同效应和放大效应，进而使系统从无序走向有序。由于这种非线性相互作用随着时间和生境条件的不同，其效应也不同，对于盐碱化草地生态系统的恢复管理具有重要的指导意义。例如，可通过研究盐碱化草地生态系统各组分间的非线性相互作用，确定系统失稳的临界值，确定其演化的可能方向和途径，触发系统走向新的有序结构(伊·普里戈金，1986)。

(4) 开放性及其协调发展过程

开放性是系统自组织的必要条件。盐碱化草地生态系统也是一个服从耗散结构理论的开放系统。开放系统的特性是与外界不断交换物质、能量和信息，在自主地改造环境的同时，从外界吸取负熵而不断发展。在系统发展过程中，通过与外界进行物质和能量的不断交换，实现各组成因素之间的协同效应。

开放系统对应于孤立系统，根据热力学第二定律，孤立系统随着时间的进程必然发生熵增加，当熵达到最大值，将导致该系统从有序走向无序而发生退化，最终导致系统崩溃(伊·普里戈金和伊·斯唐热，1987)。根据此原理，在对盐碱化草地生态系统进行利用或人为干预时，应尽量减少该系统总熵，以补给水肥等管理方法使系统不断地从外界吸取负熵来抵消系统本身产生的熵，保持系统的有序结构。因此，在草地管理中，根据开放系统有序化的条件，应该注重考虑草地生物群落种类组成在时间、空间和功能等多方面的优化组合，抓住对物质和能量输入的控制，特别是重视对系统物质和能量的内部生态因素、外部技术因素，以及人类活动因素之间的协同效应的控制。例如，施肥、灌水、清除杂草等，使该草地生态系统最大限度地从外界吸入负熵，在物质和能量的最大耗散时，实现减少系统总熵的增加。在提高草地生态系统的有序化程度，保持系统良性运转的基础上，发挥生态系统的服务功能，从而达到期望的生态效益和经济效益。

(5) 非平衡性及其协调发展过程

作为开放系统，盐碱化草地生态系统从无序向有序发展也必须处于远离平衡的状态，即具有非平衡性的协调发展过程。主要表现在：通过输入外界的物质和能量，当外界条件变化到某一特定阈值时，系统远离平衡态，越过非平衡态的线性区进入非线性区，形成新的稳定有序结构，即耗散结构(伊·普里戈金和伊·斯唐热，1987)。

在理论上，利用各种农业措施和现代科学技术改造自然生态系统，使其远离平衡态，以形成一种多组分、多层次、高产、有序的草地或农业生态系统，并保持其生态系统的优化趋势是可以实现的(蒋建生等，2002)。非平衡是有序之源。系统只要进入非平衡态，并不断地输入能量和排出熵，系统的有序度就会提高，在新的条件下形成新的有序结构。

(6)涨落性及其协调发展过程

涨落是形成自组织的动力,耗散结构是被稳定下来的巨涨落(伊·普里戈金和伊·斯唐热,1987)。涨落是指系统的状态和属性在其平均值附近的波动,可导致系统偏离稳态。涨落又分为内涨落和外涨落,内涨落是由系统内部原因形成的涨落,外涨落是由外界环境原因形成的涨落。系统自组织过程是在外涨落和内涨落的协同下进行的。盐碱化草地生态系统是由多组分、多层次构成的开放系统,在远离平衡态时,产生涨落是必然的,而涨落的大小则是偶然的。通常在平衡态和近平衡态时,系统涨落力小于抗干扰的能力,并且涨落不断衰减,直至消失,系统又回到原来的稳定态,不会形成新的有序结构,盐碱化草地恢复处于停滞状态而没有进展。当系统远离平衡态达到某个特定的阈值,使系统处于不稳定的临界状态时,即使随机的微小涨落,也能通过内外原因之间的非线性相互作用而被不断放大成巨涨落,使系统进入新的更有序的状态,即耗散结构(伊·普里戈金和伊·斯唐热, 1987)。

在理论上,当盐碱化草地生态系统处于远离平衡态时,在涨落的触发下从无序突变为有序,以不断提高系统的整体效益。而事实上,对于盐碱化草地生态系统,有很多因素,如补播、施肥、灌溉、优化利用管理等,都会引起涨落。这些微涨落在系统的各种非线性相互作用下,可放大成巨涨落,使之从不稳定状态跃迁到新的稳定、有序的状态。在一定意义上,涨落在盐碱化草地生态系统自组织运行过程中起着破坏旧系统结构的稳定,促进新的有序结构形成的杠杆作用。

以上是有关盐碱化草地恢复的自组织及各组分整合协调发展过程的理论阐述,其实验研究尚有待开展。

参 考 文 献

白文波, 李品芳. 2005. 盐胁迫对马蔺生长及 K^+、Na^+ 吸收与运输的影响. 土壤, 37(4): 415-420.

鲍志娟, 盖平. 2002. 吉林省西部地区芦苇地上部生物量季节动态的研究. 吉林农业大学学报, 24(5): 31-34.

蔡庆华, 赵斌. 1998. 芦苇生长格局分形特征的初步研究. 水生生物学报, 22(2): 123-127.

蔡晓布, 钱成, 张元, 等. 2004. 西藏中部地区退化土壤秸秆还田的微生物变化特征及其影响. 应用生态学报, 15(3): 463-468.

蔡晓明. 2000. 生态系统生态学. 北京: 科学出版社.

常杰, 葛滢. 2001. 生态学. 杭州: 浙江大学出版社.

邓彦斌, 姜彦成, 刘健. 1998. 新疆 10 种藜科植物叶片和同化枝的旱生和盐生结构的研究. 植物生态学报, 22(2): 164-170.

丁雪梅. 2007. 松嫩平原肥披碱草无性系植物种群生态学研究. 长春: 东北师范大学博士学位论文.

杜晓军, 高贤明, 马克平. 2003. 生态系统退化程度诊断: 生态恢复的基础与前提. 植物生态学报, 27(5): 700-708.

杜晓军, 姜凤岐, 沈慧, 等. 2001. 辽西低山丘陵区生态系统退化程度的定量确定. 应用生态学报, 12(1): 156-158.

段德玉, 刘小京, 冯凤莲, 等. 2003. 不同盐分胁迫对盐地碱蓬种子萌发的效应. 中国农学通报, 19(6): 168-172.

冯玉杰, 张巍, 陈桥, 等. 2007. 松嫩平原盐碱化草原土壤理化特性及微生物结构分析. 土壤, 39(2): 301-305.

傅声雷. 2007. 土壤生物多样性的研究概况与发展趋势. 生物多样性, 15(2): 109-115.

葛松林. 1994. 关于自组织的几点思考. 系统辩证学学报, (1): 49-55.

葛莹, 李建东. 1990. 盐生植被在土壤积盐—脱盐过程中作用的初探. 草业学报, 1(1): 70-76.

郭继勋, 李建东, 张宝田. 1994. 吉林省西部盐碱化草地的自然恢复. 农业与技术, (2): 27-30.

郭继勋, 祝廷成. 1995. 羊草草原土壤动物特征的研究. 应用生态学报, 6(4): 359-362.

郭继勋, 祝廷成. 1997. 羊草草原土壤微生物的数量和生物量. 生态学报, 17(1): 78-82.

郭力华, 杨允菲, 张宝田. 2004. 松嫩平原光稃茅香实验无性系的营养繁殖力及生长规律. 草业学报, 13(4): 57-61.

郭孝, 张莉. 1996. 朝鲜碱茅与星星草经济性状的研究. 河南农业科学, (11): 34-36.

哈肯 H. 1984. 协同学. 北京: 原子能出版社.

韩琳娜, 周凤琴. 2010. 中国柽柳属植物的生物学特性及其应用价值. 山东林业科技, (1): 41-44.

郝敦元. 2004. 内蒙古草原生态系统健康评价的植物群落组织力测定. 生态学报, 24(8): 1672-1678.

侯扶江. 2002. 放牧草地健康管理的生理指标. 应用生态学报, 13(8): 1049-1053.

侯扶江. 2004. 阿拉善草地健康评价的 COVR 指数. 草业学报, 13(4): 117-126.

侯扶江, 杨中艺. 2006. 放牧对草地的作用. 生态学报, 26(1): 244-264.

贾磊, 安黎哲. 2004. 花花柴脱盐能力及脱盐结构研究. 西北植物学报, 24(3): 510-515.

江小蕾. 1998. 植被均匀度与高原鼠兔种群数量相关性研究. 草业学报, 7(1): 60-64.

蒋建生, 任继周, 蒋文兰. 2002. 草地农业生态系统的自组织特性. 草业学报, 11(2): 1-6.

李博. 1997. 中国北方草地退化及其防治对策. 中国农业科学, 30(6): 1-9.

李存桢, 刘小京, 杨艳敏, 等. 2005. 盐胁迫对盐地碱蓬种子萌发及幼苗生长的影响. 中国农学通报, 21(5): 209-212.

李东兴. 1992. 獐毛种群地上生物量与光合面积等的生长季动态. 生态学杂志, 11(3): 56-58.

李凤霞, 张德罡. 2005. 草地退化指标及恢复措施. 草原与草坪, (1): 24-28.

李海燕, 丁雪梅, 周婵, 等. 2004. 盐胁迫对三种盐生禾草种子萌发及其胚生长的影响. 草地学报, 12(1): 45-50.

李红, 杨允菲, 包国章. 2002. 两种生境中虎尾草无性系分蘖株构件的定量研究. 东北师大学报(自然科学版), 34(4): 80-86.

李红, 杨允菲, 卢欣石. 2004. 松嫩平原野大麦种群可塑性生长和密度调节. 草地学报, 12(2): 87-90, 119.

李红, 杨允菲, 张成武. 2000. 松嫩平原碱化草甸野大麦无性系构件的定量分析. 草业学报, 9(4): 13-19.

李静, 马小凡, 郭平, 等. 2007. 松嫩草原不同盐碱化生境中羊草的克隆可塑性研究. 沈阳师范大学学报, 25(4): 506-509.

李凯辉, 胡玉昆, 阿德力·麦地, 等. 2005. 草地植物群落多样性研究进展. 干旱区研究, 22(4): 581-585.

李伟强, 刘小京, 赵可夫, 等. 2006. NaCl 胁迫下 3 种盐生植物生长发育及离子在不同器官分布特性研究. 中国生态农业学报, 14(2): 49-52.

李兴华, 张存厚, 韩芳, 等. 2007. 内蒙古典型草原羊草生长高度研究. 中国草地学报, 29(6): 98-102.

梁存柱, 祝廷成, 王德利, 等. 2002. 21 世纪初我国草地生态学研究展望. 应用生态学报, 13(6): 743-746.

梁瑛, 王宁, 赵莉莉, 等. 2006. 草地生态系统健康评价的研究现状. 农业科学研究, 27(2): 79-81, 85.

刘东霞, 张兵兵, 卢欣石. 2006. 草地生态承载力研究进展及展望. 中国草地学报, 29(1): 91-97.

刘佩勇, 杨允菲. 2000. 松嫩平原碱化草甸朝鲜碱茅种群地上生物量与密度关系的定量分析. 东北师大学报(自然科学版), 32(1): 60-66.

刘佩勇, 杨允菲, 张庆灵. 2004a. 松嫩平原碱化草甸朝鲜碱茅种群有性生殖构件的数量特征. 生物数学学报, 19(4): 472-476.

刘佩勇, 张庆灵, 杨允菲. 2004b. 松嫩平原朝鲜碱茅无性系种群构件生物量结构及相关模型分析. 应用生态学报, 15(4): 543-548.

刘彧, 丁同楼, 王宝山. 2006. 不同自然盐渍生境下盐地碱蓬叶片肉质化研究. 山东师范大学学报(自然科学版), 21(2): 102-104.

刘志华. 2003. 植物盐腺的结构、功能与泌盐机理. 衡水师专学报, 5(1): 40-42.

刘志华, 李建明. 2006. 盐生植物的形态解剖结构特征. 衡水学院学报, 8(1): 86-88.

刘志华, 时丽冉, 赵可夫. 2006. 獐毛盐腺形态结构及其泌盐性. 植物生理与分子生物学学报, 32(4): 420-426.

刘钟龄, 王炜, 郝敦元, 等. 2002. 内蒙古草原退化与恢复演替机理的探讨. 干旱区资源与环境, 16(1): 84-91.

陆静梅, 李建东. 1994a. 西伯利亚蓼解剖结构的扫描电镜观察. 东北师大学报(自然科学版), (3): 83-87.

陆静梅, 李建东. 1994b. 角碱蓬解剖学研究. 东北师大学报(自然科学版), (3): 104-107.

陆静梅, 李建东. 1994c. 三种双子叶耐盐碱植物根的解剖研究. 东北师大学报(自然科学版), (3): 96-99.

陆静梅, 李建东. 1994d. 松嫩草地五种耐盐碱植物叶表皮的解剖观察. 东北师大学报(自然科学版), (3): 79-82.

陆静梅, 李建东. 1994e. 獐毛解剖结构初探. 东北师大学报(自然科学版), (3): 92-95.

陆静梅, 李建东, 景德章, 等. 1993. 羊草抗逆性解剖研究. 东北师大学报(自然科学版), (4): 77-80.

陆静梅, 李建东, 张洪芹, 等. 1996a. 吉林西部草原区 7 种耐盐碱双子叶植物结构研究. 应用生态学报, 7(3): 283-286.

陆静梅, 张常钟, 张洪芹, 等. 1994. 单子叶植物耐盐碱的形态解剖特征与生理适应的相关性研究. 东北师大学报(自然科学版), (2): 79-82.

陆静梅, 周道玮, 肖洪兴, 等. 1996b. 松嫩平原 5 种盐生牧草耐盐结构研究. 草业学报, 5(2): 9-13.

陆静梅, 朱俊义, 李建东, 等. 1998. 松嫩平原 4 种盐生植物根的结构研究. 生态学报, 18(3): 335-337.

麻莹, 曲冰冰, 郭立泉, 等. 2007. 盐碱混合胁迫下抗碱盐生植物碱地肤的生长及其茎叶中溶质积累特点. 草业学报, 16(4): 25-33.

米舒斯金 E H. 1956. 地区性规律和有关土壤微生物的学说. 土壤学报, 4(1): 19-29.

尼科利斯 G, 普里戈京 L. 1986. 非平衡系统的自组织. 北京: 科学出版社.

平晓燕, 贾丙瑞, 袁文平, 等. 2007. 羊草种群生物量分配动态模拟. 应用生态学报, 18(12): 2699-2704.

綦翠华, 韩宁, 王宝山. 2005. 不同盐处理对盐地碱蓬幼苗肉质化的影响. 植物学通报, 22(2): 175-182.

邱英, 干友民, 王钦, 等. 2007. 川西北放牧草地退化分类评价指标体系初探. 湖北农业科学, 46(5): 723-726.

任海, 彭少麟. 2001. 恢复生态学导论. 北京: 科学出版社.

任继周, 南志标, 郝敦元. 2000. 草业系统中的界面论. 草业学报, 9(1): 1-8.

任继周, 朱兴运. 1995. 中国河西走廊草地农业的基本格局和它的系统相悖——草原退化的机理初探. 草业学报, 4(1): 69-80.

盛连喜, 马逊风, 王志平. 2002. 松嫩平原盐碱化土地的修复与调控研究. 东北师大学报(自然科学版), 34(1): 11-15.

施大钊, 杨爱莲. 2002. 完善有害生物预警系统, 促进草地持续发展. 草地学报, 10(4): 313-317.

石德成, 盛艳敏, 赵可夫. 1998. 复杂盐碱生态条件的人工模拟及其对羊草生长的影响. 草业学报, 7(1): 36-41.

宋金枝, 杨允菲. 2006. 松嫩平原碱化草甸朝鲜碱茅无性系冬眠构件的结构及生长分析. 生态学杂志, 25(7): 743-746.

孙菊. 2007. 松嫩平原碱化草甸星星草和朝鲜碱茅种群分蘖株延长生殖生长研究. 长春: 东北师范大学硕士学位论文.

孙菊, 杨允菲. 2006. 盐胁迫对赖草种子萌发及其胚生长的影响. 四川草原, (3): 17-20.

孙菊, 杨允菲. 2007. 松嫩平原碱化草甸星星草种群分蘖株延长生殖生长的表型可塑性调节. 应用生态学报, 18(4): 771-776.

孙菊, 杨允菲. 2008. 松嫩平原碱化草甸朝鲜碱茅(*Puccinellia chinampoensis*)种群生殖分蘖株延长生殖生长的定量分析. 生态学报, 28(2): 500-507.

谭长贵. 2004. 关于系统有序演化机制问题的再认识. 学术研究, (5): 40-45.

王长庭, 龙瑞军, 丁路明, 等. 2005. 草地生态系统中物种多样性、群落稳定性和生态系统功能的关系. 草业科学, 22(6): 1-7.

王海军, 盛连喜, 陈鹏. 2003. 松嫩平原西部土壤盐渍化逆向演替的影响因子与调控系统. 东北师大学报(自然科学版), 35(3): 60-65.

王晶, 肖延华, 朱平, 等. 1995. 松嫩平原盐渍土的发展演化与影响因素. 吉林农业科学, (2): 66-71.

王俊锋, 高嵩, 王东升, 等. 2007. 施肥对羊草叶面积与穗部数量性状关系的影响. 吉林师范大学学报(自然科学版), 28(1): 34-38.

王堃, 韩建国, 周禾. 2002. 中国草业现状及发展战略. 草地学报, 10(4): 293-297.

王丽燕. 2003. 泌盐盐生植物的盐腺及泌盐机理研究概况. 德州学院学报, 19(4): 73-75.

王仁忠. 1997. 放牧影响下羊草种群生物量形成动态的研究. 应用生态学报, 8(5): 505-509.

王仁忠, 李建东. 1999. 小獐毛种群密度和生物量与有性生殖特征的相关分析. 应用生态学报, 10(1): 23-25.

魏岩, 谭敦炎, 尹林克. 1999. 中国柽柳科植物叶解剖特征与分类关系的探讨. 西北植物学报, 19(1): 113-118.

吴东辉, 尹文英, 卜照义. 2008. 松嫩草原中度退化草地不同植被恢复方式下土壤线虫的群落特征. 生态学报, 28(1): 1-12.

吴东辉, 张柏, 陈鹏. 2005. 吉林省中西部平原区大型土壤动物群落组成与生态分布. 动物学研究, 26(4): 365-372.

吴彤. 2001. 自组织方法论研究. 北京: 清华大学出版社.

夏富才, 姜贵全, 陆静梅. 2002. 盐生植物抗盐结构机理研究进展. 通化师范学院学报, 23(2): 67-69.

肖玮, 孙国荣, 阎秀峰. 1995. 松嫩盐碱草地星星草种群地上生物量的季节动态. 哈尔滨师范大学自然科学学报, 11(1): 81-83.

肖雯. 2002. 五种盐生植物营养器官显微结构观察. 甘肃农业大学学报, 37(4): 421-427.

辛华, 曹玉芳, 辛洪婵, 等. 2002. 山东滨海盐生植物根结构及通气组织的比较研究. 植物学通报, 19(1): 98-102.

辛华, 曹玉芳, 周启河, 等. 2000. 山东滨海盐生植物根结构的比较研究. 西北农业大学学报, 28(5): 49-53.

辛华, 张秀芬, 初庆刚. 1998. 山东滨海盐生植物叶结构的比较研究. 西北植物学报, 18(4): 584-489.

许志信, 赵萌莉, 韩国栋. 2000. 内蒙古的生态环境退化及其防治对策. 中国草地, (5): 59-63.

闫玉春, 唐海萍, 张新时. 2007. 草地退化程度诊断系列问题探讨及研究展望. 中国草地学报, 29(3): 90-97.

阎秀峰, 孙国荣, 那守海, 等. 1994. 盐分对星星草种子萌发的胁迫作用. 草业科学, 11(4): 27-31.

颜宏, 赵伟, 秦峰梅, 等. 2006. 盐碱胁迫对碱地肤、地肤种子萌发以及幼苗生长的影响. 东北师大学报(自然科学版), 38(4): 117-123.

杨春武, 贾娜尔·阿汗, 石德成, 等. 2006. 复杂盐碱条件对星星草种子萌发的影响. 草业学报, 15(5): 45-51.

杨美娟, 杨德奎, 李法曾. 2006. 中亚滨藜盐囊泡形态结构与发育研究. 西北植物学报, 26(8): 1575-1578.

杨鹏翼, 喻文虎, 向金城, 等. 2006. 围栏封育对矮化芦苇草地草群结构动态变化的影响. 草业科学, 23(9): 12-14.

杨允菲, 李建东. 1994a. 松嫩平原碱化草甸獐毛种群有性生殖的数量特征及营养繁殖特性的研究. 草业学报, 3(4): 12-19.

杨允菲, 李建东. 1994b. 松嫩平原碱化草甸三种多年生盐碱禾草群落生产特性的分析. 草业科学, 11(3): 32-35.

杨允菲, 李建东. 2003. 松嫩平原人工草地羊草和野大麦叶种群的趋同生长格局. 草业学报, 12(5): 38-43.

杨允菲, 张宝田. 1992a. 松嫩平原碱化草甸天然翅碱蓬种群的密度制约模型. 植物生态学与地植物学学报, 16(4): 363-371.

杨允菲, 张宝田. 1992b. 松嫩平原碱化草甸天然虎尾草种群密度制约特征的研究. 生态学报, 12(3): 266-272.

杨允菲, 张宝田. 2004. 松嫩平原人工草地野大麦无性系构件的生物量结构及生产规律. 应用生态学报, 15(8): 1378-1382.

杨允菲, 张宝田. 2006. 松嫩平原不同生境条件下羊草无性系的生长规律. 应用生态学报, 16(8): 1417-1423.

杨允菲, 张宝田. 2007. 松嫩平原赖草无性系构件的形成与空间扩展的实验. 应用生态学报, 18(5): 977-982.

杨允菲, 张宝田, 李建东. 2004. 松嫩平原人工草地野大麦无性系冬眠构件的结构及形成规律. 生态学报, 24(2): 268-273.

杨允菲, 张宝田, 张宏一. 1993. 松嫩平原碱化草甸天然角碱蓬种群密度制约的分析. 草业学报, 2(4): 1-6.

杨允菲, 张宏一, 张宝田. 1994. 松嫩平原碱化草甸天然碱地肤种群的密度制约规律. 植物生态学报, 18(1): 23-33.

杨允菲, 郑慧莹. 1998. 松嫩平原碱斑进展演替实验群落的比较分析. 植物生态学报, 22(3): 214-221.

杨允菲, 祝玲, 李建东. 1995a. 松嫩平原碱化草甸朝鲜碱茅种群生殖特性的定量分析. 草地学报, 3(1): 35-41.

杨允菲, 祝玲, 李建东. 1995b. 松嫩平原碱化草甸星星草种群营养繁殖及有性生殖的数量特征. 应用生态学报, 6(2): 166-171.

伊·普里戈金. 1986. 从存在到演化: 自然科学中的时间与复杂性. 曾庆宏, 等译. 上海: 上海科学技术出版社.

伊·普里戈金, 伊·斯唐热. 1987. 从混沌到有序: 人与自然的新对话. 曾庆宏, 沈小峰译. 上海: 上海译文出版社.

殷秀琴, 李建东. 1998. 羊草草原土壤动物群落多样性的研究. 应用生态学报, 9(2): 186-188.

余玲, 王彦荣. 1999. 野大麦种子萌发条件及抗逆性研究. 草业学报, 8(1): 50-57.

翟诗虹, 王常贵, 高信曾. 1983. 柽柳属植物抱茎叶形态结构的比较观察. 植物学报, 25(6): 519-525.

张宝田, 王德利, 曹勇宏. 2003. 人工草地的羊草生长繁殖动态. 草业学报, 12(1): 59-64.

张春和, 李建东. 1995. 星星草群落地上生产结构、现存量季节动态和净初级生产力的研究. 草业学报, 4(1): 36-43.

张道远, 王红玲. 2005. 荒漠区几种克隆植物生长构型的初步研究. 干旱区研究, 22(2): 219-224.

张道远, 尹林克, 潘伯荣. 2003. 柽柳泌盐腺结构、功能及分泌机制研究进展. 西北植物学报, 23(1): 190-194.

张丽辉, 李海燕, 杨允菲. 2006b. 松嫩平原返青期2种碱茅种群构件的数量特征研究. 安徽农业科学, 34(21): 5527-5528.

张丽辉, 杨允菲. 2006. 松嫩平原星星草分蘖丛构件的定量分析. 安徽农业科学, 34(20): 5146-5147, 5149.

张丽辉, 赵骥民, 杨允菲. 2006a. 放牧和割草利用对星星草种群冬眠构件的影响. 草业科学, 23(4): 8-11.

张明华. 1997. 人在草地生态系统中的地位与作用. 中国草地, (3): 55-57, 68.

张秀玲, 李瑞利, 石福臣. 2007. 盐胁迫对罗布麻种子萌发的影响. 南开大学学报(自然科学版), 40(4): 13-18.

章家恩, 徐琪. 1999. 退化生态系统的诊断特征及其评价指标体系. 长江流域资源与环境, 8(2): 215-220.

章英才. 2006. 几种不同盐生植物叶的比较解剖研究. 宁夏大学学报(自然科学版), 27(1): 68-71.

章英才, 张晋宁. 2004. 尖叶盐爪爪叶的解剖结构与分析. 宁夏农学院学报, 25(2): 43-45, 50.

赵可夫, 李法曾. 1999. 中国盐生植物. 北京: 科学出版社.

赵明清, 齐宝林, 高国臣, 等. 2007. 不同施氮肥时期对朝鲜碱茅种子和干草产量的影响. 农业与技术, 27(3): 59-61.

赵晓英, 陈怀顺, 孙成权. 2001. 恢复生态学: 生态恢复的原理与方法. 北京: 中国环境科学出版社.

周婵, 杨允菲. 2004. 盐碱胁迫下羊草种子的萌发特性. 草业科学, 21(7): 34-36.

周婵, 杨允菲. 2006a. 松嫩平原两个生态型羊草叶构件异速生长规律. 草业学报, 15(5): 76-81.

周婵, 杨允菲. 2006b. 松嫩平原两个生态型羊草种群生长机制. 应用生态学报, 17(1): 51-54.

周立业, 郭德, 刘秀梅, 等. 2004. 草地健康及其评价体系. 草原与草坪, (4): 17-21.

周玲玲, 冯元忠, 吴玲, 等. 2002. 新疆六种盐生植物的解剖学研究. 石河子大学学报, 6(3): 217-221.

周晓梅, 赵丹红. 2007. 松嫩平原不同生境土壤细菌数量的季节动态及与环境因子的相关分析. 吉林师范大学学报(自然科学版), 28(2): 28-30.

朱杰辉, 林鹏, 刘明月. 2007. 温度和盐分胁迫对野大麦种子萌发的影响. 草业科学, 24(12): 30-34.

祝延成, 钟章成, 李建东. 1988. 植物生态学. 北京: 高等教育出版社.

Bradshaw A. 1997. Restoration of mined lands-using natural processes. Ecological Engineering, 8(4): 255-269.

Cole D C, Eyles J, Gibson B L. 1998. Indicators of human health in ecosystems what do we measure. The Science of the Total Environment, 224(1-3): 201-213.

Costanza R. 1992. Toward an operational definition of ecosystem health. In: Costanza R, Norton B G, Haskell B D. Ecosystem Health: New Goals for Environmental management. Washington D C: Island Press.

Costanza R, d'Arge R, de Groot R, et al. 1997. The value to the world's ecosystem services and natural capital. Nature, 387(6630): 253-260.

de Bruyn L A L. 1999. Ants as bioindicators of soil function in rural environments. Agriculture, Ecosystem and Environment, 74(1-3): 425-441.

Ekschmitt K, Bakony G, Bongers M. 2001. Nematode community structure as indicator of soil functioning in European grassland soils. European Journal of Soil Biology, 37(4): 263-268.

Ingham E R, Coleman D C, Moore J C. 1989. An analysis of food web structure and function in a shortgrass prairie, mountain meadow and lodgepole pine forest. Biology and Fertility of Soils, 8(1): 29-37.

Jastrow J D, Miller R M. 1991. Methods of assessing the effects of biota on soil structure. Agriculture, Ecosystems and Environment, 34(1-4): 279-303.

O'Connor T G. 1991. Local extinction in perennial grasslands: a life history approach. American Naturalists, 137(6): 735-773.

Platt R B. 1977. Conference summary. In: Jr Carins J, Diekson K L, Herrieks E E. Recovery and Restoration of Damaged Ecosystems. Charlottesville: University Press of Virginia: 526-531.

Prigogine I. 1986. Life and physics. New perspectives. Cell Biophysics, 9(1-2): 217-224.

Qadir M, Qureshi R H, Ahmad N. 1997. Nutrient availability in a calcareous saline-sodic soil during vegetative bioremediation. Arid Soil Research and Rehabilitation, 11(4): 343-352.

Rapport D J, Castanza R, Mc Micheal A J. 1998. Assessing ecosystem health. Trends in Ecology & Evolution, 13(10): 397-402.

Vossbrinck C R, Coleman D C, Woolley T A. 1979. Abiotic and biotic factors in litter decomposition in a sermiarid grassland. Ecology, 60(2): 265-271.

第7章 植物耐盐碱生理及分子基础

对区域的草地而言，土壤退化、盐碱化和荒漠化似乎比气候变化问题更突出。前文已经述及，过度放牧等人为利用活动使得世界上干旱、半干旱地区的土地盐碱化程度日益加剧，这已经成为全球性环境问题。土壤盐碱化不仅单纯地限制农牧业生产，而且更多地涉及全球、区域生物多样性，以及生态系统稳定性。目前，全世界盐碱地面积已经超过总陆地面积的 6%和农业灌溉总面积的 20%(赵可夫等，2002；李彬等，2005)。在我国北方地区，盐碱化草地面积有逐年扩大的趋势。

在早期，关于草地盐碱化的研究，主要是针对草地的盐生植物、盐生植被与土壤过程等多层面开展探讨。近些年，随着生物学及相关学科研究水平的加深，以及研究手段的扩充，研究者开始从耐盐生理生化与分子生物学等微观层面研究植物耐盐碱机制，尤其是对极端盐生植物的耐盐碱机制研究开展得越来越多。在东北的松嫩草地，土壤盐碱化问题十分复杂，这主要是由于盐碱化的土壤是一种包括多种盐分的混合土壤。具体地，盐碱化土壤一般由中性盐和碱性盐构成，因此，关于土壤碱胁迫和土壤盐碱混合胁迫的相关研究更具有现实意义。

7.1 植物耐盐碱的生理及分子研究概述

关于植物耐盐碱性(plant tolerance of salt-alkali)研究，研究者主要关注的是土壤或水体中的盐分离子变化，以及植物如何抵抗，或者如何耐受这些离子。Na^+、Cl^-、HCO_3^-、CO_3^{2-}是这些土壤中最主要的致害离子(Tanji，1990)。这些离子对植物的胁迫(stress)作用，除包括直接的胁迫效应外，还包括这些离子间复杂的相互作用。为了研究方便，可进一步将土壤中的可溶性盐分为中性盐和碱性盐。那么，中性盐对植物施加的胁迫为盐胁迫(salt stress)；而碱性盐对植物施加的胁迫为碱胁迫(alkali stress)；既包含中性盐又包含碱性盐的胁迫称为盐碱混合胁迫或混合盐碱胁迫(mixed stress of salt and alkali)。大多数内陆盐碱地既包含中性盐又包含碱性盐，因此，生长在这些碱化土壤上的植物则同时面临着干旱胁迫、盐胁迫、高 pH，以及胁迫离子间的交互抑制等多重复杂的胁迫作用。实际上，这给研究者带来了极大的困难，一般很难区分出植物遭受的细微胁迫作用，也更加难以区分出植物对这些胁迫的适应机制。因此，只有区别研究盐胁迫、碱胁迫及盐碱混合胁迫，才能真正地揭示植物对抗天然盐碱胁迫的机制。

盐碱胁迫强烈地影响植物，严重者甚至导致植物死亡。盐碱胁迫对植物的影响是多方面的，其影响包括从种子萌发到枯萎死亡整个生命周期。盐碱胁迫可以抑制种子萌发，影响幼苗生长，也可以作用于植物根、茎、叶器官的发育。盐碱胁迫还能够改变植物的显微和亚显微结构，抑制其光合、碳同化过程，干扰植物碳、氮、氧及次生代谢；也可以影响植物根系对矿质离子的吸收、转运、分布和利用。

在盐碱环境胁迫植物的过程中，植物也逐渐适应，并且获得耐盐碱或抗盐碱特性。植物适应盐碱的机制主要包括：种群(植物群体)的适应策略；生长与形态适应策略；生化代谢调节策略；基因表达调控策略等。目前，关于种群(植物群体)对盐碱生境的适应策略还鲜有报道。对于植物耐盐碱的生长、生态策略已有多年的研究，具体包括形态特化、种群动态改变等方面。有关植物耐受与抵抗盐碱的生理机制研究是近几十年开展最多的工作，主要包括如下方面：①离子选择性吸收和积累；②根对离子的吸收和向上转运的调控机制；③离子在细胞内不同区域和整个植物体不同器官的异质分布；④相容性小分子物质的合成；⑤代谢途径转变；⑥膜结构改变；⑦抗氧化酶和还原性物质的积累；⑧激素变化(Hasegawa et al.，2000；Brini et al.，2007；Flowers and Colmer，2008；Flowers et al.，2010；Tan et al.，2013；Rozema and Schat，2013；Zhang et al.，2016；Suzuki et al.，2016a，2016b；Garriga et al.，2016)。

近些年，研究者开始更多地涉猎植物适应盐碱的微观机制。关于植物耐盐碱的分子机制研究，主要是探讨植物感受胁迫信号的 SOS 信号系统、NHX 家族与 HKT 家族，以及非选择性阳离子通道的相关基因和蛋白，还有低亲和与高亲和钾离子通道的基因及蛋白功能，也包括与激素相关的代谢调控分子机制，以及与活性氧代谢相关基因的研究。最近，研究者也开始对热激蛋白(heat shock protein，HSP)、蛋白激酶、钙调蛋白等表现出浓厚的兴趣。另外，随着小 RNA、基因芯片、基因的数字表达谱、蛋白组学，以及 mRNA 级联精确定量技术的蓬勃发展，盐胁迫生物学方面的研究深入发展，关于植物耐受或抵抗盐碱机制的研究，相信在未来会有许多突破。

7.2　盐胁迫对植物生理的影响

7.2.1　盐胁迫对植物叶片结构及光合作用的影响

植物的叶片结构会影响植物的生理代谢活动。盐胁迫对植物叶片会产生一定的影响。关于盐胁迫的影响效果，通常是胁迫可以增加植物表皮与叶肉细胞的厚度，还有栅栏组织和海绵组织的长度与直径(Longstreth and Nobel，1979；Parida and Das，2005)。此外，盐胁迫也能够减少植物叶片细胞的间隙，促进大液泡的形成和原生质体的膨胀。同时，盐胁迫也能够改变线粒体形态(Mansour，2000；Parida and Das，2005)。在马铃薯(*Solanum tuberosum*)中，盐胁迫可以减少叶绿体数量，使细胞整齐排布(Bruns and Hecht-Buchholz，1990；Parida and Das，2005)；在番茄(*Lycopersicon esculentum*)中，盐胁迫可以引起叶面积的减少和气孔的关闭(Romero-Aranda et al.，2001；Parida and Das，2005)。盐胁迫也可以明显地影响植物叶绿体的超微结构。采用电子显微技术，可以清晰地观察到，盐胁迫可以改变叶绿体超微结构，即盐胁迫可使类囊体排列变得杂乱无章，质体小球数量和大小增加，淀粉粒数量急剧增加，有时甚至会形成巨大淀粉粒(Keiper et al.，1998；Khavari-Nejad and Chaparzadeh，1998；Khavari-Nejad and Mostofi，1998；Parida and Das，2005)。严重的盐胁迫可能会导致叶绿体膜膨胀甚至消失，基粒结构消退(Khavari-Nejad and Mostofi，1998)。

盐胁迫对植物光合作用会产生显著的影响。已有研究表明，盐胁迫能够普遍降低植物光合碳同化效率(净光合速率)。盐胁迫之所以能够降低植物光合速率有多方面的原因(Hayashi et al.，1997；Allakhverdiev et al.，2002；潘瑞炽，2004；陈俊，2006)，也可能是诸多因素共同作用的结果：其一，盐胁迫可能影响气孔运动，促进气孔关闭，减少蒸腾失水量，同时阻碍 CO_2 进入细胞；其二，可能破坏类囊体结构，使叶绿体基粒片层结构解体，减少光合同化力的产生，影响电子传递体和一些蛋白的结构及功能，降低植物光系统(PS I 和 PS II)活性；其三，可能影响暗反应，即一系列的生物化学过程，例如，增加或降低卡尔文循环中的代谢酶含量或活性，进而改变相关酶促反应速率，或者改变与苹果酸代谢相关的酶活性或基因表达，例如，明显提高 NADP 或 NAD-苹果酸酶基因的表达；其四，可能抑制光合产物(如蔗糖和苹果酸)的转运、分配和利用(陈俊，2006)。尽管各种原因都可以影响植物的光合作用，但对于不同物种，在不同胁迫强度下可能有所差异。在盐胁迫下，大量的 Na^+ 涌入细胞，这可能是植物光合速率下降的最主要原因。大量的 Na^+ 进入植物细胞之后，部分 Na^+ 可能无法进入液泡中，而在细胞质中滞留，以至于在细胞质中达到毒害水平，破坏光合器官和光系统，进而降低光合速率，抑制植物生长(Alamgir and Ali，1999；Ali-Dinar et al.，1999；Allakhverdiev et al.，2000；Munns，2002；陈俊，2006；Chen et al.，2009)，严重者甚至导致植物死亡。

盐胁迫对植物光系统的破坏，首先是对光合色素的影响(Alamgir and Ali，1999；陈俊，2006)。相关研究表明，盐胁迫能够提高叶绿素分解酶活性，促进叶绿素降解，进而减少类囊体上的叶绿素含量(陈俊，2006)。另外，细胞内过量 Na^+ 会直接置换叶绿体中的 Mg^{2+}，而破坏叶绿素结构，进而削弱叶绿体对光能的捕捉和转换能力，减少光合作用的能量源泉。盐胁迫也能够改变植物的光合碳同化途径。例如，在低强度盐胁迫下，盐生植物——獐毛(Aeluropus sinensis)的光合途径为 C3 途径，但长期高强度的盐胁迫，会明显增大叶片中磷酸烯醇丙酮酸(phosphoenolpyruvate，PEP)羧化酶的活性，使光合途径向 C4 途径转化。然而，在低盐胁迫条件下，冰叶日中花(Mesembryanthemum crystallinum)的光合碳同化以 C3 途径为主；如果胁迫强度增强，其光合途径则转变为景天酸代谢(crassulacean acid metabolism，CAM)途径(赵可夫等，2002)。

7.2.2 盐胁迫对植物代谢活动的作用

盐胁迫对植物的氮代谢有不同程度的作用，而后者与碳代谢密切相关。氮代谢在植物体内的过程是错综复杂的。在植物的光呼吸过程中，部分核酮糖双磷酸(ribulose bisphosphate，RuBP)被分解，释放出 CO_2 和 NH_4^+，为防止氨毒害，过多的氨会被用于合成氨基酸。植物的光合碳代谢与 NO_2^- 同化都发生在叶绿体内，其中光合作用为氮素同化提供能量、还原力及碳骨架，因而，光合碳同化与氨同化在植物细胞内同步进行(许振柱和周广胜，2004)。氮代谢对于植物体整个生命活动都起着举足轻重的作用，已有研究表明，在植物组织的氮代谢甚至可消耗掉光合作用固定能量的 55%以上(许振柱和周广胜，2004)。因而，研究氮代谢及其对环境的适应性调节机制是揭示植物基本生命活动，以及植物代谢过程进化的关键途径之一。盐胁迫是普遍存在的非生命胁迫，然而关于盐胁迫对氮代谢影响的报道却并不多见，一些研究已经初步证实盐胁迫可以强烈地干扰氮吸收和代谢。盐胁迫可以干扰氮吸收，特别是硝酸盐的吸收。硝酸盐的吸收已经被关注很多年，研究者发现，植物吸收硝酸盐主要通过高亲和 NO_3^- 通道和低亲和 NO_3^- 通道两种途径实现，其运输需要与质子内流同向进行。因此，硝酸盐的吸收需要 H^+-ATP 酶等质子泵来提供电化学动力。盐胁迫对硝酸盐吸收的影响取决于植物种类和胁迫条件。在小麦(*Triticum aestivum*)中，较低的盐胁迫就可以明显地抑制 NO_3^- 吸收(Botella et al.，1997；Läuchli and Lüttge，2002)，但对氨吸收的影响很小。盐胁迫除抑制 NO_3^- 吸收外，也可以改变细胞内硝酸还原酶活性，硝酸还原酶活性在盐胁迫下明显降低(Baki et al.，2000)，这可能与细胞内的 Cl^- 毒害有关。Cl^- 可能抑制硝酸盐的吸收而使植物硝酸盐含量下降，进而使硝酸还原酶活性下降。但在玉米(*Zea mays*)中，盐胁迫可导致叶片中的硝酸盐含量下降，而根中的硝酸盐含量增加(Baki et al.，2000)，根中硝酸还原酶活性降低。Soussi 等(1998，1999)也报道，盐胁迫可以通过减少根瘤数量来降低固氮酶活性，从而抑制固氮过程。总之，盐胁迫对植物氮代谢的影响可能是多方面的，在不同的物种和不同组织器官中可能有所不同，但具体机制还所知甚少，这有待进一步研究。

　　盐胁迫还对植物的活性氧代谢有一定的影响。活性氧(ROS)是一类具有极强氧化能力的自由基，是植物细胞质和细胞器中正常代谢的中间产物，主要包括烷氧自由基、RO^-、•OH(羟自由基)、O_2^-(超氧自由基)和 HO_2^-(过氧化氢自由基)等。在通常情况下，活性氧处于产生和清除的动态平衡体系中。有研究表明，盐胁迫、冷胁迫、干旱胁迫、重金属胁迫均能打破这种平衡体系。国内外的很多报道都关注盐胁迫下活性氧代谢的变化。相关研究显示，盐胁迫能使植物细胞内和细胞器中的活性氧浓度急剧增加，导致膜脂的过氧化不饱和脂肪酸含量下降，膜结构消退，膜透性增大，大量有毒离子渗入细胞或细胞器(陈俊，2006)，进而破坏细胞器和细胞质中生物大分子的结构与功能，使内环境紊乱，干扰细胞代谢(Munns，2002；陈万超，2007)。所有植物都具有相似清除活性氧的抗氧化系统，这套系统包括一些抗氧化酶，如 SOD、POD、CAT、APX、GST、GPX 等，也包括谷胱甘肽、维生素 C(V_C)、甜菜碱、维生素 E、类胡萝卜素等还原性物质。细胞内的抗氧化酶可直接消除 ROS，还原性物质会直接与 ROS 结合，进而减少其对膜的伤害(Drolet et al.，1986；陈一舞等，1997；Sreenivasulu et al.，1999；陈俊，2006)。在盐胁迫下，植物通常能够提高其抗氧化酶活性，增加细胞内还原物质的浓度来对抗氧胁迫，这是几乎所有植物抵抗由盐胁迫造成的氧胁迫的主要途径之一。然而，在不同的物种中起作用的抗氧化酶和还原物质可能有所不同。

7.2.3　盐胁迫对植物影响的生理作用机制

　　有关盐胁迫的作用机制一直是植物生理生态学的重要研究内容。土壤的盐胁迫主要包括渗透胁迫和离子毒害两个方面(Parida and Das，2005)。

　　对于这两个方面，渗透胁迫对植物的伤害表现得更为迅速和直接，离子毒害要比渗透胁迫滞后得多。已经有许多研究证实，相同水势渗透胁迫对植物的生长抑制作用比盐胁迫更明显(Parida and Das，2005；Flowers and Colmer，2008；Flowers et al.，2010)。植物处于盐胁迫下，首先必须解决的是水分吸收的问题，而离子只有积累到毒害水平才会对植物构成威胁。渗透胁迫会迅速伤害幼嫩组织，减少新叶和枝的生长，而离子毒害会使老叶和老茎迅速衰老甚至死亡(Munns and Tester，2008)。另外，盐胁迫对植物地上部分的伤害作用比根更加突出，盐胁迫会明显地减少植物总叶面积、单个叶面积，分枝长度和数量，也会明显地减少禾本科植物的分蘖数量(Flowers and Colmer，2008；Munns and Tester，2008；Flowers et al.，2010)。植物的不同器官对盐胁迫做出的响应可能是植物适应环境的一种物质或能量分配策略，通过减少叶面积，从而减少蒸腾失水量，保持根的大份额物质分配，有助于根系对抗渗透胁迫和离子毒害(Parida and Das，2005)。

7.3　植物抗盐的生理及分子机制

7.3.1　植物耐盐或抗盐性差异

　　根据植物在盐土上的生长和发育状况，可将高等植物进一步分为盐生植物和甜土植物(glycophyte)两大类(Flowers and Colmer，2008)。能够在盐碱化土壤或生境中正常生长和发育，并且可以完成生活史的植物称为盐生植物，而且这些植物仅在盐碱地有分布，而在非盐碱地因与其他植物竞争失败而无法生存。不能够在盐碱化土壤上正常生长和发育，胁迫严重者甚至死亡的植物统称为甜土植物，大多数植物都属甜土植物。但是，自然界中也存在既能在非盐碱土中生活，也能在盐碱土上生活的植物，有些学者把这类植物称为兼性盐生植物(facultative halophyte)(Flowers and Colmer，2008)。Munns 和 Tester(2008)总结了不同植物的耐盐性与耐盐机制差异，不同植物对盐胁迫的响应不同，其耐盐或抗盐机制也有所不同(图 7-1)。拟南芥(*Arabidopsis thaliana*)是所有植物中对环境变化最敏感的，然而，一些植物抗盐生理研究者却主要集中研究这个物种，其研究结果对植物天然抗盐机制的贡献必定是极其有限的。在禾谷类作物中，水稻对盐胁迫最敏感，而大麦抗盐性最强。冰草是与小麦亲缘关系最近的单子叶盐生植物，也是最耐盐的单子叶盐生植物之一，其常作为与小麦远缘杂交的优质种植资源。豆科植物对盐胁迫是极其敏感的，甚至比水稻还要敏感，但紫苜蓿和黄花苜蓿是例外的，这两种豆科牧草能够忍耐一定的盐碱度。也有一些比它们更抗盐碱的豆科植物 Munns 和 Tester(2008)没有描述，如分布在东北盐碱草地上的草木犀(*Melilotus officinalis*)、甘草(*Glycyrrhiza uralensis*)等(Yang et al.，2012)。耐盐性变化最大的是双子叶植物(Munns and Tester，2008)，拟南芥属双子叶植物的抗盐性最低，而多数极端盐生植物都分属于双子叶植物。较高的盐浓度是许多双子叶盐生植物生长的必需条件，大多数极端盐生植物集中于藜科，如在松嫩盐碱化草地生长的碱蓬(*Suaeda glauca*)、角碱蓬(*S. corniculata*)、盐地碱蓬(*S. salsa*)、碱地肤(*Kochia sieversiana*)(Yang et al.，2012)。这些植物能够在高度退化的土地上生存，并能大量繁殖后代，这些盐生植物仅在盐碱生境分布，在条件良好的土壤未见分布，长期的进化使之高度适应高盐环境，其细胞和组织的结构与功能都与高盐环境高度适应。在这样极端的环境条件下，这些盐生植物能够充分利用有限的资源，并在竞争中取胜，甚至成为单优势的物种。在土肥条件良好的土壤中，这些植物的细胞结构与功能反而并不能良好地适应环境条件，从而在植物竞争中退出。植物抗盐性的形成可能是个极其复杂和漫长的过程，涉及诸多的代谢调节过程。

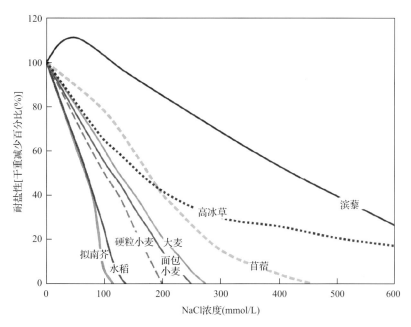

图 7-1　不同植物抗盐性差异和耐受限度(Munns and Tester，2008)

7.3.2　植物感受盐胁迫信号和信号转导机制

植物感受及转导盐胁迫信号涉及的主要环节包括：SOS 系统和 ABA 信号过程。盐胁迫诱导的 ABA 信号系统与植物响应干旱类似，都是主要调控气孔开闭。植物感受盐胁迫的信号系统由 Zhu(2003)率先在拟南芥中发现。已知的 SOS 系统有 4 个成员：SOS1、SOS2、SOS3、NHX。SOS1 是基因编码细胞膜上的一种 Na^+/H^+ 逆向转运蛋白，这个蛋白有 12 个跨膜区域，负责感知 Na^+ 和将根细胞内的 Na^+ 排到根外(Shi et al.，2002)。

如图 7-2 所示，首先，植物根细胞膜 SOS1 蛋白感知 Na^+ 信号(Qiu et al.，2002；Quintero et al.，2002)；其次，细胞质膜的钙通道打开，大量的钙离子流入细胞，使细胞质中的游离钙离子浓度急剧增高，游离钙离子与 SOS3 结合，激活 SOS3；再次，SOS3 与 SOS2 的结合位点结合，使 SOS2 的催化区域暴露，展现激酶活性，SOS2/SOS3 复合体中的 SOS2 激酶催化区域激活 SOS1 蛋白(可能通过磷酸化)，促使 SOS1 将根细胞中的 Na^+ 排放到根外环境(Knight et al.，1997；Knight，1999；Kiegle et al.，2000；Ishitani et al.，2000；Halfter et al.，2000；Moore et al.，2002)；同时，这个复合体也可以负调控液泡膜 Na^+/H^+ 逆向转运蛋白与高亲和 K^+ 转运蛋白(HKT)活性，正调节低亲和 K^+ 通道(AKT)活性，促进根细胞对 K^+ 的吸收。最近，一些研究发现，盐胁迫促进了 SOS1 在木质部外围薄壁细胞中的表达。据此推测，SOS1 可能在木质部外围薄壁细胞上，负责把 Na^+ 装载到木质部(Knight et al.，1997；Ishitani et al.，2000；Halfter et al.，2000；Knight et al.，1997；Kiegle et al.，2000；Shi et al.，2002；Quintero et al.，2002；Moore et al.，2002；Qiu et al.，2002；Zhu，2003)，在 Na^+ 的长距离运输过程中可能起重要作用。

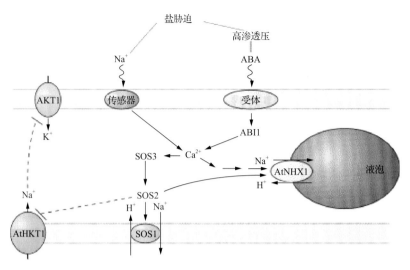

图 7-2　SOS 信号通路(Zhu，2003)

7.3.3　植物在盐胁迫下的离子区域化

Na⁺和 Cl⁻是盐土中最主要的致害离子。在盐胁迫下，植物，尤其是盐生植物，能够巧妙地将大量离子(如 Na⁺和 Cl⁻)积累在液泡中，它们作为渗透调节物质，既可以增加植物的吸水能力，也可以避除离子对细胞质中的酶与膜系统的毒害作用。然而，这又会对细胞质造成渗透胁迫。植物通常在细胞质中积累甜菜碱、脯氨酸、糖、氨基酸、有机酸、多元醇等相容性溶质，以此作为渗透调节物质，调节来自液泡的渗透压；同时，这些小分子相容性物质也有保护生物大分子的结构，从而使其免受离子毒害的作用。

Na⁺在盐土中含量高，对植物伤害严重。Na⁺进入植物主要有 4 种途径(图 7-2，图 7-3)：HKT(高亲和 K⁺转运蛋白)、AKT(低亲和钾离子通道)、非选择性阳离子通道(NCC)，以及质外体空间被动渗入。目前研究最多的 Na⁺转运途径是 HKT，其研究主要集中在小麦和水稻两种材料。HKT 蛋白家族共有两大类，即 HKT1 和 HKT2。HKT1 蛋白家族只转运 Na⁺，不转运 K⁺；HKT2 蛋白家族对两种离子同向共转运。在拟南芥中，只发现一种HKT1 蛋白，但在水稻中则据推测至少有 5 种 *HKT1* 基因与 4 种 *HKT2* 基因。在其他植物，如小立碗藓、赤桉、大麦、冰叶日中花、芦苇、三角叶杨、碱蓬、小麦中的 *HKT* 基因也都已经被成功克隆。水稻 *HKT1;5* 基因被证明与拟南芥 *HKT1* 基因具有相似的功能，主要分布在木质部外围的薄壁细胞中，并介导从茎叶木质部外排 Na⁺和向木质部中释放K⁺的过程，以此减少叶片 Na⁺浓度，增加 K⁺浓度。Cl⁻主要是通过 Cl⁻/2H⁺的同向转运体进入根细胞。然而，这些离子的转运过程都依赖外界电化学势作为转运动力；H⁺-ATP 酶可能作为质子梯度建立的主要膜蛋白，也有报道称有其他 ATP 酶参与这个过程；Na⁺进入植物细胞后，主要是由液泡膜上的 Na⁺/H⁺逆向转运蛋白(NHX)运输到液泡中，这个转运过程是个消耗 ATP 的主动运输过程，首先需要液泡中的 H⁺-ATP 等 ATP 酶向液泡中泵入质子，产生液泡内外的质子梯度，以此为动力完成将 Na⁺区隔到液泡中的过程。已经有大量实验证明，NHX 在植物抗盐过程中起着决定性的作用。许多盐生植物的 *NHX* 基因已经被克隆，其功能也被陆续验证(Flowers and Colmer，2008)。

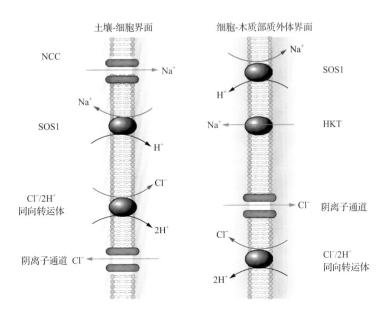

图 7-3 离子吸收和区域化(Munns and Tester，2008)

Na$^+$在植物不同组织或器官中的分布是不均匀的。在新叶中的浓度较低，而在老叶或老茎中的浓度较高(李长有，2009)。在幼嫩的组织中，细胞远离导管，与导管中运输的离子接触较少。此外，幼嫩组织的细胞代谢活跃，细胞分裂、分化速度都较快，无成形的大液泡，仅有分散的小液泡，离子需要跨过细胞质后，才能进入漂浮在细胞质中的小液泡。因此，在幼嫩组织中无法贮存大量的离子(李长有，2009)。这种离子在组织器官间的不均匀分布，可能是植物对盐胁迫的一种适应策略，这涉及长期的在不同组织器官间的代谢调控，可能是个被高度调控的过程，涉及许多复杂的生理生化、细胞学和遗传学过程，值得深入研究(Tester and Davenport，2003；Pardo et al.，2006)。在盐胁迫下，由于 Na$^+$ 和 K$^+$ 水合半径相似，因此，K$^+$ 通道很难辨别这两种离子，致使 Na$^+$ 与 K$^+$ 竞争结合 K$^+$ 通道，进而减少 K$^+$ 吸收速率。迄今，有关 Na$^+$ 对 K$^+$ 积累的影响尚未达成共识。根际的高 Na$^+$ 浓度可以抑制大多数植物对 K$^+$ 的吸收，但也有一些植物在盐胁迫下，细胞内 K$^+$ 浓度不但没有降低反而有所增加(Leigh and Storey，1993；Ashraf and O'Leary，1994；Knight et al.，1997；Uozumi et al.，2000；Xiong et al.，2002；Tester and Davenport，2003；Pardo et al.，2006)。尽管 Na$^+$-K$^+$ 吸收和转运的调控机制是绝大多数植物抗盐性的最终体现，但 Na$^+$-K$^+$ 吸收和转运的精细过程，相关离子通道的调控生理及分子机制目前都尚不清楚，不同植物在不同胁迫条件下的表现均有所不同。最近几年的研究多以盐敏感植物拟南芥为研究对象，不能在一个物种的研究基础上就对植物 Na$^+$-K$^+$ 代谢调控机制下定论，应该从多方面比较，并深入探讨盐生植物的 Na$^+$-K$^+$ 代谢调节机制，这样才能真正地揭示植物的抗盐机制，也为转抗性基因的应用提供更有力的理论和技术支持。

7.3.4 植物在盐胁迫下的甜菜碱积累机制

甜菜碱是一类氨基酸衍生物，是生物氮代谢的重要环节，在微生物、植物、动物体内均有广泛分布。在植物中，甜菜碱是代谢终产物，基本不被进一步代谢分解。植物中含有十余种甜菜碱，其中甘氨酸甜菜碱的含量最多，也被广泛研究，许多高等植物在盐胁迫下细胞内都积累了大量的甜菜碱(Munns and Tester，2008)。在盐胁迫下，甜菜碱不仅可以作为渗透调节剂增加植物从土壤中吸水的能力；还可以保持酶和细胞膜系统结构及功能的稳定性；此外，它还有清除活性氧的功效。目前，植物体内甜菜碱的合成途径已经被揭晓，其过程主要是在叶绿体中完成，植物细胞合成甜菜碱主要包括两个酶促反应(李秋莉等，2002)：首先，胆碱在胆碱单加氧酶催化下合成甜菜碱醛；其次，甜菜碱醛在甜菜碱醛脱氢酶(betaine aldehyde dehydrogenase，BADH)催化下合成甜菜碱，这两种酶都存在于叶绿体基质中。有报道显示，盐胁迫可以明显提高这两种酶的活性，进而促使植物在细胞质中合成更多的甜菜碱以抵抗渗透胁迫和离子毒害。另外，甜菜碱在植物中还有贮存氮源的作用。迄今研究者已成功地克隆、编码这两种酶的基因，并且转BADH基因的植物表现出更高的抗盐性(李秋莉等，2002)。

7.3.5 植物在盐胁迫下的脯氨酸积累机制

植物在遭受盐胁迫或碱胁迫时，通常会迅速地积累脯氨酸作为细胞质中的渗透调节物质，除渗透作用外，脯氨酸也像甜菜碱一样，能够保护生物大分子和清除自由基。高等植物的脯氨酸合成，主要包括鸟氨酸和谷氨酸两种途径。在渗透和盐胁迫下，植物体内的脯氨酸主要由谷氨酸途径合成(齐永青等，2003)。另外，脯氨酸在胁迫作用解除后迅速降解，这意味着脯氨酸在应对胁迫时的代谢调节机制是极其复杂的，应该是一个高度调控过程，也可能存在反馈调节过程。关于脯氨酸在植物对抗盐胁迫过程中的作用，存在很大争议。自20世纪80年代，脯氨酸率先被发现在植物抗干旱过程中。自此以后，研究者不断地探索脯氨酸在植物抵抗非生命胁迫过程中的生理作用，陆续有一些研究成果问世。现在已经发现，冷胁迫、盐胁迫、碱胁迫、重金属胁迫下植物均迅速积累脯氨酸，但其积累量通常明显低于其他有机渗透调节物质，如游离糖和甜菜碱。因此，它对渗透调节的贡献可能很小，也可能有其他更为重要的生理作用，或者可能作为信号分子或充当蛋白、酶的激活剂，或者可能作为转录因子调节基因表达，这都有待进一步的深入研究。

7.4 植物抗碱的生理及分子机制

土壤的碱化在世界许多地区已经产生很严重的环境后果。例如，在东北的松嫩草地上，植物都不同程度地遭受着碱胁迫。许多碱化草地的土壤pH高达10以上，其上只有极少数抗碱盐生植物才能生存，在更为严重的地段则形成寸草不生的碱斑。由于土壤的碱化往往与盐化相伴发生，如果期望有效地解决土壤碱化问题，需要深刻揭示植物的抗盐碱机制，就必须区别研究盐胁迫和碱胁迫，也必须同时研究盐碱地上天然抗碱盐生植物抵抗混合盐碱胁迫的机制。然而，国内外的抗逆生理研究，多是集中在植物抗盐方面，并且，仍以中性盐NaCl为主，只不过是向着不同的层次发展，如涉及胁迫生理、基因表达、离子转运、激素调节、表观遗传学等方面研究。迄今，对土壤碱胁迫的研究，仅有少量描述性报道，很少有人涉及植物抗碱生理及分子机制，例如，盐生植物对天然盐碱混合胁迫的生理生态适应机制。揭示盐碱植物适应碱胁迫和盐碱混合胁迫的分子、生理及生理生态机制，也有助于有针对性地开展草地管理工作，有效地解决碱化草地的生产和生态恢复问题。

7.4.1　碱胁迫对植物生长及光合作用的影响

(1)碱胁迫对植物生长的影响

有关植物抗盐碱的研究，仍以对盐敏感的拟南芥，以及一些低抗盐性的禾谷类作物为对象，其研究结果亦无突破性进展。因此，以天然的典型盐生植物为对象，可能是深入认识植物碱胁迫的一个出路。

盐与碱对植物的胁迫强度有明显差异。Yang 等(2008)使用松嫩草地耐盐碱牧草虎尾草为研究材料，研究发现，低盐度下盐和碱两种胁迫对根与地上生物量的影响类似，只有高浓度下碱胁迫对植物的伤害才明显高于盐胁迫(图 7-4)。

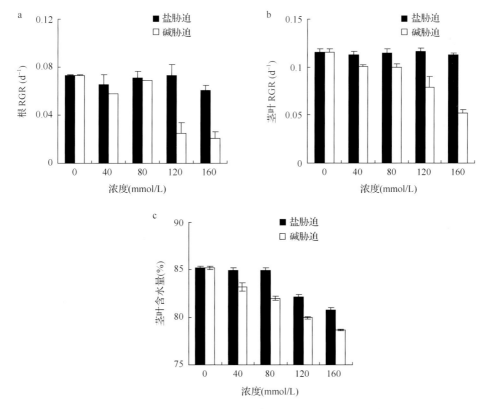

图 7-4　盐、碱胁迫对虎尾草根和茎叶相对生长速率(RGR)与含水量的影响(Yang et al.，2008)

这一结论与以往的报道是一致的。盐、碱两种胁迫的危害程度之所以不同，其根本原因就在于二者对植物的作用机制不同。盐胁迫的主要致害因素通常被认为是渗透胁迫和离子毒害。碱胁迫除了涉及与盐胁迫相同的几种致害因素之外，还涉及高 pH 胁迫。根环境的高 pH 会直接降低植物必需矿质元素的游离度和活度，造成营养元素大量沉淀，致使根系周围离子供应严重失衡。不仅如此，较高的 pH 还会导致根周围或质外体空间

H^+ 匮缺，从而破坏或阻碍根细胞膜跨膜电位的建立，严重抑制某些离子的吸收和转运。例如，NO_3^-、PO_4^{3-}、K^+ 的吸收，以及 Na^+ 的外排均依赖于质子梯度。碱胁迫所造成的高 pH 可能明显抑制这些过程。更为严重的是，碱胁迫甚至可能直接导致根细胞结构的破坏，使其功能彻底丧失。植物若要在碱化土地上生存，不仅要应对生理干旱、离子毒害等与盐胁迫相同的致害因素，还必须应对环境高 pH 的伤害。因此，植物抗碱不仅具有不同于抗盐的特殊机制，还必须比抗盐付出更多的物质及能量代价。

土壤的盐胁迫主要包括渗透胁迫和离子毒害。高盐环境可以打破植物细胞中业已形成的各种离子的平衡状态，植物若要生存，就必须进行渗透调节并在细胞内重建离子稳态。然而，与盐胁迫相比，碱胁迫还涉及高 pH 的伤害（表 7-1）。由于碱胁迫比盐胁迫增加了高 pH 的直接或间接的胁迫，其作用机制可能不同于盐胁迫，并且也更加复杂。我们发现，碱胁迫对虎尾草和水稻生长的抑制作用明显大于盐胁迫（杨春武，2010；Wang et al.，2012a，2012b），这很可能就是碱胁迫所引起的环境高 pH 所致。植物适应碱胁迫与适应盐胁迫的不同之处就在于，需要应对环境的高 pH。植物根外的高 pH 环境不仅直接作用于根部，也会危及根系生长、根尖细胞分裂、细胞的伸长与分化，以及细胞结构或膜的稳定性，破坏跨膜电位，进而干扰根细胞的功能及代谢活动。而且，高 pH 环境可以通过造成磷、钙及镁等重要矿质元素的大量沉淀，间接地对植物构成营养胁迫。在天然条件下，碱胁迫还会使土壤的透气性下降，干扰微生物生态，造成缺氧胁迫，导致根系微环境紊乱。植物若要在碱化土地上生存，不但要应对渗透胁迫和离子毒害，还必须应对根外高 pH 造成的直接或间接的胁迫作用。因而，为揭示植物的抗碱机制，不但要弄清渗透调节和避除离子毒害机制，还要弄清在碱胁迫下植物体内外的 pH 调节机制。

表 7-1　碱胁迫对根系矿质离子状态的影响（Wang et al., 2012a）

离子种类	游离度			活度		
	对照	盐胁迫	碱胁迫	对照	盐胁迫	碱胁迫
Ca^{2+}（μmol/L）	963.6	903.5	1.329	277.9	260.6	0.383 3
Mg^{2+}（μmol/L）	1 557	1 464	10.56	449	422.1	3.045
K^+（μmol/L）	1 193	1 177	1 193	874.6	862.3	874.4
Fe^{2+}（μmol/L）	8.329	7.85	0.000 422 7	2.402	2.264	0.000 121 9
Mn^{2+}（nmol/L）	2 247	2 090	48.05	648.1	602.6	13.86
Cu^{2+}（nmol/L）	0.000 651 5	0.000 613 2	0.000 001	0.000 187 9	0.000 176 9	0.000 000 4
Zn^{2+}（nmol/L）	0.128 4	0.120 9	0.000 041	0.037 03	0.034 85	0.000 012
SO_4^{2-}（μmol/L）	2 117	6 463	2 055	610.4	1 864	592.7
Cl^-（μmol/L）	2 016	45 700	1 972	1 478	33 490	1 445
NH_4^+（μmol/L）	1 440	1 440	13	1 050	1 050	9.52
PO_4^{3-}（μmol/L）	0.000 006	0.000 007 8	78.83	0.000 000 4	0.000 000 5	4.805
HPO_4^{2-}（μmol/L）	12.2	13.3	233	3.52	3.84	67.2
$H_2PO_4^-$（μmol/L）	303	302	0.009 07	222	221	0.006 65
$B(OH)_4^-$（nmol/L）	4.284	4.698	18 370	3.14	3.443	13 460
MoO_4^{2-}（nmol/L）	510.1	511.4	526	147.1	147.5	151.7
NO_3^-（μmol/L）	1 439	1 439	1 439	1 054	1 054	1 054

（2）碱胁迫对植物光合作用的影响

碱胁迫会改变植物的光合作用，它既影响植物的光合器官，也影响其光合速率。

碱胁迫对禾本科植物（如虎尾草）光合色素，特别是叶绿素的影响，可能存在着既刺激又抑制的双重效应（Yang et al.，2010）。在胁迫强度较低时，刺激作用大于抑制作用；随着胁迫强度的增大，其抑制作用也增大，并逐渐超过刺激作用。由于碱胁迫甚于盐胁迫，因此，在较低的盐度下，其抑制作用就超过了刺激作用。碱胁迫致使大量的镁沉淀，阻碍叶绿素合成，这也可能是碱胁迫增加了光合色素降解酶活性的结果。盐、碱胁迫对植物叶绿素的影响，绝不是简单的叶片含水量下降的结果，可能还与叶绿素代谢调节相关。此外，两种胁迫对类胡萝卜素含量的影响也明显不同。可见，植物光合色素对盐碱两种胁迫的响应是个值得深入研究的问题。

植物净光合速率通常随着盐胁迫强度的增加而下降。在适度的盐胁迫或碱胁迫下，抗碱牧草虎尾草净光合速率非但没有下降反而稍微上升。只有当胁迫达到一定强度时，其净光合速率才大幅度下降（图 7-5）。在虎尾草的生理适应范围内（盐度低于 160 mmol/L），RGR 降低是光合面积下降的结果，而与净光合速率基本无关。高盐胁迫下植物生长受到抑制主要是由光合面积下降引起的（Yang et al.，2008）。这表明，对于长期生长在天然盐碱环境下的盐生植物而言，光合作用趋于稳定，盐胁迫主要通过改变光合面积而不是净

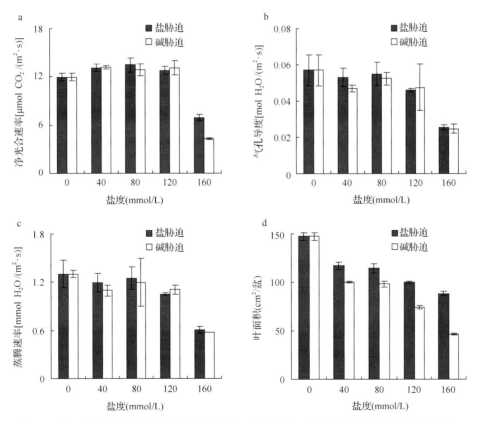

图 7-5　盐、碱胁迫对虎尾草的净光合速率、气孔导度、蒸腾速率及叶面积的作用效果

光合速率来影响盐生植物的生长。至于高强度盐胁迫下植物净光合速率降低，通常被认为是因气孔导度下降导致胞间 CO_2 分压降低，或者是非气孔因素。这些非气孔因素主要包括蛋白质含量下降，光合色素被破坏，以及细胞质离子毒害等。高强度碱胁迫对光合速率的抑制程度大于盐胁迫，其原因可能更复杂，有待进一步研究。

7.4.2　盐生植物的抗碱生理机制

近些年，关于盐生植物的抗碱生理研究越来越受到重视，并且获得了一些研究进展。甜土植物对碱胁迫极其敏感，尤其是根。即便在较低胁迫强度下（15 mmol/L），碱胁迫或高 pH 均可明显抑制甜土植物，如水稻的根系生长，而且随碱胁迫强度增加，根生长速率均保持在较低水平，这与抗碱盐生植物明显不同。

研究表明，盐生植物虎尾草可以通过分泌大量有机酸来实现根外 pH 调节（Yang et al.，2010），而甜土植物水稻仅能分泌很少的有机酸。在一定的胁迫强度内，虽然 pH 高达 9.9，但 HCO_3^- 和/或 CO_3^{2-} 浓度较低，虎尾草仍可通过根系的适应性调节作用而将高 pH 抵御在体外，使体内环境不受影响。然而，当碱胁迫强度超过其根系调节能力（120 mmol/L）时，根对 Na^+ 吸收及向地上部分转运的控制能力减弱，致使茎叶中的 Na^+ 浓度急剧增高，K^+ 浓度也急剧降低，造成细胞内 Na^+、K^+ 严重失衡，进而诱导一系列的生理生化反应。在高强度碱胁迫下，虎尾草和水稻体内的 Na^+ 含量急剧增加，可能还与 SOS 信号系统受到干扰有关。Ca^{2+} 可以间接地促进 SOS1 蛋白将有毒的 Na^+ 外排，而高强度碱胁迫可导致根周围形成 Ca^{2+} 沉淀，Ca^{2+} 内流明显受阻，进而可能影响 SOS1 蛋白的活化，阻遏了 Na^+ 的外排过程。另外，根外的高 pH 可以导致质子亏缺，质子梯度难以建立，使得 SOS1 蛋白外排作用的化学动力缺失，也会进一步抑制 Na^+ 的外排过程，导致植物体内积累过多的有毒离子，进而使植物受害。已有研究表明，在高强度的碱胁迫处理的根细胞内，游离 Ca^{2+} 浓度明显低于盐胁迫处理，这可能支持上面的推断，但其具体的机制有待进一步研究和证实。

在植物细胞内积累过多的 Na^+，可能无法区域化到液泡内而部分滞留在细胞质中，导致细胞质中的细胞器和膜系统遭到严重破坏。在高强度碱胁迫下，水稻和虎尾草叶片的光合色素含量急剧下降可能就是因为 Na^+ 破坏了叶绿体结构。另外，在高碱胁迫下，细胞内的 K^+ 不足，还可能会干扰保卫细胞渗透吸水，进而干扰气孔调节过程。那么，在高碱胁迫下导致植物气孔导度急剧下降的可能就是这个原因。植物在碱胁迫下光合碳同化能力的下降，可能与 Na^+ 破坏叶绿体结构和干扰气孔活动有关。此外，胞内 Na^+、K^+ 失衡还会导致细胞内离子失衡，pH 不稳定，以及细胞区域间渗透压失衡。因此，在这种情况下，植物必须在细胞内进行渗透调节和离子平衡。

（1）Na^+ 和 K^+ 转运与控制

在碱胁迫下，C3 植物（如水稻）的 Na^+、K^+ 代谢与 C4 盐生植物（如虎尾草）截然不同。在碱胁迫下，两种植物虽然都试图控制 Na^+ 而积累 K^+，但由于二者生理特性和抗碱性差异，最终的调节结果有所不同。在碱胁迫下，高 pH 导致根外质子亏缺，抑制依赖于质子梯度的 Na^+ 外排作用，使植物根系出现积累 Na^+ 的倾向。对于水稻，其茎叶中的 Na^+/K^+ 在两种胁迫下差异不大，而根中的 Na^+/K^+ 在碱胁迫下明显大于盐胁迫下。过多的 Na^+ 对于水稻茎叶细胞代谢可能极其不利，甚至是致命的，水稻在根中维持更高的 Na^+/K^+ 而使茎叶免除离子毒害。然而，即便是这样，在高碱胁迫下，大量的 Na^+ 还是会涌入茎叶，致使叶绿体和膜系统遭到破坏，叶绿素含量急剧下降，膜透性急剧增加。对于 C4 盐生植物虎尾草而言，Na^+ 可能是参与其代谢的重要营养元素，在根中过剩的 Na^+ 可以被运输到茎叶液泡中贮存起来，一方面可以为代谢提供钠营养，另一方面可以增加细胞吸水能力，抵抗根系周围的渗透胁迫，这可能是决定其具有高抗碱性的一个重要原因。

(2)细胞内离子平衡与有机酸代谢调节

稳定的内环境的酸碱平衡是植物细胞进行各种物质和能量代谢的必要条件。在植物体内，正负电荷不平衡会直接引起细胞内酸碱失衡，即 pH 不稳定。对甜土植物和盐生植物的研究均证明，细胞内积累有机酸是对负电荷亏缺的响应，即有机酸代谢调节是碱胁迫下维持细胞内离子平衡和 pH 调节的关键生理机制(图 7-6)。但二者的有机酸代谢调节在许多方面均有所不同。盐生植物虎尾草在盐胁迫和非胁迫条件下均积累较多有机酸，但水稻在盐胁迫下仅积累痕量有机酸。而碱胁迫可诱导水稻有机酸大量积累，最高干重超过 10%。虽然碱胁迫均能诱导二者大量积累有机酸，但水稻的响应似乎比虎尾草更敏感，低强度的碱胁迫即可诱导水稻有机酸的大量积累，而虎尾草的有机酸积累则仅能被较高强度的碱胁迫所诱导。这似乎表明，有机酸积累可能是一个被动的适应性调节过程，只有在碱胁迫强度超过根外 pH 调节限度，致使 Na^+ 大量涌入，造成体内阴离子亏缺时，体内才被动积累有机酸，用于细胞内的离子平衡和 pH 调节。有机酸积累量及有机酸代谢对碱胁迫的反应速度，可以用来指示植物抗碱性及碱害程度。另外，从有机酸组分上看，碱胁迫下水稻则以苹果酸、柠檬酸、草酸为主。在碱胁迫下，根系积累的草酸用于离子平衡，这可能是水稻根系对缺氧环境的一种适应策略。由于水稻根系长期生长在水生环境，可能已经进化出以低耗氧为主的代谢途径，这与虎尾草根系的适应策略不尽相同。虎尾草长期生长在碱化环境，其根系也长期面临缺氧胁迫，与水稻不同的是虎尾草在根中合成的是乙酸而不是草酸。但这两种有机酸均是无氧呼吸的产物。这似乎提示，在天然盐碱胁迫条件下，缺氧胁迫可能是限制植物生长的一个重要原因。因为在这种情况下，植物适应性代谢调节可能很多都更倾向于无氧呼吸有关的代谢过程。因此，在碱胁迫下，根系合成柠檬酸和苹果酸的相对比例下降，合成乙酸、草酸的比例相对增加，而这种无氧呼吸会消耗比有氧呼吸更多的物质而产生更少的能量，进而使生长速率相对下降。无论如何，有机酸代谢调节都是植物适应碱胁迫的关键所在。有机酸积累可能是对缺氧、离子流入、高 pH 胁迫及渗透胁迫的复杂响应，其信号转导可能是复杂多变的。杨春武(2010)初步检测了水稻中与柠檬酸和苹果酸的合成及分解有关的基因的表达情况。研究发现，水稻在碱胁迫下，有机酸的积累似乎与基础代谢途径无关，与柠檬酸和苹果酸合成相关的基因的变化并不利于这两种有机酸的积累。这表明，碱胁迫下苹果酸和柠檬酸的积累调节，可能不是发生在基因水平，极有可能发生在酶学水平，碱胁迫下植物也可能有其他独特的有机酸合成途径。在碱胁迫下，植物几乎动员了全部主要的有机酸，启动合成这些有机酸的信号可能极其复杂，细胞内的 Na^+ 和 NO_3^- 可能参与这些信号转导。同时，这些代谢过程可能被植物体高度调节。关于有机酸合成相关基因表达的时空调节及转录调节因子都有待进一步研究。

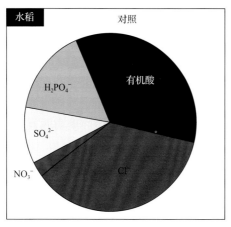
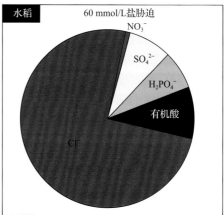
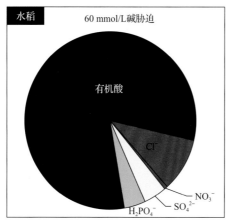
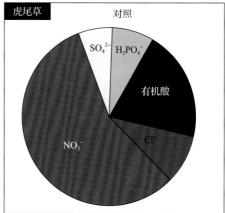
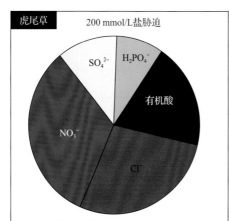
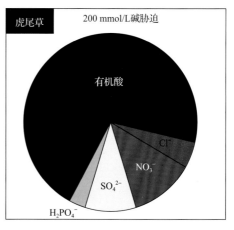

图 7-6　盐、碱胁迫下甜土植物水稻和盐生植物虎尾草茎叶中各个阴离子对总负电荷的贡献
（杨春武，2010）

（3）有机酸分泌与抗碱性

我们的研究表明，盐生植物虎尾草，可以通过分泌大量的有机酸来实现根外 pH 调节，而甜土植物水稻仅能分泌少量有机酸（相对于对照），这可能是二者抗碱性不同的关

键所在(图 7-7)。在碱胁迫下，虎尾草的有机酸分泌量要远远高于对照和盐胁迫处理，其中主导成分乙酸和甲酸的分泌量分别是对照的 90 倍和 36.8 倍。可见，虎尾草根系分泌有机酸是对碱胁迫的特异响应。毫无疑问，在碱胁迫下，分泌的有机酸对保护根的结构与功能免受环境的高 pH 伤害，调节根外微环境的 pH 等方面具有重要意义。从分泌量来看，虽然不足以中和整个碱胁迫环境，但如果分泌物集中在根的功能区域的表面或其皮层的质外体空间，便完全可以起到屏蔽环境高 pH 的作用。为了进一步证明这个假设，胁迫生理学研究者用非损伤微测技术检测了在碱胁迫下虎尾草根表面的 pH，以及 H^+ 的流动速度和方向。结果发现，在碱胁迫下，虎尾草根表面 pH 并未降低，同时检测到了 H^+ 内流现象。由于非损伤微测技术的微电极只能接触到根表皮细胞壁，不能穿透细胞壁进入细胞，因此，推测根表皮细胞壁内的微空间可能有一中性或酸性环境，进而导致 H^+ 内流到这个区域。实验充分证明，虎尾草的 pH 调节区域极有可能位于根表皮细胞壁内，有机酸分泌可能也集中在这个区域。当然，这个 pH 调节区域也可能在根皮层内广阔的质外体空间，这都有待进一步研究和证实。尽管虎尾草根外 pH 调节作用仍需要继续深入研究，但考虑到土壤环境与水培环境的不同，根据已有实验的结果仍可做出如下推断：虎尾草根系在碱化土壤环境中，通过分泌有机酸，还可能通过吸收 Na^+，交换出 H^+，以及呼吸释放 CO_2 等其他作用在根表面或皮层质外体空间进行 pH 调节，将碱胁迫所致的高 pH 屏蔽在根外，使根系的结构与功能基本不受影响。这可能就是虎尾草抗碱的关键所在，这也是植物抵抗碱胁迫的能量消耗大于盐胁迫的主要原因。

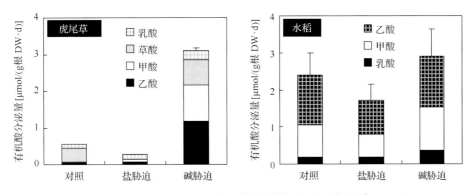

图 7-7　盐、碱胁迫下水稻和虎尾草根的有机酸分泌(杨春武，2010)

　　根中有机酸的积累可能与根的分泌功能有关。根中积累的有机酸种类及其比率与分泌物中有机酸的种类及比率密切相关。根分泌的 4 种有机酸均是根中积累的主要酸，尤其是乙酸，在根积累物和分泌物中都是主导成分。有机酸在虎尾草根中与茎叶中的积累特点明显不同，茎叶中以苹果酸和柠檬酸为主导成分，而根中却以乙酸和甲酸为主(尤其是在高碱胁迫下)。可见，在碱胁迫下虎尾草茎叶与根中发生的有机酸代谢调节机制明显不同，很值得深入研究。虎尾草长期生长在高碱环境中，在根中可能已经进化形成了其独特的有机酸代谢调节机制。在碱胁迫下，根中柠檬酸和苹果酸含量下降，乙酸含量增加，这可能是无氧呼吸增强的结果。同时，表明虎尾草根系具有较强的耐缺氧能力。这一点可能也是决定虎尾草抗碱性的特点之一。众所周知，土壤碱化会造成其结构被破坏，透气性明显下降，在给植物带来碱胁迫的同时也带来了缺氧胁迫。虎尾草作为天然抗碱盐生植物，长期生长在缺氧的碱化土壤中，作为长期适应的结果，其根中可能已经形成了耐缺氧的特殊抗碱生理机制。

7.4.3　甜土植物的抗碱生理机制

（1）碱胁迫对甜土植物的影响

1）碱胁迫对植株生长的影响

盐、碱胁迫均能够引起 RGR 的明显下降。碱胁迫的下降程度大于盐胁迫（图 7-8）。若比较根和茎叶的差别，则发现碱胁迫下水稻根仅有很小的生长速率，而且各个胁迫强度下相差不大，均较低。这与虎尾草明显不同，只有较高强度的碱胁迫才能明显地影响虎尾草根的生长。从根冠比也能够看出碱胁迫对根的影响明显大于对茎叶的影响。在盐、碱胁迫下，含水量均随胁迫强度增加而下降，而在碱胁迫下的下降程度大于盐胁迫。

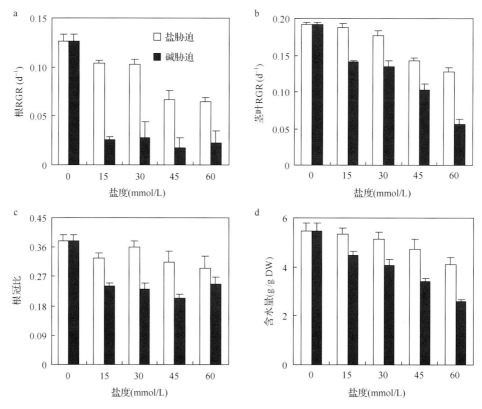

图 7-8　盐胁迫和碱胁迫对水稻苗生长的影响（杨春武，2010）

2）碱胁迫对光合色素、质膜稳定性及 Na^+ 和 K^+ 积累的影响

杨春武（2010）研究表明，盐胁迫和适度的碱胁迫均没有影响水稻光合色素的积累，但高强度碱胁迫导致 3 种光合色素含量均急剧下降。随着胁迫强度的增加，盐、碱胁迫

均可使水稻电解质外渗率明显增加(图 7-9)。研究还发现，根和茎叶 Na^+ 含量均随盐度的增加呈增加趋势，根中低强度碱胁迫下的影响高于盐胁迫，茎叶中高强度碱胁迫的影响高于盐胁迫(图 7-10)。在盐碱胁迫下茎叶 K^+ 含量均低于对照，但随胁迫强度的增加，变化不大。而根中 K^+ 含量明显下降，且碱胁迫处理的下降程度明显大于盐胁迫处理。根中 Na^+/K^+ 明显大于茎叶，在碱胁迫下明显大于盐胁迫下(图 7-10)。对于水稻茎叶中的 Na^+/K^+，盐碱胁迫的差异不大，这与虎尾草明显不同，虎尾草茎叶 Na^+/K^+ 在碱胁迫下明显大于盐胁迫下，根中 Na^+/K^+ 在两种胁迫下差异不大(Yang et al.，2010)。

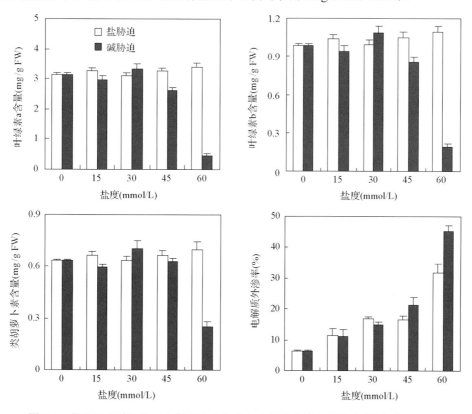

图 7-9　盐胁迫和碱胁迫对水稻苗光合色素与电解质外渗率的影响(杨春武，2010)

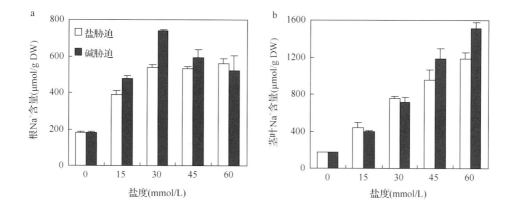

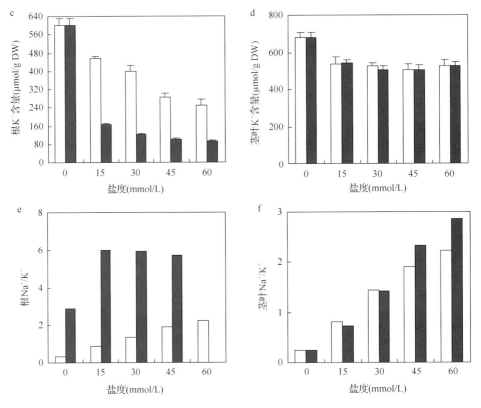

图 7-10　盐胁迫和碱胁迫对水稻苗 Na^+ 与 K^+ 含量的影响(杨春武，2010)

3) 碱胁迫对茎叶和根中阴离子积累的影响

我们的实验表明，随着盐度的增加，盐胁迫下的茎叶和根中 Cl^- 含量大体呈增加趋势，而碱胁迫下的 Cl^- 含量大体呈下降趋势(图 7-11)。NO_3^- 是水稻中对环境变化比较敏感的离子。水稻根中 NO_3^- 含量明显高于茎叶中的含量，且根 NO_3^- 含量在碱胁迫下明显低于盐胁迫下。随着胁迫强度增加，盐碱胁迫均可使茎叶 SO_4^{2-} 含量增加，但盐胁迫增加幅度大于碱胁迫。而两种胁迫对根 SO_4^{2-} 含量影响的差异不大。碱胁迫下根和茎叶 $H_2PO_4^-$ 含量均低于相同胁迫强度的盐胁迫处理。

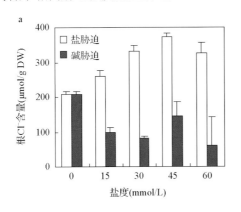

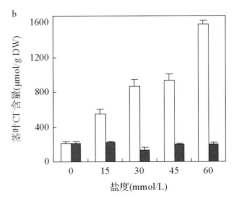

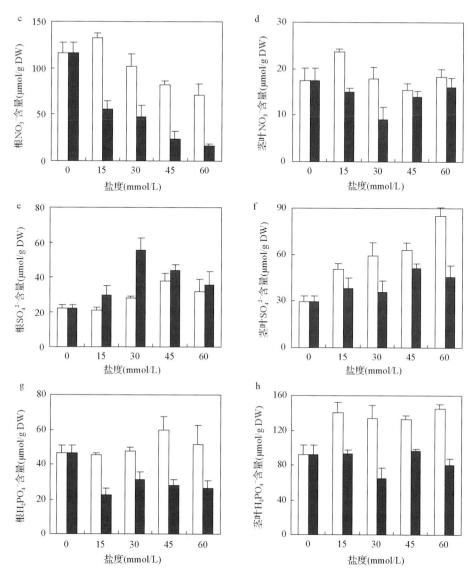

图 7-11　盐胁迫和碱胁迫对水稻苗 Cl⁻、NO₃⁻、SO₄²⁻、H₂PO₄⁻含量的影响(杨春武，2010)

4) 碱胁迫对有机酸积累的影响

在水稻茎叶中检测到苹果酸、柠檬酸、草酸、甲酸、乙酸、乳酸、琥珀酸等 7 种有机酸(图 7-12)。盐胁迫和对照处理水稻仅积累痕量有机酸，其中草酸是最主要的有机酸。而随着盐度增加，碱胁迫下水稻茎叶所有种类有机酸及总酸含量均急剧增加。碱胁迫下，苹果酸、草酸、柠檬酸是水稻茎叶中最主要的有机酸(表 7-2)。

盐胁迫和对照处理水稻根中仅积累痕量有机酸，其中乙酸、甲酸、草酸、柠檬酸、苹果酸是有机酸的主导成分(图 7-13)。而随着盐度增加，碱胁迫下水稻根苹果酸、柠檬酸、乳酸及总酸含量急剧增加后转而下降，水稻根草酸、甲酸、乙酸含量持续增加。碱胁迫下，苹果酸、草酸、柠檬酸是水稻根中有机酸的主导成分(表 7-3)。

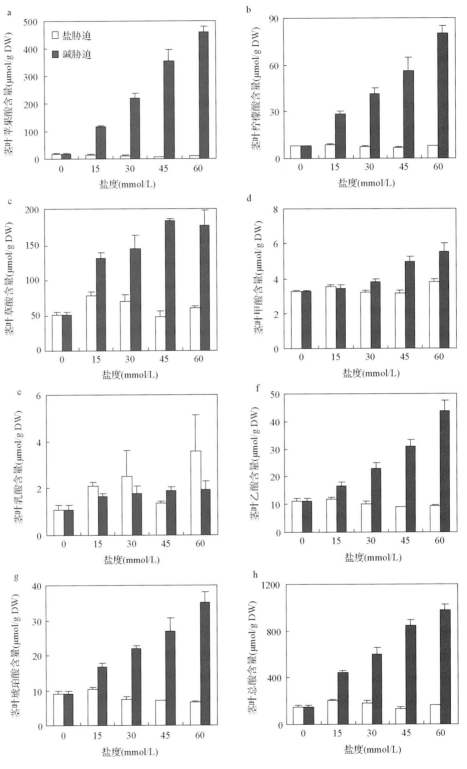

图 7-12　盐碱胁迫对水稻茎叶中有机酸含量的影响(杨春武，2010)

表 7-2　水稻在盐碱胁迫下茎叶中各有机酸占总有机酸含量的比例（杨春武，2010）

处理	盐度(mmol/L)	苹果酸(%)	柠檬酸(%)	琥珀酸(%)	乙酸(%)	草酸(%)	甲酸(%)	乳酸(%)
对照	0	16.74	7.67	9.13	11.11	51.07	3.21	1.06
盐胁迫	15	10.73	6.68	8.01	9.25	60.95	2.74	1.64
	30	9.95	6.73	6.73	9.08	62.40	2.87	2.25
	45	9.90	8.13	8.55	10.84	57.16	3.81	1.61
	60	8.80	7.76	6.44	9.22	60.43	3.80	3.55
碱胁迫	15	36.88	9.08	5.28	5.30	41.86	1.08	0.52
	30	48.27	8.98	4.76	4.98	31.79	0.83	0.39
	45	53.71	8.50	4.05	4.70	28.00	0.76	0.29
	60	57.16	9.98	4.36	5.45	22.12	0.68	0.24

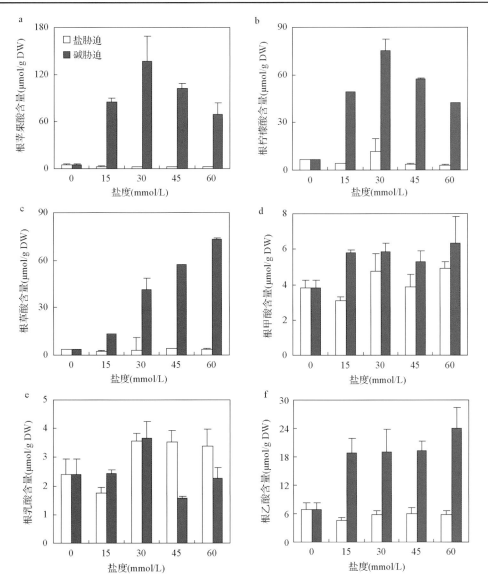

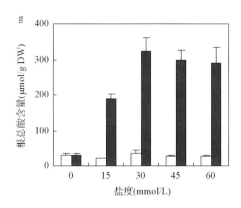

图 7-13　盐胁迫和碱胁迫对水稻根中有机酸含量的影响(杨春武，2010)

表 7-3　水稻在盐碱胁迫下根中各有机酸占总有机酸含量的比例(杨春武，2010)

处理	盐度(mmol/L)	苹果酸(%)	柠檬酸(%)	琥珀酸(%)	乙酸(%)	草酸(%)	甲酸(%)	乳酸(%)
对照	0	17.79	23.31	0.00	24.34	12.31	13.63	8.62
盐胁迫	15	16.22	21.49	0.00	23.68	13.22	16.25	9.14
	30	8.08	37.58	0.00	17.82	10.55	14.88	11.10
	45	9.73	16.20	0.00	25.23	17.34	16.51	14.99
	60	9.27	14.24	0.00	24.87	15.99	21.14	14.49
碱胁迫	15	48.78	28.09	0.00	10.82	7.62	3.31	1.39
	30	48.51	26.71	0.00	6.75	14.65	2.08	1.30
	45	41.97	23.72	0.00	7.96	23.53	2.18	0.65
	60	31.72	19.44	0.00	11.08	33.79	2.93	1.04

5)碱胁迫对相容性溶质积累的影响

研究显示，盐胁迫没有影响水稻中甘露醇的积累，碱胁迫才会使甘露醇含量下降(图 7-14)。盐胁迫下水稻并不积累脯氨酸，而碱胁迫导致脯氨酸含量急剧增加。盐碱胁迫均可使可溶性糖含量增加，但碱胁迫下增加幅度大于盐胁迫下。

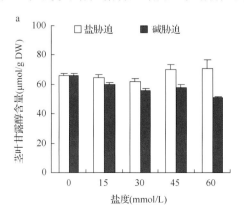

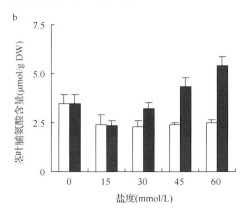

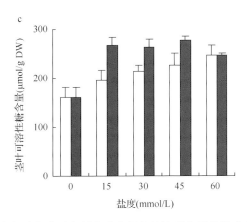

图 7-14　盐胁迫和碱胁迫对水稻茎叶中相容性溶质含量的影响(杨春武，2010)

(2) 盐碱胁迫下甜土植物根外 pH 变化和根系有机酸分泌

前文已经充分描述了盐胁迫和碱胁迫的差异，碱胁迫除包含与盐胁迫相同的因素外，还涉及高 pH 胁迫及高 pH 带来的复杂的离子间交互作用。强碱可使很多化合物水解，根系长期暴露在高 pH 环境下，其细胞壁、细胞膜及细胞内诸多生物活性分子均可能遭到明显破坏甚至水解，进而丧失原有结构和功能。已有实验表明，即便在较低胁迫强度下(15 mmol/L)碱胁迫(高 pH)都可以明显地抑制甜土植物根系的生长，而且，随碱胁迫强度增加，根 RGR 均保持在较低水平，这与抗碱植物虎尾草明显不同(Yang et al.，2010)。只有在高强度碱胁迫下虎尾草根生长才受到明显的抑制，这说明根系调节作用可能是植物抗碱的关键所在，根系的 pH 调节能力可能是决定植物抗碱性的重要生理特性。上面的实验充分证明碱是限制甜土植物生长的一个重要环境胁迫因素，其胁迫作用可能主要通过对根系的限制来实现。水稻是唯一的种植面积较大的水生禾谷类作物，通过长期驯化，人类已经培育出众多优良水稻品种，然而人们在培育这些品种时更关心的是产量、抗病性及稻谷品质，很少关注水稻抵抗非生命胁迫的能力，使得水稻抗盐碱性育种始终无突破性进展。水稻具有优良的特性，丰富的种质资源，其根系具有发达的通气组织及强大的调节适应能力，因此，通过遗传及杂交育种技术方法完全有希望选育出抗碱水稻品种。杨春武(2010)研究表明碱胁迫可以刺激水稻有机酸分泌(图 7-15)，这可能是其适应碱胁迫的重要生理机制。

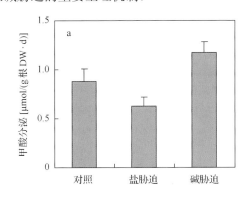

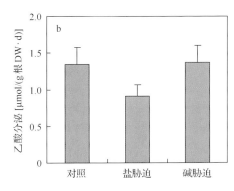

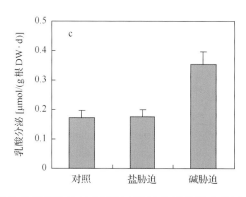

图 7-15　盐胁迫和碱胁迫对水稻根有机酸分泌的影响(杨春武，2010)

(3)甜土植物离子积累与渗透调节

对于大多数 C4 和 CAM 植物，Na 是必需的微量元素。它主要参与 PEP 再生，如果缺乏 Na^+，会使这些植物细胞坏死，甚至不能形成花。对于世代生活在高 Na^+ 环境的盐生植物而言，长期的进化与适应，似乎使 Na 已经变成植物完成生长、发育及整个生活史必需的营养元素。然而，Na^+ 对于大多数作物而言是有害的。Na^+ 可以与 K^+ 的吸收形成竞争，这可能是 Na^+ 限制作物生长最重要的原因。而对于甜土植物而言，在碱胁迫下 Na^+ 和 K^+ 的积累规律与虎尾草截然不同。甜土植物茎叶 Na^+ 含量在两种胁迫下均随盐度增加而急剧增加，只在高强度时碱胁迫的增加幅度高于盐胁迫。而对于虎尾草而言，盐胁迫和低强度碱胁迫均没有引起茎叶 Na^+ 含量明显增加，而只有在高胁迫强度下 Na^+ 含量才急剧增加。碱胁迫几乎没有改变甜土植物茎叶 K^+ 含量，却使虎尾草茎叶 K^+ 含量明显减少。但碱胁迫对两种植物根 K^+ 含量的影响一致，即碱胁迫对根中 K^+ 积累的抑制作用明显大于盐胁迫。若比较 Na^+/K^+，则发现两个物种根中 Na^+/K^+ 均明显大于茎叶。但盐碱胁迫对两个物种 Na^+/K^+ 的作用明显不同，虎尾草茎叶 Na^+/K^+ 在碱胁迫下明显大于盐胁迫下，根中 Na^+/K^+ 在两种胁迫下差异不大。对于甜土植物而言，茎叶中 Na^+/K^+ 在两种胁迫下差异不大，而根中 Na^+/K^+ 在碱胁迫处理中明显大于盐胁迫处理(图 7-10e, f)。这似乎表明在碱胁迫下，两种植物都试图控制 Na^+ 而积累 K^+，但二者的生理特性和抗碱性差异致使最终调节结果有所不同。两种植物根中 Na^+/K^+ 均明显大于茎叶，似乎表明在胁迫条件下，二者在根部都有一个将 Na^+ 控制在根部而将更多的 K^+ 运输到茎叶的过程,但碱胁迫对两种植物的这种控制行为的影响可能有所不同。碱胁迫的高 pH 导致根外质子亏缺，抑制依赖质子梯度的 Na^+ 外排和 K^+ 吸收过程，使植物根中 K^+ 明显下降，Na^+ 急剧增加，离子严重失衡，因此生长在碱胁迫下的植物必须应对由此产生的 Na^+ 毒害和 K^+ 缺乏。对于甜土植物，茎叶中 Na^+/K^+ 在盐碱胁迫下差异不大，根中 Na^+/K^+ 在碱胁迫下明显大于盐胁迫下，似乎可以这样解释，过多的 Na^+ 对于甜土植物茎叶细胞代谢可能极其不利，甚至是致命的，甜土植物在根中维持更高的 Na^+/K^+ 而使茎叶免除离子毒害。然而即便是这样，在高碱胁迫下，大量的 Na^+ 还是会涌入茎叶，致使叶绿体和膜系统遭到破坏，叶绿素含量急剧下降，膜透性急剧增加。而对于 C4 盐生植物虎尾草而言，Na 可能是参与其代谢的重要营养元素，根中过剩的 Na^+ 可以被运输到茎叶液泡中贮存起来，一方面可以为代谢提供钠营养，另一方面可以增加细胞吸水能力，抵抗根系周围的渗透胁迫，这可能是决定其具有高抗碱性的重要原因。

在盐碱胁迫下，为了降低细胞水势，增加细胞吸水能力，甜土植物与虎尾草一样在液泡中主要积累有机酸和无机离子，在细胞质中积累相容性溶质。但各个溶质对渗透调节的贡献率明显不同。对于虎尾草而言，Na^+、K^+、NO_3^-是液泡中最主要的渗透调节物质，而可溶性糖和甘露醇是细胞质中最主要的有机渗透调节物质。甜土植物与虎尾草相比，Cl^-在液泡中取代了的 NO_3^-作用，除 Na^+、K^+外，有机酸的渗透调节作用也突显出来，在细胞质中可溶性糖的作用更加重要(表 7-4)。若比较两种胁迫则可以发现，Na^+、K^+的渗透调节作用在两种胁迫下基本一致，所不同的是碱胁迫下 Cl^-作用消退，而有机酸作用明显增强，并上升到与 Na^+、K^+同等重要的位置。

表 7-4　盐、碱胁迫下各种溶质对水稻茎叶中渗透调节的贡献率(杨春武，2010)

处理	盐度(mmol/L)	Na^+(%)	K^+(%)	Cl^-(%)	NO_3^-(%)	SO_4^{2-}(%)	$H_2PO_4^-$(%)	有机酸(%)	甘露醇(%)	脯氨酸(%)	可溶性糖(%)
对照	0	10.78	42.98	13.30	1.10	1.89	5.80	9.61	4.17	0.22	10.16
盐胁迫	15	19.78	24.30	24.75	1.07	2.29	6.40	9.42	2.94	0.11	8.94
	30	26.83	18.71	30.64	0.64	2.11	4.74	6.41	2.19	0.08	7.65
	45	31.54	16.60	30.76	0.51	2.07	4.38	4.30	2.30	0.08	7.48
	60	29.43	13.16	39.25	0.45	2.11	3.61	4.01	1.77	0.06	6.15
碱胁迫	15	18.91	26.07	10.64	0.72	1.84	4.50	21.47	2.88	0.11	12.86
	30	29.82	21.13	5.73	0.37	1.50	2.68	25.24	2.35	0.13	11.04
	45	36.55	15.66	6.07	0.43	1.59	3.00	26.17	1.79	0.13	8.60
	60	41.27	14.41	5.40	0.43	1.25	2.20	26.77	1.39	0.15	6.72

碱胁迫明显地干扰了氮的吸收和代谢。根据水稻茎叶和根中 NO_3^-含量的差异，可以认为水稻可能主要在根中完成硝酸盐的同化，因此，根中硝酸盐的吸收和转运显得尤为重要。众所周知，植物吸收硝酸盐主要有两种途径，低亲和及高亲和的硝酸盐-质子反向转运体，这两种途径均需要以通道周围聚集的高浓度质子作为转运动力，高碱胁迫下导致通道周围质子亏缺，可能抑制其转运 NO_3^-，而致使根中 NO_3^-含量降低，进而干扰整个氮代谢途径。碱胁迫下 Cl^-含量下降可能也是这个原因。

(4) 甜土植物在盐碱胁迫下的离子平衡机制

维持细胞内离子平衡及 pH 稳定是保障各种代谢过程正常进行的必要条件。离子平衡实际上就是阴阳离子平衡的过程。对甜土植物而言，在阳离子方面，盐胁迫和碱胁迫之间没有明显差异，都是以 Na^+和 K^+为细胞内正电荷的主导成分。在负电荷方面，两种胁迫下甜土植物茎叶和根中的阴离子组成基本不变，但不同阴离子对负电荷的贡献率及其随胁迫强度的变化明显不同(表 7-5)。盐胁迫下各种阴离子对茎叶总负电荷贡献率由高到低的顺序大体上为：Cl^-、有机酸、$H_2PO_4^-$、SO_4^{2-}和 NO_3^-，碱胁迫下的顺序大体上为：有机酸、Cl^-、$H_2PO_4^-$、SO_4^{2-}和 NO_3^-(表 7-5)。在盐胁迫下，各种阴离子对根中总负电荷贡献率由高到低的顺序大体上为：Cl^-、NO_3^-、SO_4^{2-}、$H_2PO_4^-$和有机酸；在碱胁迫下的顺序大体上为：有机酸、Cl^-、SO_4^{2-}、NO_3^-和 $H_2PO_4^-$。在盐胁迫下，甜土植物根和茎叶中无机阴离子均是离子平衡的主导成分，特别是 Cl^-；而碱胁迫导致无机阴离子含量急剧下降，为了弥补负电荷的不足和维持细胞内环境的稳定，甜土植物在根和茎叶细胞中大量合成有机酸，使有机酸成为离子平衡的主导成分。缺乏 Cl^- 是碱胁迫下甜土植物茎叶负电荷亏缺的主要原因，在根中除 Cl^- 缺失外，NO_3^- 含量下降也是负电荷亏缺的重要原因。因此，可以推测，这两种离子可能参与有机酸合成的代谢调节，这两种营养元素的代谢调节可能与有机酸代谢密切相关。细胞内合成或降解有机酸的酶类，可能有敏感的感受细胞内 Cl^- 和 NO_3^- 浓度的结构域，或者 Cl^- 和 NO_3^- 可能直接作用于这些酶基因的启动子区或者作用于其他调控基因表达的区域，这都有待深入的研究和证实。

表 7-5　盐、碱胁迫下水稻茎叶中无机阴离子和有机酸对离子平衡的贡献率(杨春武，2010)

处理	盐度(mmol/L)	Cl^-(%)	NO_3^-(%)	SO_4^{2-}(%)	$H_2PO_4^-$(%)	有机酸(%)
对照	0	36.03	2.99	10.22	15.71	35.04
盐胁迫	15	50.87	2.21	9.42	13.16	24.34
	30	63.57	1.32	8.76	9.83	16.52
	45	67.87	1.12	9.12	9.66	12.23
	60	74.69	0.87	8.05	6.86	9.53
碱胁迫	15	20.90	1.41	7.21	8.84	61.65
	30	11.10	0.72	5.81	5.20	77.16
	45	11.02	0.78	5.76	5.44	77.00
	60	9.59	0.77	4.42	3.90	81.32

对甜土植物的研究得出了与虎尾草实验一致的结论(图 7-4，表 7-5，表 7-6)，即有机酸代谢调节是碱胁迫下细胞内离子平衡的关键机制。然而，甜土植物有机酸代谢调节在许多方面都与虎尾草明显不同。虎尾草即便在非胁迫条件下也可积累较多有机酸，而甜土植物在盐胁迫下和对照组中仅积累痕量 NO_3^-(图 7-16)。而碱胁迫诱导甜土植物积累大量有机酸，最高干重超过 10%。虽然碱胁迫均能诱导二者大量积累有机酸，但甜土植物的响应似乎比虎尾草更敏感，低强度的碱胁迫即可诱导甜土植物有机酸的大量积累，而虎尾草的有机酸积累则仅能被较高强度的碱胁迫所诱导。这似乎表明，有机酸积累可能是一个被动的适应性调节过程，只有在碱胁迫强度超过根外 pH 调节限度，致使 Na^+ 大量涌入，造成体内阴离子亏缺时，体内才会被动积累有机酸，用于细胞内离子平衡和 pH 调节。有机酸积累量和有机酸代谢对碱胁迫的反应速度可以用来指示植物抗碱性及碱害程度。

表 7-6　盐、碱胁迫下水稻根中无机阴离子和有机酸对离子平衡的贡献(杨春武，2010)

处理	盐度(mmol/L)	Cl^-(%)	NO_3^-(%)	SO_4^{2-}(%)	$H_2PO_4^-$(%)	有机酸(%)
对照	0	44.30	24.62	9.21	9.95	11.92
盐胁迫	15	50.34	25.66	8.00	8.79	7.22
	30	54.80	16.82	9.32	7.86	11.20
	45	58.77	12.96	11.97	9.42	6.88
	60	58.96	12.76	11.48	9.29	7.51
碱胁迫	15	15.82	8.85	9.40	3.61	62.32
	30	9.12	5.26	12.29	3.44	69.89
	45	17.69	2.91	10.63	3.42	65.35
	60	9.28	2.49	11.07	4.06	73.10

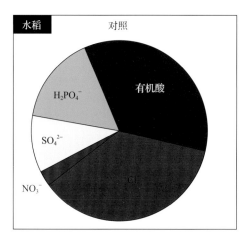
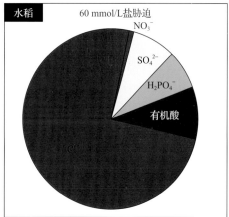
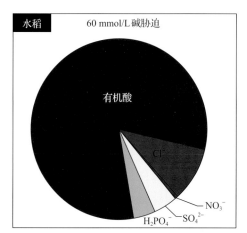
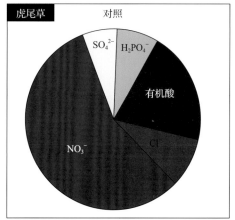
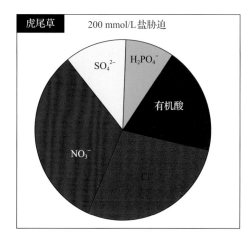
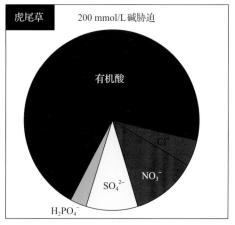

图 7-16　盐、碱胁迫下水稻和虎尾草茎叶中各个阴离子对总负电荷或离子平衡的贡献率(杨春武，2010)

　　另外，从有机酸组分上看，碱胁迫下甜土植物则以苹果酸、柠檬酸、草酸为主。碱胁迫下根系积累草酸用于离子平衡可能是甜土植物根系对缺氧环境的一种适应策略，甜土植物根系长期生长在水生环境，可能已经进化出以低耗氧为主的代谢途径，这与虎尾草根系适应策略不尽相同。虎尾草长期生长在碱化环境，其根系也长期面临缺氧胁迫，所不同的是虎尾草在根中合成的是乙酸而不是草酸。但这两种有机酸均是无氧呼吸的产物，这似乎在向我们暗示，在天然盐碱胁迫条件下，缺氧胁迫可能是限制植物生长的一个重要原因，因为在这种情况下，植物适应性代谢调节可能很多都更倾向于无氧呼吸有关的代谢过程，因此在碱胁迫下根系合成柠檬酸和苹果酸的相对比例下降，合成乙酸和草酸的比例相对增加，而这种无氧呼吸会消耗比有氧呼吸更多的物质，而产生更少的能量，进而使生长速率相对下降。无论如何，有机酸代谢调节都是植物适应碱胁迫的关键所在。碱胁迫诱导多种有机酸同时大量积累，有机酸积累可能是对缺氧、离子流入、高pH 胁迫及渗透胁迫的复杂响应，其信号转导可能是复杂多变的。有机酸合成相关的基因表达时空调节及转录调节因子都有待进一步研究。

　　(5)甜土植物根的分泌特性

　　与虎尾草一样，在甜土植物碱处理的根分泌物中也检测到甲酸、乳酸、乙酸等 3 种有机酸。所不同的是在碱胁迫下与对照相比，甜土植物仅分泌较少的有机酸，其分泌量也远远不能将根外碱液完全中和。虎尾草抗碱性明显大于甜土植物，迅速分泌有机酸可能是其具有强抗碱性的重要原因之一。在一定强度的碱胁迫下，虎尾草可以通过在根表面细胞壁以内或皮层内分泌有机酸来调节微环境 pH，以保证细胞膜结构和功能的完整性与矿质元素离子的吸收及利用。而碱胁迫下甜土植物仅分泌少量的有机酸，无法有效地调节根周围微环境 pH，碱胁迫的高 pH 就会迅速破坏根的结构和功能，明显地抑制甜土植物根的生长，甚至导致根细胞大批死亡解体。根分泌有机酸的差异可能就是二者抗碱性差异的主要原因，有机酸分泌可能是抗碱植物共有的抗碱机制，应该受到重视，也应该给予广泛而深入的研究。

7.4.4　植物抗碱分子机制

　　(1)耐碱候选基因

　　已有研究对甜土植物的耐碱生理及分子机制进行了探讨(Wang et al., 2012a, 2012b)。研究结果表明，在盐碱两种胁迫下，水稻基因表达明显不同。碱胁迫可上调大量基因在根中的表达。碱胁迫可减少水稻根对硝酸根的积累，进一步降低 *OsNR1*、*OsNADH-GOGAT* 和 *OsGS1;2* 3 个氮同化基因在根中的表达，抑制 *OsFd-GOGAT* 和 *OsGS2* 在叶片中的表达，最终抑制氮代谢。水稻通过大量表达 *OsNRT1;2* 和 *OsNRT2;1* 基因来促进氮吸收，进一步对抗碱胁迫造成的营养胁迫(Wang et al., 2012a, 2012b)。以上研究结果表明，氮代谢调节可能是水稻抗碱的关键所在。水稻基因工程育种学家应该关注氮代谢基因(表 7-7)。

表 7-7　水稻耐碱候选基因（Wang et al.，2012a，2012b）

基因名称	注册号
OsNHX1	AB021878
OsNHX2	AY360145
OsHKT1;1	AJ491816
OsHKT1;3	AJ491818
OsHKT1;5	DQ148410
OsHKT2;1	AB061311
OsSOS1	AY785147
OsCBL4	AK101368
OsCIPK24	AK102270
OsAKT1	AY065970
OsHAK1	AK119883
OsHAK4	AF129485
OsHAK7	AJ427971
OsHAK10	AJ427972
OsHAK16	AJ427973
OsNR1	AK121810
OsNiR	AK103604
OsGS1;1	AB037595
OsGS1;2	AB180688
OsGS1;3	AB180689
OsGS2	X14246
OsNADH-GOGAT1	AB008845
OsNADH-GOGAT2	AB274818
OsFd-GOGAT	AJ132280
OsGDH1	AK071839
OsGDH2	AB189166
OsGDH3	AB035927
OsAS	D83378
OsNRT1;1	AF140606
OsNRT1;2	AY305030
OsNRT2;1	AK072215
OsAMT1;1	AK073718
OsAMT1;2	NM_001053990
OsAMT1;3	AK107204
OsAMT2;1	AB051864
OsAMT2;2	AB083582
OsAMT2;3	AK102106
OsAMT3;1	AK120352
OsAMT3;2	AK069311
OsAMT3;3	AK108711

(2) 有机酸代谢调节可能的分子生物学机制

　　高强度碱胁迫首先导致植物体内 Na^+-K^+ 严重失衡，细胞内积累过多的 Na^+ 而达到毒害水平，使无机阴离子含量下降，进一步引起细胞内正电荷过剩而负电荷亏缺，引起离子失衡及一系列的胁变反应，干扰细胞内的新陈代谢，这可能是碱胁迫的作用基础。我们的大量实验证明，甜土植物和虎尾草均通过大量积累有机酸来保持细胞内离子平衡与维持机体内环境稳定，以保证代谢正常有序地进行。然而，植物对碱胁迫的适应性响应具有明显的时空异质性。植物不仅不同器官响应不同，对不同处理时间的响应也存在明显差异。植物体内的柠檬酸合成主要有两个途径：三羧酸循环和乙醛酸循环。而苹果酸的代谢除了有这两个途径，还可在叶肉细胞中被 NAD-苹果酸酶或 NADP-苹果酸酶分解。杨春武 (2010) 分析了两个编码线粒体柠檬酸合成酶 (citrate synthetase, CS) (图 7-17) 基因的表达，以及乙醛酸循环体中柠檬酸合成酶基因的表达。分析结果表明，盐碱胁迫均没有影响线粒体柠檬酸合成酶基因的表达 (表 7-8)。然而，盐碱胁迫却削弱了乙醛酸循环体中柠檬酸合成酶基因的表达，但两种胁迫下差异较小。除分析与柠檬酸合成有关的基因表达外，他也检测了与苹果酸合成有关的基因的表达，这些基因包括一个 NAD-苹果酸酶和 4 个 NADP-苹果酸酶基因。表 7-8 中结果表明，盐胁迫没有影响 NAD-苹果酸酶基因表达，但碱胁迫明显提高了其表达量。4 个 NADP-苹果酸酶基因在两种胁迫下基因表达的变化明显不同。盐胁迫没有改变 NADP-苹果酸酶 1 的表达，而碱胁迫提高了其基因表达量。盐碱胁迫均减少了 NADP-苹果酸酶 2 基因的表达量。而两种胁迫都没有改变 NADP-苹果酸酶 3 和 NADP-苹果酸酶 4 基因的表达。以上对有机酸相关基因表达的分析表明，碱胁迫下有机酸积累似乎与这些基础代谢途径无关，柠檬酸和苹果酸合成相关基因的变化并不利于这两种有机酸的积累。例如，一个苹果酸酶 (分解苹果酸的酶) 基因的表达量在碱胁迫下非但没有下降反而有所增加，这似乎表明碱胁迫下苹果酸和柠檬酸的积累调节可

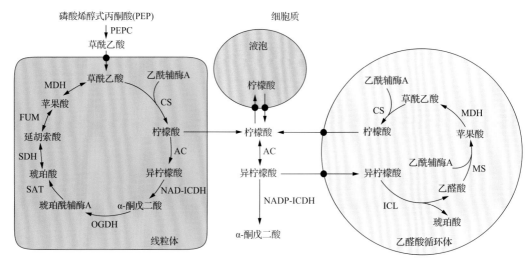

图 7-17　植物体内柠檬酸和苹果酸代谢途径 (Ma et al., 2001)

AC. 顺乌头酸酶；CS. 柠檬酸合成酶；FUM. 延胡索酸酶；ICDH. 异柠檬酸脱氢酶；ICL. 异柠檬酸裂解酶；MDH. 苹果酸脱氢酶；
MS. 苹果酸合成酶；OGDH. 酮戊二酸脱氢酶；PEPC. 磷酸烯醇丙酮酸羧化酶；SAT. 琥珀酰辅酶 A 合成酶；SDH. 琥珀酸脱氢酶

能没有发生在基因水平，极有可能发生在酶学水平，碱胁迫下植物也可能有其他独特的有机酸合成途径。碱胁迫下植物体几乎动员了全部的主要有机酸，有机酸迅速积累并成为离子平衡的主导成分(图 7-18)。启动合成这些有机酸的信号可能极其复杂，细胞内 Na^+ 和 NO_3^- 可能参与其信号转导，这些代谢过程可能是被植物体高度调控的，其具体机制有待进一步研究和证实。

表 7-8　盐碱胁迫对水稻茎叶苹果酸和柠檬酸相关代谢基因表达的影响(杨春武，2010)

基因名称	酶注册号	RT-PCR 结果
线粒体柠檬酸合成酶 1	EC 2.3.3.1	
线粒体柠檬酸合成酶 2	EC 4.1.3.7	
乙醛酸柠檬酸合成酶	EC 2.3.3.1	
NAD-苹果酸酶	EC 1.1.1.39	
NADP-苹果酸酶 1	EC 1.1.1.40	
NADP-苹果酸酶 2	EC 1.1.1.40	
NADP-苹果酸酶 3	EC 1.1.1.40	
NADP-苹果酸酶 4	EC 1.1.1.40	
肌动蛋白	AK 101613	

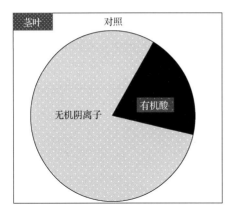
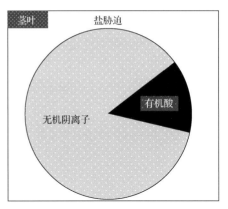
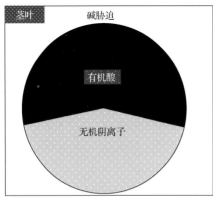
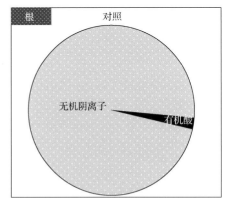
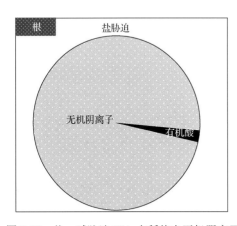
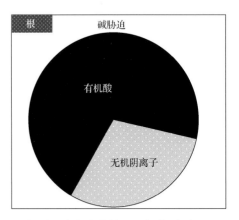

图 7-18　盐、碱胁迫 72 h 水稻体内无机阴离子和有机酸对总负电荷的贡献率(杨春武，2010)

(3) 盐碱胁迫下离子转运相关基因的表达

如上所述，碱胁迫干扰了 Na^+-K^+的吸收和代谢，这是碱害的生理基础。如果能够有效地控制 Na^+-K^+的吸收和转运，植物就能够在碱胁迫条件下生存。换言之，维持 Na^+-K^+平衡可能就是植物抗碱的最终体现。为了探讨水稻在碱胁迫下 Na^+-K^+的平衡机制，除测定这两种离子随胁迫时间的积累情况外，我们还分析了与这两种离子吸收和转运有关基因的表达情况。Na⁺ 进入植物根系主要有 4 种途径：HKT(高亲和钾离子通道)、AKT(低亲和钾离子通道)、NCC(非选择性阳离子通道)及质外体空间被动渗入。HKT 是研究最多的 Na⁺ 转运途径。HKT 蛋白家族共有两大类，即 HKT1 和 HKT2，HKT1 蛋白家族只转运 Na⁺ 而不转运 K⁺，而 HKT2 蛋白家族对两种离子同向转运。HKT 蛋白家族已经在许多物种中被发现。

拟南芥只有一个 *HKT1* 基因，但水稻至少有 5 个 *HKT1* 基因，4 个 *HKT2* 基因(表 7-9)。最近，水稻的 OsHKT1;1、OsHKT1;3、OsHKT1;5、OsHKT2;1、OsHKT2;2 蛋白功能基本已经被阐明。原位杂交实验证明，OsHKT1;1、OsHKT1;3、OsHKT2;1 均在维管组织中表达。OsHKT1;1、OsHKT1;3 被证明是 Na⁺ 传输蛋白，仅允许 Na⁺ 通过而不传输 K⁺。通过与 *GUS* 报道基因相连，Ren 等(2005)已经证明，OsHKT1;5 优先在木质部外围表达，这个蛋白与拟南芥 HKT1 蛋白功能类似，都选择性转运 Na⁺，主要功能是从木质部中卸载 Na⁺，进而减少茎叶中 Na⁺ 含量。OsHKT2;1 蛋白在不同的 Na⁺、K⁺ 浓度条件下可以表现出 Na⁺ 单向运输、Na⁺-K⁺ 同向转运等不同的电生理特性。OsHKT2;2 蛋白介导 Na⁺-K⁺ 同向运输，外部的 K⁺ 刺激其吸收 Na⁺，但在外部缺乏 K⁺ 时的低浓度 Na⁺ 胁迫下，Na⁺ 也能通过 OsHKT2;2 进入细胞。Na⁺ 对大多数植物代谢来说是有害的，盐胁迫或碱胁迫下根周围环境 Na⁺ 浓度远远超过了其生长需求的范围，几乎所有的植物，包括盐敏感植物和盐生植物，在盐胁迫下都积累大量 Na⁺，有的植物可能是出于渗透调节或营养需要，例如，一些藜科盐生植物主动吸收 Na⁺；有些植物(如拟南芥和玉米)盐胁迫下体内高 Na⁺ 含量可能是被动积累的结果，但无论如何，这些积累的 Na⁺ 都无一例外地被区隔到液泡或排出体外。因此，植物 Na⁺ 的区隔化和外排作用成为 Na⁺ 代谢的核心过程，也在植物抗盐碱过程中起决定性的作用。主要由两类蛋白完成这两个过程，即细胞膜上的盐超敏感蛋白1(SOS1)介导 Na⁺ 外排，液泡膜上的 Na⁺/H⁺ 逆向转运蛋白(NHX)介导 Na⁺ 区隔到液泡，这两个蛋白均受钙依赖的 SOS2/SOS3 激酶复合体的调控。已有研究表明，NHX 在许多植物抗盐过程中都起关键作用，过表达 NHX 基因能增加相应植物抗性的报道越来越多。根据水稻基因组信息发现，水稻 NHX 基因家族有两个成员，*OsNHX1* 和 *OsNHX2*。在 2007 年，Martínez-Atienza 等也鉴定了水稻 SOS1 蛋白(OsSOS1)功能，找到了与拟南芥 *AtSOS2* 和 *AtSOS3* 高度同源的基因 *OsCIPK24*(也叫 *OsSOS2*)和 *OsCBL4*(也叫 *OsSOS3*)。在水稻基因组中 *OsSOS1* 属于单拷贝基因，而 *OsCIPK24* 和 *OsCBL4* 则可能属于一个基因家族，但还没有足够多的证据，OsCIPK24 和 OsCBL4 蛋白有类似拟南芥 SOS2 与 SOS3 的功能。

表 7-9　水稻 HKT 基因家族成员(来源于 NCBI，http://www.ncbi.nlm.nih.gov)

曾用名称	现用名称	核苷酸注册号
OsHKT4	*OsHKT1;1*	AJ491816
OsHKT5	*OsHKT1;2*	AJ506745
OsHKT6	*OsHKT1;3*	AJ491818
OsHKT7	*OsHKT1;4*	AJ491853
OsHKT8，SKC1	*OsHKT1;5*	AK108663
OsHKT1	*OsHKT2;1*	AB061311
OsHKT2	*OsHKT2;2*	AB061313
OsHKT3	*OsHKT2;3*	AJ491820
OsHKT9	*OsHKT2;4*	AJ491855

依照以上信息，杨春武(2010)检测了盐、碱两种胁迫下 NHX 基因家族的两个成员 *OsNHX1* 和 *OsNHX2*，以及 SOS 信号系统相关的基因表达，也检测了几乎所有水稻HKT 基因家族成员和一些钾离子通道基因家族的表达。检测结果表明，在碱胁迫下，根和茎叶中的 Na⁺ 平衡可能与这些基因的时空表达密切相关。盐胁迫仅仅提高了 *SOS1*、*SOS2*、*SOS3*、*HKT1;1*、*HKT1;5* 在水稻根中的表达量，降低了 *HKT2;1*、*HKT2;3*、*HKT2;4* 在根中的表达量。与盐胁迫相比，碱胁迫可以强烈刺激水稻HKT 基因家族、NHX 基因家族、SOS 信号系统相关基因在根和茎叶中的表达。这些结果充分证明，碱胁迫下这些基因家族在水稻离子平衡中可能起重要的作用。

在碱胁迫下，*SOS1*、*SOS2*、*SOS3* 的过量表达可能有助于将根中过多的 Na⁺ 外排到根外，碱胁迫的高 pH 造成钙离子供应量降低和根细胞膜两侧质子梯度丧失可能减弱根对 Na⁺ 的外排作用。在碱胁迫下，水稻的 *SOS1*、*SOS2*、*SOS3* 表达增强可能就是对这一胁迫作用所做出的适应性响应，这可能可以弥补外排作用的减弱。HKT 蛋白家族在碱胁迫下 Na⁺ 的吸收、转运和分配过程中可能起关键作用，茎叶中过多的 Na⁺ 可能就是由 HKT 蛋白家族的一些成员参与转运的。然而，一些 HKT 蛋白家族成员在 Na⁺ 的外排或卸载过程中也起到重要作用。例如，HKT1;5 被报道可能分布在水稻根木质部外围薄壁细胞中，负责从木质部汁液卸载 Na⁺，而碱胁迫可明显提高 *HKT1;5* 基因在茎叶和根中的表达量。HKT1;5 可能参与水稻应对碱胁迫所造成的离子失衡。在碱胁迫下，HKT1;5 可能分布在叶片细胞和根木质部外围薄壁细胞的质膜上，负责从叶肉细胞向导管或从茎叶向根卸载过多的 Na⁺。碱胁迫也可刺激水稻茎叶和根中 NHX 的表达，过量表达的 *NHX* 更有利于根和茎叶将过多的 Na⁺ 区隔到液泡中，以避除离子毒害和降低组织水势。据此，我们可以得出这样一个基本的结论：NHX、HKT1;5、SOS1 在水稻抗碱过程中可能起到至关重要的作用，可作为抗碱候选基因深入研究。但这些基因在碱胁迫下的具体作用机制仍不清楚，需要进一步研究和证实，可以通过筛选突变体和 RNA 干扰(RNA interference，RNAi)来进一步确定这些基因在水稻抗碱过程中的作用。

(4)碱胁迫对 K⁺ 通道基因表达的影响

高等植物的 K⁺ 通道主要有三大类：低亲和钾通道(AKT)、高亲和钾通道(HKT)和 HAK 型钾通道(KUP/HAK/KT K⁺ transporter，HAK)。2002 年，Bañuelos 在水稻中发现了一个 *AKT* 基因、9 个 *HKT* 基因和 17 个 *HAK* 基因(表 7-10)。杨春武(2010)分析了所有可能编码钾离子转运蛋白或通道的基因，系统地比较了盐、碱两种胁迫对这些通道基因表达的影响。他发现盐胁迫没有影响 *AKT1* 在茎叶中的表达，而降低了其在根中的表达量。但是，碱胁迫则明显地提高了 *AKT1* 在茎叶和根中的表达量。盐、碱两种胁迫对 *HAK* 基因家族不同成员的影响也具有明显差异。碱胁迫强烈地刺激 *HAK1*、*HAK7*、*HAK10*、*HAK16* 基因在根中的表达，提高 *HAK1*、*HAK10*、*HAK16* 在茎叶中的表达量。而盐胁迫对这些基因的表达非但没有表现出像碱胁迫一样的刺激作用，反而削弱其在根中的表达。例如，盐胁迫降低 *HAK1* 在根中的表达量，但唯独有一个成员 *HAK4* 的变化特殊，在胁迫 6 h，盐胁迫明显提高 *HAK4* 在根中的表达量，并且，其表达量明显高于碱胁迫处理。

表 7-10　水稻 HAK 基因家族所有成员信息(Bañuelos et al.，2002)

基因名字	注册号
OsHAK1	AJ427970
OsHAK2	AB64197
OsHAK3	AJ427974
OsHAK4	AF129485
OsHAK5	BAB67929
OsHAK6	BAB67945
OsHAK7	AJ427971
OsHAK8	AJ427977
OsHAK9	AJ427978
OsHAK10	AJ427972
OsHAK11	AJ427980
OsHAK12	AJ427981
OsHAK13	AJ427982
OsHAK14	AJ427983
OsHAK15	AJ427984
OsHAK16	AJ427973
OsHAK17	AJ427975

AKT1 和 HAK 基因家族一些成员，如 *HAK1*、*HAK7*、*HAK10*、*HAK16*，在 K^+ 转运和分布过程中可能起关键作用，碱胁迫下茎叶 K^+ 含量下降的程度明显低于根中，可能就与这些基因编码的蛋白通道作用有关。AKT1 及一些 HAK 基因家族成员(*HAK1*、*HAK7*、*HAK10*、*HAK16*)编码的蛋白，可能分布在茎叶细胞和根木质部外围薄壁细胞的质膜上，负责向地上部分装载 K^+ 以保证茎叶钾营养，这些推断都有待进一步的研究和证实。在未来的一段时间内，可以通过 mRNA 原位杂交、*GUS* 或 *GFP* 报道基因等手段研究这些基因表达的时空差异，进一步验证这些假设和推断。

7.5　植物适应混合盐碱胁迫的生理学机制

7.5.1　混合盐碱胁迫对植物的影响

在盐碱化土壤上，植物能否生长取决于它们能否萌发，这是植物能否适应盐碱环境的最为关键的过程。

在植物种子萌动过程中吸水是关键，种子从外界吸收足够的水分后，胚细胞中的蛋白质和贮存 RNA 活化，合成萌发所需的各种酶和结构蛋白，进而完成细胞分裂分化及胚的生长。研究结果表明，低盐刺激虎尾草萌发，低盐刺激萌发可能与胚细胞中一些激素的合成或酶被通过质外体空间进入细胞内的离子所诱导或激活有关(李长有，2009)。此外，一定的 pH 也能够刺激虎尾草种子萌发(图 7-19)。这对植物逆境生理的研究及植物耐性育种具有重要意义。盐胁迫普遍抑制种子萌发，研究表明，不但盐度增加会引起虎尾草种子发芽率下降，碱度的增加也能够引起其下降。虎尾草是东北盐碱化草地浅层土壤种子库中含量很高的种类。在高盐碱胁迫下，未萌发的虎尾草种子可能进入休眠状态而躲避不良环境；当雨季来临，土壤溶液被稀释，种子迅速萌发，这可能是植物适应高盐碱环境的一种方式。高 pH 对萌发的抑制原因可能很复杂。进一步分析表明，混合盐碱胁迫对虎尾草种子萌发与苗生长的影响明显不同(李长有，2009)。这是因为苗期虎尾草根系除从外界吸收水分外还要吸收大量矿质元素，而虎尾草作为天然抗碱盐生植物，其根部具有极强的 pH 调节功能，高 pH 的胁迫作用会被抵御在根外；而萌发的种子没有这种调节作用，高 pH 可能直接破坏胚细胞，使萌发被抑制。$NaHCO_3$ 和 Na_2CO_3 等碱性盐对植物的伤害远远大于 NaCl、Na_2SO_4 等中性盐(李长有，2009)。大部分内陆盐碱地都既含有中性盐又含有碱性盐，生长在这些土地上的植物遭受的不仅是单纯的盐胁迫或碱胁迫，而是混合盐碱胁迫。由 NaCl、Na_2SO_4 等中性盐造成的盐胁迫主要包括水分胁迫和离子毒害。混合盐碱胁迫除水分胁迫和离子毒害之外还涉及高 pH 胁迫，不同离子之间对植物还可能有复杂的交互作用。根环境的高 pH会直接造成钙、镁、铁、铜、磷等元素大量沉淀，致使根系周围离子供应严重失衡，还会直接破坏根的结构，使其功能丧失。不仅如此，高 pH 还可能会导致质子匮缺，破坏或阻碍根细胞膜跨膜电位的建立，使其离子吸收等正常的生理功能遭到破坏。因此高 pH胁迫可能是盐碱混合胁迫最致命的胁迫因素。Shi 和 Wang(2005)、李长有(2009)的研究还表明，碱胁迫对植物的影响明显甚于盐胁迫，这主要是因为高 pH 的直接或间接的影响(图 7-20，图 7-21)。

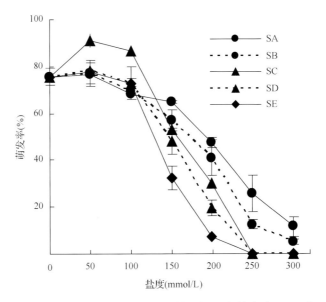

图 7-19　盐碱混合胁迫对虎尾草萌发的影响(李长有，2009)

SA. NaCl：Na_2SO_4：$NaHCO_3$：Na_2CO_3=1：1：0：0, pH 6.60~6.85；SB. NaCl：Na_2SO_4：$NaHCO_3$：Na_2CO_3=1：2：1：0,
pH 8.27~8.46；SC. NaCl：Na_2SO_4：$NaHCO_3$：Na_2CO_3 =1：9：9：1, pH 8.63~8.74；SD. NaCl：Na_2SO_4：$NaHCO_3$：Na_2CO_3=
1：1：1：1, pH 9.62~9.74；SE. NaCl：Na_2SO_4：$NaHCO_3$：Na_2CO_3=9：1：1：9, pH 10.33~10.69

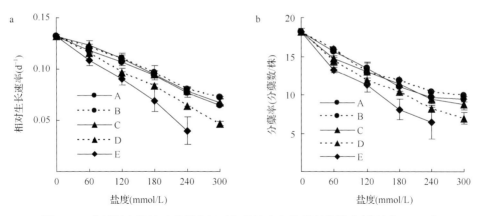

图 7-20　盐碱混合胁迫对虎尾草相对生长速率和分蘖率的影响(李长有，2009)

A. NaCl：Na₂SO₄：NaHCO₃：Na₂CO₃=1：1：0：0, pH 6.60～6.85；B. NaCl：Na₂SO₄：NaHCO₃：Na₂CO₃=1：2：1：0,
pH 8.27～8.46；C. NaCl：Na₂SO₄：NaHCO₃：Na₂CO₃=1：9：9：1, pH 8.63～8.74；D. NaCl：Na₂SO₄：NaHCO₃：Na₂CO₃=
1：1：1：1, pH 9.62～9.74；E. NaCl：Na₂SO₄：NaHCO₃：Na₂CO₃=9：1：1：9, pH 10.33～10.69

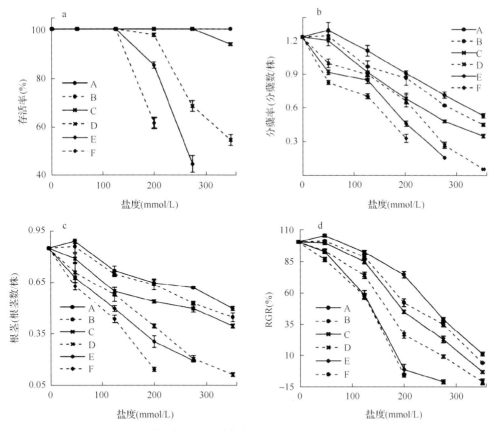

图 7-21　盐碱混合胁迫对羊草生长的影响(Shi and Wang，2005)

A. NaCl：Na₂SO₄：NaHCO₃：Na₂CO₃=1：1：0：0, pH 7.14～7.31；B. NaCl：Na₂SO₄：NaHCO₃：Na₂CO₃=1：2：1：0,
pH 7.95～8.44；C. NaCl：Na₂SO₄：NaHCO₃：Na₂CO₃=1：9：9：1, pH 8.55～8.94；D. NaCl：Na₂SO₄：NaHCO₃：Na₂CO₃=
1：1：1：1, pH 9.58～9.96；E. NaCl：Na₂SO₄：NaHCO₃：Na₂CO₃=9：1：1：9, pH 10.30～10.59；F. NaCl：Na₂SO₄：
NaHCO₃：Na₂CO₃=9：1：1：9, pH 10.61～10.81
四周苗龄的苗被胁迫处理 7 天。数值是三次重复的平均值±标准误

7.5.2　抗碱盐生植物对天然盐碱混合胁迫的适应策略

物种若要适应严酷的环境，必须做出生理学和生态学的适应性响应。随着草地退化程度的加重，土壤 pH、电导率、缓冲容量明显增加，土壤有毒离子(Na^+)含量也随之增加，虎尾草单株生物量却没有随着土壤退化程度的加重而下降，最大的单株生物量出现在较高的胁迫强度下(图 7-22)，而最低的单株生物量出现在中度胁迫强度条件下。尽管中度胁迫下虎尾草有较低的单株生物量，但其种群密度明显高于其他两个样地。虎尾草在天然盐碱胁迫下，可能通过增加种群密度来促进物质生产，这可能是虎尾草适应盐碱混合胁迫的一种重要策略。虎尾草两个截然不同的生长策略表明虎尾草具有极强的应对环境变化的能力，也具有极强的生理学和生态学可塑性。然而，在高盐胁迫下保持高的生长速率和高的单株生物量可能更有利于物种进化。

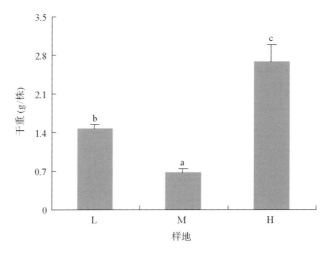

图 7-22　天然草地中盐碱混合胁迫对虎尾草生物量的影响(杨春武，2010)

L、M、H 分别代表低、中、高胁迫强度样地；柱状图上不同小写字母表示不同处理间差异显著($P<0.05$)

在高盐碱混合胁迫下，抗碱盐生植物可以通过自身的代谢调节和根系的吸收作用来抵抗来自碱化土壤的水分胁迫、离子毒害、营养匮乏及高 pH 胁迫，进而最大限度地维持单株高生物量，为后续的生殖过程提供更多的物质和能量，以保证生产出饱满、物质贮藏更丰富的种子。植物适应胁迫的代谢调节可能包括多个层面，组织器官水平上的物质和能量的再分配，酶水平的调节，以及基因组水平的调节。酶水平的调节，可能主要通过酶抑制剂或激活剂，以及蛋白的磷酸化、去磷酸化和泛素化等过程来实现。在基因组水平上的调节可能通过两个方面来实现：其一是使有利于抵抗胁迫的基因表达或者过表达；其二是使不利于适应的基因处于抑制状态，或者丢失这些基因。植物在胁迫条件下，激活基因可能通过去甲基化或乙酰化及调节因子来实现，基因表达抑制可能通过 DNA 甲基化、RNAi、转座子插入失活等过程来实现。虎尾草在适应环境的同时，高生长速率的植株也可以将抵抗胁迫的信息通过遗传学和表观遗传学机制传递给种子，这对整个物种的适应和进化可能更具现实意义。已经有报道证明，植物在非生命胁迫下能发生可遗传的 DNA 序列及 DNA 甲基化变异，并且这种变异与胁迫适应密切相关，植物胁迫抗性的获得可能与表观遗传变异密切相关。我们可以推断，在自然选择压力下(胁迫或干扰)，真正的适应在一定程度上是植物能够有效地繁殖后代，并使后代具有更旺盛的生命力及更强的适应力，并能够充分地利用有限的资源。也就是能最大限度地繁殖后代，并将优良的特性遗传给后代。抗碱盐生植物在高胁迫强度下能够充分利用有限的水分和矿质营养资源，保持较高的生长速率，并能顺利地繁殖后代，这可能是适应环境的结果。这种适应很有可能是一个遗传学或表观遗传学过程，这些适应信息也有可能通过减数分裂传递给下一代。因此，高胁迫下这些抗碱盐生植物植株可能包含着丰富的抗性基因资源，可以采集这些植物的种子，将其继续播种在更高胁迫的条件下，进一步筛选抗性植株，同时，辅以扩增片段长度多态性(AFLP)、甲基化敏感扩增多态性(MSAP)、简单序列重复(SSR)、数量性状基因座(QTL)、图位克隆、RNAi、转基因等分子生物学技术，并充分利用生物信息技术来挖掘和鉴定与抗性有关的基因。

7.5.3　抗碱盐生植物适应天然盐碱混合胁迫的细胞学机制

在盐碱化草地上，通常干旱和盐胁迫、碱胁迫并存，同时长期退化使土壤矿质营养相对匮乏。植物若要在这些土壤上生存并完成生活史，就必须应对极其复杂、严酷和多变的环境。抗碱盐生植物在几个月的生活史中，从萌发到营养生长，从营养生长到生殖生长，直到植物枯萎死亡，必须应对不断变化的土壤水分和营养条件。抗碱盐生植物在土壤种子库中有丰富的种子资源，待水分和温度条件适宜，许多牧草种子，如虎尾草会在 1～2 天迅速萌发，并很快发育成幼苗。在虎尾草种子萌发阶段，水分和温度是关键限制因子，碱胁迫并不明显，因此此时虎尾草种子只需激活细胞内蛋白或合成新的蛋白，进而合成溶质，增加吸水能力。然而，在苗期，虎尾草不仅需要抵抗干旱、高 pH、离子毒害、营养亏缺，还必须应对其他植物的竞争抑制作用，以及高温和强光对叶片的伤害作用(杨春武，2010)。

(1)渗透调节

在盐碱胁迫下盐生植物通常积累大量无机离子或有机离子作为渗透调节物质，植物会将大量离子区隔到液泡中使细胞免受毒害，为了防止细胞质脱水，往往在细胞质中合成甜菜碱、脯氨酸、糖、多元醇等低分子量细胞相容性物质，同时这些溶质还能够保护细胞质中的生物大分子。抗碱盐生植物在天然盐碱混合胁迫下吸收大量的无机离子并合成大量的有机溶质用于渗透调节。从表 7-11 可以看出，抗碱盐生植物在不同胁迫强度下渗透调节的有效成分基本相同，Na^+、K^+、Cl^- 和有机酸都是液泡中最主要的渗透调节剂，而可溶性糖则是细胞质中起主导作用的有机渗透调节剂。但随胁迫强度的增加，这些渗透调节剂对渗透调节的贡献率不同，Na^+ 的贡献率明显增加，Cl^- 的贡献率在中盐度时最低，高盐度时增加。糖和有机酸在根中的作用大于茎叶，而 Na^+、K^+、Cl^- 在茎叶中的作用大于根中(杨春武，2010)。

表7-11　在天然草地中盐碱混合胁迫下虎尾草茎叶和根中的各溶质对渗透调节的贡献率(杨春武,2010)

溶质种类	茎叶			根		
	低盐度(L)	中盐度(M)	高盐度(H)	低盐度(L)	中盐度(M)	高盐度(H)
甘露醇(%)	2.53	3.15	2.20	6.74	8.67	3.85
脯氨酸(%)	0.29	0.22	0.84	1.56	1.03	2.39
可溶性糖(%)	11.96	20.16	8.10	31.61	32.90	13.56
Na^+(%)	13.77	14.25	23.66	4.55	3.36	21.42
K^+(%)	24.16	22.02	16.68	10.56	8.09	6.08
Ca^{2+}(%)	0.33	0.22	0.21	1.93	1.43	0.79
Mg^{2+}(%)	1.75	1.79	1.45	4.43	4.45	2.66
Cl^-(%)	34.72	18.85	32.19	18.23	14.89	28.39
NO_3^-(%)	0.23	0.31	5.14	0.52	0.68	3.68
SO_4^{2-}(%)	3.39	1.77	1.97	2.83	3.98	3.38
$H_2PO_4^-$(%)	2.28	10.49	1.97	2.58	4.38	3.25
柠檬酸(%)	0.60	0.93	0.73	1.86	2.45	0.84
苹果酸(%)	1.62	2.74	2.37	4.19	3.63	2.29
甲酸(%)	0.53	0.65	0.45	1.70	3.08	1.10
乳酸(%)	0.51	0.81	0.47	1.97	1.87	1.81
乙酸(%)	0.54	0.63	0.53	4.17	4.27	3.92
琥珀酸(%)	0.22	0.35	0.25	0.08	0.10	0.20
草酸(%)	0.58	0.68	0.79	0.48	0.74	0.41
总有机酸(%)	4.60	6.79	5.59	14.45	16.14	10.57

若比较各个溶质积累对胁迫的响应速度,则不难看出脯氨酸、Na^+、NO_3^-积累量随胁迫强度增加而增加得最明显,这些迅速积累的溶质可能直接用于渗透调节,也可能参与细胞对胁迫的信号转导。有机酸、脯氨酸、Na^+积累量的变化与其他胁迫控制实验的结论基本一致,都是在适当的胁迫条件下保持相对不变,只有当胁迫强度超过根调节能力的时候才迅速积累。

Na^+是盐碱土最主要的致害离子,对大多数植物有明显的致害作用。但对于盐生植物而言,Na^+常被大量积累在液泡中作为渗透调节物质。在盐胁迫下,Na^+通常与K^+竞争结合K^+通道,进而抑制K^+的吸收。研究发现,抗碱盐生植物中Na^+的流入也影响了K^+的积累,致使Na^+/K^+明显增加。Na^+/K^+是衡量植物抗盐性的重要指标。若比较根和茎叶Na^+/K^+则发现,根Na^+/K^+明显高于茎叶,增加幅度也高于茎叶。这说明抗碱盐生植物可能在根部控制了Na^+向茎叶的转运,使茎叶保持较低的Na^+/K^+,进而维持新陈代谢的正常进行。高胁迫强度下,抗碱盐生植物根部可能有一个高的控制Na^+、促进向茎叶运输K^+的能力,这可能是其维持高生长速率的主要原因,也可能是其适应天然盐碱生境的重要策略(杨春武,2010)。

Mg^{2+}是叶绿素的主要组分，Ca^{2+}可维持细胞膜的稳定性，参与细胞壁形成和信号转导。研究证明，这可能是 Ca^{2+}增加了植物对 K$^+$的选择性吸收的缘故。许多植物 Ca^{2+}和 Mg^{2+}的积累受到盐胁迫的抑制。而盐碱混合胁迫对虎尾草 Mg^{2+}和茎叶中 Ca^{2+}含量的影响不大，却明显影响根中游离的 Ca^{2+}含量。若比较根和茎叶中游离 Ca^{2+}含量的差异，则发现虎尾草根中游离 Ca^{2+}含量明显高于茎叶，这与控制实验结论一致。根中积累过多游离 Ca^{2+}可能是对胁迫的一种适应性响应，可能有助于启动抗盐信号系统，这都有待进一步证实。然而随着胁迫强度的增加，游离 Ca^{2+}含量明显下降，这表明这种应对离子毒害所表现出来的适应性响应可能被高 pH 所削弱。众所周知，Ca^{2+}参与盐胁迫 SOS 信号系统的启动。目前植物学家已经基本阐述了拟南芥 SOS 信号系统。众多研究表明 Ca^{2+}可以间接地促进 Na$^+$外排，然而虎尾草长期生长在高 pH 环境，根周围高浓度的 CO$_3^{2-}$ 导致根周围的 Ca^{2+}沉淀，Ca^{2+}内流明显受阻，进而影响 SOS 系统的激活，阻遏了 Na$^+$外排过程，使得虎尾草体内积累过多的 Na$^+$，进而引起一系列的生理生化胁变反应(杨春武，2010)。

(2)混合盐碱胁迫下的离子平衡

维持细胞内离子平衡及 pH 的稳定，是保障植物各种代谢过程正常进行的必要条件。在盐胁迫下，植物体内大量积累 Na$^+$、K$^+$等阳离子，同时积累 Cl$^-$、NO$_3^-$、SO4^{2-}等无机阴离子，或合成有机阴离子以保持离子平衡。盐碱胁迫下细胞内离子不平衡，主要是与 Na$^+$大量流入有关。如表 7-11 所示，盐碱混合胁迫下，特别是高强度盐碱胁迫下，虎尾草主要通过积累有机酸和无机阴离子来平衡过多的阳离子，尤其是 Na$^+$，其中 Cl$^-$对离子平衡的作用明显大于其他无机阴离子，NO$_3^-$作用最小。有机酸在根中的作用明显大于在茎叶中的作用，而 Cl$^-$在茎叶中的作用明显大于在根中的作用。虎尾草在天然胁迫条件下的离子平衡机制与控制实验有所不同。在控制实验中高强度胁迫下有机酸对茎叶离子平衡的贡献达 70%以上(杨春武，2010)。但控制实验条件和野外条件下，虎尾草有机酸组分基本相同，都是在茎叶中以苹果酸和柠檬酸为主。根与茎叶相比，苹果酸在根中占总有机酸含量的比例减小，乙酸、乳酸、甲酸等分泌的有机酸在根中的比例增加(表 7-12)(杨春武，2010)。

表 7-12　在不同的盐碱混合胁迫强度下虎尾草茎叶和根中阴离子与有机酸对离子平衡(pH 调节)的贡献率(%)(杨春武，2010)

溶质种类	茎叶			根		
	低盐度(L)	中盐度(M)	高盐度(H)	低盐度(L)	中盐度(M)	高盐度(H)
Cl$^-$	66.49	41.35	59.95	36.53	27.87	49.64
NO$_3^-$	0.43	0.67	9.57	1.03	1.27	6.43
H$_2$PO$_4^-$	4.37	23.01	3.68	5.16	8.19	5.68
SO$_4^{2-}$	12.97	7.75	7.35	11.35	14.92	11.81
有机酸	15.74	27.22	19.45	45.93	47.76	26.45

7.5.4　根分泌作用与矿质营养吸收

杨春武(2010)已经报道,有机酸在虎尾草响应碱胁迫进行根外 pH 调节中起重要作用。根中有机酸积累可能与根的分泌功能有关。虎尾草根分泌的 4 种有机酸均是根中积累的主要酸,尤其乙酸在根积累物和分泌物中都是主导成分。在野外实验条件下也得出同样的结论,根中比茎叶中积累更多的乙酸、甲酸和乳酸。虎尾草长期生长在高碱环境下,在根中可能已经进化形成了其独特的有机酸代谢调节机制。根中积累和分泌大量乙酸可能是虎尾草抗碱的关键所在,也可能是其具有高抗盐碱性的重要原因。众所周知,碱化草地,如果长期高温干旱,土壤碱性盐就会明显破坏土壤结构,导致其透气性下降,造成严重的缺氧胁迫。积累和分泌乙酸等无氧呼吸产物可能就是对缺氧胁迫适应的结果。另外,分泌有机酸可以在根微环境调节 pH,增加铁、磷等矿质元素的有效浓度,促进其吸收和利用,进而缓解盐碱混合胁迫造成的营养胁迫和离子供应失衡。虎尾草作为天然抗碱盐生植物,长期生长在缺氧的碱化土壤中,作为长期适应的结果,其根中可能已经进化形成了耐缺氧的特殊抗碱生理机制,需要进一步研究。

我国草地面临严重退化,特别是在东北地区,70%的草地发生了不同程度的碱化。草原碱化常与盐化相伴存在。如果期望真正解决东北地区土壤的盐碱化问题,需要同时研究盐胁迫和碱胁迫。但大多数植物学家、生态学家与土壤学家通常强调盐胁迫,忽略碱胁迫。实际上土壤碱化对草地生态系统,尤其是松嫩草地,具有极强的破坏性。近些年来,东北师范大学的研究者在牧草耐碱机制已经有许多有益的探索。虽然这些研究可能能够为碱地改良提供一定的理论支持,但这还远远不够。由于耐盐碱牧草的遗传背景不清楚,深入的分子机制研究尚未开展,因此抗碱牧草的全基因组测序迫在眉睫,这将有利于抗碱基因资源的挖掘,以及盐碱化草地的恢复和利用。

参 考 文 献

陈俊. 2006. 碱地肤幼苗抗氧化酶系统对盐碱混合胁迫的生理响应特点. 长春: 东北师范大学硕士学位论文.

陈万超. 2007. 三个杨树品种耐盐性和耐盐机制的比较研究. 长春: 东北师范大学硕士学位论文.

陈一舞, 邵桂花, 常汝镇. 1997. 盐胁迫对大豆幼苗子叶各细胞器超氧化物歧化酶(SOD)的影响. 作物学报, 23(2): 214-219.

李彬, 王志春, 孙志高, 等. 2005. 中国盐碱地资源与可持续利用研究. 干旱地区农业研究, 23(2): 152-158.

李长有. 2009. 盐碱地四种主要致害盐分对虎尾草胁迫作用的混合效应与机制. 长春: 东北师范大学博士学位论文.

李秋莉, 杨华, 高晓蓉, 等. 2002. 植物甜菜碱合成酶的分子生物学和基因工程. 生物工程进展, 22(1): 84-86.

潘瑞炽. 2004. 植物生理学. 5 版. 北京: 高等教育出版社.

齐永青, 肖凯, 李雁鸣. 2003. 作物在渗透胁迫下脯氨酸积累的研究进展. 河北农业大学学报, 26(s1): 25-28.

王欢. 2013. 碱胁迫下水稻氮代谢调节机制. 长春: 东北师范大学博士学位论文.

许振柱, 周广胜. 2004. 植物氮代谢及其环境调节研究进展. 应用生态学报, 15(3): 511-516.

杨春武. 2010. 虎尾草和水稻抗碱机制研究. 长春: 东北师范大学博士学位论文.

杨春武, 贾娜尔·阿汗, 石德成, 等. 2006. 复杂盐碱条件对星星草种子萌发的影响. 草业学报, 15(5): 45-51.

俞仁培. 1999. 我国盐渍土资源及其开发利用. 土壤通报, 30(4): 158-159.

赵可夫. 2002. 植物对盐渍逆境的适应. 生物学通报, 37(6): 7-10.

赵可夫, 范海, 宋杰, 等. 2002. 盐生植物利用与区域农业可持续发展. 北京: 气象出版社.

Alamgir A, Ali M Y. 1999. Effect of salinity on leaf pigments, sugar and protein concentrations and chloroplast ATPase activity of rice (*Oryza sativa* L.). Bangladesh Journal of Botany, 28(2): 145-149.

Ali-Dinar H M, Ebert G, Lüdders P. 1999. Growth, chlorophyll content, photosynthesis and water relations in guava (*Psidium guajava* L.) under salinity and different nitrogen supply. Gartenbauwissenschaft, 64(2): 54-59.

Allakhverdiev S I, Nishiyama Y, Miyairi S, et al. 2002. Salt stress inhibits the repair of photodamaged photosystem II by suppressing the transcription and translation of *psbA* genes in *Synechocystis*. Plant Physiology, 130(3): 1443-1453.

Allakhverdiev S I, Sakamoto A, Nishiyama Y, et al. 2000. Inactivation of photosystems I and II in response to osmotic stress in *Synechococcus*. Contribution of water channels. Plant Physiology, 122(4): 1201-1208.

Ashraf M, O'Leary J W. 1994. Does pattern of ion accumulation vary in alfalfa at different growth stages? Journal of Plant Nutrition, 17(8): 1443-1461.

Ashraf M, Ozturk M, Athar H R. 2008. Salinity and Water Stress: Improving Crop Efficiency. Berlin: Springer Science & Business Media.

Baki G K A E, Siefritz F, Man H M, et al. 2000. Nitrate reductase in *Zea mays* L. under salinity. Plant, Cell and Environment, 23(5): 515-521.

Bañuelos M A, Garciadeblas B, Cubero B, et al. 2002. Inventory and functional characterization of the HAK potassium transporters of rice. Plant Physiology, 130: 784-795.

Botella M A, Martínez V, Nieves M, et al. 1997. Effect of salinity on the growth and nitrogen uptake by wheat seedlings. Journal of Plant Nutrition, 20(6): 793-804.

Brini F, Hanin M, Mezghani I, et al. 2007. Overexpression of wheat Na^+/H^+ antiporter TNHX1 and H^+-pyrophosphatase TVP1 improve salt-and drought-stress tolerance in *Arabidopsis thaliana* plants. Journal of Experimental Botany, 58(2): 301-308.

Bruns S, Hecht-Buchholz C. 1990. Light and electron microscope studies on the leaves of several potato cultivars after application of salt at various development stages. Potato Research, 33: 33-41.

Chen W, Zou D, Guo W, et al. 2009. Effects of salt stress on growth, photosynthesis and solute accumulation in three poplar cultivars. Photosynthetica, 47(3): 415-421.

Drolet G, Dumbroff E B, Legge R L, et al. 1986. Radical scavenging properties of polyamines. Phytochemistry, 25: 367-371.

Flowers T J, Colmer T D. 2008. Salinity tolerance in halophytes. New Phytologist, 179(4): 945-963.

Flowers T J, Galal H K, Bromham L. 2010. Evolution of halophytes: multiple origins of salt tolerance in land plants. Functional Plant Biology, 37: 604-612.

Garriga M, Raddatz N, Véry A A, et al. 2016. Cloning and functional characterization of *HKT1* and *AKT1* genes of *Fragaria* spp.—Relationship to plant response to salt stress. Functional Plant Biology, 210: 9-17.

Halfter U, Ishitani M, Zhu J K. 2000. The *Arabidopsis* SOS2 protein kinase physically interacts with and is activated by the calcium-binding protein SOS3. Proceedings of the National Academy of Sciences, 97(7): 3735-3740.

Hasegawa P M, Bressan R A, Zhu J K, et al. 2000. Plant cellular and molecular responses to high salinity. Annual Review of Plant Physiology and Plant Molecular Biology, 51: 463-499.

Hayashi H, Alia, Mustardy L, et al. 1997. Transformation of *Arabidopsis thaliana* with the *codA* gene for choline oxidase; accumulation of glycinebetaine and enhanced tolerance to salt and cold stress. The Plant Journal, 12(1): 133-142.

Ishitani M, Liu J P, Halfter U, et al. 2000. SOS3 function in plant salt tolerance requires N-myristoylation and calcium binding. Plant Cell, 12: 1667-1677.

Keiper F J, Chen D M, de Filippis L F. 1998. Respiratory, photosynthetic and ultrastructural changes accompanying salt adaptation in culture of *Eucalyptus microcorys*. Journal of Plant Physiology, 152(4-5): 564-573.

Khavari-Nejad R A, Chaparzadeh N. 1998. The effects of NaCl and $CaCl_2$ on photosynthesis and growth of alfalfa plants. Photosynthetica, 35(3): 461-466.

Khavari-Nejad R A, Mostofi Y. 1998. Effects of NaCl on photosynthetic pigments, saccharides, and chloroplast ultrastructure in leaves of tomato cultivars. Photosynthetica, 35(1): 151-154.

Kiegle E, Moore C A, Haseloff J, et al. 2000. Cell-type-specific calcium responses to drought, salt and cold in the *Arabidopsis* root. The Plant Journal, 23(2): 267-278.

Knight H. 1999. Calcium signaling during abiotic stress in plants. International Review of Cytology, 195: 269-324.

Knight H, Trewavas A J, Knight M R. 1997. Calcium signalling in *Arabidopsis thaliana* responding to drought and salinity. Plant Journal, 12(5): 1067-1078.

Läuchli A, Lüttge U. 2002. Salinity: Environment-Plants-Molecules. New York: Kluwer Academic Publishers.

Leigh R A, Storey R. 1993. Intercellular compartmentation of ions in barley leaves in relation to potassium nutrition and salinity. Journal of Experimental Botany, 44(261): 755-762.

Longstreth D J, Nobel P S. 1979. Salinity effects on leaf anatomy. Consequences for photosynthesis. Plant Physiology, 63: 700-703.

Ma J F, Ryan P R, Delhaize E. 2001. Aluminium tolerance in plants and the complexing role of organic acids. Trends in Plant Science, 6: 273-278.

Mansour M M F. 2000. Nitrogen containing compounds and adaptation of plants to salinity stress. Biologia Plantarum, 43: 491-500.

Martínez-Atienza J, Jiang X, Garciadeblas B, et al. 2007. Conservation of the salt overly sensitive pathway in rice. Plant Physiology, 143(2): 1001-1012.

Moore C A, Bowen H C, Scrase-Field S, et al. 2002. The deposition of suberin lamellae determines the magnitude of cytosolic Ca^{2+} elevations in root endodermal cells subjected to cooling. Plant Journal, 30(4): 457-465.

Munns R. 2002. Comparative physiology of salt and water stress. Plant, Cell and Environment, 25: 239-250.

Munns R, Tester M. 2008. Mechanisms of salinity tolerance. Annual Review of Plant Biology, 59: 651-681.

Pardo J M, Cubero B, Leidi E O, et al. 2006. Alkali cation exchangers: roles in cellular homeostasis and stress tolerance. Journal of Experimental Botany, 57(5): 1181-1199.

Parida A K, Das A B. 2005. Salt tolerance and salinity effects on plants: a review. Ecotoxicology and Environmental Safety, 60(3): 324-349.

Qiu Q S, Guo Y, Dietrich M A, et al. 2002. Regulation of SOS1, a plasma membrane Na^+/H^+ exchanger in *Arabidopsis thaliana*, by SOS2 and SOS3. Proceedings of the National Academy of Sciences, 99(12): 8436-8441.

Quintero F J, Ohta M, Shi H Z, et al. 2002. Reconstitution in yeast of the *Arabidopsis* SOS signaling pathway for Na^+ homeostasis. Proceedings of the National Academy of Sciences, 99(13): 9061-9066.

Ren Z H, Cao D, Sun H, et al. 2005. A rice quantitative trait locus for salt tolerance encodes a sodium transporter. Nature Genetics, 37(10): 1141-1146.

Romero-Aranda R, Soria T, Cuartero J. 2001. Tomato plant-water uptake and plant-water relationships under saline growth conditions. Plant Science, 160(2): 265-272.

Rozema J, Schat H. 2013. Salt tolerance of halophytes, research questions reviewed in the perspective of saline agriculture. Environmental and Experimental Botany, 92: 83-95.

Shi D C. 1995. Relaxation of Na_2CO_3 stress on *Puccinellia tenuiflora* (Griseb.) Scribn. et Merr. plants by neutralizing with H_3PO_4. Acta Prataculturae Sinica, 3: 34-38.

Shi D C, Sheng Y M. 2005. Effect of various salt-alkaline mixed stress conditions on sunflower seedlings and analysis of their stress factors. Environmental and Experimental Botany, 54(1): 8-21.

Shi D C, Wang D L. 2005. Effects of various salt-alkaline mixed stresses on *Aneurolepidium chinense* (Trin.) Kitag. Plant and Soil, 271: 15-26.

Shi H Z, Quintero F J, Pardo J M, et al. 2002. The putative plasma membrane Na^+/H^+ antiporter SOS1 controls long-distance Na^+ transport in plants. Plant Cell, 14: 465-477.

Soussi M, Lluch C, Ocaña A, et al. 1999. Comparative study of nitrogen fixation and carbon metabolism in two chick-pea (*Cicer arietinum* L.) cultivars under salt stress. Journal of Experimental Botany, 50(340): 1701-1708.

Soussi M, Ocaña A, Lluch C. 1998. Effects of salt stress on growth, photosynthesis and nitrogen fixation in chick-pea (*Cicer arietinum* L.). Journal of Experimental Botany, 49(325): 1329-1337.

Sreenivasulu N, Ramanjulu S, Ramachandra-Kini K, et al. 1999. Total peroxidase activity and peroxidase isoforms as modified by salt stress in two cultivars of fox-tail millet with differential salt tolerance. Plant Science, 141(1): 1-9.

Suzuki K, Costa A, Nakayama H, et al. 2016a. OsHKT2;2/1-mediated Na^+ influx over K^+ uptake in roots potentially increases toxic Na^+ accumulation in a salt-tolerant landrace of rice Nona Bokra upon salinity stress. Journal of Plant Research, 129: 67-77.

Suzuki K, Yamaji N, Costa A, et al. 2016b. OsHKT1; 4-mediated Na^+ transport in stems contributes to Na^+ exclusion from leaf blades of rice at the reproductive growth stage upon salt stress. BMC Plant Biology, 16(22): 1-15.

Tan W K, Lin Q S, Lim T M, et al. 2013. Dynamic secretion changes in the salt glands of the mangrove tree species *Avicennia officinalis* in response to a changing saline environment. Plant, Cell and Environment, 36(8): 1410-1420.

Tang W, Newton R J. 2005. Polyamines reduce salt-induced oxidative damage by increasing the activities of antioxidant enzymes and decreasing lipid peroxidation in Virginia pine. Plant Growth Regulation, 46(1): 31-43.

Tanji K K. 1990. Agricultural salinity assessment and management. American Society of Civil Engineers, 54: 413-414.

Tester M, Davenport R. 2003. Na^+ transport and Na^+ tolerance in higher plants. Annals of Botany, 91: 503-527.

Uozumi N, Kim E J, Rubio F, et al. 2000. The *Arabidopsis HKT1* gene homolog mediates inward Na^+ currents in *Xenopus laevis* oocytes and Na^+ uptake in *Saccharomyces cerevisiae*. Plant Physiology, 122: 1249-1260.

Wang H, Ahan J, Wu Z H, et al. 2012a. Alteration of nitrogen metabolism in rice variety 'Nipponbare' induced by alkali stress. Plant and Soil, 355: 131-147.

Wang H, Wu Z H, Han J Y, et al. 2012b. Comparison of ion balance and nitrogen metabolism in old and young leaves of alkali-stressed rice plants. PLoS ONE, 7(5): e37817.

Xiong L, Schumaker K S, Zhu J K. 2002. Cell signaling during cold, drought, and salt stress. Plant Cell, 14: S165-S183.

Yang C W, Guo W Q, Shi D C. 2010. Physiological roles of organic acids in alkali-tolerance of the alkali-tolerant halophyte *Chloris virgata*. Agronomy Journal, 102(4): 1081-1089.

Yang C W, Jianaer A, Li C Y, et al. 2008. Comparison of the effects of salt-stress and alkali-stress on photosynthesis and energy storage of an alkali-resistant halophyte *Chloris virgata*. Photosynthetica, 46(2): 273-278.

Yang C W, Zhen S S, Huang H L, et al. 2012. Comparison of osmotic adjustment and ion balance strategies in nineteen alkali-tolerant halophyte species during adaptation to salt-alkalinized habitats in northeast China. Australian Journal of Crop Science, 6(1): 141-148.

Zhang J, Yu H Y, Zhang Y S, et al. 2016. Increased abscisic acid levels in transgenic maize overexpressing *AtLOS5* mediated root ion fluxes and leaf water status under salt stress. Journal of Experimental Botany, 67(5): 1339-1345.

Zhu J K. 2003. Regulation of ion homeostasis under salt stress. Current Opinion in Plant Biology, 6(5): 441-445.

第8章 盐碱化草地的改良技术

恢复与改良盐碱化草地，复原或者趋近原有的生态系统是个复杂的系统生态工程。要进行合理、有效的改良，首先就要从盐碱化成因的认识入手，然后根据不同的自然条件和盐碱化程度，采取不同的恢复或治理措施。

松嫩平原草地的盐碱化发生、形成及发展，受该区域的气候因素和人为因素双重作用的影响，通常具有明显的区域特征。①盐碱化普遍，在松嫩平原上已有 60%～70%的草地出现不同程度的盐碱化，盐碱化草地面积达 240 万 hm^2，占松嫩草地面积的 2/3 以上，并且每年以 1.5%～2%的速度递增，就吉林省西部草地而言，已有 30%～40%变成了碱斑裸地。②气候条件是引起盐碱化的重要因素，该地区属温带大陆性季风气候，春季干旱、多风，土壤蒸发量大，形成了春季强烈的积盐过程。而冬季寒冷、少雪，有长达半年以上的冰冻期，土壤冻层厚度达 1.2～1.5 m，形成冬季"隐蔽性"的积盐过程，可见冬季和春季的积盐过程均与冻融作用有直接或间接的联系。③盐碱类型以苏打盐碱化为主，因为本地区的地下水位较浅，一般在 1.5～3 m，而矿化度高，一般在 3～6 g/L，土壤盐分组成以碳酸盐为主，呈强碱性反应，土壤 pH 为 9.0～11.0，交换性钠百分率(ESP)较高，因而对植物的单盐毒害作用更大。

盐碱化草地的综合治理对干旱、半干旱区草地生态系统恢复、生态环境保护和食物安全具有非常重要的实践意义。盐碱化草地恢复的目标是再现或重建一个稳定、持续的草地群落，其主导思想是排除干扰，加速生物组分的变化，以及启动演替过程，帮助退化的生态系统恢复到受干扰前的状态(牛东玲和王启基，2002)。对于盐碱化草地的恢复与重建，是要求在遵循自然规律的基础上，通过人类的作用，根据"技术上释放，经济上可行，社会能够接受"的原则，使受损或退化的盐碱化草地生态系统重新获得健康，并有利于人类生存和生活环境的重构与再生。

在盐碱化草地恢复的实践中，需要确定一些重要程序，据此更好地了解生态恢复和生态系统管理。恢复盐碱化草地的具体程序框架体系如下：明确被恢复对象、确定系统边界(生态系统层次与级别、时空尺度与规模、结构和功能)→草地生态系统退化的诊断(退化原因、退化类型、退化过程、退化阶段、退化强度)→退化生态系统的健康评估(历史上原生类型与现状评估)→结合恢复目标和原则进行决策(恢复、重建或改建，可行性分析，生态经济风险评估，优化方案)→生态系统重建的试验、示范与推广→生态恢复与重建过程中的调整及改进→生态恢复与重建的后续监测、预测及评估等。

8.1 盐碱化草地恢复技术概述

关于盐碱化草地的治理技术，李建东和郑慧莹(1997)根据措施的性质，提出了生物、物理、化学三方面措施。生物学措施主要为：加强防护林建设及草原的管理和建设，包括植树种草、围栏封育、量草计牧等。例如，引种先锋植物或耐盐碱植物，如星星草（*Puccinellia tenuiflora*）、朝鲜碱茅（*P. chinampoensis*）；或者采用根茬培肥、秸秆覆盖，人工建立枯草层，增施有机肥和有机物料（如有机复合肥、厩肥、绿肥和秸秆等）；也能够利用湖泡育苇养鱼；还可以建立自然保护区（如向海自然保护区等）（盛连喜等，2002）。物理改良的措施就是采取一些物理方式进行盐碱土壤改良，如排水、冲洗、松耕等，恢复后治理盐碱化草地。化学改良的措施即应用酸性盐类物质来改变盐碱土的性质，进而恢复草地（李建东和郑慧莹，1997）。

8.1.1 物理改良技术

(1) 客土改良技术

客土改良技术是应用于盐碱化土地改良的一项重要手段。盐碱地的土壤环境很差，甚至极其恶劣，pH 一般较高，碱化度大，盐分含量极高，土壤结构紧密，土壤密度大，孔隙度小，通气透水性差，土壤贫瘠，有机质含量极低。在这种土壤环境下，植物是很难生长的。而客土改良技术就是基于盐碱化土壤物理性质的差异而对盐碱地进行的改良。一般采用客土混合，或者铺沙压碱的方法，同时伴随着翻耕等手段，来改善土壤的孔隙度，提高土壤的透水性，降低土壤密度，形成土壤团粒结构等物理指标。同时栽种耐盐碱性较好的植被，通过植被的生长和演替，改善土壤 pH、碱化度及有机质含量，从而达到对盐碱化土壤改良的目的。

1) 松土和施肥

松土作用：盐碱地经过深松重耙，可以疏松表层土壤，切断毛管，减少蒸发量，提高土壤透水保水性能，因而可加速土壤淋溶作用并防止返盐作用。翻耙松土可以促进土壤风化和熟化，有利于植物根系的生长发育。

施肥作用：在长期的盐碱地改造中，人们提炼了"肥能吃碱"的道理。增施有机肥可以降低盐碱含量，减轻对植物的伤害。

施用腐殖质也是一种有效手段。腐殖质本身具有强大的吸附力。据报道，500 kg 腐殖质能吸收 15 kg 以上的钠，使碱性盐被固定起来，可起到缓冲作用。有机质在分解过程中能产生各种有机酸，使土壤中阴阳离子溶解度增加，有利于脱盐。同时可活化钙、镁等盐类，有利于离子交换，起到中和土壤中碱性物质、促进各种养分释放的作用。施肥可以补充和平衡土壤中植物所需的阳离子，从而提高植物的抗盐性。

和水盐运动一样，肥盐调控同样是不可忽视的重要规律。水和肥是改良盐碱土的重要物质基础，它们之间存在着相互依存的关系，治水是基础，培肥是根本。也就是以水洗盐、排盐，以肥改土、巩固脱盐效果。这样可以使盐碱土综合情况越来越好，由恶性循环走向良性循环（李建东和郑慧莹，1997）。

2) 铺沙压碱

"沙压碱，赛金板"是在长期治碱生产实践中总结出的宝贵经验，而将沙土掺入盐碱土的方法是采用物理手段治理盐碱地的重要方法(郭继勋等，1998a)(图 8-1)。沙土掺入盐碱土后，可改变土壤的结构，促进团粒结构的形成，增加土壤的通透性，使水盐运动方向发生改变，在雨水的作用下，盐分从表土层淋溶到深土层中，团粒结构增强，保水、储水能力增大，破坏毛管作用，减少地表水分的蒸发量，抑制深层盐分向上运动，使表土层盐碱化程度降低。

图 8-1　在松嫩草地开展的"沙压碱"实验

实验表明，铺沙可使土壤 pH 和电导率下降，土壤含水率增加，为植物在盐碱土上的生长创造良好的生态环境。随着铺沙量的增加，改良效果越来越明显，土壤 pH 和电导率随着铺沙厚度的增加而呈下降趋势。当铺沙厚度达 15 cm 时，土壤 pH 和电导率分别比对照下降了 18.4%和 99.5%，而土壤含水率却增加了 90.8%。铺沙有明显的脱盐压碱作用，使土壤 pH 和电导率下降，土壤含水率增加(表 8-1)，为植物在盐碱土上的生长创造良好的条件。

表 8-1　铺沙压碱的实验效果(郭继勋等，1998a)

铺沙厚度(cm)	对照	5	7	9	11	13	15
pH	10.60	10.35	10.20	9.05	8.85	8.70	8.65
电导率(dS/m)	3.720	0.380	0.390	0.107	0.088	0.052	0.019
含水率(%)	15.3	18.7	20.5	23.4	25.6	28.7	29.2

在铺沙处理的各小区种植了羊草(*Leymus chinensis*)、野大麦(*Hordeum brevisubulatum*)、碱茅(*Puccinellia distans*)3 种植物，观测其出苗率和存活率。结果表明，羊草在 11 cm 处理区中即可正常生长(表 8-2)，碱茅在 9 cm 处理区中可良好生长。沙压碱是一种成功有效的方法，在有条件的地区可以使用此种方法。但是，因沙土来源和运输的限制，这种方法对于大面积治理盐碱化草地有一定的困难。

表 8-2　沙压碱对植物的影响(郭继勋等，1998a)

铺沙厚度(cm)		0	5	7	9	11	13	15
羊草	出苗率(%)	5	10	30	70	100	100	100
	存活率(%)	0	35	65	85	100	100	100
野大麦	出苗率(%)	10	25	50	80	100	100	100
	存活率(%)	5	40	70	90	100	100	100
碱茅	出苗率(%)	15	45	80	100	100	100	100
	存活率(%)	10	75	90	100	100	100	100

(2)水利改良技术

"盐随水来，盐随水去"是盐分与水分之间关系的真实写照，经过长期的研究和实践，人们对水利措施防治土壤盐渍化的重要性已有清楚的认识(李朝刚等，1999)。

1)排水

盐渍土多分布于排水不畅的低平地区，地下水位较高，促进水盐向上运动，引起土壤积盐和返碱。因此，要想防治盐碱化，必须解决水的问题。排水可以加速水分运动，调节土壤中的盐分含量。因此，排水是改良盐碱土和防治土壤次生盐渍化的一项重要措施。排水可以有以下两种方式：明沟排水，所谓的明沟，就是从地面上开凿排水渠道；竖井排水，通过提取浅层地下水来降低和调控盐碱化地区的地下水位。在盐碱化地段按一定要求打浅井，大量提取浅层地下水，使地下水位下降，把地下水控制在当地盐碱化的临界深度以下，就能有效地防止返盐。

2)冲洗

冲洗是改良盐碱地的重要措施，水是改良盐碱土的重要物质条件之一。冲洗就是用灌溉水把盐分淋溶到底土层，或以水携带盐分排出，淡化土层和地下水，为植物生长创造必要条件。冲洗必须具备两个条件：要具有淡水来源；要具备完善的排水系统。

一般而言，评价冲洗脱盐的效果有两个指标：冲洗脱盐土层厚度(脱盐厚度主要依据植物根系活动的深度来确定)；在要求的厚度内的土壤允许含盐量(土壤允许含盐量主要依据植物正常生长的耐盐碱能力来确定)(李建东和郑慧莹，1997)。

水利措施虽被认为是治理盐碱地行之有效的方法，但在旱地农业中是不经济的。这是因为一方面要冲洗土体中的盐分，另一方面还要控制地下水位的上升不致引起土壤返盐，这就必须具备充足的水源和良好的排水条件，做到灌排相结合。由于建立水利措施投资非常昂贵，且用于维护的费用也很高，因而一些研究者主张寻求其他的治理措施(牛东玲和王启基，2002；王春娜和宫伟光，2004)。

8.1.2　化学改良技术

对于化学改良盐碱化土地方法的研究，起始于 19 世纪后期。在 19 世纪中期，美国土壤学家 Hilgad 就已指导农民使用石膏改良盐碱化土壤(Kelley，1951)，根据以下两个化学反应方程式，说明处理盐碱的原理：

$$Na_2CO_3 + CaSO_4 = CaCO_3 + Na_2SO_4 \tag{8-1}$$

$$2NaHCO_3 + CaSO_4 = Ca(HCO_3)_2 + Na_2SO_4 \tag{8-2}$$

在 1912 年，俄国的土壤学家盖得罗依兹肯定了石膏改良苏打盐碱化与碱化土壤的重要作用，并建立石膏改良碱化土壤的第 3 个化学方程式：

$$2Na^+ + CaSO_4 = Ca^{2+} + Na_2SO_4 \tag{8-3}$$

上述 3 个化学反应方程式就是后人用石膏改良碱化土壤的理论基础和定量施用石膏的依据。

化学改良是治理重度盐碱化土壤的有效措施。施用化学药剂能够改变土壤胶体吸附性离子的组成。例如，施用钙剂可加大土壤溶液中的钙离子含量，置换土壤胶体上吸附的钠离子和镁离子，使钠质亲水胶体变为钙质疏水胶体，从而改善土壤的物理性质，使土壤结构性和通透性得到改善，既有利于土壤脱盐与抑制返盐，又有利于植物生长。例如，施用含酸改良剂，可调节土壤酸碱度，改变土壤溶液反应，防止碱害。

化学改良方法的研究与应用从 20 世纪 20 年代开始受到高度重视。还有一些其他化学改良的方法。例如，使用化学营养调理剂进行改良。这种方法所需时间短，改良效果显著，对于强度碱化土壤更为适合。目前，国内外常用的盐碱土化学营养调理剂一般有两类：一类是含钙物质，如石膏、磷石膏、氯化钙、过磷酸钙等；另一类是酸性物质，如硫酸、硫酸亚铁、硫黄、磷酸、盐酸、硫酸铅及风化煤等。近些年来，随着工业的迅速发展，人们开始重视利用工业废渣来改良盐碱土。例如，苏联利用制碱工业副产品氯化钙、橡胶工业副产品硫酸等改良苏打盐化碱土和碱土，都取得了明显的效果。

(1)石膏

常见的石膏有纯石膏、土色石膏和石膏土等不同的品位。施用石膏改良盐碱土的效果极其显著，不同盐碱化程度土壤实验表明，施用石膏后，土壤的盐碱化程度有较大改善(表 8-3)。

表 8-3　石膏处理对土壤电导率和 pH 的影响

处理	电导率(dS/m)	pH
弱盐化土	2.20	8.6
弱盐化土＋石膏	4.15	7.7
中盐化土	9.09	8.7
中盐化土＋石膏	7.85	7.9
强盐化土	23.7	10.3
强盐化土＋石膏	8.34	8.3

1987 年，东北师范大学郭继勋等在松嫩草地的碱斑上进行施石膏实验(图 8-2)。在 4 个样地中，其中 3 个样地的石膏施用量分别为 5.2 kg/4 m²、6.0 kg/4 m²、6.9 kg/4 m²(相当

于 14～17 t/hm²），施入土壤表层 5～10 cm 处；1 个样地为未施石膏区。实验证明，施石膏后土壤性质有明显变化，土壤碳酸氢盐含量大量减少，由 167 mol/L 下降到 23 mol/L；pH 平均由 9.9 下降到 7.3；Cl⁻含量由 161 mol/L 下降到 17 mol/L；SO_4^{2-} 含量大量增加，由 74 mol/L 增加到 325 mol/L；Ca^{2+} 含量由 13.2 mol/L 增加到 58.1 mol/L；电导率由 47.0 dS/m 下降到 31.9 dS/m。水的渗透率为 7.0 cm/min，而对照地区是 1.0 cm/min。由于土壤理化性质的改善，羊草栽种后的成活率高达 98%。

图 8-2　在松嫩草地开展的"化学改良盐碱地"实验(1987 年)

进一步研究表明，在重度碱化的羊草草地的碱斑上施石膏对改良碱化土壤有明显效果。土壤 pH 由 10.2 下降到 7.3，土壤电导率由 0.559 mS/cm 下降到 0.308 mS/cm，减少了 44.9%，氯化物含量减少了 90%。在施石膏区，种植的羊草、野大麦和星星草 3 种植物均生长发育良好。羊草在第二年密度达 489 株/m²，并能进行生殖生长(郭继勋等，1994)。这是因为土壤胶体硫酸钠转变为硫酸钙，改善了盐碱土的钙质营养条件，起到了离子交换作用，从而减轻了可溶性盐的危害。

(2)过磷酸钙与磷石膏

还可以采用过磷酸钙与磷石膏来改良盐碱化草地。

过磷酸钙所含成分中，除石膏外，还有游离酸和五氧化二磷，既能增加土壤中的活性钙含量，又可促进植物生长。因此在施用石膏改良碱土的同时，最好配合施用过磷酸钙，可进一步提高改良效果，并促进增产。

磷石膏是制造磷铵复合肥料的副产品，它的主要成分为石膏，其次还含有一定量的磷素。因此，在盐碱地上施用磷石膏比单施石膏的改良效果好。具体的施用量一般为 3000～3750 kg/hm²。

(3)腐殖酸类

风化煤、褐煤、草泥炭等经过粉碎和氨化即可成为腐殖酸铵肥料，它既是肥料，又是改良剂。这一类药剂的作用包括：改善土壤结构，提高土壤通透性和保肥保水性；降低土壤盐碱性，减轻盐害和碱害；改善土壤营养状况，提高磷素的有效性，刺激植物根系生长。施用后可使交换性钠含量降低15%~20%，孔隙度增加3%~10%。

(4)硫黄和硫酸亚铁

硫黄和硫酸亚铁在微生物作用下或水解后，产生酸类，可直接中和土壤中的碱性物质，在石灰性土壤中施用，与土壤中难溶解的碳酸钙作用后，可生成溶解度大的硫酸钙，使土壤中的活性钙含量增加，增强对土壤的改良效果。

由于化学药剂的成本较高，其大面积施用存在困难，在有条件的地方才可用于碱斑的改良。

8.1.3　生物改良技术

生物技术措施是盐碱化草地治理中最重要的生态措施，对草地的生态环境不产生任何污染，可以说是盐碱化草地绿色生态治理技术。生物措施通过对植被的恢复和土壤的改良，可改变水盐运动方向，减少地表水分蒸发量，防止盐分向上运动，使土壤中现有的盐分得到重新分配，从而降低土壤的盐碱化程度，使表土层的含盐量降到植物耐盐碱极限之下。土壤的改善，可以保证植物的萌发、定居和生长发育，达到盐碱化草地改良的目的。由于松嫩平原的盐碱化特征不同于其他地区，因此，其生物治理措施也表现出明显的区域差异。

经过对松嫩盐碱化草地改良的长期探索，东北师范大学郭继勋等(1996)提出了生物治理的方法，包括两种形式(图8-3)：其一是，在盐碱化地段种植耐盐碱植物，自然积累有机质，促进表土层的形成，为羊草和其他植物的侵入创造生境条件；其二是，在盐碱化草地人工建立枯草层，增加土壤有机质含量，改变盐碱土的理化性质，直接种植羊草，恢复植被。生物治理要比物理、化学等方法成本低，见效快，易推广，并且能够从根本上解决草地盐碱化问题。

图8-3　在松嫩草地开展的重度盐碱化草地生物改良实验(1987年)

(1)种植耐盐碱植物

植物本身是一个开放的体系，它在从外界环境不断地摄取物质、能量和信息的同时，也受到各种环境因子的影响。植物在盐碱化逆境下完成其整个生命周期并且形成抵御能力，其周围的环境(气候、土壤、水分、营养供应等因子)是经常变化的。在盐碱条件下，植物可以通过自身的生理代谢调节，适应盐碱化环境的胁迫，如调整光合作用、呼吸作用、物质代谢等，来适应并逐渐改良盐碱化生境。植物对土壤的影响有两个方面：植物庞大而致密的根系，对土壤进行穿插和挤压，使土壤变得疏松，改善其通气性，使盐碱化土壤从板结、孔隙度低、持水量低的状态转变为结构良好、质地疏松、孔隙度高、持水量良好的土壤；植物因根系更新而使枯死部分存留于土壤中，加之根系的分泌作用，以及有机物质的分解，增加了土层的团粒结构和肥力。

在盐碱地上种植耐盐碱牧草，建立人工草地，可加速盐碱斑的治理，提高经济效益，改善生态环境。种植牧草的选择是十分重要的，在一年生先锋植物草种的选择上，重点要考虑以下方面：耐盐碱性强，能在环境条件较严酷的盐碱斑上正常发育生长；地上部分具有高生产力性能，地下具有发达的根系，加速有机质积累；草质柔软，加速有机质的腐烂过程；体内含盐量低，减小残根及枯枝落叶中盐分的某种抵消作用；生育期短，可在7~9月雨热同季的短时期内完成生活周期，减轻盐碱地旱灾。对于多年生植物的选择，主要考虑耐盐碱性强，植物生长快，可迅速占据地面形成植被；还要考虑植物是否属于优质高产牧草，要有较高的经济效益。

我国的耐盐牧草资源比较丰富。尤其近年来随着盐碱土壤的改良需要，人们对耐盐品种进行了广泛的筛选工作，从文献统计来看，涉及的品种近70个。其中，禾本科植物约49种，豆科植物约11种，还有其他科的一些植物。在盐碱草地上种植牧草，可以疏松土壤，减少表层土壤的积盐量。到秋天枯草腐烂分解后，产生的有机酸和CO_2，可起到中和改碱的作用，此外，还可促进成土母质石灰质的溶解。下面我们就简单介绍几种耐盐植被的种植方法。

1)羊草种植

羊草广布于我国内蒙古东部和东北地区西部的草原区，营养价值高、适口性强，并且耐寒、耐旱、耐盐碱、耐践踏。适于调制各种干草，各种家畜均喜食，有"牧草中细粮"之称，是草原区抗逆性最强、适应性最广的野生优良牧草。我国从20世纪60年代初便开始进行羊草引种栽培试验，到70年代大面积种植成功，在80年代已培育出高产羊草新品种、新品系(马鹤林等，1992；王克平等，1993)。

羊草是耐盐植物，不属于典型的盐生植物，在松嫩平原上它的成年个体仅能忍耐pH 9.5以下、碱化度45%以下的土壤，幼苗仅能忍耐pH 9.0以下的土壤，而绝大多数的盐碱斑pH都在9.5以上，碱化度在60%以上。因此，在盐碱土上直接播种羊草，不能成活，必须采用一定的措施对土壤进行改良才能建植成功。而对于羊草种植初期所采用的方法，一般有多种选择，如翻耕、灌溉、化学改良、铺放枯草等，当然也可以多种方法一起使用，而这些方法的选择主要是依据该地域的环境及条件。羊草在播种前，要对种子的空秕率和发芽率进行测定。在盐碱斑上种植羊草时,不必精选种子,可把空秕种子作为一种有机质源,但必须正确换算出适当的播种量,种子播撒过多会造成种子的浪费;相反,种子播撒过少,产量及改良效果都会下降。穴播在行距 60 cm,穴距 30 cm 时,播种量按 30~40 g/hm² 精选种子计算;条播在行距 60 cm 时,播种量按 60~80 kg/hm² 精选种子计算;撒播时按播种量 100~120 kg/hm² 精选种子计算。穴播和条播覆土深度为 2 cm,撒播可用拖土板盖土。播种时间必须在 6 月中旬以前。

2) 虎尾草种植

根据羊草草原植被的演替规律,在盐碱化草地种植先锋植物虎尾草,加快植被恢复速度,是改良盐碱化草地的有效方法之一。虎尾草是一种抗盐碱性较强的牧草,在土壤 pH 为 9.0~9.5、碱化度为 50%~60% 时可以良好生长。虎尾草是速生性一年生禾草,分蘖多、根系庞大、抗逆性强、生产力高,能积累大量的有机质于土壤中。据观测,虎尾草的根能穿透柱状碱土层,入土深度达 1 m 以上。在碱土上生长茂密,可达 2500 株/m²,地上部分产量可达 4680 kg/hm²,地下部分产量高达 3510 kg/hm²。这些有机质经腐烂分解后,可获得相当农家肥 7500~15 000 kg 的肥效,使碱斑上土壤有机质含量由 1.15% 增加到 3.9%,pH 由 9.9 下降到 9.1(何念鹏等,2005)。另外,虎尾草枯黄期较晚,10 月末前地上部分保持绿色状态,是秋季利用的一种优良牧草。

种植虎尾草时,可直接翻耙整地种植。条播行距在 30~45 cm 时,播种量按 30~40 kg/hm² 精选种子计算,撒播按 60 kg/hm² 精选种子计算,覆土 1 cm 左右或不覆土。播种期在夏季前。在虎尾草生长旺盛的拔节-孕穗期,可采用施肥等措施促进其生长,以加速有机质的生产和积累过程。经过两三个生长季节,土壤中积累了一定量的有机质,理化性质也有一定的改善,此时,可直接播种羊草种子,再经过两三个生长季节的无性繁殖,便可以形成以羊草占优势的群落。

3) 碱茅种植

种植碱茅是盐碱土改良的一种成功的经验,东北草原原产碱茅属植物共 6 种,且分布广、数量多,有经济利用价值的主要是星星草,星星草又称小花碱茅,为典型的盐生植物。碱茅是耐盐碱性较强的植物,并具有较好的饲用价值。对土壤稍加改良,它即可在重度盐碱土壤上存活,如果水分条件好的话,它可直接在碱斑上生长。由于碱茅的根系发达,因此可改良盐碱土的物理结构和化学性状。

碱茅属植物属于 C3 植物,是盐碱化草地上优良的牧草之一。碱茅在轻度盐碱化草地上,可形成优势群落,这种草地可用于割草又可用于放牧。随着草地盐碱化程度的加重和碱斑面积的不断扩大,采用当地抗逆性强又有经济效益的星星草,用于改良重度盐碱地已引起草地工作者的重视,使星星草成为生物治理盐碱土的主要草种之一。对于碱茅属植物的生物学特征、生理生态、种群与群落生态、栽培技术、改良盐碱土的效果和生产利用等多个方面,已经有了比较详细深入的研究(郭晓云等,2005;齐宝林和侯广军,2012)。

碱茅种子小,千粒重 0.55~0.75 kg,幼苗顶土能力弱,要求整地精细,做到翻后精细耙土。星星草在碱斑上播种萌发的关键在于水分条件,在温度适宜的情况下,土壤经常保持湿润，是出苗的主导因素。在松嫩平原降水多在 7～8 月。因此，以 6 月末或 7 月初播种为宜。条播的行距在 30～45 cm，播种量为 40～50 kg/hm^2 精选种子，覆土 1 cm 左右，若整地较晚，整完地立即播种则可以不覆土。撒播播种量按 60～80 kg/hm^2 精选种子计。一般应当在下雨前播种，选择低湿平坦的或有季节性积水的低洼盐碱地种植为最好，播种后在地表均匀地铺上 1 kg/m^2 的枯草，可提高发芽率和成活率。

4）野大麦种植

野大麦在松嫩平原草原区有广泛分布，干草中蛋白质及脂肪含量高，是丛生型的多年生禾本科植物，植丛的基部直径为 5～10 cm，能淤积沙粒及土粒。对土壤要求不严格，抗逆性很强，在土壤 pH 为 8.5～9.5 的盐碱土壤中生长良好，它的耐盐碱能力超过羊草，稍低于星星草，适宜在微碱性或中度盐碱性土壤中生长。野大麦草质柔软，营养价值高，适口性很好，大小牲畜皆喜食，适于刈割调制干草。

种植野大麦应选择低平轻(中)度盐碱化土壤，最好在秋季将土壤深翻平整，若有条件可施用基肥。播前再进行整地、镇压，保持土壤墒情。野大麦播种前应进行日晒处理，可显著提高出苗率。一般在 4～5 月播种，松嫩平原宜于夏季播种，以 6 月下旬至 7 月上旬播种为宜。野大麦千粒重 2.04 g，播种量为 45～60 kg/hm^2 精选种子，采草用可条播也可撒播，条距 30 cm；采种用应条播，条距 60 cm，播种量为 40 kg/hm^2 精选种子；放牧用可与其他牧草混播。播种深度为 2～3 cm，播种后镇压。

(2) 枯草改良方法

在盐碱化现象比较严重的草场上，想要直接种植植被是非常困难的。这是由于没有植被覆盖，土壤中的可溶性碳酸钠等盐碱物质，随着水分蒸发及土壤的毛细作用上升到地表，使地表碱化现象严重，多种植物无法在该条件下生长繁殖。在这种情况下，为了降低地表的水分蒸发量，同时增加土壤的有机质含量，可以在盐碱斑上覆盖 2～3 cm 厚的枯草层，起到防止水分蒸发和返碱的作用。覆盖后碱斑的表土经常保持湿润状态，同时周围的羊草根茎还能逐渐向碱斑内侵入，经过 4 年覆盖，原来不能生长羊草的碱斑，羊草密度可达 380 株/m^2，植株高 48 cm。如覆盖前疏松土壤，补播耐盐碱的牧草，还可以加速碱斑的改良(杨允菲和郑慧莹，1998)。在严重碱化草地的碱斑上，把枯草埋入或混入土壤中治理严重碱化草地，经过多年的试验取得了良好的效果。施枯草可直接增加土壤的腐殖质含量，改良土壤的理化性质，提高土壤的孔隙度、空气量及含水率，并提高土壤有机质及水解氨含量，降低含盐量及 pH。在此基础上种植羊草能取得较好的结果，使光碱斑地恢复为原有的羊草草地，而且在第二年，产草量可达 650 kg/m^2(鲜重)，而附近的割草场仅产鲜草 472 kg/m^2，明显高于附近割草场的产草量(郭继勋等，1998b)。

在盐碱植物群落中人工建立枯草层，经过 3 年的调查，结果表明，植物群落的种类组成和优势种的密度发生了明显的改变(表 8-4)。在盐碱斑上覆盖枯草后，经过 3 年时间，由裸地变成了虎尾草群落，发生了质的变化。盐碱群落也发生了根本性改变，碱蓬数量减少，转变成以虎尾草占优势的群落，植物种类由 2 种增加到 5 种，少量的羊草在群落中开始出现。铺设枯草后，虎尾草群落土壤生境发生变化，其他植物开始侵入、定居，种类增加，虎尾草的数量逐渐减少，羊草和星星草等多年生禾草扩展速度加快，转变成虎尾草+星星草群落。星星草群落覆盖枯草后，群落的种类组成发生变化，星星草的数量逐渐减少，羊草的数量明显增多，形成了星星草+羊草群落。铺设枯草后，不仅群落的种类组成和数量发生变化，群落的特征也随之改变(表 8-5)。

表 8-4　枯草层对盐碱植物群落种类组成的影响(郭继勋等，1998b)(单位：株/m²)

种类	盐碱斑		盐碱群落		虎尾草群落		星星草群落	
	对照	处理	对照	处理	对照	处理	对照	处理
羊草	—	—		1.1	2.5	25.6	2.7	27.8
碱蓬	0.2	1	820	15.2	—			
虎尾草	—	102.5	—	1260	1344	864		
猪毛蒿		0.2				0.8		
碱地肤	—	1.3	1.5	0.7	0.5	0.2	1.2	0.3
星星草						12.6	104	89
长芒野稗	—	—	—	—	—	—	7.3	15.6
拂子茅								0.4
西伯利亚蓼	—	—	—	0.4	0.3	0.5	0.3	3.2

表 8-5　枯草层对盐碱植物群落特征的影响(郭继勋和祝廷成，1992)

群落类型	盖度(%)		高度(cm)		生物量(g/m²)		羊草占群落点生物量的比例(%)	
	对照	处理	对照	处理	对照	处理	对照	处理
盐碱斑	0	57	0	7.5	0	234	0	0
碱蓬群落	55	83	6.5	12.5	153	335	0	5
虎尾草群落	74	65	17.5	65.4	382	365	6.8	15.4
星星草群落	56	65	50.5	70.4	245	237	10.5	24.3

盐碱斑由裸地转变为虎尾草群落，植被盖度达到 57%，高度为 7.5 cm，这时裸地开始出现生物量。碱蓬群落的盖度增加了近 28 个百分点；由于羊草的出现，高度又增加了 6 cm，生物量提高了 1.2 倍。在铺草后，虎尾草群落中由于虎尾草的数量减少，群落盖度和生物量有所降低，但群落的高度明显增加，羊草占群落生物量的比例提高了 1.3 倍。在枯草处理后，星星草群落的盖度增加了 9 个百分点，高度增加了近 20 cm，生物量变化不明显，但羊草生物量占总生物量的比例由 10.5% 上升到 24.3%。可见，在盐碱植物群落中人工建立枯草层，可加快羊草群落的进展演替进程，维持枯草层是草地资源持续发展和利用的必要条件之一。

8.2　重度盐碱化草地改良技术

盐碱土是盐土和碱土与各种盐化及碱化土的总称。盐土是指含有大量可溶性盐类而使大多数植物不能生长的土壤，其含盐量一般达 0.6%～1.0% 或更高；碱土是指交换性钠离子占阳离子交换量的百分率超过 20%、pH 在 9 以上的土壤,实际上盐土与碱土常混合存在,故习惯上称为盐碱土。土壤盐碱化是世界性的难题。

草地的盐碱化日益加重,这不仅会对畜牧业发展产生影响,并且会使生态环境日益恶劣,草地生态系统结构和功能失调,主要表现是,草群稀疏,高度降低,质量变劣,生产力下降,土壤退化,优良牧草和经济动植物的数量及种类逐渐减少。在 20 世纪 50 年代初期,以羊草为优势的羊草草地高 80 cm 以上,盖度在 85%以上。到 60 年代初,平均草高为 60 cm,盖度在 70%~80%。目前的平均草高仅为 40 cm,盖度只有 40%~50%。而重度退化的草地,草高仅为 10~15 cm,盖度为 10%~20%,种类单一,多为一年生植物或杂类草及毒害草,具有较高饲用和生态价值的牧草几乎难寻踪迹。因此,对于重度盐碱地的治理和改良迫在眉睫,是实现该地域长远的、可持续发展的首要任务。

由于重度盐碱地植被破坏严重,植被生长的环境已经大部分或全部丧失。因此,对于重度盐碱地的改良一般采取的方法是,先改善土壤状况,营造适合植被生长的空间,然后播种植被,从而达到对重度盐碱化草地改良的目的。

单纯地依靠物理改良手段进行盐碱化土壤的改良,往往收效甚微。虽然翻耙、平整土地的方式可以改变土壤的透水性和孔隙度等一些物理特性,但是对于高盐碱化程度的土壤依然起不到太大的改良作用。因此,对于重度盐碱地的改良多采用水利改良方法、化学改良方法及生物改良方法,当然,辅以必要的物理改良手段可以起到更好的效果。而对于东北松嫩平原的特殊地理环境,经济状况及气候因素使得生物改良和化学改良成为松嫩草原盐碱化土壤改良的两种主要方式。

8.2.1　石膏及糠醛改良法

石膏及糠醛改良法都是通过化学方法来改善土壤的理化性质,两者都呈酸性,可以降低土壤的 pH 及碱化度。同时,针对松嫩平原苏打型盐碱化土壤,两者皆可以通过与 HCO_3^- 及 CO_3^{2-} 产生作用,来改善土壤的化学性质,这两种方法都已被证明可以有效地改良重度盐碱化土壤。

一般要采用上述两种方法进行重度盐碱地的改良,都要预先对需要改良的土地进行翻耕或耙地处理。这样做的好处是,一方面可以改善土壤的物理性状,另一方面可以帮助土壤颗粒与改良剂充分接触、混合。释放改良剂之后,要采用搅拌或者翻耕的方法将改良剂与土壤充分混合,使改良剂可以到达深层土壤,达到更好的改良效果。在施用改良剂后,要结合当地的植被特征,种植经济有效的植物。如果植被能够在该改良地域成活、繁殖、发展,那么通过植被与土地间的相互作用,就可以完成对重度盐碱化土地的长远改造。

(1) 石膏改良

石膏作为磷肥工业的副产品,具有可溶性,成本低,可作为盐碱土的化学改良剂。施用石膏,可以加大土壤钙离子含量,置换土壤胶体上吸附的钠离子和镁离子,使钠质亲水胶体变为钙质疏水胶体,从而改善土壤结构和通透性,起到脱盐和抑制返盐的作用。

石膏改良碱土，主要是钙离子的作用。

Ⅰ. $Na_2CO_3+CaSO_4{\rightarrow}CaCO_3+Na_2SO_4$，土壤中的 Na_2CO_3 被钙离子交换成 $CaCO_3$ 和 Na_2SO_4，从而有效地降低土壤的碱性，消除碳酸钠和碳酸氢钠对植物的毒害。

Ⅱ. $2Na^+$土壤胶体$+CaSO_4{\rightarrow}Ca^{2+}$土壤胶体$+Na_2SO_4$，钠质胶体变为钙质胶体，改善盐碱土的钙质营养条件，起到离子交换作用，从而减轻其他可溶性盐对植物的危害。

在国内外已经有大量以石膏作为重度盐碱地改良剂的实验，现在石膏已经被认为是常用的切实有效的改良剂。在吉林省西北部松嫩平原的东南部，前郭尔罗斯蒙古族自治县内重度盐碱化草地采用石膏改良方法，收到了良好的效果。

在重度盐碱化土地施用 1.25 kg/m^2 石膏，进行翻耕，使石膏与表层土壤混匀，结合充分。在石膏处理后，盐碱土化学性质有明显改变（表 8-6），碳酸氢钠含量明显减少，土壤 pH 平均下降 1.9 个单位，土壤中氯化物含量减少 90%，SO_4^{2-} 含量大量增加，Ca^{2+} 含量增加 4 倍，Na^+ 含量减少 41%，土壤电导率减少 45%，降为 0.308。水分渗透率在对照区为 1.0 cm/min，石膏处理区为 8.0 cm/min。

表 8-6　石膏处理和未处理盐碱土化学性质分析（郭继勋等，1998a）

样地	pH	电导率 (mS/cm)	Na^+含量 (mol/kg)	Ca^{2+}含量 (mol/kg)	HCO_3^-含量 (mol/kg)	Cl^-含量 (mol/kg)	SO_4^{2-}含量 (mol/kg)
对照区	10.2	0.559	5.46	0.145	2.97	1.64	0.89
石膏处理区	8.3	0.308	3.22	0.536	0.25	0.16	3.36

在石膏处理区内，种植羊草、野大麦和碱茅，3 种植物生长发育良好。在第二年，羊草密度达 489 株/m^2，根茎可延伸 30 cm，产量可达 137 g/m^2。野大麦和碱茅的密度分别为 532 株/m^2 和 445 株/m^2，产量分别为 124 g/m^2 和 116 g/m^2，3 种植物均能进行生殖生长（表 8-7）。可见，用石膏改良重度盐碱化土壤，可快速恢复植被，是治理盐碱斑的有效方法（郭继勋等，1998b）。

表 8-7　石膏处理后羊草、野大麦、碱茅生长状况（郭继勋等，1998b）

样地	密度(株/m^2)			高度(cm)			产量(g/m^2)		
	羊草	野大麦	碱茅	羊草	野大麦	碱茅	羊草	野大麦	碱茅
石膏处理区	489	532	445	35	30	40	137	124	116

(2) 糠醛改良

重度盐碱化土地上，植物群落结构简单，植被盖度很低，甚至为零，因此自然恢复比较困难，而且进展缓慢。此时可添加调节剂，改善土壤的理化性质，以利于植物的生长发育，这是进行植物修复的必要前提。在重度盐碱化草地施入糠醛渣进行土壤理化性质改良的效果很理想。糠醛渣是一种生物质有机废渣，具有酸性，且富含有机质和腐殖酸，对调节土壤 pH、碱化度有显著作用。在碱斑土中加入不同量的糠醛渣进行实验，结果表明，随着土壤中糠醛渣含量的增高，土壤中 $HCO_3^-+CO_3^{2-}$ 的含量及 pH 逐渐降低，而有机质、腐殖酸和总氮的含量却大体呈增加趋势（表 8-8）。同时，土壤容重减少，紧实度降低，孔隙度增加，土壤的蓄水能力和保肥能力也得以提高。施入 0.5%～15%糖醛渣调节碱斑土后，其上均可生长植物，其中糖醛渣含量在 5%～7.5%时植物生长状况较佳。由此可见，利用糖醛渣可改善土壤的理化性质，有利于植物根系的生长发育，而植物的根系活动能够破坏土壤毛管，抑制土壤返盐，避免次生盐渍化的发生。

表 8-8　糠醛渣改良土壤理化性质的效果(盛连喜等，2002)

编号	糠醛渣含量 (%)	pH	有机质含量 (%)	腐殖酸含量 (%)	K^++Na^+含量 (g/kg)	总氮含量 (%)	CO_3^{2-} + HCO_3^- 含量 (mmol/kg)	Ca^{2+}+Mg^{2+}含量 (mmol/kg)
0	0.0	10.44	0.00	0.15	0.076 21	0.228 4	103.18	28.66
1	0.5	10.44	1.16	—	—	—	97.82	33.86
2	1.0	10.39	—	0.38	0.084 57	0.308 1	92.46	34.40
3	1.5	10.17	—	—	—	—	85.76	26.87
4	2.5	9.87	2.12	0.67	0.087 06	0.332 9	75.04	36.90
5	5.0	9.45	8.53	1.15	0.092 84	0.211 8	51.456	25.08
6	7.5	8.42	8.72	1.57	0.102 24	0.363 8	46.096	29.74
7	10	7.83	9.04	2.35	0.115 33	0.361 3	35.912	44.08
8	15	7.46	12.95	3.18	0.125 00	0.460 8	31.624	—

8.2.2　铺沙压碱

铺沙压碱是群众在长期治理盐碱土的实践中，总结出的一种有效可行的措施，并有这样的经验——"沙压碱，赛金板"。在松嫩草地盐碱斑的治理中，采用铺沙的方法同样取得了良好的效果。盐碱土中掺入沙后，会改变土壤的结构，促进团粒结构的形成，增加土壤通透性，使水盐运动方向发生改变，在雨水的作用下，盐分从表土层淋溶到深层土中，团粒结构稳定性增强，保水、储水能力增加，破坏毛管作用，减少地表的水分蒸发量，抑制深层盐分向上运动，使表土层盐碱化程度降低。

铺沙对盐碱土改良的效果随沙层厚度的增加而明显增加，土壤 pH 和电导率随铺沙厚度的增加而降低。当沙层厚度达 15 cm 时，pH 比对照区下降 3 个单位，电导率由0.56 mS/cm 下降到 0.101 mS/cm，土壤含水率随沙层厚度的增加而逐渐升高，15 cm 深的沙层含水率比对照区提高 91%。

在铺沙处理的各个小区内种植羊草、野大麦和星星草，观测种植植物的生长状况。结果表明，沙层厚度为 11～15 cm 时，3 种植物出苗的存活率达到 100%；沙层厚度为9 cm 时，羊草存活率为 85%，野大麦为 90%，星星草为 100%，可看出 3 种植物的耐盐碱性为星星草＞野大麦＞羊草。3 种植物在 7 cm 沙层以下存活率较低；星星草在 11 cm沙层处理中可良好生长，密度为 267 株/cm²，基本保持稳定。羊草和野大麦在 13 cm 沙层时可正常生长，密度分别为 415 株/m² 和 457 株/m²，产量分别为 108 g/m² 和 127 g/m²（表 8-9）。

表 8-9　铺沙改良后羊草、野大麦和星星草的生长状况（郭继勋等，1994）

沙层厚度(cm)	密度(株/m²)			高度(cm)			产量(g/m²)		
	羊草	野大麦	星星草	羊草	野大麦	星星草	羊草	野大麦	星星草
5	5	7	8	25	25	30	1	3	5
7	35	70	90	30	30	30	18	23	27
9	185	186	197	30	30	30	59	62	54
11	326	357	267	35	35	40	86	109	85
13	415	457	315	40	35	40	108	127	101
15	468	493	326	40	40	40	114	134	103

8.2.3　人工建立枯草层

对重度盐碱地及碱斑施用枯草是一种生物改良盐碱地的方法。重度盐碱土的特点是pH高，盐分聚积于地表，碱化度高，土壤紧实，通气透水性差，有机质分解快，土壤贫瘠，这些特点是阻碍植物在盐碱土上生长的主要原因。利用枯草与盐碱土混合，可以改善土壤的理化性质，使土壤结构变得疏松，透气性和储水能力增强，地表层的 pH 和盐分降低。施用枯草改良盐碱化土地的原理是：①枯草与土壤混合，可以彻底地改变土壤的物理特性，使土壤的孔隙度加大，土壤容重增加，土壤储水保水能力增强，改变水盐运动的方向，使盐分向地下转移；②枯草在土壤微生物的作用下不断分解，释放大量的有机酸与碱中和，使土壤 pH 降低，改变土壤的化学特性，同时释放大量的营养元素，使土壤的营养状况得到改善，为植物在重度盐碱地及光碱斑上的生长创造条件。

在重度盐碱化草地治理中，人工建立枯草层，可以改善盐碱土的理化性质，创造适合羊草定居、生长和繁殖的生境条件，建立羊草植被。郭继勋等（1996）曾在重度盐碱化地段，设置不同枯草量梯度试验区，进行改良试验，种植羊草。对不同处理区羊草的出苗、生长、越冬和产量等情况进行定期观测。研究表明，治理的关键是施用枯草的数量。施用的枯草过少，土壤理化性质改变不明显，植物不能生存；相反，施用的枯草过多，会影响种子的出芽和萌发，并造成人力、物力和财力上的浪费，且受到枯草来源的限制。

(1) 枯草层对土壤理化特性的影响

用枯草改良盐碱土，可彻底改变土壤的物理特性，使土壤结构发生变化，质地变得疏松，透气性和储水能力增加。对用不同枯草量改良后盐碱土物理性状的主要指标进行测定，结果表明（表 8-10），各项指标与无枯草层的对照区相比均有显著的变化，随着枯草量的增加，改善效果越明显（郭继勋等，1996）。

表 8-10　生物改良盐碱土壤后土壤物理性状变化（郭继勋等，1996）

枯草量(kg/m²)	密度(g/cm³)	容重(g/cm³)	孔隙度(%)	空气含量(%)	含水量(%)
0	2.73	1.71	38.45	9.97	18.6
1.0	2.47	1.54	43.42	25.74	20.7
1.5	2.16	1.10	54.47	36.67	24.5
2.0	1.93	0.98	62.36	42.54	32.4

土壤的密度和容重与施入的枯草量成反比。土壤容重是土壤结构的一项重要指标，与土壤有机质含量有密切关系。当枯草量达到 2 kg/m² 时，土壤的容重比光碱斑减少了 42.7%。土壤与枯草混合后，土壤质地变得疏松，单位体积内的土体重量减少，容重变小。

土壤孔隙度受土壤结构的影响，孔隙度与施入的枯草量成正比，随着枯草量的增加，孔隙度变大。平均每施入 100 g/m³ 枯草，孔隙度增加 1.2 个百分点，当枯草量达到 2 kg/m² 时，孔隙度为 62.36%，比光碱斑提高了 62.2%。枯草的施入改变了土壤的坚实度，使土粒间的空隙增大，通透性增强。

土壤中的空气含量与土壤孔隙度是相关联的，随着孔隙度的变大，土壤储存空气的能力增强。空气含量的变化幅度较大，光碱斑土壤中空气含量仅为 10%左右；施入 1 kg/m² 枯草，空气含量增加到 25.74%，提高了近 1.6 倍；当枯草量达到 2 kg/m² 时，提高了近 3.3 倍。施入枯草使土壤的透气性得到了彻底改善，解决了种子在盐碱土中因缺氧不能萌发和腐烂的问题。

由于枯草具有一定的储水和保水能力，因而土壤中混入枯草后，毛管作用加强，其水分状况得到相应改善，土壤含水量随着枯草量增加而提高。混入 2 kg/m² 枯草后，土壤含水量比光碱斑提高了 0.74 倍，可见改良后的土壤具有储水保墒作用，改变了盐碱化土壤的水分运动和状态，使有效含水量增加。特别是在干旱季节，枯草的混入和覆盖，减少了地表水分蒸发量，使土壤保持湿润状态，保证了植物对水分的需求。

铺设枯草改变了土壤的化学特性，这可以从根本上解决土壤的盐碱化问题。通过对施用 1.5 kg/m² 枯草，改良两年后土壤的反映盐碱化程度的主要指标进行测定，结果表明，反映土壤盐碱化程度的土壤化学特性有明显的改善（表 8-11）。

表 8-11　改良后土壤的化学特性变化（郭继勋等，1996）

盐碱化指标	pH	含盐量(%)	电导率(mS/m)	Na⁺含量(mg/100 g)	碱化度(%)
对照	10.05	0.56	2.25	13.75	65.59
改良土壤	8.53	0.25	1.34	9.35	35.76

土壤 pH 是反映土壤盐碱化程度的主要指标，在 pH 大于 10.0 的土壤上，一般植物是不能生长的。改良后土壤的 pH 由原来的 10.05 下降到 8.53，得到较大程度的改善，在此范围内羊草和其他植物可以正常生长。枯草之所以能降低土壤 pH，首先是由于枯草层的存在，减少了地表水分蒸发量，减弱了土壤的毛细作用，抑制了盐碱随水分的上升，使表层下 pH 降低，逐渐变明碱为暗碱；其次是枯草在腐解过程中，可形成大量的有机酸类，对碱性盐类起到了中和作用。

土壤含盐量高是盐碱化土壤的主要特征，碱斑裸地因没有植被和枯枝落叶层的覆盖，土壤深层的一些可溶性碳酸钠等盐类，随着水分的蒸发而聚积于地表，引起土壤的盐渍化。枯草的覆盖和混入，改变了水盐运动方向，使土体水流的数量和速度减少，抑制了盐分的上升；同时由于土壤结构发生变化，其渗透性增强，加之淋溶和渗透作用，使盐分向下运动。这两方面的原因，使表土层的含盐量下降。改良后土壤中的含盐量比对照区下降了 55.4%，从而缓解土壤的盐化程度。

电导率是表示土壤水溶性盐分含量的总体指标，它的变化基本能够反映土壤溶液中水溶性盐的状况。改良后的土壤电导率由 2.25 mS/m 下降到 1.34 mS/m，降低了 40%，说明土壤可溶性盐含量明显减少。进一步证明枯草具有抑盐、脱盐作用，土壤有机质含量越高，抑制作用越明显。

土壤中高含量的 Na^+、HCO_3^- 和 CO_3^- 是该地区土壤理化性质恶化的主要原因，交换性 Na^+ 含量过高会使土壤团粒分散，造成土壤结构破坏，通透性降低，毛管水上升困难。干旱时形成碱土硬壳，影响植物萌发和幼苗生长。同时土壤 Na^+ 含量过高，也会影响植物对其他养分的吸收，产生单盐毒害作用。钠盐水解后产生 OH^-，使土壤 pH 增高。因此，在改良该地区盐碱土的过程中，尽量减少 Na^+ 含量，是解决土壤盐碱化问题的根本所在。实验结果表明，用枯草改良盐碱土，具有明显降低 Na^+ 含量的功能。改良后的土壤 Na^+ 含量从 13.75 mg/100 g 下降到 9.35 mg/100 g，降低了 32%，效果非常明显。

碱化度是土壤盐碱化程度的一个综合指标，碱化度大于 45% 的属于强碱化土，该治理区光碱斑的碱化度高达 60% 以上。在这种条件下，就是一般的耐盐碱植物也很难生存。碱化度在 30%~45% 的属中度碱化土壤，在这个范围内，一些耐盐碱植物和羊草可以良好地生长。改良后的土壤碱化度由原来的 65.59% 降到了 35.76%，已在羊草和其他植物的耐受范围之内。

改良后土壤化学特性改变也使得土壤营养状况得到改善，枯草在分解者的作用下，向土壤中不断释放各种营养元素，使贫瘠的盐碱土逐渐地肥沃起来，为植物的生长提供了必要的营养条件。

(2) 枯草层对草地植被变化的影响

在各处理区中，对照区的羊草种子可以发芽，但很少能出苗存活，原因是碱土密度大，土壤中空气含量少，发芽种子因缺氧而霉烂。即使少数种子能出苗，也因环境条件严酷而枯死，无一株存活。

其他枯草处理区均能出苗，但因枯草量不同，出苗状况也不一样。当枯草量达 1 kg/m^2 时，羊草存活率为 12.5%，1.5 kg/m^2 时为 22.2%，2 kg/m^2 时为 29.2%，并且植株生长良好。当年株高可达 20 cm。在 1.5 kg/m^2 和 2 kg/m^2 枯草处理区中，有的实生苗当年可产生 1~3 个分蘖株，并通过根茎产生新的个体。个别植株可进入生殖生长，抽穗结实。

种植后第二年，对各枯草处理区的羊草的密度、高度、生产力等指标进行了调查 (表 8-12)，结果表明，用枯草改良盐碱土后，直接种植羊草是可行的，是从盐碱化草地直接恢复到羊草植被的捷径。

从施用枯草量和各项指标的关系可以看出，枯草量不同，可使各项指标出现较大的差异。枯草量 500 g/m^2 以下的改良效果不明显，羊草成活率低，植被变化不明显；当枯草量达 1 kg/m^2 时，无论是密度、盖度、高度、产量均有较大幅度的变化，并可以产生少数的生殖枝；1.5 kg/m^2 和 2 kg/m^2 枯草处理区，效果最佳，植株密度最高可达 500 株/m^{2}以上，产量均在 100 g/m^2 以上，盖度可达 50% 左右，高度上升为 45~50 cm，生殖枝的数量占总株数的 13% 左右。对根茎扩散距离的测定表明，1 kg/m^2 处理区根茎可伸长 14 cm，

1.5 kg/m^2 和 2 kg/m^2 处理区可伸长 20 cm，各节间均可产生新的植株。

表 8-12 改良后第二年羊草群落的主要特征（郭继勋等，1996）

枯草量（g/m^2）	密度（株/m^2）	盖度（%）	高度（cm）	产量（g/m^2）	生殖枝密度（株/m^2）
200	10	5	30	3	0
500	62	10	30	25	0
1000	129	30	35	54	6
1500	462	45	45	118	64
2000	513	50	50	125	66

在重度碱化土壤中，施用 1.5 kg/m^2 枯草，即可使土壤盐碱化程度降到适宜羊草生长的范围内，这时的土壤肥力和水分状况均能满足羊草生长发育的需要。因此，施用 1.5 kg/m^2 枯草，即可保证羊草植被的恢复，得到满意的效果。可作为改良重度盐碱化土壤枯草施用量的一个指标。

对施用 1.5 kg/m^2 的枯草、改良 4 年后的羊草群落进行调查，结果表明，植株密度在 1000 株/m^2 以上，营养枝高可达 80 cm，每株叶片数量为 10～16 个，产量可达 600 g/m^2，基本恢复到了羊草草原的原貌。

8.2.4 自然积累枯草层

虎尾草为盐碱化草地治理的先锋植物，是最有前途的一种牧草。虎尾草生长速度快，生物量大，靠自然积累有机质形成枯草层，使植被逐渐自然恢复，是改良盐碱土理化性质的有效途径。

在大面积盐碱化草地治理中，种植耐盐碱植物虎尾草，当年即可见到效果，盖度可达 20%左右，产量为 50 g/m^2。积累了一定量的有机质，为次年植物的生长创造了一定的条件。在群落中出现不同数量的一年生的碱蓬或碱蒿（表 8-13）。

表 8-13 用虎尾草改良后植被的变化（郭继勋等，1996）

时间	密度（株/m^2）	盖度（%）	种类组成	高度（cm）	产量（g/m^2）	羊草产量占群落总产量的比例（%）
第一年	150	20	2	20	50	0
第二年	420	45	4	30	150	10
第三年	1340	75	5	40	240	30
第四年	2720	90	6	55	450	45

改良后第二年，植株密度增加了近 2 倍，有一半的碱斑面积被植被覆盖，产量可达 150 g/m^2，群落的平均高度达 30 cm，有少量的羊草侵入，伴生植物主要有碱蓬、碱蒿，在低洼处有碱茅出现。

在第三年，羊草在群落中的数量明显增加，其产量约占群落总产量的 30%，形成虎尾草+羊草群落。由于羊草的大量出现，群落的高度随之增加，达 40 cm。虎尾草的分蘖能力增强，每平方米的植株数量可达 1340 株。碱斑已基本消失，盖度达 75%。产量有较大幅度的提高，约为第一年的 5 倍。植物的种类组成变得更加丰富，每平方米可出现 5 种植物。

改良后的第四年,草群变得更加繁盛,光碱斑基本消失,植株密度增加到 2720 株/m²。羊草在群落中占有较大的比例,约占群落总产量的 45%。其他杂草,如全叶马兰(*Kalimeris integrifolia*)、茵陈蒿(*Artemisia capillaris*)、西伯利亚蓼(*Polygonum sibiricum*)、狗尾草(*Setaria viridis*)等在群落中出现。群落高度可达 55 cm,出现了较为明显的层次分化,生产力达 450 g/m²,比第一年提高了 8 倍。

虎尾草的生长速度快,生物量大,靠自然积累有机质,是改良盐碱土理化性质的有效途径。对改良后第二年的土壤进行测定,结果表明,土壤有机质含量增加了 1.25%,比光碱斑提高了 1.4 倍。土壤 pH 由 10.05 降到了 9.2,含盐量由 0.56%降到了 0.425%。改良后第四年土壤有机质含量可达 1.26%,pH 为 9.0~8.6,含盐量为 0.354%。对 N、P 主要营养元素的测定结果表明,N 及 P 的含量比光碱斑分别提高了 1.3 倍和 30%,K 的含量略有下降。

根据虎尾草改良碱斑的恢复速度,预计有 5~6 年时间,即可恢复到以羊草为主的植物群落。如果在改良过程中,加入一定的人工措施,如进行松土、施肥、灌溉或补播羊草,植被的恢复速度将会更快,效果将更为明显。

8.2.5 扦插玉米秸秆法

在次生光碱斑上直接扦插玉米秸秆,可以用来截留耐盐碱植物的种子(图 8-4)。玉米秸秆及其分解产物,可以改善局部微环境的土壤理化性质,并以玉米秸秆本身作为植物的生长平台,可以提高植物在次生光碱斑上的存活率,达到快速、低成本地恢复次生光碱斑上植被的目的。

图 8-4 在松嫩草地开展的扦插玉米秸秆改良盐碱化草地实验

(1)扦插玉米秸秆对植被的恢复作用

对土壤种子库分析表明,与次生光碱斑相比,改良区的土壤种子库明显增大。以玉米秸秆为中心,半径为 5 cm 范围内土壤种子为 31.9 粒,对照区仅为 0.08 粒;实验区土壤种子库中虎尾草达 4020.0 粒/m², 角碱蓬(*Suaeda corniculata*)达 50.0 粒/m²; 次生光碱斑土壤种子库中虎尾草为 10.0 粒/m², 次生光碱斑中没有角碱蓬种子出现(表 8-14)。*t* 检验表明, 扦插玉米秸秆显著地提高了土壤种子库含量, 为次生光碱斑植被的恢复提供了必需的种源。

表 8-14 实验处理对土壤种子库的影响(何念鹏等, 2004) (单位: 粒/m²)

种类	改良区	对照区
虎尾草	4020.0±1773.6	10.0±31.62
角碱蓬	50.0±97.2	0

在没有进行人为播种的情况下, 一年后实验区生长了大量植物, 主要是虎尾草, 零星地有角碱蓬和碱地肤(*Kochia sieversiana*), 而对照光碱斑没有任何植物生长。改良区生长的虎尾草主要集中在玉米秸秆周围, 且植物根系大多围绕玉米秸秆或直接穿透到玉米秸秆内部生长, 表明玉米秸秆为虎尾草提供了一个良好的生长平台。平均每个玉米秸秆周围可生长 3.9 株虎尾草, 单位面积虎尾草产量可达 68.6 g/m²。扦插玉米秸秆可截留大量植物种子(主要是虎尾草), 并为其提供生长平台。改良区内, 虎尾草单株生物量为 1.1 g, 单株分蘖数为 3.5 蘖, 高度为 27.2 cm, 表明虎尾草在改良区内生长较好。另外, 虎尾草抽穗率达 93.0%, 当年生虎尾草可为第二年提供种源, 使改良区能够顺利完成后续的植被恢复, 基本实现了快速、低成本地恢复次生光碱斑植被的目的。

(2) 扦插玉米秸秆对土壤理化性质的改变

扦插玉米秸秆可以改善重度盐碱化土地的物理特性。不同时期的改良区内, 在 0～5 cm 和 5～10 cm 土层内, 土壤含水量均小于对照区, 但 *t* 检验表明其间的差异不显著。次生光碱斑土壤含水量即使在 5～6 月(当地的旱季)也较高, 主要是其表层盐壳防止水分蒸发的缘故。经过玉米秸秆处理后, 土壤容重有所下降, 在 5 月和 8 月容重分别降低了 57.8% 和 67.6%。土壤电导率是度量可溶性盐含量的一个总体指标, 基本反映了土壤溶液中可溶性盐分的状况。改良后土壤电导率降低, 尤其在植物生长的后期, 土壤电导率下降得更明显。8 月改良区和次生光碱斑 0～5 cm 土壤电导率分别为 1.66 mS/m 和 1.73 mS/m, 5～10 cm 土壤电导率分别为 0.75 mS/m 和 2.72 mS/m(表 8-15)。

表 8-15 改良后土壤物理特性的变化(何念鹏等, 2004)

月份	含水量(%)				电导率(mS/m)				容重(g/cm³)	
	处理		对照		处理		对照		处理	对照
	0～5 cm	5～10 cm	0～5 cm	5～10 cm	0～5 cm	5～10 cm	0～5 cm	5～10 cm	0～5 cm	0～5 cm
5	8.91	9.5	8.93	9.65	1.53	2.29	1.59	2.90	1.17	2.77
6	5.06	10.27	6.21	10.38	1.53	2.31	1.54	3.13	1.98	2.82
7	7.64	11.68	8.78	13.02	1.59	1.21	1.60	3.45	1.93	3.74
8	7.08	9.18	7.11	9.90	1.66	0.75	1.73	2.72	1.06	3.27
9	5.58	9.14	8.72	11.32	1.68	0.84	1.71	2.84	1.27	2.93

　　松嫩平原的一个重要特点是土壤 pH 偏高，尤其是次生光碱斑，pH 可维持在 10 以上。土壤 pH 过高是限制植物在其表面生长的重要原因之一。改良区土壤 pH 与对照区相比有所降低，但仍在 10 以上，实验处理没有显著降低次生光碱斑土壤的 pH。在虎尾草生长过程中，大多数根系都围绕玉米秸秆或穿透到玉米秸秆内部生长，9 月玉米秸秆内部（地下部分）的 pH 为 8.3，为虎尾草提供了一个良好的生长平台，这也许是虎尾草能够成功生长的关键因素。

　　土壤有机质含量是土壤肥力的重要指标，与土壤结构、渗透性、通气性、吸附性及缓冲性能等理化性状都有着十分密切的关系，土壤有机质含量增加可改善土壤的孔隙状况和渗水性能。因此，增加土壤有机质含量是改良盐碱土的有效途径之一。在玉米秸秆分解过程中，向土壤不断释放各种营养元素和有机酸，使土壤有机质含量逐渐增加，改良区与对照区土壤有机质含量差异显著。扦插玉米秸秆处理后，在 9 月 0～5 cm 土层与 5～10 cm 土层土壤有机质含量分别提高了 31.4%和 61.1%（表 8-16）。

表 8-16　改良后土壤化学性状的变化（何念鹏等，2004）

| 月份 | pH | | | | 有机质含量(%) | | | |
| | 处理 | | 对照 | | 处理 | | 对照 | |
	0～5 cm	5～10 cm	0～5 cm	5～10 cm	0～5 cm	5～10 cm	0～5 cm	5～10 cm
5	10.41	10.39	10.41	10.41	0.34	0.34	0.32	0.35
6	10.51	10.44	10.42	10.50	0.35	0.35	0.32	0.32
7	10.47	10.41	10.51	10.50	0.36	0.45	0.32	0.32
8	10.39	10.37	10.49	10.54	0.43	0.50	0.36	0.32
9	10.36	10.21	10.64	10.41	0.46	0.58	0.35	0.36

　　可溶性盐分在土壤表层富集是松嫩草原盐碱化的主要特征之一，在严重碱化的次生光碱地表面，常形成一层盐壳，其中碱性盐类碳酸钠、碳酸氢钠的积累是其明显的特性，碳酸根、碳酸氢根含量明显地影响土壤的碱化过程。降低盐碱地表面可溶性盐分含量是改良成功的关键之一。改良后土壤中的 Na^+、CO_3^{2-} 和 HCO_3^- 的含量明显降低，与次生光碱斑相比，9 月 0～5 cm 土壤中 Na^+、CO_3^{2-} 和 HCO_3^- 含量分别降低了 36.4%、37.0%和 19.9%；5～10 cm 土壤中 Na^+、CO_3^{2-} 和 HCO_3^- 含量分别降低了 50.9%、5.2%和 22.2%。同时，扦插玉米秸秆也明显降低了土壤中的 Mg^{2+}、SO_4^{2-}、Cl^-含量，而植物生长发育必需的 K^+的含量却明显提高，与次生光碱斑相比，改良区 0～5 cm 土壤 K^+含量提高了 10.5%（表 8-17）。扦插玉米秸秆后，由于玉米秸秆的分解及虎尾草定居生长，土壤表层可溶性离子含量有较大程度的降低，离子组成更有利于植物生长。

　　扦插秸秆丰富了土壤种子库，为植被恢复提供了必需的种源；玉米秸秆内部及其邻近区域，各项理化性质都相对较好，为植物提供了一个较适宜的生长微环境。这也是植物能够在次生光碱斑成功生长的关键。虎尾草主要围绕玉米秸秆生长，大量根系分布在玉米秸秆内部，表明玉米秸秆本身是植物生长的平台。虎尾草可顺利完成生活史并产生种子，为后继植被恢复提供大量种源，加快次生光碱斑植被的恢复速度。因此，通过合适的方法，低成本、快速地恢复次生光碱斑植被是可行的。

表 8-17　改良后土壤可溶性盐分离子含量的变化(何念鹏等，2004)

组别	土层深度	土壤可溶性盐离子含量(mg/g)							
		Na^+	Ca^{2+}	K^+	Mg^{2+}	CO_3^{2-}	HCO_3^-	SO_4^{2-}	Cl^-
处理	0～5 cm	1.149	0.195	0.021	0.027	0.571	4.619	0.116	0.158
	5～10 cm	1.349	0.117	0.013	0.016	1.710	7.342	0.141	0.363
对照	0～5 cm	1.806	0.359	0.019	0.026	0.906	5.764	0.258	0.275
	5～10 cm	2.746	0.156	0.017	0.046	1.804	9.431	0.378	0.854

扦插玉米秸秆改良盐碱地是一种新的尝试，该方法通过截留在次生光碱斑上大量传播的虎尾草种子，以玉米秸秆作为虎尾草的生长平台，达到快速恢复植被的目的。玉米秸秆是松嫩平原的农副产品，资源丰富。使用该方法投入少(不需要复杂的机械设备、大量肥料或化学药品)，成本低(约 250 元/hm^2)，易于推广。在次生光碱斑呈斑块状分布而且面积相对较小的区域，这种方法更具优越性。

8.2.6　羊草移栽技术

在松嫩盐碱化草地的碱斑上直接移植羊草，以移植的羊草实生苗作为繁殖体，以达到快速恢复植被的目的。在 20 世纪 90 年代，东北师范大学王德利等就在松嫩草地上开展实验研究。

羊草移栽技术通常采用两种处理方法：一是在碱斑样地里分别挖长度×宽度×深度为 30 cm×20 cm×15 cm 的小穴，每个小穴的行距×株距为 60 cm×60 cm；二是在小穴里添加 0.5 kg 的沙土。在生长良好的羊草群落中挖取 25 cm×20 cm×10 cm 大小的羊草实生苗土块，移栽到小穴中，覆土浇水封严。

移栽后，羊草再生小苗数量、实生苗数和扩繁面积的变化如表 8-18 所示。处理 2 中，7 月 2 日移栽羊草 20 株，实生苗所占的面积为 50.0 cm^2；到 8 月 1 日，再生小苗与实生苗数量共计为 22.8 株，面积扩大到 101.0 cm^2。8～9 月，羊草的扩繁面积和存活数量基本维持在某一水平。而碱斑直接移栽羊草的处理 1 中，7 月 2 日移栽羊草 20 株，实生苗所占的面积亦为 50.0 cm^2，到 8 月 1 日，再生小苗与实生苗数量共计为 13.5 株，面积扩大为 64.4 cm^2；然后羊草扩繁面积逐渐缩小，小苗一直集中在较小的区域里；到 9 月 15 日，面积缩小为 30.4 cm^2，再生小苗与实生苗数量共计 8.9 株。

表 8-18　碱斑上移栽羊草小苗数和扩繁面积变化(张宝田和王德利，2009)

	日期	7 月 2 日	8 月 1 日	8 月 15 日	9 月 1 日	9 月 15 日
	面积(cm^2)	50.0	64.4	50.4	37.5	30.4
处理 1	再生小苗数量(株)	0	6.2	8.9	8.0	5.3
	实生苗数(株)	20.0	7.3	5.9	5.5	3.6
	面积(cm^2)	50.0	101.0	108.0	101.0	103.0
处理 2	再生小苗数量(株)	0	10.0	8.1	9.4	8.0
	实生苗数(株)	20.0	12.8	10.5	10.3	9.3

移栽羊草后对碱斑土壤理化性质的分析表明，土壤的碱化程度(pH)和盐化程度(电导率)都发生了一定程度的改变(表 8-19)。移栽羊草后，碱斑土壤的 pH 降低，基本顺序是：对照(未处理的碱斑)＞处理 1＞处理 2；电导率的大小顺序为：对照(未处理的碱斑)＞处理 1＞处理 2。由于移栽了羊草，碱斑土壤的理化性质得到了有利于植物生长的改变，一方面，通过羊草的生长(生理代谢，分泌一些酸性物质)可以缓解土壤盐碱成分的积累；另一方面，供试群落土壤随着羊草的移栽，可以直接与原有碱斑的土壤进行中和，从而降低土壤的 pH 和电导率。

表 8-19　移栽羊草后碱斑土壤 pH 和电导率的变化(张宝田和王德利，2009)

理化性质	处理 1	处理 2	对照	沙土	羊草群落土
土壤 pH	10.40	10.31	10.42	8.66	9.08
电导率(μS/cm)	1011.0	978.0	1561.3	84.2	260.4

中国科学院东北地理与农业生态研究所的梁正伟课题组，也在羊草移栽技术方面开展了系统性研究，并且获得了重要进展。他们研究了移栽羊草在实验模拟的高盐碱土壤(pH 为 7.15～10.48)的生长情况，探讨了羊草幼苗对不同盐碱胁迫的适应机制，发现羊草地上部维持较高的 K^+ 水平可能是羊草耐盐碱的重要机制之一(黄立华等，2008)。此外，还探讨了直播羊草生长的生理特性，发现随着土壤 pH 的升高，羊草体内 Na^+ 含量显著升高，而 K^+、Ca^{2+}、Mg^{2+}、Fe^{2+} 和 Zn^{2+} 含量不断降低。另外，随着土壤 pH 的升高，羊草地下部各种离子含量与土壤 pH 都具有显著的相关性，地上部的 K^+、Na^+ 含量与土壤 pH 也具有显著的相关性。地上部维持相对较高的 K^+ 水平，可以有效地避免 Na^+ 的大量积累(黄立华和梁正伟，2008)。此外，他们获得了相关的发明专利。

移栽羊草不仅能使草地快速恢复，而且可以提高草地质量。利用羊草实生苗相对耐盐碱的特性，并辅以简单的措施(添加沙土)可使羊草在盐碱地上自我繁殖，从而快速恢复草地植被。这种方法成本低，操作简单，具有较大的推广潜力。

8.2.7　浅翻+种植野大麦技术

浅耙撒播野大麦后，第一年的 10 月，盐碱裸地主要生长野大麦与角碱蓬，野大麦密度较低，仅为 44.7 株/m^2，高度为 13.5 cm，地上生物量为 1.8 g/m^2(表 8-20)。在第二年秋天，植物种类主要为野大麦、朝鲜碱茅和虎尾草，其中优势种为虎尾草，角碱蓬消失。野大麦分蘖能力较强，密度急剧增加到 517.8 株/m^2，高度与地上生物量比前一年也有所增加。第三年，野大麦成为群落中的优势种，虎尾草密度、高度及地上生物量比前一年显著降低，并且群落中也伴生少量的碱地肤和芦苇。野大麦密度、高度与地上生物量比前一年显著增加，密度达到 1450.7 株/m^2，高度为 44.3 cm，地上生物量达到 536.1 g/m^2。经过三年的植物演替，野大麦占据了整个群落优势种的地位，说明采用此种方法可成功地改良盐碱裸地。

表 8-20 野大麦的单丛生长特征（姜世成，2010）

时间(年)	营养枝			生殖枝			冠幅(cm)	生长半径(cm)
	株数(株/丛)	高度(cm)	干重(g/丛)	株数(株/丛)	高度(cm)	干重(g/丛)		
2003	104.2±10.5a	13.5±0.8a	8.0±1.3a	1.1±0.5a	42.1±2.6a	0.2±0.1a	34.4±1.4a	8.0±0.4a
2004	509.4±156.8b	39.4±8.3b	97.5±49.4b	93.1±66.5b	71.2±9.8c	41.3±40.0b	73.1±2.8b	12.7±0.8b
2005	521.1±33.1b	44.3±1.5c	180.1±14.0c	175.7±18.8c	56.1±1.1b	78.0±9.3c	71.5±2.2b	24.8±0.6c

注：表中数据为平均值±标准误差。通过 t 检验，同列具有不同字母的处理达到显著性差异（$P<0.05$）

野大麦分蘖能力很强，在盐碱裸地上主要营丛状生长。第一年，野大麦生长缓慢，除在一些积水周围长势良好，有一些分蘖之外，其余的都以单株形式存在。到了第二年，野大麦开始大量分蘖，营养枝数量占有较大的比例，生殖枝数量较少或没有。到了第三年和第四年，营养枝维持着相对稳定的数量，并且冠幅也保持着相对稳定的大小，但生殖枝数量显著增加。营养枝高度逐年升高，而营养枝高度在第三年处于最高水平。其他的指标中，营养枝与生殖枝单丛干重、生长半径逐年增高，并且年际差异显著。野大麦单丛指标说明了野大麦能够成功地在盐碱裸地上定居、生长、越冬，其无性繁殖和有性繁殖能够维持其种群生活在盐碱裸地这种极其恶劣的生境之中。

浅耙撒播野大麦后，盐碱裸地表层 0～10 cm 理化性质变化显著（表 8-21）。除在 0～5 cm 土壤含水量变化不大之外，在 5～10 cm，土壤含水量和对照相比有了显著的提高，土壤电导率、土壤 pH、土壤容重降低，与对照相比差异显著。盐碱裸地表层土壤理化性质的改变，主要是因为浅耙造成土壤疏松，土壤水向下渗透增强，带动盐分向下迁移，使得表层土壤盐分含量降低。另外第二年植物盖度增大，抑制土壤水分蒸发，从而抑制了土壤盐分的表聚作用。

表 8-21 实施作业第二年土壤理化性质变化（姜世成，2010）

处理	含水量(%)		电导率(S/m)		pH		容重(g/cm³)
	0～5 m	5～10 cm	0～5 cm	5～10 cm	0～5 cm	5～10 cm	0～5 cm
野大麦	12.5±0.5a	15.0±0.4b	1.6±0.02a	2.1±0.01a	10.2±0.02a	10.2±0.03a	135.8±1.5a
对照	10.4±1.0a	13.1±0.3a	5.5±0.05b	4.0±0.05b	10.50±0.02b	10.46±0.04b	154.9±4.8b

注：表中数据为平均值±标准误差。通过 t 检验，同列具有不同字母的处理达到显著性差异（$P<0.05$）

8.2.8 植物模袋技术

本技术应用一种用于治理重度盐碱地的植物模袋，对重度盐碱土壤进行改良。为植物的定居、生长和繁殖创造良好的环境，使盐碱化土壤得到修复。

此技术每组共用两个模袋，在长度为 55～65 cm、宽度为 35～45 cm、高度为 3～10 cm 的植物模袋 1 底部放置含有土壤化学改良药剂的附袋 2，模袋 1 中装有耐盐碱植物的种子及肥料等，如此可使植物种子利用所提供的较优良的环境快速在盐碱地上生长，利用植物自身生命活动改良盐碱化土壤。具体原理即通过植物维持土壤积盐与脱盐平衡，通过植物减少土壤水分蒸发，阻止盐分在土壤表层累积，通过植物吸收土壤中的盐类，改良盐碱土壤。利用人工播种的耐盐碱植物生长速度快、生物量大、根系发达的特点，靠自然过程积累有机质，达到整体改善重度盐碱化土壤的目的。

模袋采用可自然降解的植物性纤维或化学性纤维制成；采用的植物性纤维是以麻或椰子皮为原料制成的，采用的化学性纤维是以可降解的聚乙烯材料制成的；配方中的厩肥优选鸡粪或猪粪；配方中的植物种子采用羊草、星星草、碱茅、紫苜蓿(*Medicago sativa*)或野大麦，配方中的耐盐碱作物种子采用甘草(*Glycyrrhiza uralensis*)、叶用甜菜(*Beta vulgaris*)，高耐盐性、节水优质的小麦(*Triticum aestivum*)、向日葵(*Helianthus annuus*)或西瓜(*Citrullus lanatus*)。

植物模袋有多种配方，模袋中各成分的比例关系见图 8-5。

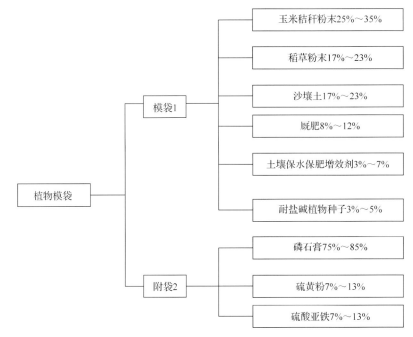

图 8-5　植物模袋配方

植物模袋的示意图见图 8-6。

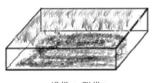
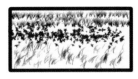

a. 模袋 1+附袋 2　　　　　b. 附袋 2 正面图　　　　　c. 模袋正面图

图 8-6　植物模袋的示意图

人工种植的耐盐碱植物形成的枯枝落叶层具有储水供水、改善土壤结构、降低土壤盐碱含量的功能，可以改善土壤的水分状况，提高土壤的储水、保水能力，提高土壤肥力。在自然状态下，枯枝落叶是维持植物与土壤间营养物质平衡的支点，土壤有机质含量的增加，使土壤的团粒结构发生变化，质地变得疏松，提高了土壤通透性，增加了空气含量。人工选种种植，防止了杂草的侵入，保持了种群的优势，使群落保持稳定，整体改善了土壤的物理性质，为植物的定居、生长和繁殖创造了良好的环境。植物模袋使用后各物理指标变化见表 8-22。使用植物模袋可使土壤的 pH 降低，含盐量减少，电导率减小，碱化度降低，水解 N 和有机质含量升高，植物模袋使用后各化学指标变化见表 8-23。植物模袋使用后植被变化情况见表 8-24，植物模袋实际生长效果见图 8-7。

表 8-22　植物模袋改良后盐碱土的物理性质变化

项目	密度(g/cm^3)	容重(g/cm^3)	孔隙度(%)	空气含量(%)	含水率(%)
对照区	2.73	1.71	38.45	9.97	18.6
铺设植物模袋区	1.67	0.78	78.38	55.34	35.8

表 8-23　植物模袋改良后盐碱土的化学性质变化

项目	pH	含盐量(%)	电导率(dS/m)	Na$^+$(mg/100 g)	碱化度(%)
对照区	10.05	0.56	2.25	13.75	64.59
铺设植物模袋区	7.85	0.18	1.27	8.35	32.54

表 8-24　植物模袋改良后植被的变化

项目	密度(株/m^2)	盖度(%)
对照区	0.0	0.0
铺设植物模袋区	2920	90

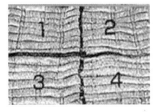  

a. 铺设植物模袋　　　　b. 一个月后生长情况　　　　c. 三个月后生长情况

图 8-7　植物模袋的实际生长效果图

对于重度盐碱地治理应采用植物模袋技术。在促进盐碱化土地的自然恢复和植物修复过程中，还应根据当地的实际情况辅以相应的配套措施。在草原区仍要加强草原的管理和建设，根据草原盐碱化状况实施禁牧或轮牧育草等措施；在耕作区要加强防护林的建设，正确的排灌方式、秸秆覆盖、根茬培肥、增施有机肥等都是可采用的辅助措施；加强依法保护生态环境的力度，建立有效的法律约束机制；积极向农民宣传有关知识，以提高他们的环境意识，减少人为的破坏活动。

植物模袋有多种配方，常见的有 10 种，见表 8-25。

表 8-25　植物模袋实例 1～10

实例		1	2	3	4	5	6	7	8	9	10
模袋 1	玉米秸秆粉末	30%	30%	30%	30%	30%	30%	35%	30%	30%	25%
	稻草粉末	22%	22%	22%	22%	22%	20%	17%	20%	20%	23%
	沙壤土	13%	13%	13%	13%	13%	20%	17%	20%	20%	23%
	鸡粪	11%	11%	11%	11%	11%	—	—	12%	—	12%
	猪粪	—	—	—	—	—	10%	—	—	10%	—
	羊粪	—	—	—	—	—	—	8%	—	—	—
	①	3%	—	—	—	—	5%	—	—	—	—
	②	—	3%	—	—	—	—	—	—	—	—
	③	—	—	3%	—	—	—	—	—	—	—
	④	—	—	—	3%	—	—	—	—	—	—
	⑤	—	—	—	—	3%	—	—	—	—	—
	⑥	—	—	—	—	—	—	4%	—	—	—
	⑦	—	—	—	—	—	—	—	3%	—	—
	⑧	—	—	—	—	—	—	—	—	3%	—
	⑨	—	—	—	—	—	—	—	—	—	2%
	⑩	3%	3%	3%	3%	3%	5%	7%	3%	7%	7%
附袋 2	磷石膏	75%	75%	75%	75%	75%	80%	85%	75%	80%	75%
	硫黄粉	12%	12%	12%	12%	12%	10%	7%	13%	8%	13%
	硫酸亚铁	13%	13%	13%	13%	13%	10%	8%	12%	12%	10%

注：Ⅰ.①西瓜种子，②野大麦种子，③甘草种子，④甜菜种子，⑤向日葵种子，⑥星星草种子，⑦紫苜蓿种子，⑧东农 1 号小麦种子，⑨碱茅种子，⑩土壤保水保肥增效剂。

Ⅱ.实例 1～5 模袋 1 由以长 55 cm、宽 35 cm、高 3 cm 的亚麻为原料的可自然降解环保植物性纤维制成。

Ⅲ.实例 6～10 模袋 1 由长 60 cm、宽 40 cm，其中实例 6 和实例 9 的高为 10 cm、实例 8 的高为 8 cm、实例 7 和实例 10 的高为 5 cm 的可自然降解的环保聚乙烯材料或椰子皮制成。

在植物模袋内底部铺有与植物模袋面积相当的附袋，附袋内均匀地装入 500 g 石膏。附袋与植物模袋底部缝合在一起。

铺设好附袋后，再在附袋上均匀地填充由植物模袋基本成分(表 8-26)和添加剂混合而成的物质。添加玉米秸秆粉末、稻草粉末，相当于人工建立枯草层。

表 8-26　植物模袋基本成分

成分	添加量(g)
玉米秸秆粉末	120
稻草粉末	30
有机肥	250
沙子	2000
植物种子	不一

　　在实验区 No.1、No.2、No.3 所铺设的植物模袋成分不同(表 8-27)。实验区 No.1 与 No.2 相比，植物种子不同，目的是确定哪种植物种子更适合作植物模袋的成分。实验区 No.2 与 No.3 相比，No.3 添加了保水剂，而 No.2 没有，用于确定保水剂能否改善星星草的生长状况。

表 8-27　各实验区铺设植物模袋的成分区别

实验区编号	植物种类	保水剂添加量(g)
No.1	羊草	0
No.2	星星草	0
No.3	星星草	250

　　通过将羊草与星星草的生长状况进行比较，实验结果表明，在同样的条件下，星星草的生长状况远优于羊草，密度、盖度、平均高度、产量这几个指标与羊草的差异性都已经达到了显著水平，而且密度、产量这两个指标的差异性还达到了极显著的水平(表 8-28)。

表 8-28　羊草与星星草生长指标的比较

实验区编号	密度(株/m^2)	盖度(%)	平均高度(cm)	产量(g/m^2)	
				鲜重	干重
No.1(羊草)	262	13.3	10.8	33.21	19.39
No.2(星星草)	2701	45.0	19.5	249.39	98.60
两实验区的差异性	极显著	显著	显著	极显著	极显著

　　关于保水剂对星星草生长的改善效果，由表 8-29 可得，在添加保水剂后，星星草的生长状况有所改善，密度、盖度、平均高度、产量均高于无保水剂处理，提高了 0.4~0.8 倍不等，其中盖度和平均高度的差异程度分别达到了显著和极显著水平。

表 8-29　星星草有无保水剂的生长指标比较

实验区编号	密度(株/m^2)	盖度(%)	平均高度(cm)	产量(g/m^2)	
				鲜重	干重
No.2(无保水剂)	2701	45.0	19.5	249.39	98.60
No.3(有保水剂)	3894	82.5	34.4	345.89	146.07
两实验区的差异性	不显著	显著	极显著	不显著	不显著

　　由图 8-8 可见，在 3 个实验区，2005 年的产量都远远高于 2004 年的产量，两年之间的差异性都已达到显著水平，而且 No.1 和 No.2 产量差异达到极显著水平。

　　铺设植物模袋后，能够快速地恢复重度盐碱地植被。实验中的土壤取自重度盐碱地的碱斑，其在自然状态下是寸草不生的，即使是羊草和星星草这样的耐盐碱植物都不能生存。但是，铺设植物模袋后，星星草和羊草都能生长，而且两种植物第二年的生长状况都显著优于第一年。这就说明植物模袋对盐碱土起到了一定的改善作用，而且这种改善作用有逐渐增强的趋势。

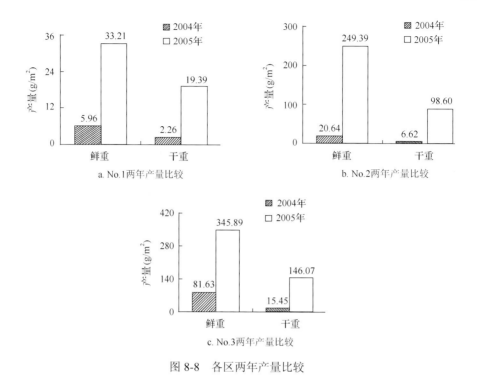

a. No.1两年产量比较　　　　b. No.2两年产量比较

c. No.3两年产量比较

图 8-8　各区两年产量比较

8.3　中度盐碱化草地改良技术

中度盐碱化草地植被种类组成开始发生变化，优良牧草的种类逐渐减少，产草量明显下降，家畜不喜食的杂类草和一年生植物增多，群落外貌开始发生变化，土壤开始出现不同程度的盐碱化，约占 30%，碱斑面积占 15%～30%。

由于中度盐碱化草地并没有完全破坏其原有自然状况，仍然具备或部分具备草地生长的自然条件，只是过度放牧对草地造成了破坏，使原有的平衡遭到破坏，开始出现逆行演替的征兆。对于中度盐碱化草地的改良，一般采取物理或水利方法，略加改善土壤的物理状况，促进植物生长、繁殖。

8.3.1　松土及松土补播

松土主要是采用各种机械措施疏松土壤，增加土壤透气蓄水性能，提高地温，改变土壤理化性状。并通过切断牧草地下根茎，促进无性繁殖，达到提高产量的目的。因此，松土主要选择以根茎禾草为优势的退化草地。这项改良退化草地的技术措施，已被证明是一项行之有效的措施。

目前在松嫩平原已取得一些经验，根据陈自胜等（1993）的研究，在土壤板结、植被稀疏、产量低的草场，利用 9SF-2.45 型草原松土施肥机作业，于 6～9 月松土，深 15～20 cm，松土后镇压，使土地平整。调查证明，松土首先提高了土壤含水率和孔隙度。松土一年后的草场含水率提高 0.7%～3.6%，土壤孔隙度增加 3.02%～4.15%，而草场土壤容重减低了 0.08～0.11 g/cm³。其次，松土提高了土壤速效营养成分含量，加速了土壤有机质的分解，土壤中速效 N 含量增加 46.97 ppm[①]，速效 P 含量增加 1.29 ppm，速效 K 含量增加 51.12 ppm，因而使牧草增产。松土还可以促进根茎的繁殖，松土一年和三年的草场，与对照相比，其中羊草重量增加 61.5%～65.5%，根茎总长度增加 58.6%～62.9%，总芽数增加 24.9%～48.8%；第三年总产量增加 21.4%，第四年增加 47.2%，第五年增加 78.2%。如果在松土的同时施氮肥 75 kg/hm^2、磷肥 4.5 kg/hm^2，可使产量提高 1～2 倍，增产年限可达 3～5 年。松土时可将肥料投入 3～10 cm 土层中，此层正是羊草大部分根茎分布的区域，可以充分发挥肥效作用。施肥后产量虽然随施肥量增加而增加，但从增产后的经济效益计算，以施用有效氮 105 kg/hm^2 和有效磷 75 kg/hm^2 为最佳。氮磷配合使用比单一使用效果更佳。

松土后为了加速草地的恢复，可同时进行补播。补播是增加草群植物成分，提高草地质量和产量的重要措施。一般在退化较严重的草地可补播星星草和野大麦。在羊草稀疏含盐量较轻的地段可补播草木犀 (*Melilotus officinalis*)、兴安胡枝子 (*Lespedeza davurica*)、尖叶胡枝子 (*Lespedeza hedysaroides*)、花苜蓿 (*Medicago ruthenica*) 等，增加豆科牧草的比例。在含盐碱量中等的地块可播种羊草。

采用 SB-2.8-1 型草原松土补播机松土补播紫苜蓿。第 2～4 年，紫苜蓿株高比对照增加 7.2 cm，羊草增高 13.1～19.1 cm，密度增加 59～125 株/m^2。4 年内每年产干草量分别增加 12.37%、17.7%、120.29% 和 87.74%。草群的粗蛋白质含量为 12.04%，比对照增加 83.8%(陈自胜和赵明清，1989)。

盐碱化草地经过深松重耙，可以疏松表层土壤，切断毛管，减少蒸发量，提高土壤透水保水性能，因而加速土壤淋盐，防止返盐作用。翻耙松土可促进土壤风化和熟化，利于植物根系的生长发育。松嫩平原地区，雨量大部分集中在夏季，如果在秋末将表层耕松，改变土壤结构，增加孔隙度，在雨季来临时可将盐分淋溶至土壤底层，使表层盐碱化程度降低，土壤含水量和肥力得到相应提高(表 8-30)。

表 8-30　松土改良对盐碱化草地土壤理化性质的影响

处理	深度(cm)	电导率(dS/m)			pH			含水量(%)		
		5 月	8 月	10 月	5 月	8 月	10 月	5 月	8 月	10 月
对照	0～10	0.53	0.50	0.52	10.5	10.3	10.3	11.13	14.56	12.43
	10～20	0.46	0.45	0.46	10.0	10.1	10.2	12.24	15.29	13.13
	20～30	0.40	0.43	0.39	9.8	9.9	10.1	13.35	14.36	13.46
松土 20 cm	0～10	0.51	0.48	0.49	9.8	9.0	9.0	10.97	15.12	13.24
	10～20	0.45	0.44	0.45	9.9	9.1	9.2	11.95	16.45	14.13
	20～30	0.41	0.40	0.38	10.0	9.0	9.3	11.87	15.14	15.13
松土 25 cm	0～10	0.42	0.24	0.36	9.8	8.7	8.9	9.94	15.95	10.12
	10～20	0.40	0.21	0.40	10.0	8.8	9.0	11.29	16.73	13.47
	20～30	0.35	0.32	0.38	9.9	8.3	9.5	12.03	17.24	14.56
松土 30 cm	0～10	0.35	0.21	0.24	9.7	8.2	8.6	10.81	15.78	12.56
	10～20	0.33	0.19	0.21	9.6	8.3	9.0	11.28	18.21	12.73
	20～30	0.31	0.26	0.25	9.8	8.6	8.9	12.36	16.51	13.56

---

① 1 ppm=1×10^{-6}，后同。

8.3.2　浅翻及浅翻补播

浅翻是采用机引四铧犁或五铧犁浅翻 10～15 cm，翻后轻耙或重耙，然后镇压，使地面平整，待其自然恢复或在浅翻的同时进行补播。此项技术已在东北西部和内蒙古东部推广多年，各地试验结果证明一般可增产 1 倍左右，可持续 10 年。若能同时补种，产草量可提高 2 倍以上。

在黑龙江省齐齐哈尔种畜场的试验表明，浅翻轻耙改良 3～6 年，牧草高度比对照增加 13.9～14.15 cm，每平方米株数增加 59.4～95 株。在 4 年内每年每公顷产干草量分别为 1694.25 kg、2064.75 kg、3145.5 kg 和 3551.25 kg，分别比对照增产 83.2%、49.1%、175.9% 和 84.4%。根据在黑龙江省肇东市、肇州县和肇源县的试验可知，若使羊草草地产量增加 2 倍，只要有 7 株/m² 羊草就可得到较好的效果。

内蒙古东部地区的草地在浅翻后第三年可成为优良的羊草割草场，牧草产量提高 37.9%～82.1%，种类成分明显发生变化。羊草产量在群落中的比重不断增加，第四年从 16.7% 上升到 88%，提高了草场的利用价值，但连续割草 3 年，产草量下降 35.1%。

在黑龙江省杜蒙县绿色草原牧场，浅翻改良的草地在 2～4 年后草层高度增加 14～18 cm，亩产干草量分别为 80.35 kg、104 kg 和 108 kg，分别比对照年的产量（35 kg、64 kg、52.5 kg）增加 45.35 kg、40 kg 和 55.5 kg，以第四年的产量为最高。在该区域浅翻比轻耙和重耙效果好。

在内蒙古突泉县的试验表明，浅翻耙后的第三年草场每公顷产干草 6452 kg，其中羊草占 99.2%；对照草场为 2113 kg，其中羊草仅占 10.7%。这样一来，低产的草场，就可以改造成高产优质的割草场。搜集兴安盟乌兰浩特市胜利机械林场浅翻改良羊草草地的共 8 年的资料（表 8-31），根据羊草种群密度的变化规律，用 Cui-Lawson 单种群新数学模型计算出羊草种群的增殖速度（表 8-32）。

表 8-31　羊草种群密度变化规律

年份	1979	1980	1981	1982	1983	1984	1985	1986
浅翻年限(t)	1	2	3	4	5	6	7	8
羊草密度(x)(株/m²)	151	155	157	209	257	331	354	358

表 8-32　羊草种群的增殖速度

浅翻年限(t)	1	2	3	4	5	6	7	8
羊草密度(x)(株/m²)	151	155	157	209	257	331	354	358
单种群增殖速度(dx/dt)	23.72	24.33	24.63	32.38	41.12	42.88	25.11	10.63

从表 8-32 中可以看出，羊草种群增殖速度可以分为 3 个阶段：浅翻后的第一年、第二年、第三年，羊草种群还没有稳定，不宜利用，否则会影响改良效果。浅翻后的第四年、第五年、第六年，羊草种群趋于稳定，生产力水平较高，是主要的利用时期。浅翻后的第六年以后，此时羊草增殖速度开始下降，一般不能利用。一次浅翻后的羊草草地在第四年开始利用为宜，可延续利用到第七年。第七年利用后要及时采取恢复措施，使

羊草恢复到前 4 年的水平。以后继续利用，利用 4 年后再采取恢复措施，这样才能解决草场的退化问题，实现良性运行。

8.3.3　种子定居促进网技术

种子定居促进网技术为乡土耐盐碱植物种子的定居和生长发育提供了基础，同时经济成本低廉，用此技术能够较快速地恢复中轻度盐碱地的乡土植被，可以彻底改变土壤的理化性质，令土壤的 pH 降低、含盐量减少、电导率减小、碱化度降低、水解 N 含量和有机质含量升高，达到治理盐碱地的目的。

中轻度盐碱化土壤浸淹盐渍化的强度及特点都与土壤表面的倾斜状况有关，当倾斜度在 0.006～0.01，小区地形变化不大，并且浸淹不严重时，表层土壤会出现季节性的可恢复的盐渍化。种子定居促进网技术，是依靠铺设的纤维网减缓风力，使表土中乡土耐盐碱植物种子可堆积在纤维网周围或内部，而后耐盐碱植物在盐碱斑上生长，因其生长速度快，生物量大，根系发达，所以，依靠乡土耐盐碱植物生长可自然积累有机质。土壤有机质含量的增加，使土壤结构发生变化，质地变疏松，透气性和储水能力增强，促进植物生长，形成良性循环，可通过植物自身生长演替恢复盐碱化土地。

种子定居促进网技术是将长度为 300～5000 cm、宽度为 15～100 cm、厚度为 2～5 cm、网眼为 (0.2～1.0) cm × (0.2～1.0) cm 的种子定居促进网以高 15～100 cm，沿垂直主风方向成行、圆形、长方形或不规则形状，用木棍或玉米秆以 1 m 的间隔，垂直固定在裸露盐碱地上或平铺在裸露盐碱地上。种子定居促进网采用可自然降解的环保植物性纤维或化学性纤维制成，植物性纤维是以麻、稻草或椰子壳为原料制成的，化学性纤维是以可自然降解的聚乙烯等材料制成的。通常多行设置种子定居网，促进植物种子随风定居。种子定居促进网的设置原理见图 8-9。

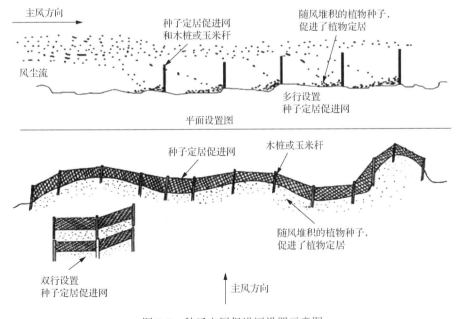

图 8-9　种子定居促进网设置示意图

对于轻度盐碱化土地，只在盐碱斑上铺设种子定居促进网，或是采用间隔排列的方式铺设种子定居促进网；而中度盐碱化土地上应全面铺设种子定居促进网（图 8-10）。中度和轻度盐碱地划分标准见表 8-33。

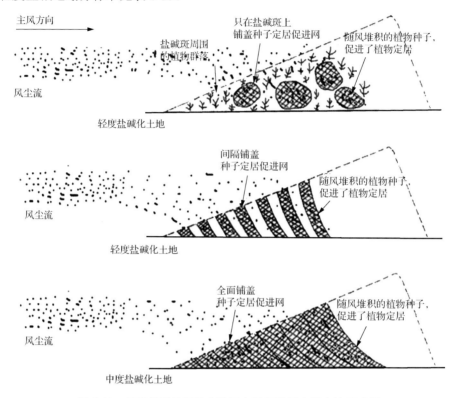

图 8-10　局部盐碱地斑块上种子定居促进网布设方法示意图

表 8-33　盐碱化程度的划分标准（%）

分类	划分指标	
	交换性钠百分率	盐碱斑率
轻度盐碱化土地	5～15	<30
中度盐碱化土地	15～30	30～50
重度盐碱化土地	30～50	50～70

春季风多且大，表土中的植物种子被风所携带，难以定居生长发育，靠自然力不能有效地快速恢复盐碱地的植被。在裸露盐碱地铺设种子定居促进网后，可以减缓风力，依靠由风所携带的被滞留在纤维网上的乡土耐盐碱植物种子(羊草、虎尾草、碱茅、野大麦)的自然生长发育来治理盐碱地。所用纤维材料可自然降解、绿色环保。此技术较传统，治理方法经济、快速、环保。

例如，利用适应能力强、根茎繁殖能力强的羊草进行中、轻度盐碱化土壤的生物治理时，关键是施用枯草的数量，枯草量过少对土壤理化性质的改变不明显，羊草不能生存；枯草量过多，也将影响羊草种子的出苗或萌芽，并造成人力、物力和财力的浪费。而采用种子定居促进网技术，可解决种子播种烦琐的问题，且种子定居促进网基质与枯草性质相似，可解决枯草用量难以准确把握的问题。并且，原本植被单一的盐碱地，使用种子定居促进网后可提高生物多样性和景观多样性，使生态系统稳定性增加，进入正常自然演替的良性循环。

种子定居促进网为乡土耐盐碱植物种子的定居、生长发育提供了基础，可以彻底改变土壤的理化性质，促进植物生长。

以碱茅为实验材料，观察盐碱地使用种子定居促进网前后的差异(表 8-34)。

表 8-34　铺设种子定居促进网后碱茅植被的变化

项目	密度(株/m^2)	盖度(%)
对照区	0.0	0.0
铺设纤维网区	2532	87.0

土壤的密度、容重、孔隙度、空气含量、含水率是其性质的重要指标。使用种子定居促进网后各指标均发生变化(表 8-35)。

表 8-35　铺设种子定居促进网后盐碱土物理性质的变化

项目	密度(g/cm^3)	容重(g/cm^3)	孔隙度(%)	空气含量(%)	含水率(%)
对照区	2.73	1.71	38.45	9.97	18.6
铺设纤维网区	1.56	0.71	75.34	54.31	36.6

土壤的 pH、含盐量、电导率、Na$^+$含量、碱化度是衡量盐碱化程度的指标，使用种子定居促进网后各指标均发生变化(表 8-36)。

表 8-36　铺设种子定居促进网后盐碱土化学性质的变化

项目	pH	含盐量(%)	电导率(dS/m)	Na$^+$含量(mg/100 g)	碱化度(%)
对照区	10.05	0.56	2.25	13.75	64.59
铺设纤维网区	7.89	0.24	1.26	8.34	29.45

松嫩草原降水后表层土中的可溶性盐分可被雨水淋溶至土壤深层。在短时间内可使表土层的含盐量降至 0.5%以下，pH 降到 8.5 以下。若能在雨季前掌握时机，选择播种一些根系较多、较深的耐盐或聚盐植物，并以种子定居促进网技术为背景，可使一年生植被较快得到恢复。中、轻度盐碱地治理涉及生态、经济和社会 3 个不同系统的各个方面，是人类开展大规模正向干扰生态环境，防治和抵御自然灾害，改造自然和利用自然的重要而复杂的人类活动。因地制宜地使用种子定居网技术，可有效实现中、轻度盐碱化土地的改良治理。其施工方法见图 8-11。

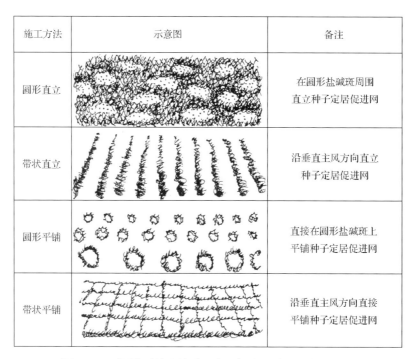

施工方法	示意图	备注
圆形直立		在圆形盐碱斑周围直立种子定居促进网
带状直立		沿垂直主风方向直立种子定居促进网
圆形平铺		直接在圆形盐碱斑上平铺种子定居促进网
带状平铺		沿垂直主风方向直接平铺种子定居促进网

图 8-11　不同盐碱地斑块种子定居促进网施工方法示意图

8.3.4　围栏封育

围栏封育是盐碱化草地自然恢复的有效方法。在盐碱化草场实行封育可使植物休养生息，植被进行正向演替，使盐碱化草地自然恢复到原貌。自 1989 年，在吉林省西部羊草草原上，选择盐碱化比较严重地段的 1 hm² 进行围栏封育，探索盐碱化草地在自然恢复过程中植被和土壤的演化规律。在 5 年时间内，定位观测了群落类型、群落结构、生产力及土壤理化性质的变化，逐年绘制植被类型图，进行比较分析(李建东和郑慧莹，1997)。

（1）植物群落的进展演替过程

在封育后，群落类型会发生相应的改变。封育两年后，光碱斑基本消失，盐碱化严重地段几乎完全被碱蓬群落所占据。随着封育时间的进展，生态环境不断改善，碱蓬群落逐渐被虎尾草、獐毛、碱茅群落所代替。5 年后，围栏内碱蓬群落的面积减少了 70%～80%。

虎尾草群落首先出现在碱蓬群落中，虎尾草是一年生植物，靠种子繁殖，其数量逐年增加，逐渐形成以虎尾草为主的单优势群落。虎尾草的出苗和生长受年降雨量的影响较大，在雨量充沛的年份，可迅速生长，形成较大面积的虎尾草群落；在雨量较少的年份，群落扩展受到一定限制，优势面积可能会缩小。因此，碱蓬群落和虎尾草群落属于碱化草地自然恢复的先锋植物群落阶段。

碱茅群落首先出现在羊草群落的外围及水分条件较好的低洼地段，然后不断向外扩散。碱茅群落的扩散速度缓慢、均匀，平均每年以 0.3 m 的速度向外扩展。碱茅为丛生禾草，分蘖能力强，在土壤结构和水分良好的条件下，每株可分蘖 8～30 个新个体。在封育 5 年后，碱茅群落的面积比原来扩大 3~5 倍。

獐毛群落扩散速度较快。而扩展方向表现出不均一性，主要受微地形、土壤水分状况的影响。每年大约以 1 m 的速度向前推进。獐毛具有匍匐根茎，再生能力强，在水分条件良好的情况下，根茎沿地表可伸长 1~2 m，每个根茎节上可生长出新的植株。獐毛群落的面积比封育前增加了 10~15 倍。獐毛群落发展的规律是开始时面积逐渐增加，随着生态环境的改善，羊草群落不断发展，最终被羊草群落所取代。

虎尾草群落、碱茅群落、獐毛群落，在盐碱化草地自然恢复中，是一个重要的群落演替阶段，在土壤的形成和有机质积累中起着重要作用。为羊草的侵入创造了良好的生境条件。

羊草群落的扩展具有一定的规律性。其扩展方式有两种，一是在群落的边缘出现虎尾草、碱茅或獐毛群落，为其扩散创造生境条件，然后羊草逐渐向前扩展，代替虎尾草、碱茅、獐毛群落。这一过程发生在土壤条件较差、碱化度较高的地段，扩展速度比较缓慢，每年平均以 0.2~0.5 m 的速度向前推进。

二是羊草群落的自身扩散过程，羊草群落的形成和发展是盐碱化草原自然恢复的核心。这一发展过程是以原生群落为基础向外扩展分布的。在封育区内选择 10 个大小不等的羊草群落，观测其发展过程(表 8-37)。

表 8-37　羊草群落的发展(李建东和郑慧莹，1997)

| 时间 | 群落面积 (m²) | | | | | | | | | | 合计 |
	1	2	3	4	5	6	7	8	9	10	
封育前	0.5	0.4	4.2	2.1	1.2	1.3	51	0	0.8	12.4	73.9
封育 5 年	1.4	1.9	8.1	3.6	1.5	2.4	72	0.4	1.7	16.7	109.7
扩展面积	0.9	1.5	3.9	1.5	0.3	1.1	21	0.4	0.9	4.3	35.8

通过对 10 个羊草群落封育前和封育 5 年后的面积进行测量，结果表明，羊草群落本身在自然状态下不断扩展。封育 5 年后，其面积比原面积扩大了 48.4%，平均每年每个群落扩展 0.716 m²。羊草是根茎型禾草，以根茎繁殖为主，在土坡状况适于生长的条件下，根茎向外扩展形成新的个体，占据新的空间。盐碱化草地最终要恢复到羊草草原，其恢复时间取决于盐碱化程度。在该实验区内，碱化面积约占 50%，如果按着羊草群落演替和自身扩散的速度，完全恢复到以羊草群落为主的植被，需要 8~10 年。

调查和研究结果表明，松嫩平原盐碱化草地植被进展演替的规律，因碱化程度不同，群落类型不同，以及土壤条件和微地形的差异，主要有以下几种演替形式。

Ⅰ. 碱蓬群落→虎尾草群落→羊草+虎尾草群落→羊草群落。

Ⅱ. 碱蓬群落→碱茅群落→羊草+碱茅群落→羊草群落。

Ⅲ. 碱蓬群落→獐毛群落→羊草+獐毛群落→羊草群落。

Ⅳ. 羊草群落的自身扩展过程。

在盐碱化草地植被自然恢复过程中，群落演替可划分为 3 个主要阶段：①盐碱植物群落阶段；②羊草+盐碱植物群落阶段；③羊草群落阶段。无论是哪种演替类型，最终目的都是恢复羊草草原的本来面目，形成以羊草占优势的稳定群落。

(2)植物群落的结构变化

盐碱化草地在自然恢复过程中，不但群落类型会发生改变，其群落结构也会随着封育时间的推移而发生相应的变化。5 年内，在植物生长旺季的 8 月初，对羊草群落的高度、盖度，以及羊草种群的综合优势度和群落的产量进行了定位调查(表 8-38)。

表 8-38　羊草群落的结构变化(李建东和郑慧莹，1997)

时间	高度(cm)	盖度(%)	羊草种群综合优势度(%)	产量(g/m²)
封育前	46	50	55	130
第一年	50	50～55	60	151
第二年	57	55～60	75	168
第三年	64	60～70	80	198
第四年	70	70～80	90	241
第五年	75	>80	100	299

从表 8-38 中的数据变化可以看出，盐碱化草地封育后，羊草群落的结构发生明显的改变，群落高度平均每年增加 5～6 cm；群落的盖度由封育前的 50%增加到 80%以上；5 年后群落中羊草种群综合优势度达 100%；群落的产量由原来的 130 g/m² 提高到 299 g/m²，增加了 1.3 倍，平均每年增加 18.1%。对盐碱化草地进行围栏封育，不仅可以使羊草群落的面积不断扩大，群落的结构也会发生相应的变化，各项指标均有不同程度的提高，特别是产量，提高幅度较大。可见长期封育休闲，是恢复退化、盐碱化草地的有效措施(祝廷成和李建东，1974)。

在植被恢复过程中，不同演替阶段群落的结构，随着进展演替发生相应的变化。总的趋势是群落的种类组成由简单到复杂，高度增加，层次分化，盖度增大，产量不断提高，群落结构向复杂稳定的方向发展。对不同演替阶段群落结构的主要指标进行比较分析(表 8-39)，探讨随着群落的演替，不同演替阶段群落结构的差异。

表 8-39　不同演替阶段群落结构的比较(李建东和郑慧莹，1997)

群落	高度(cm)	盖度(%)	多样性指数	产量(g/m²)	叶/茎
碱蓬	20	50	0.020	120	1.65
獐毛	30	65	0.322	223	0.77
碱茅	60	60	0.322	208	0.36
虎尾草	40	70	0.312	245	0.87
羊草+碱茅	60	70	0.534	231	0.43
羊草+獐毛	55	70	0.591	246	0.88
羊草+虎尾草	50	75	0.664	265	1.09
羊草	75	80	0.764	299	0.90

碱蓬群落首先出现在极度碱化的裸地上,群落种类极为简单,仅有 1～2 种伴生植物,并常以成片的单一种群的形式出现,植物物种的多样性指数仅为 0.20,群落高度为 20 cm。层次简单,仅有一层,生产力较低,产量仅为 120 g/m^2,地表大部分裸露。

当演替到獐毛和碱茅群落阶段,植物的种类有所增加,两个群落的多样性指数均为 0.322,种的饱和度为 4 种/m^2。獐毛种群密度在 8 月可达 1012 株/m^2;碱茅种群密度为 1415 株/m^2。群落盖度一般为 60%～65%。与碱蓬群落相比,两个群落的结构发生了较为明显的变化,反映出植物群落的生境条件得到了相应的改善。

虎尾草群落侵入碱蓬群落后,逐渐形成以虎尾草为优势的群落,种类组成也较为简单,多样性指数为 0.312,每平方米 2～4 种,盖度可达 70%,高度为 40 cm,没有明显的层次分化,但产量较高,可达 245 g/m^2,是碱蓬群落的 2 倍。

存在着几个过渡类型,羊草+虎尾草、羊草+獐毛、羊草+碱茅群落,它们较单一的虎尾草、獐毛和碱茅群落更加复杂。群落中植物种类明显增加,每平方米 5～8 种,物种的多样性指数分别为 0.664、0.591、0.534。由于羊草的出现,群落的高度有了明显的增加,一般可分为两层,上层高 50～60 cm,下层高 20～30 cm。群落盖度均在 70%左右。3 个群落产量差别不大,约为 250 g/m^2,比单一的虎尾草、獐毛、碱茅群落的产量提高了约 10%。

以羊草为优势种的群落结构与其他群落相比最为复杂,群落的各项指标均发生明显的变化。使群落结构更加趋于稳定合理。种类成分较复杂,每平方米可达 15 种,多样性指数增加到 0.764。高度平均为 75 cm,生殖枝高度可达 80～100 cm,群落盖度可达 80%,产量可达 300 g/m^2 左右。

以上分析表明,在盐碱化草地自然恢复的植被进展演替过程中,群落的结构在不同演替阶段发生了较为明显的改变。种类组成和多样性指数是群落的主要特征之一,是群落与环境间相互作用的综合反映。通过比较可以看出,种类最复杂的是羊草群落,其次是羊草+盐碱植物群落,几个单优势种的盐碱植物群落的多样性指数均较低。基本上反映出在植被自然恢复中,群落的组成越来越多样化。

群落的生产力是群落生物学特性与生态环境综合作用的结果,它可作为退化和盐碱化草地自然恢复程度的一个基本指标。从表 8-39 中可以看出,群落生产力的变化规律为:羊草群落＞羊草+虎尾草群落＞羊草+獐毛群落＞虎尾草群落＞羊草+碱茅群落＞獐毛群落＞碱茅群落＞碱蓬群落。生产力变化基本上是随着进展演替的方向不断提高。

草场质量也是衡量盐碱化草地自然恢复程度的一个重要指标,它代表着草地优良牧草的种类和数量。不同演替阶段群落的营养物质生产能有效地反映不同群落牧草质量的高低。牧草产量和质量是评价草地优劣的基础。

对不同演替阶段群落的主要营养成分分析表明(表 8-40),几个盐碱植物群落的粗蛋白质含量除碱茅群落较高外,碱蓬、獐毛和虎尾草 3 个群落的含量均较低,在 7%～11%。4 个盐碱植物群落的粗脂肪含量均低于其他群落。在羊草+盐碱植物群落的几个过渡类型中,粗蛋白质含量均在 10%以上。羊草+碱茅群落高达 16.97%,粗脂肪的含量也相应得到提高。

表 8-40　主要群落的草群营养成分分析(%)(李建东和郑慧莹，1997)

群落	生育期	粗蛋白质含量	粗脂肪含量	粗纤维含量	无氮浸出物含量	粗灰分含量	Ca 含量	P 含量
羊草	8 月上旬	18.67	3.68	35.44	25.87	6.35	0.47	0.63
羊草+虎尾草	8 月上旬	12.94	3.09	33.26	33.26	6.04	0.39	0.27
羊草+獐毛	8 月上旬	13.86	3.03	29.31	29.36	12.19	0.56	0.47
羊草+碱茅	8 月上旬	16.97	2.82	32.28	32.28	7.09	0.34	0.35
虎尾草	8 月上旬	7.22	1.96	29.11	42.75	7.84	0.37	0.07
獐毛	8 月上旬	9.04	2.37	23.17	47.38	18.04	0.77	0.08
碱茅	8 月上旬	16.45	2.51	31.09	40.92	5.27	0.27	0.11
碱蓬	8 月上旬	10.96	2.31	18.96	64.70	—	0.59	0.18

　　羊草群落蛋白质含量最高，为 18.67%，与几个盐碱植物单优群落相比提高了 13.5%～159%。粗脂肪含量为 3.68%，提高了 46.6%～87.8%。其他营养物质 Ca、P 的含量也较丰富。从营养物质的季节动态来看，羊草群落各营养期中的含量均较高，在各月份的波动较小；其他群落营养物质含量除 8 月峰值外，其他月份均较低。特别是碱蓬和虎尾草群落，它们在雨季来临时才开始生长，生育期较短，营养物质的相对生产量较低。

(3) 土壤的演变过程

　　盐碱化草地在自然恢复过程中，土壤的演变与植被的演替几乎是同时发生的。土壤的形成促进了群落的发展，群落发展又反作用于土壤，加快了土壤理化特性向着利于群落发展的方向转化，二者相辅相成，紧密联系。

　　对不同群落演替阶段土壤理化性质的分析表明，伴随着群落的发展，土壤理化性质的主要指标均得到改善，为植物的定居、生长发育和繁殖提供良好的土壤环境(表 8-41)。

表 8-41　不同群落演替阶段土壤的理化性质(李建东和郑慧莹，1997)

群落	pH	碱化度 (%)	可溶性盐含量 (%)	Na+ 含量 (mg/100 g)	总孔隙度 (%)	土壤容重 (g/cm3)	饱和导水率 (mm/min)	有机质含量 (%)
光碱斑	10.05	77.8	0.546	13.75	34.4	1.78	0.01	0.53
碱蓬	9.79	64.5	0.498	12.10	37.6	1.67	0.02	0.87
虎尾草	9.68	53.2	0.425	9.84	44.5	1.48	0.108	1.16
獐毛	9.64	57.8	0.433	11.30	42.0	1.62	0.90	1.21
碱茅	9.72	60.4	0.437	10.60	38.1	1.58	0.81	1.06
羊草+虎尾草	9.00	40.3	0.389	8.30	42.3	1.56	—	1.29
羊草+獐毛	9.13	38.2	0.347	8.24	45.1	1.64	—	1.52
羊草+碱茅	9.20	45.6	0.403	8.75	40.4	1.59	—	1.24
羊草	8.50	28.9	0.220	5.09	46.4	1.42	0.15	1.85

　　在盐碱化严重的光碱斑上，土壤环境极为恶劣，土壤 pH 高达 10 以上，碱化度为77.8%。盐分含量极高。土壤结构紧密，土壤容重大，孔隙度小，通气透水性差，土壤贫

瘠，有机质含量仅为 0.53%。在这种环境条件下，植物是很难生长发育的。

当碱蓬群落出现在碱斑上后，土壤条件略有改善，pH 下降到 9.79，碱化度也有所降低。碱蓬群落被虎尾草、獐毛或碱茅群落取代后，pH 变化不明显，均在 9.6 以上，碱化度在 50%～60% 变化，含盐量略有下降。土壤开始变得疏松，容重变小，而有机质含量明显增加。

在羊草+盐碱植物的几个过渡类型中，土壤理化性质有进一步的改善，与单一盐碱植物群落相比较，pH 已降到 9.0 左右，碱化度下降为 38%～46%。可溶性盐和 Na^+ 含量下降幅度比较大，可溶性盐含量在 3.4～4.1 变化，Na^+ 含量下降到 8.5 左右。土壤结构更加疏松，有机质含量得到相应提高。

当演替到羊草群落时，土壤的理化性质得到明显改善。土壤 pH 已降到 8.5，碱化度为 28.9%，已由强碱化土壤变到中度碱化土，盐分含量比光碱斑下降了 59.7%。Na^+ 的含量是土壤盐碱化程度的一个重要评价指标，土壤的盐碱化就是指超过一定数量的 Na^+ 借盐基交换作用进入土壤吸收性复合体的过程，在积盐和脱盐过程中形成了盐碱土。土壤溶液中 Na^+ 含量的减少，使其交换能力降低，土壤盐碱化得到缓解。在土壤演化过程中，Na^+ 含量随着群落的进展演替呈降低趋势，羊草群落土壤中 Na^+ 的含量仅为 5.09 mg/100 g，比光碱斑下降了 63%，这标志着土壤的盐碱化程度得到了明显的改善。

土壤水盐运动是盐渍土壤演变过程的核心。作为影响草地植被的重要因素，在一定条件下，土壤的水盐运动也是植物群落演替的动力。土壤盐分积累受土壤的渗透性和吸水能力的制约。土壤渗透性与土壤的质地、结构状况有关。羊草群落的土壤有较好的团粒结构，孔隙状况良好，所以导水率较高；而盐碱植物群落，土壤碱化度高，土粒高度分散，质地黏重，导水率通常较低，所以在一定时间内，土壤水的入渗积累量远小于羊草群落。羊草群落由于土壤的渗透性好，导水率高，入渗量大，随着水流向下运动，必然会使表层土壤中的盐分向下淋溶和迁移。

在土壤演化过程中，有机质的积累对改变土壤理化性质起着重要作用。随着土壤有机质含量的增加，土壤的几个盐碱化指标，碱化度、pH、含盐量均呈下降趋势。对代表土壤盐碱化程度的指标(碱化度)与有机质含量的相关关系分析表明，碱化度与有机质含量呈指数负相关。随着有机质含量的增加，土壤的结构变得越来越疏松，容重变小，孔隙度增大。分析表明，土壤孔隙度与有机质含量呈线性正相关。可见土壤有机质含量不仅是土壤肥力的重要指标，它还与土壤的结构、渗透性、吸附性及缓冲性能等理化特性有十分密切的关系。因此，增加土壤有机质含量是改良盐碱土的有效途径之一。

在自然状态下，群落的生产力不仅取决于群落的结构和功能，它还可以反映盐碱化草地土壤演变过程中理化特性的变化动态。随着植被的恢复，有机质的含量不断增加，改善了土壤的营养状况，促进了土壤团粒结构的形成，降低了土壤盐碱化程度，为植物生长创造了良好的生态环境，生产力不断提高。对群落产量与土壤有机质含量的相关分析表明，植物生长与有机质含量关系最为密切，群落产量与有机质含量呈极显著的指数正相关关系。

随土壤 pH 和电导率的升高，群落产量呈指数形式递减，说明土壤中的盐碱含量是限制植物生长的主要因素。要想治理盐碱化草场，首先应寻求降低表土层(0～30 cm)的

pH 和含盐量的方法。

综上所述，盐碱化草地在恢复过程中，植被的变化是由盐碱植物群落最终演替为以羊草为主的群落，恢复羊草草地的原貌。群落结构趋于合理，生产力趋于稳定。表土层逐渐恢复，由板结到疏松，由贫瘠到肥沃，适于羊草群落的生长发育。因此，围栏封育是治理盐碱化或退化草地的有效方法，简单易行。但似乎与畜牧业的发展相矛盾，围栏封育减少了草地有效利用面积，使载畜量减少，影响畜牧业发展。但从长远的角度来看，并非如此，如果我们无止境地对草地进行掠夺式利用，那么最终草地资源将枯竭，就无从提及畜牧业发展。但我们也要根据实际情况，对不同程度退化、盐碱化草地采取不同的封育方式和封育时间，使封育和利用交替进行，解决封育和利用的矛盾。使草地既能得到充分利用，又能给予牧草充分的养息和自然更新的时间。

8.4　盐碱化草地改良技术集成

退化盐碱化草地的自然恢复是一个漫长的过程，可能要经过多个阶段才能恢复到该地区稳定的顶极群落。而随着人口膨胀和土地退化，对于日益尖锐的矛盾来说，完全依靠自然恢复来对盐碱化草地进行恢复是不可行的。而就现在的经济状况来说，将所有的草地改建为人工草地，进行集中的整治和管理，是不切实际的。因此，只能人为地干预盐碱化草地的演替过程，这是盐碱地改良的初衷，也是改良的最终目的。对于不同地域的改良方法来讲，无论是从改良的主体(植被)入手，还是从改良主体的周边环境入手，一个好的、值得采纳的改良方法，看重的不仅仅是改良效果，还应该从当地的环境状况，改良所用的经济投入与获得的经济产出，改良后的生态效益及恢复价值等多方面进行考究。

物理、化学、生物及水利等多种改良方法，各有其优点及缺点。

化学改良方法对于盐碱化土地的改良还是很有效果的，且见效速度很快，但是其成本高，不太适于大面积改良，但是对于光碱斑和重度盐碱化土地等破坏严重的地域来说，施用化学改良试剂后，草地在短期内就可以得到恢复，而其所带来的经济学效益和生态学效益还是很理想的。

物理改良方法，如翻土、耙地等措施，很方便大面积的机械化作业，适于改良大面积盐碱化土壤。但是，翻土和耙地虽会改善土壤状况，也会破坏地表植被，一般短期内很难呈现出良好的改良效果。另外，对于一些非常容易形成盐碱化土壤的地域，减少植被对地表的保护，有时反而会起到相反的作用。因此，对于重度盐碱化土地，常常不建议单独使用翻地等简单物理改良措施。物理改良方法常常与其他改良方法一起使用，如翻耕+补播、翻耕+石膏、筑坝+施枯草、打垄+铺秸秆。有了物理改良方法的介入，往往要比单独施用一种方法见效快、作用强。翻耕可以让化学药剂和土壤充分混合；打垄可以截留牧草种子，还可以蓄水，起到对枯草、秸秆等的固定作用，使枯草、秸秆等腐蚀后产生的有机质不会被地表径流或风带走。

生物改良途径投入少，成本低，易于推广。在次生光碱斑呈斑块状分布的地段，可以利用周围植被残体对碱斑地段改良，帮助其恢复。生物改良方法对于控制盐碱斑面积的扩大更具有优越性，适于面积相对较小的区域。但是有地域性的限制，例如，铺放秸秆等措施，利于在玉米高产地区施用，否则，长途的运输会大大增加其成本。

水利措施对于改良盐碱化土地有很好的效果，可以达到良好的洗盐效果。而且，一般都是单次投入，长期受益，且可以结合种稻、养鱼等措施来增加收益。但是水利工程很大限度地受到水资源的影响，在水资源匮乏的地区，水利工程技术是非常不适宜的。

基于不同改良技术的利弊，在对目标地域进行改良的前期就要对该地段进行调查，包括：盐碱地的碱化类型、碱化程度、降水、排水、地下水位，以及该地域的经济及工业农业状况。详细的调查更有利于更优化的盐碱化土壤改良技术的选择和实施。同时，在多种改良技术之间，有人提出集成改良技术，利用多种改良技术的集成，也许可以弥补不同改良的缺陷，达到互补的作用及效果。

8.4.1　松嫩平原盐碱化草地生态修复模式

在松嫩平原的盐碱化草地已经开展了多种生态修复模式研究，以下为几种基本模式。

(1)人工促进恢复模式

依据不同的盐碱化程度进行种草恢复治理：重度盐碱化草地可种植星星草+施用粉煤灰(浅翻轻耙)；中度盐碱化草地可种植披碱草(*Elymus dahuricus*)(浅翻轻耙)，或者羊草(浅翻轻耙)，或者羊草+草木犀(浅翻轻耙)；轻度盐碱化草地可种植羊草+草木犀+施用厩肥(浅翻轻耙)，或者种植紫苜蓿+施用厩肥(浅翻轻耙)。

(2)生态制剂恢复模式

依据不同的盐碱化程度进行施用生态制剂恢复治理：重度盐碱化草地——星星草+生态制剂(浅翻轻耙)；中度盐碱化草地——披碱草+生态制剂(浅翻轻耙)，或者羊草+生态制剂(浅翻轻耙)，或者羊草+草木犀+生态制剂(浅翻轻耙)；轻度盐碱化草地——羊草+草木犀+生态制剂(浅翻轻耙)，或者紫苜蓿+生态制剂(浅翻轻耙)(曾昭文等，2009)。

(3)技术流程

根据松嫩草地盐碱化程度的不同，重度盐碱化区选择种植抗碱性较强的星星草；中度盐碱化区选择种植羊草、披碱草或羊草+草木犀混播。轻度盐碱化区建立以羊草、紫苜蓿为主的人工草地。

1)整地

根据改良草地的自然条件及盐碱土的特征，选择种植不同的耐盐碱植物，采取不同的耕作方式。一般以采用 8～10 m 的浅翻轻耙为宜。翻垡整齐，耕后土壤要进行细碎和平整。

2)施用生态制剂

根据盐碱化程度加入粉煤灰或生态制剂，施用方法是将生态制剂与土壤充分混合，施用量视盐碱化程度而定，一般以 30～50 kg/亩为宜。

3) 播种技术

羊草——选择羊草种子时，要求种子纯度在 90% 以上，发芽率不低于 20%，播种量一般为每亩 5 kg。分春播或夏播，夏播一般在 5 月下旬至 6 月下旬，采用 24～48 行播种机，15 cm 条播，亩播种量为 4 kg，覆土深度为 2.5～3 cm，播后要镇压 1～2 次，要求保证苗密度 >30 株/m²。

星星草——要求种子的纯度在 95% 以上，发芽率在 90% 以上。在雨季进行播种，采用 24～48 行播种机，15 cm 条播或撒播，亩播种量为 5 kg，覆土深度为 0～5 cm，播后镇压一次。

披碱草——每亩播种量为 3 kg，覆土深度为 2～3 cm，播后要求镇压一次。其他同羊草。

羊草和草木犀混播——要求选择的羊草种子纯度在 90% 以上，草木犀种子纯度在 95% 以上，种子混合比例为 2∶1。用 24～48 行播种机，15 cm 条播，覆土深度为 2～3 cm，播后镇压。

紫苜蓿——播种期一般为春播 4 月初至 5 月初，夏播 6～7 月，每亩播种量为 1.5 kg，覆土深度为 2～3 cm，播后镇压一次。

4) 田间管理

要及时清除杂草，防止草荒。可采用人工锄草或机械锄草，选择适宜的除草剂消灭田间杂草。根据情况可在苗期进行施肥或适当灌溉。

(4) 改良效果

黑龙江省科学院自然与生态研究所于 1999 年在大庆市大同区建立了各种改良试验模式区，取得了良好效果。在重度盐碱化草地，植被盖度达 75%～80%，碱斑减少率达到 70%～75%；中度盐碱化草地，植被盖度达 85%～90%，碱斑减少率达到 80%～85%；轻度盐碱化草地，植被盖度达到 95% 以上。

星星草高度为 55～60 cm；羊草为 75～80 cm；紫苜蓿为 50～60 cm；草木犀为 120～140 cm，披碱草为 50～55 cm。

星星草生物量为 4000 kg/hm²；紫苜蓿为 4500 kg/hm²；草木犀为 8500 kg/hm²；羊草为 5250 kg/hm²；披碱草为 2500 kg/hm²，其中以羊草+草木犀混种的生物量最高，可达 10 000 kg/hm² 以上。

实践证明，生态修复模式及其集成技术是改良盐碱化草地的有效方法，易操作、效果好，易于推广其应用价值，生态效益、经济效益和社会效益显著。

8.4.2　振动深松技术与生化制剂模式

蓄水保墒技术是以振动深松盖土为支持的技术，其目的是在土壤不被翻动的基础上使土体整体变得蓬松，松土率可达 70% 以上。该技术可有效打破坚硬的犁底层，熟化生土层，重新组合土壤团粒结构，调节土壤水肥气热条件，为作物根系发育和生长创造良好的环境。同时施用盐碱土生化改良剂(康地宝等)。曲璐等(2008)对松嫩平原的重度盐碱化土地进行了蓄水保墒技术和化学改良相结合的集成改良技术实验。

曲璐等(2008)的实验表明,在深松基础上,土壤的 pH 随改良剂施用量的增加而逐渐降低,其含盐量及毒害离子(Na$^+$)含量也相对减少,土壤的养分含量也增加,改良后土壤的理化性质趋向良性发展。经过 3 年的连续实验,获得了较好的改良效果,其鲜草产量增加了 10 倍以上,草场羊草的平均株高为 62.5 cm,覆盖率达 80%(表 8-42);同时,其种群丰富度有所增加,野生的野稗(*Echinochloa crusgalli*)、猪毛蒿(*Artemisia scoparia*)、韭(*Allium tuberosum*)等 20 种野生植被再现芳踪。而在不考虑骨干工程投资的条件下,该改良技术每公顷投入 1500 元左右,一次投入后可在 5~7 年获得收益,其产出比为1∶5~1∶10,效益十分显著。

表 8-42　改良前后各年牧草鲜草产量及平均株高

改良时间(年)		1	2	3	4	5
振动深松+生化试剂(7.5 kg/m²)	鲜草产量(t/hm²)	3.80	5.62	11.63	9.02	8.27
	平均株高(cm)	36.5	43.2	62.5	62.0	64.0
对照区	鲜草产量(t/hm²)	0.70	0.50	0.43	0.77	0.72
	平均株高(cm)	21.0	20.0	11.5	28.7	25.0

蓄水保墒技术与生化改良技术的紧密结合,改变了传统的改良方法的投资大、见效不明显等弊端,其技术实用、操作简单、投资少,改良后,无论其经济效益还是生态效益都是十分可观的。

从该实验中可以看到,集成的改良技术,往往要比单独使用的改良技术见效更快,效果更明显,成本也相对较低。一般来说,物理改良方法是其他改良方法的基础,其对地域的改变一方面可以帮助改良物质与土壤的结合;另一方面,其破坏了板结的地表,为水和其他养分的交换提供了通道。

参 考 文 献

陈自胜, 赵明清. 1989. 退化羊草草场松土与施肥的研究. 牧草与饲料, (4): 28-29.

陈自胜, 赵明清, 孙中心. 1993. 松嫩平原退化草场改良技术研究. 牧草与饲料, (4): 19-22.

郭继勋, 姜世成, 孙刚. 1998a. 松嫩平原盐碱化草地治理方法的比较研究. 应用生态学报, 9(4): 425-428.

郭继勋, 马文明, 张贵福. 1996. 东北盐碱化羊草草地生物治理的研究. 植物生态学报, 20(5): 478-484.

郭继勋, 孙刚, 马文明, 等. 1998b. 东北羊草草原盐碱斑的自然恢复. 东北师大学报(自然科学版), (2): 61-64.

郭继勋, 张宝田, 温明章. 1994. 盐碱化草地的物理及化学方法改良. 农业与技术, (3): 9-11.

郭继勋, 祝廷成. 1992. 东北地区羊草草原主要群落立枯-凋落物动态比较研究. 植物学报, 34(7): 529-534.

郭晓云, 周婵, 杨允菲, 等. 2005. 松嫩草原碱化草甸朝鲜碱茅光合生理生态特性的研究. 东北师大学报(自然科学版), 37(3): 73-76.

何念鹏, 吴泠, 姜世成, 等. 2005. 播种虎尾草对松嫩草地次生光碱斑治理的初步研究. 草业学报, 14(6): 79-81.

何念鹏, 吴泠, 周道玮. 2004. 扦插玉米秸秆对光碱斑中虎尾草和角碱蓬存活率的影响. 植物生态学报, 28(2): 258-263.

黄立华, 梁正伟. 2008. 直播羊草在不同 pH 土壤环境下的离子吸收特性. 中国草地学报, 30(1): 35-39.

黄立华, 梁正伟, 马红媛. 2008. 移栽羊草在不同 pH 土壤上的生长反应及主要生理变化. 中国草地学报, 30(3): 42-47.

姜世成. 2010. 松嫩盐碱化草地水盐分布格局及盐碱裸地植被快速恢复技术研究. 长春: 东北师范大学博士学位论文.

李朝刚, 杨虎德, 胡关银, 等. 1999. 干旱高扬黄灌区盐碱地恢复治理. 干旱区研究, 16(1): 57-62.

李建东, 郑慧莹. 1997. 松嫩平原盐碱化草地治理及其生物生态机理. 北京: 科学出版社: 231-236.

马鹤林, 云锦凤, 宛涛, 等. 1992. "农牧一号" 羊草生物学性状及主要经济性状表现. 中国草地, (2): 1-5.

牛东玲, 王启基. 2002. 盐碱地治理研究进展. 土壤通报, 33(6): 449-454.

齐宝林, 侯广军. 2012. 吉农朝鲜碱茅改良盐碱地旱作栽培技术的研究. 牧草与饲料, 6(1): 37-39.

曲璐, 司振江, 黄彦, 等. 2008. 振动深松技术与生化制剂在苏打盐碱土改良中的应用. 农业工程学报, 24(5): 95-99.

盛连喜, 马逊风, 王志平. 2002. 松嫩平原盐碱化土地的修复与调控研究. 东北师大学报(自然科学版), 34(1): 35-40.

王春娜, 宫伟光. 2004. 盐碱地改良的研究进展. 防护林科技, (5): 38-41.

王克平, 闫日青, 吴向荣. 1993. 四种优良牧草的快速繁殖. 中国草地, (4): 44-49.

杨允菲, 郑慧莹. 1998. 松嫩平原碱斑进展演替实验群落的比较分析. 植物生态学报, 22(3): 214-221.

曾昭文, 焉志远, 赫赤, 等. 2009. 松嫩盐碱化草地生态修复模式及集成技术. 国土与自然资源研究, (2): 60-62.

张宝田, 王德利. 2009. 移栽羊草改良松嫩平原碱斑的方法研究. 东北师大学报(自然科学版), 41(3): 97-100.

郑慧莹, 李建东. 1999. 松嫩平原盐生植物与盐碱化草地的恢复. 北京: 科学出版社.

祝廷成, 李建东. 1974. 草库伦. 植物学杂志, (3): 8-12.

Kelley W P. 1951. Alkali Soils. 北京: 科学出版社.

第9章 耐盐碱植物种质资源与利用

我国地域辽阔，自然地理环境和气候差异很大，从南到北依次分布有热带、亚热带、暖温带、中温带和寒温带；从东到西出现海滨、平原、低山、高山和沙漠等多种自然景观。多样化的自然环境孕育着丰富的植物资源。其中，有些植物具有较强的耐盐碱能力，能生长在一定盐渍化的生境中，这类植物一般统称为盐生植物。据统计，我国有盐生植物 502 种，约占世界盐生植物种类的 1/4（赵可夫和范海，2005）。这些生存于盐碱环境下的植物，在漫长的自然选择过程中获得了适应盐碱环境的许多优良特性，蕴藏着丰富的遗传基因，其独特优异的耐盐碱、抗寒和抗旱等抗逆基因，在改良和培育耐盐碱作物、牧草品种，以及种质创新方面均具有重要的潜在价值。

面对不断增长的粮食需求和日益减少的耕地资源，利用盐生植物开发盐渍土资源，提高土地资源利用效率是解决土地资源短缺和环境恶化问题的有效途径之一；同时，对于保障粮食安全也具有重要意义。松嫩平原的盐生植物资源非常丰富，认知、开发和利用盐生植物资源，综合治理盐渍化土壤，已成为该地区农业发展及环境治理中亟待解决的重要课题，并在区域经济发展、土地荒漠化治理和保障我国东北地区生态安全方面具有不可替代的作用。

9.1 盐生植物及盐生植物资源

9.1.1 盐生植物

耐盐碱植物是可以在盐渍环境中良好生长的植物，它们具有较强的抗盐能力，可以通过不同生理途径减少或抵消盐分对植物的伤害作用，从而维持正常的生理活动。关于盐生植物的定义有很多。在 1980 年 Greenway 等给出了一个界定生境中含盐量的盐生植物定义——盐生植物是能在渗透势低于 0.33 MPa（相当单价盐 70 mmol/L）的土壤中正常生长发育并完成生活史的植物。通常也把这类植物称为真盐生植物或专性盐生植物。还有些植物在非盐碱地和盐碱地上均可生长发育，这类植物称为耐盐植物或兼性盐生植物。与盐生植物相对应的是非盐生植物，它们在盐碱生境中不能正常生长，也不能完成其生活史。

根据盐生植物的抗盐生理机制及其形态和生态学特点，可将盐生植物区分为 3 个类型，即聚盐植物、泌盐植物和拒盐植物（杨允菲和祝廷成，2011）。

（1）聚盐植物

聚盐植物适应在强盐渍化土壤上生长，能从土壤中吸收大量盐分并贮存在植物体内。另外，除大量聚盐外，这类植物在一定盐浓度范围内，其生长状况与环境盐浓度呈正相关。

这类植物适应高盐分生境的途径是肉质化的叶、茎细胞可以吸收、贮存大量水分。

一方面，可以克服植物在盐渍条件下因吸水不足而造成的水分亏缺，更重要的是可以将植物从外界吸收到体内的盐分进行稀释，使其浓度降低到不足以致害的水平；另一方面，通过细胞离子区域化作用，将吸收到体内的盐离子转运到细胞的特定部位——液泡，降低盐离子对细胞质中重要细胞器和重要酶的毒害作用，同时增大细胞液浓度，降低细胞水势，提高其抗渗透胁迫能力和吸水能力。聚盐植物大部分属于藜科，如碱蓬属(*Suaeda*)、盐角草属(*Salicornia*)、盐爪爪属(*Kalidium*)等。松嫩平原上的聚盐植物主要是碱蓬属和滨藜属(*Atriplex*)的一些植物。例如，角碱蓬(*Suaeda corniculata*)的叶子较小，线性肉质，叶子表面被有厚厚的角质层，这是一种良好的保护结构，可降低水分的过度蒸腾；叶肉中贮水组织发达，细胞内有贮存盐分的"盐泡"，可将有害的盐类贮存起来，以避免盐离子对植物体的毒害。

(2) 泌盐植物

泌盐植物的根细胞对于盐离子的通透性很大，能吸收很多的盐离子，但并不完全累积在体内，而是由茎叶表面上密布的分泌腺或类似的结构将过多盐离子排出体外。泌盐植物最独特的形态结构是泌盐结构(包括盐腺和盐囊泡两类)。在松嫩平原上常见的泌盐植物主要是补血草属(*Limonium*)植物。例如，二色补血草(*Limonium bicolor*)在幼嫩的叶片下表皮细胞中分布有"花朵形"盐腺，它由基细胞和帽细胞构成，基细胞内盐离子通过帽细胞的泌盐孔排出体外；而成熟偏老化的叶，则靠盐腺的基细胞破碎和帽细胞的泌盐孔实现泌盐(郑慧莹和李建东，1999)。

(3) 拒盐植物

拒盐植物也称为假盐生植物(pseudohalophyte)。这类植物的根对某些盐离子的通透性很小，在一定浓度的盐分范围内，几乎不吸收或很少吸收土壤中的盐分，从而"拒绝"环境中的盐离子进入细胞，以避免盐离子的毒害作用；或者允许环境中的盐离子通过根进入植物体，但能有效阻止盐分运输，而将进入植物体内的盐离子贮存在植物的安全部位，从而使植物敏感重要部位免受盐离子的伤害作用。例如，禾本科中的一些盐生植物种类，芦苇(*Phragmites australis*)、星星草(*Puccinellia tenuiflora*)等，能将其吸收的盐分保留于根部或茎秆下部。这类植物一般没有特异的适应性结构特征，与非盐生植物在形态结构上无明显差异，但它们具有一定的抗盐生理机制，以适应在盐碱化生境中生长。

9.1.2 盐生植物资源

盐生植物资源是指某种或某一类对人类来说具有开发利用价值的盐生植物总称。根据资源的有效成分和用途，可以将盐生植物资源分为5类(赵可夫，1999；赵可夫和冯立田，2001)，即饲用盐生植物资源、食用盐生植物资源、药用盐生植物资源、工业用盐生植物资源和生态环境类盐生植物资源。

(1) 饲用盐生植物资源

饲用盐生植物资源大约包括70种盐生植物，其嫩枝、茎叶中或含有丰富的蛋白质，或含有丰富的淀粉、食用纤维、脂肪等成分,具有一定的饲用价值且适口性良好,如羊草(*Leymus chinensis*)、星星草(*Puccinellia tenuiflora*)、虎尾草(*Chloris virgata*)等。

(2)食用盐生植物资源

这类植物资源主要指可以为人类直接提供食物的盐生植物资源。某些盐生植物的果实、种子、叶片、块根或者块茎等含有丰富的营养成分,如碳水化合物、蛋白质、脂肪、维生素等,可以作为食品原料;有些盐生植物中还含有可作食品添加剂的成分,如甜味剂、芳香油等。例如,盐地碱蓬(*Suaeda salsa*)幼苗含维生素和胡萝卜素,可作为蔬菜食用;其种子含油量高达 30%,其中不饱和脂肪酸含量为 70%左右,可榨油食用。

(3)药用盐生植物资源

我国对中草药的利用具有悠久的历史。经过长期的研究发掘,全国已鉴定中草药超过 6000 种,在我国疾病预防和治疗中发挥着重要作用。在这 6000 余种药用植物中,有100 余种盐生植物含有药用成分,而且其中的一些是重要的中草药植物,如二色补血草(*Limonium bicolor*)、罗布麻(*Apocynum venetum*)等。

(4)工业用盐生植物资源

这类资源是指,一些盐生植物可以提供木材,如海桑(*Sonneratia caseolaris*)、角果木(*Ceriops tagal*);有些植物,如芦苇(*Phragmites australis*)、芨芨草(*Achnatherum splendens*)等含有丰富的纤维,可作为造纸原料;海莲(*Bruguiera sexangula*)、木榄(*Bruguiera gymnorrhiza*)等因其树皮或根中含有大量鞣质,可作为化工原料,用于皮革加工、渔网制造及医药等行业;还有一些植物热值较高,可以开发作为生物质能源材料。

(5)生态环境类盐生植物资源

这类植物资源包括防海风固海滩盐生植物,例如,生长在我国热带亚热带海滩的红树(*Rhizophora apiculata*)、老鼠簕(*Acanthus ilicifolius*)等植物作为优良的海岸防护林,可以保护海岸,防风、防海水侵袭和防倒灌;有些植物根系发达,具有强大的抗旱抗盐能力,能适应沙埋和风蚀,如柽柳(*Tamarix chinensis*)、梭梭(*Haloxylon ammodendron*);还有些植物根系发达、耐旱耐瘠,适用于水土保持,如羊草(*Leymus chinensis*)等;有些豆科盐生植物根瘤菌可以固氮,如田菁(*Sesbania cannabina*)、白花草木犀(*Melilotus albus*)等,可以作为绿肥改善土壤养分条件,培肥地力;有些植物花色鲜艳,具有较高的观赏价值,可以作为观赏绿化植物,如马蔺(*Iris lactea*)、柽柳(*Tamarix chinensis*)、罗布麻(*Apocynum venetum*)等;还有些植物能够吸收环境中的有毒有害物质,如禾本科的芦苇(*Phragmites australis*),已被广泛用于湿地的污水净化处理。

9.2 盐生植物种类及分布

在我国及世界其他草地上也有很多盐生植物分布。

9.2.1 世界的盐生植物

(1)世界盐生植物种类

关于世界盐生植物种类，至今尚未见到一本比较全面的能够概括世界大部分盐生植物的专著。在 1989 年，美国旱地植物研究室的 Aronson 等，根据大量报道材料出版了《盐生植物——世界耐盐碱植物汇编》一书，在书中记载了世界盐生植物共有 1560 种，分属 117 科 550 属(Aronson and Whitehead，1989)。其后 1990 年，美国国际事务研究基金国际发展办公室出版了《盐地农业》一书，介绍了世界上的经济耐盐植物。在 Aronson 等研究统计的基础上，1999 年 Menzel 等将世界盐生植物的记载增加到 2600 种 776 属 126 科。这比 Aronson 等报道的数量多 1000 余种，但也不能包括世界上盐生植物的所有种类(赵可夫和范海，2005)。将该名录与《中国盐生植物》(赵可夫等，2013)比对，发现我国许多盐生植物未被收录，表明该名录所收集的世界盐生植物显然还不够全面，这也说明世界各地对盐生植物的认识还十分有限。

综合目前区域性及世界范围内的盐生植物调查研究结果可以发现，尽管盐生植物物种十分丰富，但在盐渍生境中能够形成优势群落或成为优势种的植物主要是藜科中的滨藜属、藜属、碱蓬属、猪毛菜属、盐角草属、盐节木属、盐穗木属，禾本科的碱茅属、鼠尾粟属、獐毛属、大麦属，以及菊科、豆科、白花丹科和柽柳科的植物(赵可夫和冯立田，2001)。

(2)世界盐生植物分布

据联合国粮食及农业组织和联合国教育、科学及文化组织的统计，全球有各种盐渍土约 9.5 亿 hm^2，占全球陆地面积的 10%，广泛分布于 100 多个国家和地区(赵可夫和范海，2005)。据赵可夫和范海(2005)的报道，世界盐生植物大致可分为以下几类。

Ⅰ. 海洋盐沼植被：主要分布在世界的温带地区，优势植被主要是显花草本植物，一些特殊地区的沼泽湿地有以典型植物群为特点的倾向。由此，赵可夫和范海(2005)将沼泽湿地分为北极群、北欧群、地中海群、西大西洋群、太平洋美洲群、中国-日本群、澳大利亚群、南美群、热带群等。

Ⅱ. 红树林植被：主要分布在世界的热带和亚热带地区，一些海洋盐沼被红树林所取代，其中优势植被是乔木、灌木和少量的藤本植物。赵可夫和范海(2005)将红树林植被分为西半球群、东非群、印度群、印度-马来西亚群、澳大利亚群、菲律宾-伊里安岛(新几内亚岛)-大洋洲群等。

Ⅲ. 内陆盐沼和盐漠：内陆盐沼和盐漠代表一种独特的生境类型，其生境中除氯化钠外，还有一些其他的钠盐和镁盐。其中的优势植被主要由灌木组成，赵可夫和范海(2005)将内陆盐沼与盐漠分为内陆欧洲群、内陆亚洲群、非洲群、内陆北美群、南美群、澳大利亚内陆群等。

9.2.2　我国的盐生植物

(1) 我国盐生植物分布

我国盐碱地面积约为 0.37 亿 hm^2，广泛分布在长江以北的辽阔内陆地区，以及辽东半岛、渤海湾和苏北滨海狭长地带，浙江、福建、广东等沿海，以及台湾和南海诸岛的沿岸也有零星分布。由于所处地理位置和气候条件差异很大，我国从滨海到内陆，从低地到高原都分布着不同类型的盐碱土壤，因此，也生长发育着不同的盐生植物群落。根据其所处气候、环境条件差异和盐生植物特点，大致可将中国盐生植物分布(徐恒刚，2004；张文泉，2008)概括如下。

1) 东部滨海盐渍土盐生植物分布区

该区域主要位于我国东部沿海和东南沿海一带。由于长期受海潮浸渍的影响，沿海岸带呈带状分布着大面积的盐渍土。主要包括长江以北的山东、河北、辽宁等省及江苏北部的海滨冲积平原，以及长江以南的浙江、福建、广东等省沿海一带的部分地区，面积约为 500 万 hm^2。本区地势低平，坡度较缓，因受海洋气流的影响，海洋性气候较为明显。滨海盐渍土的形成主要是海水的侵袭作用，使土层及地下水中累积了大量盐分。滨海盐渍土的主要类型是滨海浅色草甸盐土和滨海滩地盐土。滨海盐渍土中富含可溶性盐分，1 m 土层的含盐量一般均在 0.4% 以上，高者可达 2.0% 左右，其可溶性盐分化学组成中以氯化物占绝对优势。南方滨海地区因受雨水淋溶的影响，也有在红树林群落下形成的酸性硫酸盐盐土。

温带海滨地区，主要生长着一些抗盐性较强的盐生植物，如盐角草(*Salicornia europaea*)、大米草(*Spartina anglica*)、芦苇(*Phragmites australis*)、盐地碱蓬(*Suaeda salsa*)、柽柳(*Tamarix chinensis*)等。热带、亚热带滨海地区则以红树植物为主。所谓红树植物，是指一类生长在热带海洋潮间带的木本植物，如红树科的秋茄树(*Kandelia candel*)、红茄苳(*Rhizophora mucronata*)、海莲(*Bruguiera sexangula*)和木榄(*Bruguiera gymnorrhiza*)等。像红树植物一样适应滨海盐生生境的另一类盐生植物是半红树植物，它们是既能在潮间带生存，又能在陆地环境中自然繁殖的两栖木本植物，如银叶树(*Heritiera littoralis*)、老鼠簕(*Acanthus ilicifolius*)等。我国滨海地区的红树植物共有 12 科 15 属 26 种，半红树植物有 9 科 10 属 11 种和近 30 种伴生植物。

2) 华北盐渍土盐生植物分布区

华北盐渍土区主要指黄河下游、海河流域中下游的沿河低洼和低平地区。本区是灌区次生盐渍土的主要分布区，盐渍土面积约有 330 万 hm^2。本区盐渍土的形成，主要是因为地势低平、排水不畅，以及蒸发强烈使盐分积累于地表。华北平原地区盐渍土的盐分含量在 1 m 深土层内，一般平均为 0.3%～0.6%，高者达 1.0% 左右，个别可达 2.0% 以上。盐分组成多为氯化物与硫酸盐。通过多年的治理，本区盐渍土得到了不断改良利用，面积已经大大缩小，盐渍土多呈斑块状零星分布在耕地中。

3) 东北平原盐渍土盐生植物分布区

本区域的盐渍土多分布于松嫩平原、三江平原及辽河平原的排水不良、地下水埋深较浅的低洼地区。黑龙江、吉林、辽宁三省盐渍土总面积达 313 万 hm^2，已垦成耕地的盐渍土中以盐化、碱化土比例最大，分别占 31%和 68%。本区的盐渍土多数属于苏打型盐土和苏打型碱土。苏打型盐土表面有薄层盐结皮，可溶性盐分含量不高，表土盐分含量为 0.3%，其中阴离子以碳酸氢根与碳酸根为主，碳酸氢根约占阴离子总量的 70%，碳酸根约占 20%，硫酸根次之，氯离子最少；阳离子以钠为主；pH 一般在 9 以上。苏打型碱土多含碳酸盐、碳酸氢盐，硫酸盐次之，氯化物极少。本区盐生植物资源较为丰富，草本植物种类较多。在碱化盐土区域，主要生长着角碱蓬(*Suaeda corniculata*)、碱茅(*Puccinellia distans*)、獐毛(*Aeluropus sinensis*)、碱地肤(*Kochia sieversiana*)等。在碱土地区，主要生长的盐生植物有碱蓬(*Suaeda glauca*)、马蔺(*Iris lactea*)、盐地碱蓬(*Suaeda salsa*)、羊草(*Leymus chinensis*)等。本区的一些盐生植物可成为群落中的优势植物；还有许多是伴生种，如柽柳(*Tamarix chinensis*)、海乳草(*Glaux maritima*)、罗布麻(*Apocynum venetum*)、二色补血草(*Limonium bicolor*)和碱菀(*Tripolium vulgare*)等。

4)西北半干旱盐渍土盐生植物分布区

主要包括宁夏及内蒙古河套地区，面积约有 80 万 hm^2。本区地势低平，黄河流经其间，气候较为干旱，春季多风，雨量稀少，属半干旱或干旱大陆性气候。本区盐渍土多分布在黄河两岸的冲积扇上，主要是在半干旱气候下，因地势低洼、排水不畅、水文地质条件不良所造成。一般耕地上土壤表层含盐量为 0.1%～0.3%，较重的可达 0.8%；未加开垦利用的盐碱荒地 1 m 土层内含盐量平均在 1%～5%。盐分组成较为复杂，其盐分组成中以氯化钠、氯化镁含量较多。苏打型盐土和碱土也有分布，多见于地势低洼且封闭的区域。本区盐生植物主要有芦苇(*Phragmites australis*)、芨芨草(*Achnatherum splendens*)、星星草(*Puccinellia tenuiflora*)、马蔺(*Iris lactea*)、柽柳(*Tamarix chinensis*)等。

5)西北干旱盐渍土盐生植物分布区

本区包括新疆、青海、甘肃河西走廊和内蒙古西部大部分地区，为我国盐渍土分布最广的地区，盐渍土面积约有 7000 万 hm^2。本区气候干旱、雨量稀少，大陆性气候特征显著。本区山脉岩石多为古代含盐沉积物与盐矿，富含可溶性盐分，被水溶解并将盐分带入土壤与地下水中。当地下水超过临界深度时，盐分通过土壤毛管作用和地表蒸发积累于地表，形成可溶性盐分很高的盐渍土。土壤盐分组成较为复杂，除盐滩及盐湖附近以氯化物为主外，多以硫酸盐为主。本区的盐生植物种类丰富，大都属于旱生盐生植物，其中藜科植物有 20 余属 100 余种，如盐节木属(*Halocnemum*)、盐爪爪属(*Kalidium*)、盐穗木属(*Halostachys*)、梭梭属(*Haloxylon*)、滨藜属(*Atriplex*)、碱蓬属(*Suaeda*)、多节草属(*Polycnemum*)等。除此，还有柽柳科、禾本科、豆科、菊科、桦木科、莎草科的盐生植物。

(2)我国盐生植物种类

我国从滨海到内陆，从低地到高原都分布着不同类型的盐碱土壤。在我国 0.37 亿 hm^2 的盐碱地上生长着不同种类类型、不同经济价值的盐生植物。据赵可夫等多位科学家的调查，加之笔者归纳整理，我国现有盐生植物总计 69 科 213 属 490 种，其中包括 8 个变种(表 9-1)，是盐生植物资源大国，种类约占世界盐生植物的 1/3。其中鳞毛蕨科、卤蕨科 2 科 3 种，其余的均为被子植物，占我国被子植物的 1.9%。在 69 科中，盐生植物种类最多的

表 9-1　中国盐生植物种类（赵可夫和冯立海，2005，在此基础上归纳整理）

科中文名	科拉丁名	属中文名	属拉丁名	种中文名	种拉丁名	分布
爵床科	Acanthaceae	老鼠簕属	Acanthus	小花老鼠簕	A. ebracteatus	海南、广东
				老鼠簕	A. ilicifolius	海南、广东、福建
				厦门老鼠簕	A. ebracteatus var. xiamenensis	福建、广东
卤蕨科	Acrostichaceae	卤蕨属	Acrostichum	卤蕨	A. aureum	广东、海南、云南
				尖叶卤蕨	A. speciosum	海南
番杏科	Aizoaceae	海马齿属	Sesuvium	海马齿	S. portulacastrum	热带及亚热带海滨
		假海马齿属	Trianthema	假海马齿	T. portulacastrum	台湾、广东、海南西沙永兴岛
苋科	Amaranthaceae	砂苋属	Allmania	砂苋	A. nodiflora	海南
		针叶苋属	Trichurus	针叶苋	T. monsoniae	海南
夹竹桃科	Apocynaceae	罗布麻属	Apocynum	罗布麻	A. venetum	西北、华北、华东、东北
		海杧果属	Cerbera	海杧果	C. manghas	广东、广西、台湾、海南
		白麻属	Poacynum	大叶白麻	P. hendersonii	新疆、青海、甘肃
				白麻	P. pictum	甘肃、青海、新疆
萝藦科	Asclepiadaceae	鹅绒藤属	Cynanchum	鹅绒藤	C. chinense	黑龙江、吉林、辽宁、河北、河南、山东、山西等
				海南杯冠藤	C. insulanum	广东、广西
		海岛藤属	Gymnanthera	海岛藤	G. nitida	广东南部及沿海岛屿
		娃儿藤属	Tylophora	老虎须	T. arenicola	广东南部及广西南部
桦木科	Betulaceae	桦木属	Betula	盐桦	B. halophila	新疆天山
紫葳科	Bignoniaceae	猫尾木属	Dolichandrone	海滨猫尾木	D. spathacea	广东、海南

续表

科中文名	科拉丁名	属中文名	属拉丁名	种中文名	种拉丁名	分布
紫草科	Boraginaceae	双柱紫草属	Coldenia	双柱紫草	C. procumbens	海南及台湾
		琉璃草属	Cynoglossum	绿花琉璃草	C. viridiflorum	新疆
		腹脐草属	Gastrocotyle	腹脐草	G. hispida	新疆南部
		天芥菜属	Heliotropium	小花天芥菜	H. micranthum	新疆北部
				大苞天芥菜	H. marifolium	海南
		滨紫草属	Mertensia	滨紫草	M. maritima	山西、内蒙古、河北
		砂引草属	Messerschmidia	砂引草	M. sibirica	东北、西北、华北
				银毛树	M. argentea	海南
		假狼紫草属	Nonea	假狼紫草	N. caspica	新疆北部
		孪果鹤虱属	Rochelia	孪果鹤虱	R. retorta	新疆
石竹科	Caryophyllaceae	拟漆姑属	Spergularia	拟漆姑	S. marina	东北、华北、西北、西南
藜科	Chenopodiaceae	新疆藜属	Aellenia	新疆藜	A. glauca	新疆北部
		假木贼属	Anabasis	高枝假木贼	A. elatior	新疆北部
				盐生假木贼	A. salsa	新疆
				白垩假木贼	A. cretacea	新疆北部
				无叶假木贼	A. aphylla	甘肃西部、新疆
				展枝假木贼	A. truncata	新疆
				毛足假木贼	A. eriopoda	新疆北部
		滨藜属	Atriplex	异苞滨藜	A. micrantha	新疆北部
				疣苞滨藜	A. verrucifera	新疆北部
				匍匐滨藜	A. repens	广东、海南
				滨藜	A. patens	东北、华北、西北

续表

科中文名	科拉丁名	属中文名	属拉丁名	种中文名	种拉丁名	分布
藜科	Chenopodiaceae	滨藜属	Atriplex	北滨藜	*A. gmelinii*	内蒙古、新疆等省区
				西伯利亚滨藜	*A. sibirica*	东北、华北、西北、内蒙古
				野滨藜	*A. fera*	东北、西北、华北
				中亚滨藜	*A. centralasiatica*	东北、西北、华北、新疆南部至甘肃西部
				海滨藜	*A. maximowicziana*	福建
				鞑靼滨藜	*A. tatarica*	新疆、青海、甘肃
				戟叶滨藜	*A. hastata*	新疆、西藏
				草地滨藜	*A. oblongifolia*	新疆
				白滨藜	*A. cana*	新疆北部
		雾冰藜属	*Bassia*	雾冰藜	*B. dasyphylla*	东北、华北、西北
				肉叶雾冰藜	*B. sedoides*	新疆北部
				钩刺雾冰藜	*B. hyssopifolia*	新疆、甘肃
		异子蓬属	*Borszczowia*	异子蓬	*B. aralocaspica*	新疆
		角果藜属	*Ceratocarpus*	角果藜	*C. arenarius*	新疆北部
		藜属	*Chenopodium*	小白藜	*C. iljinii*	宁夏、甘肃、四川、青海、新疆
				红叶藜	*C. rubrum*	黑龙江、内蒙古、宁夏、甘肃、新疆
				市藜	*C. urbicum*	东北、华北、西北
				灰绿藜	*C. glaucum*	我国北方广大地区
				尖头叶藜	*C. acuminatum*	我国北方广大地区
				合被藜	*C. chenopodioides*	新疆北部

续表

科中文名	科拉丁名	属中文名	属拉丁名	种中文名	种拉丁名	分布
藜科	Chenopodiaceae	虫实属	Corispermum	软毛虫实	C. puberulum	山东、黑龙江
				细苞虫实	C. stenolepis	辽宁西部
				绳虫实	C. declinatum	东北、华北、西北
		对叶盐蓬属	Girgensohnia	对叶盐蓬	G. oppositiflora	新疆
		盐蓬属	Halimocnemis	柔毛盐蓬	H. villosa	新疆北部
				短苞盐蓬	H. karelini	新疆北部
				长叶盐蓬	H. longifolia	新疆北部
		盐节木属	Halocnemum	盐节木	H. strobilaceum	新疆、甘肃北部
		盐生草属	Halogeton	盐生草	H. glomeratus	甘肃、青海、新疆、西藏
				西藏盐生草	H. glomeratus var. tibeticus	青海、新疆、西藏
				白茎盐生草	H. arachnoideus	内蒙古、山西、甘肃、青海、新疆等
		盐千屈菜属	Halopeplis	盐千屈菜	H. pygmaea	新疆
		盐穗木属	Halostachys	盐穗木	H. caspica	甘肃北部和新疆
		梭梭属	Haloxylon	梭梭	H. ammodendron	内蒙古、甘肃、青海、新疆
				白梭梭	H. persicum	新疆准噶尔盆地
		对节刺属	Horaninowia	弓叶对节刺	H. minor	新疆布尔津、玛纳斯、塔城
		戈壁藜属	Iljinia		I. regelii	内蒙古、新疆
		盐爪爪属	Kalidium	盐爪爪	K. foliatum	东北、西北广大地区
				尖叶盐爪爪	K. cuspidatum	西北部各省区、内蒙古、河北
				圆叶盐爪爪	K. schrenkianum	新疆、甘肃
				里海盐爪爪	K. caspicum	新疆北部
				细枝盐爪爪	K. gracile	内蒙古、陕西、宁夏、甘肃、青海、新疆

续表

科中文名	科拉丁名	属中文名	属拉丁名	种中文名	种拉丁名	分布
黎科	Chenopodiaceae	棉蓬属	*Kirilowia*	棉蓬	*K. eriantha*	新疆北部
		地肤属	*Kochia*	碱地肤	*K. sieversiana*	东北、华北、西北
				黑翅地肤	*K. melanoptera*	新疆、青海北部、甘肃西部、宁夏
				宽翅地肤	*K. macroptera*	甘肃、内蒙古
				全翅地肤	*K. krylovii*	新疆北部
		叉毛蓬属	*Petrosimonia*	叉毛蓬	*P. sibirica*	新疆
				灰绿叉毛蓬	*P. glaucescens*	新疆北部
				粗糙叉毛蓬	*P. squarrosa*	新疆北部
		盐角草属	*Salicornia*	盐角草	*S. europaea*	东北、华北、西北
		猪毛菜属	*Salsola*	苏打猪毛菜	*S. soda*	新疆
				无翅猪毛菜	*S. komarovii*	东北、河北、山东、江苏及浙江北部
				柴达木猪毛菜	*S. zaidamica*	青海、新疆东部及甘肃北部
				怪柳叶猪毛菜	*S. tamariscina*	新疆
				蔷薇猪毛菜	*S. rosacea*	新疆北部
				青海猪毛菜	*S. chinghaiensis*	青海
				长刺猪毛菜	*S. paulsenii*	新疆北部
				红翅猪毛菜	*S. intramongolica*	内蒙古
				刺沙蓬	*S. ruthenica*	东北、华北、西北、西藏、山东及江苏
				浆果猪毛菜	*S. foliosa*	新疆北部
				紫翅猪毛菜	*S. affinis*	新疆
				粗枝猪毛菜	*S. subcrassa*	新疆北部
				钝叶猪毛菜	*S. heptapotamica*	新疆北部
				短柱猪毛菜	*S. lamata*	新疆

续表

科中文名	科拉丁名	属中文名	属拉丁名	种中文名	种拉丁名	分布
藜科	Chenopodiaceae	猪毛菜属	Salsola	褐翅猪毛菜	S. korshinskyi	新疆北部
				费尔干猪毛菜	S. ferganica	新疆北部
				散枝猪毛菜	S. brachiata	新疆北部
				钠猪毛菜	S. nitraria	新疆北部
				密枝猪毛菜	S. implicata	新疆北部
				新疆猪毛菜	S. sinkiangensis	新疆、甘肃
				木本猪毛菜	S. arbuscula	内蒙古、甘肃、宁夏、青海、新疆
				准噶尔猪毛菜	S. dschungarica	新疆北部
				长柱猪毛菜	S. sukaczevii	新疆
		碱蓬属	Suaeda	小叶碱蓬	S. microphylla	新疆北部
				碱蓬	S. glauca	东北、华北、西北
				苛异碱蓬	S. paradoxa	新疆
				亚麻叶碱蓬	S. linifolia	新疆
				囊果碱蓬	S. physophora	新疆北部、甘肃西部
				刺毛碱蓬	S. acuminata	新疆北部
				阿拉善碱蓬	S. przewalskii	宁夏、甘肃西部
				肥叶碱蓬	S. kossinskyi	新疆北部
				辽宁碱蓬	S. liaotungensis	黑龙江、内蒙古
				角果碱蓬	S. corniculata	东北、华北、西北、西藏、内蒙古
				盘果碱蓬	S. heterophylla	宁夏、甘肃西部、青海北部、新疆
				星花碱蓬	S. stellatiflora	甘肃西部、新疆
				平卧碱蓬	S. prostrata	东北、华北、西北

续表

科中文名	科拉丁名	属中文名	属拉丁名	种中文名	种拉丁名	分布
藜科	Chenopodiaceae	碱蓬属	*Suaeda*	南方碱蓬	*S. australis*	广东、广西、福建、台湾、江苏
				镰叶碱蓬	*S. crassifolia*	新疆南部
				盐地碱蓬	*S. salsa*	东北、华北、西北、华东沿海地区
				高碱蓬	*S. altissima*	新疆北部
				硬枝碱蓬	*S. rigida*	新疆南部
				五蕊碱蓬	*S. arcuata*	新疆西南部
				木碱蓬	*S. dendroides*	新疆北部
		合头草属	*Sympegma*	合头草	*S. regelii*	内蒙古、宁夏、甘肃、青海、新疆
使君子科	Combretaceae	榄李属	*Lumnitzera*	红榄李	*L. littorea*	海南
				榄李	*L. racemosa*	广东、广西、台湾
		诃子属	*Terminalia*	榄仁树	*T. catappa*	台湾、广东、云南
鸭跖草科	Commelinaceae	水竹叶属	*Murdannia*	细柄水竹叶	*M. vaginata*	广西、广东、香港、海南、江苏
菊科	Compositae	蓍属	*Achillea*	亚洲蓍	*A. asiatica*	新疆、内蒙古、河北、辽宁、黑龙江
		蒿属	*Artemisia*	碱蒿	*A. anethifolia*	东北
				莳萝蒿	*A. anethoides*	东北、华北、西北
				海州蒿	*A. fauriei*	河北、山东、江苏
				东北丝裂蒿	*A. adamsii*	黑龙江、内蒙古
				米蒿	*A. dalai-lamae*	甘肃、青海、内蒙古、西藏
				滨艾	*A. fukudo*	台湾
				滨涛牡蒿	*A. littoricola*	黑龙江、内蒙古
				钝裂蒿	*A. obtusiloba*	新疆北部
				盐蒿	*A. halodendron*	东北、华北、西北

续表

科中文名	科拉丁名	属中文名	属拉丁名	种中文名	种拉丁名	分布
菊科	Compositae	短星菊属	Brachyactis	短星菊	B. ciliata	东北、华北、西北
		沙苦荬属	Chorisis	沙苦荬菜	C. repens	东北、河北、山东、福建、台湾
		蓟属	Cirsium	准噶尔蓟	C. alatum	新疆
		菊属	Dendranthema	野菊	D. indicum	东北、华北、华中、华南及西南各地
		蜡菊属	Helichrysum	沙生蜡菊	H. arenarium	新疆北部
		旋覆花属	Imula	里海旋覆花	I. caspica	新疆
		花花柴属	Karelinia	花花柴	K. caspia	内蒙古、宁夏、甘肃、青海及新疆
		橐吾属	Ligularia	大叶橐吾	L. macrophylla	新疆
				塔序橐吾	L. thyrsoidea	新疆
		乳苣属	Mulgedium	乳苣	M. tataricum	东北、华北、西北
		假小喙菊属	Paramicrorhynchus	假小喙菊	P. procumbens	甘肃、新疆
		阔苞菊属	Pluchea	光梗阔苞菊	P. pteropoda	台湾和南部各省及沿海一些岛屿
				阔苞菊	P. indica	台湾和南部各省及沿海一些岛屿
		匹菊属	Pyrethrum	黑苞匹菊	P. kryloviamum	新疆西北部
		风毛菊属	Saussurea	碱地风毛菊	S. runcinata	东北、西北、华北
				裂叶风毛菊	S. laciniata	内蒙古、陕西、宁夏、甘肃
				苇地风毛菊	S. amara	东北、华北、西北
				展序风毛菊	S. prostrata	新疆
				强壮风毛菊	S. robusta	新疆
				达乌里风毛菊	S. davurica	甘肃、宁夏、内蒙古、青海、新疆
				盐地风毛菊	S. salsa	青海、新疆
				草甸雪兔子	S. thoroldii	甘肃、青海、新疆、西藏

续表

科中文名	科拉丁名	属中文名	属拉丁名	种中文名	种拉丁名	分布
菊科	Compositae	风毛菊属	Saussurea	翼茎风毛菊	S. alata	新疆
				高盐地风毛菊	S. lacostei	新疆
				蒙新风毛菊	S. grubovii	新疆
				中新风毛菊	S. famintziniana	新疆
				大加风毛菊	S. turgaiensis	新疆
				阿尔金风毛菊	S. arejingensis	新疆
				假高山风毛菊	S. paseudolpina	新疆
		鸦葱属	Scorzonera	蒙古鸦葱	S. mongolica	东北、西北、华北
				光鸦葱	S. parviflora	新疆
				细叶鸦葱	S. pusilla	新疆
				皱波球根鸦葱	S. circumflexa	新疆北部
				剑叶鸦葱	S. ensifolia	新疆
				块根鸦葱	S. tuberosa	新疆
		绢蒿属	Seriphidium	草原绢蒿	S. schrenkianum	新疆北部
				短叶绢蒿	S. brevifolium	西藏西部
				纤细绢蒿	S. gracilescens	新疆
				费尔干绢蒿	S. ferganense	新疆西南部
				西北绢蒿	S. nitrosum	内蒙古、甘肃、新疆
				小针裂叶绢蒿	S. amoenum	新疆北部
				半凋萎绢蒿	S. semiaridum	新疆北部
				帚状绢蒿	S. scopiforme	新疆
				半荒漠绢蒿	S. heptapotamicum	新疆北部

续表

科中文名	科拉丁名	属中文名	属拉丁名	种中文名	种拉丁名	分布
菊科	Compositae	蒲公英属	Taraxacum	双角蒲公英	T. bicorne	青海西部、甘肃西部、新疆
				窄苞蒲公英	T. bessarabicum	新疆北部
				碱地蒲公英	T. sinicum	东北、华北、西北、西南
				多裂蒲公英	T. dissectum	新疆天山
				荒漠蒲公英	T. monochlamydeum	新疆
		碱苑属	Tripolium	碱苑	T. vulgare	东北、华北、西北、华东、华南
		黄鹌菜属	Youngia	碱黄鹌菜	Y. stenoma	内蒙古、甘肃、西藏
旋花科	Convolvulaceae	打碗花属	Calystegia	肾叶打碗花	C. soldanella	东北、华北、华南
		旋花属	Convolvulus	银灰旋花	C. ammannii	新疆、山西、西藏、宁夏、甘肃、辽宁、吉林、内蒙古、河北、黑龙江、河南、陕西、青海
		番薯属	Ipomoea	羽叶薯	I. polymorpha	广东海南及台湾省
				虎掌藤	I. pes-tigridis	台湾、广东、广西南部、云南南部
				小心叶薯	I. obscura	台湾、广东、广西、云南、四川
				厚藤	I. pes-caprae	浙江、福建、台湾、广东、广西
				假厚藤	I. stolonifera	台湾、福建、广东
				南沙薯藤	I. gracilis	南沙群岛
				管花薯	I. tuba	台湾、广东、海南岛、西沙群岛
		腺叶藤属	Stictocardia	腺叶藤	S. tiliifolia	广东、海南及台湾
十字花科	Cruciferae	双脊荠属	Dilophia	盐泽双脊荠	D. salsa	青海、新疆、西藏
		独行菜属	Lepidium	心叶独行菜	L. cordatum	内蒙古、甘肃、宁夏、青海、新疆
				碱独行菜	L. cartilagineum	内蒙古、新疆
				宽叶独行菜	L. latifolium	东北、华北、西北、西藏
		盐芥属	Thellungiella	盐芥	T. salsuginea	内蒙古、新疆、江苏
				小盐芥	T. halophila	吉林、河北、内蒙古、山东、江苏

续表

科中文名	科拉丁名	属中文名	属拉丁名	种中文名	种拉丁名	分布
十字花科	Cruciferae	薹草属	Carex	寸草薹	C. duriuscula	黑龙江、吉林、辽宁、河北、内蒙古、甘肃、陕西、山西、宁夏、新疆
				筛草	C. kobomugi	黑龙江、辽宁、河北、青海、山东
				走茎薹草	C. reptabunda	黑龙江、吉林、辽宁、内蒙古、陕西
				矮生薹草	C. pumila	辽宁、河北、山东、江苏、浙江、福建
				糙叶薹草	C. scabrifolia	辽宁、河北、山东、江苏、浙江、福建
		莎草属	Cyperus	粗根茎莎草	C. stoloniferus	福建沿海
				短叶茳芏	C. malaccensis var. brevifolius	广东
		飘拂草属	Fimbristylis	绢毛飘拂草	F. sericea	广东、海南、福建、台湾、浙江
				锈鳞飘拂草	F. ferrugineae	福建、台湾、广东、浙江
				细叶飘拂草	F. polytrichoides	广东、海南
		水莎草属	Juncellus	花穗水莎草	J. pannonicus	东北、华北、西北
		砖子苗属	Mariscus	羽状穗砖子苗	M. javanicus	海南
		海滨莎属	Remirea	海滨莎	R. maritima	海南、台湾
		藨草属	Scirpus	扁秆藨草	S. planiculmis	东北、西北、新疆
				球穗藨草	S. strobilinus	甘肃、西北
				海三棱藨草	S. mariqueter	河北
				新华藨草	S. neochinensis	广东
鳞毛蕨科	Dryopteridaceae	贯众属	Cyrtomium	全缘贯众	C. falcatum	山东、江苏、浙江、福建、台湾、广东
胡颓子科	Elaeagnaceae	胡颓子属	Elaeagnus	沙枣	E. angustifolia	东北、西北、华北
大戟科	Euphorbiaceae	大戟属	Euphorbia	准噶尔大戟	E. soongarica	新疆、甘肃
				海滨大戟	E. atoto	广东、海南和台湾
		海漆属	Excoecaria	海漆	E. agallocha	福建、台湾、广东、广西

续表

科中文名	科拉丁名	属中文名	属拉丁名	种中文名	种拉丁名	分布
大风子科	Flacourtiaceae	箣柊属	Scolopia	箣柊	S. chinensis	福建、广东、广西
瓣鳞花科	Frankeniaceae	瓣鳞花属	Frankenia	瓣鳞花	F. pulverulenta	新疆、甘肃、内蒙古
草海桐科	Goodeniaceae	草海桐属	Scaevola	小草海桐	S. hainanensis	广东、福建、台湾
				草海桐	S. sericea	台湾、福建、广东、广西
藤黄科	Guttiferae	红厚壳属	Calophyllum	红厚壳	C. inophyllum	台湾、广东、广西
禾本科	Gramineae	芨芨草属	Achnatherum	芨芨草	A. splendens	华北、西北、西南
		獐毛属	Aeluropus	獐毛	A. sinensis	山东、辽宁、河北、江苏、黑龙江、吉林、内蒙古、甘肃
				小獐毛	A. pungens	新疆、甘肃
				微药獐毛	A. micrantherus	新疆
				小獐毛(原变种)	A. pungens var. pungens	新疆、甘肃
		虎尾草属	Chloris	虎尾草	C. virgata	黑龙江、吉林、辽宁、内蒙古、河北、山西、陕西、甘肃、四川、云南、贵州、湖北、河南、安徽、山东、江苏、浙江
		蒺藜草属	Cenchrus	光梗蒺藜草	C. calyculatus	辽宁
		隐花草属	Crypsis	隐花草	C. aculeata	东北、西北、华北
				蔺状隐花草	C. schoenoides	内蒙古、山西、河北、江苏北部
		马唐属	Digitaria	绒马唐	D. mollicoma	浙江、江西、台湾
				二型马唐	D. heterantha	福建、台湾、广东
				异马唐	D. bicornis	福建、海南
		大麦属	Hordeum	野大麦	H. brevisubulatum	东北、西北、青藏高原
				小药大麦草	H. roshevitzii	西北地区及内蒙古
				布顿大麦草	H. bogdanii	甘肃、青海、新疆
		鸭嘴草属	Ischaemum	毛鸭嘴草	I. anthephoroides	山东、江苏、广东

续表

科中文名	科拉丁名	属中文名	属拉丁名	种中文名	种拉丁名	分布
禾本科	Gramineae	细穗草属	Lepturus	细穗草	L. repens	台湾
		赖草属	Leymus	多枝赖草	L. multicaulis	新疆
				毛穗赖草	L. paboanus	甘肃、青海、新疆
				滨麦	L. mollis	河北、山东
				羊草	L. chinensis	东北、内蒙古、河北、山西、陕西、新疆
				赖草	L. secalinus	东北、西北、华北
				窄颖赖草	L. angustus	陕西、宁夏、甘肃、青海、新疆
				科佩特赖草	L. kopetdaghensis	内蒙古
				阿尔金山赖草	L. arjinshanicus	新疆
				若羌赖草	L. ruoqiangensis	新疆
				短毛叶赖草	L. secalinus pubescens	新疆
		黍属	Panicum	铺地黍	P. repens	东南各地
		假牛鞭草属	Parapholis	假牛鞭草	P. incurva	浙江
		雀稗属	Paspalum	海雀稗	P. vaginatum	台湾、云南、海南
				二列雀稗	P. disticum	广东、海南
		束尾草属	Phacelurus	束尾草	P. latifolius	河北、山东、江苏、浙江
		芦苇属	Phragmites	芦苇	P. australis	全国各地
		碱茅属	Puccinellia	大药碱茅	P. macranthera	吉林
				星星草	P. tenuiflora	东北、西北、华北
				鹤甫碱茅	P. hauptiana	东北、西北、华北

续表

科中文名	科拉丁名	属中文名	属拉丁名	种中文名	种拉丁名	分布
禾本科	Gramineae	碱茅属	Puccinellia	碱茅	P. distans	东北、西北、华北
				微药碱茅	P. micrandra	黑龙江、内蒙古、河北、甘肃、青海
				斯碱茅	P. schischkinii	青海、新疆、西藏
				高山碱茅	P. hackeliana	内蒙古、青海、新疆、西藏
				喀什碱茅	P. hackeliana humilis	新疆
				朝鲜碱茅	P. chinampoensis	吉林
				热河碱茅	P. jeholensis	吉林
		硬草属	Sclerochloa	耿氏硬草	S. kengiana	新疆
		米草属	Spartina	大米草	S. anglica	我国沿海滩涂
				互花米草	S. alterniflora	东部沿海盐沼
		鬣刺属	Spinifex	老鼠芳	S. littoreus	福建、台湾、广东、广西
		鼠尾粟属	Sporobolus	盐地鼠尾粟	S. virginicus	浙江、福建、台湾、广东
		蒭雷草属	Thuarea	蒭雷草	T. involuta	海南、广东等
		结缕草属	Zoysia	大穗结缕草	Z. macrostachya	华南及江苏、浙江、河南、福建
				结缕草	Z. japonica	东北、华北、广东
				沟叶结缕草	Z. matrella	福建、广东、广西
莲叶桐科	Hernandiaceae	莲叶桐属	Hernandia	莲叶桐	H. sonora	台湾南部
水鳖科	Hydrocharitaceae	海菖蒲属	Enhalus	海菖蒲	E. acoroides	海南
		喜盐草属	Halophila	喜盐草	H. ovalis	台湾、海南、广东沿海岛屿
				小喜盐草	H. minor	海南
				贝克喜盐草	H. beccarii	台湾、海南、广东
		泰来藻属	Thalassia	泰来藻	T. hemperichii	台湾、海南、广东等省

续表

科中文名	科拉丁名	属中文名	属拉丁名	种中文名	种拉丁名	分布
鸢尾科	Iridaceae	鸢尾属	Iris	喜盐鸢尾	I. halophila	甘肃、新疆
				马蔺	I. lacteal var. chinensis	东北、西北、华北、华东
				蓝花喜盐鸢尾	I. halophila var. sogdiana	甘肃、新疆
水麦冬科	Juncaginaceae	水麦冬属	Triglochin	海韭菜	T. maritimum	东北、华北、西北、西南
				水麦冬	T. palustre	东北、华北、西北
唇形科	Labiatae	筋骨草属	Ajuga	网果筋骨草	A. dictyocarpa	台湾、福建、江西、广东
		绣球防风属	Leucas	滨海白绒草	L. chinensis	海南、台湾
				线叶白绒草	L. lavandulifolia	云南西部、广东
				绉面草	L. zeylanica	广东及广西
		黄芩属	Scutellaria	沙滩黄芩	S. strigillosa	辽宁、山东、河北、江苏北部
玉蕊科	Lecythidaceae	玉蕊属	Barringtonia	玉蕊	B. racemosa	台湾、海南
				滨玉蕊	B. asiatica	台湾
豆科	Leguminosae	骆驼刺属	Alhagi	骆驼刺	A. sparsifolia	内蒙古、甘肃、青海、新疆
		黄耆属	Astragalus	环荚黄耆	A. contortuplicatus	新疆
				华黄耆	A. chinensis	东北各省、内蒙古、河北、山西
				长尾黄耆	A. alopecias	新疆
				纹茎黄耆	A. sulcatus	甘肃、新疆
				斜茎黄耆	A. adsurgens	东北、华北、西南、西北
				托克逊黄耆	A. toksunensis	新疆
				毛冠黄耆	A. roseus	新疆北部
				喜盐黄耆	A. salsugineus	内蒙古、宁夏、甘肃

续表

科中文名	科拉丁名	属中文名	属拉丁名	种中文名	种拉丁名	分布
豆科	Leguminosae	刀豆属	Canavalia	狭刀豆	C. lineata	浙江、福建、台湾、广东、广西
				海刀豆	C. maritima	广东、广西
		鱼藤属	Derris	鱼藤	D. trifoliata	台湾、福建、广东、广西
		山蚂蝗属	Desmodium	赤山蚂蝗	D. rubrum	广东、海南、广西
		大豆属	Glycine	野大豆	G. soja	东北、华北、华东、华中、西北
		甘草属	Glycyrrhiza	膜荚甘草	G. korshinskii	新疆
				甘草	G. uralensis	东北、华北、西北、山东
				刺果甘草	G. pallidiflora	东北、西北、华北
				圆果甘草	G. squamulosa	内蒙古、河北、山西、宁夏、新疆
				洋甘草	G. glabra	东北、华北、西北
				胀果甘草	G. inflata	新疆
		米口袋属	Gueldenstaedtia	光滑米口袋	G. maritima	辽宁、河北、山西、山东
		铃铛刺属	Halimodendron	铃铛刺	H. halodendron	新疆
		木蓝属	Indigofera	九叶木蓝	I. limnaei	海南、云南
		山黧豆属	Lathyrus	海边香豌豆	L. maritimus	辽宁、河北、山东、江苏、浙江
		草木犀属	Melilotus	细齿草木犀	M. dentatus	东北西部、华北
				草木犀	M. officinalis	东北、华北、西北、湖北、四川、重庆、西藏
				白花草木犀	M. albus	河北、内蒙古、陕西、甘肃
		棘豆属	Oxytropis	小花棘豆	O. glabra	内蒙古、陕西、甘肃、青海、新疆、西藏
		水黄皮属	Pongamia	水黄皮	P. pinnata	福建、广东、海南
		田菁属	Sesbania	田菁	S. cannabina	海南、江苏、江西、福建、广西、云南
		坡油甘属	Smithia	盐碱土坡油甘	S. salsuginea	广东
		苦马豆属	Sphaerophysa	苦马豆	S. salsula	华北、西北
		车轴草属	Trifolium	草莓车轴草	T. fragiferum	新疆

续表

科中文名	科拉丁名	属中文名	属拉丁名	种中文名	种拉丁名	分布
百合科	Liliaceae	葱属	Allium	碱韭	A. polyrhizum	东北、西北、华北
		天门冬属	Asparagus	西北天门冬	A. persicus	新疆、青海、甘肃、宁夏
				攀援天门冬	A. brachyphyllus	吉林、辽宁、河北、山西、陕西、宁夏
		郁金香属	Tulipa	准噶尔郁金香	T. schrenkii	新疆西北部
马钱科	Loganiaceae	尖帽草属	Mitrasacme	尖帽草	M. indica	华东、华南
海金沙科	Lygodiaceae	海金沙属	Lygodium	海南海金沙	L. conforme	广东、海南、广西、云南
千屈菜科	Lythraceae	水苋花属	Pemphis	水苋花	P. acidula	台湾南部海岸
锦葵科	Malvaceae	蜀葵属	Althaea	药蜀葵	A. officinalis	新疆
				蜀葵	A. rosea	西南地区
		木槿属	Hibiscus	黄槿	H. tiliaceus	台湾、广东、福建
		桐棉属	Thespesia	桐棉	T. populnea	台湾、广东
				长梗桐棉	T. howii	海南
楝科	Meliaceae	木果楝属	Xylocarpus	木果楝	X. granatum	海南
苦槛蓝科	Myoporaceae	苦槛蓝属	Myoporum	苦槛蓝	M. bontioides	华东、华南
紫金牛科	Myrsinaceae	蛸蕊果属	Aegiceras	蛸蕊果	A. corniculatum	广西、广东、福建、南海诸岛
茨藻科	Najadaceae	丝粉藻属	Cymodocea	丝粉藻	C. rotundata	海南
		角果藻属	Zannichellia	角果藻	Z. palustris	全国各地
				角果藻（原变种）	Z. palustris var. palustris	全国各地
铁青树科	Olacaceae	海榄木属	Ximenia	海榄木	X. americana	海南
柳叶菜科	Onagraceae	月见草属	Oenothera	海边月见草	O. drummondii	福建、广东
列当科	Orobanchaceae	肉苁蓉属	Cistanche	盐生肉苁蓉	C. salsa	内蒙古、甘肃、新疆
				深裂肉苁蓉	C. fissa	新疆
		列当属	Orobanche	美丽列当	O. amoena	新疆北部
兰科	Orchidaceae	红门兰属	Orchis	宽叶红门兰	O. latifolia	东北、西北、西南

科中文名	科拉丁名	属中文名	属拉丁名	种中文名	种拉丁名	分布
棕榈科	Palmae	水椰属	Nypa	水椰	N. fruticans	海南东南部
露兜树科	Pandanaceae	露兜树属	Pandanus	露兜树	P. tectorius	广东、广西、福建、云南、台湾
车前科	Plantaginaceae	车前属	Plantago	线叶车前	P. aristata	山东
				沿海车前	P. maritima	内蒙古、河北、陕西、甘肃、青海、新疆
				巨车前	P. maxima	新疆
				湿车前	P. cornuti	新疆
白花丹科	Plumbaginaceae	补血草属	Limonium	补血草	L. sinense	滨海各省区
				二色补血草	L. bicolor	东北、黄河流域诸省及江苏北部、新疆
				烟台补血草	L. franchetii	辽宁、山东半岛至江苏东北部
				海芙蓉	L. wrightii	台湾
				细枝补血草	L. tenellum	甘肃、宁夏、内蒙古
				黄花补血草	L. aureum	东北、华北、西北
				耳叶补血草	L. otolepis	新疆北部、甘肃河西部
				珊瑚补血草	L. coralloides	新疆北部
				繁枝补血草	L. myrianthum	新疆
				大叶补血草	L. gmelinii	新疆北部
				木本补血草	L. suffruticosum	新疆西北部
蓼科	Polygonaceae	蓼属	Polygonum	灰蓼	P. schischkikii	新疆
				褐鞘蓼	P. fusco-ochreatum	黑龙江
				盐生蓼	P. corrigioloides	新疆
				普通蓼	P. humifusum	黑龙江、吉林、辽宁
				匍枝蓼	P. patulum	新疆西北部

续表

科中文名	科拉丁名	属中文名	属拉丁名	种中文名	种拉丁名	分布
蓼科	Polygonaceae	蓼属	Polygonum	灯心草蓼	P. junceum	新疆
				帚蓼	P. argyrocoleum	内蒙古、甘肃、青海、新疆
				西伯利亚蓼	P. sibiricum	东北、华北、西北、西南
				细叶西伯利亚蓼	P. sibiricum var. thomsonii	青海、西藏
		酸模属	Rumex	单瘤酸模	R. marschallianus	内蒙古、新疆
				刺酸模	R. maritimus	全国各地
				乌克兰酸模	R. ucranicus	新疆
眼子菜科	Potamogetonaceae	二药藻属	Halodule	二药藻	H. uninervis	台湾、广东、海南
				羽叶二药藻	H. pinifolia	海南、台湾
		虾海藻属	Phyllospadix	红纤维虾海藻	P. iwatensis	辽东半岛、山东半岛及河北沿海
				黑纤维虾海藻	P. japonica	辽东半岛及山东半岛沿海
		波喜荡属	Posidonia	波喜荡	P. australis	海南
		川蔓藻属	Ruppia	川蔓藻	R. maritima	全国各地
		针叶藻属	Syringodium	针叶藻	S. isoetifolium	广东
		大叶藻属	Zostera	大叶藻	Z. marina	辽宁、河北、山东等省沿海
				具茎大叶藻	Z. caulescens	辽宁沿海
				宽叶大叶藻	Z. asiatica	辽宁沿海
				丛生大叶藻	Z. caespitosa	辽宁等省沿海
				矮大叶藻	Z. japonica	辽宁、河北及山东沿海
报春花科	Primulaceae	珍珠菜属	Lysimachia	滨海珍珠菜	L. mauritiana	辽宁、山东、江苏、浙江、福建、广东
		海乳草属	Glaux	海乳草	G. maritima	全国各地

续表

科中文名	科拉丁名	属中文名	属拉丁名	种中文名	种拉丁名	分布
毛茛科	Ranunculaceae	碱毛茛属	*Halerpestes*	长叶碱毛茛	*R. ruthenica*	东北、西北、华北
				碱毛茛	*R. sarmentosa*	东北、西北、华北
				三裂碱毛茛	*R. tricuspis*	西藏、四川、陕西、甘肃、青海、新疆
				圆叶碱毛茛	*R. cymbalaria*	东北、西北、华北
				丝裂碱毛茛	*R. filisecta*	西藏
帚灯草科	Restionaceae	薄果草属	*Leptocarpus*	薄果草	*L. disjunctus*	广西、海南
红树科	Rhizophoraceae	木榄属	*Bruguiera*	木榄	*B. gymnorrhiza*	广东、广西、福建、台湾及沿海岛屿
				海莲	*B. sexangula*	广东
				柱果木榄	*B. cylindrica*	海南
		角果木属	*Ceriops*	角果木	*C. tagal*	广东、海南、台湾
		秋茄树属	*Kandelia*	秋茄树	*K. candel*	广东、广西、福建、台湾
		红树属	*Rhizophora*	红树	*R. apiculata*	广东
				红茄苳	*R. mucronata*	河南、云南
				红海兰	*R. stylosa*	广东、海南岛东北部、广西、台湾
蔷薇科	Rosaceae	绵刺属	*Potaninia*	绵刺	*P. mongolica*	内蒙古
		委陵菜属	*Potentilla*	覆瓦委陵菜	*P. imbricata*	新疆
				鹅绒委陵菜	*P. anserina*	东北、西北、华北
		山莓草属	*Sibbaldia*	伏毛山莓草	*S. adpressa*	东北、西北、华北
茜草科	Rubiaceae	瓶花木属	*Scyphiphora*	瓶花木	*S. hydrophyllacea*	海南

科中文名	科拉丁名	属中文名	属拉丁名	种中文名	种拉丁名	分布
芸香科	Rutaceae	拟芸香属	*Haplophyllum*	大叶芸香	*H. perforatum*	新疆
杨柳科	Salicaceae	杨属	*Populus*	胡杨	*P. euphratica*	新疆
				灰胡杨	*P. pruinosa*	新疆
无患子科	Sapindaceae	异木患属	*Allophylus*	海滨异木患	*A. timorensis*	海南岛南部、台湾
		车桑子属	*Dodonaea*	车桑子	*D. viscosa*	我国南方
玄参科	Scrophulariaceae	火焰草属	*Castilleja*	火焰草	*C. pallida*	黑龙江西北部
		野胡麻属	*Dodartia*	野胡麻	*D. orientalis*	新疆、内蒙古、甘肃、四川
		柳穿鱼属	*Linaria*	海滨柳穿鱼	*L. japonica*	辽宁
		疗齿草属	*Odontites*	疗齿草	*O. serotina*	东北、西北、华北
苦木科	Simaroubaceae	海人树属	*Suriana*	海人树	*S. maritima*	台湾及西沙群岛等地
茄科	Solanaceae	枸杞属	*Lycium*	黑果枸杞	*L. ruthenicum*	东北、西北
				新疆枸杞	*L. dasystemum*	新疆、甘肃、青海
				枸杞	*L. chinense*	东北、河北、山西、陕西、甘肃、华中、华南、西南
				宁夏枸杞	*L. barbarum*	河北、内蒙古、山西、甘肃、宁夏、青海、新疆
海桑科	Sonneratiaceae	海桑属	*Sonneratia*	海桑	*S. caseolaris*	广东
				杯萼海桑	*S. alba*	广东
				海南海桑	*S. hainanensis*	海南
				卵叶海桑	*S. ovata*	海南
梧桐科	Sterculiaceae	银叶树属	*Heritiera*	银叶树	*H. littoralis*	广东、广西和台湾
柽柳科	Tamaricaceae	红砂属	*Reaumuria*	红砂	*R. songarica*	东北、西北、华北
				五柱红砂	*R. kaschgarica*	新疆、西藏、青海、甘肃、青海

续表

科中文名	科拉丁名	属中文名	属拉丁名	种中文名	种拉丁名	分布
柽柳科	Tamaricaceae	柽柳属	Tamarix	长穗柽柳	T. elongata	新疆、甘肃、青海、宁夏、内蒙古
				短穗柽柳	T. laxa	新疆、青海、甘肃、宁夏、陕西、内蒙古
				白花柽柳	T. androssowii	新疆、甘肃、内蒙古、宁夏
				翠枝柽柳	T. gracilis	新疆、青海、甘肃、内蒙古
				甘肃柽柳	T. gansuensis	新疆、青海、甘肃、内蒙古
				沙生柽柳	T. sachuensis	新疆南部
				盐地柽柳	T. karelinii	新疆、甘肃、青海、内蒙古
				刚毛柽柳	T. hispida	新疆、青海、甘肃、宁夏、内蒙古
				细穗柽柳	T. leptostachys	新疆、青海、甘肃、内蒙古
				多花柽柳	T. hohenackeri	新疆、青海、甘肃、宁夏、内蒙古
				柽柳	T. chinensis	辽宁、河北、河南、山东、江苏、安徽
				甘蒙柽柳	T. austromongolica	青海、甘肃、宁夏、内蒙古、山西、河北
				多枝柽柳	T. ramosissima	新疆、青海、甘肃、内蒙古、宁夏及青海
				密花柽柳	T. arceuthoides	新疆、甘肃
				塔里木柽柳	T. tarimensis	新疆
				沙生柽柳	T. taklamakanensis	新疆
伞形科	Umbelliferae	蛇床属	Cnidium	碱蛇床	C. salinum	黑龙江、内蒙古、宁夏、甘肃、青海
				滨蛇床	C. japonicum	辽宁
		珊瑚菜属	Glehnia	珊瑚菜	G. littoralis	辽宁、河北、山东、江苏、浙江、福建、广东
		前胡属	Peucedanum	滨海前胡	P. japonicum	山东、江苏、福建、台湾等地
		球根阿魏属	Schumannia	球根阿魏	S. karelinii	新疆

续表

科中文名	科拉丁名	属中文名	属拉丁名	种中文名	种拉丁名	分布
伞形科	Umbelliferae	西风芹属	Seseli	毛序西风芹	S. eriocephalum	新疆
		泽芹属	Sium	拟泽芹	S. sisaroideum	新疆
马鞭草科	Verbenaceae	海榄雌属	Avicennia	海榄雌	A. marina	福建、台湾、广东
		大青属	Clerodendrum	苦郎树	C. inerme	福建、台湾、广东、广西
		牡荆属	Vitex	蔓荆	V. trifolia	辽宁、河北、山东、江苏、安徽、江西、福建、广东
		豆腐柴属	Premna	钝叶臭黄荆	P. obtusifolia	台湾、广西、广东
蒺藜科	Zygophyllaceae	白刺属	Nitraria	小果白刺	N. sibirica	东北、西北、华北、西南
				白刺	N. tangutorum	陕西、西北、内蒙古、宁夏、甘肃、新疆
				大白刺	N. roborowskii	新疆
				盐生白刺	N. schoberi	新疆
		骆驼蓬属	Peganum	骆驼蓬	P. harmala	西北、华北
		驼蹄瓣属	Zygophyllum	大叶驼蹄瓣	Z. macropodum	新疆准噶尔盆地
				长果驼蹄瓣	Z. jaxarticum	新疆
				粗茎驼蹄瓣	Z. loczyi	内蒙古西部、甘肃河西、青海、新疆
				翼果驼蹄瓣	Z. pterocarpum	内蒙古阿拉善盟、甘肃河西、甘肃河西、新疆

依次是藜科(25 属 106 种)、菊科(20 属 61 种)、禾本科(22 属 52 种)、豆科(18 属 33 种)。这 4 科的盐生植物占我国盐生植物属数的 40%, 种数的 51%。据统计, 盐生植物超过 10 种的科还有十字花科(23 种)、柽柳科(18 种)、眼子菜科(12 种)、蓼科(12 种)、白花丹科(11 种)和紫草科(10 种)。此外, 包含盐生植物较多的是旋花科(9 种)、蒺藜科(9 种)、红树科(8 种)、伞形科(7 种)。包含有 5 种盐生植物的科是水鳖科、唇形科、锦葵科、毛茛科; 含 4 种盐生植物的科有夹竹桃科、萝藦科、百合科、车前科、玄参科、蔷薇科、茄科、海桑科、马鞭草科; 含 3 种盐生植物的科有爵床科、使君子科、大戟科、鸢尾科、列当科、茨藻科; 包含两种盐生植物的科有卤蕨科、番杏科、苋科、草海桐科、水麦冬科、玉蕊科、报春花科、杨柳科、无患子科。其余的科中各含 1 种盐生植物。

在我国 500 多种盐生植物中, 有相当一部分具有多种利用价值, 有的可以作为食品的原料, 有的可以作为饲料, 有的具有药用价值和纤维价值。在众多的盐生植物中, 也有具观赏价值的种类, 是亟待开发的花卉资源。因此, 大力开发、培育和驯化具有经济价值的盐生植物, 研究、挖掘盐生植物的其他功能性价值潜力, 因地制宜建立特色产业基地, 是未来盐生植物利用的一个重要方向。

9.3　松嫩平原盐生植物种类与利用

在松嫩平原内除松花江和嫩江贯流中部外, 发源于周边山地的百余条河流也流入低平地, 河水中携带的可溶性盐类(主要是 $NaHCO_3$ 和 Na_2CO_3)大量汇集和积聚, 形成大小不等、数以千计的内陆盐湖和碱泡。平原内广大的闭流区地下水埋深较浅, 矿化度高, 因而, 在土壤盐碱化过程中盐渍土得到了充分发育(郑慧莹和李建东, 1995)。松嫩平原地处半湿润半干旱区, 夏季温暖多雨, 这一时期土壤以淋溶过程为主, 盐分含量明显下降; 而春秋干旱季节蒸降比显著上升, 使土壤大量积盐。土壤脱盐和积盐频繁交替进行, 温度变化又造成碳酸钠在土壤溶液中的移动和累积, 这些因素都促进了土壤的碱化过程, 直接影响盐碱植物的分布和生长发育。

9.3.1　松嫩平原的主要盐生植物

松嫩平原盐碱地是我国盐生植物最丰富的地区, 种类共计 60 余种。但是, 能形成盐生植物群落的种类并不多, 只有少数种类形成的群落构成了盐碱土上的景观植被, 大多数盐生植物散生在盐碱土上或作为盐生植物群落的伴生种出现, 在局部环境可形成小群落, 呈小面积斑块状镶嵌在其他群落间或形成植物群落复合体。随着草地植被的退化和土壤盐渍化的加重, 盐生植物群落可不断扩展, 形成大面积的盐生植被, 甚至成为草地上的景观群落。现将松嫩平原上常见的盐生植物(李建东和郑慧莹, 1997; 陈默君和贾慎修, 2002)论述如下。

(1) 罗布麻(*Apocynum venetum* L.)

形态特征　罗布麻也叫茶叶花、野麻、红麻。夹竹桃科罗布麻属多年生宿根草本, 高 0.5~1.3 m, 多分枝, 体内有白色乳汁。茎向阳面通常为紫红色, 茎皮强韧, 无毛,为良好的野生纤维原料。根有直生根和横生根两种。直生根着生在横生根上呈垂直状。主根粗壮,暗褐色。两者都可长出新芽,可用于无性繁殖。叶对生,披针形,全缘,光滑无毛,叶柄短。顶生聚伞花序,花粉红色。花冠窄钟形,花萼 5 深裂,雄蕊 5,雌蕊 1,柱头 2 裂,花药贴合成锥形体。蓇葖果叉生,熟时黄褐色,带紫晕,下垂。种子黄褐色,顶端有一簇白色细毛(图 9-1)。

图 9-1 松嫩平原生长的罗布麻(李志坚摄)

生物学与生态学特性 罗布麻属兼性中生盐生植物,喜生于 pH 在 8.5 以下的轻度盐碱地上,大量成片地分布于盐碱、沙荒地区、河漫滩,耐寒、耐旱、耐盐碱,适于多种气候和土质。松嫩平原是我国罗布麻分布区的北部边缘,罗布麻常混生于羊草+杂类草群落中,属伴生种;局部地段也可集群生长,成为亚优势种。在松嫩平原 5 月中、下旬返青,花期 6~8 月,9 月果期,10 月初种子成熟。

经济价值 详见 9.3.2。

地理分布 罗布麻(红麻)分布于东自黄海沿海西到新疆的广大区域,大致在长江、淮河、秦岭和昆仑山以北的范围(张绍武等,2000),包括江苏、山东、河南、河北、安徽、陕西、山西、辽宁、吉林、内蒙古、新疆、青海、甘肃。

(2)鹅绒藤(*Cynanchum chinense* R. Br.)

形态特征 萝藦科鹅绒藤属多年生缠绕草本,有乳汁,全株被短柔毛。根圆柱形,灰黄色。茎多分枝。叶对生,宽三角状心形,先端渐尖,基部心形,全缘。伞状聚伞花序腋生，具多花，花萼5深裂，外被柔毛，裂片为条状披针形，花冠白色。副花冠杯状，外轮5浅裂，裂片三角形，裂片间具5条丝状体，外轮约与花冠裂片等长，内轮略短。花粉块每室1个，柱头近五角形。蓇葖果，圆柱形。种子矩圆形，黄棕色(图9-2)。

图9-2 鹅绒藤(邢福摄)

生物学与生态学特性 属兼性盐生植物，在退化的盐碱地零星分布，数量很少，不能形成群落。常生于荒地灌丛、山坡林缘或路旁。在松嫩平原花期6～7月，果期8～9月。

经济价值 根及茎的乳汁入中药。鹅绒藤根味辛、甘、苦，性平。用于祛风解毒，健胃止痛。茎乳外敷，治疗疣赘。

地理分布 在我国分布于辽宁、河北、河南、山东、山西、陕西、甘肃、江苏、浙江等地。

(3)砂引草(*Messerschmidia sibirica* L.)

形态特征 紫草科砂引草属多年生地下芽草本。全株被白色长柔毛。叶无柄或近无柄，狭矩圆形至条形，聚伞花序伞房状，近二叉状分枝。茎叶表皮具盐腺。花萼长约2.5 mm，5裂近基部，裂片披针形，花冠白色，漏斗状，花冠筒长5 mm，裂片5，子房4室，柱头2浅裂，下部环状膨大，果实有4钝棱，椭圆状球形，长约8 mm，先端平截或凹入(图9-3)。

图 9-3　砂引草(邢福摄)

生物学与生态学特性　砂引草为中旱生兼性盐生植物。在草原地带可生长于固定、半固定的沙丘上。还可生于覆沙的梁地、草甸和路旁沙地。但在干旱的半荒漠区和荒漠区，它只生于地下水位较高的覆沙草甸、盐化草甸，以及沙堆和沙丘的地段。一般具细长的根状茎，匍匐或斜升，水平根状茎多分布于表土下 15～20 cm 处，伸展可达 1～2 m，其垂直根可分布到 1 m 左右深处。砂引草在村落或居民点附近的隙地和路旁主要借根状茎的延伸进行无性繁殖。除无性繁殖外，大多数植株能用正常的种子繁殖。在草地群落中砂引草属于伴生植物。4 月返青，5～6 月开花，6～7 月结果，种子 8 月下旬成熟，果后营养期可延续至 10 月。

经济价值　属于中等偏低或中等的饲用植物。砂引草在干枯后为骆驼采食，绵羊和山羊均采食青鲜的砂引草。砂引草在生长早期粗脂肪和粗灰分含量较高，特别是粗蛋白质含量可同紫苜蓿相媲美；9 种必需氨基酸含量胜过小麦麸和谷类饲料，也高于一般的禾本科牧草，因此，具有一定的潜在饲用开发价值。砂引草具有较强的无性繁殖能力，耐沙埋，因此在防风固沙、保滩、护岸和植被恢复上具有开发与应用前景。另外，其花香气浓郁，可提取芳香油。

地理分布　砂引草广泛分布于我国北方内陆沙地，内蒙古、山西、山东、河北、河南、甘肃、宁夏、陕西、辽宁、吉林等地均有分布。

(4)碱独行菜[*Lepidium cartilagineum* (J. May.) Thell.]

形态特征　十字花科独行菜属多年生草本，高达 35 cm。茎直立，分枝，被乳头状和卷曲毛，基部残存纤维状枯叶柄。基生叶莲座状，肉质，卵形或椭圆形，长 1.7～4 cm，先端尖或钝，基部楔形或渐窄，全缘，通常无毛，叶柄长 1.5～5 cm；茎生叶无柄，椭圆形或披针形，全缘，无毛或具贴伏毛，先端尖锐，基部通常抱茎。花梗开展、直或稍弯，长 3～6 mm，向轴面被毛；花萼椭圆形，长 1～1.2 mm，被卷曲毛，边缘和先端白色；

花瓣白色，倒卵形或倒披针形，长 1～1.6 mm，先端圆，基部爪不明显；雄蕊 6，花丝长 0.8～1.1 mm，花药椭圆形。短角果卵形，长 2.3～3.3 mm，有网脉和蜂窠状凸眼；宿存花柱长 0.2～0.4 mm，伸出凹缺。种子褐或红褐色，卵圆形，具乳突；子叶背倚胚根。花期 8 月。

生物学与生态学特性　专性盐生草本植物，属盐碱土指示植物，一般生于盐碱化低地的盐土、碱土上。多零星分布，未见其成为群中的优势种。4～5 月返青，7～9 月开花结果，单株产种子数可达数千粒至上万粒，边成熟边脱落。

经济价值　为良等饲用植物。春季质地柔软鲜嫩，各种家畜均采食，但因具有辛辣味，采食率不高，但其营养价值很高，可调制成干草，霜冻后牛、羊喜食。全草和种子入药，种子还可榨油，供工业用。

地理分布　在我国分布于内蒙古、新疆。

(5) 碱地肤[*Kochia sieversiana* (Pall.) C. A. Mey]

形态特征　藜科地肤属一年生草本。高 30～60(100) cm。茎直立，自基部分枝，枝斜升，黄绿色或稍带浅红色，枝上端被白色柔毛，中、下部无毛，秋后变红。叶互生，无柄，倒披针形、披针形或条状披针形。花两性或雌性。花被片 5，胞果扁球形，包于花被内(图 9-4)。

图 9-4　松嫩平原盐碱化草甸上生长的碱地肤(杨允菲摄)

生物学与生态学特性　碱地肤是我国温带半干旱、干旱地区的旱生、中旱生典型盐生植物。在我国北方草原带、荒漠化地带的盐碱土上均有分布。在松嫩平原主要分布在次生盐碱斑的外围，在居民点附近、道旁、沟渠边的盐碱土上亦有分布。常星散分布，但在局部地区也可形成小面积的纯群落，经常是碱蓬群落、碱蒿群落的伴生种。生长土壤的 pH 在 8.5～9.5，pH 在 9.5 以上也可忍耐。在松嫩平原，碱地肤一般 4 月中旬出苗，但大多数出苗时间在 6 月中旬以后的雨季。花期 7 月，果期 7～8 月，9 月果熟。

　　经济价值　详见 9.3.2。

　　地理分布　分布于我国黑龙江、吉林、辽宁、内蒙古、河北、山西、陕西、甘肃、宁夏、青海、新疆等省区。

(6) 角碱蓬[*Suaeda corniculata* (C. A. Mey.) Bunge]

　　形态特征　藜科碱蓬属一年生草本，高 10～30 cm。茎粗壮，有基部分枝，多斜生或直立，有红色条纹和条棱，全株无毛，深绿色，叶肉质、光滑、半圆柱形，花两性或雌性，每 3～6 朵簇生于叶腋，多数形成间断穗状花序，花被片 5，稍肉质，果时背部向外生出角状突起，有时其中之一发育伸长成为长角状，雄蕊 5，与花被裂片对生，稍短于花被或稍露出于花被之外，柱头 2。花被裂片在果期发育成不等大的角状延伸物。胞果圆形而略扁。种子横生或斜生，黑色或黄褐色，有光泽，具明显的网纹，胚有时自种脐伸出(图 9-5)。

图 9-5　角碱蓬(杨允菲摄)

　　生物学与生态学特性　角碱蓬为典型的盐生植物。生长在土壤湿润的碱湖周围和低位盐碱斑上，往往形成单优势种的盐生草甸群落，并成为盐碱土上的优势植被，也经常是其他盐生植物群落的伴生种。角碱蓬在我国温带从沿海至内陆半干旱区、干旱区乃至青藏高原的盐渍化生境均能广泛分布，但主要适宜在草原地带的盐碱土生长。它是松嫩平原分布广、面积大、最耐盐碱的植物之一，可以在 pH 10 以上、含盐量 9.49 mmol/100 g 以上、0～5 cm 土壤碱化度为 72.1%～97.9%的盐碱土壤上良好生长。在青海湖周围海拔 2600～3200 m 的冲积-洪积平原上，土壤 pH 为 9.0、全盐含量为 22.74%的土壤上也能生长。角碱蓬属聚盐植物，在体内主要大量吸收、富集阳离子 Na^+，占阳离子总量的 85% 以上；富集的阴离子主要是 HCO_3^-、CO_3^{2-}，占阴离子总量的 50%～80%。角碱蓬 4 月中下旬在土壤湿润的低洼处开始出苗，由于气温较低，生长缓慢，幼苗经常大量死亡。6月中旬雨季开始后，大量出苗并能很好地生长发育，8～9 月开花结实，9～10 月果实成熟。

经济价值　　低等饲用植物，因含盐量较高，食后易发生腹泻，青鲜状态家畜一般不采食，羊、骆驼偶尔采食。秋季降霜后植株变为红色，适口性有所提高，骆驼和羊乐食，马、牛也采食，此时放牧骆驼、羊有利于抓膘。入冬后植株变黑色，除骆驼采食外其他家畜均不采食。果实还可作为猪和家禽饲料。除饲用外，种子含油，可供食用，制肥皂、油漆、油墨和涂料。植株含碳酸钾，可用作多种化工原料。

地理分布　　在我国分布于东北、华北、西北等地。

(7) 碱蓬[*Suaeda glauca* (Bunge) Bunge]

形态特征　　别名盐蓬、碱蒿子、盐蒿子、老虎尾、和尚头、猪尾巴、盐蒿。藜科碱蓬属一年生草本，高 30～100 cm。茎直立，浅灰绿色，圆柱形，具纵条纹，上部多分枝、开展，可形成大株丛，是松嫩平原碱蓬属内最高大的植物。叶片线形，半圆柱状，对生，肉质。花单生或 2～3 朵簇生于叶腋的短柄上，呈团伞状。果时花被增厚，各具突脊，包于胞果外围，外观呈五角星状。种子近圆形，直径约 2 mm，黑色，表面有颗粒状点纹（图 9-6）。

图 9-6　松嫩平原盐碱化草甸生长的碱蓬(杨允菲摄)

生物学与生态学特性　　碱蓬属典型盐生植物。在松嫩平原适宜碱蓬生长的土壤 pH 为 8.5～10.0，pH 超过 10 时也可以生长，土壤中富含 Na_2CO_3。碱蓬为喜盐湿生植物，要求土壤有较好的水分条件，但由于肉质化的茎叶贮藏有大量的水分，故能忍受暂时的干旱。种子的休眠期很短，遇上适宜的条件便能迅速发芽，出苗生长。在碱湖周围和盐碱斑上多星散或群集生长，可形成纯群落，也是其他盐生植物群落的伴生种。在松嫩平原上 6 月中旬雨季开始后，大量出苗并能很好地生长发育，8～9 月开花结实，9～10 月果实成熟。

经济价值　详见 9.3.2。

地理分布　在我国分布于黑龙江、吉林、辽宁、内蒙古、河北、山东、江苏、浙江、河南、山西、陕西、宁夏、甘肃、青海、新疆南部等地。

(8) 盐地碱蓬[*Suaeda salsa* (Linn.) Pall.]

形态特征　别名翅碱蓬、盐蒿。藜科碱蓬属一年生草本，高 20～80 cm。绿色，晚秋变紫红色。直根系，入土深度达 30～50 cm，主根不发达，侧根较多，主要集中于 15～25 cm 土层中。茎直立，无毛，多分枝，细弱，斜升。叶条形，半圆柱状，肉质，长 1～3 cm，宽 1～2 mm，先端尖或微钝，无柄。花两性或兼有雌性，团伞花序，通常 3～5 朵簇生于叶腋，构成间断的穗状花序，小苞片短于花被，膜质，白色，卵形，花被半球形，花被片基部合生，稍肉质，果期背部稍增厚，基部延生出三角状或狭翅状突出物。雄蕊 5，花药卵形或矩圆形，柱头 2。胞果包于花被内，果皮膜质。种子横生，歪卵形或近圆形，两面稍扁，长 0.8～1.5 mm，黑色，有光泽，表面具不清晰的网点纹(图 9-7)。

图 9-7　盐地碱蓬(杨允菲摄)

生物学与生态学特性　专性盐生植物，经常与角碱蓬混生，成为群落中的伴生种或者优势种，共同组成碱蓬群落。呈星散或群集分布，也可组成单优势种群落。在海滨盐生裸地上它常是先锋植物或形成先锋植被，是一种良好的盐碱土指示植物，也是钠质土的一种指示植物。在盐碱成分含量愈高的地方生长愈茂盛，而在盐碱成分含量很低的土壤中一般不能生长。

经济价值　盐地碱蓬适口性差，幼株仅牛、羊少量采食，马、骡、驴不食。在生长季节，一般不作放牧利用，而留到待秋末种子成熟后，采集籽实和部分枝叶作为代用饲料。当枯萎的植株受雨雪淋洗，植株含盐量下降之后，也可在冬春用于放牧羊群。种子含油量 20%以上，供食用或制皂、油漆、油墨等；油渣为良好的饲料和肥料。临床鉴定对多种硬化症、风湿性关节炎、气喘肥胖症、糖尿病有一定疗效；幼苗可作蔬菜。

地理分布　在我国分布于东北、内蒙古、河北、山西、陕西北部、宁夏、甘肃北部及西部、青海、新疆，以及山东、江苏、浙江的沿海地区。

(9)滨藜[*Atriplex patens* (Litv.) Iljin]

形态特征　藜科滨藜属一年生草本，高 20～60 cm。茎直立或外倾，无粉或稍有粉，具绿色色条及条棱，通常上部分枝；枝细瘦，斜上。叶互生，或在茎基部近对生；叶片披针形至条形，长 3～9 cm，宽 4～10 mm，先端渐尖或微钝，基部渐狭，两面均为绿色，无粉或稍有粉，边缘具不规则的弯锯齿或微锯齿，有时几全缘。花序穗状，或有短分枝，通常紧密，于茎上部再集成穗状圆锥状；花序轴有密粉；雄花花被4～5裂，雄蕊与花被裂片同数；雌花的苞片果时菱形至卵状菱形，长约 3 mm，宽约 2.5 mm，先端急尖或短渐尖，下半部边缘合生，上半部边缘通常具细锯齿，表面有粉，有时靠上部具疣状小突起。种子二型，扁平，圆形，或双凸镜形，黑色或红褐色，有细点纹，直径 1～2 mm。花果期 8～10 月(图 9-8)。

图 9-8　滨藜(李海燕摄)

生物学与生态学特性　滨藜属典型的聚盐植物，生于轻度盐碱地、海滨或沙地，也是沙漠中的常见植物。滨藜体内 NaCl 的含量很高,盐晶体积聚在叶子表面的特殊细胞内,叶片因此呈现出灰色或者银色。叶片高盐,具有抵御食草动物食用的作用。在松嫩平原的干旱、半干旱区盐碱地上常有分布。适口性中等,但是具有一定的毒性,过量采食可能导致家畜皮肤过敏性中毒。

经济价值　滨藜生长快、具有一定的耐盐碱和耐干旱能力,猪、家禽均喜食,可作为青绿饲料利用,具有潜在的人工栽培价值。但是,目前尚无人工栽培和驯化的实验报道。

地理分布　在我国分布于黑龙江、辽宁、吉林、河北、内蒙古、陕西、甘肃北部、宁夏、青海至新疆北部。

(10)白刺[*Nitraria tangutorum* Bobr.]

形态特征　别名地枣、酸胖、白茨、沙漠樱桃。蒺藜科白刺属。落叶灌木,高 0.5～1 m。多分枝,有时横卧,被沙埋压形成小沙丘,可生不定根,小枝灰白色,先端刺状。叶无柄,在嫩枝上 4～6 片簇生,倒披针形,先端钝,基部窄楔形,无毛或嫩时被柔毛。蝎尾状花序顶生,萼片 5,绿色,花瓣 5,白色。核果近球形或椭圆形,两端钝圆,熟时暗红色。果核窄卵形(图 9-9)。

图 9-9　松嫩平原生长的白刺(李志坚摄)

生物学与生态学特性　为专性盐生植物。繁殖力比较强。既能用种子繁殖,也可用分株、压条和插枝法进行繁殖。肉质核果成熟后自行脱落,就地繁衍或传播至他方。枝条经沙埋后,只要水分条件适宜,即能生根发芽。白刺的生态幅宽,耐盐碱能力强,在松嫩平原它是唯一可以生长在碱湖边和光碱斑上的灌木。在沿海盐渍化很重的“盐土”和内陆的“盐漠”上也可生长,可忍耐 pH 为 10 以上的碱土。叶表面具有较厚的角质层和庞大的根系,因此很耐干旱,为旱生植物。在碱湖边局部地段可成为优势种,形成群落，也经常散生在盐碱斑上。荒漠、半荒漠草地植被的重要建群种之一。

白刺一般在 4 月下旬至 5 月初萌发，5 月始花。7 月中核果成熟，8 月底核果脱落，9～10 月枯萎落叶。

经济价值　详见 9.3.2。

地理分布　分布于吉林、陕西、内蒙古、宁夏、甘肃及新疆等地。

(11) 盐爪爪[*Kalidium foliatum* (Pall.) Moq.]

形态特征　别名着叶盐爪爪、灰碱柴，藜科多年生盐生半灌木，高 20～50 cm。茎直立或平卧，多分枝，木质老枝较粗壮，灰褐色或黄褐色，小枝上部近于草质，黄绿色。叶互生，圆柱形，肉质多汁，长 4～10 mm，宽 2～3 mm，顶端钝，基部下延，半抱茎。穗状花序，顶生，长 8～15 mm，直径 3～4 mm，每 3 朵花生于 1 鳞状苞片内；花被合生，果时扁平呈盾状，盾片宽五角形，周围有狭窄的翅状边缘；雄蕊2，伸出花被外，子房卵形，柱头 2，胞果圆形；种子直立，近圆形，两侧压扁，密生乳头状小突起。花果期 7～9 月。

生物学与生态学特性　中生专性盐生植物，生态幅较广。生于草原和荒漠区盐湖外围和盐碱土上，散生或群集，可为盐湿荒漠群落的优势种。盐爪爪极耐盐碱，可忍耐 pH 达 10 以上。但不能忍受长期的淹没或过度的湿润，多生于膨松盐土和盐渍化的低沙地或盐渍化的丘间低地，地表往往形成盐结皮，可形成盐爪爪荒漠群落，盐爪爪在湖边盆地边缘常稀疏或成片生长。季相变化明显，一般成丛生长，盖度较大，基部常常积成小沙堆。但积沙超过 50 cm 时，往往造成盐爪爪的死亡。叶片退化，蒸腾微弱，因此抗旱能力较强。

经济价值　植株为肉质多汁含盐饲草，是骆驼的主要饲草。马、羊少量采食。盐爪爪化学成分中，以灰分含量最高，粗纤维含量较低。盐爪爪的产量在沙生植物中是比较高的。冬季盐爪爪地上部残存量保存较好，这对干旱地区畜群冬季放牧与补饲均有一定意义。种子亦可磨成粉，可供人食用，也可饲喂牲畜。

地理分布　在我国广泛分布于黑龙江、内蒙古、宁夏、河北、青海、甘肃、新疆等地。

(12) 猪毛菜 (*Salsola collina* Pall.)

形态特征　别名乍蓬棵子、刺蓬、三叉明棵、猪毛缨、叉明棵、猴子毛、蓬子菜。藜科猪毛菜属一年生草本，高 20～100 cm；茎自基部分枝，枝互生，伸展，茎、枝绿色，有白色或紫红色条纹，生短硬毛或近于无毛。叶片丝状圆柱形，伸展或微弯曲，长 2～5 cm，宽 0.5～1.5 mm，生短硬毛，顶端有刺状尖，基部边缘膜质，稍扩展而下延。花序穗状，生枝条上部；苞片卵形，顶部延伸，有刺状尖，边缘膜质，背部有白色隆脊；小苞片狭披针形，顶端有刺状尖，苞片及小苞片与花序轴紧贴；花被片卵状披针形，膜质，顶端尖，果时变硬，自背面中上部生鸡冠状突起；花被片在突起以上部分，近革质，顶端为膜质，向中央折曲成平面，紧贴果实，有时在中央聚集成小圆锥体；花药长 1～1.5 mm；柱头丝状，长为花柱的 1.5～2 倍。种子横生或斜生。花期 7～9 月，果期 9～10 月(图 9-10)。

图 9-10　松嫩平原生长的猪毛菜(邢福摄)

生物学与生态学特性　中生兼性盐生植物，耐受的 pH 在 9 以下。生村边、路旁、荒地戈壁滩和含盐碱的沙质土壤上。在松嫩平原的沙壤质、沙质土壤的退化草地上常有分布，集群生长或散生。亦是常见的田间杂草。在我国西北的高寒荒漠区，猪毛菜常与盐爪爪、梭梭、驼绒藜、合头草等混生，是荒漠植物群落的重要组成植物；也可成为群落中的优势种。猪毛菜种子发芽率高、幼苗生长快、种子产量高、抗旱性较强。

经济价值　猪毛菜鲜草柔嫩多汁，适口性好，各种家畜均喜食，尤以猪最喜食；生长后期茎叶老化粗硬，家畜一般不采食。为优质的青饲料牧草。该草具有丰富的营养物质，干物质中粗蛋白质含量为 22%，粗纤维含量为 12.7%，钙含量为 3.2%，磷含量为 0.33%。栽培试验表明，猪毛菜为高产优质的青饲料作物，具有较好的开发利用前景。在我国西北荒漠化草原中猪毛菜是重要的饲用植物之一。嫩茎叶可供人食用。猪毛菜全草入药，性味淡凉，主治高血压。具有平肝潜阳、润肠通便之功效。用于治疗高血压、头痛、眩晕、肠燥便秘等。

地理分布　在我国分布于东北、华北、西北、西南及山东、江苏、安徽、河南等地。

(13) 碱蒿(*Artemisia anethifolia* Web. ex Stechm.)

形态特征　菊科蒿属一年生或二年生草本植物，高达 20～50 cm。茎直立，自基部强烈分枝。叶二回羽状分裂，小裂片丝状条形，3 裂或不裂，深灰绿色。头状花序多数排列成圆锥花序，具长梗下垂，直径 2.5～3 m，总苞球形，总苞片 3 层有白色柔毛，花序托有白色密毛；花冠筒状，缘花雌性，盘花两性。瘦果斜卵形，长不及 1 mm(图 9-11)。

生物学与生态学特性　碱蒿是蒿属最耐盐碱的专性盐生植物之一，在 pH 为 8.5～9.5 的碱土上生长良好，可忍耐 pH 10 以上的生境。经常在草甸草原及干草原盐碱斑的外围成圈生长，在碱湖边的盐碱滩上和低位碱斑上可形成单优势种群落，生长茂盛，也是其他

图 9-11　碱蒿(杨允菲摄)

盐生植物群落,如碱蓬群落、碱茅群落和碱地肤群落中常见的伴生种,或和上述群落组成复合体,是强盐碱土的指示植物。大多数种子在雨季到来时萌发,生长迅速。花期 7～9 月,果期 8～10 月。

经济价值　属中等饲用植物。青鲜时羊和骆驼喜食,马和牛等大家畜不喜食或者根本不采食。秋冬季节,羊和骆驼最喜食。可刈割调制干草,作为冷季幼畜和瘦弱家畜的补充饲料。如果把调制的干草混入一些碱蒿,马和牛等大家畜也喜食。

地理分布　广泛分布于东北的松嫩平原上,以及内蒙古、陕西、河北、青海、宁夏、山西、甘肃、新疆等地。

(14)草地风毛菊[*Saussurea amara* (Linn.) DC.]

形态特征　别名驴耳风毛菊,菊科风毛菊属多年生草本,高可达 60 cm。具根状茎,根粗壮,茎直立,地上茎近无毛。基生叶和下部叶具长柄,叶互生;叶片椭圆形或长椭圆形,长 5～12 cm,宽 2～8 cm,先端渐尖,基部楔形,全缘或有波状齿;上部叶渐小,全缘,下面有腺点,基生叶与下部叶有 1～2.5 cm 的叶柄,上部叶无柄。头状花序多数在茎和枝端排成伞房状,直径 1～1.5 cm;总苞钟状,长 13～15 mm,直径 8～12 mm,总苞片 4 层,顶端有粉红色近圆形的膜质附片,外面具蛛丝状毛及短微毛,外层先端有细齿或 3 裂,中层有膜质粉红色具锯齿的附片;管状小花,花冠粉红色,长约 15 mm,有腺点。瘦果长圆形,长约 3 mm;冠毛白色(图 9-12)。

生物学与生态学特性　草地风毛菊为专性盐生草本。旱中生,多生于盐渍化低地、盐化草甸、沟谷和撂荒地。它的根颈部粗大,主根明显、细长,可达 105 cm 深的土层中,抗旱能力较强。多在 4 月中、下旬开始返青,8～9 月为开花期,9 月下旬至 10 月中旬为果熟期,10 月中旬以后则进入枯黄期。

图 9-12　草地风毛菊(杨允菲摄)

　　经济价值　草地风毛菊为中等饲用植物。通常在营养期家畜多不采食，秋季牛与羊采食，冬季和春季羊与骆驼乐食。在开花期及结实期含有较多的粗蛋白质，其粗纤维与无氮浸出物含量也较高。也可引种于园林中作花丛或林缘地被植物。全草味苦，性寒，有清热解毒、消肿的功能。外用可治疗淋巴结核、腮腺炎等。

　　地理分布　分布于我国黑龙江、吉林、辽宁、河北、山西、北京、河南、山东、陕西、宁夏、甘肃、青海、新疆等地。

　　(15)碱地风毛菊(*Saussurea runcinata* DC.)

　　形态特征　别名倒羽叶风毛菊、狼牙棒、羽叶风毛菊。菊科风毛菊属多年生草本。茎直立，单生或少数茎簇生，高 15～60 cm，无毛。基生叶及下部茎叶有叶柄，柄长 1～5 cm，柄基扩大半抱茎，叶片全形椭圆形、倒披针形、线状倒披针形或披针形，羽状或大头羽状深裂或全裂，顶裂片线形、披针形、卵形或长三角形，顶端渐尖或钝，边缘全缘或有小锯齿，侧裂片 4～7 对，下弯或水平开展，披针形、线状披针形或椭圆形至镰刀形，向两端的侧裂片渐小，顶端钝或急尖，边缘全缘或近基部有小锯齿，有时基生叶及下部茎叶不裂，线形；中上部茎叶渐小，不分裂，无柄，披针形或线状披针形，边缘全缘或下部边缘有稀疏的小锯齿；全部叶两面无毛。头状花序多数或少数，在茎枝顶端排成伞房花序或伞房圆锥花序。总苞钟状，直径 5～10 mm，总苞片 4～6 层，外层卵形或卵状披针形，长 3.5 mm，宽 1.5 mm，顶部草质扩大，有小尖头，中层椭圆形，长 7 mm，宽 1.8 mm，顶端红色膜质扩大，内层线状披针形或线形；全部总苞片外面无毛或外层上部边缘有稀疏的短柔毛。小花紫红色，长 14 mm，管部与檐部等长。瘦果圆柱状，黑褐色，长 2～3 mm。冠毛淡黄褐色，2 层，外层短，糙毛状，长 2～3 mm，内层长，羽毛状，长 7～9 mm。

　　生物学与生态学特性　碱地风毛菊为专性中生盐生植物，可忍受 pH 10 以上的盐碱土。是盐生植物群落的伴生种，数量不多，很少成为优势种，在局部地段有时也可形成小群落。常生于河滩潮湿地、盐碱地、盐渍低地、沟边石缝中。花果期7～9月。

经济价值　叶味苦，性平，具有止血，清脉热、血热功效；可治新旧疮疡，解肉食中毒。

地理分布　分布于黑龙江、吉林、辽宁、内蒙古、山西、陕西、宁夏等地。

(16) 碱菀 (*Tripolium vulgare* Nees)

形态特征　别名竹叶菊、铁杆蒿、金盏菜。菊科碱菀属一年生或二年生中生盐生草本。茎高30～50 cm，有时达80 cm，单生或数个丛生于根颈上，直立或斜上升，下部常带红色，无毛。叶多肉质，基部叶在花期枯萎，下部叶矩圆状披针形，顶端尖，全缘或有具小尖头的疏锯齿；中部叶渐狭，无柄，上部叶渐小，苞叶状；全部叶无毛，肉质。头状花序排成伞房状，有长花序梗。花托平，蜂窝状，窝孔有齿。总苞近管状，开花后钟状，径约7 mm。总苞片2～3层，疏覆瓦状排列，绿色，边缘常红色，干后膜质，无毛，外层披针形或卵圆形，顶端钝，内层狭矩圆形，长约7 mm。舌状花1层。瘦果扁，有边肋，两面各有1脉，被疏毛。冠毛在花期长5 mm，有多层极细的微糙毛。

生物学与生态学特性　是温带气候区专性盐生植物，强盐碱土和碱土的指示植物，土壤pH一般在8.0～9.5。多生长在低位盐碱斑、盐碱湿地和碱湖边。在松嫩平原分布数量不多，常散生或群生。花期8～9月，果期9～10月。

经济价值　适口性中等。羊、骆驼喜食，马次之，牛多不采食。冬春季节马喜食程度有所提高。蛋白质含量高于禾本科牧草，纤维素含量较少，结实期纤维素含量为21.56%。脂肪含量较高，是秋季家畜抓膘及春季恢复体膘的优良牧草。生长后期纤维素含量增加也不显著。具有散寒润肺、降气化痰、止咳、利尿功效。

地理分布　分布于吉林、辽宁、新疆、内蒙古、山西、陕西、甘肃、山东、江苏、浙江等地。

(17) 银灰旋花 (*Convolvulus ammannii* Desr.)

形态特征　别名阿氏旋花、小旋花、亚氏旋花。旋花科旋花属多年生矮小草本，全草高2～15 cm。全株密被银灰色长毛。根状茎短，木质化，地上茎由基部分枝，平卧或直立，质脆，易折断。叶无柄，互生，线形或狭披针形，长6～22 mm，宽1～2.5 mm，无柄。花腋生，单生于花梗顶端，花白色，萼片5，卵圆形，花冠漏斗状，白色带红紫色条纹。种子2～3粒，卵圆形，淡褐红色，光滑(图9-13)。

生物学与生态学特性　银灰旋花属典型旱生兼性盐生植物，pH多在8.0～8.5，达到9时也可生长，是盐碱化草地和各类草原群落中常见的伴生种。银灰旋花多见于草原的沙地上，喜干旱、排水良好的生境，草原退化和盐碱化后其数量增多，是草地退化和盐碱化的指示种。在退化和盐碱化的草地上可成为下层的优势种，在局部碱包上，上层草消失后也可成为优势种，形成小群落。4月下旬返青，花期6～8月，果期7～9月。

图 9-13　内蒙古东部贝加尔针茅草甸草原上生长的银灰旋花(邢福摄)

经济价值　银灰旋花的植株矮小，青鲜时羊特别是山羊喜食，干枯后也乐食。银灰旋花地上生物量很低，采食畜种有限，因此，其多被评为低等饲用植物。银灰旋花具有一定的观赏价值。全草入药，味辛性温，能解表、止咳。

地理分布　分布于新疆、山西、西藏、宁夏、甘肃、辽宁、吉林、内蒙古、河北、黑龙江、河南、陕西、青海等地。

(18)寸草薹(*Carex duriuscula* C.A.Mey.)

形态特征　莎草科薹草属多年生草本。具细长根茎，秆疏丛生，旱生下层小型植物。秆高 5～15(20) cm，基部具灰黑色呈纤维状分裂的枯叶鞘，植株淡黄绿色。叶片内卷成针状。小穗 3～6 个聚集成球形的穗状花序。小坚果宽卵形(图 9-14)。

图 9-14　松嫩平原羊草草甸中生长的寸草薹(邢福摄)

生物学与生态学特性　寸草薹为细小薹草，根茎发达，分蘖力强，返青早，生态适应性广。它可忍耐土壤 pH 为 8.5 的生境，是适应轻度盐碱的兼性盐生植物。具有耐寒、耐旱和耐践踏等特点。在松嫩平原它生长在广阔的平原和固定沙丘上。能适应多种环境，是羊草、贝加尔针茅、灌丛、疏林常见的伴生种。在羊草草地出现退化、盐碱化时，寸草薹的数量增多，可成为下层优势种；如果盐碱化继续加重，则可形成寸草薹群落。因此，它是羊草草地发生盐碱化的指示植物。在松嫩平原 4 月初返青，是返青期较早的植物之一，4 月末、5 月初花期，5 月末、6 月初果期，属早春开花植物。

经济价值　详见 9.3.2。

地理分布　寸草薹为广布种，分布于我国黑龙江、吉林、辽宁、河北、内蒙古、甘肃、陕西、山西、宁夏、新疆等地。

(19)碱地蒲公英(*Taraxacum sinicum* Kitag.)

形态特征　别名华蒲公英，菊科蒲公英属多年生、莲座丛型下层中生草本。根颈部有褐色残存叶基。叶倒卵状披针形或狭披针形，稀线状披针形，长 4～12 cm，宽 6～20 mm，边缘叶羽状浅裂或全缘，具波状齿，内层叶倒向羽状深裂，顶裂片较大，长三角形或戟状三角形，每侧裂片 3～7 片，狭披针形或线状披针形，全缘或具小齿，平展或倒向，两面无毛，叶柄和下面叶脉常紫色。花葶 1 至数个，高 5～20 cm，长于叶，顶端被蛛丝状毛或近无毛；头状花序直径为 20～25 mm；总苞小，长 8～12 mm，淡绿色；总苞片 3 层，先端淡紫色，无增厚，亦无角状突起，或有时有轻微增厚；外层总苞片卵状披针形，有窄或宽的白色膜质边缘；内层总苞片披针形。花冠黄色；瘦果披针形，长约 4 mm，喙长 4～5.5 mm(图 9-15)。

图 9-15　碱地蒲公英(杨允菲摄)

生物学与生态学特性　生于稍潮湿的碱地或原野上。在松嫩平原主要生长于光碱斑上，属专性盐生植物，是强盐碱土的指示植物，可在 pH 9.5 以上的土壤上生长。多星散分布，是盐生草甸的伴生种。

　　经济价值　家畜、家禽均喜食。尚未见有引种栽培。全草供药用，有清热解毒、消肿散结的功效。

　　地理分布　分布于东北、华北及陕西、甘肃、青海、新疆等地。

（20）扁秆藨草（*Scirpus planiculmis* Fr. Schmidt）

　　形态特征　别名紧穗三棱草、野荆三棱，莎草科藨草属多年生草本。根状茎具地下匍匐枝，顶端加粗成块状，球形。秆单一，三棱形高 30～80 cm。叶基生和秆生，叶长线形，叶鞘包茎。小穗集生或单一头状，位于苞叶叶腋。鳞片长圆形，长 6～8 mm，顶端具撕裂状缺刻，有 1 脉及短芒。下位刚毛 4～6 条，为小坚果长的 1/2，有倒刺。穗状花序集成头状，假侧生或有时有少数辐射枝。雄蕊 3，花药线形，长约 3 mm。柱头 2。小坚果宽倒卵形，扁，两面稍凹或稍凸，长约 3 mm，先端有短尖，灰白色，有细点（图 9-16）。

图 9-16　松嫩平原低洼积水地段分布的扁秆藨草（邢福摄）

　　生物学与生态学特性　属湿生兼性盐生植物。散生于水边草地、沼泽地、稻田、河岸积水滩地及碱性草甸的低洼湿地，常与芦苇、水葱、香蒲等伴生，也可形成纯群落。花期 6～7 月，果熟期 8～10 月。

　　经济价值　放牧场上只有晚春、初夏季节牛少量采食，其他家畜及家禽几乎不食，饲用价值较低。有时猪常拱食其地下的块茎。扁秆藨草含纤维素成分较多，不宜单独饲用，可作为混合饲料，或青贮发酵后喂饲家畜。此外，6～7 月割下的茎叶尚可用作造纸及编织的原料。根茎和块茎富含淀粉，可供造酒。入药，可用于祛瘀通经、行气消积。

　　地理分布　广泛分布在东北、内蒙古、江苏、浙江、云南及新疆的南北疆平原绿洲上。

（21）芨芨草[*Achnatherum splendens*（Trin.）Nevski]

　　形态特征　禾本科芨芨草属多年生草本。须根粗壮，具沙套，多数丛生。草丛高 50～100（250）cm，丛径 50～70（140）cm。节多聚于基部，具 2～3 节，平滑无毛，基部宿存枯萎的黄褐色叶鞘。叶片坚韧，纵间卷折，长 30～60 cm，叶鞘无毛，具膜质边缘；叶舌三角形或尖披针形。圆锥花序，开花时呈金字塔形展开，灰绿色或微带紫色，含 1 小花；颖膜质，披针形或椭圆形，第一颖较第二颖短；外稃厚纸质，具 5 脉，背部密被柔毛；基盘钝圆，有柔毛；芒直立或微曲，但不扭转，易脱落；内稃有 2 脉，脊不明显，脉间有毛(图 9-17)。

图 9-17　芨芨草(李志坚摄)

　　生物学与生态学特性　芨芨草为高大多年生密丛禾草。喜生于地下水埋深 1.5 m 左右的盐碱滩沙质土壤上及低洼河谷、干河床、湖边、河岸等地，常形成大面积的芨芨草盐化草甸，成为群落的建群种。土壤 pH 一般在 9.0 以下。根系强大，耐旱、耐盐碱，适应黏土至沙壤土环境，但是在地下水位低或盐渍化严重的地区不宜生长。芨芨草兼具无性繁殖和种子繁殖两种繁殖途径。芨芨草返青后生长速度快，冬季枯枝保存良好，特别是根部枯死部分可残留数年，可全年放牧利用。芨芨草滩是荒漠化草原和干旱草原区的主要冬春营地。在松嫩平原，4 月下旬萌发，返青后的生长不依赖大气降水；5 月上旬即长出叶子，6~7 月开花，种子于 8 月末到 9 月成熟。

　　经济价值　芨芨草为中等品质饲草，终年为各种家畜所采食，对于我国西部荒漠、半荒漠草原区，满足大家畜冬春饲草具有一定作用。在春季、夏初嫩茎为牛、羊喜食，夏季茎叶粗老后，骆驼喜食，马次之，牛、羊不食。霜冻后的茎叶各种家畜均采食。但在生长旺期仍残存着枯枝，故适口性降低，也给机械收割带来困难。芨芨草株丛高大，为冬春季家畜避风、卧息的理想场所。当冬季矮草被雪覆盖，家畜缺少可饲牧草的情况下，芨芨草便成为主要的饲草。因此，牧民习惯将芨芨草多的草场作为冬营地或冬春营地。大面积的芨芨草滩为较好的割草地。芨芨草饲用质量不高，主要是它的茎叶粗糙且韧性较大，家畜采食困难。拔节期芨芨草粗蛋白质含量高，必需氨基酸含量与紫苜蓿的干草相近。拔节期至开花期粗蛋白质含量逐渐降低，而粗纤维含量增加，牧草品质下降。

芨芨草可作为造纸原料,还具有治疗尿路感染的功效。

　　地理分布　在我国北方分布很广,从东部高寒草甸草原到西部的荒漠区,以及青藏高原东部高寒草原区均有分布,具体包括黑龙江、吉林、辽宁、内蒙古、陕西北部、宁夏、甘肃、新疆、青海、四川西部、西藏东部等地。

(22)獐毛[*Aeluropus sinensis*(Debeaux)Tzvel.]

　　形态特征　禾本科獐毛属多年生根茎型中生草本。秆直立或斜生,有时匍匐茎长达80~150 cm。基部为鳞片状叶鞘所包被,节处密生柔毛。叶舌不明显,仅具短毛,叶片硬,披针形,常卷折成针状。圆锥花序穗状,小穗无柄或近无柄,卵形或近卵形,颖革质,有膜质边缘,外稃下部革质,上部草质,具 9~10 脉,长约 3 mm(图 9-18)。

图 9-18　松嫩平原生长的獐毛(杨允菲摄)

　　生物学与生态学特性　獐毛属专性盐生植物,生长于海岸或内陆盐碱地,是盐化低地草甸的重要植物成分,也是盐土指示植物。它生长的土壤 pH 一般是 7.5~8.0,含盐量可达 1%以上。土壤含盐量在 1%左右的地方獐毛生长得最好,植株繁茂;在土壤含盐量增高处植株渐疏。在土壤含盐量较低处,株丛密集,植株高,根系发达;而在盐斑内株丛稀疏,多生有较长的匍匐茎。獐毛在松嫩平原一般 4 月初萌发,5 月下旬开花,9 月下旬至 10 月上旬开始枯黄。

　　经济价值　獐毛适口性较好,各种家畜均采食。其开花前的幼嫩茎叶羊喜食,抽穗开花后草质明显下降,但仍为各种家畜所采食。冬季獐毛草场仍保留部分干枯茎叶,是家畜冬牧的喜食饲草之一。獐毛是盐渍化地段放牧利用的重要饲草。獐毛亦是良好的固沙植物,也可用于城市绿化、铺建草坪;其匍匐茎还能打草绳,编制多种工艺品等。獐毛味甘淡、性平,可利湿退黄,主治肝胆疾患。

　　地理分布　主要分布于我国山东、辽宁、河北、江苏四省,黑龙江、内蒙古、甘肃也少有分布。

(23) 虎尾草(*Chloris virgata* Sw.)

　　形态特征　　别名刷帚头草，禾本科虎尾草属一年生草本。根须状。茎高 20～40(80)cm，直立，秆稍扁，光滑无毛，基部节处常膝曲，节着地可生不定根，丛生。叶鞘松弛，上部叶鞘膨大并包藏花序。穗状花序簇生于茎顶，初期合拢，伸出如棒槌状，小穗紧密排列于穗轴一侧。有花 2～3 个，下部花结实，上部花不孕，互相包卷成球状体；颖膜质，第二颖较第一颖长，有短芒。颖果浅棕色，狭椭圆形。种子繁殖。小坚果卵形，极小，污黄色(图 9-19)。

　　　　图 9-19　松嫩平原盐碱化草地生长的虎尾草(邢福摄)

　　生物学与生态学特性　　虎尾草是耐盐碱性强的兼性盐生植物。广泛分布在路旁、田间、撂荒地及草原多石的山坡、丛林边缘，属于田间杂草和伴生植物。耐盐碱能力很强，在 pH 高达 10 以上的盐碱斑上也能生长。在多雨季节可迅速萌发、生长，并形成单优势种的虎尾草群落。虎尾草群落出现是草地放牧过度和盐碱化的标志。虎尾草对土壤水分反应敏感，只要降雨，它在草原的光碱斑或裸地上均能大量生长，并形成发达的层片。种子在夏季雨后大量萌发，8 月开花结实，9 月中旬种子成熟。

　　经济价值　　详见 9.3.2。

　　地理分布　　虎尾草属广布种。主要分布于黑龙江、吉林、辽宁、内蒙古、河北、山西、陕西、甘肃、四川、云南、贵州、湖北、河南、安徽、山东、江苏、浙江等地。

(24) 隐花草[*Crypsis aculeata* (Linn.) Ait.]

　　形态特征　　禾本科隐花草属一年生草本。须根稀疏而细弱。秆平卧或斜向上升，光滑无毛，通常具分枝。叶鞘短于节间，疏松；叶舌短小；叶片披针形，质硬，边缘内卷，顶端呈针刺状，具疣毛。圆锥花序短，紧缩成穗状，下托以膨大的叶鞘及退化的叶片，小穗含 1 小花，脱节于颖之下，颖不等长，短于小穗，具 1 脉，外稃薄，具 1 脉，雄蕊 2 枚(图 9-20)。

图 9-20　隐花草(李海燕摄)

　　生物学与生态学特性　隐花草是我国中温和寒温气候区碱土的一种适生植物。多分散生长或形成小群落，且一般只分布于局部低洼、排水不良的地段，例如，内蒙古黄河中游两岸及许多盐碱湖的边缘都有分布。在松嫩平原生于低湿、强碱土壤，适宜的 pH 为 8.5～10.0，是碱土指示植物。常与之伴生的盐生植物有西伯利亚滨藜、海乳草、两栖蓼、芦苇、小灯心草、盐地碱蓬等。隐花草以有性繁殖为主。花期 6～7 月，种子成熟期 8～9 月。
　　经济价值　适口性较好。放牧家畜常优先采食隐花草，然后采食群落内的其他牧草。
　　地理分布　在我国主要分布于内蒙古、河北、河南、山西、山东、陕西、甘肃、黑龙江等地。

　　(25)野大麦[*Hordeum brevisubulatum* (Trin.) Link]

　　形态特征　别名菜麦草、大麦草、野黑麦。禾本科大麦属多年生草本。具短根状茎，疏丛型，茎直立，下部节常膝曲。叶片绿色或灰绿色。穗状花序顶生，绿色，成熟后带紫褐色，叶舌较短。小穗 3 枚生于每节，各含 1 小花，两侧的小穗通常较小，不孕或为雄性，有柄，颖呈针状，宽短，顶具有毛(图 9-21)。
　　生物学与生态学特性　野大麦属兼性盐生植物。适宜生长在温带半湿润半干旱地区，适应能力很强，耐干旱、耐寒冷、耐盐碱。对土壤要求不严，但最适于在微碱性土壤上生长。在松嫩平原主要生长在盐碱化草甸上，土壤 pH 以 8.5～9.5 最适宜。多生长在碱斑的外围，内圈为碱蓬或星星草，有时也可以连片生长形成野大麦群落，或与其他盐生植被形成复合体。在松嫩平原 4 月初返青，5 月末到 6 月初抽穗开花，6 月底种子成熟，种子成熟期不一致，边成熟边脱落。果熟后大量分蘖，形成新的营养枝。

图 9-21　松嫩平原盐碱地生长的野大麦(杨允菲摄)

　　经济价值　详见 9.3.2。

　　地理分布　野大麦分布于我国东北、华北、新疆、青海等地。近几年来在吉林、内蒙古、河北、甘肃、新疆、青海等地都有栽培。

　　(26)羊草[*Leymus chinensis*(Trin.)Tzvel.]

　　形态特征　禾本科赖草属多年生草本。具有发达横走的根状茎。须根系,具沙套。秆直立,疏丛状或单生,无毛,高 30～90 cm,一般具 2～3 节,生殖枝可具 3～7 节。叶鞘光滑,短于节间基部的叶鞘常残留呈纤维状,叶具耳,叶舌截平,纸质,叶片灰绿色或黄绿色,长 7～14 cm,宽 3～5 mm,质地较厚而硬,干后内卷,上面及边缘粗糙或有毛,下面光滑。穗状花序,小穗孪生或上端和基部单生,直立,长 12～18 cm,宽 6～10 mm,穗轴坚硬,边缘被纤毛,每节有 1～2 小穗,小穗长 10～20 mm,含 5～10 小花,颖锥状,具 1 脉,边缘有微纤毛。外稃披针状,无毛。第一外稃长 8～11 mm。颖果长椭圆形,深褐色(图 9-22)。

　　生物学与生态学特性　羊草属兼性盐生植物。耐旱、耐寒、耐盐碱、耐湿,属广生态幅植物。其生境条件多样,既能在干旱的山坡、固定沙丘上生长,也能在排水不良的低湿草甸生长;既能在沙壤土、栗钙土、黑钙土上生长,也能在盐碱土、草甸土和柱状碱土上生长。但是,在排水良好的轻度盐碱化土壤上(pH 8.0～8.5)羊草生长最好,可形成大面积单优势种群落。在其他生境中,羊草经常以伴生种或者亚优势种出现。羊草属根茎型克隆植物,兼具无性繁殖和有性生殖能力。强势的克隆生长有利于维持羊草群落的

图 9-22　松嫩平原盛花期的羊草(邢福摄)

稳定性。在松嫩平原 4 月上旬开始萌动返青，5 月下旬抽穗，花期 6 月，果期 7~8 月，10 月上旬开始枯黄。

经济价值　详见 9.3.2。

地理分布　羊草是我国温带广泛分布的禾草，在东北、华北、西北均广泛分布。松嫩平原和内蒙古东部是羊草的分布中心。

(27) 芦苇[*Phragmites australis*（Cav.）Trin. ex Steud.]

形态特征　禾本科芦苇属多年生大型根茎禾草。植株高大，地下有发达的匍匐根状茎。茎秆直立，秆高 1~3 m，节下常生白粉。叶鞘圆筒形，无毛或有细毛。叶舌有毛，叶片长线形或长披针形，排列成两行。圆锥花序分枝稠密，顶生。花序长 10~40 cm，小穗有小花 4~7 朵，雌雄同株。颖有 3 脉，一颖短小，二颖略长；第一小花多为雄性，余两性；第二外稃先端长渐尖，基盘的长丝状柔毛长 6~12 mm；内稃长约 4 mm，脊上粗糙。颖果，披针形，顶端有宿存花柱。具长、粗壮的匍匐根状茎，以根茎繁殖为主(图 9-23)。

生物学与生态学特性　芦苇具有发达的地下匍匐根状茎，根状茎向四周和土壤深处延伸，形成庞大的根系网络，借以从较广阔的空间内吸收土壤养分和水分，因此适应性很强。在松嫩平原从固定沙丘、平原到低湿地和碱湖边均有分布，是沼泽、沼泽化草甸、盐化沼泽草甸常见的建群种，常形成单优势种纯群落，也是羊草、针茅、线叶菊、各类灌丛、榆树疏林和杂类草草甸常见的伴生种。在松嫩平原上，芦苇 5~6 月出苗，当年只进行营养生长，7~9 月形成越冬芽，越冬芽于次年 5~6 月萌发，7~8 月开花，8~9 月果实成熟。

图 9-23　松嫩平原沼泽湿地中的芦苇(杨允菲摄)

经济价值　详见 9.3.2。

地理分布　芦苇属世界广布种，在我国各地均有分布。其中，东北的辽河三角洲、松嫩平原、三江平原，内蒙古的呼伦贝尔草原和锡林郭勒草原，新疆的博斯腾湖、伊犁河谷及塔城额敏河谷，华北平原的白洋淀等地，是芦苇的集中分布区。

(28) 朝鲜碱茅 (*Puccinellia chinampoensis* Ohwi)

形态特征　别名羊胡墩子、鲁疙头、毛边碱茅。禾本科碱茅属多年生草本，密丛型。秆丛生，直立或基部膝曲，高 15～50 cm，基部常膨大。叶鞘平滑无毛，叶舌膜质，长 1～1.5 mm。叶片线形、扁平或内卷，长 2～7 cm，宽 1～3 cm，上面微粗糙，下面近平滑。圆锥花序开展，长 10～15 cm，分枝及小穗柄微粗糙，小穗长 3～5 mm，含 3～6 小花。颖果卵圆形。朝鲜碱茅与星星草相比，植株高大，可达 50～60 cm，叶也较星星草宽，外稃基部有毛(图 9-24)。

生物学与生态学特性　朝鲜碱茅为盐生中生植物。一般生长在湿润的盐碱土上，呈丛状散生。在松嫩平原羊草草原土壤碱化以后形成的碱斑(俗称碱疤垃)上、碱湖周围和草甸碱土上，朝鲜碱茅均能生长，有时形成大面积的纯群落。耐盐碱程度高于星星草，土壤 pH 达 9～10 时仍可生存，有时与星星草混生，构成盐化草甸。在遇到严重干旱时，发育较差，株丛外围只有 1/3 或 1/4 分蘖发芽，丛内的分蘖很少或不能发芽，仅存茎秆和残叶。外围分蘖生长良好，表现出明显的耐旱性。朝鲜碱茅分蘖能力很强，播种第二年就可形成基部直径为 4～7 cm 的株丛。在松嫩平原上 3 月末或 4 月初返青，5 月下旬至 6 月初抽穗开花，6 月下旬至 7 月上旬种子成熟，比其他牧草返青时间早，发育快。

图 9-24 松嫩盐碱化草甸上生长的朝鲜碱茅（王德利摄）

经济价值 朝鲜碱茅是泌盐植物，咸味浓重，故有盐化牧草之称，是东北地区耐盐碱性较强的牧草之一。在草原上，春季到来之时，萌发较快，鲜绿幼嫩，密丛生长，为家畜争相采食，此时适口性最好，有利于放牧家畜的早春复膘。开花结实期间，放牧家畜不爱采食，落果以后的草质较粗硬，适口性更差。在夏秋之际，第二次萌发的嫩草，又是家畜进入初冬枯黄草时期最喜采食的植物。朝鲜碱茅是放牧场的优良牧草。因分散丛生，刈割不便，干草产量较低，不适于作为割草场，但草质和家畜利用率皆较羊草高。

地理分布 在我国分布于东北、华北、西北等地。

(29) 星星草[*Puccinellia tenuiflora* (Griseb.) Scribn. et Merr.]

形态特征 别名小花碱茅，禾本科碱茅属多年生草本。须根，密丛生。茎直立，基部常膝曲，灰绿色。高 30～40 cm，具 3～4 节。叶鞘多短于节间，叶舌长约 1 mm；叶片条形，长 2～7 cm，宽 1～3 mm，内卷，被微毛。圆锥花序开展，小穗草绿色，成熟时变为紫色，外稃平滑无毛(图 9-25)。

生物学与生态学特性 星星草喜湿，耐强盐碱，是盐碱土的指示植物。在松嫩平原广泛生长于碱湖边和低位光碱斑上。它能忍耐季节性积水，而且生长更茂盛，可以形成星星草纯群落。在碱化草地上经常与碱蓬群落、碱蒿群落等一些盐生群落形成复合体。在土壤 pH 为 9.0～9.5 的低湿环境下生长最好，也可忍耐 pH 为 10 以上的碱土。在松嫩平原 4 月上旬返青，5 月下旬至 6 月上旬开花，7 月中旬果实成熟。果熟后植物体大量分蘖，营养枝增多，草丛增大，此时生物量最高。

经济价值 详见 9.3.2。

地理分布 星星草主要分布于我国的辽宁、吉林、黑龙江、内蒙古、河北、甘肃、青海、新疆等地。

图 9-25　松嫩平原碱斑上生长的星星草(杨允菲摄)

(30)马蔺(*Iris lactea* Pall.)

　　形态特征　别名马莲,鸢尾科鸢尾属多年生大型丛生草本。根状茎粗短,须根棕褐色,植株基部具红褐色而裂成纤维状的枯叶鞘残留物。叶多基生,条形,长 20～50 cm,先端渐尖,灰绿色。花葶粗壮,自基部抽出,比叶短,花 1～3 朵,蓝紫色;花被片 6,外轮 3 片较大,匙形,稍展开;内轮 3 片倒披针形,直立;花柱分枝 3,花瓣状,先端 2裂。蒴果长椭圆形,具纵肋 6 条,先端有喙;种子多数,近球形而有棱角,棕褐色(图 9-26)。

图 9-26　松嫩平原退化草甸中分布的马蔺(杨允菲摄)

生物学与生态学特性　马蔺适于中生环境，耐轻度或中度盐碱，为兼性盐生植物。广布于森林、草甸草原、草原、半荒漠乃至高寒地带，是低湿地草甸草场的优势植物种之一，也常见于田边、路旁及村落、庭院附近。在松嫩平原生长在河滩、盐碱滩地、丘间低地、碱湖泡沼外围及退化的盐碱化草地，常星散分布。耐践踏，羊草草地过度放牧发生盐碱化后，马蔺数量增多，可成为优势种，甚至成为景观植物。马蔺是草地退化和盐碱化的指示植物。在松嫩平原 4 月中旬返青，花期 4 月末至 5 月，属早春开花植物，果期 6～7 月，11 月枯黄。

经济价值　详见 9.3.2。

地理分布　马蔺是广布种，广泛分布于我国黑龙江、吉林、辽宁、内蒙古、河北、山西、山东、河南、安徽、江苏、浙江、湖北、湖南、陕西、甘肃、宁夏、青海、新疆、四川、西藏等地。

(31) 甘草 (*Glycyrrhiza uralensis* Fisch.)

形态特征　豆科甘草属多年生草本植物，高 30～70 cm。根和根状茎粗壮，外皮红褐色至暗褐色，主根圆柱形。茎直立，稍带木质，密被白色短毛及刺毛状腺体。单数羽状复叶，托叶披针形，两面有毛和腺体，小叶 7～17 枚，卵形或宽卵形，先端急尖或钝，基部圆。总状花序腋生，花密集，花冠蓝紫色。荚果条状长圆形，外面密生刺毛状腺体；种子 6～8 颗，肾形 (图 9-27)。

图 9-27　松嫩平原羊草草甸草原中的伴生种——甘草 (邢福摄)

生物学与生态学特性　为兼性耐盐植物，中旱生植物，多生于较干燥的沙质、砾质草原和碱性沙地。在沙质草原的局部地段上，也可成为亚优势种。在松嫩平原主要生长在固定沙丘和排水良好的平原，在轻度盐碱土上也可生长，一般 pH 在 8.5 以下。它是各类草原群落类型中常见的伴生种。4 月上旬开始生长，6 月下旬至 7 月中旬开花，8 月中旬至 9 月中旬结实，9 月下旬开始枯黄。

经济价值　甘草被广泛应用于食品工业，精制糖果、口香糖等。甘草浸膏是制造巧克力的乳化剂，还能增加啤酒的酒味及香味，提高黑啤酒的稠度和色泽，制作某些软性饮料和甜酒。甘草也被广泛用于化工、印染工业。甘草性平、味甘，有解毒、祛痰、止痛、解痉等作用。中医认为，甘草补脾益气、滋咳润肺、缓急解毒、调和百药。其药理已被广泛研究。

地理分布　分布于我国东北、华北、西北各省(区)的半干旱区内。

(32)碱韭(*Allium polyrhizum* Turcz. ex Regel)

形态特征　别名多根葱、碱葱、紫花韭。百合科葱属多年生具鳞茎草本植物，鳞茎多枚，紧密丛生，多数圆柱状鳞茎簇生在一起，鳞茎皮黄褐色，破裂成纤维状，呈近似网状，紧密或松散。叶基生，半圆柱形，肉质，边缘具细粗齿，深绿色。根极多而粗壮。叶基生，半圆柱形，肉质，深绿色。伞形花序半球形，具多而密集的花，花紫红色，花被片 6，长圆形至卵形。花丝等长或稍长于花被，内轮分离部分的花丝基部扩大，每侧通常各具 1 小齿，极少无齿，外轮锥形，子房卵形，腹缝线基部深绿色，不具凹陷的蜜穴，花柱比子房长(图 9-28)。

图 9-28　松嫩平原碱斑上生长的碱韭(邢福摄)

生物学与生态学特性　碱韭是专性盐生植物，集中生长于低地和碱湖外围，是盐碱化草地的指示植物。在松嫩平原主要生长在碱斑上，土壤 pH 为 9～10。多群生，形成单优势种的碱韭群落。有时与虎尾草、羊草混生。也是碱化羊草草地的伴生种。在内蒙古典型草原上，生长在碱化和轻度盐化的土壤上。在半荒漠和荒漠草原带的各类土壤上也有生长，是针茅草原的伴生种，局部地段也可成为优势种。同时，碱韭又是典型的旱生植物，其鳞茎外围包着一层很厚的枯死鳞茎皮，可防热、防旱。在松嫩平原 5 月初开始萌发，花期 7～8 月，果期 8～9 月。初霜后叶变黄，并很快枯萎碎落。

经济价值 碱韭是一种季节性的放牧型饲草，所有家畜都采食。羊喜食，是抓膘的优质牧草之一。羊采食碱韭能提高羊肉品质。骆驼也喜食，马和牛采食量较少。碱韭还是西北地区民众常用的调味品。碱韭味辛苦，性温。用于消肿、健胃。主治积食腹胀、消化不良、皮肤炭疽等。

地理分布 分布于我国青海、宁夏、新疆、黑龙江、吉林、内蒙古、山西、河北、甘肃、辽宁、陕西等地。

(33) 攀援天门冬 (*Asparagus brachyphyllus* Turcz.)

形态特征 别名海滨天冬、寄马桩、系马桩、短叶石刁柏。百合科天门冬属多年生攀援植物。须根膨大、肉质，呈近圆柱状根块。茎平滑，可长达 20～100 cm，分枝具纵凸纹。叶状枝 4～10 簇生，近扁圆柱形，略有几条棱，伸直或弧曲。花通常每 2～4 朵腋生，淡紫褐色。浆果成熟时紫红色。

生物学与生态学特性 在松嫩平原不多见，主要生长在轻度盐化土壤上，是盐化羊草草地的伴生种。花期 5～6 月，果期 8 月。

经济价值 有药用价值。味苦，性温。用于滋补、祛风、除湿。主治风湿性腰背关节痛和局部性浮肿。

地理分布 分布于吉林、辽宁、河北、山西、陕西和宁夏。

(34) 西伯利亚蓼 (*Polygonum sibiricum* Laxm.)

形态特征 别名剪刀股、野茶、驴耳朵。蓼科蓼属多年生草本。高 10～30 cm，根状茎细长。茎自基部分枝，常斜升或直立，无毛。叶披针形，顶端急尖或钝，基部戟形或楔形全缘，近肉质，两面无毛，具腺点。托叶鞘筒状，膜质，上部偏斜，开裂、无毛，易破裂。顶生圆锥花序，花被浅黄绿色。瘦果卵形，具三棱，黑色，有光泽。包于宿存的花被内或凸出 (图 9-29)。

生物学与生态学特性 西伯利亚蓼为耐盐中生或旱中生植物，是我国温带、寒温带盐碱土上最常见的专性盐生植物，是盐碱土指示植物。习生于盐碱化低湿地、盐湿沙土地、河滩、碱湖边、盐碱斑上，在村边、田埂、道旁的盐碱土上均可见到；在海拔 4600 m 青藏高原的盐化草甸也有分布。在松嫩平原的碱斑上多星散分布，很少形成群落，常为其他盐生植物群落的伴生种。生长的土壤 pH 一般在 8.0～10，多分布在含 Na_2CO_3 的碱性盐渍化土壤上。在松嫩平原 4 月中下旬开始返青，6 月中旬至 7 月上旬开花，7～8 月结实，9 月下旬进入枯黄期。

经济价值 中等饲用植物。嫩枝叶，骆驼、绵羊、山羊喜食，牛、马不食。秋末枯萎较晚。西伯利亚蓼味淡、性寒，用于利水渗湿、清热解毒。

图 9-29　西伯利亚蓼(王德利摄)

地理分布　在我国分布于黑龙江、吉林、辽宁、内蒙古、河北、山西、山东、河南、陕西、甘肃、宁夏、青海、新疆、安徽、湖北、江苏、四川、贵州、云南和西藏。

(35)*海乳草*(*Glaux maritima* Linn.)

形态特征　报春花科海乳草属多年生小草本。直根单一或分枝。茎直立或斜生，单一，从下部开始多分枝。叶密集，小型，交互对生、近对生或互生，微肉质，无柄，叶片线形、长圆状披针形至卵状披针形。花腋生，无花梗，粉白色。雄蕊 5，花丝基部扁宽，花药心形，子房卵球形。蒴果近球形，顶端瓣裂。种子棕褐色，近椭圆形，背面扁平，腹面凸出(图 9-30)。

图 9-30　内蒙古东部贝加尔针茅草甸草原中的伴生种——海乳草(邢福摄)

生物学与生态学特性　海乳草属兼性湿中生盐生植物，也喜生长于低湿的轻度盐碱地上、水边湿地及湿草地，适宜土壤 pH 为 8.0～8.5。常为退化、盐碱化草地的指示植物。4 月下旬返青，花期 6 月，果期 7～8 月。

经济价值　为中等饲用植物。茎细柔软、多汁，羊、兔、猪及禽类喜食，马、牛、骆驼也采食。在高寒草甸、沼泽草甸矮生草场上，海乳草是家畜采食的主要牧草之一。根药用，有散气止痛功效；皮可退热；叶能祛风、明目、消肿、止痛。

地理分布　广泛分布于东北、内蒙古、河北、山东、陕西、甘肃、西藏等地。

(36)二色补血草[*Limonium bicolor*（Bunge）Kuntze]

形态特征　别名矶松。白花丹科补血草属多年生莲座丛型草本。全体光滑无毛。直根肥大，圆锥形，根皮红褐色至褐色。基生叶匙形或倒披针形，呈莲座状，全缘。花序密集，每 2 花着生在一起，穗状花序，花萼漏斗状，白色，花瓣黄色。裂片 5。雄蕊 5，子房上位，倒卵圆形。蒴果具 5 棱，包于萼内(图 9-31)。

图 9-31　松嫩草地分布的二色补血草(杨允菲摄)

生物学与生态学特性　耐盐多年生旱生植物，广泛分布于草原带的典型草原群落、沙质草原和内陆盐碱地上，属盐碱土指示植物。在松嫩平原 4 月下旬返青，花期 6～7 月，果期 7～8 月。

经济价值　详见 9.3.2。

地理分布　分布于我国辽宁、吉林、内蒙古、河北、山西、陕西、宁夏、甘肃、新疆、山东、江苏、河南等地。

(37) 圆叶碱毛茛(*Ranunculus cymbalaria* Pursh)

形态特征　　毛茛科碱毛茛属多年生草本，具匍匐茎。叶均基生，无茎生叶，具长柄，叶片近圆形、肾形或宽卵形，3 或 5 浅裂，有时 3 裂近中部，基部加宽成鞘，基出脉 3 条。花茎高 4.5～16 cm；苞片条形；花径约 7 mm；萼片 5，淡绿色，宽椭圆形，无毛；花瓣 5，黄色，狭椭圆形，单生，基部具蜜槽；雄蕊和心皮均多数。聚合果卵球形，长达 6 mm；瘦果紧密排列，扁，具纵肋(图 9-32)。

图 9-32　圆叶碱毛茛(王德利摄)

生物学与生态学特性　　为多年生专性盐生草本。喜生于低湿的生境或季节性积水的盐碱土上，如水沟边潮湿地带，或海边、河边盐碱性沼泽地。土壤的 pH 在 8.0～9.5。常集群生长，常形成单优势种小群落，有时与长叶碱毛茛混生成为共优种，很少散生。花期 5～6 月，果期 7～8 月。

经济价值　　以全草入药。味甘淡，性寒。用于利水消肿，祛风除湿。主治水肿，腹水，小便不利。

地理分布　　分布于西藏、四川、青海、新疆、甘肃、陕西、山西、河北、内蒙古和东北等地。

(38) 长叶碱毛茛[*Ranunculus ruthenica* (Jacq.) Ovcz.]

形态特征　　毛茛科碱毛茛属多年生草本。有细长的匍匐茎，长 3～30 cm。以种子及匍匐茎进行繁殖。节上生根和叶。叶全部基生，无茎生叶，具长柄，基部加宽成鞘，花黄色，单生。叶片卵形或卵状椭圆形，基部广楔形、圆形或微心形，叶 3 或 5 浅裂，无毛，表面有光泽，基部有鞘。苞片线形，花直径约 7 mm，萼片绿色，5 片，卵形，花瓣黄色，6～12 片，倒卵形，有短爪及蜜槽，雄蕊多数，花药长约 0.5 mm，花托圆柱形，有柔毛。聚合果卵球形，瘦果极多，紧密排列，斜倒卵形，基部渐狭，无毛，边缘有狭棱，两面有 3～5 条分歧的纵肋，喙短而直。

　　生物学与生态学特性　为多年生专性盐生草本。是我国温带内陆盐碱土的指示植物。以种子及匍匐茎进行繁殖。喜生于低湿的生境或季节性积水的盐碱土上，适生长土壤 pH 在 8.0～9.5。集群生长，常形成单优势种纯群落，有时与圆叶碱毛茛混生成为共优种，很少散生。花期 5～6 月，果期 7～8 月。

　　经济价值　植株有毒，可作农药用。

　　地理分布　在我国分布于新疆、青海、甘肃、宁夏、陕西、山西、河北、内蒙古、辽宁、吉林、黑龙江等地。

(39)鹅绒委陵菜(*Potentilla anserina* Linn.)

　　形态特征　别名莲花菜、人参果、蕨麻委陵菜、曲尖委陵菜。蔷薇科委陵菜属多年生匍匐草本。根肥大木质化，黑褐色。纤细的匍匐枝沿地表生长，节上生不定根、叶与花梗。羽状复叶，基生叶多数，叶丛直立状生长，小叶无柄，长圆状倒卵形、长圆形，边缘有尖锯齿，背面密生白绢毛。花单生于由叶腋抽出的长花柄上，鲜黄色。瘦果椭圆形，褐色，表面微被毛(图 9-33)。

图 9-33　松嫩平原轻度盐碱化的低湿地段生长的鹅绒委陵菜(邢福摄)

　　生物学与生态学特性　属兼性湿中生地面芽耐盐植物。适应性强，分布广，在黑土、草甸土、沼泽化草甸土和盐碱土上均能生长。在低湿的环境上常集群生长形成单优势种群落，草地退化时数量增多，是草地退化的指示植物。是杂类草草甸、根茎禾草草甸、薹草草甸、沼泽化草甸、杂类草盐生草甸及杂类草高寒草甸中常见的伴生种。具有很强的耐涝性，在松嫩平原低湿草地和低洼地季节性积水 35 天的情况下仍能长出新叶。属匍匍茎型克隆植物，匍匐茎上生出的新分株可长出不定根并定植，第二年连接分株的匍匐茎完全断裂，分株独立生长。因此，鹅绒委陵菜具有较强的水平空间拓展能力。在松嫩平原 4 月中旬返青，5 月中下旬开花，花期可持续 75 天。9 月下旬地上部枯死。植株寿命为 2～3 年。虽然能形成种子，但是发芽率极低甚至不萌发。

经济价值　鹅绒委陵菜属中等偏低品质的牧草。质地柔软，鲜草无特殊气味，干草具清香气味。属柔软多汁、营养价值较高的牧草。青鲜草叶片糙涩，牛、羊少量采食。全草药用，味甘，性平。具有健脾益胃、生津止渴、收敛止血、益气补血的功效。鹅绒委陵菜全株含鞣质，可提取栲胶及黄色染料。根富含淀粉，可食，又可酿酒。

地理分布　在我国分布于甘肃、河北、黑龙江、吉林、辽宁、内蒙古、宁夏、陕西、青海、四川、山西、新疆、西藏、云南等地。

(40) 柽柳 (*Tamarix chinensis* Lour.)

形态特征　别名金条、黄金条、红柳、阴柳等。柽柳科柽柳属灌木或小乔木，枝细长，常下垂，老枝深紫色或红紫色。叶互生，钻形或卵状披针形，先端锐尖，平贴于枝或稍开张。无柄，呈鳞状。圆锥花序着生于当年枝的顶端，花小而密，花瓣粉红色，矩圆形或倒卵状矩圆形。苞片绿色，条状钻形。萼片卵形。蒴果 (图 9-34)。

图 9-34　松嫩草地沙丘上分布的柽柳 (李志坚摄)

生物学与生态学特性　兼性盐生灌木。柽柳能在盐碱含量为 0.5%～1% 的盐碱地上生长，是改造盐碱地的优良树种。在松嫩平原上多在盐碱土上栽植或者用于道路绿化，通常用扦插法繁殖，老枝、嫩枝均可扦插。还可用播种、压条、分根法繁殖。在东北南部、华北和西北的湿润轻度盐碱地、河岸冲积地均有广泛分布，局部可形成群落。

经济价值　详见 9.3.2。

地理分布　分布于辽宁、河北、河南、山东、江苏、安徽、甘肃、青海及新疆等地。

9.3.2　松嫩平原重要盐生植物的经济价值及利用前景

尽管在松嫩草地上的盐生植物种类较多，然而，迄今能够被利用的植物还比较有限，还需要加大研发力度，使更多的植物为人类服务。

在传统上，松嫩草地盐生植物的主要价值是饲用，例如，羊草主要被用于调制干草。但是，近些年人们开始注重盐生植物的其他资源功能，如药用、食用，特别是作为恢复生态功能的"生态草"。以下是具有很大利用价值或者潜在利用价值的盐生植物的介绍。

（1）羊草

营养价值　羊草叶量多、营养丰富，有"家畜的细粮"之美称。羊草青绿时，富含粗蛋白质，种子成熟后，茎叶绝大部分仍能保持绿色，既当饲草又可收获种子。目前，东北和内蒙古东部的羊草草原，为主要的天然打草场（图 9-35）。一般在 8 月中旬开始收割，自然晾晒，含水量下降到 20%以下时，集草成垛，然后择机打捆。从羊草不同物候期的营养成分来看，羊草抽穗时，粗蛋白质含量高达 18.22%，比结实期提高 101.3%，比枯草期提高 3.3 倍（表 9-2）。因此，应该改变传统的羊草利用方式，变羊草一年一次刈割为一年两次刈割。第一茬刈割时间应由传统的 8 月中旬（羊草枯黄期）提前到 6 月中下旬（抽穗-开花期）。为了实现这一利用方式的转变，应提高羊草草地的施肥水平，使羊草在 6 月中旬就有较高的产量。由于此时正处于雨季，干草容易发霉变质，不易调制干草，因此，第一茬羊草利用以调制青贮饲料为主，干草为辅。第二茬以生产优质青干草为主。

图 9-35　松嫩平原羊草草捆及贮存方式（李志坚摄）

表 9-2　羊草不同物候期的营养成分（%）（中国农业科学院草原研究所，1988）

物候期	水分含量	干物质含量	占干物质的比例				
			粗蛋白质	粗脂肪	粗纤维	无氮浸出物	粗灰分
抽穗期	7.75	92.25	18.22	2.69	28.07	42.53	8.49
开花期	7.35	92.65	13.00	3.03	31.27	45.45	7.25
结实期	9.89	90.11	9.05	4.24	33.06	46.55	7.10
乳熟期	7.55	92.45	9.94	2.77	36.62	42.93	7.74
成熟期	7.26	92.74	10.60	3.12	31.74	46.03	8.51
枯草期	7.71	92.29	4.27	2.88	37.14	47.62	8.09

生态价值　羊草也具有较高的生态价值。羊草根茎穿透、侵占能力很强，且能形成强大的"根系网络"，具有很强的固持土壤作用，因此是很好的水土保持植物。另外，其耐盐碱能力强，也是盐碱地改良的首选牧草种类之一。

（2）罗布麻

罗布麻，夹竹桃科罗布麻属多年生草本植物。在唐代《新修本草》、明代《救荒本草》中被称为"泽漆"，是生长在盐碱沙荒地上的一种多年生宿根草本野生植物，富含黄酮类化合物、氨基酸及矿物质等活性物质，是一种"药饲兼用植物"，还可以作为盐碱地改良的先锋植物。

经济价值　生物学和药物学研究表明，罗布麻不仅是天然的纺织材料，还是一种多功能的天然药用植物。无论是罗布麻纺织品，还是叶茎提取的药物成分，都具有独特的天然降压、稳压和保健功能。研究报道，罗布麻叶煎剂有止咳平喘、消炎化痰、保肝护肝、抗忧郁等多种药用保健功能。罗布麻叶具有清脂降压、解郁安神、延缓衰老之功效。无论是罗布麻中药提取物还是纤维织物，其市场潜力非常巨大。目前，全国草品种审定委员会已审定通过松原罗布麻野生栽培品种，市场上也已开发出多种罗布麻保健品（图9-36）。

图9-36　松原罗布麻鲜叶（左图）和加工后的罗布麻茶叶（右图）（李志坚摄）

罗布麻还是优良的工业纤维原料。罗布麻茎皮纤维柔韧，细长，富有光泽，是优良的工业纤维原料。罗布麻织品质感高档，穿着舒适。马、牛、羊均采食罗布麻叶和嫩芽。夏季牲畜一般不食，秋季霜后和冬季喜食。罗布麻花色鲜艳、花期长，不仅是很好的观赏植物，也是很好的蜜源植物。

（3）草木犀[*Melilotus officinalis*（Linn.）Pall]

草木犀又名黄花草木犀、黄香草木犀，为豆科草木犀属二年生草本植物（图9-37）。草木犀适应性强，具有较强的耐寒、耐旱、耐瘠薄和耐盐碱的能力，是一种优质牧草和绿肥作物。在我国东北、华北、长江中下游流域以南都有野生分布。

图 9-37　盛花期的草木犀（李志坚摄）

饲用价值　草木犀是重要的优良牧草，其茎叶繁茂、营养丰富，粗蛋白质含量高达8.8%～29.1%（表 9-3），可以放牧、青刈，调制成干草或青贮。草木犀含有香豆素，带苦味，影响适口性，开花、结实时含量最多，幼嫩期及晒干后气味减轻。因此，应尽量在幼嫩期或晒干后用作饲料。从未吃过草木犀的家畜，饲喂前应进行调教，从少到多，各种家畜一经习惯，其适口性和采食率会显著提高。

表 9-3　草木犀初花期营养成分（%）（林年丰，2015）

样品	水分含量	粗蛋白质含量	粗脂肪含量	粗纤维含量	无氮浸出物含量	粗灰分含量
叶	13.2	29.1	3.7	11.3	34.1	8.6
茎	2.6	8.8	1.7	47.5	33.7	5.7
全株	7.32	17.84	2.59	31.38	33.88	6.99

生态价值　草木犀不仅是饲用价值较高的优良牧草，也是重要的水土保持植物。种植草木犀能够促进较小粒径微团聚体向较大粒径微团聚体聚集，使土壤容重减少3.17%～4.8%，土壤总孔隙度增加 14.1%～57.7%。草木犀分枝多，盖度大，根系可深入土壤深层，提高土壤的透水性和保水能力，同时减少地面径流量和冲刷量。种植草木犀后的草地比休闲地地表径流量减少 54.2%～70.7%，冲刷量减少 43.0%～69.7%。作为草田轮作的养地绿肥植物，草木犀根系庞大且含有根瘤，可以固定空气中的氮素，增加土壤肥力。研究报道（景春梅等，2014），草木犀沤压的绿肥，质量较好，全氮含量为 0.34%，腐殖质含量高达 2.47%，较一般粪土分别高 50.0%和 83.3%。翻压草木犀后，土壤有机质含量增加 8.6%～15.2%，速效氮含量增加 5.96%～15.26%，速效磷含量增加 22.63%～39.57%。在松嫩盐碱化草地上，草木犀或零星或集群广泛分布。有研究报道（景春梅等，2014），吉林省的草木犀耐盐极值为 1.5%，脱盐率可达 13.3%～95.4%，并可有效改善土

壤通透性能。良好的抗盐碱能力，使其成为改良盐碱化土壤的理想牧草。此外，草木犀的花期长、香味浓，其还是一种很好的蜜源植物，可发展养蜂业，开发营养保健蜂蜜产品。

(4)碱蓬

经济价值　碱蓬属低等的饲用植物。幼嫩时猪少食其叶，牛、马等大家畜一般不食。其种子含油量较多，碱蓬籽粗脂肪含量为 20%～27%，工业出油率为 18%～25%，富含人体生长发育所必需的脂肪酸——亚油酸和亚麻酸，亚油酸的含量高达 70%，高于花生油、豆油、菜籽油、棉籽油等食用植物油，是一种高级食用油。碱蓬株型美观，有"翡翠珊瑚"的雅称。成熟时植株火红，可作为景观植物，用于盐碱地旅游景观的设计。碱蓬还能恢复裸露盐碱荒滩的植被，防止水土流失，保持和重建盐地生态等。

(5)二色补血草

观赏价值　二色补血草散生分布在松嫩草原上，在生长期一般不为家畜采食，饲用价值较低。刚开花时，花为紫红色，到了后期萼片纯白，枝条翠绿挺直。花枝水分含量少，纤维含量高，枝干硬直。鲜花时和干枯时花朵一样鲜艳，因其形态自然、常开不凋，深受人们喜爱。作为重要的干切花原料，二色补血草具有巨大的开发价值。

药用价值　全草均可入药，能活血、止血、滋补强壮，主治月经不调、功能性子宫出血、痔疮出血等，益脾健胃，是传统的中草药之一。此外，其根、茎、花、叶的总黄酮含量不仅较高，茎中还含有芦丁和槲皮素。通过二色补血草的抑菌试验，发现其可以抑制金黄色葡萄球菌、痢疾杆菌和伤寒杆菌。同时，二色补血草中含有的多糖对肿瘤细胞具有一定的抑制作用。

(6)芦苇

经济价值　芦苇可用作造纸原料。作为草类纤维植物，芦苇生长周期短，纤维素含量高，质量较好，是制浆造纸和人造丝的重要原料。用芦苇作原料生产的凸版印刷纸、胶版印刷纸等中高档纸，在市场上深受欢迎；用芦苇制成的苇板质优价廉，被广泛应用于民房建筑、楼房隔热等方面；芦苇可编织成各种手工产品，如苇席、篓筐、挂帘等编织品，是工农业生产和人民生活必不可少的物质资料。此外，在农业生产上，芦苇还被广泛用于制作防风障、用来遮阴的帘子等。芦苇中含有药用成分，并可提炼醇类等物质。1 t 芦苇可生产 96%的乙醇 180 L、甲醇 3 L、糖醛 34 kg，其根状茎(干芦根)在"非典"时期供不应求。鲜嫩芦苇茎叶含有较多的营养成分，是各种牲畜喜食的青饲料。腐烂的苇叶叶鞘及幼嫩的芦苇生长点部分还是河蟹特别喜欢的食料。

生态价值　芦苇是涵养水源、控制湿地水土污染的重要植物，在调节气候、抵御洪水、蓄水防旱、防风固沙、净化水质、美化环境等方面，都具有其他湿地植物不可替代的作用。芦苇素有"第二森林"之美称，对调节局部小气候起着重要作用。芦苇对污染物的抗性强，并具有一定的分解净化能力，芦苇湿地对工业和生活污水中的有害物质有较强的吸收与吸附能力。芦苇具有发达的地下茎和迅速扩张的能力，由于芦苇适应性强，因此其种群优势大，在较短的时间内能发展成为优势群落。当芦苇生长比较密集、具有一定盖度时，就可以发挥其抑制风浪和水流、促使淤泥沉积、减少水土流失的作用。芦苇在营养和光能竞争方面明显优于藻类，生长旺盛时能向湖水中分泌某些生化物质，杀死藻类或抑制其生长繁殖等。芦苇是沼泽、湿地等水域生态系统的建群植物，是鱼类和鸟类最理想的栖息地之一，对生物多样性保护和维持具有重要作用。

(7) 碱地肤

饲用价值　青绿状态的碱地肤羊、牛均乐食，幼嫩时猪和家禽也吃，冬、春季家畜较喜食。雨多年份或灌溉地上，碱地肤较高大，可于夏秋季刈制干草，供冬季补饲家畜用。据测定，每 100 g 碱地肤含胡萝卜素 5.7 mg，核黄素 0.31 mg，维生素 C 39 mg，为优良的饲用植物。

药用价值　碱地肤在幼嫩时可供人食用，是备荒的野草，果实及全草入药，果实称"地肤子"，有清热、祛风、利尿、止痒的功效，外用可治疗皮癣、湿疹。种子含油 15% 左右，供食用或工业用。

(8) 白刺

经济价值　白刺浆果味甜，可食用，含有丰富的营养成分和活性物质，鲜果酸甜可口，被誉为第三代水果。成熟的肉质核果还能酿酒，制作果子露等饮料。种子可榨油，白刺籽油主要成分为亚油酸、亚麻酸、花生四烯酸等不饱和脂肪酸，其中亚油酸的含量高达 65%～70%，并且果实中氨基酸含量非常丰富，在干果粉中达 10% 左右，而且基本为游离氨基酸，其总量是沙棘果实中的 3.9 倍，能被人体充分吸收和利用。白刺在抗氧化、降血糖、降血脂三方面也具有重要作用。这可能与白刺果实含有较多的黄酮类化合物、生物碱、氨基酸、维生素等成分有关，因为这些成分是目前公认的降血糖活性成分。白刺果实可药用，秋季果实成熟，味甘酸，性温，具有健脾胃、助消化、安神解毒、催乳之功效。白刺幼枝和肉质叶肥嫩多汁，是很好的青绿饲料，牛和骆驼采食。经加工后，鸡、鸭、鹅均可食用。开花期粗蛋白质含量很高，无氮浸出物含量也很丰富，粗纤维含量很少。骆驼基本终年采食，尤以夏、秋季乐食其嫩枝，冬春季采食较少，山羊和绵羊最喜食其嫩枝叶。

生态价值　白刺适应性强，耐盐碱、耐干旱、耐瘠薄，适宜作边坡防护植物和盐碱地区公路绿化及城市园林绿化的优良地被植物。白刺作为盐碱地区的先锋造林树种，将会在防风固沙、保持水土、改良土壤方面发挥巨大作用。

(9) 星星草

饲用价值　星星草全株质地优良，茎叶柔嫩，适口性好，营养成分丰富，饲用价值高，可以与羊草媲美，其各生育期的主要营养成分见表 9-4。抽穗期与初花期粗蛋白质含量分别为 16.31% 和 12.53%。粗灰分含量少，粗纤维含量低。星星草可以鲜喂，也可以调制成干草或加工成草粉作草食家畜配合饲料的原料。青干草是冬、春季各类牲畜优质的补饲牧草。星星草的产草量(苏加楷等，2004)因地区、土壤含盐量、不同年限及田间管理等多种因素的影响，最低可达(干草)2235 kg/hm^2，最高可达(干草)9000 kg/hm^2，一般为(干草)3750 kg/hm^2。

表 9-4　碱茅不同生育期的营养成分含量(风干样)(%)(苏加楷等，2004)

生育期	水分	粗蛋白质	粗脂肪	粗纤维	无氮浸出物	粗灰分
拔节期	13.28	20.81	3.53	26.31	21.85	14.22
抽穗期	11.91	16.31	3.33	31.59	27.17	9.69
初花期	8.67	12.53	3.55	20.82	44.46	9.97
盛花期	11.69	7.02	2.33	40.27	30.55	8.14
乳熟期	8.65	6.63	3.04	37.45	34.82	9.41
成熟期	8.59	4.46	2.49	40.25	34.09	10.12
成熟期茎秆	8.54	3.70	1.64	41.15	37.61	7.36

生态价值　星星草耐盐碱性强，对碳酸盐、硫酸盐及氯化物盐土均有广泛的适应性，成年植株在根际土壤含盐量为 2.5%～3.5%的盐碱地上可正常生长。其目前已被广泛应用于改良重度盐渍化草场和次生盐渍化土地，都取得了显著的生态效益、社会效益和经济效益。其在我国内蒙古、宁夏、甘肃、新疆等省(区)均有引种，用于治理盐碱化草地。

(10)马蔺

观赏价值　马蔺早春发芽早，休眠期较短，叶色青绿，长势旺盛，叶形美观，花色淡蓝色、蓝色或蓝紫色，美丽雅致，给人以宁静凉爽之感。马蔺属深根性植物，根系发达，适应性特别强，可以作为公共绿化中道路边坡、园路、花坛及花境的镶边植物，也可以点缀在草坪或花坛中，是荒滩、盐生草甸及盐碱地改良和绿化的优良植物。

药用价值　马蔺的花、种子、根均可入药。花晒干服用后，可利尿通便；种子和根有祛湿、止血、解毒的功效。马蔺子味甘性平，可清热解毒止血，主治黄疸、泻痢、白带、疔肿、吐血等症。

生态价值　马蔺的根系十分发达，具有超强的适应能力、极强的抗旱能力和固土保湿能力，是不可多得的节水优良地被植物。生长旺盛，管理简单易行，马蔺的这些优良特性使其适宜种植于高速公路边坡、荒漠化土壤边缘等处，能够有效减弱水流对土壤的冲刷及雨水的冲淋。马蔺是一种耐重度盐碱的植物，可用于盐碱地植被修复和荒漠化治理。

(11)芨芨草

饲用价值　芨芨草为中等品质饲草，对于我国西部荒漠、半荒漠草原区，解决大牲畜冬春季饲草问题具有一定作用，终年为各种牲畜所采食，但时间和程度不一。骆驼、牛喜食，其次是马、羊。在春末夏初，嫩茎为牛、羊喜食；夏季茎叶粗老，骆驼喜食，马次之，牛、羊不食。霜冻后的茎叶各种家畜均采食。但在生长旺期仍残存着枯枝，故可食性降低，也给机械收获带来困难。芨芨草较高大，为冬春季牲畜避风卧息的草丛地，当冬季矮草被雪覆盖，家畜缺少可饲牧草的情况下，芨芨草便是主要饲草。因此，牧民习惯以芨芨草多的地方作为冬营地或冬春营地。大面积的芨芨草滩为较好的割草地，割后再生草亦可用于放牧家畜。开花始期刈割，可作为青贮原料。就饲用而言，芨芨草质量不高，主要是与它的茎叶粗糙且韧性较大有关，家畜采食困难。在拔节期，芨芨草粗蛋白质的品质较好，必需氨基酸含量高，与紫苜蓿的干草不相上下。拔节期至开花期以后这些成分含量逐渐降低，而粗纤维含量增加，适口性下降。因此，芨芨草用于放牧或刈割时，应在抽穗期至开花前期进行。

能源价值　芨芨草生物量大，纤维素含量高，近年来作为能源草利用，具有良好的前景。

(12)寸草薹

饲用价值　寸草薹在草原区通常是最早萌发的植物，为过冬后的家畜提供了第一批早春牧草，对越冬度春、接羔保羔具有重要的生产意义。寸草薹草质柔软，不仅营养价值高，而且消化能、代谢能均较高，是一种优良牧草。

生态价值　由于寸草薹较低矮，营养繁殖能力强，丛生，耐践踏，因此，其又是北方绿化城市的重要地被植物，尤其是对土壤盐分含量较高区域的绿化至关重要。从北方适宜草坪地被植物利用的角度来看，今后应加大对寸草薹栽培品种的选育。

(13)柽柳

观赏价值　柽柳花期红花满树，色彩艳丽，5～9 月均可见鲜花盛开的柽柳，十分壮观，再加上其耐修剪的特性，可将其修剪成各种形状，惟妙惟肖，极具特色，是庭院绿化、绿篱营造、花卉观赏的优良树种。

药用价值　柽柳是我国的传统药材，历代本草都有记载。据研究，柽柳属植物具有保肝、抗炎抗菌、解热镇痛等作用，对于感冒、风湿性腰痛、牙痛、扭伤、创口坏死、脾脏疾病等均有很好的疗效。此外，柽柳属植物还是名贵中药材管花肉苁蓉的寄主。

生态价值　柽柳是泌盐植物，根部大量吸收盐分，叶子和嫩枝可以将吸收于植物体内的盐分排出，具有很强的抗盐碱能力，是盐碱地改良的优选树种之一。在含盐量为 0.5%的盐碱地上，柽柳插条能正常出苗；在含盐量为 0.8%～1.2%的重度盐碱地上，能植苗造林；在含盐量高达 2.5%以上，甚至在 10 cm 深表层土壤含盐量为 3%～4%的盐荒地上，仍可见生长旺盛的柽柳(谢光辉等，2011)。柽柳根很长，可以吸到深层的地下水，被流沙埋住后，枝条能顽强地从沙包中探出头来，继续生长，是最能适应干旱沙漠生活的树种之一。

能源价值　柽柳植株是重要的再生生物能源。柽柳枝杆坚硬，木材容重近于 1 g/cm^2，水分含量极少，火力特别旺盛，其灰呈白色，无结渣，发热量在沙漠地区仅次于梭梭，是过去沙区农民生活的主要燃料来源。目前，在盐碱化地区，其可作为能源植物利用，具有广阔前景。

(14)野大麦

饲用价值　野大麦枝叶繁茂，草质柔软，适口性好，营养价值高(表 9-5)，为早春的优良牧草。各种家畜均喜食，结实后适口性有所下降，但可调制成干草，供家畜冬季补饲利用。目前，全国草品种审定委员会审定的品种有察北野大麦、军需 1 号野大麦。今后应加大野大麦种质资源收集力度，进一步筛选出具有产草量高、抗盐碱性强、抗旱性强、再生性好、成熟时不易落粒等不同优良性状的新品种。

表 9-5　野大麦不同物候期的营养成分(%)（苏加楷等，2004）

物候期	水分含量	占干物质的比例				
		粗蛋白质	粗脂肪	粗纤维	无氮浸出物	粗灰分
营养期	11.21	15.30	3.43	26.20	37.44	6.42
开花期	13.73	9.61	3.18	23.63	43.95	5.90
枯黄期	10.39	3.92	3.18	31.48	44.80	0.23

生态价值　野大麦耐盐碱性较强，是用于改良碱化退化草地的理想草种。

（15）虎尾草

饲用价值　虎尾草草质柔软，营养期粗蛋白质含量为 13.49%～15.89%（表 9-6），各种家畜均喜食。在自然条件下，产鲜草 1800～3000 kg/hm^2，在松嫩草地是有发展前途的一种牧草，应加大对虎尾草栽培品种的培育和选择力度。

表 9-6　不同生育期虎尾草营养成分含量(%)（余苗等，2014）

项目	返青期	拔节期	抽穗期	开花期	成熟期	干枯期
干物质	91.73	92.18	93.17	92.86	93.32	95.22
粗蛋白质	15.89	13.49	9.85	8.65	7.84	7.33
中性洗涤纤维	57.28	59.11	62.79	68.80	69.33	75.36
酸性洗涤纤维	31.23	31.75	33.92	38.63	45.81	52.20

生态价值　在东北，虎尾草能生长在 pH 为 9.0～9.7 的土壤上，可用于改良碱化草原，增加土壤的有机质含量。在碱斑不毛之地，当雨季到来时，虎尾草迅速生长，因其根系发达，株多而密，在土壤中能积累大量的有机质，形成表土层，有利于羊草和其他牧草侵入，使碱斑面积逐渐缩小以至消失。其演替过程是：碱斑→虎尾草群落→虎尾草+羊草群落→羊草群落。因此，虎尾草是改良盐碱化草地的先锋植物。

参 考 文 献

陈默君，贾慎修. 2002. 中国饲用植物. 北京：中国农业出版社.

景春梅，刘慧，席琳乔，等. 2014. 优质牧草、绿肥草木樨的研究进展. 草业科学，31(12): 2308-2315.

康于银，乔海龙. 2008. 我国盐渍土资源及其综合利用研究进展. 安徽农学通报，14(8): 19-22.

李建东，郑慧莹. 1997. 松嫩平原盐碱化草地治理及其生物生态机理. 北京：科学出版社.

林年丰. 2015. 生物-土壤系统的综合开发利用研究——以黄花草木樨盐碱土为例. 长春：吉林大学出版社.

刘小京，刘孟雨. 2002. 盐生植物利用与区域农业可持续发展. 北京：气象出版社.

苏加楷，耿华珠，马鹤林，等. 2004. 野生牧草的引种驯化. 北京：化学工业出版社.

孙海群. 1995. 青海荒漠草地主要藜科牧草的生态地理特征及其饲用价值. 草业科学，12(5): 18-20.

王晓娟，杨鼎，伊风艳，等. 2005. 盐生植物盐爪爪的资源特点及研究进展. 畜牧与饲料科学，36(5): 64-67.

谢光辉，庄永会，危文亮，等. 2011. 非粮能源植物——生产原理和边际地栽培. 北京：中国农业大学出版社：165-168.

徐恒刚. 2004. 中国盐生植被及盐渍化生态. 北京: 中国农业科学技术出版社.

杨允菲, 祝廷成. 2011. 植物生态学. 2 版. 北京: 高等教育出版社.

余苗, 钟荣珍, 周道玮, 等. 2014. 虎尾草不同生育期营养成分及其在瘤胃的降解规律. 草地学报, 22(1): 175-181.

张绍武, 胡瑞林, 钱学射. 2000. 我国罗布麻分布区的地理区划. 中国野生植物资源, 19(4): 20-22.

张文泉. 2008. 西北地区盐生植物区系及资源利用研究. 杨凌: 西北农林科技大学硕士学位论文.

赵可夫. 1999. 中国的盐生植物. 植物学通报, 16(3): 201-207.

赵可夫, 范海. 2005. 盐生植物及其对盐渍生境的适应生理. 北京: 科学出版社.

赵可夫, 冯立田. 2001. 中国盐生植物资源. 北京: 科学出版社.

赵可夫, 李法曾. 1999. 中国盐生植物. 北京: 科学出版社.

赵可夫, 李法曾, 张福锁. 2013. 中国盐生植物. 2 版. 北京: 科学出版社.

赵可夫, 周三, 范海. 2002. 中国盐生植物种类补遗. 植物学通报, 19(15): 611-613.

郑慧莹, 李建东. 1995. 松嫩平原盐碱植物群落形成过程的探讨. 植物生态学报, 19(1): 1-12.

郑慧莹, 李建东. 1999. 松嫩平原盐生植物与盐碱化草地的恢复. 北京: 科学出版社.

中国农业科学院草原研究所. 1990. 中国饲用植物化学成分及营养价值表. 北京: 农业出版社.

周三, 韩军丽, 赵可夫. 2001. 泌盐盐生植物研究进展. 应用与环境生物学报, 7(5): 496-501.

Aronson J A, Whitehead E E. 1989. HALOPH: a Data Base of Salt Tolerant of the World. Office of Arid Lands Studies. The University of Arizona, Tuscon, Arizona. USA.